现代液压气动系统
结构原理·使用维护·故障诊断

张利平 编著

化学工业出版社
·北京·

内 容 简 介

本书分液压和气动两篇共 21 章，二者采用对称结构编写。在介绍现代液压与气动技术基本知识基础上，重点对组成液压系统和气动系统的工作介质、能源元件、执行元件、控制元件和辅助元件及其应用回路和系统的结构原理、使用维护和故障诊断方法进行了介绍，并对液压系统和气动系统的设计要点进行了简介。全书选材和论述以系统、先进和实用为目标，突出体现新系统、新技术、新结构和新方法等。

本书可供液压气动机械设备与系统的一线工作人员（含科研设计、加工制造、安装调试、现场操作、使用维护与设备管理相关人员）参阅，还可作为液压气动系统使用维护与故障诊断技术的短期培训教材，也可供高等院校机械类、自动化类相关专业及方向的本科生和研究生、教师在科研及实践教学或实训中参考。

图书在版编目（CIP）数据

现代液压气动系统：结构原理·使用维护·故障诊断/张利平编著. —北京：化学工业出版社，2022.8
ISBN 978-7-122-41332-1

Ⅰ.①现… Ⅱ.①张… Ⅲ.①液压系统-教材②气压系统-教材 Ⅳ.①TH137②TH138

中国版本图书馆 CIP 数据核字（2022）第 076628 号

责任编辑：张燕文 黄 滢　　　　　　　　　文字编辑：王 硕
责任校对：赵懿桐　　　　　　　　　　　　装帧设计：刘丽华

出版发行：化学工业出版社（北京市东城区青年湖南街 13 号 邮政编码 100011）
印 　装：北京科印技术咨询服务有限公司数码印刷分部
787mm×1092mm 1/16 印张 27 字数 712 千字 2023 年 1 月北京第 1 版第 1 次印刷

购书咨询：010-64518888　　　　　　　　　售后服务：010-64518899
网 　址：http://www.cip.com.cn
凡购买本书，如有缺损质量问题，本社销售中心负责调换。

定 　价：158.00 元

前言

随着国民经济和现代工业技术的发展，作为工业自动化的重要手段，流体传动与控制技术的应用不断拓展，从业人员与日俱增，各行业液压气动技术的一线工作人员急需了解和掌握液压气动元件与系统的结构原理、使用维护及故障诊断方法。为此，笔者在总结多年从事流体传动与控制教学、科研，特别是近年来为企业解决现代液压气动机械及其系统的使用维护及故障诊断难题的经验基础上，编著了本书。本书通过中等篇幅，在介绍现代液压与气动技术基本知识基础上，重点对组成液压系统和气动系统的工作介质、能源元件、执行元件、控制元件和辅助元件及其应用回路和系统的结构原理、使用维护和故障（由设计、制造、安装、调试和使用不当等原因造成）及其诊断方法进行了介绍，并对液压系统和气动系统的设计要点进行了简介。本书旨在帮助液压气动技术领域的各类从业人员学习和了解液压气动的基本知识，正确合理地使用液压气动元件与系统，避免或减少使用维护工作中的失误，为提高工作效率，提高各类液压气动机械设备及装置的工作品质、技术经济性能和使用效益等提供帮助，以适应现代液压气动技术数智化发展及我国新时期现代化建设经济转型、绿色低碳发展的需要。

本书分液压和气动两篇共21章，二者采用对称结构编写。本书选材和论述以系统、先进和实用为目标，突出体现新系统、新技术、新结构和新方法等。本书是介于教科书和工具书之间的一本著作，可读性和资料性并重；全书图文表并茂、深入浅出，尽量避开了繁杂但距离实际应用较远的数学处理内容；在介绍传统基本内容的同时，跟踪数智化发展潮流，适当介绍了一些国内外新元件（如电液数字控制泵及阀、智能控制阀、智能阀岛、柔触气爪、摆台、磁力吸盘等）、新应用和新系统（如手提电话跌落试验机、机车整体卫生间、水下滑翔机、踝关节矫正器、反应式腹部触诊模拟装置等设备的液压气动系统）；力求使所介绍的方法内容更具可操作性及可借鉴性。全书以"介质→元件→回路→系统"的体系线索进行论述；书中通过典型系统分析、系统设计及故障诊断方式给出了富有参考价值的若干工程实际案例。书中液压气动回路与系统原理图全部采用最新国家标准 GB/T 786.1—2021《流体传动系统及元件 图形符号和回路图 第1部分：图形符号》绘制。

本书可供液压气动机械设备与系统的一线工作人员（含科研设计、加工制造、安装调试、现场操作、使用维护与设备管理相关人员）参阅，还可作为液压气动系统使用维护与故障诊断技术的短期培训教材，也可供高等院校机械类、自动化类相关专业及方向的本科生和研究生、教师在科研及实践教学或实训中参考。

本书由张利平编著。张秀敏、张津、山峻等参与了本书的策划及资料搜集整理、文稿的录入校对整理工作。先后参与过本书相关工作的人员还有王金业、刘鹏程、向其兴、刘健、赵小青、冯德兵等。

在本书编著过程中，MOOG（穆格）工业集团-中国技术服务经理 Morris Liu（刘智谋）先生、河北钢铁集团唐钢中厚板公司炼钢厂张立成工程师、北京创为液压系统有限公司工程部副经理贾川工程师等提供了电液伺服比例及插装控制阀等产品及使用维护方面的最新技术成果、信息、宝贵经验和现场资料；中国液压气动密封件工业协会王建华高级工程师提供了行业发展方面的信息及 PTC ASIA 2021 国际技术交流报告会专家报告题目及主要内容；笔者的同事常宏杰、刘永强、田志刚、周兰午等给予了大力帮助和支持。笔者先后参阅了穆格（中国）有限公司、博世力士乐（中国）有限公司、华德液压集团、太重集团榆次液压公司、恒立液压公司、北京机床所精密机电公司、宁波华液机器公司、中国航天科工集团中之杰流体动力公司、山东泰丰智能控制股份有限公司，以及 SMC（中国）有限公司、费斯托（中国）有限公司、济南杰菲特气动元件有限公司、广东省肇庆方大气动有限公司、无锡市华通气动制造有限公司、液压气动网、中国液压气动密封件工业协会和国家标准化管理委员会等公司、机构的官网所列液压气动元件产品电子样本内容（含结构原理、技术数据和产品图片等）及标准资料和厂商名录等。在此对上述个人和单位以及参考文献的各位作者一并表示诚挚谢意。

对于书中的不当之处，欢迎流体传动与控制同行专家及读者指正。

编著者　张利平

目录

液 压 篇

Chapter 5

第5章 液压执行元件 ······································ 47

Chapter 8

第8章 典型液压系统分析 ······ 156

气 动 篇

Chapter 16

Chapter 19

液压篇

第**1**章 | 液压技术基本知识

1.1 液压传动与控制的定义

　　任何一部完备的机器都由提供能源的动力机、对外做功的工作机与实现动力传递、转换及控制的传动机三个主要部分组成。机械传动、电气传动和流体传动等是目前机械设备常见的传动类型，其主要差别在于所采用的传动件（或工作介质）不同。流体传动是液压传动和气压传动的统称，而液压传动则是以液体（油或油水混合物）作为工作介质，利用压力能进行动力的传递、转换与控制的一种传动形式。

第 1 章表格

1.2 液压技术的基本原理及系统组成

1.2.1 基本原理

　　液压技术的基本原理可用图 1-1 所示的机床工作台液压系统来说明，由图可知，液压传动以具有连续流动性的油液作为工作介质，通过液压泵 3 将驱动泵运转的原动机（图中未画出）的机械能转换成液体的压力能，然后经过封闭管路及液压控制阀（流量阀 5 及换向阀 7 等），进入液压缸 9，转换为机械能去推动工作机构（工作台 10）实现所需的运动。

　　工作机构的运动方向取决于由换向阀 7 控制的油液的流动方向；而工作机构运动速度快慢取决于在一定时间内进入液压缸内的油液（由阀 5 控制调节）的多少；工作机构推力的大小，取决于油液的压力高低（图中的压力由溢流阀 16 控制调节）和液压缸活塞面积的大小。如将图 1-1 中的液压缸 9 垂直安装，用于驱动压力机压头（滑块）即可实现垂直挤压运动控制；如将液压缸换为液压马达，即可实现回转运动的控制。

1.2.2 组成功用

　　一个完整的液压系统通常都是由液压元件（包括能源元件、执行元件、控制元件、辅助元件）和工作介质两大部分所组成，各部分的功用见表 1-1。各类液压元件的型

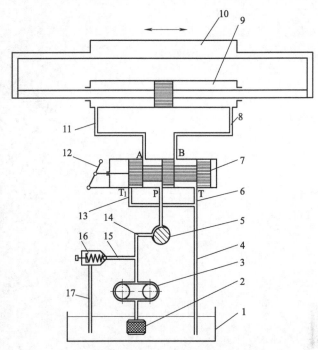

图 1-1　机床工作台液压系统半结构原理图

1—油箱；2—过滤器；3—液压泵；4,6,8,11,13,14,15,17—管路；
5—流量阀；7—换向阀；9—液压缸；10—工作台；
12—换向手柄；16—溢流阀

号、规格、特性、安装连接尺寸等可从液压手册或液压元件生产厂商处的产品样本中查得。

1.2.3 液压回路与系统

一般来讲，能够实现某种功能的液压元件的组合，称为液压回路（按功能不同，有压力控制、速度控制、方向控制和多缸动作控制等多种回路）。为了实现对某一液压机械的工作要求，将若干特定液压回路按一定方式连接或复合而成的总体称为液压系统。液压系统种类繁多，其形式因主机类型及工艺目的不同而异（详见 1.4 节）。

1.3 液压系统图形符号及其应用

1.3.1 图形符号的特点

描述液压系统的基本组成、工作原理、功能、工作循环及控制方式的说明性图样称为液压系统原理图。系统原理图有多种表示方法，但一般采用标准图形符号绘制系统原理图，而很少采用图 1-1 所示的半结构图进行绘制。由于图形符号只表示液压元件的功能、操作（控制）方法及外部连接口，并不表示液压元件的具体结构、参数、连接口的实际位置及元件的安装位置，故用来表示系统中各种元件的作用和整个系统的组成、油路联系和原理，简单明了，便于画图、读图和技术交流。利用专门开发的计算机图形符号库软件，还可大大提高液压系统原理图的设计、绘制效率及质量。

1.3.2 图形符号标准

我国现行的液压气动图形符号标准为 GB/T 786.1—2021《流体传动系统及元件　图形符号和回路图　第 1 部分：图形符号》（与国际标准 ISO 1219-1：2012 等效），它规定了液压元件标准图形符号和绘制方法。图 1-2 即为按 GB/T 786.1—2021 绘制的图 1-1 所示的液压系统原理图；图 1-3 是按 GB/T 786.1—2021 绘制的另一液压系统原理图（其执行元件为双向变量液压马达）。

1.3.3 图形符号的应用

（1）使用图形符号绘制液压系统图的注意事项　按 GB/T 786.1 绘制液压系统原理图时的注意事项为：

① 元件图形符号的大小可根据图纸幅面大小按适当比例增大或缩小绘制，以清晰美观为原则；

② 元件的状态一般以未受激励的非工作状态（例如电磁换向阀应为断电后的工作位置）画出；

③ 元件的方向在不改变标准定义的初始状态含义的前提下，可视具体情况水平翻转或 90°旋转进行绘制，但液压油箱必须水平绘制且开口向上。

（2）分析、识读液压系统原理图的方法要点

① 识读意义及要求。正确、迅速地分析和阅读液压系统原理图，对于液压机械的设计制造、安装调试、使用维修及故障诊断排除均具有重要的指导作用。但是，要能正确而又迅速地阅读液压系统图，首先必须掌握各类液压元件及各种基本回路的构造、原理、特点与综合应用，了解液压系统的控制方式、图形符号及其相关标准；其次，结合实际液压机械及其系统原理图，尽可能多地识读和练习，积累分析经验和技巧，掌握各种典型液压系统的特点，这对于今后识读新的液压系统，可起到举一反三、触类旁通和熟能生巧的作用。

② 识读方法（步骤）及注意事项如下。

a. 全面了解液压机械（主机）的功能、结构、工作循环及对液压系统的主要要求。例如组合机床动力滑台液压系统，它是以速度转换为主的系统，能实现滑台的快进→工进→

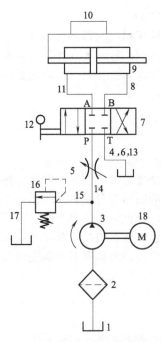

图 1-2　用图形符号绘制的机床
工作台液压系统原理图

1—油箱；2—过滤器；3—液压泵；
4,6,8,11,13～15,17—管路；5—流量控制阀；
7—换向阀；9—液压缸；10—工作台；
12—换向手柄；16—溢流阀；18—电动机

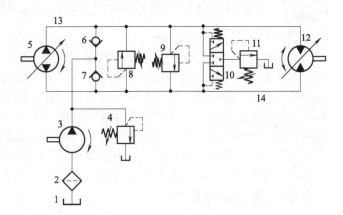

图 1-3　用图形符号绘制的闭式液压系统原理图
（执行元件为双向液压马达）

1—油箱；2—过滤器；3—单向定量液压泵；4,8,9,11—溢流阀；
5—双向变量液压泵；6,7—单向阀；10—梭阀式液控
三位三通换向阀；12—双向变量液压马达；13,14—管路

快退的基本工作循环，要特别注意速度转换的平稳性等指标；再如液压机液压系统，它是以压力变换和控制为主的系统，其主缸能驱动滑块实现快进→慢速加压→保压释压→快退等基本工作循环，要了解其保压性能指标及主缸与顶出缸的动作互锁关系。同时要了解系统的控制信号源及其转换和电磁铁动作表等。

b. 查阅组成液压系统原理图的所有元件及其连接关系，分析它们在系统中的具体作用及其组成回路的功能。对一些用半结构图表示的专用元件（如磨床液压系统中机-液换向阀组成的液压操纵箱），要特别注意它们的结构及工作原理，要读懂各种控制装置及变量机构。

c. 分析液压系统工作原理，仔细分析并写出各执行元件的动作循环和各工况下系统的油液流动路线或油流表达式。为便于阅读，最好先对液压系统中的各个元件及各条油路分别进行编码，然后按执行元件划分读图单元，对每个读图单元先看动作循环，再看控制回路、主油路。要特别注意系统从一种工作状态转换到另一种工作状态时，是由哪些元件发出信号，又是使哪些控制元件动作并实现的。

d. 分析归纳出液压系统的特点。在读懂原理图基础上，还应进一步对系统做一些分析，以便评价液压系统的优缺点，使所使用或设计的液压系统不断完善。分析归纳时应考虑以下几个方面：液压基本功能回路是否符合主机的动作及性能要求；各主油路之间，主油路与控制油路之间有无矛盾和干涉现象；液压元件的代用、变换与合并是否合理、可行、经济；液压系统性能的改进方向。

e. 识读液压系统原理图时的注意事项如下。

- 应对液压能源元件、执行元件、控制元件及辅助元件等元件的功能结构及原理有所了解或较为熟悉。
- 分清主油路和控制油路。主油路的进油路起始点为液压泵压油口，终点为执行元件的进油口；主油路的回油路起始点为执行元件的回油口，终点为油箱（开式循环油路），或执行元件的进油口（液压缸差动回路），或液压泵吸油口（闭式循环油路）。对于控制油路也应弄明来源（如是主泵还是控制泵）与控制对象（如液控单向阀、换向阀和电液动换向阀等）。
- 可借助主机动作循环图和动作状态表，用文字描述或用油流表达式列出油液流动路线。

例如图1-2所示液压系统在工作台右行时，用油流表达式写出的油液流动路线如下。

进油路：液压泵3→管路14→节流阀（流量控制阀）5→换向阀7（P→A）→管路11→液压缸9（左腔）。

回油路：液压缸9（右腔）→管路8→换向阀7（B→T)→管路4→油箱1。

- 对于由插装阀组成的液压系统，应在逐一查明插件间的连接关系及相关联的先导控制阀组合成何种阀（方向阀、压力阀、流量阀）基础上，再对各工况下的油液流动路线逐一进行分析。
- 对于由多路阀组成的液压系统，应在逐一查明各联阀中换向阀油口连通方式（并联、串联、串并联、复合油路等）之后，再对每个执行元件在各工况下的油液流动路线逐一进行分析。

1.4 液压系统的分类

液压系统类型繁多，分类方式及名称因着眼点不同而异，液压系统类型、描述及示例如表1-2及图1-4～图1-13所示。

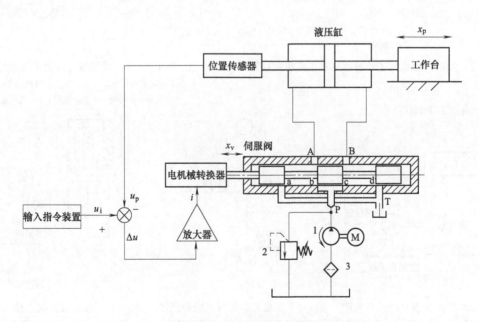

图1-4 机床工作台液压伺服控制系统原理图
1—液压泵；2—溢流阀；3—过滤器

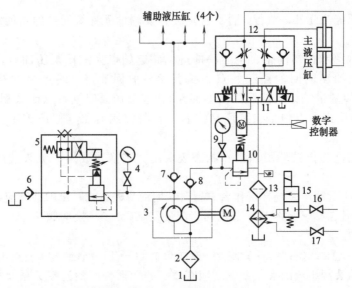

图 1-5　滚筒洗衣机玻璃门压力机液压系统原理图（部分）

1—油箱；2—吸油过滤器；3—双联泵；4,9—压力表及其开关；5—电磁溢流阀；6,7,8—单向阀；10—电液数字溢流阀；
11—三位四通电液换向阀；12—双单向节流阀；13—带发讯指示回油过滤器；14—水冷却器；15—电磁水阀；16,17—截止阀

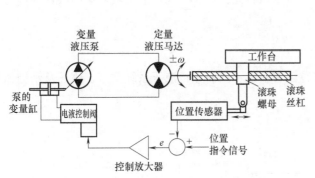

图 1-6　数控机床工作台泵控液压系统原理简图

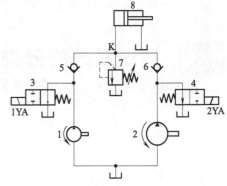

图 1-7　多定量泵组合供液系统原理图

1,2—定量液压泵；3,4—二位二通电磁换向阀；
5,6—单向阀；7—溢流阀；8—液压缸

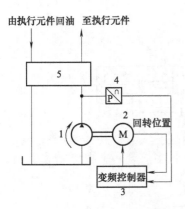

图 1-8　泵转速控制系统原理简图

1—定量泵；2—电动机；3—变频控制
器；4—压力传感器；5—换向阀

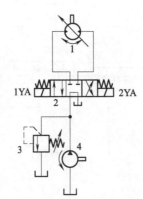

图 1-9　变量马达控制系统原理图

1—变量液压马达；2—三位四通电
磁换向阀；3—溢流阀；
4—定量液压泵

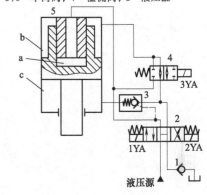

图 1-10　复合液压缸系统原理图

1—单向阀；2—三位四通电磁换向阀；
3—液控单向阀；4—二位四通电
磁换向阀；5—复合液压缸

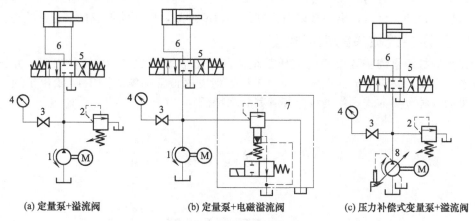

(a) 定量泵+溢流阀　　　　　(b) 定量泵+电磁溢流阀　　　　　(c) 压力补偿式变量泵+溢流阀

图 1-11　中闭型系统原理图

1—定量泵；2—溢流阀；3—压力表开关；4—压力表；5—三位四通
电磁换向主阀；6—液压缸；7—电磁溢流阀；8—压力补偿式变量泵

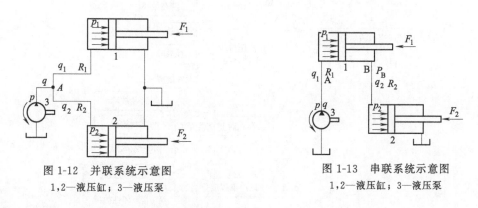

图 1-12　并联系统示意图　　　　　　图 1-13　串联系统示意图

1,2—液压缸；3—液压泵　　　　　　　1,2—液压缸；3—液压泵

1.5　液压技术的应用特点

　　与其他传动技术相比较，液压传动在拖动负载能力及操纵控制方面具有显著优势，例如出力大、功率密度大、力质量比大，以及操作方便、省力、便于大范围无级调速、易于自动化和过载保护等，故其应用几乎无处不在并仍将发挥不可替代的巨大作用。但液压元件及系统存在着成本较高、因泄漏难于实现严格定比传动、工作稳定性对温度较为敏感及故障不易查找排除等不足，这是采用液压技术时需要注意的。

1.6　液压系统运转维护及故障诊断拆解时的一般注意事项

　　相关内容见表 1-3。

1.7　液压故障及其类型与特点

1.7.1　液压故障的定义

　　液压系统在规定时间内、规定条件下丧失（或降低）其规定液压功能（失灵、失效、失调或功能不完全）的事件或现象称为液压故障。

　　液压系统出现故障可能导致执行机构的某项技术、经济指标偏离正常值或正常状态，如：不能动作、输出力和运动速度不合要求或不稳定、爬行、运动方向不正确、动作顺序错乱甚至人员伤亡等。所以，出现故障时必须进行诊断排除，以便使系统恢复正常状态。

1.7.2　液压系统故障的常见类型

液压系统故障最终主要表现为液压系统或其回路中的某个（些）元件损坏，并伴随漏油、发热、振动、噪声等不良现象，导致系统不能发挥正常功能。图1-14给出了液压系统故障常见的6种分类方式，各类故障都有其表现特征。

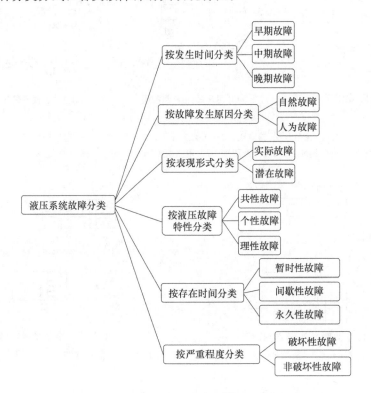

图1-14　液压系统故障分类

1.7.3　液压系统故障的特点

液压故障诊断较为困难，主要是其以下三个特点所决定的：

① 因果关系具有复合性、复杂性和交织性。液压设备往往是机械、液压、电气及其仪表等多种装置复合而成的统一体，出现故障后对是哪一部分故障很难作出判断。同一故障可能有多种原因或多种原因叠加而成，例如液压缸或液压马达速度变慢的可能原因有负载过大、泵或调速阀故障、缸或马达磨损、系统存在泄漏等；一个故障源可能引起多处症状，例如泵的配流机构磨损后会出现输出流量下降、泵表面发热和油温异常增高等症状。

② 故障点具有隐蔽性。液压元件内部的零件动作（如柱塞泵中柱塞随着缸体的转动及在缸体中的往复运动、液压缸活塞在缸筒中的运动、阀芯在阀体内的运动等），孔系纵横交错的油路块阻、通情况，管路内油液的流动状态，密封件的损坏等情况一般看不见摸不着，所以系统的故障分析受到各方面因素的影响，查找故障难度较大。

③ 相关因素具有随机性。液压系统运转中，受到多种多样随机性因素的影响，如电源电压的突变、负载的变化、外界污染物的侵入、环境温度的变化等，从而使故障位置点和变化方向更不确定。

液压系统的故障诊断是否准确及时，在很大程度上取决于设计者和用户的知识水平高低与经验多寡。

1.8 液压系统的故障诊断

1.8.1 液压系统故障诊断策略

液压系统故障诊断策略是弄清整个液压系统的工作原理和结构特点，根据故障现象利用知识和经验进行判断；逐步深入、有目的、有方向地缩小范围，确定区域、部位，以至某个元件。

1.8.2 液压系统故障诊断方法

目前常用和发展中的液压系统故障诊断方法有定性分析法和定量分析法这两类基本方法，前者又可分为逻辑分析法、对比替换法、观察诊断法（简易故障诊断法）等；后者又可分为仪器专项检测法、智能诊断法等。根据具体故障现象及着眼点和实施策略的不同，这些方法在行业内有时又细分为所谓"感官诊断法""参数测量法""现场试验法""截堵法""化整为零层层深入法"及"取整为零综合评判法"等。

（1）定性分析法

① 逻辑分析法。此法在诊断液压系统故障时，要区分以下两种情况。

a. 对功能和油路结构较为简单的液压系统，可根据故障现象和液压系统的基本原理进行逻辑分析，按照液压源→控制元件→执行元件的顺序，逐项检查并根据已有检查结果，排除其他因素，逐渐缩小范围，逐步逼近，最终找出故障原因（部位）并排除。

b. 对于功能和油路结构较为复杂的液压系统，通常可根据故障现象按控制油路和主油路两大部分进行分析，逐一将故障排除。

逻辑分析法又可细分为列表法、框图法、因果图法和故障树分析法等。

② 对比替换法。有两种情况：

一是用两台同型号和同规格的主机对同一系统进行对比试验，从中查找故障。试验过程中对可疑元件用新件或完好机械的元件进行替换，再开机试验，如性能变好，便知故障所在。

二是对两台具有相同功能回路的液压系统，用软管分别连接同一主机进行试验，遇到可疑元件时，更换即可。

③ 观察诊断法（简易故障诊断法）。它是目前液压系统故障诊断的一种方便易行、最普遍的方法。它是凭维修人员个人的经验，利用简单仪表，客观地按所谓"望→闻→问→切"的流程来进行（表1-4）。此法既可在液压设备工作状态下进行，也可在停车状态下进行，简单易行，但需要一定的经验。

（2）定量分析法

① 仪器专项检测法。此法适用于某些重要的液压设备，它利用仪器仪表对系统的相关参数（如压力、流量、温度、振动、噪声、转矩和转速等）进行定量专项检测，为故障排除提供可靠依据。此法有的必须在试验台架上进行检测，而有的则可进行在线检测。

② 智能诊断法。此法是基于计算机的一种液压设备故障诊断专家系统（计算机系统），它借助于计算机强大的逻辑运算能力和记忆能力，将液压故障诊断知识系统化和数字化。专家系统通常由置于计算机内的知识库（规则集）、数据库、推理机（策略）、解释程序、知识获取程序和人机接口六个部分组成（图1-15）。知识库是专家系统的核心之一，其中存放各种故障现象、故障原因及二者的关系，这些均来自有经验维修人员和本领域专家。知识库集中了众多专家的知识，汇集了大量资料，扣除了解决时的主观偏见，使诊断结果更加接近实际。一旦液压系统发生故障，用户即可通过人机接口将故障现象送入计算机，计算机根据输

入的故障现象及知识库中的知识，按推理机中存放的推理方法推出故障原因并报告给用户，还可提出维修或预防措施。新型专家系统包括模糊专家系统、神经网络专家系统、互联网专家系统等。

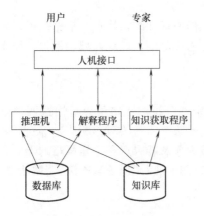

图 1-15　专家系统的组成

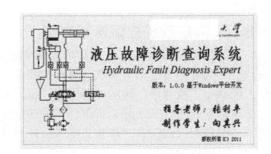

图 1-16　软件起始界面

图 1-16 所示为本书作者研发的一种基于计算机的液压故障诊断查询软件系统，用于液压系统出现故障后现场可能原因及排除方法的快速查询，以提高故障诊断排除的效率和水平。该系统利用 Visual Basic 语言和 Access 数据库技术，对液压故障诊断知识进行了系统化和数字化处理，实现了液压故障诊断知识的快速查询，弥补了很多现场操作者和技术人员缺乏液压故障诊断知识的不足。本软件提供了故障诊断信息的快速查询功能、诊断信息的更新与维护功能、诊断知识的打印功能和液压元件库功能等。其中，快速查询功能可以通过故障元件名称、故障现象以及两者的组合查询；诊断信息的添加可通过文本文件批量导入，亦可采用输入窗体逐条输入，并可对知识库中已有的数据进行编辑；对于查询到的诊断知识可直接进行打印。其主界面和数据修改界面见图 1-17 和图 1-18。

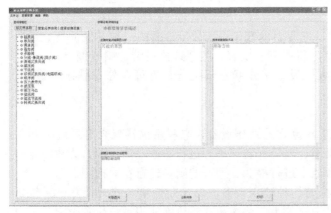

图 1-17　液压故障诊断查询软件系统主界面

图 1-18　数据修改界面

1.8.3　液压系统故障排除一般注意事项

相关内容见表 1-5。

1.9 液压系统故障现场快速诊断仪器简介

表征液压系统工作状态的参数主要有压力、流量、温度、振动、噪声、转矩和转速等，然而包含系统状态信息最多的是压力和流量这两个液压参数。液压系统故障现场快速诊断仪器主要是基于对液压参数进行检测来对故障进行诊断的。液压系统故障现场快速诊断仪器主要有通用诊断仪器、专用诊断仪器和综合诊断仪器等三类。下面仅介绍通用诊断仪器。

机械式压力表和容积式椭圆齿轮流量计是液压系统故障诊断最常用的仪表。特别是机械式压力表（弹簧管压力表）的应用更为广泛，原因为：压力参数携带着最多的系统状态信息，表达着最明显的故障特征；压力表接入系统方便，显示直观，计量准确；仪表本身价廉，故障率低。所以，大多数液压系统在一些表征系统运行状态的关键点就事先接入压力表，既作为系统运行状态的监控，又作为发生故障时的直接显示。

第2章 | 液压油液

2.1 功用性质

第 2 章表格

液压工作介质是液压系统的"血液"，其主要功用是传递能量和工作信号，对元件进行润滑、防锈，冲洗系统污染物质及带走热量，提供、传递元件和系统失效的诊断信息等。油液性能和质量的优劣对液压系统运转的可靠性、准确性和灵活性有着重大影响。

2.1.1 密度 ρ

单位体积液体的质量称为密度，即

$$\rho = M/V \tag{2-1}$$

式中，M 为液体的质量，kg；V 为液体体积，m^3。

油液的密度会随着液压系统温度的增加而略有减小，随着压力的增加而略有增大，从工程使用角度可认为液压油液不受温度和压力变化的影响。常温下矿物液压油液的密度一般为 $860 \sim 920 kg/m^3$。

2.1.2 可压缩性

液体受压力作用而使自身体积减小的性质称为可压缩性。可压缩性用体积压缩系数（单位压力变化引起的体积相对变化量）k，或其倒数即体积弹性模量 κ（液体产生单位体积相对量变化所需要的压力增量）表示：

$$k = -\frac{1}{\Delta p} \times \frac{\Delta V}{V} \tag{2-2}$$

$$\kappa = 1/k \tag{2-3}$$

式中，Δp 为压力的增量，MPa；V 为液体体积，m^3；ΔV 为体积的减小量，m^3。

式（2-2）中的负号表示压力增加时液体体积减小，以使 k 为正值。k 值越大（即 κ 值越小），则液体的可压缩性越大。在常温下，矿物型液压油液的体积弹性模量为 $\kappa = (1.2 \sim 2.0) \times 10^3 MPa$，数值较大，故对于一般液压系统，可认为液体是不可压缩的。但若油液中混入空气，则其抗压缩能力会显著下降，从而影响液压系统的工作性能。故在考虑油液的可压缩性时（如高压系统和动态特性要求高的控制系统），除了要考虑工作介质本身的可压缩性外，还要考虑混入液体中空气的可压缩性以及盛放液体的封闭容器（含管道）的容积变形等因素的影响。

2.1.3 黏性

液体在外力作用下流动时，液体分子间内聚力会阻碍分子相对运动而产生内摩擦力的特性称为黏性。黏性只有在液体流动时才呈现出来。

液体的黏性大小用黏度表示，黏度越大，液体层间的内摩擦力就大，液体就越稠，流动性越差；反之，黏度越小，液体越稀。在动力黏度、运动黏度和相对黏度中，常用的黏度是运动黏度 ν，其法定计量单位是 m^2/s。它与工程上沿用的 St（斯，$1St = 1cm^2/s$）或 cSt（厘斯，$1cSt = 1mm^2/s$）的换算关系为：$1m^2/s = 10^4 St = 10^6 cSt$。液压油液的牌号常用某一温度下的运动黏度的平均值来标志。例如 L-HL 32 液压油就是指这种液压油在 40℃时的运动黏度的平均值为 32cSt。油液黏度可用专门的仪器（例如恩氏黏度计或运动黏度自动测定仪等）进行测定。

通常，在压力不高（一般低于 10MPa）时，压力对黏度的影响很小，而高压时液体黏度会随压力增大而增大，但增大数值很小，可忽略不计。油液黏度对温度变化极为敏感，温度升高，黏度显著降低，液体的流动性增加。液体黏度随温度变化的性质称为黏温特性。黏温特性随工作介质的不同而异，黏温特性好的工作介质，其黏度随温度变化较小，因而对液压系统的性能影响较小。

2.1.4　其他性质

液压油液还有诸如抗燃性、抗氧化性、抗凝性、抗泡沫性、抗乳化性、防锈性、润滑性、导热性、稳定性等一些物理化学性质，都对液压系统工作性能有重要影响。这些特质，通常都是需要在精炼的矿物油中加入各种添加剂来获得，其含义较为明显，其指标可查阅相关手册。

2.2　一般要求

不同的工作机械设备和液压系统，对油液的要求不同，其一般要求见表 2-1。

2.3　命名代号

按照 GB/T 7631.2—2003 润滑剂和有关产品（L 类）的规定，液压油液的命名表示方法及代号含义如下。

产品名称一般形式：类 - 品种 数字

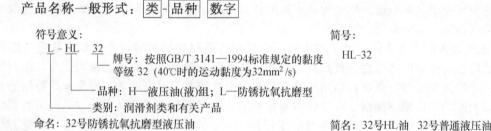

符号意义：　　　　　　　　　　　　　　　　　　　简号：
L-HL 32
　　　牌号：按照GB/T 3141—1994标准规定的黏度　　　　HL-32
　　　等级 32（40℃时的运动黏度为32mm²/s）
　　　品种：H—液压油（液）组；L—防锈抗氧抗磨型
　　　类别：润滑剂类和有关产品
命名：32号防锈抗氧抗磨型液压油　　　　　　　简名：32号HL油　32号普通液压油

2.4　品种特性

我国的液压油液品种繁多，可分为通用液压油液［包括矿物型液压油、使用环境可接受液压油液（含合成烃型液压油）及难燃液压液等三大组］及专用液压油液两大类，其产品组成、特性和主要应用场合见表 2-2。

2.5　选用要点

正确选用液压油液，对于提高液压系统适应各种工作环境条件和工作状况的能力、延长系统和元件的寿命、提高主机设备的可靠性、防止事故发生等方面，都有重要意义。液压油液的选用原则见表 2-3。

2.5.1　品种选择

目前各类液压设备使用的液压油液中，液压油占比达 85%，具体选用时可从以下三方面入手。

① 按工作环境和使用工况（液压系统的工作压力及温度）选择液压油液（表 2-4）。

② 按泵的结构类型选择液压油液。液压泵对抗磨性要求的高低顺序为叶片泵＞柱塞泵＞齿轮泵。对于以叶片泵为主泵的液压系统，无论压力高低，都应选用 HM 油；对于以

柱塞泵为主泵的液压系统，一般应选用 HM 油，低压时可选用 HL 油。

③ 检查液压油液与材料的相容性。初选液压油品种后，应仔细检查所选油液及其中的添加剂对液压元件构件中的所有金属材料、非金属材料、密封材料、过滤材料及涂料的相容性。如发现有与油液不相容的材料，则应改变材料或改选油液品种。例如 HM 抗磨液压油除了与青铜、天然橡胶、丁基橡胶、乙丙橡胶不相容外，与大多数材料都相容。液压油液与常用材料的相容性可从参考文献 [9] 中查得。

2.5.2 黏度选择

黏度等级（牌号）是液压油（液）选用中最重要的考虑因素，因黏度过大，将增大液压系统的压力损失和发热，降低系统效率，反之，将会使泄漏增大，也使系统效率下降。尽管各种液压元件产品都指定了应使用的液压油（液）牌号，但考虑到液压泵是整个系统中工作条件最严峻的部分，故通常可根据泵的要求（类型、额定压力和系统工作温度范围），确定液压油（液）黏度等级（牌号）（表 2-5）。按照泵的要求选择的油液黏度，一般对液压阀和其他元件也适用（伺服阀和高性能比例阀等除外）。

2.5.3 难燃液压液的选用

对于高温或明火附近及煤矿井下的液压设备，不能用矿物油，而应采用难燃液，以保证人身及设备安全。一般而言，可按表 2-4 进行初选，然后再从环境条件、工作条件、使用成本及废液处理几方面进行综合分析，最终得出最佳选择。

① 液压设备的环境条件。若环境温度低（达 0℃以下），用水-乙二醇较好，磷酸酯也可用。若环境温度高，则用磷酸酯较好。对于工作环境较为恶劣的液压设备，最好选用价廉、污染小的液压介质（如一部分牌号的高水基液体），以免管道爆裂等原因导致外漏或排放时对环境造成污染。

② 液压设备的工作条件。除了考虑液压介质与各类材料的相容性外，最主要应考虑液压泵的适应性与介质的润滑性。例如阀配流卧式柱塞泵，与所有水基难燃液均适应，但对于齿轮泵、叶片泵和轴向柱塞泵，因水基难燃液的润滑性较差，对泵的轴承寿命及摩擦副的磨损均有很大影响。从减少磨损、延长使用寿命考虑，对高压系统采用磷酸酯（其润滑性能接近矿物油）较好；对中高压及低压系统，采用油包水、水-乙二醇及高水基液体（其润滑性次于磷酸酯）为宜。通常，原有液压泵改用难燃液压液时，应降低使用压力及转速。

③ 使用成本。主要应考虑设备改造、介质成本、维护监测及系统效率等因素。因油包水、水-乙二醇及磷酸酯的黏度较大，原有油压设备改用这些介质时，除了要更换不相容的材料及轴承外，其他变化不大。但对于高水基介质，则因黏度低，可能导致泄漏增大，原有元件应降压使用。关于介质的价格：磷酸酯价格最贵，其次是水-乙二醇、油包水，高水基介质最便宜（是油包水价格的 1/20）。关于系统的维护与检测：油包水要求最严，其次是磷酸酯和高水基介质，相对而言，水-乙二醇要求要低些。关于系统效率：高水基介质引起黏性阻力很小，系统效率最高；其他几种介质基本接近。

④ 废液处理。难燃液污染性强，不经处理不能排放。水-乙二醇对水中生物危害很大，故其废液必须单独收集并进行氧化或分解处理后才能排放。磷酸酯（密度比水大）或油包水（密度比水小）可轻易地从废液池底部或顶部分离出来进行处理。高水基液较易处理，有可能直接排放而不会造成污染。

2.6 使用要点

2.6.1 一般注意事项

工作介质选定之后，若使用不当，将会因液体的性质变化导致液压系统工作失常。

① 要验明油液的品种和牌号（出厂化验单与技术文件的规定进行对照应相符）。

② 使用前必须过滤（由于炼制、分装、运输及储存过程中可能的污染，新油并不清洁；新油的清洁度应比系统允许的清洁度高 1～2 级）。

③ 注液前要将液压系统彻底清洗干净。

④ 油液一般必须单独使用，不能随意混用。

⑤ 严格进行污染控制（要特别注意防止固体颗粒、水、空气及各种化学物质侵入液压系统）。

⑥ 在工作液体贮存、搬运及加注过程中，以及液压系统设计、制造中，应采取一定的防护、过滤措施以防止油液被污染，使介质的清洁度符合有关规定。液压工作介质要在干净处存放，所用器具应保持干净；最好用丝绸或化纤面料擦洗，以免纤维堵塞元件的细小孔道，造成故障。油箱应加盖密封，过滤器的滤芯应经常检查、清洗和更换。

⑦ 要注意安全，对油液要注意防火；磷酸酯液不要触及人的皮肤。

⑧ 注意工作条件的变化对其性能的影响。应参照相关标准对介质的一些主要性能参数进行定期、经常性的检测。当运行中的液压介质劣化并超出规定的技术要求（换油指标）时，应及时更换工作介质。

⑨ 加入系统的油液量应达到油箱最高油标线位置。正确的加油方法：先加到最高油标线，启动液压泵，使油供至各管路；再加油到油箱油标线，再启动液压泵，这样多次进行，直到油液保持在油标线附近为止。

⑩ 要注意高、低温环境对液压油性能的影响（表 2-6）。

2.6.2 换油方法

液压油液在使用过程中，由于外部因素（空气、水、杂质、热、光、辐射、机械的剪切以及搅动作用等）和内部因素（精制深度、化学组成、添加剂性质等）的影响，介质或快或慢地发生物理、化学变化，逐步地老化变质。油液变化的几种可能表现有：水分增加；机械杂质增加；黏度增大或减小；闪点降低；酸值显著变化；抗乳化性变差；抗泡性变差；稳定性变差等。

为了保证液压系统工作的可靠性，要对油液的一些主要性能参数进行定期、经常性的检测。当液压油液劣化并超出规定的技术要求（换油指标）时，必须换油。常用的三种换油方式如下。

① 定期换油法。根据主机工况条件、环境条件及液压系统所用油品，规定换油周期：按工作情况，半年、一年或运转若干小时（例如 1000h）后换油一次。此种换油方法不够科学，例如油品可能已变质或污染严重，但换油期未到而继续使用；也可能油品尚未变质，但换油期已到而换油，造成浪费。

② 目测检验换油法。定期从运行的液压系统中抽取油样，经与新油对比或滤纸分析，检测其状态变化（如油液变黑、发臭、变成乳白色等）或感觉油已很脏，决定换油。此法因个人经验和感觉不同，而有不同判断结果，故使用中有很大局限性。

③ 定期取样化验换油法。定期测定一些项目（如黏度、酸值、水分及污染度、腐蚀性），与规定的油液劣化指标（换油指标）进行比对，一旦一项或几项超过换油指标，就必须换油。换油指标因主机类型、工作条件及油品不同而异，但定期检测的项目大同小异。HL 和 HM 液压油的换油指标分别见表 2-7 和表 2-8。对于一般运行条件下的液压装置，可在运转 6 个月后检验；苛刻运转条件下的液压装置，应在运转 1～3 个月后进行检验。此法科学性好，可减少油液原因导致的系统故障，又能充分合理利用油液，减少浪费。在具备化验条件时，应尽量采用此法。

换油时的注意事项：换油时应将油箱清洗干净，再通过过滤精度为 $120\mu m$ 以上的过滤器向油箱注入新油；输油钢管要在油中浸泡 24h，生成不活泼的薄膜后再使用；装拆元件一定要清洗干净，防止污物落入；油液污染严重时应及时查明原因并消除。

2.6.3 进口液压设备换用国产油液要点

众所周知，从国外进口的各种液压设备的说明书中一般会分别推荐用许多不同的液压油液，故用户常常会遇到可否用国产液压油液替代国外液压油液的问题。

我国液压油液的品种分类、黏度分类及产品质量相关标准与 ISO 相关标准一致（相当），在技术要求上相同。迄今已生产出质量水平与国际上一致的系列液压油品，且其类别、品种、牌号、名称在国际上有共同语言，在质量技术的表达方式上也是国际通用的，所以，引进液压设备用油大多可找到国产的对应油品。表 2-9 给出了两类常用矿物型液压油的国内外产品对照。对某些液压设备推荐用油未在表中的情况，若示明了国际通用的品种牌号，则可套用国产油品。如果在产品保养说明书中未予推荐，则可按表 2-3～表 2-5 根据工况、温度、压力等选择。但应注意，如果推荐用油性能界于两个质量档次之间，则选用高一档次为宜；需要特别注意引进设备液压元件及系统的结构材料和有关参数，对含有青铜和镀银部件的要慎选 HM 油。

2.7 污染控制

2.7.1 污染及其危害

（1）污染物种类、来源　在液压油液中，凡是油液成分以外的任何物质都认为是污染物。主要有：固体颗粒物、水和空气等，微生物、各种化学物质；系统中以能量形式存在的静电、热能、放射能及磁场等。

污染物来源有三个途径：系统内部残留（如液压元件、油路块、管道加工和液压系统组装过程中未清除干净而残留的型砂、金属切屑、焊渣、尘埃、锈蚀物和清洗溶剂等）；系统外界侵入（如通过液压缸活塞杆侵入的固体颗粒物和水分，以及注油和维修过程中带入的污染物等）；系统内部生成（如各类元件磨损产生的磨粒和油液氧化及分解产生的有害化学物质等）。

（2）油液污染对液压系统的危害　颗粒污物会堵塞和淤积，引起元件故障；加剧磨损，导致元件泄漏、性能下降；加速油液性能劣化变质等。空气侵入会降低油液体积弹性模量，使系统刚性和响应特性变差，压缩过程消耗能量而使油温升高；导致气蚀，元件损坏加剧，引起振动噪声；加速油液氧化变质，降低油液的润滑性；气穴破坏摩擦副耦合件之间的油膜，加剧磨损。油液中侵入的水与油液中某些添加剂的金属硫化物（或氯化物）作用产生酸性物质而腐蚀元件；水与油液中某些添加剂作用产生沉淀物和胶质等有害污染物，加速油液劣化变质；水会使油液乳化而降低油液的润滑性；低温下油液中的微小水珠可能结成冰粒，堵塞元件间隙或小孔，导致元件或系统故障。

2.7.2 污染度及其测量

污染度是评定介质污染程度的一项重要指标，它是指在单位容积油液中固体颗粒物的含量，即油液中固体颗粒污染物的浓度；对于其他污染物（如水和空气），则用水含量和空气含量表述。固体颗粒污染度主要采用两种表示方法：一是质量污染度（mg/L）；二是颗粒污染度，即单位体积油液中所含各种尺寸范围的固体颗粒污染物数量，颗粒尺寸范围可用区间（如 $5\sim15\mu m$，$15\sim25\mu m$）表示，或用大于某一尺寸（如 $>5\mu m$、$>15\mu m$ 等）表示。由于颗粒污染物对元件和系统的危害作用与其颗粒尺寸分布及数量密切相关，因而后者目前被普遍采用。

污染度测定有多种方法，应用较多的是显微镜计数法和自动颗粒计数器法。

① 显微镜计数法。使用微孔滤膜（滤膜直径为 47mm，孔径 $0.8\mu m$ 或 $1.2\mu m$）过滤一定体积的样液，将样液中的颗粒污染物全部收集在滤膜表面，然后在显微镜下利用其测微尺测定颗粒大小，并按要求的尺寸范围计数。此法采用普通光学显微镜，设备简单，容易操作，能直接观察到污染物的形貌和大小并能大致判断污染颗粒的种类，但计数准确性受到操作者经验和主观性的影响，精度较差。

② 自动颗粒计数器法。自动颗粒计数器有遮光型、光散射型和电阻型等，遮光型应用较多，其工作原理见图 2-1（a），主要特点是采用遮光型传感器［图 2-1（b）］。从光源发出的平行光束通过传感区的窗口射向一光电二极管。传感区部分由透明的光学材料制成，被测试样液沿垂直方向从中通过，在流经窗口时被来自光源的平行光束照射。光电二极管将接收的光转换为电压信号，经前置放大器放大后传输到计数器。当流经传感区的油液中没有任何颗粒时，前置放大器的输出电压为一定值。当油液中有一个颗粒进入传感区时，一部分光被颗粒遮挡，光电二极管接收的光量减弱，于是输出电压产生一个脉冲［图 2-1（c）］，其幅值与颗粒的投影面积成正比，由此可确定颗粒的尺寸。传感器的输出电压信号传输到计数器的模拟比较器后，与预先设置的阈值电压相比较。当电压脉冲幅值大于阈值电压时，计数器即计数。通过累计脉冲的次数，即可得出颗粒的数目。计数器设有若干个（如 6 个或 8 个）比较电路（或通道）。预先将各个通道的阈值电压设置在与要测定的颗粒尺寸相对应的值上。这样，每一个通道对大于该通道阈值电压的脉冲进行计数，因而计数器就可以同时测定各种尺寸范围的颗粒数。此法测量速度快，精确度高，操作简便，但设备投资较大；目前已广泛应用于各工业部门，作为油液污染分析的主要方法。

(a) 遮光型颗粒计数器
工作原理示意图

(b) 遮光型传感器
原理示意图

(c) 传感器输出
脉冲电压

图 2-1　遮光型颗粒计数器
1—光源；2—平行光管；3—平行光束；4—传感区；5—样液；
6—透明窗口；7—光电二极管；8—前置放大器；9—计数器

现已有多种油液污染度检测仪器可供选用，如 XP74LJ150 型遮光式颗粒计数器（北京中西泰安技术服务有限公司产品）和 KLD 系列污染度检测仪（北京航峰科伟装备有限公司产品）等。

2.7.3　污染度等级标准

为了便于液压油液污染度描述、评定和控制，需对油液污染度等级进行规定。常用油液污染度等级标准如下。

（1）NAS 1638 污染度等级标准（表 2-10）　这是美国宇航学会标准，它是按照 $5\sim 10\mu m$、$10\sim 25\mu m$、$25\sim 50\mu m$、$50\sim 100\mu m$ 和大于 $100\mu m$ 五个尺寸范围的颗粒浓度划分等级（14 个等级），适应范围广。可以看出，相邻两个等级颗粒浓度的比为 2，因此当油液污染度超过表中 12 级时，可用外推法确定其污染度等级。当采用此标准评定样液的污染度等级时，从测得的五个颗粒尺寸范围的污染度等级中取最高的一级定为样液的污染度等级。

(2) GB/T 14039—2002《液压传动 油液 固体颗粒污染等级代号》 该标准规定油液中固体颗粒污染物等级的表示方法如下。

① 等级数码的确定。等级数码是按每 1mL 油液中的颗粒数来确定的，共分 30 个等级（见表 2-11）。1mL 样液中的上、下限之间，采用了通常为 2 的等比级差，数码每增加一级，颗粒数一般增加一倍。

② 用自动颗粒计数器计数时，油液颗粒污染等级代号的确定。油液颗粒污染度等级代号采用三个数码表示，三个数码应按次序书写，相互间采用一斜线分隔开。其中第一个数码按 1mL 油液中颗粒尺寸不小于 $4\mu m$ 的颗粒数来确定，第二个数码按 1mL 油液中颗粒尺寸不小于 $6\mu m$ 的颗粒数来确定，第三个数码按 1mL 油液中颗粒尺寸不小于 $14\mu m$ 的颗粒数来确定。

例如：污染度等级代号 18/16/13，其中第一个数码 18 表示每 1mL 油液中不小于 $4\mu m$ 的颗粒数在＞1300～2500 之间（包括 2500 在内）；第二个数码 16 表示每 1mL 油液中不小于 $6\mu m$ 的颗粒数在＞320～640 之间（包括 640 在内）；第三个数码 13 表示每 1mL 油液中不小于 $14\mu m$ 的颗粒数在＞40～80 之间（包括 80 在内）。

在应用时，可用"＊"（表示颗粒数太多而无法计数）或"—"（表示不需要计数）两个符号来表示数码。例如：＊/19/14 表示油液中不小于 $4\mu m$ 的颗粒数太多而无法计数，—/19/14 表示油液中不小于 $4\mu m$ 的颗粒不需要计数。

当其中一个尺寸范围的原始颗粒计数值小于 20 时，该尺寸范围的数码前应标注"≥"符号。例如，代号 14/12/≥7，其中第三个数码≥7 表示每 1mL 油液中不小于 $14\mu m$ 的颗粒数在＞0.64~1.3 之间（包括 1.3 在内），但计数值小于 20。这时，统计的可信度降低，故 $14\mu m$ 部分的数码实际上可能高于 7，即表示每 1mL 油液中的颗粒数可能大于 1.3 个。

③ 用显微镜测量油液污染颗粒时，油液颗粒污染等级代号的确定。采用显微镜测量油液污染颗粒时，油液颗粒污染度的等级代号用两个数码表示：其中第一个数码按 1mL 油液中颗粒尺寸不小于 $5\mu m$ 的颗粒数来确定，第二个数码按 1mL 油液中颗粒尺寸不小于 $15\mu m$ 的颗粒数来确定。这两个数码之间用一条斜线分隔开。

为了与用自动颗粒计数器所得到的数据报告保持形式上的一致，代号仍由三部分组成，但第一部分用"—"表示。例如—/16/13。

在采用该标准时，在试验报告、产品样本及销售文件中应使用如下标注说明：油液的固体颗粒污染等级代号，符合 GB/T 14039—2002《液压传动 油液 固体颗粒污染等级代号》(ISO 4406：1999，MOD) 的规定。

2.7.4 液压系统与液压元件清洁度等级（指标）及液压系统（元件）清洁度试验

典型液压系统清洁度等级见表 2-12，各液压元件清洁度指标可参见 JB/T 7858—2006。一个新制造的液压系统（元件）在运行前和正在运转的旧系统都需要按有关规定进行清洁度试验，试验的目的是对液压系统中的油液取样，确定油液的清洁度等级是否合格。试验时，一般先测定污染度等级，然后与典型液压系统的清洁度等级或液压元件清洁度指标进行比对，如果污染度等级在典型液压系统的清洁度等级或液压元件清洁度指标范围内，即认为合格，否则即为不合格。

2.7.5 污染控制措施

污染控制的具体措施见表 2-13 及图 2-2、图 2-3。

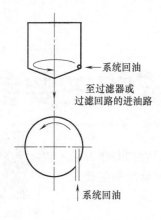

图 2-2　自清洁锥底圆筒形油箱

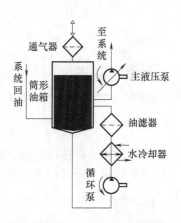

图 2-3　带自清洁油箱和离线过滤回路的液压系统

第**3**章 | 液压系统的主要参数

压力、流量和功率是液压系统常用的三个主要参数，它们是学习和了解液压技术以及对液压系统进行设计计算、使用维护和故障诊断的基础。

第 3 章表格

3.1 压力

3.1.1 压力的定义与计算

液压系统中的压力是指液体在单位面积上所受的法向作用力，用 p 表示。

静止液体中的压力 p ［图 3-1（a）］按液压流体力学中的静压力基本方程计算，即

$$p = p_0 + \rho g h = F/A + \rho g h \tag{3-1}$$

式中，p_0 为液面上的压力，$p_0 = F/A$；F 为液面上的法向作用力，N；A 为液体的受压面积，m^2；$\rho g h$ 为液体自重所形成的压力；ρ 为液体密度，kg/m^3，见第 2 章；g 为重力加速度，m^2/s；h 为液面至计算点的高度。

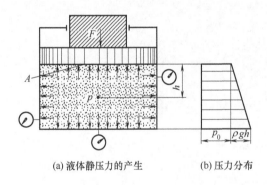

(a) 液体静压力的产生　(b) 压力分布

图 3-1　液体静压力的产生与分布

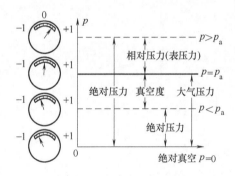

图 3-2　压力的度量

该方程表明：

① 静止液体内任一点处的压力 p 由两部分组成：一部分是液面（承压面积为 A）上的外力 F 产生的压力 p_0，另一部分是该点以上液体自重所产生的压力，即 ρg 与该点离液面深度 h 的乘积。

② 静止液体内的压力随液体深度按线性规律递增［图 3-1（b）］。

3.1.2 压力的单位及分级

（1）压力的计量单位　压力 p 的法定计量单位 N/m^2 称为帕（Pa）；液压工程中常用 MPa（兆帕）作为压力的计量单位。换算关系：

$$1MPa = 10^6 Pa$$

此外，标准大气压、毫米水柱（mmH_2O）或毫米汞柱（mmHg）以及欧美液压元件中使用的 bar（巴）、英制的 psi（pounds per square inch。lbf/in^2，磅力/英寸^2）也是液压技术中一些常见的压力单位。这些压力单位的换算关系如下：

$1\mathrm{bar}=10^5\mathrm{Pa}=0.1\mathrm{MPa}\approx14.5\mathrm{psi}$

1 标准大气压 $=1.01325\times10^5\mathrm{Pa}=1.033\times10^4\mathrm{mmH_2O}(10.33\mathrm{m}$ 水柱高$)=760\mathrm{mmHg}$

1 工程大气压 $=1\mathrm{kgf/cm^2}=98066.5\mathrm{Pa}$

$1\mathrm{lbf/in^2}=6894.757293\mathrm{Pa}=0.068$ 工程大气压

（2）压力的分级　为了便于液压元件及系统的设计、制造及使用，工程上通常将压力分为几个不同等级（表 3-1）。

例 3-1　图 3-1 所示的容器内充满密度 $\rho=900\mathrm{kg/m^3}$ 的液压油液，活塞上的外作用力 $F=1000\mathrm{N}$，活塞面积 $A=1\times10^{-3}\mathrm{m^2}$，忽略活塞的质量。试计算活塞下方深度为 $h=0.5\mathrm{m}$ 处的静压力 p。

解　根据式（3-1），活塞与油液接触面上的压力为 $p_0=F/A=1000/(1\times10^{-3})\mathrm{N/m^2}=10^6\mathrm{Pa}$；则深度为 $h=0.5\mathrm{m}$ 处的液体压力为 $p=p_0+\rho gh=(10^6+900\times9.8\times0.5)\mathrm{N/m^2}\approx1.0044\times10^6\mathrm{N/m^2}\approx10^6\mathrm{N/m^2}=1\mathrm{MPa}$。

由此例可看到，由于 1 标准大气压 $\approx0.1\mathrm{MPa}\approx10^4\mathrm{mmH_2O}$（10m 水柱高），故液体自重所产生的静压力 ρgh 与液压系统在外负载力作用下所产生的几个、几十个乃至上百个兆帕的工作压力相比很小，在液压系统计算和分析中可以忽略不计。因而认为整个静止液体内部的压力近乎相等，这是一个普遍的结论［事实上，由于 1 标准大气压 $\approx0.1\mathrm{MPa}\approx10^4\mathrm{mmH_2O}$（10m 水柱高），即便液压工程中系统元件安装高差达数十米，产生的压力也微不足道］。

3.1.3　压力的传递

液压系统中压力的传递服从帕斯卡原理：静止液体内的压力等值地向液体中各点传递。

例如图 3-1（a）所示的密闭容器，在面积为 A 的活塞上施加作用力 F 时，液体内部即产生压力 $p=F/A$，若在缸壁上任意三处接通压力表，压力表指针指示的压力值都相同。

3.1.4　压力的度量

按度量起点的不同，同一位置的液体压力分为绝对压力和相对压力（图 3-2）。

以绝对真空（绝对零压）为基准度量的液体压力，称为绝对压力。以大气压力 p_a 为基准度量的压力，称为相对压力。

因为大气中的物体受大气压的作用是自相平衡的，所以用普通压力表测出的压力数值是相对压力，故相对压力也常称为表压力。在液压技术中所提到的压力，如不特别指明，一般均为表压力。

由图 3-2 可见，绝对压力和相对压力的关系为：绝对压力＝大气压＋相对压力＝大气压＋表压力。

当液压系统中的绝对压力小于大气压时，称系统出现了真空。真空的程度用真空度表示。其数值是绝对压力不足于大气压力的那部分压力值。此时相对压力为负值。即：真空度＝大气压－绝对压力。液压泵正是利用了工作时吸油腔容积增大产生真空而将油箱中的油液经管道吸入的。

由图 3-2 还可见，以大气压为基准计算压力时，基准处的压力为零压力，基准以上的正值是表压力，基准以下的负值就是真空度。

3.1.5　压力与负载的关系

图 3-3 所示为一液压挤压装置，它由作为输入装置的小液压缸（柱塞直径为 d_1，底面积为 A_1）和作为输出装置的大液压缸（柱塞直径为 d_2，底面积为 A_2）通过中间的管道连接构成。施加在小柱塞上的力为 F_1，由帕斯卡原理，两液压缸及其连接管路中的液体压力

p 相等，当重力及摩擦力忽略不计时，可获得大柱塞上较大的挤压力 F_2，即

$$p = F_2/A_2 = F_1/A_1 \qquad (3-2)$$

改写为 $\qquad F_2 = F_1(A_2/A_1) = F_1(d_2/d_1)^2 \qquad (3-3)$

由式（3-3）可知：

① 由于大小柱塞面积比 $A_2/A_1 > 1$，故用一很小的输入力 F_1，即可推动一个比较大的负载 F_2，液压系统可看作一个力的放大机构。利用这个放大了的力 F_2 可以举升重物（液压千斤顶）、进行压力加工（液压机）和车辆制动（液压制动闸）等。

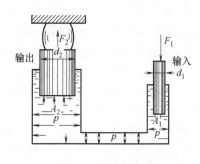

图 3-3　压力与负载

② 若只有外界负载 F_2 的作用，而没有小柱塞的输入力 F_1，即 $F_1 = 0$，则液体在失去"后推"的情况下，不论负载 F_2 多大，也不会产生压力；反之，若移去负载 F_2，即负载 $F_2 = 0$，不计柱塞自重及其他阻力，则液体在失去"前阻"的情况下，不论怎样推动小柱塞（即不论推力 F_1 多大），也不能在液体中产生压力。这表明液压系统中的压力是在"前阻后推"条件下产生的，而且系统压力大小取决于外界负载，即：负载愈大，压力愈高；负载愈小，压力愈低。

3.2　流量

3.2.1　流速

液压系统工作时是靠流动着的有压液体完成动力的传递的。油液在管道、液压缸等元件内流动的快慢即为流速。由于液体具有黏性，故流动液体在管道、液压缸的通流截面上各点的流速 u 不完全相等，如图 3-4 所示，通常用平均流速 v 表示液流的快慢，其单位为 m/s。这样，即可认为在通流截面上各点的流速相等。在液压技术中，一般所说的流速都指平均流速。

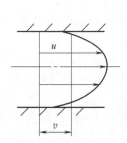

图 3-4　管道中液体的流速

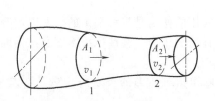

图 3-5　管道中液体连续流动

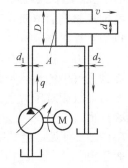

图 3-6　流量与液压缸速度

3.2.2　流量的定义与计算

流速 v 和通流截面积 A 的乘积表示单位时间内流过通流截面的液体的体积，称为流量，用 q 表示，其单位是 m^3/s 或 L/min（升/分）。即

$$q = vA \qquad (3-4)$$

或写为

$$v = q/A \qquad (3-5)$$

由上述可知：

① 在流量一定的情况下，通过不同截面的流速与其通流截面积的大小成反比（图 3-5），

即管子细的地方流速大，管子粗的地方流速小。

② 由于液体的可压缩性很小，一般可忽略不计，故液体在连续管道内流动时，通过每一截面（图 3-5）的液体流量一定是相等的。即

$$q = v_1 A_1 = v_2 A_2 = vA \quad (3\text{-}6)$$

③ 当流量为 q 的液体进入液压缸推动活塞运动时（图 3-6），假设移动的活塞表面积为通流截面积 A，显然液压缸中液体的平均流速与活塞运动速度相等，即 $v = q/A$。

一般情况下，一个已经存在的液压缸的活塞面积 A 是不变的，故液压缸的运动速度 v 取决于液压缸的流量 q。即流量 q 愈大，速度 v 愈大；流量 q 愈小，速度 v 愈小。通过改变（调节）进入或流出液压缸的流量，即可实现液压缸速度的改变（调速）。

3.2.3　油液流经孔口时的流量

孔口（细长孔、薄壁小孔和短孔）与缝隙（平板缝隙和环形缝隙）是液压元件和系统中两类常见结构，它们可用于完成流量调节等功能，有时却会造成泄漏而降低系统的容积效率。本小节介绍油液流经小孔的流量计算方法，下一小节介绍油液流经缝隙的流量计算方法。

（1）细长孔流量计算　当孔口的长径比（通流长度与直径之比）$l/d > 4$ 时，称为细长孔［图 3-7（a）］。通过细长孔液流通常为层流，细长孔的流量 q 可用哈根-泊肃叶（Hagen-Poiseuille）公式计算，即

$$q = \frac{\pi d^4}{128 \eta l} \Delta p \quad (\text{m}^3/\text{s}) \quad (3\text{-}7)$$

式中，Δp 为液体流经小孔前后的压差，Pa；η 为油液的动力黏度，Pa·s。

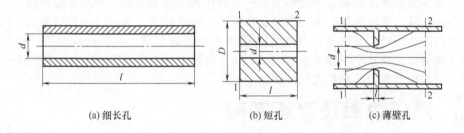

(a) 细长孔　　　　　(b) 短孔　　　　　(c) 薄壁孔

图 3-7　常见孔口流动

（2）薄壁孔口流量计算　当孔口的长径比 $0.5 \leqslant l/d \leqslant 4$ 时，称为短孔［图 3-7（b）］；当小孔的长径比 $l/d \leqslant 0.5$ 时，称为薄壁小孔［图 3-7（c）］。油液流经短孔和薄壁小孔的流量可共用薄壁孔口的流量公式计算，即

$$q = C_d A_0 \sqrt{2\Delta p/\rho} \quad (\text{m}^3/\text{s}) \quad (3\text{-}8)$$

式中，C_d 为流量系数，对于薄壁小孔一般取 $C_d = 0.60 \sim 0.61$，对于短孔，C_d 可按图 3-8 所示的图线查取；A_0 为小孔通流面积，$A_0 = \pi d^2/4$（d 为小孔直径，m），m^2；Δp 为液体流经小孔前后的压差，Pa；ρ 为液体密度，kg/m^3。

短孔比薄壁孔口容易加工，故适合用作固定节流器。薄壁小孔的孔口边缘都做成刃口形式。因其流程短，沿程压力损失很小，通过小孔的流量对油温的变化不敏感，它适合于作液压元件及系统的节流器。

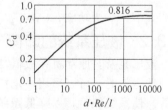

图 3-8　短孔的流量系数

d—小孔直径；Re—雷诺数；l—孔口长度

（3）孔口流量通用公式　综合细长孔、薄壁小孔和短

孔的流量公式可归纳出一个通用公式，即

$$q = CA\varphi\Delta p \qquad (3-9)$$

式中，C 为由孔口形状、液体性质及流态等因素决定的系数，对于细长孔有 $C = d^2/(32\eta l)$，对于薄壁小孔和短孔有 $C = C_d\sqrt{2/\rho}$；A 为孔口通流面积；$\Delta p(= p_1 - p_2)$ 为孔口前、后压力差；φ 为由节流口形状决定的节流阀指数，其值在 $0.5 \sim 1.0$ 之间，薄壁小孔 $\varphi = 0.5$，细长孔 $\varphi = 1$。

孔口流量通用公式可用于孔口及液压阀的流量压力特性分析和液压系统故障诊断排除。

3.2.4　油液流经缝隙时的流量

平行平板缝隙和圆柱环形缝隙是液压元件和系统中两类常见的缝隙，其流量计算公式见表 3-2 和表 3-3。

① 缝隙流量可理解为液压元件相对运动的两个耦合件缝隙中的泄漏量。由表 3-2 和表 3-3 容易看出，缝隙量 δ 的大小对泄漏量及泄漏造成的功率损失有很大影响，δ 越小，泄漏量及泄漏功率损失也越小，但 δ 的减小会增大压力差及液压元件中的摩擦功率损失。δ 有一个使泄漏功率损失与摩擦功率损失之和达到最小的最佳值。

② 由表 3-3 中公式可见，最大偏心环形缝隙的流量是同心环形缝隙流量的 2.5 倍。为了减小圆环缝隙的泄漏量，应使圆柱配合副处于同心状态。

③ 当圆柱配合副（如圆柱滑阀的阀芯与阀体孔）因加工误差带有一定锥度并存在偏心时，两相对运动零件间形成圆锥环形间隙，其间隙大小沿轴线方向变化。两侧压力不平衡会使外圆柱受到一个液压侧向力（径向力）的作用，而使之紧贴于孔的内壁上，产生液压卡紧现象。液压卡紧将增大移动件的驱动力，引起动作失常故障、加大滑动副的磨损、降低元件的使用寿命。除了提高圆柱配合副的制造精度外，减小液压卡紧力的一般措施是在阀芯或圆柱表面开径向均压槽，使槽内液体压力在圆周方向处处相等。均压槽位置尽可能靠近高压端，均压槽的宽度和深度一般为 $0.3 \sim 1.0$mm，槽距 $1 \sim 5$mm。实践表明，开三个等距离的均压槽可使液压卡紧力减小到无均压槽时的 6%。

3.3　液压功率及系统卸荷

3.3.1　液压功率及计算

如图 3-6 所示，液压缸的活塞在时间 t 内，以力 F 推动工作机构移动距离 s，所做的功 W 为 $W = Fs$。单位时间内所做的功是功率 P，即

$$P = W/t = Fs/t = Fv$$

因为 $F = pA$，$v = q/A$，所以 $P = pAq/A = pq$。

经单位换算后得到

$$P = pq/60 \qquad (3-10)$$

式中，P 为功率，kW；p 为压力，MPa；q 为流量，L/min。

3.3.2　液压系统的卸荷

液压泵及其原动机在极低功率下运转称为系统卸荷或系统卸载。当液压执行元件在等待或间歇运转时，可以采用一定措施或通过一定途径（例如采用压力补偿变量泵或设置卸荷油路等）使系统卸荷，以降低系统无功能耗和发热，保证系统性能良好。由式（3-10）可知，系统流量很大但压力极低，或压力很高而流量很小，均可实现系统卸荷，前者称为压力卸荷，后者称为流量卸荷。

第4章 液压能源元件

4.1 液压泵的构成与基本原理

液压系统的能源元件为各种类型的液压泵，其作用是将原动机的机械能转变为液压能，给系统提供具有一定压力和流量的压力油。

第 4 章表格

4.1.1 基本原理

液压泵属动力泵，即以油液作为载能介质来传递动力。液压泵都是容积式的，都是依靠密封工作腔容积的变化来实现吸油和压油的。典型容积式液压泵模型是图 4-1 所示的单柱塞泵，图中点画线内的部分为泵的组成构件。泵的基本工作原理说明如下。

当原动机带动具有偏心 e 的传动轴（转子）1 旋转时，柱塞（挤子）2 受传动轴和弹簧 4 的联合作用在缸体 3（定子）中往复移动。当传动轴在 $0\sim\pi$ 范围内转动时，柱塞 2 右移，缸体中的密封工作容腔 5 的容积变大，产生局部真空，油箱 8 中的油液在大气压作用下顶开吸油阀 7 进入工作容腔而填充增大的容积，此即泵的吸油过程；当传动轴在 $\pi\sim2\pi$ 范围内转动时，柱塞被压缩左移，工作容腔 5 的容积减小，腔内已有的油液受压缩而压力增大，通过压油阀 6 输出

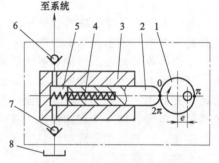

图 4-1 液压泵的基本工作原理
1—传动轴；2—柱塞；3—缸体；
4—弹簧；5—密封工作腔；
6—压油阀；7—吸油阀；8—油箱

到系统，为压油过程。偏心传动轴转动一周，泵吸、压油各一次。原动机驱动偏心传动轴不断旋转，液压泵就不断吸油和压油。

4.1.2 容积式液压泵的构成条件

上述单柱塞液压泵具有容积式液压泵的基本结构原理特征，其构成条件如下。

① 具有定子、转子和挤子，它们因液压泵的结构不同而异。

② 具有若干个密封且可周期性变化的空间；泵的排油量与此空间的容积变化量 [此处为 $V=(\pi d^2/4)L$，d、L 分别为柱塞直径和行程] 和单位时间内变化的次数成正比，而与其他因素无关。

③ 具有相应的配油（流）机构，将吸油腔和压油腔隔开，保证泵有规律地吸、排液体。配油机构也因液压泵的结构不同而异。图 4-1 所示单柱塞液压泵中的配油机构为两个止回阀（吸油阀 7 和压油阀 6）。

④ 油箱内液体的绝对压力必须恒等于或大于大气压力。为保证泵正常吸油，油箱必须与大气相通或采用密闭的充压油箱（如飞机的液压油箱）。

4.1.3 液压泵类型及图形符号

液压泵有多种类型，其详细分类见图 4-2。本章着重对应用量大面广的轴向柱塞泵进行

介绍，对叶片泵和齿轮泵仅作简要介绍。

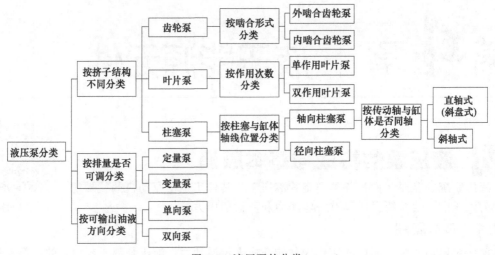

图 4-2　液压泵的分类

表 4-1 为常用液压泵图形符号。它由一个圆加上一个实心三角或两个实心三角来表示，三角箭头向外，表示排油的方向。一个实心三角为单向泵，两个实心三角为双向泵。圆上、下两垂直线段分别表示排油和吸油管路（油口）。图中无箭头的为定量泵，有箭头的为变量泵。圆侧面的两条横线和曲线箭头表示泵传动轴做旋转运动。双联泵是在一个泵壳内装有两套转子并共用一个原动机驱动的泵，双联泵中的两台泵排量既可不同也可相同，二者既可合流供油，也可各向一个回路供油，还可以一台工作而另一台卸荷，以满足液压系统对不同流量的需求，达到功率合理使用从而实现节能的目的。基于这一思想，还有三联、四联、五联甚至六联的多联液压泵。

4.2　液压泵主要性能参数

4.2.1　工作压力、额定压力和最高允许压力

液压泵的工作压力 p 是指泵实际工作时的输出压力（单位为 MPa），其大小取决于外负载的大小和压油管路上的压力损失，与泵的流量无关。液压泵额定压力 p_s 是指泵在正常工作条件下按试验标准规定能连续运转的最高压力，超过此值就是过载。液压泵最高允许压力 p_{max} 是指泵在超过额定压力下，按试验标准规定，允许液压泵短暂运转的最高压力（亦称峰值压力），它受泵本身构件强度和密封性能等因素的制约。

4.2.2　排量、转速和流量

液压泵的排量 V 是指泵的传动轴在无泄漏情况下每转一转，由其密封容腔几何尺寸变化所决定的排出液体的体积，其单位为 m^3/r 或 mL/r。

液压泵的公称转速 n 是指在额定压力下能连续运转的最高转速（单位为 r/min）。最高转速 n_{max} 是指在额定压力下超过公称转速而允许短暂运转的转速；最低转速 n_{min} 是指为保证使用性能所允许的转速。

液压泵在无泄漏的情况下单位时间内所能排出的液体体积称为泵的理论流量 q_t（单位为 m^3/s 或 L/min）。当泵在公称转速为 n 下运转时，泵的理论流量：

$$q_t = Vn \tag{4-1}$$

液压泵的实际流量 q 指泵工作时实际输出的流量。液压泵的额定流量 q_s 指在正常工作条件下，按规定必须保证的流量，即泵在额定转速和额定压力下所能输出的实际流量。

4.2.3 容积效率、机械效率和总效率

由于液压泵存在泄漏和各种摩擦，故泵在工作过程中会有能量损失，即输出功率小于输入功率，两者之差即为功率损失。功率损失表现为容积损失（流量损失）和机械损失两部分，功率损失的大小用效率来表示。

（1）容积效率　容积损失是泵存在内泄漏（泄漏流量为 Δq）所造成的，故泵的额定流量和实际流量都小于理论流量。实际流量可表示为

$$q = q_t - \Delta q \tag{4-2}$$

泄漏流量 Δq 和实际流量 q 都与泵的工作压力 p 有关，工作压力增大时，泄漏流量 Δq 大，而实际输出的流量 q 减小（图 4-3）。

容积损失用容积效率 η_v（实际流量与理论流量之比）表示，即

$$\eta_v = q/q_t \tag{4-3}$$

在液压泵的产品铭牌或技术文件上会给出额定压力下的容积效率 η_v 的具体数值，它反映了液压泵密封性能的优劣或抵抗泄漏的能力强弱。

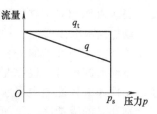

图 4-3　液压泵流量与压力的关系

（2）机械效率　机械损失是泵内运动机件间的摩擦和液体的黏性摩擦损失等所造成的，故驱动泵的实际输入转矩 T 总是大于其理论上需要的转矩 T_t。

机械损失用机械效率 η_m（理论转矩与实际输入转矩之比）表示，即

$$\eta_m = T_t/T \tag{4-4}$$

（3）总效率　液压泵的总损失用泵的总效率（输出功率 P_o 与输入功率 P 之比）η 表示，它是容积效率与机械效率之积，即

$$\eta = P_o/P = \eta_v \eta_m \tag{4-5}$$

4.2.4 驱动功率

液压泵由原动机驱动，输入的是机械能（转速和转矩），而输出的是液体的压力能（压力和流量）。由于容积损失和机械损失造成功率损失的存在，所选定的驱动液压泵的原动机功率（即泵的输入功率）应大于泵的输出功率。一般计算式为

$$P = pq/\eta \tag{4-6}$$

式中，P 为功率，W；p 为压力，Pa；q 为流量，m^3/s。

以工程实际中常用单位表达的计算公式为

$$P = pq/(60\eta) \tag{4-7}$$

式中，P 为功率，kW；p 为压力，MPa；q 为流量，L/min。

4.2.5 自吸能力

自吸能力是指液压泵在额定转速下，从低于泵吸油口通大气的开式油箱自行吸油的能力。

自吸能力的大小可用吸油高度（见图 4-4，一般≤500mm）或者吸油真空度（一般≤0.03MPa）表示。自吸能力受到气穴气蚀条件限制。

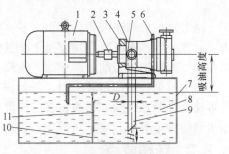

图 4-4　液压泵的吸油高度

1—电动机；2—联轴器；3—支架；4—液压泵；5—排油口；6—泄漏油管；7—油箱；8—油液；9—吸油管路；10—隔板；11—滤网

4.3 液压泵典型品种之———斜盘式轴向柱塞泵

柱塞泵是靠柱塞在专门的缸体孔中往复运动进行吸油和压油的一类液压泵。与图 4-1 所示容积泵模型——单柱塞泵不同的是,液压系统中使用的大多数柱塞泵的壳体只起连接和支承各工作部件的作用,故是一种壳体非承压型泵。柱塞泵的构造复杂程度和制造成本处于各类液压泵之首。按柱塞和缸体的位置关系,它分为轴向柱塞泵〔直轴式(斜盘式)和斜轴式〕和径向柱塞泵两大类,其中轴向柱塞泵应用较广。

4.3.1 工作原理

在斜盘式轴向柱塞泵(图 4-5)中,柱塞 3 安装在缸体 4 内均布的柱塞孔中,柱塞的头部安装有滑靴 2,由于回程机构(图中未画出)的作用,滑靴底部始终紧贴斜盘 1 的表面运动。斜盘表面相对于缸体平面(A—A 面)有一倾斜角 γ。当原动机驱动的传动轴 6 通过缸体带动柱塞一起旋转时,柱塞在柱塞孔内做往复直线运动。为了使柱塞的运动和吸油路、压油路的切换实现准确的配合,在缸体的配流端面和泵的吸油通道、压油通道之间安放了一个固定不动的配流盘(也称配油盘)5。配流盘上开有两个弧形通道,即腰形配流窗口。配流盘的正面和缸体配流端面紧密贴合,并且相对滑动;而在配流盘的背面,应使两腰形配流窗口分别和泵的吸油路、压油路相通。

当缸体按图 4-5 所示方向旋转时,在 0°～180°范围内,柱塞在回程机构作用下,由上止点(对应 0°位置)开始伸出,柱塞腔容积不断增大,直至下止点(对应 180°位置)为止。在此过程中,柱塞腔刚好与配流盘 5 的吸油窗口相通,油液被不断地吸入到柱塞腔内,这就是吸油过程。

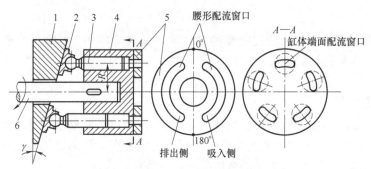

图 4-5 斜盘式轴向柱塞泵结构原理
1—斜盘;2—滑靴;3—柱塞;4—缸体;5—配流盘;6—传动轴

随着缸体的继续旋转,在 180°～360°范围内,柱塞在斜盘的约束下由下止点开始缩回腔内,柱塞腔容积不断减小,直至上止点为止。在此过程中,柱塞腔刚好与配流盘 5 的压油窗口相通,油液通过压油窗口排出,这就是压油过程。

由上可见,缸体每转一周,每个柱塞进行半周吸油和半周压油。如果柱塞泵不断旋转,便可连续不断地吸油和压油。泵的排量与柱塞的行程长度 s 亦即斜盘倾角 γ 大小有关。当 γ 不可调时为定量泵;当 γ 可调时,就能改变柱塞行程的长度 s,即为变量泵。

4.3.2 结构要点

(1)柱塞-斜盘摩擦副 斜盘式轴向柱塞泵的柱塞头部与斜盘有球头型点接触和滑靴型面接触两种摩擦副形式。前者结构简单,但泵工作时柱塞头部与斜盘接触点受到很大接触应力,故不适用于高压场合。对于高压斜盘式轴向柱塞泵,一般采用后者(图 4-6),它是在柱塞 6 的球头加装滑靴 2(球窝滑靴与柱塞球头多用滚压包球工艺铰接而成)。为了减小滑靴底部的接触应力，在滑靴底部开有油室，将缸孔中的压力油经柱塞和滑靴中间的小孔引入其中，使来自柱塞油腔的推力与该油室的油压力相平衡（称为液压平衡），形成一液体静压推力支承。这种有润滑的面接触，可大大降低柱塞与斜盘的磨损及摩擦损失，使泵的工作压力大幅提高，但结构也较复杂。

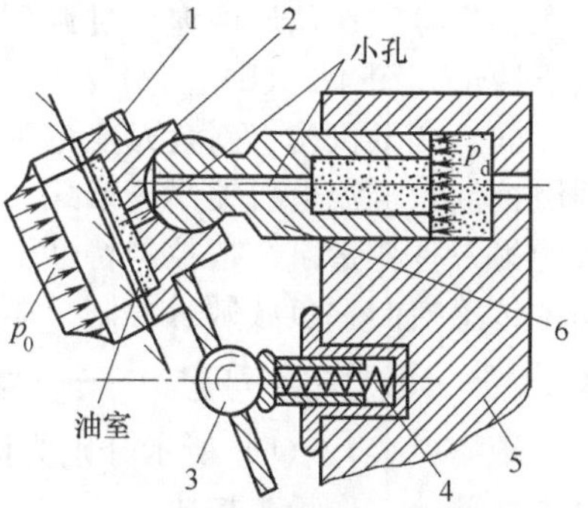

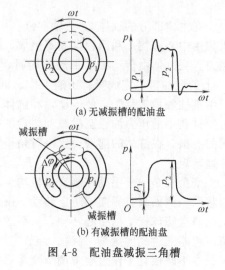

图 4-6　球窝滑靴柱塞组件和
非通轴泵的弹簧回程机构
1—回程盘；2—滑靴；3—钢球；
4—弹簧；5—缸体；6—柱塞

（2）缸体孔-柱塞摩擦副　为了延长缸体的使用寿命，柱塞孔有时装入耐磨合金缸套，有的则用烧结或其他方法覆以耐磨层。为了减轻重量，改善泵的特性，柱塞内部一般都做成空心形式（图 4-6）。为了减小柱塞与缸体孔之间的环形缝隙泄漏，柱塞孔径向间隙一般控制在 0.02～0.04mm 范围内。

（3）配油盘-缸体端面摩擦副　配油盘在分配油液进出的同时，会承受缸体由于加工误差和运转中的倾斜力矩作用产生的偏心载荷。配油盘与缸体端面的间隙过大会加大内泄漏而降低容积效率，反之，则配流盘磨损加剧，降低泵的寿命。缸体悬浮在配油盘之间的油膜上是二者的理想接触状态。为了控制不均匀间隙，在配流盘或缸体的结构上采取浮动配油盘、浮动缸体、浮动过渡板等措施，以相对浮动进行间隙自动补偿。

（4）柱塞的回程（外伸）　斜盘式轴向柱塞泵的压油过程可借助斜盘推动柱塞强制缩回，但在吸油过程中必须依靠其他回程机构使柱塞外伸，以保证滑靴在任何时候都紧贴斜盘斜面而不脱离。轴向柱塞泵通常采用图 4-6 和图 4-7 所示的中心弹簧回程机构。中心弹簧的弹簧力通过套筒、钢球或球铰、回程盘带动滑靴和柱塞回程，而靠斜盘强迫缩回，吸油能力较强，其中的弹簧承受静载荷，其压缩量不随泵主动轴的转动而变，弹簧不会产生疲劳破坏，故此种结构被广泛采用。

（5）配油盘减振三角槽　为了保证柱塞泵的密封，如图 4-8（a）所示，柱塞泵的密封工作容腔也会在既不和配油盘的吸油窗口 p_1 相通，也不和压油窗口 p_2 相通的过渡区（虚线腰形孔）产生困油现象及压力冲击。为此，通常在配油盘的吸、压油窗口的端部开设有减振三角槽 [图 4-8（b）]。这样可使柱塞工作容腔离开吸油窗口后并不立即与压油窗口相通，利用困油现象对工作容腔中的油液进行一定的预压缩，然后再与压油窗口相通。同样，可使

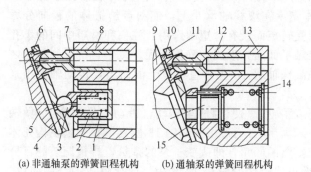

(a) 非通轴泵的弹簧回程机构　(b) 通轴泵的弹簧回程机构
图 4-7　柱塞的中心弹簧回程机构
1,14—中心弹簧；2—套筒；3—钢球；4,11—回程盘；
5,9—斜盘；6,10—滑履；7,12—柱塞；8,13—缸体；15—球铰

(a) 无减振槽的配油盘

减振槽

(b) 有减振槽的配油盘
图 4-8　配油盘减振三角槽

柱塞工作容腔在从压油窗口过渡到吸油窗口的过程中进行预泄压。设置三角槽后可大大改善液压冲击 [图 4-8 (b)]。

（6）变量机构　斜盘式变量轴向柱塞泵的变量机构有手动控制、液压控制、电液数字或伺服控制、直流电机控制等形式，这些泵的主体部分基本相同，只要更换不同的变量头就能成为另一种变量泵。按控制特性不同，变量柱塞泵有恒压控制、恒流量控制、恒功率控制和功率传感控制（负载敏感控制）等结构类型。

4.3.3　典型结构之———手动变量轴向柱塞泵

图 4-9 (a)、(b) 所示分别为国产 SCY 系列手动变量轴向柱塞泵的结构和实物外形。它由主体部分＋变量头构成。

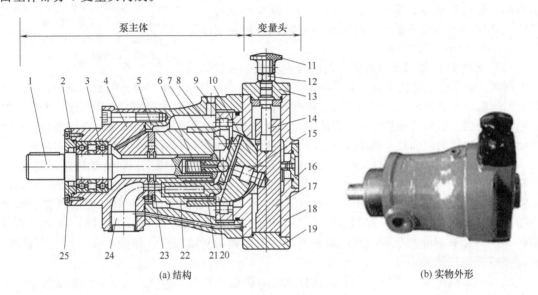

(a) 结构　　　　　　　　　　(b) 实物外形

图 4-9　SCY 系列手动变量轴向柱塞泵

1—传动轴；2—法兰盘；3—滚珠轴承；4—泵体；5—壳体；6—中心弹簧；7—球铰；8—回程盘；9—滚柱轴承；
10—斜盘；11—调节手轮；12—锁紧螺母；13—上法兰；14—调节螺杆；15—销轴；16—刻度盘；17—变量活塞；
18—变量壳体；19—下法兰；20—滑靴；21—柱塞；22—缸体；23—配流盘；24—压油口；25—骨架油封

在主体部分的缸体 22 的轴向缸孔中装有柱塞 21，各柱塞的球形头部装有滑靴 20。回程机构由中心弹簧 6 和回程盘 8 等组成，将滑靴紧压在斜盘 10 的斜面上，使泵具有一定自吸能力。当缸体由传动轴 1 带动旋转时，柱塞相对缸体做往复运动，缸底的通油孔经配流盘 23 上的配油窗口完成吸、压油工作。缸体支承在滚柱轴承 9 上，使斜盘给缸体的径向分力可由滚柱轴承来承受，使传动轴和缸体只受转矩而没有弯矩的作用。柱塞和滑履中间的小孔可使缸孔中的压力油通至滑履和斜盘的接触平面间，形成一静压油膜，减小了滑履和斜盘之间的磨损。在缸体的前端设置一对角接触滚珠轴承 3，用来直接承受侧向力，传动轴仅用来传递转矩。

变量头是一个手动控制变量机构。调节手轮 11 使螺杆 14 转动，带动变量活塞 17 做轴向移动（侧面装有导向键防止转动，图中未画出）。通过中间销轴 15 使支撑在变量机构壳体上的斜盘绕球铰 7 的中心转动，从而改变斜盘的倾角，即改变了泵的排量，排量调节的百分值可粗略通过刻度盘 16 观测。调节完毕后可通过锁紧螺母 12 紧固。此变量机构结构简单，但操纵不轻便且工作过程中调节变量必须卸荷操作。

该泵的额定压力达 31.5MPa，容积效率高达 95％。

4.3.4 典型结构之二——恒压控制变量轴向柱塞泵

恒压控制变量轴向柱塞泵，简称恒压变量泵，是通过改变流量以保持出口压力恒定的液压泵。恒压变量泵中的恒压变量机构是通过泵出口压力与变量机构压力调定值之间的差值来调节泵的输出流量，从而使泵保持出口压力为定值。此类泵在系统压力未达到调定值之前为定量泵，向系统提供泵的最大流量；当系统压力达到调定值后，不论输出流量如何变化，其输出压力恒定，故称为恒压变量泵。

如图 4-10 (a) 所示，泵的恒压变量机构由先导变量控制阀（包括控制阀芯、控制弹簧和调压螺钉等）、差动变量活塞、变量弹簧以及排量限位螺钉等构成。先导变量控制阀对推动斜盘的差动变量活塞起控制作用。泵的压力通过变量控制滑阀的压力控制弹簧进行设定，变量弹簧的推力将泵的斜盘倾角推至最大。泵的图形符号有图 4-10 (b) 所示两种画法。泵的实物外形如图 4-10 (c) 所示。

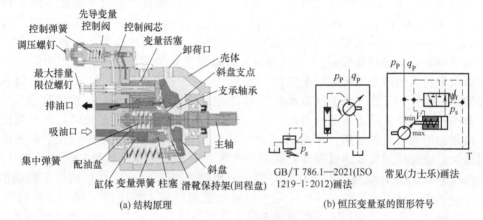

(a) 结构原理

GB/T 786.1—2021(ISO 1219-1: 2012)画法　　常见(力士乐)画法

(b) 恒压变量泵的图形符号

(c) 实物外形

图 4-10　恒压变量泵的结构组成、图形符号及实物外形

图 4-11 (a)、(b) 所示分别为泵的恒压变量机构及其压力-流量特性。工作时，泵出口工作压力 p_P 被引入先导控制滑阀 1 的左端，形成的液压推力 $p_P A_c$（其中 A_c 为控制滑阀有效作用面

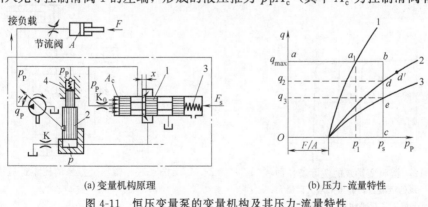

(a) 变量机构原理　　　　　　　　(b) 压力-流量特性

图 4-11　恒压变量泵的变量机构及其压力-流量特性
1—控制滑阀；2—差动变量活塞；3—压力控制弹簧；4—变量弹簧

积）和右端压力控制弹簧的作用力 F_s 相比较。F_s 代表了恒压泵的设定压力 p_s，即 $p_s = F_s/A_c$。

当泵的工作压力 $p_P < p_s$ 时，滑阀 1 的开度 $x = 0$，差动变量活塞 2 大直径端的压力 $p = 0$，在变量弹簧 4 的推动下，活塞 2 将斜盘推向 γ 角最大的位置，使泵保持最大流量 q_{max} [图 4-11（b）中的水平线 ab]。

当泵的工作压力随负载增大到泵的给定值，即 $p_d = p_s$ 时，滑阀 1 左端的液压推力 $p_P A_c$ 将克服弹簧力 F_s，把阀口打开，形成一开度为 x 的可变节流口，它和固定节流器 K 构成串联阻力回路。利用该阻力回路可控制差动变量活塞 2 的大端压力 p：当开度 x 增大时，压力 p 升高；当 x 增大到一定程度，压力 p 便能推动差动变量活塞 2 向上移动，带动斜盘，使 γ 角减小，泵的流量也随之减小。因先导控制滑阀 1 只是对推动斜盘的差动变量活塞 2 起控制作用，故尺寸可做得非常小，因此弹簧 3 的刚度也很小。所以当 $p_P = p_s$ 时，控制滑阀 1 的阀口开度在理论上可以是任意的，差动变量活塞位置及斜盘角 γ 也都具有任意性。这表明当 $p_d = p_s$ 时，泵可能在 $q = 0$ 到 $q = q_{max}$ 之间的任一流量下工作 [图 4-11（b）中的恒压线 bc]。如果外部负载过大，要求泵的压力 $p_P > p_s$，则泵是不能工作的。因为当 p_P 达到 p_s 并有继续升高的趋势时，控制滑阀 1 的开度 x 早已达到最大，差动变量活塞大端压力也达到最大，将斜盘推到 $\gamma = 0$ 的位置，使输出流量为零。在实际应用中需采用带节流阻力的负载与恒压泵在恒压区匹配工作。图 4-11（b）中的曲线 1、2、3 是节流阀不同开度（亦即不同阻力）下的三条节流负载的压力-流量特性曲线，它们和 bc 恒压线交于 d、e。节流负载的特点是不要求固定的压力，一个工作压力便对应一个确定的流量，而且随压力的升高，流量也增大。这样一来，曲线 2、3 和恒压泵的恒压特性线 bc 的交点 d、e 便是稳定的工况点。形成这些工况点的过程是：假如受干扰，工作点偏移，例如工作点 d 沿压力-流量特性曲线移到 d' 点，流量增大，泵的工作压力也随之高于 p_s，这样就破坏了控制滑阀 1 的受力平衡状态，接着出现阀口开度 x 增大、差动变量活塞大端压力 p 增大、斜盘的 γ 角减小使流量减少。这个反馈过程一直要到工况点恢复到原来的 d 点（即泵的工作压力 p_P 等于 p_s）为止。由此可见，恒压变量泵确实能提供一个压力为 p_s 的恒压油源。

图 4-12 所示为恒压变量泵的控制特性曲线，调节控制弹簧改变 F_s 即可得到压力不同的恒压特性。

恒压变量泵可用于节流调速系统；液压系统保压，输出流量只补偿系统泄漏；用作电液伺服系统的恒压油源等。例如恒压变量泵用作单个执行元件的系统油源（图 4-13），可实现流量适应，即只输出负载所需流量，亦即泵的输出流量 q_P 与节流阀流量 q_s 及负载流量 q_A 均相等，无过剩流量，达到节能目的；再如恒压变量泵用作多执行元件系统的油源（图 4-14），通过改变输出流量，保持出口压力恒定，可避免多执行元件中间的相互干扰。

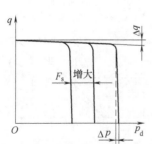

图 4-12 恒压变量泵的实际特性曲线

Δq—泵的泄漏量，随压力增大而增大；

Δp—恒压变量机构的控制压力偏差

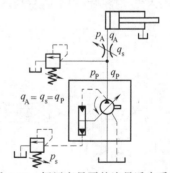

图 4-13 恒压变量泵的流量适应系统

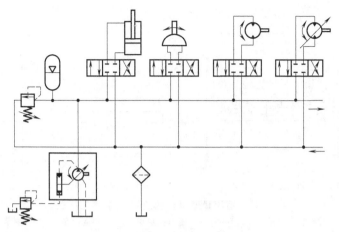

图 4-14　恒压变量泵的防干扰系统

恒压变量泵的调整要点［参见图 4-10（a）］如下。

① 最高设定压力的调节。首先要保证泵在工作状态，出口（排油口）流量为零。在实际操作中开泵并关闭泵出口的方向阀即可。其次通过调压螺钉调整变量控制阀的调压弹簧的预紧力并通过压力表观测压力升高值，直至要求的压力，调毕锁紧螺钉。

由此可看出：如把变量控制阀换成比例阀，则该泵即成为电液比例恒压变量泵；如换成步进电机控制的数字阀，即成为电液数字恒压变量泵。

② 最大排量的调整。如图 4-10（a）所示，在恒压变量泵中，装有排量限制器，其作用是减小泵的最大工作容积（排量）。泵在固定转速下，当往里旋拧排量限制器的螺母时，变量泵的最大排量就减小了。绝大多数的变量柱塞泵通过此方法都可将样本上的最大排量缩至一半，这样可防止执行元件（液压缸或液压马达）的速度过快。

具体的调整方法是：首先保证泵进出油口通畅，泵的工作压力较低，以保证变量控制活塞能够和斜盘紧贴在一起；其次，在泵的出口安装一个流量计，调节排量限制器的螺母，直至排量达到要求的数值即可。

应当注意，有时泵上有两个形状类似的螺母（可能相邻或在不同的位置），其中有一个很可能就是最小排量的限制器（限制最小流量不为零，因在某些工况下系统流量为零很可能造成某些问题），在调整之前必须仔细检查清楚。

4.3.5　典型结构之三——恒流量控制变量轴向柱塞泵

恒流量变量机构可使泵在转速和容积效率发生变化时，保持泵的输出流量不变，从而满足液压执行机构的速度恒定的要求。

显然，当泵的转速变化但又要求保持流量不变时，就必须及时调节泵的排量。若要使这一调节能自动进行，就当以流量为输入信号构成一个自动控制系统。但在控制系统中直接检测流量是困难的，故通常是利用节流原理，通过检测节流口将流量信号转换为压差信号。

图 4-15 所示为一个恒流量变量机构的原理图，它与图 4-11（a）所示的恒压变量机构相比较，容易看出二者的区别仅在于输送到控制滑阀 1 的压力信号来源不同。恒压变量机构的信号来自泵的出口压力 p_P 实现恒压特性；而恒流量变量机构是以检测节流口 5 的前后压差 Δp 为信号，对泵的流量进行调节和控制，使 Δp 保持为给定的数值，这意味着泵的流量在受到转速变化、泄漏等干扰发生变化后，经过恒流量变量机构的调节，又恢复到原来的数值，就形成恒流量特性。

如图 4-15（a）所示，恒流量变量泵的具体工作过程为：当泵的流量 q_P 受干扰偏离了

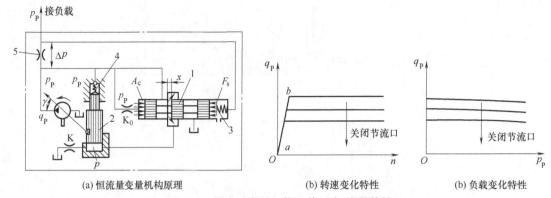

图 4-15　恒流量变量机构及其压力-流量特性

1—控制滑阀；2—差动变量活塞；3—压力控制弹簧；4—变量弹簧；5—检测节流口

调定值，例如大于调定值时，检测节流口 5 上的压差信号 Δp 增大，控制滑阀 1 两端的液压推力 $\Delta p A_c$ 大于弹簧 3 的弹簧力 F_s，即 $\Delta p > F_s/A_c$，滑阀右移，使开度 x 增大，差动变量活塞 2 大端压力 p 随之上升，推动斜盘，γ 角减小，泵的输出流量 q_P 减少；反之，当泵的流量 q_P 受干扰而小于调定值后，检测节流口压差 Δp 减小，$\Delta p < F_s/A_c$，弹簧力 F_s 推动滑阀左移，使开度 x 减小，差动变量活塞 2 的大端压力 p 下降，在小端高压作用下，推动斜盘，γ 角增大，流量 q_P 增大。这一过程，一直自动进行到 $\Delta p = F_s/A_c$，使控制滑阀 1 重新平衡为止，亦即恒流量变量机构在克服了外部干扰后，又使流量恢复到调定值。

所谓流量调定值，是指在流量检测节流口上产生压力降 $\Delta p = F_s/A_c$ 时的流量。如果泵的转速 n 过低，泵的排量被调到最大时，流量仍然小于调定值，恒流量变量泵已无法维持流量的恒定，流量将沿图 4-15（b）中的斜线 ab 随转速 n 上升。图 4-15（b）、（c）分别表示当转速 n 和负载压力 p_P 变化时，恒流量变量泵的理论特性。

恒流量变量泵可用于要求液压执行元件速度恒定的设备中，如船舶、车辆及运输机械等设备的液压系统中。但这种泵的流量控制精度不高，误差达 3%～5%，在一定程度上限制了其推广应用。

4.3.6　典型结构之四——恒功率控制变量轴向柱塞泵

恒功率控制变量轴向柱塞泵，简称恒功率变量泵，是根据出口压力调节泵的输出流量，使泵的输出流量与压力的乘积近似保持不变，因而使原动机输出功率大致保持恒定。恒功率变量机构也称压力补偿变量机构，它使液压泵流量随出口油压近似地按恒功率特性变化。

图 4-16（a）所示为这种恒功率（带伺服放大）变量泵的变量机构，图中变量活塞 1 是一个上大下小的差动活塞，内装伺服滑阀 2 [图 4-16（c）是其放大图]，并且变量活塞 1 受伺服滑阀 2 控制。滑阀上部通过 T 型槽和阀杆 3 相连，并受到安装在阀杆上的内、外弹簧 4 和 5 的作用，下部环槽 d 受到泵出口油压的作用。液压原理图如图 4-16（b）所示。

来自泵出口的压力油（压力为 p_P）通过单向阀 9 进入变量活塞 1 下腔室 a，并通过变量活塞中的孔道 b 引至滑阀的环槽 d 和环槽 c [图 4-16（c）]。控制活塞在环槽 d 的承压面积为 $\frac{\pi}{4}(d_2^2 - d_1^2)$，此承压面积上的液压力作用方向向上。当液压力小于弹簧预紧力时，伺服滑阀 2 处于最低位置，使环槽 c 敞开，于是变量活塞在油液作用下也处于最低位置，这时斜盘倾角达到最大值 γ_{max}。

当泵的出口压力 p_P 增大，使液压力大于滑阀上端的弹簧力时，则滑阀就压缩弹簧上升，使环槽 c 封闭，环槽 g 打开，使活塞上腔室 e 内的油液经右侧通道 f、环槽 g 和滑阀中

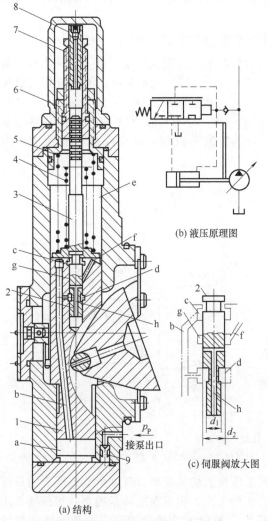

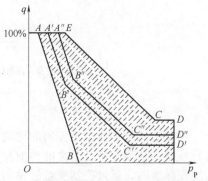

(b) 液压原理图

图 4-16　恒功率（带伺服放大）变量机构

1—变量活塞；2—伺服滑阀；3—阀杆；4—内弹簧；5—外弹簧；
6,7—弹簧套；8—调节螺钉；9—单向阀；a—活塞下腔室；
b,f—通道；c,d,g—环槽；e—活塞上腔室；h—滑阀中心孔

(c) 伺服阀放大图

图 4-17　恒功率变量泵的压力-流量特性曲线

心孔 h 回油，从而使变量活塞 1 在下腔油压力的作用下随同上升，使斜盘倾角 γ 减小，流量 q 减小，直到作用在滑阀上的油压作用力与伺服滑阀上的弹簧力恢复平衡为止。反之，如泵的出口压力 p_P 降低，其液压力小于滑阀上端的弹簧力时，则弹簧就推动滑阀下降，使环槽 c 打开，于是差动变量活塞 1 就随之下降，使斜盘倾角 γ 增大，流量 q 增大。

　　综上可看到，泵的流量随油压增大而减小，随油压减小而增大。由于上述两个弹簧 4、5 的作用，故泵的压力-流量特性是如图 4-17 所示的折线。通过调节改变弹簧 4、5 的刚度及压缩量（即图 4-17 中直线 $A'B'$ 和 $B'C'$ 或直线 $A''B''$ 和 $B''C''$ 的斜率及截距），可以使泵的输出功率基本不变，即 $pq =$ 常数，即可使原动机稳定地在高效工况下运转，故称恒功率变量泵。

　　恒功率变量泵能够充分发挥原动机的功率效能，使液压设备体积小、重量轻。它常用于压力经常变化的压力加工机械、车辆与工程机械等重型设备的液压系统中。

　　这种恒功率变量泵的压力-流量特性可以按以下方法进行调整：泵的最小流量可通过调

整阀杆 3 上端与调节螺钉 8 之间的间距确定；外弹簧 5 的预紧力由弹簧套 6 调节，而弹簧套 7 则用以调节内弹簧 4 是否参与调控。

4.3.7 典型结构之五——负载敏感控制变量轴向柱塞泵

（1）结构原理　负载敏感控制变量泵（也称负载传感控制变量泵）是一种输出压力和流量可以根据负载要求变化的泵，简称负载敏感变量泵。如图 4-18 所示，负载敏感变量泵由负载敏感阀 1、恒压阀 2、变量缸 3、泵的主体 4 等组成。除泵主体 4 和变量缸 3 外，负载敏感阀 1、恒压阀 2 可能作为泵的附件与泵装配在一体，也有可能作为独立的控制器与泵相接。节流阀 5 为液压系统的调速元件，既可以是普通节流阀，也可以是电液比例方向节流阀。

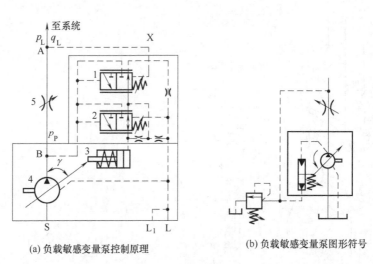

(a) 负载敏感变量泵控制原理　　　　　(b) 负载敏感变量泵图形符号

图 4-18　负载敏感变量泵

1—负载敏感阀；2—恒压阀；3—变量缸；4—泵主体；5—节流阀

负载敏感阀 1 为差压控制的比例滑阀，其工作位置切换及阀口开度由节流阀 5 前后压差进行控制，从而控制变量缸的伸缩及斜盘倾角 γ 的大小，实现泵的排量控制；恒压阀 2 用于系统在保压时，通过控制变量缸使斜盘倾角最小。图中 X 为检测油路，通常与液压系统的负载信号（梭阀输出口）相接。

p_L 为负载压力（即系统节流阀出口压力），q_L 为负载流量；p_P 为泵的出口压力（即系统节流阀 5 的进口压力）。节流阀 5 的进、出口分别与负载敏感阀 1 的左、右腔相通。负载敏感泵变量有三种工况：一般工况、保压工况和空转工况。

① 一般工况。当节流阀的通径足够大且阀口全开时，节流阀前后压力基本相等，此时负载敏感阀左右腔压力也基本相等，负载敏感阀在其右腔弹簧力作用下处于初始位置，泵的变量缸 3 的无杆腔与回油口 L 相通，变量缸在有杆腔弹簧作用下，使泵的斜盘倾角达到最大值 γ_{max}，泵输出最大排量。

当节流阀 5 的开口减小时，表明负载需求流量减少。此时泵输出的流量大于负载所需要的流量，则节流阀 5 的进出口压差 $\Delta p = p_P - p_L$ 增大，推动负载敏感阀 1 的阀芯向右移动，使泵的出口油液通过阀 1 左位进入变量缸 3 的无杆腔，推动泵的变量斜盘倾角 γ 减小，泵的输出流量减少，直至达到负载所需求的流量为止。

反之，当节流阀开口增大时，泵输出的流量小于负载所需要的流量，则节流阀 5 的进出口压差 $\Delta p = p_P - p_L$ 减小，推动负载敏感阀 1 的阀芯向左移动，变量缸 3 的无杆腔经负载敏感阀 1 的右位与回油口 L 接通，泵的变量斜盘倾角 γ 增大，泵的输出流量增大，直至达到负载所需求的流量为止。

② 保压工况。当负载保压无行程时，$p_P = p_L$，即节流阀压降为 $\Delta p = 0$，负载敏感阀 1 在右腔弹簧力作用下处于右位，p_P 推动恒压阀 2 阀芯向右移动，泵出口油液通过阀 2 左位进入变量缸 3 的无杆腔，产生的液压力克服有杆腔的弹簧力，使斜盘倾角 γ 接近零，输出流量减少到仅能维持系统的压力，泵的功耗最小。

③ 空转工况。当节流阀 5 关死，亦即负载停止工作时，泵的出口压力仅需为负载敏感阀 1 的弹簧设置压力，一般只有 14bar（1.4MPa）左右，泵的流量接近为零。

综上可知，在负载敏感变量泵的上述三种工况中，一般工况和空转工况下由负载敏感阀感应负载需求，使泵满足负载需要；保压工作状态下由恒压阀感应负载需求，使泵满足负载需要。

（2）典型结构　图 4-19（a）、（b）所示即为一种带有负载敏感控制及最高压力控制、远程压力控制和恒转矩控制等多种控制方式的变量轴向柱塞泵［派克汉尼汾公司（Parker Hannifin Corp）的 P2/P3 系列产品］的实物外形和内部结构示意；其液压控制原理如图 4-19（c）、（d）所示；流量控制动态响应特性见图 4-19（e），零→全排量的时间为 60～120ms，全排量→零的时间为 30～50ms。该系列变量柱塞泵，最高连续压力 320bar，峰值压力 370bar，排量 60～145mL/r，转速范围 2200～2800r/min，最高转速下的最小吸油口压力 0.8bar（绝对压力），最大吸油口压力 1.5～10bar。该系列泵具有结构紧凑、噪声低［全流量时的噪声级 74～80dB（A）］、使用灵活、运转可靠、便于安装维护、自吸转速高、流

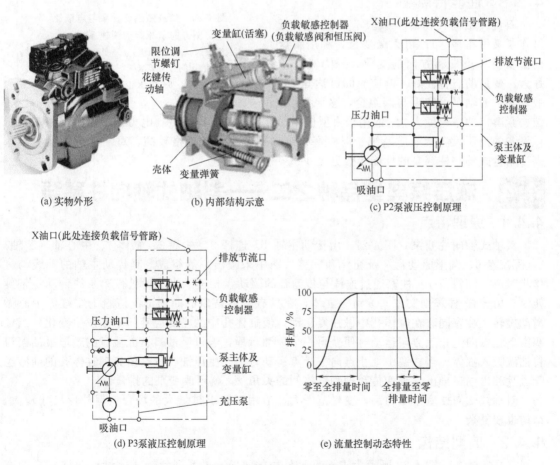

(a) 实物外形　　　(b) 内部结构示意　　　(c) P2泵液压控制原理

(d) P3泵液压控制原理　　　(e) 流量控制动态特性

图 4-19　带有负载敏感控制方式的变量柱塞泵

量控制动态响应快等优点，可用于航空航天、环境控制、机电系统等领域。

（3）应用系统　负载敏感变量泵和节流阀组成的液压调速系统具有泵的输出流量始终与负载流量相适应，泵的工作压力 p_P 始终比液压缸或液压马达的进口压力大一个恒定值的特点。这是一种效率高、调速刚性好的调速系统，在电力锅炉捞渣机、水泥生产篦冷机等机械设备的液压系统中获得了较为广泛应用。

图 4-20 所示为负载敏感变量泵与电液比例方向节流阀的调速系统，执行元件（液压缸 8 或液压马达 9）的运动方向和速度由电液比例方向节流阀 5 控制，执行元件双向运动的负载压力 p_L 均通过梭阀 7 检测并经油路 X 反馈至负载敏感阀 1 的右腔。左腔的液压泵来油 p_P 与 p_L 之差 Δp 和弹簧力 F_s 进行比较，对负载敏感阀进行切换控制，即可实现系统的负载敏感控制。

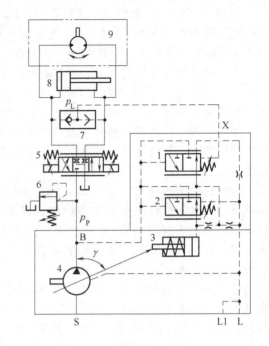

图 4-20　负载敏感变量泵与电液比
例方向节流阀的调速系统
1—负载敏感阀；2—恒压阀；3—变量缸；4—泵主体；
5—电液比例方向节流阀；6—安全溢流阀；
7—梭阀；8—液压缸；9—液压马达

4.3.8　性能特点

斜盘式轴向柱塞泵一般具有可逆性（既可作泵又可作马达）；可无级变量，利用斜盘的摆动实现流量和方向的变化；压力高；排量大；变量动态特性好，响应时间可达 0.2s；效率高；通轴泵可实现与阀组合，多泵串联；结构紧凑，功率密度大。它适用于重型机床、液压机、工程机械、电力机械、水泥生产等机械设备的高压大流量液压系统。但柱塞泵结构比较复杂，价格较高，对油液清洁度要求较高。斜盘式轴向柱塞泵的性能参数见表 4-2。

4.4　液压泵典型品种之二——斜轴式轴向柱塞泵

4.4.1　原理特点

斜轴式轴向柱塞泵（图 4-21）由传动主轴 1、连杆 2、柱塞 3、缸体 4、中心轴（芯轴）5、配流盘 6、圆形驱动盘 7 及壳体和后盖（图中未画出）等组成。其传动主轴的轴线与缸体相对成一倾斜角 γ，柱塞通过连杆与传动轴的驱动盘相连。当原动机带动泵的传动主轴旋转时，由连杆-柱塞副交替"拨动"缸体，在具有腰形窗口的曲面形配流盘上绕缸体中心做滑动旋转，柱塞同时在缸体孔中做往复运动，使缸体孔中的密封腔容积不断发生变化。当柱塞由下止点向上止点方向运动时便获得一个吸油行程，通过吸油口及配流盘的腰形吸油窗口将油液吸入缸体；当柱塞由上止点向下止点运动时，产生压油行程，将充满缸体孔的油液经配流盘和出油口排出。改变传动轴和缸体间的夹角 γ，就可改变泵的排量。

斜轴式轴向柱塞泵压力高，变量范围大，适用于要求排量大的场合；但外形尺寸较大，结构也较复杂。

4.4.2　典型结构

（1）定量泵　图 4-22 所示为 Rexroth 公司的 A2F6.1 系列斜轴式定量轴向柱塞泵的产

品结构，该泵既可作液压泵使用，也可作液压马达使用。该泵由泵壳 2、后盖 8、传动主轴 1、芯轴 3、碟形弹簧 4、球面配油盘 6、柱塞 10 和缸体 11 等构成，采用球面配流，圆锥滚子轴承组支承传动轴及驱动盘，其最大特点为采用锥形柱塞加活塞环密封结构；传动主轴与缸体轴线之间的夹角较大（40°），故排量和转矩大。这有利于简化结构和工艺，降低成本，减小体积和重量。但泵对油液清洁度要求较高，若油液清洁度不合要求，则会缩短其使用寿命。国内，贵州力源液压公司和上海液压泵厂等企业先后引进了该系列柱塞泵的生产技术并已批量生产，产品分为Ⅰ、Ⅱ两个系列，14 个规格，最高压力达 45MPa，排量 12～180mL/r，适用于工程、冶金、矿山、起重运输和石油探采等机械设备的液压系统。

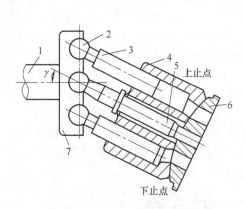

图 4-21　斜轴式轴向柱塞泵的工作原理
1—传动主轴；2—连杆；3—柱塞；4—缸体；
5—中心轴；6—球面配流盘；7—驱动盘

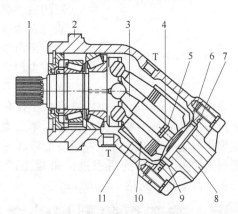

图 4-22　斜轴式定量轴向柱塞泵产品结构
1—传动主轴；2—泵壳；3—芯轴；4—碟形弹簧；
5—弹簧座；6—配油盘；7—O 形圈；
8—后盖；9—定位销；10—柱塞；11—缸体

（2）变量泵　图 4-23 所示为 Rexroth 公司 A7V 系列斜轴式变量柱塞泵的产品结构，其芯部零件结构与 A2F 泵/马达相同，都是传动主轴 18 旋转，通过连杆柱塞副 17 带动缸体 1 旋转，使柱塞在缸体孔内做直线往复运动，实现吸油和压油动作。该泵有恒压变量、恒功率

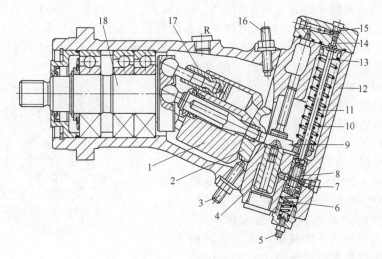

图 4-23　A7V 系列斜轴式变量柱塞泵的结构
1—缸体；2—配油盘；3—最大摆角限位螺钉；4—变量活塞；5—调节螺钉；6—调节弹簧；7—阀套；
8—控制阀芯；9—拨销；10—大弹簧；11—小弹簧；12—后盖；13—导杆；14—先导活塞；
15—喷嘴；16—最小摆角限位螺钉；17—连杆柱塞副；18—传动主轴

变量及电控比例变量等多种变量方式。

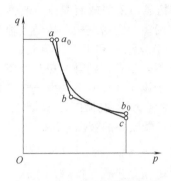

图 4-24　恒功率变量的流量
(q)-压力（p）特性曲线

图 4-23 所示泵的恒功率变量机构由装在后盖中的变量活塞 4、拨销 9、控制阀芯 8、阀套 7、调节弹簧 6、调节螺钉 5、喷嘴 15、先导活塞 14、导杆 13，与大、小弹簧 10 及 11 等组成。传动轴及驱动盘采用球轴承组支承。变量活塞 4 为阶梯状的柱塞，其上端直径较细，称变量活塞小端，而下部直径较粗，称变量活塞大端。变量活塞大端有一横孔，穿过一个拨销，拨销的左端与配流盘的中心孔相配合，拨销的右端套在导杆上。变量活塞上腔为高压，下腔为低压，从而在两端压力差作用下上下滑动，带动配流盘沿着后盖的弧形滑道滑动，从而改变缸体轴线与主轴之间的夹角。故在主轴转数不变时就可通过压力的变化改变输出流量的大小。变量中，压力升高则流量减小，泵从大摆角向小摆

角变化；反之，当压力减小，则泵从小摆角向大摆角变化，流量增大。故可以始终大致保持流量与压力的乘积不变，即所谓恒功率变量（图 4-24）。此种泵采用了重载长寿命轴承，广泛应用于行走机械及各种工业设备的液压系统。上海电气液压气动公司、北京华德集团公司和贵州力源液压公司先后引进并批量生产了此泵，其压力达 40MPa，排量范围为 20.5～500mL/r，最高转速达 4750r/min。

4.5　液压泵典型品种之三——叶片泵

叶片泵是靠叶片、定子和转子间构成的密闭工作腔容积变化而实现吸、压油的一类壳体承压型液压泵，其构造复杂程度和制造成本都介于齿轮泵和柱塞泵之间。按每转吸、压油次数，分为单作用式泵和双作用式泵。

4.5.1　结构原理

（1）双作用叶片泵　此类泵由定子（环）1、转子 2、叶片 3、配油盘 4、泵体 5 和传动轴 6 等组成（图 4-25）。转子 2 和定子 1 的轴线重合。定子的内表面像一椭圆形，由两段半径为 R 的大圆弧，两段半径为 r 的小圆弧以及连接大、小圆弧的四段过渡曲线构成。转子上开有均匀分布的径向滑槽（顺转向前倾一个角度开设，以减小压力角），叶片装在滑槽内并可灵活伸缩。转子、叶片和定子都夹在前后两个配油盘中间。配油盘上开设的四个配油窗口分别与吸、压油口相通。叶片将两个配流盘和转子及定子间形成的空间沿圆周分割为与叶片数量（均为偶数）相同的密封工作腔。由于转子和定子间的径向距离在过渡区沿圆周变化，故在转子旋转的过程中这些密封工作腔会发生周期性的扩大和缩小变化。

当转子按图 4-25 所示沿顺时针方向旋转时，由于离心力和叶片槽底部所通压力油的作用，叶片顶部紧贴定子内表面，起密封作用。当叶片从定子内表面的小圆弧区向大圆弧区移动时，密封工作腔的容积逐渐增大，通过配流盘上左上角和右下角的吸油窗口吸油；当从大圆弧区向小圆弧区移动时，密封工作腔的容积逐渐减小，通过配流盘上左下角和右上角的压

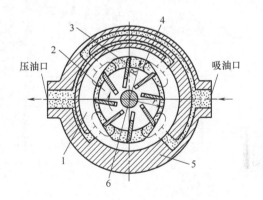

图 4-25　双作用叶片泵结构原理
1—定子（环）；2—转子；3—叶片；
4—配油盘；5—泵体；6—传动轴

油窗口压油。吸油区和压油区之间的一段封油区将吸、压油区隔开。转子每转一周，每一个叶片在槽内往复滑动两次，每个密封工作腔完成吸油和压油动作各两次，故称为双作用叶片泵。因双作用叶片泵两个吸、排油腔对称布置，故转子上所受液压力相互平衡（有时称该泵为卸荷式泵），轴和轴承的寿命较长。双作用叶片泵因转子和定子的轴线重合，故只能制成定量泵（单联泵或双联泵）。

（2）单作用叶片泵　此类泵由传动轴 1、转子 2（也开有叶片滑槽）、环形定子 3、叶片 4、配油盘 6（开有腰形吸、压油窗口）、泵体 5 和端盖（图中未画出）等组成（图 4-26）。但与双作用叶片泵不同，其定子内表面为圆柱形，转子和定子之间具有偏心距 e；叶片要安放；其叶片滑槽顺旋向后倾一个角度开设以减小摩擦力而使叶片顺利甩出。当原动机经传动轴带动转子转动时，处于压油区的叶片在离心力以及通入叶片根部压力油的作用下，叶片顶部贴紧在定子内表面上，从而使两相邻叶片、配油盘、定子和转子间形成了与叶片数量相同的若干个密封工作腔。当转子按图 4-26 所示沿逆时针方向旋转时，右侧的叶片从槽内向外伸出，工作腔容积逐渐增大，通过右侧的吸油口和配油盘上的腰形窗口吸油。而左侧的叶片向槽里缩进，工作腔容积逐渐缩小，通过左侧配油盘的窗口和压油口排油。转子每转一转，每个密封工作腔完成吸油和压油各一次，故称为单作用叶片泵。另因单作用叶片泵的转子上受

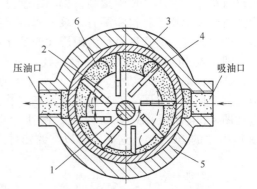

图 4-26　单作用叶片泵结构原理

1—传动轴；2—转子；3—定子；
4—叶片；5—泵体；6—配油盘

到来自压油腔的单向液压力的作用（有时称该泵为非卸荷式叶片泵），轴和轴承的寿命较短，一般不适用于高压。单作用叶片泵定子和转子之间偏心安装，故经常制成偏心距 e 可调的变量泵。

4.5.2　单作用叶片泵的变量原理及典型结构

如前所述，单作用叶片泵的定子和转子之间偏心安装，经常制成偏心距 e 可调的变量泵，即通过改变泵的偏心距 e 即可调节泵的流量。但由于转动轴及转子的位置已被原动机的轴限定，故偏心距 e 的改变只能靠移动定子来实现。

典型的变量叶片泵是外反馈限压式变量泵，它能够借助泵输出压力的大小自动改变转子与定子间的偏心距 e 的大小来改变泵的输出流量，其变量工作原理如图 4-27 所示。图中，转子 1 的中心 O 固定不动，以 O_1 为中心的定子 4 可左右移动。转子下部为吸油腔，上部为压油腔。压油腔在向系统排油的同时，经流道 5 与定子右侧的变量反馈柱塞缸（其柱塞 6 的受压面积为 A）相通。调压螺钉 3 用于调节作用在定子上的弹簧力 F_s，即调节泵的限定压力。流量调节螺钉 7 用于调节定子和转子的

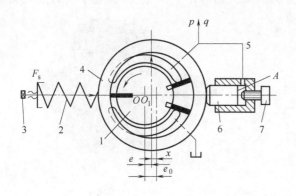

图 4-27　外反馈限压式变量叶片泵工作原理

1—转子；2—限压弹簧；3—调压螺钉；4—定子；
5—流道；6—反馈柱塞；7—流量调节螺钉

偏心距 e_0，而 e_0 决定了泵的最大流量 q_{max}。所以这种泵是利用压油口压力油在柱塞缸上产生的作用力与限压弹簧 2 的弹簧力的平衡关系进行工作的。

泵在初始状态，定子 4 在限压弹簧 2 的作用下，紧靠柱塞 6，并使柱塞 6 靠在螺钉 7 上。此时，定子和转子有一初始偏心距 e_0。当泵按图 4-27 所示方向运转时，若泵的出口压力 p 较小，使柱塞 6 上的反馈液压力 pA 小于作用在定子左侧的弹簧力 F_s 时，则弹簧把定子推向最右边，此时定子相对于转子的偏心距达到预调初始值 e_0，泵的输出流量最大。

当泵的压力随负载增大而升高，使柱塞 6 上的反馈液压力 pA 大于作用在定子左侧的弹簧力 F_s 时，反馈液压力克服弹簧预紧力推动定子左移距离 x，偏心距减小为 $e = e_0 - x$，泵输出流量随之减小。压力愈高，偏心距就愈小，输出流量也愈小。当压力大到泵内偏心所产生的流量全部用于补偿泄漏时，泵的输出流量为零，不论外负载再怎样加大，泵的输出压力都不会再升高，故这种泵称为限压式变量叶片泵。

图 4-28 所示为上述泵的特性曲线，曲线 q-p 反映了泵工作时流量 q 随压力 p 变化的关系，P-p 曲线反映了功率 P 随压力 p 变化的关系。限压式变量叶片泵适用于执行元件快慢速交替工作循环（图 4-29）的液压系统：快速行程时负载较小，泵输出大的流量（泵工作点在图 4-28 中的 AB 段）；反之，慢速行程时负载较大，泵输出较小流量（泵工作点在图 4-28 中的 BC 段）。这样，可以节约能量并可避免由于采用定量泵而使油路系统复杂化。

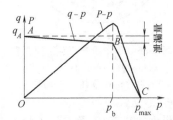

图 4-28　限压式变量叶片泵特性曲线

图 4-29　快慢速交替工作循环

图 4-30（a）、（b）所示分别为国产 YBX 系列外反馈限压式变量叶片泵（压力调节范围为 2.0～6.3MPa，排量调节范围为 0～40mL/r，额定转速为 1450r/min）的结构和实物外形，泵的吸、压油腔对称分布在定子 3 和转子 5 中心线的两侧。外来控制压力通过泵腔外的控制活塞 7 克服限压弹簧 10 的弹力及定子移动的摩擦力以推动定子，改变它对转子的偏心距，从而实现变量。调压螺钉 11 用来调节作用在定子上的弹簧力 F_s，即调节泵的限定压力 p。流量调节螺钉 6 用来调节定子环与转子间的最大偏心距 e_0，而 e_0 决定了泵的最大流量

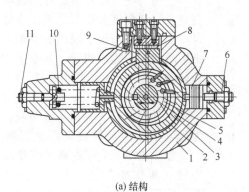

（a）结构

（b）实物外形

图 4-30　外反馈限压式变量叶片泵

1—壳体；2—衬圈；3—定子；4—泵轴；5—转子；6—流量调节螺钉；7—控制活塞；
8—滚针轴承；9—滑块；10—限压弹簧；11—压力调节螺钉

q_{max}。定子外的衬圈 2 控制转子与侧板的合理间隙，以保证泵有较高的容积效率和机械效率，又可以使定子移动的调节灵敏度增加；压油侧外面用滑块 9 定位，滑块上设置有滚针轴承，可减小定子移动的摩擦力。

4.5.3　性能特点

叶片泵的优点是：结构紧凑；定量叶片泵的轴承受力平衡，流量均匀，噪声较低，寿命长；单作用叶片泵可制成变量泵；单作用和双作用叶片泵均可制成双联泵（两台或多台单级泵安装在一起，在油路上并联而成的液压泵），以满足液压系统对流量的不同需求等。叶片泵的缺点是：对油液清洁度要求高；双作用叶片泵的定子结构复杂，单作用泵的转子承受单方向液压不平衡作用力，轴承寿命短等。

双作用叶片泵和单作用叶片泵的主要性能参数见表 4-3。

4.6　液压泵典型品种之四——齿轮泵

齿轮泵是以成对齿轮啮合运动完成吸油和压油动作的一种壳体承压型定量液压泵，是液压系统中结构最简单、价格最低、产量及用量最大的泵，有外啮合和内啮合两类，而外啮合应用较多。

外啮合齿轮泵通常为泵体及前、后端盖组成的分离三片式结构，图 4-31 是其剖面图。泵体 1 的内孔装有一对宽度与泵体相等、齿数相同、互相啮合的渐开线齿轮 2。传动轴 3 通过键 4 与齿轮相连接。泵体、端盖和齿轮的各个齿间槽组成了许多密封工作腔 A，同时轮齿的啮合线又将左右两腔隔开，形成了吸油腔和压油腔。当原动机通过传动轴带动主动齿轮按图示方向旋转时，右侧吸油腔内的轮齿逐渐脱开啮合，密封工作腔容积逐渐增大，形成真空，油箱中的油液在大气压作用下经吸油管进入泵内，补充增大的容积以将齿间槽充满，并随着泵轴及齿轮的旋转，把油液携带到左侧压油腔去。在压油区一侧，由于轮齿逐渐进入啮合，密封工作腔容积不断减小，油液便被挤压，经压油口输出到系统中去。传动轴旋转一周，每个工作腔吸、压油各一次。传动轴带动齿轮不断地转动，齿轮泵便不断地吸油和压油，连续地向系统提供压力油。齿轮泵只能做成流量不能调节变化的定量泵。

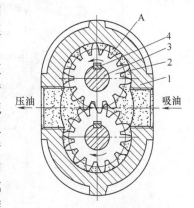

图 4-31　外啮合齿轮泵的结构原理
1—泵体；2—齿轮；3—传动轴；4—键

图 4-32 所示为国产 CB-B 型低压齿轮泵（额定压力为 2.5MPa）。它是典型的泵盖-壳体-泵盖三片式结构。装在壳体 3 中的一对齿轮 7 由传动轴 5 驱动。在壳体 3 的左、右断面各铣有卸荷槽 b，经壳体端面泄漏的油液经卸荷槽 b 流回吸油腔，以降低壳体与两端结合面上的油压造成的轴向推力，减小螺钉载荷。在泵前、后端盖上有困油卸荷槽 e，以消除泵工作时的困油问题。孔道 a、c、d 可将轴向泄漏并润滑轴承的油液送回到吸油腔，使传动轴的密封圈（俗称油封）6 处于低压，因而不需设置单独的外泄漏油管。这种泵没有径向力平衡装置；轴向间隙固定，轴向间隙及其泄漏会因工作负载增大而增大，容积效率较低。

图 4-33 所示为采用浮动侧板实现轴向间隙自动补偿的高压齿轮泵（国产 CB-F※型泵）结构。该泵在壳体 8 与前盖 9、后盖 7 之间设有垫板 2 和 3、浮动侧板 1 和 4（垫板比浮动侧板厚 0.2mm）以及密封圈 5 和 6（嵌在泵盖内侧压油区位置）。工作时，泵的压油区中一部分压力油通过浮动侧板上的两个小孔 b 作用在密封圈 5 和 6 包围的区域内，反向推动浮动侧板向内微量移动，可使轴向间隙保持在 0.03~0.04mm 之间，从而控制 70%~80% 以上的泄漏量。所以，泵的容积效率较高，压力较高（额定压力达 20MPa）。

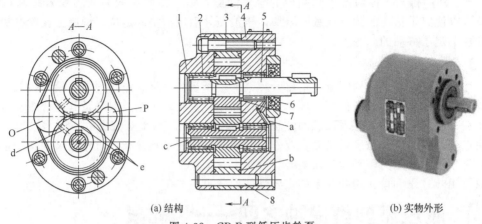

(a) 结构   (b) 实物外形

图 4-32   CB-B 型低压齿轮泵

1—后泵盖；2—滚针轴承；3—壳体；4—前泵盖；5—传动轴；6—密封圈；7—齿轮；8—定位销

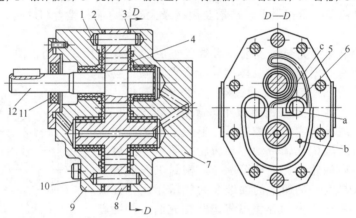

图 4-33   具有浮动侧板的高压齿轮泵结构

1,4—浮动侧板；2,3—垫板；5,6—密封圈；7—后盖；
8—壳体；9—前盖；10—定位销；11—轴封；12—传动轴

齿轮泵的主要性能参数见表 4-4。

4.7   常用液压泵产品性能比较及选择要点

液压泵产品及种类繁多，按目前的技术水平及统计资料，常用液压泵的主要性能比较、应用场合及生产厂商如表 4-5 所列。

在液压系统设计、使用和维护中，应根据所要求的工况合理地选择液压泵。通常首先是根据主机工况、功率大小和系统对其性能的要求及系统压力高低从柱塞泵、叶片泵和齿轮泵中选定泵的类型，然后根据系统计算得出的最大工作压力和最大流量等确定其具体规格型号。同时还要考虑定量或变量、原动机类型、转速、容积效率、总效率、自吸特性、噪声等因素。这些因素通常在产品样本或手册中均有反映，应逐一仔细研究，不明之处应向货源单位或制造厂咨询。

液压泵产品样本中，标明了额定压力和最高压力值，应按额定压力值来选定液压泵。只有在使用中有短暂超载场合，或样本中特殊说明的范围，才允许按最高压力值选取液压泵，否则将影响液压泵的效率和寿命。在液压泵产品样本中，标明了每种泵的额定流量（或排量）的数值。选择液压泵时，必须保证该泵对应于额定流量的规定转速，否则将得不到所需的流量。要尽量避免通过任意改变转速来实现液压泵输油量的增减，否则不仅保证不了足够的容积效率，还会加快泵的磨损。

4.8 液压泵的使用维护及故障诊断排除要点

本节以结构最为复杂、应用量大面广的斜盘式轴向柱塞泵为例，介绍液压泵的使用维护要点及故障诊断排除要点。其他液压泵使用维护及故障诊断排除可参考本节方法并结合产品样本中的有关说明进行。

4.8.1 安装及运转维护

液压泵的用户应按制造厂商使用说明书的要求对泵进行安装、配管、灌油、操纵，应避免长期在最高转速和最高压力下工作，一般不许超载使用。

（1）安装 见表4-6及图4-34～图4-36。

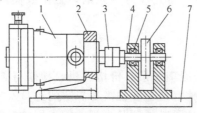

图4-34 液压泵与原动机之间采用齿轮或带轮连接
1—液压泵；2—泵支架；3—联轴器；4—支座；5—轴承；6—带轮或齿轮；7—公用基座

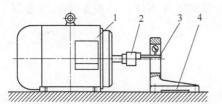

(a) 支架上安装孔对原动机输出轴的同轴度测量检查

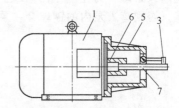

(b) 泵轴安装孔对钟形法兰安装孔的同轴度测量检查

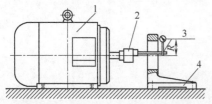

(c) 支架上泵安装端面对原动机输出轴的垂直度测量检查

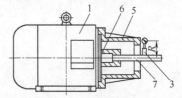

(d) 泵轴安装孔对钟形法兰安装端面垂直度的测量检查

图4-35 安装精度（同轴度与垂直度）的测量检查方法示意
1—原动机；2—联轴器；3—磁性千分表座；4—支架；5—钟形法兰；6—原动机输出轴；7—同轴度芯轴

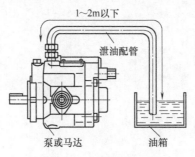

图4-36 泄油管的配管

（2）启动、运转及维护 见表 4-7。

4.8.2 故障诊断

液压泵在使用中的常见故障有不输油或油量不足、压力不能升高或压力不足、流量和压力失常、噪声过大、异常发热和外泄漏等，引起这些故障的主要原因多数是使用维护不当、油液污染及前述泵的三大组成部分摩擦磨损及疲劳破坏，因此，液压泵的故障诊断及排除应围绕这些方面来进行。

轴向柱塞泵的常见故障及其诊断排除方法见表 4-8。

4.8.3 检修装配

与齿轮泵和叶片泵相比，轴向柱塞泵结构较为复杂，检修与装配应分泵主体和变量头进行。

① 拆卸。对柱塞泵检修时，首先应对照泵的装配图或使用说明书对泵进行拆卸，其步骤见表 4-9。

② 修理。见表 4-10。

③ 装配。见表 4-11。

④ 注意事项。柱塞泵结构原理复杂、价格昂贵，检修与装配较麻烦，大多数易损零件都有较高要求和加工难度，检修和装配往往需要丰富的经验及相应的专用设备及工夹具。所以特别应避免在对泵的结构原理不甚了解又无现成的备用易损件时就盲目拆解柱塞泵。如要拆卸修理，其一般注意事项与齿轮泵和叶片泵相同。但在泵装配中特别要注意：谨防中心弹簧的钢球脱落入泵内，为此可先在钢球上涂上清洁黄油，使钢球粘在弹簧内套或回程盘上，再进行装配。否则落入泵内的钢球会在泵运转时打坏泵内所有零件，并使泵无法再修复。

第**5**章 | 液压执行元件

5.1 液压马达

液压马达是将液压能转换为回转运动机械能的执行元件，它依靠液压能驱动与其外伸轴相连的工作机构运动而做功。

5.1.1 液压马达与液压泵的区别

液压马达与液压泵在结构上基本相同，都是依靠密封工作腔容积的变化而工作的，其基本构成也是定子、转子、挤子及密封工作腔和配油机构等几个主要组成部分，故泵和马达是互逆的。但因二者的功能和要求有所不同，故在结构性能上存在着某些差异（表 5-1），使之不能通用，只有少数泵能作马达使用。

5.1.2 类型及图形符号

按额定转速的不同，液压马达可分为高速（＞500r/min）和低速（＜500r/min）两类。前者有齿轮式、叶片式和轴向柱塞式等，其结构与同类型的液压泵类似，但工作原理可逆。由于马达使用目的、要求和结构上的不同，例如需正反转，反转时高、低压油腔互换，启动时马达转速为零等，故一般不能直接互逆通用。低速液压马达一般为径向柱塞式。液压马达按排量是否可变，又可分为定量式和变量式，按可供油液方向可分为单向式和双向式，其图形符号如表 5-2 所列。

5.1.3 结构原理

此处以柱塞式液压马达为例来说明马达的结构原理。

（1）斜盘式轴向柱塞马达　图 5-1 所示为斜盘式轴向柱塞马达结构原理。马达的缸体内柱塞轴向布置。当压力油经配流盘进入进油腔时，滑靴便受到作用力而压向斜盘，其反作用力 F 的轴向分力 F_x（平行于柱塞轴线）与柱塞所受液压力平衡，反作用力 F 的垂直分力（垂直于柱塞轴线）F_y 对缸体及马达输出轴产生转矩，驱动液压马达旋转，输出机械能。改变斜盘倾角 γ 的方向和大小，则可改变马达的旋转方向和转速。

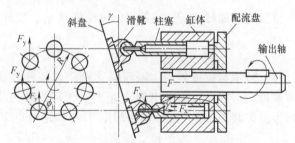

图 5-1　斜盘式轴向柱塞马达结构原理

（2）径向柱塞式液压马达　径向柱塞式液压马达基本上都是低速大转矩液压马达，其品种繁多，按作用次数有单作用和多作用之分。前者的转子旋转一周，各柱塞往复工作一次，其主轴是偏心轴。后者以特殊内曲线的凸轮环作为导轨，转子旋转一周，各柱塞往复工作多次，曲线数目就是作用次数。

此处以引进意大利技术生产的曲轴连杆式五星轮液压马达（NHM 型）为例作一简介：它属于单作用马达（图 5-2），其主要组成零件有曲轴 1、壳体 2、配流盘 4、柱塞缸 6、柱塞 7 和连杆 8 等。

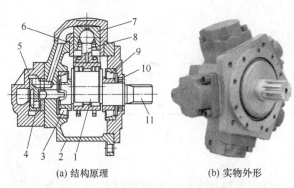

(a) 结构原理　　　　　(b) 实物外形

图 5-2　NHM 型曲轴连杆式五星轮液压马达

1—曲轴；2—壳体；3,9—圆锥滚子轴承；4—配流盘；5—端盖；
6—柱塞缸；7—柱塞；8—连杆；10—轴封；11—输出轴

当经配流盘 4 的高压油进入柱塞缸 6 时，在柱塞 7 上产生液压推力 P，该推力通过连杆 8 作用于偏心曲轴 1 的中心，使输出轴 11 旋转，同时，配流盘 4 随之一起旋转，当柱塞位置到达下止点时，柱塞缸 6 便由配流盘接通马达的排油口，柱塞便被曲轴向上推，此时，做功后的油液通过配流盘排回油箱。各柱塞依次接通高、低压液压油，各柱塞对输出轴中心所产生的驱动转矩同向相加，使马达输出轴获得连续而平稳的转矩，改变液压油供油方向可使液压马达反向

旋转；如将配流盘转 180°装配，也可以使马达反转。该马达额定压力达 25MPa，排量高达 16000mL/r 之多，具有噪声低、效率高、可靠性好的特点。

5.1.4　技术参数

（1）工作压力、额定压力和最高压力　输入液压马达油液的实际压力称为工作压力，与泵一样，工作压力也取决于负载（转矩）。液压马达进口压力与出口压力的差值称为工作压差 Δp。当液压马达出口直接通油箱时，马达的工作压力就近似等于工作压差 Δp。额定压力 p_s 是指马达在正常工作条件下能连续运转的最高压力。最高压力 $p_{\max}$ 是指马达按试验标准规定的超过额定压力的短暂运行压力。

（2）排量、转速、流量及容积效率　液压马达的排量 V 是指在无泄漏情况下，使液压马达轴转一转所需的液体体积，排量取决于密封工作腔的几何尺寸，而与转速 n 无关。

液压马达入口处的流量称为马达的实际流量 q。由于马达内部存在泄漏，因此实际输入马达的流量 q 大于理论流量 q_t，实际流量 q 与理论流量 q_t 之差即为马达的泄漏量 Δq。马达的理论流量与实际流量之比称为容积效率 η_v，即

$$\eta_v = q_t / q \tag{5-1}$$

液压马达的转速 n、排量 V、理论流量 q_t、实际流量 q 及容积效率 η_v 之间的关系为

$$n = \frac{q_t}{V} = q\eta_v / V \tag{5-2}$$

（3）转矩与机械效率　液压马达输出转矩称为实际输出转矩 T，由于马达内部存在各种摩擦损失，因此实际输出的转矩 T 小于理论转矩 T_t，理论转矩 T_t 与实际输出转矩 T 之差即为损失转矩 ΔT。实际输出转矩 T 与理论转矩 T_t 之比称为液压马达的机械效率 η_m，即

$$\eta_m = T / T_t \tag{5-3}$$

（4）功率与总效率　液压马达的实际输入功率 P_i 为

$$P_i = \Delta p q \tag{5-4}$$

马达的输出功率 P_o 与输入功率 P_i 之比即为液压马达的总效率 η，它等于容积效率与机械效率的乘积（这一点与液压泵相同），即

$$\eta = P_o / P_i = \eta_v \eta_m \tag{5-5}$$

液压马达的输出功率为

$$P_o = \Delta p q \eta \tag{5-6}$$

液压马达的转矩为

$$T=\frac{\Delta pq}{2\pi n}\eta=\frac{\Delta pV}{2\pi}\eta_{\mathrm{m}} \tag{5-7}$$

式（5-2）和式（5-7）表明：

对于定量液压马达，V 为定值，在 q 和 Δp 不变的情况下，输出转速 n 和转矩 T 皆不可变。对于变量液压马达，V 的大小可以调节，因此其输出转速 n 和转矩 T 是可以改变的，在 q 和 Δp 不变的情况下，若调节排量，使 V 增大，则 n 减小、T 增大；反之，使 V 减小，则 n 增大、T 减小。

5.1.5 性能特点

在高速液压马达中，渐开线外啮合式齿轮马达与同类齿轮泵相同，但输出转矩脉动大、噪声高、效率低、低速稳定性差；叶片马达结构紧凑、轮廓尺寸小、噪声低、脉动率小、寿命长，但叶片与定子间的磨损大、输出转矩较小、泄漏较大、耐污染能力差；轴向柱塞马达结构紧凑、功率密度大、工作压力高、容易实现变量、效率高，但结构较复杂、价昂、抗污染能力差、使用维护要求较高。

与高速马达相比，低速液压马达的优点是轴向尺寸相对较小、排量大、转速低，低速稳定性好（可在 10r/min 以下平稳运转，有的可低到 0.5r/min），输出转矩大（可达几千牛米～几万牛米），可直接与其拖动的工作机构连接而不需要减速装置。其缺点是径向尺寸大、结构复杂、体积较大，功率密度低。而单作用径向柱塞马达具有结构简单、工艺性好、成本低廉的优点，但在排量相同情况下，与多作用马达相比，结构尺寸增大且转子上作用有较大的非平衡径向力，需用容量更大的轴承，同时存在输出转速和转矩的脉动，低速稳定性不如多作用马达，但一般允许比多作用马达有较高转速。

常用液压马达的性能参数及应用范围见表 5-3。

5.1.6 产品性能比较及选用要点

（1）常用液压马达产品主要性能特征 见表 5-4。

（2）液压马达的选用要点 选择液压马达的主要依据是主机对液压系统的要求，如转矩、转速、工作压力、排量、外形及连接尺寸、容积效率、总效率以及重量、价格、货源和使用维护的便利性等。

液压马达的种类较多，特性不同，应针对具体用途及其工况，参考表 5-4 选择合适的产品。低速运转工况可选低转速马达，也可以采用高速马达加减速装置。

确定所采用马达的种类后，可根据所需的转速和转矩从液压马达产品系列中选出几种能满足需要的规格，然后进行综合分析，并用技术经济评价来确定具体规格：如果原始成本最重要，则应选择既满足转矩要求又使系统流量较小、压力较低的马达，这样可以使液压源、控制阀及管路规格都小；如果运行成本最重要，则应选择总效率高的马达；如果寿命最重要，则应选择压降最小的马达。最终选择的产品多为上述方案的折中。

5.1.7 安装使用

液压马达安装使用见表 5-5 及图 5-3、图 5-4。

5.1.8 故障诊断

液压马达的常见故障有转速和转矩失常（过小或过大）、泄漏大、噪声大等，引起这些故障的原因无外乎是使用维护不当或者油液污染以及马达的三大主要组成部分摩擦、磨损及疲劳破坏，故故障诊断及其排除应紧密围绕这些方法展开，可参考表 5-6 进行。

5.1.9 拆修装配

液压马达需由专业人员安装调试和维修。用户一般不得自行拆解修理。具有拆解条件的，

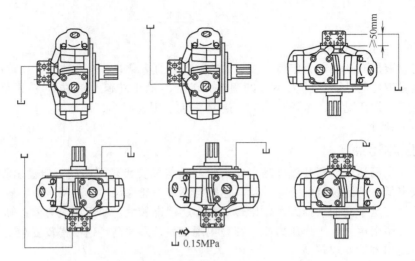

图 5-3 径向柱塞式液压马达泄油管的配置

应在详细阅读使用说明书后进行拆解，但必须注意以下事项。

① 拆解时注意不要将零件敲毛碰伤，特别要保护好零件的运动表面和密封表面。分解出来的零件放于清洁的盛器内，要避免互相碰撞。分解和装配时禁止用铁锤敲击。

② 对拆下的零部件应进行仔细检查，对磨损零件基本上不自行修理而多做更换。密封件原则上全部更换。

③ 装配前应将全部零件清洗干净、吹干，不得使用棉纱、破布等擦抹零件。装配

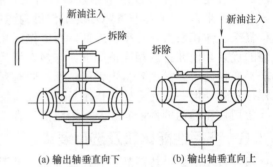

(a) 输出轴垂直向下   (b) 输出轴垂直向上

图 5-4   马达输出轴垂直安装时的注油方式

场所及使用的工具应清洁，装配后转动输出轴，应灵活无卡滞现象。

齿轮马达、叶片马达和轴向柱塞马达的拆卸、装配步骤及注意事项，可参照齿轮泵、叶片泵和轴向柱塞泵（第 4 章）。

5.2 摆动液压马达

5.2.1 作用类型

摆动液压马达又称摆动液压缸，是实现往复旋转运动的一种执行元件，其输入为压力和流量，输出为转矩和角速度。摆动马达的结构比 5.1 节介绍的连续旋转型马达的结构简单，其突出优点是输出轴直接驱动负载回转摆动，其间不需任何变速机构，故已广泛用于船舶、雷达、汽车与冰箱生产线、各类机械手及机床和矿山石油机械中的回转摆动机构。目前，摆动液压马达的使用压力已达 25MPa 及其以上，输出转矩可达数万牛米，最低稳定转速达 0.001rad/s。常用摆动液压马达有叶片式和活塞式两大类，而叶片式应用居多。

5.2.2 叶片式摆动液压马达的结构原理

图 5-5（a）所示为单叶片式摆动马达结构原理，叶片把工作腔分隔成两腔。当压力油进入其中一腔时，该腔容积增大，叶片旋转，另一腔容积减小，进行排油。通过与叶片相连的输出轴带动负载转动；压力油反向时，叶片及输出轴反转。单叶片式摆动马达结构简单紧

凑，轴向尺寸小，重量轻，安装方便，利于整机布局，机械效率较高。其缺点是密封较困难，两端盖受压面积大，刚度不易保证，输出轴受不平衡径向力较大。图 5-5（b）、（c）所示为多叶片式摆动马达原理图。马达的两个（或三个）A 腔必须同时通入压力油，两个（或三个）B 腔也同时回油。与单叶片式相比，多叶片式摆动马达的输出转矩可增加 1 倍或 2 倍，输出轴不受径向力，机械效率较高，但转角较小，内泄漏较大，容积效率较低；适用于摆角要求小而转矩要求大且结构尺寸受限的场合。摆动液压马达图形符号如图 5-5（d）所示。

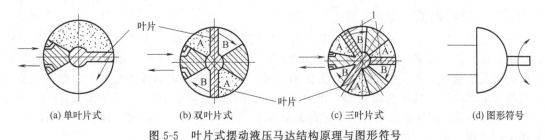

(a) 单叶片式　　　　(b) 双叶片式　　　　(c) 三叶片式　　　　(d) 图形符号

图 5-5　叶片式摆动液压马达结构原理与图形符号

图 5-6 所示为块状叶片的单叶片摆动马达结构，它由壳体 10、叶片 7、输出轴 6、止挡 2 等零件组成。进出油口 1、5 开设在壳体上；叶片 7 为块状；止挡（又称隔块）与壳体内表面连接，将吸、排油腔隔离开来。马达采用间隙密封，靠研配来达到运动部位的密封，但密封性差，只适用于低压场合。图 5-7 所示为双叶片式摆动液压马达的结构，其叶片和止挡在结构、密封形式上都与单叶片式基本相似。但双叶片式的叶片和止挡都是成对配置的。两对油腔 A、B 及其油口都对输出轴对称。因而径向液压力可互相抵消，使输出轴不受径向负荷。当两个摆动液压缸结构尺寸相同时，双叶片式的输出转矩可比单叶片式增加一倍，但转角也相应减小。图 5-8 所示为国产 BM 系列叶片式摆动液压马达（温州市长征液压有限公司产品）的实物外形，其额定压力为 16MPa，排量为 30～4000mL/r，转角为 0°～270°，输出转矩为 27～9600N·m。

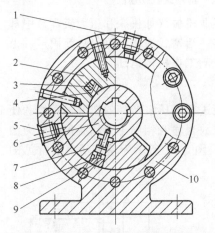

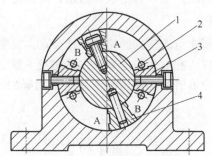

图 5-6　块状叶片的单叶片摆动马达结构
1,5—油口；2—止挡；3,8—弹簧片；
4,9—滑块；6—输出轴；7—叶片；10—壳体

图 5-7　双叶片式摆动液压马达结构
1—输出轴；2—油口；3—止挡；4—叶片

图 5-8　叶片式摆动马达实物外形

5.2.3　选择及使用维护要点

摆动液压马达选择及使用维护要点见表 5-7。

5.3 液压缸

5.3.1 作用分类

液压缸在工厂里称油缸，是应用最广的执行元件，其作用是将液压能转换为往复直线运动机械能，依靠压力油液驱动与其外伸杆相连的工作机构运动而做功。液压缸种类繁多，一般按其结构特点分为活塞式、柱塞式和组合式三类；按作用方式又可分为单作用和双作用两种类型。常用液压缸图形符号见表5-8。

5.3.2 工作原理

图 5-9 所示为常用的活塞式单作用液压缸的原理。活塞将缸分为两个腔，仅左腔为工作腔，故只在缸筒左端有压力油口（用实线画出）。活塞杆在油液压力驱动下伸出，返回时靠工作机构及活塞杆自重或弹簧力等外力作用实现。右端的虚线表示泄漏油口，它把工作腔经缸筒与活塞间的环形缝隙泄漏到非工作腔（右腔）的油液排回到油箱，以保证缸正常工作。表 5-8 中的柱塞式液压缸也是一种单作用缸，单作用缸成对使用，通过推挽式伸、缩，也可实现工作机构（如大型磨床工作台）的双向往复直线运动。

图 5-10 所示为活塞式双作用液压缸原理图。在缸筒两端都有压力油口，以便轮流进油和排油。即活塞的伸出和缩回均由油液压力驱动，故往复行程均可推动负载。因单杆活塞缸的有杆腔和无杆腔的有效面积互不相等，故当输入相同压力和流量的压力油时，活塞在两个方向的输出推力和运动速度是不相等的。但双杆活塞缸的两个有杆腔有效面积通常相等，故当输入相同压力和流量的压力油时，活塞在两个方向的输出推力和运动速度是相等的。

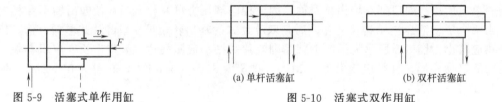

图 5-9 活塞式单作用缸

(a) 单杆活塞缸　　(b) 双杆活塞缸

图 5-10 活塞式双作用缸

单杆缸在行走机械（如挖掘机和汽车起重机等）和工业机械（如机床和压力机等）中都有广泛应用，双杆缸则在工业机械特别是机床中应用较多。活塞式液压缸可以缸筒固定，由活塞杆带动工作机构运动；也可以活塞杆固定，由缸筒带动工作机构运动。

5.3.3 简要计算

以单杆活塞缸为例介绍液压缸的简单计算要点，以便进行液压缸产品的选型、替代和使用等。如前所述，单杆活塞缸两腔的有效作用面积不同，故当输入相同压力和流量的压力油时，活塞在两个方向的输出推力和运动速度是不相等的。图 5-11 所示为单杆活塞缸常见的

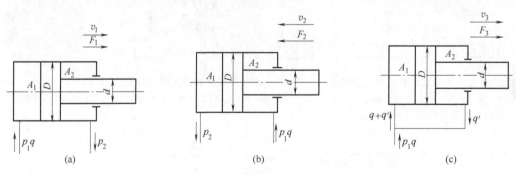

图 5-11 单杆活塞缸的三种工况

三种不同工况。

(1) 无杆腔进油，有杆腔回油 [图 5-11（a）] 此时，无杆腔面积（即活塞的大端面积）A_1 为有效作用面积，活塞向左运动的输出推力 F_1 为

$$F_1=(p_1A_1-p_2A_2)=\frac{\pi}{4}\left[(p_1-p_2)D^2+p_2d^2\right] \tag{5-8}$$

式中，A_2 为有杆腔的有效工作面积；p_1 为缸的进口压力；p_2 为缸的出口压力（也称为背压力）；D、d 分别为活塞、活塞杆直径。

运动速度 v_1 为

$$v_1=\frac{q}{A_1}=\frac{4q}{\pi D^2} \tag{5-9}$$

式中，q 为液压缸的输入流量。

(2) 有杆腔进油，有杆腔回油 [图 5-11（b）] 此时，有杆腔面积（即活塞的大端面积减去活塞杆面积）A_2 为有效作用面积，活塞向右运动的输出推力 F_2 为

$$F_2=(p_1A_2-p_2A_1)=\frac{\pi}{4}\left[(p_1-p_2)D^2-p_1d^2\right] \tag{5-10}$$

运动速度 v_2 为

$$v_2=\frac{q}{A_2}=\frac{4q}{\pi(D^2-d^2)} \tag{5-11}$$

由于 $A_1>A_2$，所以 $v_1<v_2$，$F_1>F_2$。

(3) 无杆腔和有杆腔同时进油，无回油 [图 5-11（c）] 此时，缸左右两腔同时接通压力油，压力相同，但由于无杆腔的有效工作面积大于有杆腔，可产生差动。即活塞杆向右伸出，并将有杆腔的油液挤出（流量为 q'），反过来流入无杆腔，加大了进入无杆腔的流量 $(q+q')$，从而加快了活塞的运动速度。

缸向右运动输出的推力 F_3 为

$$F_3=p_1(A_1-A_2)=p_1\frac{\pi}{4}d^2 \tag{5-12}$$

运动速度 v_3 为

$$v_3=(q+q')/A_1=\frac{q+\frac{\pi}{4}(D^2-d^2)v_3}{\frac{\pi}{4}D^2}$$

即

$$v_3=\frac{q}{\pi d^2/4}=\frac{q}{A_1-A_2}=\frac{4q}{\pi d^2} \tag{5-13}$$

综合上述三种情况可以得出以下结论。

① 在不加大油源流量前提下，单杆缸可获得两种不同的伸出速度 v_1、v_2 和一种快速退回速度 v_3。

② 无杆腔进油，有杆腔回油时，推力最大，运动速度最慢，适用于执行机构重载慢速的工作行程（工进）。

③ 有杆腔进油，有杆腔回油时，推力较小，运动速度较快，适用于执行机构轻载快速的退回行程（快退）。

④ 无杆腔和有杆腔同时进油，无回油时，推力最小，运动速度最快，适用于执行机构空载快速的进给行程（快进）。

⑤ 若要求缸的快速往复运动速度相等，即 $v_2 = v_3$，则由式（5-11）和式（5-13）可知，取活塞杆的面积等于活塞面积的一半，$A = A_1/2$，即 $d = 0.7D$ 即可。

⑥ 单杆缸的非差动与差动连接方式的变换，通常可利用液压换向阀（参见第 6 章）工作位置的切换来实现。

5.3.4　典型结构

图 5-12 所示为一种单杆活塞缸，它由无缝钢管缸筒 4、缸盖 2 及 7、与活塞杆制成一体的整体式活塞 5 等部分组成。两个油口分别开设在缸盖 2 的圆周和缸盖 7 的后端面上。两端缸盖和缸筒间采用螺纹式连接，活塞与缸筒间用 O 形密封圈 6 密封，活塞杆和缸筒采用 Y 形密封圈 1 密封，缸盖和缸筒间采用铜垫 3 密封。图 5-13 所示为一种拉杆式连接的单杆活塞缸的实物外形。

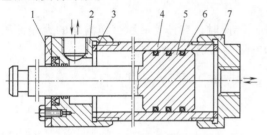

图 5-12　单杆液压缸结构

1—Y 形密封圈；2,7—缸盖；3—铜垫；
4—缸筒；5—活塞（杆）；6—O 形密封圈

图 5-13　一种单杆液压缸的实物外形

图 5-14 所示为一种杆固定双杆液压缸结构，它由缸筒 10、缸盖 18 和 24、活塞 8、两空心活塞杆 1 和 15、托架 3、导向套 6 和 19、压盖 16 和 25 以及密封圈 4、7、17 等零件组成。活塞杆固定在主机固定机架或机身上，缸筒固定在工作台或其他移动工作机构上。两缸盖通过螺钉（图中未画出）与压板相连，并经钢丝环 12 和 21 固定在缸筒上。由于液压缸工作中要发热伸长，它只与右缸盖和工作台固定相连，左缸盖空套在托架的孔内，使之可自由伸缩。活塞杆的一端用堵头 2 堵死，并通过锥销 9 和 22 与活塞相连。活塞与缸筒之间、缸盖与活塞杆之间以及缸盖与缸筒之间分别用 O 形圈、Y 形圈及纸垫 13 和 23 进行密封，以防止油液的内外泄漏。缸的左右两腔是通过油口 b 和 d 经活塞杆中心孔与左右径向孔 a 和 c 相通的。当径向孔 c 接通压力油，径向孔 a 接通回油时，缸带动工作台向右移动；反之则向左移动。缸筒在接近行程的左右终端时，径向孔 a 和 c 的开口逐渐减小，对移动机构起制动缓冲作用。为了排除液压缸中剩余的空气，缸盖上设置有排气孔 5 和 14，经导向套环槽的侧面孔道（图中未画出）连通排气阀排出。

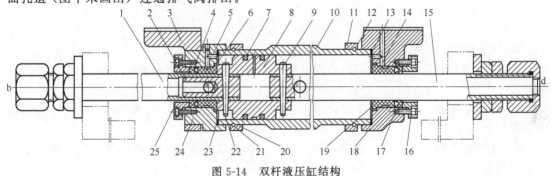

图 5-14　双杆液压缸结构

1,15—活塞杆；2—堵头；3—托架；4,7,17—密封圈；5,14—排气孔；6,19—导向套；8—活塞；9,22—锥销；
10—缸筒；11,20—压板；12,21—钢丝环；13,23—纸垫；16,25—压盖；18,24—缸盖；

5.3.5 一般构成

从前述液压缸典型结构可看出，任何液压缸基本上都由缸筒-缸盖组件、活塞-活塞杆组件、密封件、缓冲装置和排气装置等部分组成。缓冲装置和排气装置根据具体应用场合而定，其他部分则是必不可少的。

（1）缸筒-缸盖组件　由于缸筒和缸盖承受油液的压力，所以要求有足够的耐压性和耐磨性、较高的表面精度和可靠的密封性，一般用钢和优质铸铁制成。高压缸的缸筒采用冷拔无缝钢管，为了增加耐磨性和防止密封件的损伤，缸筒内表面可镀上 0.05mm 厚度的硬铬。缸筒和缸盖之间可采用法兰、螺纹、拉杆和焊接等连接形式。

（2）活塞组件　活塞可与活塞杆做成整体，但大多是分开的，此时，可采用螺纹式、锥销式和半环式等进行连接。活塞受油液的压力，并在缸筒内往复运动，因此也要求有一定的耐压性和良好的耐磨性。活塞一般用耐磨铸铁或钢制造。活塞杆是连接活塞和工作部件的传力零件，要求有足够的强度和刚性。活塞杆可制成实心或空心的，但不论空心与否，通常都用优质钢料制造。活塞杆表面最好镀上硬铬，以防损伤密封件。

（3）缓冲装置　缓冲装置用于防止缸在活塞行程终了时，活塞与缸盖发生撞击，引起破坏性事故或严重影响机械精度。高速（＞0.2m/s）运动的液压缸必须设置缓冲装置。缓冲装置的工作原理是使缸内低压腔中油液（全部或部分）通过小孔或缝隙节流把动能转换为热能，热能则由循环的油液带到缸外，即通过增大液压缸回油阻力，逐渐减慢运动速度，防止撞击。图 5-15（a）为圆柱形缝隙式缓冲装置，当缓冲柱塞进入缸盖上的内孔时，缸盖和活塞间形成的油腔封住一部分油液，并使其从环形缝隙中排出，实现减速缓冲；图 5-15（b）为圆锥形环隙式缓冲装置，缓冲柱塞为圆锥形，故环形间隙的通流面积随位移量而改变；图 5-15（c）为节流口变化式缓冲装置，被封在活塞和缸盖间的油液经柱塞上的轴向三角节流槽流出而实现缓冲；图 5-15（d）为节流口调节式缓冲装置，被封在活塞和缸盖间的油液经可调节流阀的小孔排出而实现缓冲，图中的单向阀用于反向时快速启动。

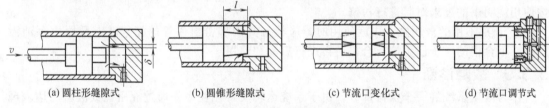

（a）圆柱形缝隙式　　（b）圆锥形缝隙式　　（c）节流口变化式　　（d）节流口调节式

图 5-15　液压缸的缓冲装置

（4）排气装置　液压缸工作时会积留空气，从而影响液压缸及其带动的工作部件运动的平稳性，甚至导致其无法正常工作。一般液压缸通常不设专门的排气装置，而是通过缸的空载往复运动，将空气随回油带入油箱分离出来，直至运动平稳。对于特殊液压缸，可在缸盖最高部位设置排气塞（图 5-16），排气时松开螺钉，使缸全行程往复移动数次直至可见油液排出，排气完毕后旋紧螺钉即可。

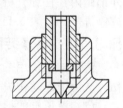

图 5-16　排气塞

5.3.6 性能特点

液压缸具有结构简单、工作可靠、使用维护方便的优点，在各类机械的液压系统中获得了广泛应用。

缸的主要结构参数有缸筒内径（活塞直径）D 和活塞杆直径 d 等，它们已经系列化（表 5-9）。液压缸的常用性能参数有压力和流量（液压参数），输出推力和运动速度（机械参数）。其中工作压力 p 是由负载决定的液压缸实际运行压力；额定压力（公称压力）p_s 是液压缸能用以长期工作的压力，最高允许压力 p_{max} 是液压缸在瞬间所能承受的极限压力。在液压缸结构一定的情况下，输入不同压力和流量的油液，其输出推力和运动速度就不同。

5.3.7　典型产品

液压缸产品大多已经标准化和系列化，部分国产液压缸标准系列典型产品及其主要结构性能参数见表 5-10，其详细结构及安装连接尺寸等可从液压手册或液压缸生产厂商的产品样本查得。在液压技术中，应优先从现有产品中对液压缸进行选型或替代；对于有特殊要求的非标准液压缸，则需根据使用要求进行专门设计或定制。

5.3.8　安装使用

① 液压缸的安装必须符合设计图样和（或）制造厂的规定。

② 安装前应仔细检查其活塞杆是否弯曲。

③ 安装液压缸时，应尽量使其进、出油口的位置在最上面。

④ 应使缸的轴线位置与运动方向一致。使缸所承受的负载尽量通过缸轴线，不产生偏心现象。避免安装螺栓直接承载。

⑤ 液压缸的安装应牢固可靠，为了减小热膨胀的影响，在行程大和工作时温差大的场合下，缸的一端必须保持浮动，为了适应热胀冷缩，固定点之间的直管段至少要有一个松弯，应该避免紧死的直管（图 5-17）。

⑥ 首次使用液压缸时，应松开排气塞（阀）螺钉排气，使缸全行程空载往复移动数次直至可见油液排出，排气完毕后旋紧螺钉即可。

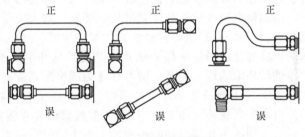

图 5-17　直管段的松弯

⑦ 在液压缸运行中，不得锤击其外表面及连接管道。如出现爬行等不良动作或振动、噪声及异常发热，应按使用说明书的要求对其进行检修。

⑧ 长期不用的液压缸，再度使用时，应检查其内部密封件等的完好状态及原内存油液质量，不合格的应予以更换，合格后再进行启动和使用。

5.3.9　故障诊断

作为液压系统的一个执行部分，由于系统运转失常往往最先通过液压缸或液压马达表现出来，因此，液压缸在运行中发生故障，往往与整个系统有关，一定不能孤立地看待。应从外部到内在仔细分析故障原因，从而找出适当的解决办法，应避免欠加分析的大拆大卸，造成停机停产。表 5-11 是液压缸在使用中的一些常见故障及其诊断排除方法。

5.3.10　检修装配

液压缸在使用一定时间后，缸筒与活塞、活塞杆与缸盖等相对运动面会发生磨损和拉伤，从而引起动作失常、泄漏增大等故障。若磨损拉伤严重，则需进行拆卸检修。

（1）液压缸的拆卸　对液压缸检修时，首先应对照缸的装配图或使用说明书对其进行拆卸，步骤见表 5-12。

（2）液压缸的检修　液压缸拆卸以后，首先应对各零件外观进行检查，并判断哪些零件可以继续使用，哪些零件必须更换和修理。

① 缸筒内表面。缸筒内表面有很浅的线状摩擦伤或点状伤痕，一般不会影响使用。但若有纵状拉伤深痕，即便更换新的密封圈，也不可能防止漏油，必须对内孔进行研磨，或用极细的砂纸或油石修正。当纵状拉伤为深痕而无法修正时，就必须更换为新缸筒。

② 活塞杆的滑动面。在与活塞杆密封圈做相对滑动的活塞杆滑动面上，产生纵状拉伤或打痕时，其判断及处理方法与缸筒内表面相同。但是，活塞杆的滑动表面一般镀有硬铬，若部分镀层因磨损产生剥离，形成纵状伤痕时，活塞杆密封处的漏油对运行影响很大。必须除去旧有的镀层，重新镀铬、抛光。镀铬厚度约为 0.05mm。

③ 活塞杆导向套的内表面。有些伤痕，对使用没有什么妨碍。若不均匀磨损的深度在 0.2~0.3mm 以上，则应更换新的导向套。

④ 活塞表面。首先要检查活塞是否有端盖的碰撞、内压引起的裂缝，如有，则必须更换活塞，因为裂缝可能会引起内泄漏。活塞表面有轻微的伤痕，一般不影响使用。但若伤痕深度达 0.2~0.3mm，就应更换为新的活塞。另外还需检查密封沟槽是否受伤。

⑤ 密封。活塞和活塞杆上的密封件是防止液压缸内泄漏的关键零件。检查密封件时，应首先观察密封件的唇边有无损伤、密封摩擦面的磨损情况。若密封件唇口有轻微的伤痕、摩擦面略有磨损，最好能更换为新的密封件。对使用日久、材质产生硬化脆变的密封件，也必须更换。

⑥ 其他。其他部分的检查，随液压缸构造及用途而异。但检查时应留意缸盖、耳环、铰轴是否有裂纹，活塞杆顶端螺纹、油口螺纹有无异常，焊接部分是否有脱焊、裂缝现象。

（3）液压缸的装配　对于检修完毕的液压缸，在装配前，首先要准备好装配所用工具、清洗油液、器皿，并对待装零件进行合格性检查，特别是运动副的配合精度和表面状态。注意去除所有零件上的毛刺、飞边、污垢，清洗干净。装配液压缸时，首先将各部分的密封件分别装入各相关部分，然后由内到外进行装配，并注意以下几点。

① 避免损伤密封件。装配密封圈时，要注意密封圈不可被毛刺或锐角刮损，特别是对带有唇边的密封圈和新型同轴密封件应尤为注意。若缸筒内壁上开有排气孔或通油孔，应检查、去除孔边毛刺；缸筒上与油口孔、排气孔相贯通的部位，要用质地较软的材料塞平，再装活塞组件，以免密封件通过这些孔口时划伤或挤破。检查与密封圈接触或摩擦的相应表面，如有伤痕，则必须进行研磨、修正。当密封圈要经过螺纹部分时，可在螺纹上卷上一层密封带，在带上涂上些润滑脂再进行安装。

在液压缸装配过程中，用洗涤油或柴油将各部分洗净，再用压缩空气吹干，然后在缸筒内表面及密封圈上涂一些润滑脂。这样不仅容易装入密封件，而且能保护密封圈不受损坏，效果明显。

对于格莱圈及斯特封类等橡胶组合的密封件，由于密封环通常用特殊聚四氟乙烯类较硬材料制成，弹性较差，故在装配前，应先将其在油液中进行加热使其变软后，再借助套同类工具将其装入活塞的沟槽中，以免割伤或损坏密封件。

② 密封圈的安装方向应正确，安装时不可产生拧扭挤出现象。

③ 活塞与活塞杆装配以后，应采用百分表测量其同轴度和全长上的直线度，应使差值在允许范围之内。

④ 组装之前，将活塞组件在液压缸内移动，应运动灵活，确认没有阻滞和轻重不均匀现象后，方可正式总装。

⑤ 装配导向套、缸盖等零件有阻碍时，不能硬性压合或敲打，一定要查明原因，消除故障后再行装配。

⑥ 拧紧缸盖连接螺钉时，要依次对角地施力且用力均匀，要使活塞杆在全长运动范围内可灵活均匀运动。全部拧紧后，最好用扭力扳手再重复拧紧一遍，以达到合适的紧固扭力并确保各点扭力数值的一致性。

（4）注意事项　在液压缸拆检与装配中，要特别注意其清洁性。所有零件要用煤油或柴油清洗干净，不得有任何污物留存在液压缸内。禁用棉纱、破布等拆装清洗擦拭零件，以免脱落的棉纱头混入液压系统。在装配过程中，各运动副表面要涂润滑油。所有零件均应轻拿轻放，避免磕伤运动表面。

第6章 | 液压控制元件及其应用回路

6.1 液压阀及液压回路概述

6.1.1 液压阀的功用与一般组成

液压控制调节元件即液压阀，是液压系统中最为重要的组成部分之一，其功用是控制液流的方向、流量及压力，从而实现对执行元件（液压马达和液压缸）及其驱动的工作机构的启动、停止、运动方向及速度、动作顺序、克服负载能力的控制调节，使液压设备的工作机构能按照要求协调地进行工作。

众所周知，任何一个液压系统，不论其如何简单，都不能缺少液压阀；同一工艺目的的液压机械，通过液压阀的不同组合与使用，可以组成油路结构迥然不同的多种液压系统方案，故液压阀是液压技术中品种与规格最多、应用最广泛且最活跃的元件。一个液压系统设计的合理性、安装维护的便利性以及运转工作的可靠性等，在很大程度上取决于其所采用的液压阀的性能优劣、阀间油路联系及参数匹配是否合理。

液压阀一般都由阀芯、阀体和操纵驱动阀芯在阀体内做相对运动的装置组成：阀芯的结构形式多样；阀体上有与阀芯配合的阀体（套）孔或阀座孔，还有外接油管的主油口（进、出油口）以及控制油口和泄油口（按国家标准 GB/T 786.1—2021 的规定，主油口用实线表示及绘制，控制油口和泄油口用虚线表示和绘制）；手调（动）、机动、弹簧、电磁铁、液压力、电液结合是阀芯常见的操纵驱动装置。

6.1.2 液压阀的分类

液压阀的分类方法很多（图 6-1），一种阀在不同的场合，因出发点不同而有不同的名称。此处对其安装连接方式和阀芯结构简要说明如下。

（1）液压阀按安装连接方式分类

①管式阀。在管式阀上，其阀体上的进出油口（加工出螺纹或光孔）通过管接头或法兰（大型阀用）实现阀与阀之间或阀与管路之间的油路联系或连接（图 6-2），组成回路及系统。它具有结构简单、重量轻的优点，适合行走机械和流量较小的液压元件的连接，应用较广；但液压阀只能沿管路分散布置，可能的漏油环节多，装卸维护不方便。

② 板式阀。这类阀需加工有与阀口对应的孔道的专用过渡连接板（也称安装底板或阀板），阀用螺钉固定在连接板，阀的进出油口通过连接板与管路相连接（图 6-3）。制造商一般可随液压阀提供单个阀所对应的安装底板产品。如果自行制作连接板，则可根据该阀的安装面尺寸进行制造；各类液压阀的安装面均已标准化。如果欲在一块公共连接板上安装多个板式阀（图 6-4），则应根据各标准板式阀的安装面尺寸和液压系统原理图的要求，在连接板上加工出与阀口对应的孔道以及阀间联系孔道，通过管接头连接管路，从而构成一个回路或系统。此外，如图 6-5 所示，标准板式阀经常安装在六面体集成块（也称油路块）上的每个侧面（每一个侧面相当于一个过渡连接板），阀与阀之间的油路通过块内流道沟通，从而减少连接管路。为了满足用户不同需求，现代油路块已不再局限于六面体形，而是根据主机和系统的配置需要，制成凸字形等异形［图 6-6（a）］；此外，在一个块的侧面已不局限于安

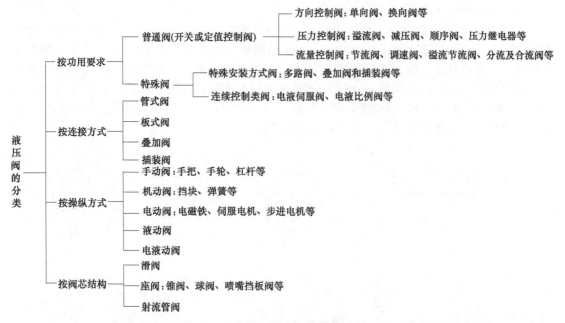

图 6-1　液压阀的分类

装一个液压阀，而是安装多个液压阀［图 6-6（b）］，故一个集成块有的重达 12t。板式阀由于集中布置且装拆时不会影响系统管路，故操纵和维护极为方便，应用相当广泛。

③ 叠加阀和插装阀。它们是结构更为紧凑的阀类（将在 6.6 节、6.7 节专门介绍）。

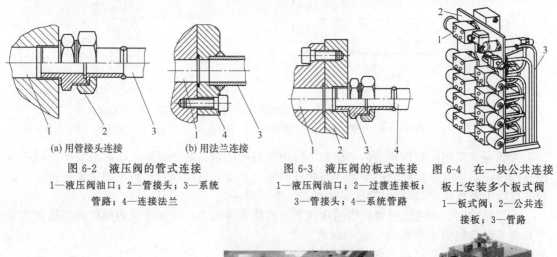

(a) 用管接头连接　　　(b) 用法兰连接

图 6-2　液压阀的管式连接
1—液压阀油口；2—管接头；3—系统
管路；4—连接法兰

图 6-3　液压阀的板式连接
1—液压阀油口；2—过渡连接板；
3—管接头；4—系统管路

图 6-4　在一块公共连接
板上安装多个板式阀
1—板式阀；2—公共连
接板；3—管路

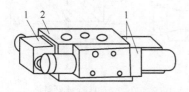

图 6-5　板式阀安装在六面体集成块上
1—板式阀；2—六面体集成块

(a) 中国航天科工集团中之杰公司
工程机械油路块

(b) 美国MOOG公司集成块系统

图 6-6　油路块产品

(2) 液压阀的阀芯结构

① 滑阀。此类阀的阀芯多为圆柱形（少数为平板式），其示例如图 6-7（a）所示，阀体（或阀套）1 上有一个圆柱形孔，孔内开有环形沉割槽（通常为全圆周），每一个沉割槽与相应的进、出油口相通。阀芯 2 上同样也有若干个环形槽，阀芯与环形槽之间的凸肩称为台肩，台肩的大、小直径分别为 D 和 d。通过阀芯相对于阀体（套）孔内的滑动使台肩遮盖（封油）或不遮盖（打开）沉割槽，即可实现所通油路（阀口）的切断或开启以及阀口开度 x 大小的改变，实现液流方向、压力及流量的控制。

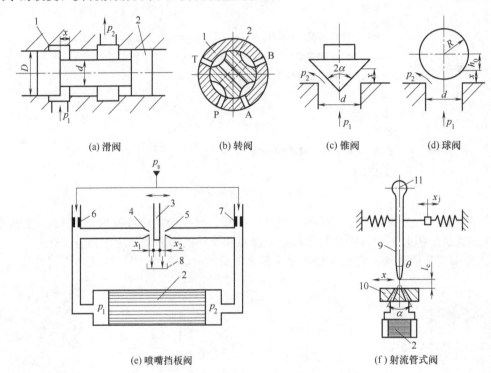

(a) 滑阀   (b) 转阀   (c) 锥阀   (d) 球阀

(e) 喷嘴挡板阀   (f) 射流管式阀

图 6-7　液压阀的阀芯结构

1—阀体；2—阀芯；3—挡板；4,5—喷嘴；6,7—固定节流孔；8—油箱；9—射流管；10—接收器；11—支承中心

滑阀通常采用间隙密封。为了保证工作中被封闭的油口的密封性，阀芯与阀体孔的径向配合间隙应尽可能小，同时还需要适当的轴向密封长度。这使阀口开启时阀芯需先位移一段距离（等于密封长度），所以滑阀运动存在一个"死区"。

为了补偿由于液流速度变化作用在阀芯上的稳态液动力，以减小阀的操纵力并消除液动力对阀工作性能的不利影响，在滑阀产品中，经常可以看到将阀芯制成颈锥以形成特种阀腔形状的负力窗口，或在阀套上采取开斜孔等结构措施（图 6-8）。

② 转阀。此类阀的阀芯为圆柱形[图 6-7（b）]，阀体 1 上开有进出油口（P、T、A、B），阀芯 2 上开有沟槽，通过控制旋转阀芯上的沟槽实现阀口的通断或开度大小的改变，以实现液流方向、压力及流量的控制。转阀类结构简

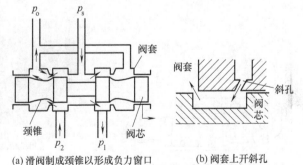

(a) 滑阀制成颈锥以形成负力窗口　　(b) 阀套上开斜孔

图 6-8　滑阀补偿稳态液动力的结构措施

单，但存在阀芯的径向力不平衡问题。目前，转阀式液压阀远不及滑阀式的品种多及应用广泛。

③ 提升类阀。圆锥形或球形的座阀为提升阀，利用锥形阀芯或圆球的位移来改变液流通路开口的大小，以实现液流方向、压力及流量的控制。锥阀 [图 6-7 (c)] 只能有进、出油口各一个，阀芯的半锥角 α 一般为 $12°\sim40°$；阀口关闭时为线密封，密封性能好，开启时无死区，动作灵敏，阀芯稍有位移即开启。

球阀 [图 6-7 (d)] 实质上属于锥阀类，其性能与锥阀类似，从轴承厂购得的直径合适的钢球可直接作球阀使用。

④ 喷嘴挡板阀。此类阀有单喷嘴和双喷嘴两种，图 6-7 (e) 所示为双喷嘴挡板阀原理，来自液压源的压力油（压力 p_s）经固定节流孔 6、7 喷至可左右移动的挡板 3 的左右两侧，通过改变喷嘴与挡板之间两可变节流缝隙 x_1 和 x_2 的相对位移来改变它们所形成的节流阻力，从而改变控制油压 p_1 和 p_2 的大小，进而改变阀芯 2 的位置及液流通路开口的大小。喷嘴挡板阀精度和灵敏度高，动态响应好，但无功损耗大，抗污染能力差；常作为多级电液控制阀（例如二级电液伺服阀）的先导级（前置级）使用。

⑤ 射流管式阀。此类阀主要由射流管 9 和接收器 10 组成 [图 6-7 (f)]，根据动量原理工作，射流管可绕支承中心 11 转动。接收器上的两个圆形接收孔分别与阀芯的左右两端相连。来自液压源的恒压力、恒流量的液流通过支承中心引入射流管，经射流管喷嘴（直径 D_n 通常为 $0.5\sim2\text{mm}$）向接收器喷射。压力油的液压能通过射流管的喷嘴转换为液流的动能（速度能），液流被接收孔接收后，又将动能转换为压力能。当无信号输入时，射流管由对中弹簧保持在两个接收孔的中间位置，两个接收孔所接收的射流动能相同，两个接收孔的恢复压力也相等，阀芯 2 不动。当有输入信号时，射流管偏离中间位置，两个接收孔所接收的射流动能不再相等，其中一个增大而另一个减小，故两个接收孔的恢复压力不等，其压差使阀芯运动。

6.1.3 液压阀液流调控原理

尽管液压阀种类繁多，但通常都是利用阀芯在阀体内的相对运动来控制阀口的通断及开口的大小，从而实现对方向、压力和流量的调节与控制。阀工作时，阀的开口面积 A、通过阀的流量 q 和液流经阀产生的压力差 Δp 之间的关系都符合如下孔口流量通用公式，仅是参数因阀的不同而异。

$$q=CA\Delta p^{\phi} \tag{6-1}$$

式中，C 为由阀口形状、油液性质等决定的系数；ϕ 为由阀口形状决定的指数。

6.1.4 液压阀的基本性能参数与基本要求

（1）基本性能参数　公称压力和公称通径是液压阀的两个基本性能。按相关标准的规定，液压阀产品型号及铭牌上一般都应有这些参数（当然还应包括型号，如 34E-B4BH 及生产厂名称等）。

液压阀的公称压力是其长期工作所允许的最高工作压力，故又叫额定压力，用 p_s 表示，其法定计量单位是 MPa。公称压力标志着阀的承载能力大小。通常液压系统的工作压力小于阀的公称压力则是较为安全的。

液压阀的主油口（进、出口）的名义尺寸叫做公称通径，用 D_g 表示，法定计量单位是 mm。公称通径代表了阀的规格或通流能力的大小，对应于阀的额定流量。阀工作时的实际流量应小于或等于其额定流量，最大一般不得大于额定流量的 1.1 倍。与阀进、出油口相连接的油管规格应与阀的通径相一致。液压阀主油口的实际尺寸不见得完全与公称通径一致。不同功能但通径规格相同的两种液压阀（如压力阀和方向阀），其主油口实际尺寸也不见得相同。为便于制造、选择及使用维护，公称通径已经系列化（表6-1）。

（2）对液压阀的基本要求

① 动作灵敏，使用可靠，工作时冲击和振动小，噪声小，使用寿命长。

② 阀口打开时，液体通过阀的压力损失（压降）小；阀口关闭时，密封性能好（内泄漏少）。

③ 控制压力或流量稳定。

④ 结构紧凑，安装调试及使用维护方便，通用性好。

⑤ 选择和使用液压阀时，其工作压力要小于额定压力；通过阀的实际流量要小于额定流量。

⑥ 注意电磁、电液控制阀对电源的要求（如交流、直流还是交流本整，额定电压、电流的大小）等。

6.1.5 液压回路及其分类

液压回路是由有关液压元件组合而成，能够完成某种特定功能的油路。液压系统都是由一些基本回路所组成。同一液压机械，选择不同的液压阀和其他元件，可以组成截然不同的液压回路或系统。因此，必须熟悉液压基本回路的组成、原理、特点及应用，才能深入分析液压系统，而熟练掌握包括液压阀在内的各种液压元件的结构及原理是掌握液压基本回路的前提。

按功用不同，液压基本回路分为方向控制、压力控制、速度控制和多执行元件动作控制等多种回路。这些回路还可细分为若干种基本回路。

6.2 方向控制阀及其应用回路

方向控制阀（简称方向阀）用于控制液流方向，以满足执行元件启动、停止及运动方向的变换等工作要求。它主要有单向阀和换向阀两类。方向阀的应用回路有锁紧回路、保压和泄压回路、平衡回路、换向回路与卸荷回路等多种。

6.2.1 单向阀及其应用回路

单向阀主要有普通单向阀和先导单向阀两类。普通单向阀的作用是只允许液流正向通过，反向截止。先导单向阀除了能实现普通单向阀的功能外，还可按需要通过外部油压、机械机构和电控机构之一等外部操纵方式控制，实现反向接通功能。分别有常用的液控单向阀和在某些机械装备上专用的机控单向阀和电控单向阀。

（1）结构原理

① 普通单向阀。其作用是只允许液流正向通过，反向截止。图6-9所示为常用的普通单向阀，其阀芯2为锥阀并由弹簧3作用压在阀座上，使阀口关闭。它通过两端带有螺纹的油口P_1和P_2与系统管路相连，所以其连接方式为管式。该阀原理是：当液流从P_1口流入时，阀芯上的液压推力克服作用在阀芯2上的出口液压力、弹簧作用力及阀芯与阀体1之间的摩擦阻力，顶开阀芯，并通过阀芯上的径向孔a和轴向孔b从P_2口流出，构成通路，实现正向流动。当压力油液从P_2口流入时，在液体压力与弹簧力共同作用下，阀芯紧紧压在阀体的阀座上，油口P_1和P_2被阀芯隔开，油液不能流过，即实现了反向截止。其实物外形见图6-10，（a）图为联合设计系列A型直通单向阀（公称压力32MPa，通径10mm、20mm、32mm，流量40L/min、100L/min、200L/min）；（b）图为广研GE系列AF3型板式单向阀（额定压力16MPa，有通径10mm、20mm两种规格，对应流量80L/min、160L/min）。

锥阀式单向阀的密封性好，使用寿命长，在高压大流量系统中，工作可靠，应用广泛。此外，还有阀芯为钢球的球阀式普通单向阀，它仅适用于低压小流量场合。

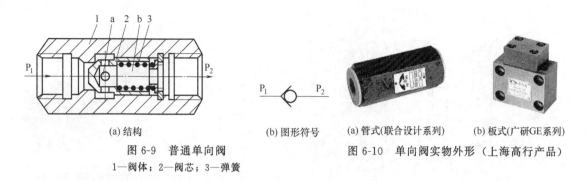

| (a) 结构 | (b) 图形符号 | (a) 管式(联合设计系列) | (b) 板式(广研GE系列) |

图 6-9　普通单向阀
1—阀体；2—阀芯；3—弹簧

图 6-10　单向阀实物外形（上海高行产品）

普通单向阀有图 6-11 所示的多种用途：安装在液压泵出口，防止系统的压力冲击影响泵的正常工作，并防止泵检修及多泵合流系统停泵时油液倒灌；安装在多执行元件系统的不同油路之间，防止油路间压力及流量的不同而相互干扰；装在系统中液压缸或液压马达的回油路上，作背压阀用，提高执行元件的运动平稳性；与其他液压阀［如节流阀、二通流量阀（调速阀）、顺序阀、减压阀等］组合成单向节流阀、单向调速阀、单向顺序阀和单向减压阀等复合阀；用单向阀群组与流量阀构成桥式整流调速回路，实现用单一流量阀对执行元件双向运行速度的调节。

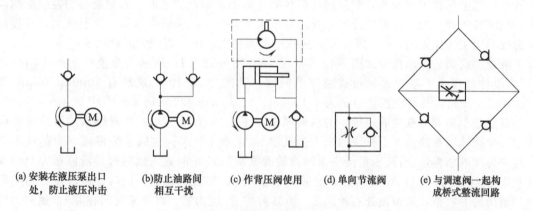

| (a) 安装在液压泵出口处，防止液压冲击 | (b)防止油路间相互干扰 | (c) 作背压阀使用 | (d) 单向节流阀 | (e) 与调速阀一起构成桥式整流回路 |

图 6-11　单向阀的用途

② 液控单向阀和双向液压锁。液控单向阀除了能实现普通单向阀的功能外，还可按需要由外部油压控制，实现反向接通功能。按照阀芯的结构不同，液控单向阀有简式和复式两类；按照控制活塞泄油方式的不同，液控单向阀有内泄式和外泄式之分；还有两个同样结构的液控单向阀共用一个阀体的双液控单向阀（双向液压锁）。

简式液控单向阀（内泄式）的结构如图 6-12 （a） 所示，属管式阀，它比普通单向阀增加了一个控制活塞 1 及控制口 K。当 K 未通控制压力油时，其原理与普通单向阀完全相同，即油液从 P_1 口流向 P_2 口，为正向流动；当 K 中通入控制压力油时，控制活塞顶开主阀芯（锥阀）2，实现油液从 P_2 口到 P_1 口的流动，为反向开启状态。之所以称为内泄，是因其控制活塞 1 的上腔与 P_1 口相通，结构简单、制造较方便，但其反向开启控制压力 p_K 较高，最小需为主油路压力的 30%～50%。

复式液控单向阀（外泄式）的结构原理如图 6-12 （b） 所示，属于板式阀，它带有卸载阀芯 3。主阀芯（锥阀）2 下端开有一个轴向小孔并由卸载阀芯封闭。当 P_2 口的高压油液需反向流过 P_1 口时（一般为液压缸保压结束后的工况），控制压力油通过控制活塞 1 将卸载阀芯向上顶起一较小的距离，使 P_2 口的高压油瞬即从油道 e 及轴向小孔与卸载阀芯下端之间

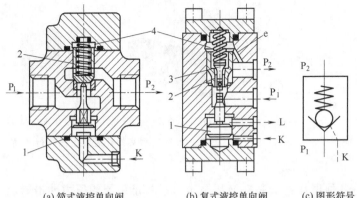

管式阀

板式阀

(a) 筒式液控单向阀　　(b) 复式液控单向阀　　(c) 图形符号

(d) 液控单向阀实物外形
(联合设计系列产品,
无锡油研流体科技公司)

图 6-12　液控单向阀

1—控制活塞；2—主阀芯；3—卸载阀芯；4—弹簧

的环形缝隙流出，P_2 口的油液压力随即降低，实现泄压；然后，主阀芯被控制活塞顶开，使反向油流顺利通过。与内泄式阀不同的是，外泄式液控单向阀的控制活塞为两节同心配合式结构，使控制活塞 1 上腔与 P_1 口隔开，并增设了外泄口 L（接油箱），减小了 P_1 口压力在控制活塞上的作用面积及其对反向开启控制压力的影响，加之由于卸载阀芯的控制面积较小，仅需要用较小的力即可顶开卸载阀芯，故大大降低了反向开启所需的控制压力，其控制压力仅约为工作压力的 5%，因而复式液控单向阀特别适用于高压大流量系统。

液控单向阀的图形符号如图 6-12 (c) 所示。图 6-12 (d) 所示为液控单向阀实物外形（联合设计系列 AY 型管式和板式液控单向阀，其压力 32MPa，通径有 10mm、20mm 和 32mm 三个规格，其对应流量分别为 40L/min、100L/min 和 200L/min）。

双液控单向阀（双向液压锁）的结构原理如图 6-13 (a) 所示，两同结构的液控单向阀共用一个阀体，在阀体 6 上开设四个主油孔 A、A_1 和 B、B_1；主阀芯为锥阀（有的液压锁产品中为球阀结构）。当液压系统一条油路的液流从 A 腔正向进入该阀时，液流压力自动顶开左阀芯 2，使 A 腔与 A_1 腔沟通，油液从 A 腔向 A_1 腔正向流通；同时，液流压力将中间的控制活塞 3 右推，从而顶开右阀芯 4，使 B 腔与 B_1 腔沟通，将原来封闭在腔 B_1 通路上的油液经 B 腔排出。反之，当一条油路的液流从 B 腔正向进入该阀时，液流压力自动顶开右阀芯 4，使 B 腔与 B_1 腔沟通，油液从 B 腔向 B_1 腔正向流通；同时，液流压力将中间的控制活塞 3 左推，从而顶开左阀芯 2，使 A 腔与 A_1 腔沟通，将原来封闭在 A_1 腔通路上的油液经 A 腔排出。总之，双液控单向阀的工作原理是当一个油腔正向进油时，另一个油腔为反向出油，反之亦然。而当 A 腔或 B 腔都没有液流时，A_1 腔与 B_1 腔的反向油液被阀芯锥面与阀座的严密接触而封闭（液压锁作用）。图 6-13 (b) 为其图形符号。图 6-13 (c) 所示为

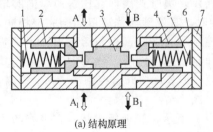

(a) 结构原理　　　　　　(b) 图形符号　　　　　　(c) 实物外形
(力士乐系列Z2S型，恒立液压公司)

图 6-13　双液控单向阀

1—左弹簧；2—左阀芯；3—控制活塞；4—右阀芯；5—右弹簧；6—阀体；7—端盖

一种双液控单向阀的实物外形（力士乐系列 Z2S 型叠加式液控单向阀，最高工作压力 31.5MPa，通径 6mm、10mm、16mm、22mm，流量特性见产品样本）。

（2）典型产品　见表 6-2。

（3）安装与使用　对于普通单向阀，在安装时，需认清单向阀的进、出口方向，以免影响液压系统的正常工作。特别对于液压泵出口处安装的单向阀，若反向安装则可能损坏液压泵及原动机。对于液控单向阀，在安装时，应正确区分主油口、控制油口和泄油口，并认清主油口的正、反方向，以免影响液压系统的正常工作。

（4）常见故障诊断排除　见表 6-3。

（5）应用回路及其故障诊断

① 锁紧回路。它可使液压执行元件在不工作时切断其进、出油液通道，确切地保持在既定位置上，而不会因外力作用和干扰而移动。

图 6-14（a）所示为两个液控单向阀 4 与 5 组成的锁紧回路，阀 4 和 5 分设在液压缸 6 两端的进、出油路上，通过电磁阀 3 电磁铁的通断电及工作位置的切换，可以使缸完成进（右行）、退（左行）运动和锁紧三种工作状态。锁紧回路在机床夹紧机构以及汽车起重机等起吊重物机械的支腿锁紧中有着广泛应用。

此类锁紧回路可能产生的故障及其诊断排除方法如下。

a. 液控单向阀不能迅速关闭，液压缸需经过一段时间后才能停住。即锁紧精度低。

• 液控单向阀本身动作迟滞（如阀芯移动不灵活、控制活塞"别劲"等），按表 6-3 排除液控单向阀有关故障。

• 换向阀的中位机能选择错误致使锁紧精度差。图 6-14（a）中三位换向阀 3 的中位机能应该使液控单向阀的控制管路 a、b 中的油液快速泄压而立即关闭，缸才能马上停住。若采用 O 型、M 型等中位机能的阀，当换向阀在中位时，由于液控单向阀的控制压力油被闭死而不能使其立即关闭，直至由于液控单向阀的内泄漏使控制腔泄压后，液控单向阀才能关闭，自然便影响了锁紧精度。所以在锁紧回路中，如图 6-15 所示，对于双向需要锁紧的，三位换向阀的中位机能应选用 H 型、Y 型为好；而对于只需单方向锁紧的，则可考虑 K 型、J 型等中位机能的换向阀。

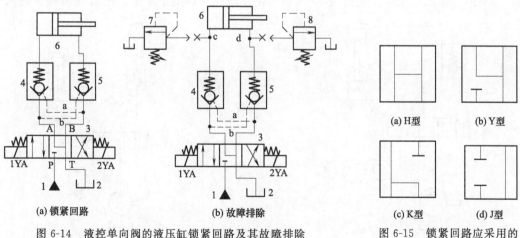

图 6-14　液控单向阀的液压缸锁紧回路及其故障排除
1—油源；2—油箱；3—三位四通电磁换向阀；
4,5—液控单向阀；6—液压缸；7,8—溢流阀

图 6-15　锁紧回路应采用的换向阀中位机能

(a) 锁紧回路　　(b) 故障排除　　(a) H型　(b) Y型　(c) K型　(d) J型

b. 当异常突发性外力作用时，由于缸内油液封闭及油液的不可压缩性，管路及缸内产生异常高压，导致管路及缸损伤，解决办法是在图 6-14（b）中的 c、d 处各增设一溢流阀，

作超载保护用。

② 保压泄压回路。其功用是在液压缸停止工作或只有工件变形所产生微小位移的情况下，使缸工作腔压力基本保持不变；保压结束后，先将缸高压腔保压期间储存的压力能缓慢释放，然后再换向回程，以免突然换向造成的冲击、振动和噪声。

利用复式液控单向阀可以构成保压回路，如图 6-16 所示，用液控单向阀 4 保压，保压期间液压泵经电磁换向阀 3 的中位卸荷。此回路在 20MPa 压力下可保压 10min，压力降不超过 2MPa。

此类保压回路的常见故障及其诊断排除方法如下。

a. 不保压，在保压期间压力严重下降。

故障分析与排除：这种故障多出现在压力机等需要保压的液压系统中，即在所需保压时间内，液压缸的工作压力逐渐下降，保不住压。造成不保压故障的主要原因是系统中存在泄漏。因此不保压故障的排除主要是分析和查找泄漏点并解决之，对于要求保压时间长和压力稳定的场合，还需采取补油（补充泄漏）的措施。

• 液压缸内外泄漏造成不保压。液压缸两腔的内泄漏取决于活塞与缸筒内孔密封装置的可靠性，一般按可靠性高低分：软质密封＞硬质的铸铁活塞环密封＞间隙密封。提高缸孔、活塞及活塞杆制造装配精度，检查并更换密封圈，有利于减少内外泄漏造成不保压的故障。

• 各液压控制阀（尤其靠近液压缸的液压阀）泄漏量较大，造成不保压。为此采用锥阀式液控单向阀较之直接采用滑阀中位封闭油路保压效果要好得多。

• 在回路构成上，尽量减少封闭油路控制阀的数量和接管数量，以减少泄漏点。

• 采用补油的方法，在保压过程中不断地补偿系统的泄漏，例如在图 6-16 的保压管路上并联电接点压力表构成图 6-17 所示的自动开泵补油保压回路。在单向阀 4 对缸保压期间若缸上腔因泄漏等因素，压力下降到压力表 6 调定下限值（低压触点）时，压力表又发出信号使电磁铁 2YA 通电，液压泵由卸荷恢复到向液压缸上腔供油，使压力上升；当上腔压力上升至压力表的上限值时，压力表高压触点通电，使电磁铁 2YA 断电，换向阀恢复至中位，液压泵又经阀 3 的中位卸荷。这种回路通过自动开泵补油，使保压时间特别长，压力波动不超过 1～2MPa。保压结束后，电磁铁 1YA 通电使换向阀 3 切换至左位，压力油经阀 3 进入

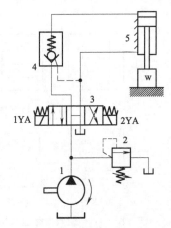

图 6-16　液控单向阀的保压回路

1—液压泵；2—溢流阀；3—电磁换向阀；
4—复式液控单向阀；5—液压缸

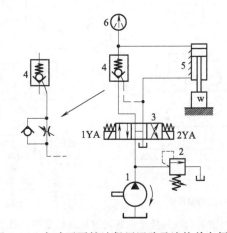

图 6-17　自动开泵补油保压回路及液控单向阀控
制管路设置单向节流阀解决泄压噪声

1—液压泵；2—溢流阀；3—电磁换向阀；4—复式液
控单向阀；5—液压缸；6—电接点压力表

缸下腔，同时反向导通复式液控单向阀 4（卸载阀芯上移打开），实现上腔泄压，随之，阀 4 中的主阀芯被顶开，缸上腔油流顺利排回油箱，液压缸活塞快速向上退回。这种回路能自动地保持液压缸上腔的压力在某一范围内，适用于液压机等机械的液压系统。

b. 保压回路泄压时出现冲击、振动和噪声（炮鸣声）。

故障分析与排除：对于图 6-17 所示保压回路，通常在液压缸直径大于 250mm、压力大于 7MPa 时，其保压油腔在排油前先泄压。否则，泄压速度太快，即保压结束换向回程中，缸上腔压力及储存的形变势能未泄完，缸下腔压力已升高，致使复式液控单向阀 4 的卸载阀芯和主阀芯同时打开，引起缸上腔突然放油，流量和流速很大，泄压过快，导致液压冲击、振动和噪声（炮鸣声）。解决办法是，控制泄压速度，延长泄压时间，即要控制液控单向阀以控制管路流量，降低控制活塞的运动速度。为此，在其阀 4 的控制油路上设置一单向节流阀，使液控管路流量得以控制，从而既能满足系统泄压要求，又保证了控制活塞的回程速度不受影响。

③ 采用液控单向阀的平衡回路。为了防止立式布置的液压缸或垂直运动的工作部件在悬空停止期间由于自重自行下滑，或在下行运动中由于自重造成失控超速的不稳定运动，通常在液压系统中应设置平衡回路。平衡回路的作用是在立置液压缸的下行回油路上串联一个产生适当背压的元件，以便与自重相平衡，并起限速作用。实现平衡的方法之一是采用液控单向阀。

如图 6-18（a）所示，在液压缸 3 下行时的回油路上安装液控单向阀 2。当电磁铁 1YA 通电使三位四通电磁阀 1 切换至左位时，液压源的压力油进入液压缸 3 上腔，并反向导通液控单向阀 2，缸下腔经液控单向阀 2 和阀 1 向油箱排油，活塞向下运动。当电磁铁 1YA 和 2YA 均断电使换向阀 1 处于中位时，液控单向阀迅速关闭，活塞立即停止运动。当电磁铁 2YA 通电使阀 1 切换至右位时，压力油经阀 1、阀 2 进入液压缸下腔，使活塞向上运动。由于液控单向阀通常是锥面密封，泄漏量很小，故这种平衡回路的锁定性好，可有效防止运动部件在停止时的缓慢下落，工作可靠。但有时出现下述故障。

a. 液压缸在轻载下行时平稳性差。此时阀 2 只有在液压缸 3 上腔压力达到其控制压力时才能打开。但轻载时，缸 3 上腔压力较低，故阀 2 关闭，缸 3 停止运动；液压源又不断供油，缸上腔压力又升高，缸 3 又向下运动，负载小又使缸上腔压力下降，阀 2 又关闭，缸 3 又停止运动。如此不断交替出现，缸 3 无法在轻载下平稳下行。

解决方法：在阀 2 和 1 之间的管路上串接单向顺序阀（图中未画出），以提高运动平稳性。

b. 液压缸下腔产生增压事故。如果液压缸 3 的上下腔面积之比 $A_1：A_2$ 大于液控单向阀 2 的控制活塞面积与阀芯上部作用面积之比 $A_3：A_4$ ［常用的 IY 型液控单向阀，其 $A_3：A_4=(4.69\sim6.25)：1$］，例如 $A_1：A_2\geqslant7：1$，则液控单向阀将永远打不开，此时缸 3 将似一个增压器，缸 3 下腔将大幅增压，即缸下腔压力为上腔压力的 7 倍，造成所谓增压事故。

解决办法：在设计或选用液压缸时，应了解液控单向阀的面积比

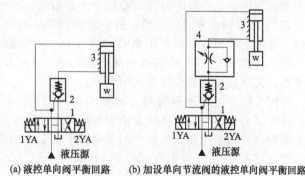

(a) 液控单向阀平衡回路　(b) 加设单向节流阀的液控单向阀平衡回路

图 6-18　液控单向阀平衡回路

1—三位四通电磁阀；2—液控单向阀；
3—液压缸；4—单向节流阀

$A_3 : A_4$ 的数据并合理确定上下腔有效面积，以保证 $A_1 : A_2 < A_3 : A_4$。

c. 液压缸下行过程中发生低频振动。当液压缸活塞杆在重物 G 作用下下降时，因液控单向阀 2 全开，下腔又无背压，所以很可能接近自由落体，重物下降很快，使液压源来不及充满缸的上腔，导致上腔压力降低，甚至产生真空而使液控单向阀关闭。之后，控制压力再一次上升，阀 2 又被打开，活塞又开始下降，即液控单向阀时开时关，且由于管路体积也参与影响，故此现象通常为缓慢的低频振动。

解决办法：在液控单向阀和液压缸的回油路之间增设单向节流阀 [图 6-18 (b)]，通过调节节流阀开度及阻力，在防止缸下降中超速而降低缸上腔压力使液控单向阀时开时关的同时，还可防止液控单向阀的回油腔背压冲击的增大，对提高控制活塞动作稳定性和消除振动有利。

6.2.2 滑阀式换向阀及其应用回路

换向阀的作用是通过改变阀芯在阀体内的相对工作位置，实现阀体上的油口连通或断开，从而改变液流的方向，控制液压执行元件的启动、停止或换向。在滑阀式、转阀式和球阀式三大类换向阀中，滑阀式换向阀应用最广。

（1）工作原理及图形符号

① 工作原理。图 6-19 (a) 所示为滑阀式换向阀的工作原理。阀体 1 与圆柱形阀芯 2 为

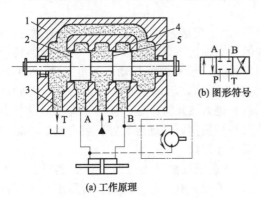

图 6-19 滑阀式换向阀工作原理及图形符号
1—阀体；2—滑动阀芯；3—主油口
（通口）；4—沉割槽；5—台肩

阀的结构主体。阀芯可在阀体孔内轴向滑动。阀体孔里的环形沉割槽与阀体底面上所开的相应的主油口（P、A、B、T）相通。阀芯的台肩将沉割槽遮盖（封油）时，此槽所通油路（口）即被切断。当台肩不遮盖沉割槽（阀芯打开）时，此油路就与其他油路接通。沉割槽数目（与主油口不相通的沉割槽不计入槽数）及台肩的数目与阀的功能、性能、体积及工艺有直接关系。

依靠阀芯在阀孔中处于不同位置，便可以使一些油路接通而使另一些油路关闭。例如图 6-19 (a) 所示，阀芯有左、中、右三个工作位置，当阀芯 2 处于图示位置时，四个油口 P、A、B、T 都关闭，互不相通；当阀芯由驱动装置操纵移向左端一定距离时，油口 P→A 相通，B→T 相通，便使液压源▲的压力油从阀的 P 口经 A 口输向液压缸左腔；缸右腔的油液从阀的 B 口经 T 口流回油箱，缸的活塞向右运动；当阀芯移向右端一定距离时，油口 P→B 相通，A→T 相通，液流反向，活塞向左运动。当然，图 6-19 (a) 中该换向阀的油口 A、B 所接的双向液压马达，也可通过该换向阀的切换，实现液压马达回转方向的变换。

滑阀式换向阀的图形符号 [以图 6-19 (b) 为例] 由相互邻接的几个粗实线小方框构成，其含义为：每一个方框代表换向阀的一个工作位置，表示阀芯可能实现的工作位置数目即方框数称为阀的位数；方框中的箭头 "↑" 表示油路连通，短垂线 "⊤""⊥" 表示油路被封闭（堵塞）；每一方框内箭头 "↑" 的首、尾及短垂线 "⊤""⊥" 与小方框的交点数目表示阀主油路通路数（不含控制油路和泄油路的通路数）；字母 P、A、B、T 等分别表示主油口名称，P 通常接液压泵或压力源，故称之为压力油口，A 和 B 分别接执行元件的进口和出口，故称之为工作油口，T 接油箱，故称之为回油口。综上可知，图 6-19 所示是一个位数为 3、通路数为 4 的三位四通换向阀。

表 6-4 列出了滑阀式换向阀的一些常见主体部分结构形式。

② 换向阀的机能。换向阀的阀芯处于不同工作位置时，主油路的连通方式和控制机能便不同。通常把滑阀主油路的这种连通方式称为滑阀机能。在三位换向阀中，把阀芯处于中间位置（也称停车位置）时，主油路各通口的连通方式称为阀的中位机能，把阀芯处于左位或右位的连通方式称为阀的左位或右位机能。阀的中位机能通常用一个字母表示，不同中位机能可满足不同的功能要求，不同的中位机能可通过改变阀芯形状和尺寸得到。三位四通换向阀常见的中位机能、型号、图形符号及其应用特点等如表 6-5 所示。

③ 操纵控制方式及工作位置的判定。滑阀式换向阀可用不同的操纵控制方式进行换向，手动、机动（行程）、电磁、液动和电液动等是常用的操纵控制方式。不同的操纵控制方式与具有不同机能的主体结构（表 6-4 和表 6-5）进行组合即可得到不同的换向阀。操纵驱动机构及定位方式的符号画在整个阀长方形图形符号两端。表 6-6 给出了常用操纵方式及其图形符号。不同操纵方式构成的换向阀完整图形符号见本节之（2）。

绘制换向阀的图形符号时，以图 6-20 所示弹簧复位的二位四通电磁换向阀为例，一般将控制源（此例为电磁铁）画在阀的通路机能同侧，复位弹簧或定位机构等画在阀的另一侧。有多个工作位置的换向阀，其实际工作位置应根据液压系统的实际工作状态来判别。一般将阀两端的操纵驱动元件的驱动力视为推力，例如图 6-20 所示电磁换向阀的图形符号，若电磁铁没有通电，此时称阀处于右位，四个油口互不相通；若电磁铁通电，则阀芯在电磁铁的作用下向右移动，称阀处于左位，此时 P 口

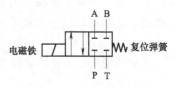

图 6-20 二位四通电磁
换向阀图形符号

与 A 口相通，B 口与 T 口相通。阀位于"左位""右位"，是对于图形符号而言，并不指阀芯的实际位置。

（2）典型结构

① 典型结构之一——手动换向阀。手动换向阀是依靠手动杠杆操纵、驱动阀芯运动而实现换向的阀类。按操纵阀芯换向后的定位方式，有钢球定位式和弹簧自动复位式两种。图 6-21 所示为钢球定位的三位四通手动换向阀，其中位机能为 O 型，通过人力操纵手柄 10 可使阀芯获得左、中、右三个不同位置并依靠钢球 12 定位。定位套 5 上开有 3 条定位槽，槽的间距即为阀芯的行程。当阀芯移动到位后，定位钢球 12 就卡在相应的定位槽中，此时，即便松开手柄（亦即去除了手柄上的操作力），阀芯仍能保持在工作位置上。图 6-22 所示为

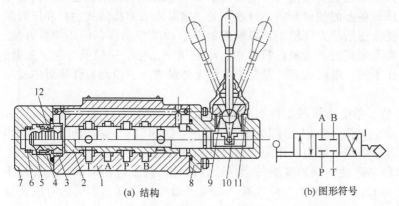

(a) 结构　　　　　　　　(b) 图形符号

图 6-21　三位四通手动换向阀

1—阀体；2—阀芯；3—球座；4—护球圈；5—定位套；6—弹簧；
7—后盖；8—前盖；9—螺套；10—手柄；11—防尘套；12—钢球

图 6-22　手动换向阀实物外形
（WMM 系列，博世力
士乐中国公司）

一种手动换向阀的实物外形（博世力士乐中国公司 WMM 系列手动触发直控式换向滑阀，其最高工作压力 350bar，通径 10mm，最大流量 160L/min）。

手动换向阀主要用于动作较为简单、无需自动化的液压回路或系统中。

② 典型结构之二——机动换向阀。机动换向阀是借助机械运动部件上可以调整的凸轮或活动挡铁的驱动力，自动周期地压下或（依靠弹簧）抬起装在滑阀阀芯端部的滚轮，从而改变阀芯在阀体中的相对位置，实现换向。这种阀常用于控制机械运动部件（例如各类加工机械的工作台、刀架等）的行程，故又叫行程阀。机动换向阀可以根据所控制行程的具体要求，安装在主机运动部件所经过的位置，并可进行调节。机动换向阀一般只有二位阀（可以是二通、三通、四通、五通等），即初始工作位置和一个换向工作位置，二位二通机动阀又分为常开（H 型）和常闭（O 型）两种。当凸轮或挡铁脱开阀芯端部的滚轮后，阀芯都是靠弹簧自动复位。

图 6-23 所示为二位二通机动换向阀，其机能为 O 型。在图示的初始位置，在弹簧 4 的弹性力作用下，阀芯 3 处于左端位置，油口 P、A 封闭；当滚轮 2 被挡块 1 压下时，阀芯移至右端，油口 P→A 连通。当挡块 1 的运动速度 v 一定时，通过改变挡块 1 的斜面角度 α 可改变阀芯 3 的移动速度，调节换向过程的快慢。

图 6-24 所示为一种机动换向阀的实物外形（榆次油研有限公司 DC 系列凸轮操作换向阀，其最高使用压力 21MPa、25MPa，公称规格 01、03，最大流量 30L/min、100L/min）。

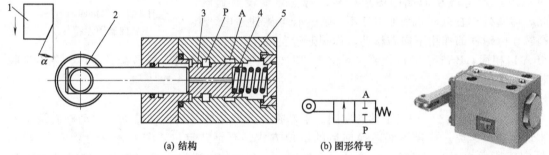

(a) 结构　　　　　　　　(b) 图形符号

图 6-23　二位二通机动换向阀
1—活动挡块；2—滚轮；3—阀芯；4—弹簧；5—阀体

图 6-24　机动换向阀实物外形
（DC 系列，榆次油研有限公司）

③ 典型结构之三——电磁换向阀。电磁换向阀常简称电磁阀，它借助电磁铁通电时产生的推力使阀芯在阀体内做相对运动实现换向。电磁阀是电气系统与液压系统之间的信号转换元件，其电信号可由液压设备上的按钮开关、行程开关（接触式或非接触式的）和压力继电器等元件发出，从而可使液压系统方便地实现各种控制及自动顺序动作，使用相当方便、广泛，多用于自动化程度要求较高的各类液压机械中。电磁阀中二位、三位及二通、三通、四通和五通阀居多。按用途不同，电磁阀有弹簧复位式和无弹簧式，三位阀有弹簧对中式和弹簧复位式。

图 6-25 所示为弹簧复位、单电磁铁的二位四通电磁阀。当电磁铁 9 不通电时，在复位弹簧 4 的作用下，阀芯 2 处于左侧，台肩上平面削口的存在，使油口 P→A 相通，B→T 相通。当电磁铁通电后，阀芯在电磁铁推力的作用下向右移动，使油口 P→B 通，A→T 通。

图 6-26 所示为一种二位电磁换向阀的实物外形（联合设计系列二位换向阀，其公称压力 31.5MPa，规格有通径 6mm、10mm 的二位二通、二位三通和二位四通阀等，对应流量为 10L/min、20L/min）。

图 6-27 所示为弹簧对中的三位四通电磁阀（O 型中位机能），其左、右各有一个电磁铁，阀芯 3 两端为两个复位弹簧。当两个电磁铁都断电时，阀芯 3 在复位弹簧 4 的作用下对

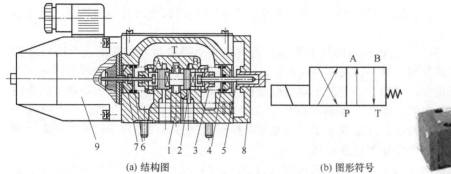

(a) 结构图   (b) 图形符号

图 6-25　二位四通电磁阀

1—阀体；2—阀芯；3—弹簧座；4—复位弹簧；5—推杆；

6—挡板；7—O 形圈座；8—后盖板；9—电磁铁

图 6-26　二位电磁
换向阀实物外形
（联合设计系列，无锡油
研流体科技公司）

中（处于中位），四个油口互不相通；当左电磁铁 1 通电时，阀芯 3 在电磁铁推力作用下向右移动，油口 P→B 通，A→T 通。当右电磁铁通电时，阀芯向左移动，油口 P→A 通，B→T 通。

图 6-28 所示为一种三位四通电磁换向阀的实物外形（力士乐系列 WE10 型，其最高工作压力 31.5MPa，通径 10mm，最大流量 120L/min）。

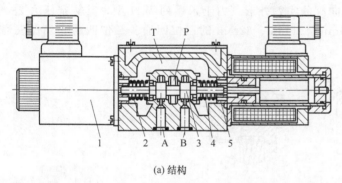

(a) 结构   (b) 图形符号

图 6-27　三位四通电磁换向阀

1—电磁铁；2—推杆；3—阀芯；4—弹簧；5—挡圈

　　按电磁铁电源的不同，电磁阀又可分为交流、直流和交流本整（本机整流）等三种形式。交流型无需特殊电源，允许切换频率较低（通常为数十次每分），寿命较短（数百万次）；直流型需专门的直流电源，允许切换频率较高（一般允许 120 次/min），寿命较长（可达 1×10^{7} 次以上）；交流本整型的插座内本身带有半波整流器件，采用交流电源进行本机整流后，由直流进行控制，电磁铁仍为一般的直流型，并无其他特殊之处。按电磁铁的铁芯和线圈是否浸油又分为干式、湿式和油浸式三种：干式电磁铁与阀体之间有密封膜隔开，电磁铁内部没

图 6-28　三位四通电磁
换向阀实物外形
（力士乐系列 WE 型，
北京华德液压公司）

有工作油液，湿式则相反。干式电磁铁与方向阀连接时，在推杆外周有密封圈，可以避免油液进入电磁铁，线圈的绝缘性能也不受油液的影响，但推杆上受密封圈摩擦力的作用而会影响电磁铁的换向可靠性。湿式电磁铁取消了推杆上的密封，衔铁工作时处于润滑状态，故可

靠性提高。

电磁阀动作反应快，但因受液流对阀芯液动力的影响及电磁铁吸力较小的限制，只适用于流量不大的场合。

④ 典型结构之四——液动换向阀与电液动换向阀。液动换向阀和电液动换向阀通常用于大流量液压系统的换向。其中，液动换向阀是通过外部提供的压力油作用使阀芯换向；而电液动换向阀则是由作为先导控制阀的小规格电磁换向阀和作为主控制阀的大规格液动换向阀合安装在一起的换向阀，驱动主阀芯的信号来自通过电磁阀的控制压力油（外部提供），由于控制压力油的流量较小，故实现了小规格电磁阀控制大规格液动换向阀的阀芯换向，因此力士乐等公司将其称为先导控制换向阀。

液动换向阀有换向时间不可调和可调两种结构形式。图 6-29（a）所示为不可调式三位四通液动换向阀（O 型中位机能）。除了四个主油口 P、T、A、B 外，还设有两个控制口 K_1 和 K_2。当两个控制口都没有控制油进入时，阀芯 4 在两端弹簧 2、5 的作用下保持在中位，四个油口 P、T、A、B 互不相通。当控制油从 K_1 口进入时，阀芯在压力油的驱动下右移，使油口 P 与 B 通，T 与 A 通。当压力油从 K_2 进入时，阀芯在压力油的作用下左移，使 P 与 A 通，T 与 B 通。当控制油从 K_1 口进入时，K_2 口的油液必须通过油管外泄至油箱，反之亦然。在滑阀两端 K_1、K_2 控制油路中加装阻尼调节器即构成可调式液动换向阀，用于换向平稳性要求高的场合，如图 6-29（b）所示，阻尼调节器由一个钢球式单向阀 12 和一个锥阀式节流器 13 并联而成，节流器的开度通过螺纹 10 调节并用螺母 9 锁定。调节节流阀开口大小即可调整阀芯的动作时间。

图 6-30 所示为一种液动换向阀的实物外形（力士乐系列 WH 型，其额定压力 280bar/350bar，规格有通径 6mm、10mm、25mm、32mm 的三位四通、二位四通和二位三通等，流量至 1100L/min）。

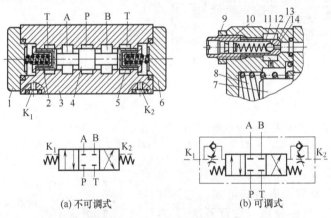

(a)不可调式　　　　(b)可调式

图 6-29　三位四通液动换向阀
1,6—端盖；2,5—弹簧；3—阀体；4—阀芯；7—换向阀芯；
8—控制腔；9—锁定螺母；10—螺纹；11—径向孔；
12—钢球式单向阀；13—锥阀式节流器；14—节流缝隙

图 6-30　液动换向阀实物外形
（力士乐系列 WH 型，无锡油
研流体科技公司）

图 6-31 所示为三位四通电液动换向阀。它由电磁滑阀（先导阀）和液动滑阀（主阀）复合而成。先导阀用以改变控制压力油流的方向，从而改变主阀的工作位置。主阀可视为先导阀的"负载"；主阀（其负载是液压执行元件）用来更换主油路压力油流的方向，从而改变执行元件的运动方向。当两个电磁铁都不通电时，先导阀阀芯在其对中弹簧作用下处于中位，来自主阀 P 口或外接油口的控制压力油不再进入主阀左右两端的弹簧腔，两弹簧腔的

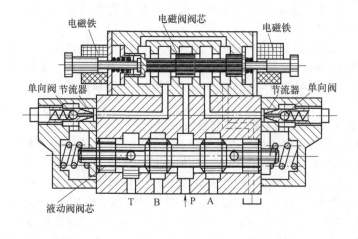

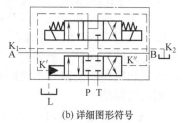

(b) 详细图形符号

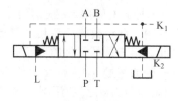

(a) 结构

(c) 简化图形符号

图 6-31　三位四通电液动换向阀

油液通过先导阀中位的 A、B 油口与先导阀 T 口相通，再经主阀 T 口或外接油口排回油箱。主阀芯在两端复位弹簧的作用下处于中位，主阀（即整个电液换向阀）的中位机能就由主阀芯的结构决定，图示为 O 型机能，故此时主阀的 P、A、B、T 口均不通。如果导阀左端电磁铁通电，则导阀芯右移，控制压力油经单向阀进入主阀芯左端弹簧腔，其右端弹簧腔的油经节流器和导阀接通油箱，于是主阀芯右移（移动速度取决于节流器），从而使主阀的 P→A 相通，B→T 相通；而当右端电磁铁通电时，先导阀芯左移，主阀芯也左移，主阀的 P→B 相通，A→T 相通。弹簧对中式三位四通电液动换向阀的先导阀中位机能应为 Y 型或 H 型的，只有这样，当先导阀处于中位时，主阀芯两端弹簧腔压力为零，主阀芯才能在复位弹簧的作用下可靠地保持在中位。

图 6-32 所示为一种电液动换向阀的实物外形（博世力士乐 H-4WEH …XD 型先导操纵，其最高工作压力 350bar，有通径 6mm、10mm、25mm、32mm 的三位四通、二位四通等，流量至 1100L/min）。

图 6-32　四通电液动
换向阀实物外形
（力士乐系列 H-4WEH …
XD 型，博世力士乐中国公司）

（3）典型产品　见表 6-7。

（4）安装与使用　双电磁铁电磁阀的两个电磁铁不能同时通电，两个电磁铁的动作应互锁。对于液动换向阀和电液动换向阀，应根据需要选择合适的控制供油方式，并根据要求决定所选择的阀是否带有阻尼调节器或行程调节装置。电液换向阀和液动换向阀在内部供油时，对于在中间位置使主油路卸荷的三位四通电液换向阀（如 M、H、K 等机能），应保证中位时的最低控制压力，如在回油口上加装背压阀等。

（5）常见故障诊断排除　滑阀式换向阀的常见故障现象有阀芯不能移动、外泄漏、操纵机构失灵、噪声过大等，其诊断排除方法见表 6-8。

（6）应用回路及其故障诊断　换向阀可组成执行元件换向回路，并可构成卸荷以及执行元件串联、并联控制和顺序动作等液压回路。

① 双作用缸换向回路。如图 6-33 所示，通过三位电磁阀 2 的两块电磁铁的通断电，即可使液压缸 3 获得前进、后退和停止三种工况。

此类回路常见故障及其诊断排除方法如下。

a. 缸不换向或换向不良故障。导致此类故障可能是泵、阀、缸本身和回路方面的原因等，只要按相应元件故障原因及排除方法解决即可。

b. O 型（或 M 型）中位机能的三位换向阀在中位时，液压缸仍然微动。导致此故障的原因可能是缸本身内外泄漏大或换向阀内泄漏大，也可能是缸非工作腔混有空气等。消除缸本身泄漏和换向阀泄漏、排除油液中空气可以排除故障，对于有严格位置要求的液压缸，则应采用锁紧回路。

c. 液压缸后退回程时振动、噪声大，经常烧损交流电磁铁。

•故障原因及分析：电磁换向阀 2 的规格（通径或额定流量）选得太小；连接阀 2 和缸 3 的无杆腔的管路通径选小了，就会在缸 3 换向回程时出现大的振动和噪声，特别是在高压系统中，此种故障现象相当严重。事实上，当电磁铁 2YA 通电使阀 2 切换至右位时，活塞退回，由于缸的无杆腔面积 A_1 和有杆腔面积 A_2 不相等，无杆腔流回的油液流量 q_1 比流入有杆腔的流量 q_2 大许多（假设 $A_1=2A_2$，若 $q_2=q_P$，则 $q_1=2q_2=2q_P$）。若按泵的规格（额定流量为 q_P）选用阀 2 的规格，则会因阀的实际流量增大，造成压力损失和阀芯上的液动力的大增，可能远大于电磁铁有效吸力而影响换向，导致交流电磁铁经常烧损；另外，当某些环节存在间隙（如阀芯间隙）过大时，也会引起振动和较大噪声。

如果仅按泵的流量 q_P 选定阀 2 和缸 3 无杆腔之间的管路通径，则缸 3 换向回程时，该段管路的流速将远大于允许的最大流速，而管内沿程压力损失与流速的平方成正比，压力损失的增加，导致压力急降以及管内液流流态变差（紊流），引起振动和噪声。

•排除方法：图 6-33 中的电磁阀 2 的规格应按额定流量等于 $2q_P$ 来选择其通径。管路通径 d 应按 $d=\sqrt{4q_{实}/(\pi v)}=\sqrt{8q_P/(\pi v)}$（$v$ 为油管中允许流速，$v=2.5\sim5\mathrm{m/s}$）进行选择。

② 单作用液压缸换向回路。如图 6-34 所示，单作用液压缸 4 的进、退分别由液压和弹簧完成。即正常工作时，电磁铁 YA 通电使阀 3 切换至右位，液压泵 1 的压力油经二位电磁阀 3 进入缸的无杆腔，克服弹簧反力前进。电磁铁 YA 断电使阀 3 切换至左位时，缸 4 靠有杆腔的弹簧力后退，无杆腔油液经阀 3 排回油箱。

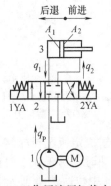

图 6-33 双作用液压缸换向回路
1—液压泵；2—三位电磁阀；3—液压缸

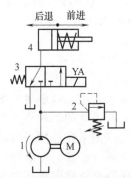

图 6-34 弹簧返程单作用液压缸换向回路
1—液压泵；2—溢流阀；3—二位电磁阀；4—液压缸

回路常见故障是：液压缸不能前进。造成这一故障的可能原因有：二位电磁阀 3 未能通电；溢流阀 2 有故障，压力上不去；缸 4 中的弹簧太硬；活塞及活塞杆的密封过紧或其他原因（如液压缸筒内壁被弹簧外部拉伤）产生的摩擦力太大；液压缸"别劲"等。逐一查明原因予以排除即可。

③ 采用换向阀的卸荷回路。第 3 章曾述及，液压泵在空载（或输出功率很小）的工况

下运转，称为卸荷。卸荷可使液压执行元件及其驱动的工作装置短时间停歇或停止运动时，减少功率损耗、降低系统发热，避免因泵频繁启、停而影响泵的寿命。卸荷的方法很多，较为简捷的方法就是采用换向阀。

图 6-35 所示为采用换向阀的三种卸荷回路，因利用换向阀机能直接卸荷，故换向阀的流量规格必须与液压泵的流量规格相符。在图 6-35（a）的回路中，二位电磁阀（常开 H 型机能）2 处于图示位置，液压泵 1 卸荷；电磁铁通电使阀 2 切换至左位时，泵 1 升压。图 6-35（b）所示卸荷回路中，二位电磁阀（常闭 O 型机能）2 处于图示位置，液压泵 1 升压；电磁铁通电使阀 2 切换至左位时，泵 1 卸荷。图 6-35（c）所示卸荷回路中，三位电液动阀 4 的控制压力油取自液压泵出口，图示位置中，阀 4 处于中位，液压泵 1 卸荷，缸 5 停止；当右端或左端电磁铁通电时，泵 1 均升压，缸 5 实现前进或后退运动。

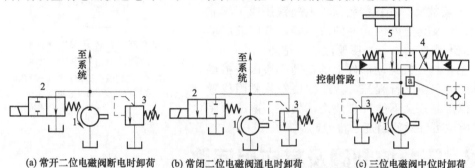

(a) 常开二位电磁阀断电时卸荷　　(b) 常闭二位电磁阀通电时卸荷　　(c) 三位电磁阀中位时卸荷

图 6-35　利用换向阀机能的卸荷回路及其故障排除
1—液压泵；2—二位电磁阀；3—溢流阀；4—三位电液动阀；5—液压缸

此类回路常见故障及其排除方法如下。

a. 回路不卸荷 ［图 6-35（a）、（b）］。故障分析与排除：

图（a）回路的故障原因可能是二位电磁阀 2 的阀芯卡死在通电位置，或者是弹簧力不足或折断及漏装，不能使阀芯复位；检查弹簧，更换或补装即可。

图（b）回路的故障原因则可能是电路故障致使其电磁铁未能通电，二位电磁阀 2 的阀芯卡死在断电位置，或者是弹簧力过大，不能使阀芯换位；检修电路故障或检查、更换弹簧即可。

b. 不能彻底卸荷 ［图 6-35（a）、（b）、（c）］。故障分析与排除：故障原因是阀 2 和阀 4 的规格（额定流量或通径）选得过小，故将阀 2 和阀 4 更换为与液压泵 1 额定流量相当的阀即可；若阀 2 或阀 4 为手动操纵阀则原因可能是定位不准，换向不到位，使 P→T 的油液不能畅通无阻，背压大，酌情处理即可。

c. 需要卸荷时有压，需要有压时卸荷 ［图 6-35（a）、（b）］。故障分析与排除：故障原因可能是在拆修时，将阀 2 的阀芯装反，即图（a）常开阀 2 错装成常闭，图（b）常闭阀装成常开；将二位阀拆开，将阀芯调头装配即可。

d. 液压缸不能及时换向 ［图 6-35（c）］。故障分析与排除：回路利用电液动阀 4 的 M型（也可以是 H 型、K 型）中位机能卸荷。由于中位时泵的压力卸为 0，待卸荷结束发出换向信号（某一电磁铁通电）后，要经一定延时后，才能使控制管路中的油液压力从 0 升至可使阀 4 中液动主阀换向所需的压力，从而造成液压缸不能及时换向。为确保一定的控制压力（通常＞0.3MPa），可在图中 a 处加装一个起背压作用的阀（单向阀、溢流阀或顺序阀均可），以保证阀 4 控制油压的大小，使换向及时可靠。

④ 电磁阀和行程开关构成的双缸并联顺序动作回路。此类回路是通过行程控制方式对双缸动作顺序进行控制。如图 6-36 所示，回路以液压缸 2 和 5 的行程位置为依据实现图中

①②③④的顺序动作。电磁阀 1 和 8 的通、断电主要由固定在液压缸活塞杆前端的活动挡块，触动其行程上布置的电气行程开关来完成。表 6-9 为回路动作状态表。

这种顺序动作回路的常见故障是动作顺序错乱。故障分析与排除如下。

a. 行程开关故障。因行程开关本身的质量不佳、行程开关安装不牢靠、多次碰撞触动而松动等原因造成行程开关不能可靠地准确发信，导致顺序动作错乱。可查明原因予以解决。

b. 电路故障。如接线错误、电磁铁接线不牢靠或断线，以及其他电气元件的故障等，造成顺序动作紊乱或不顺序动作。查明原因予以排除。

c. 活塞杆上或运动部件上的活动撞块因磨损或松动不能可靠压下行程开关，或撞块安装紧固位置不对，使行程开关不能可靠地准确发信，造成顺序动作失常。可针对原因逐一排除。

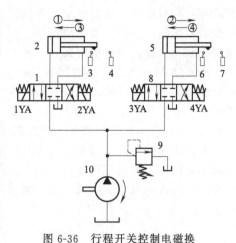

图 6-36　行程开关控制电磁换向阀的双缸顺序动作回路

1,8—三位四通电磁阀；2,5—液压缸；3,4,6,7—行程开关；9—溢流阀；10—液压泵

6.3　压力控制阀及其应用回路

压力控制阀的功用是控制液压系统中的油液压力，以满足执行元件对输出力、输出转矩及运动状态的不同需求。压力阀主要有溢流阀、减压阀、顺序阀和压力继电器等，其共同特点是通过调节弹簧的预压缩量（预调力）可获得不同的控制压力，利用液压力和弹簧力的平衡原理进行工作。

6.3.1　溢流阀及其应用回路

溢流阀的作用是调节、稳定或限定液压系统的工作压力，当液体压力超过溢流阀的调定压力值时，溢流阀阀口自动打开，使油液溢回油箱（溢流）。溢流阀有直动式和先导式两类。

（1）结构原理

① 直动式溢流阀。图 6-37 所示为国产 P 型滑阀式直动溢流阀（广研中低压系列，额定压力 2.5MPa，额定流量有 10L/min、25L/min、63L/min 三种规格），它主要由阀体 5、阀芯（滑阀）4 及调压机构（调压螺母 1 和调压弹簧 2）等部分组成。阀体 5 左右两侧开有进油口 P（接液压泵或被控压力油路）和回油口 T（接油箱），通过管接头与系统连接，属管式阀。阀体中开有内泄孔道 e，阀芯 4 下部开有相互连通的径向小孔 f 和轴向阻尼小孔 g。这种阀的压力设定是通过调节调压弹簧的预紧力实现的，工作中是利用进油口的液压力直接与弹簧力相平衡来进行压力控制的。

压力油在从油口 P 进入阀体孔内的同时，经阻尼孔 g 进入阀芯底部，当作用于阀芯的向上的液压作用力较小时，阀芯在弹簧力作用下处于下端位置，油口 P 与 T 被截止。当油压升高至使阀芯底端向上的液压

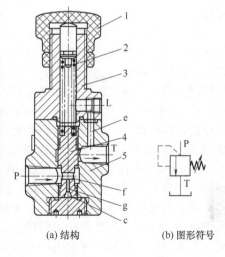

(a) 结构　　(b) 图形符号

图 6-37　直动溢流阀

1—调压螺母；2—调压弹簧；3—阀盖；4—阀芯；5—阀体

力大于弹簧预调力时，阀芯上升，直至阀口开启，油口 P 与 T 相通，压力油液经出油口 T 溢流回油箱，使油口 P 的压力稳定在溢流阀的调定值。通过螺母 1 调节弹簧 2 的预调力即可调整溢流压力。经阀芯与阀体孔径向间隙泄漏到弹簧腔的油液直接通过内泄小孔 e 与溢流油液一并排回油箱（内泄）；如果将阀盖 3 旋转 180°，卸掉 L 处螺塞，可在泄油口 L 外接油管将泄漏油直接通油箱，此时阀变为外泄。阻尼小孔 g 可阻止由负载变化导致的阀芯振动。

图 6-38　直动式溢流阀实物外形
（油研 D 系列，太重集团
榆次液压公司）

图 6-38 所示为一种直动式溢流阀实物外形（太重集团榆次液压油研 D 系列，有管式和板式两种连接方式，其最高工作压力 21MPa，02 规格，最大流量 16L/min，用于小流量回路最高压力调节或作安全阀用）。

② 先导式溢流阀。图 6-39 所示为博世力士乐公司的 DB 型先导式溢流阀（公称压力为 31.5MPa），该阀属板式阀。它由先导阀（导阀芯 8 和调压弹簧 9）和主阀（主阀芯 1 和复位弹簧 3）两大部分构成，先导阀（简称导阀）用来设定压力并控制主阀芯两端压差，主阀芯用于控制主油路的溢流。导阀芯 8 为锥阀；主阀芯 1 为套装在主阀套 10 内孔的外流式锥阀，锥阀芯的圆柱面与锥面两节同心；导阀和主阀经油道 b 耦合。阀体 2 上有两个主油口（进油口 P 和出油口 T）和一个远程控制口（又称遥控口）K，主阀内设压差阻尼孔 a，先导阀内设动态阻尼孔 c。

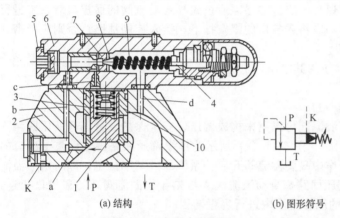

(a) 结构　　　　　(b) 图形符号

图 6-39　先导式溢流阀

1—主阀芯；2—主阀体；3—复位弹簧；4—弹簧座及调节杆；5—螺塞；
6—阀盖；7—锥阀座；8—锥阀芯；9—调压弹簧；10—主阀套

工作时，主阀的启、闭受控于先导阀。压力油从进油口 P 进入，通过阻尼孔 a 后作用在导阀芯 8 上。当进油口的压力较低，导阀关闭，没有油液流过阻尼孔 a，故主阀芯上、下两端的压力相等，在较软的复位弹簧 3 的作用下，主阀芯 1 处在最下端位置，溢流阀进油口 P 和回油口 T 隔断，没有溢流。当进油口压力升高到导阀上的液压作用力大于调压弹簧 9 的预调力时，导阀打开，压力油即通过阻尼孔 a、导阀和油道 d 流回油箱。阻尼孔 a（直径 $0.8 \sim 1.2$mm）的节流作用，使主阀芯上端的压力小于下端的进口压力，当主阀上、下端压力差作用在主阀芯上的力超过主阀弹簧力、轴向稳态液动力、摩擦力和主阀芯自重 G 的合力时，主阀芯 1 抬起（打开），油液从进油口 P 流入，经主阀口由出油口 T 流回油箱，实现溢流，且溢流阀进口压力维持在某调定值上。小孔 c 起减振作用。

阀中远程控制口 K 有三个作用：一是通过油管外接另一远程调压阀，调节远程调压阀的弹簧力，对先导式溢流阀的溢流压力实行远程调压，但是，远程调压阀所能调节的最高压力不得超过先导式溢流阀中导阀的调整压力；二是通过电磁换向阀外接多个远程调压阀，实现多级调压；三是当通过独立的电磁阀（或电磁阀与先导式溢流阀合而为一的电磁溢流阀）将远程控制口 K 接通油箱时，主阀芯上端的压力极低，系统的油液在低压下通过溢流阀流回油箱，实现卸荷。

先导式溢流阀压力调整较为轻便，控制压力较高，一般 $\geqslant 6.3$MPa，有的则高达 32MPa

甚至更高。但先导式溢流阀只有在导阀和主阀都动作后才能起控制作用，故反应不如直动式溢流阀灵敏。

图 6-40 所示为先导式溢流阀和电磁溢流阀的实物外形（博世力士乐中国公司的 DB/DBW 型，其最高工作压力 350bar，有通径 10mm、16mm、25mm、32mm 四个规格，最大流量至 650L/min）。

（2）安装与使用

① 应正确使用溢流阀的连接方式，正确选用安装底板或管接头等连接件，并注意连接处的密封。

② 阀的各个油口要正确接入系统，外部泄油口必须直接接回油箱。

③ 应根据溢流阀在系统中的用途和作用确定和调节调定压力，特别是对于作安全阀使用的溢流阀，其调定压力不得超过液压系统的最高压力。调压时应注意以正确旋转方向调节调压机构，调压结束时应将锁紧螺母固定。如果需通过先导式溢流阀的遥控口对系统进行远程调压、卸荷或多级压力控制，则应将遥控口的螺塞拧下，接入控制油路；否则应严密封堵遥控口。

④ 对于电磁溢流阀，必须正确使用其电压、电流和接线形式。

（3）典型产品　见表 6-10。

（4）常见故障诊断排除　见表 6-11。

（5）应用回路及其故障诊断　溢流阀可以用来构成调压、安全保护及背压等液压回路。

① 单级调压回路和远程调压回路。图 6-41（a）所示为单级调压回路，定量泵 1 出口的压力由所并联的溢流阀 2 调定，工作中只要溢流阀开启，系统压力基本恒定，即所谓"溢流定压"。图 6-41（b）所示为远程调压回路，直动溢流阀 4 与先导式溢流阀 3 的遥控口相连，通过调节阀 4，即可对阀 3 在设定的压力范围内进行远程调压。

（a）先导式溢流阀　　（b）电磁溢流阀

图 6-40　先导式溢流阀和电磁溢流阀实物外形（力士乐 DB/DBW 系列，博世力士乐中国公司）

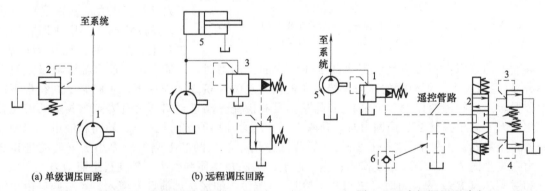

图 6-41　调压回路
1—定量泵；2—溢流阀；3—先导式溢流阀；
4—直动溢流阀；5—液压缸

图 6-42　多级调压回路之一
1—先导式溢流阀；2—三位四通电磁阀；
3,4—远程调压阀；5—定量泵；6—单向阀

② 多级调压回路。利用先导式溢流阀、电磁阀和远程调压阀即可实现系统的多级调压。图 6-42 所示为多级调压回路，通过三位四通电磁阀 2 将两个直动溢流阀 3、4 与先导式溢流阀 1 连接。设三个溢流阀的调压值分别为 p_1、p_3、p_4。当电磁阀 2 处于图示中位时，液压泵卸荷，系统的工作压力 $p \approx 0$；当电磁阀 2 分别切换至上、下两个位置时，则系统的工作压力分别为 $p \leqslant p_3$ 和 $p \leqslant p_4$。

此类回路常见故障及其排除方法如下。

a. 调压时升压时间过长。故障分析与排除：当多级调压回路遥控管路较长（图 6-42），而系统由卸荷（三位换向阀 2 处于中位）状态转为升压状态（阀 2 处于上位或下位）时，由于遥控管路通油箱，压力油要先填充遥控管路后，才能升压，故升压时间长；排除方法是尽量缩短遥控管路（遥控管路一般应＜5m），建议在遥控管路回油处增设一背压阀（单向阀、溢流阀均可），使之有一定压力，这样升压时间即可缩短。但部分加大了系统能量损失。

b. 遥控管路及远程调压阀振动。故障分析与排除：原因基本同上；排除方法是在遥控管路处增设一小规格节流阀（或自制节流器）6 进行适当调节（图 6-43），将振动能量转化为热能，即可通过阻尼作用消除振动。

③ 安全保护回路和背压回路。图 6-44 所示为变量泵 1 供油的安全保护回路，溢流阀 2 用作安全阀，以防系统超载。正常工况下，溢流阀常闭；当故障、载荷过大等原因导致系统压力过高时，溢流阀打开溢流，保护整个液压系统安全。图 6-45 所示为背压回路，溢流阀 2 接在液压缸 4（也可是液压马达）的回油路上，造成一定的回油阻力，可改善缸（或马达）的运动平稳性。

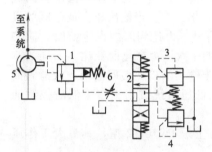

图 6-43　多级调压回路之二

1—先导式溢流阀；2—三位四通电磁阀；

3,4—远程调压阀；5—定量泵；6—节流阀

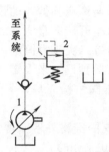

图 6-44　安全保护回路

1—变量泵；2—溢流阀

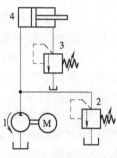

图 6-45　溢流阀作背压阀的回路

1—定量泵；2,3—溢流阀；4—液压缸

④ 卸荷回路。图 6-46 所示为采用先导式溢流阀的卸荷回路。在先导式溢流阀 3 的遥控口外接一小流量二位二通电磁阀 2。电磁阀 2 断电处于图示位置时，阀 3 的遥控口与油箱相通，泵 1 输出的液压油以很低的压力经溢流阀 3 返回油箱，实现卸荷。电磁阀 2 通电切换至右位时，液压泵则升压。

⑤ 卸荷及安全回路。如图 6-47 所示，由于压力补偿变量泵 1 具有在低压时输出大流量和在高压时输出小流量的特性，故当液压缸 4 的活塞运动到行程端点或换向阀 3 处于图示中

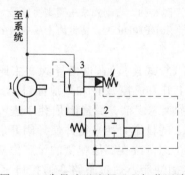

图 6-46　先导式溢流阀远程卸荷回路

1—液压泵；2—二位二通电磁换向阀；3—溢流阀

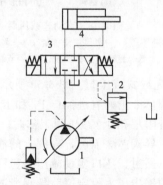

图 6-47　压力补偿变量泵的卸荷回路

1—变量泵；2—溢流阀；3—三位

四通电磁换向阀；4—液压缸

位，泵 1 的压力升高到补偿装置所需压力时，泵的流量便自动减至补足液压缸和换向阀的泄漏，此时尽管泵出口压力很大，但因泵输出流量很小，其耗费的功率大为降低，实现了泵的卸荷。回路中的溢流阀 2 作安全阀使用。这种回路在变量工作点有时出现驱动电机电流异常增大（严重时可能会烧毁电机）的故障，其主要可能原因是变量机构卡阻失灵，拆检排除之即可。

6.3.2　减压阀及其应用回路

减压阀的主要用途是将较高的进口压力降低为所需的压力进行输出并保持输出压力恒定。当液压系统中某个执行元件或某个分支油路所需压力比液压泵供油压力低时，可通过在回路中串联一个减压阀的方法实现。减压阀也有直动式与先导式两类，并可与单向阀组合构成单向减压阀。

（1）结构原理

① 直动式减压阀。此阀可通过输出的油液压力与弹簧预调力相比较，自动调节减压阀口的节流面积，使输出压力基本恒定。图 6-48 所示为直动式减压阀，阀上开有进油口 P_1、出油口 P_2 和外泄油口 L。来自高压油路的压力油从 P_1 口，经滑阀阀芯 3 的下端圆柱台肩与阀孔间形成的常开阀口（开度 x），从 P_2 口流向低压支路，同时通过流道 a 流入阀芯 3 的底部，产生一向上的液压作用力，该力与调压弹簧 4 的预调力相比较。当输出压力低于阀的设定压力时，阀芯 3 处于最下端，阀口全开（x 最大）；当输出压力达到阀的设定值时，阀芯 3 上移，开度 x 减小实现减压，并维持二次压力恒定，不随一次压力变化而变化。不同的输出压力可通过调节螺钉 7 改变弹簧 4 的预调力来设定。由于输出油口不接回油箱，故泄漏油口 L 必须单独接回油箱。直动式减压阀结构简单，只用于低压系统或用于产生低压控制油液，其性能也不如先导式减压阀。

图 6-49 所示为一种直动式减压阀的实物外形（博世力士乐 DP10DR 型，其最大工作压力 210bar，通径 10mm，最大流量 80L/min）。

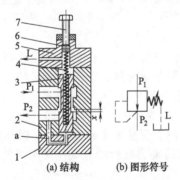

（a）结构　　（b）图形符号

图 6-48　直动式减压阀

1—下盖；2—阀体；3—阀芯；4—调压弹簧；
5—上盖；6—弹簧座；7—调节螺钉

图 6-49　直动式减压阀实物外形
（力士乐 DP10DR 型，博世力士乐中国公司）

② 先导式减压阀。图 6-50 所示为先导式减压阀（管式连接），也由导阀和主阀两部分组成。阀体 6 上开有进油口 P_1 和出油口 P_2，阀盖 5 上开有遥控口 K 和外泄油口 L。主阀芯中部开有阻尼孔 9。减压阀工作时，输出压力油进入主阀芯底部，并经阻尼孔 9 进入主阀弹簧腔和先导阀芯 3 前腔，导阀上的液压力与调压弹簧 2 的设定力相平衡并使导阀开启，主阀芯上移，通过减压口实现减压和稳压。调节调压手轮 1 即可改变调压弹簧的设定力从而改变减压阀的输出压力设定值。导阀泄油通过外泄口 L 接回油箱；通过管路在遥控口 K 外接电磁换向阀和远程调压阀，可以实现远程调压和多级减压。但远程调压阀所能调节的最高压力不得超过减压阀本身导阀的调整压力。由于先导式减压阀的导阀芯前端的孔道结构尺寸一般

都较小，调压弹簧不必很强，故压力调整比较轻便，可用于高压系统。

图 6-51 所示为一种先导式减压阀的实物外形（太重集团榆次液压公司油研系列 TY-DR 型，有带单向阀和不带单向阀两种可选结构及管式和板式两种连接方式，其最高工作压力达 350bar，有通径 10mm、16mm、20mm、25mm、32mm 五种规格，流量 150～400L/min）。

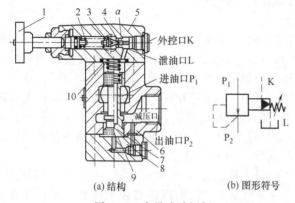

图 6-50　先导式减压阀
(a) 结构　　(b) 图形符号

1—调压手轮；2—调压弹簧；3—先导阀芯；4—先导阀座；5—阀盖；
6—阀体；7—主阀芯；8—端盖；9—阻尼孔；10—复位弹簧

图 6-51　先导式减压阀实物
外形（带/不带单向阀）
（油研系列 TY-DR 型，
太重集团榆次液压公司）

图 6-52 所示为单向减压阀，它由图 6-50 所示的先导式减压阀加上单向阀构成。正向流动（$P_1 \to P_2$）时它起减压作用，反向流动（$P_2 \to P_1$）时它起单向阀作用。其减压阀部分的结构与工作原理与图 6-50 所示的先导式减压阀相同。当压力油从出油口 P_2 反向流入进油口 P_1 时，单向阀开启，减压阀不起作用。同系列的单向减压阀与不带单向阀的减压阀外形基本相同（参见图 6-51）。

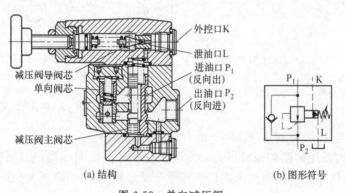

图 6-52　单向减压阀
(a) 结构　　(b) 图形符号

（2）典型产品　见表 6-12。

（3）安装与使用

① 应正确使用减压阀的连接方式，正确选用连接件（安装底板或管接头），并注意连接处的密封；阀的各个油口应正确接入系统，外部卸油口必须直接接回油箱。

② 调压时应注意以正确旋转方向调节调压机构，调压结束时应将锁紧螺母固定。

③ 如果需通过先导式减压阀的遥控口对系统进行多级减压控制，则应将遥控口的螺塞拧下，接入控制油路；否则应将遥控口严密封堵。

（4）常见故障诊断排除　见表 6-13。

（5）应用回路及其故障诊断　减压回路的功用是使单泵供油液压系统中的某一部分油路具有比主回路低的稳定压力。

① 单级减压回路。图 6-53 为最常见的减压回路，减压阀 4 与主油路并联，高压主油路的压力由溢流阀 6 设定，减压油路的压力由阀 4 设定。节流阀 3 用于调节缸 2 的速度，单向阀 5 供主油路压力降低时防止油液倒流，起短时保压之用。

此类回路的常见故障现象及排除方法如下。

a. 液压缸 2 速度调节失灵或速度不稳定。故障分析与排除：当减压阀 4 的泄漏（外泄油口流回油箱的油液）大时会产生这一故障；解决办法是将节流阀 3 从图中位置改为串联在减压阀 4 之后的 a 处，从而可避免减压阀泄漏对缸 2 速度的影响。

b. 当缸 2 停歇时间较长时，减压阀后的二次压力逐渐升高。故障分析与排除：这是因缸 2 停歇时间较长时，有少量油液通过阀芯间隙经先导阀排出，保持该阀处于工作状态。阀内泄漏使经先导阀的流量加大，减压阀的二次压力增大。为此，可在减压回路中加接图中虚线油路，并在 b 处装设一安全阀，确保减压阀出口压力不超过其调压值。

② 二级减压回路（图 6-54）。液压泵 6 的最大压力由溢流阀 5 设定。在先导式减压阀 1 的遥控油路上接入调压阀 2，使减压回路获得二级压力。但调压时必须使阀 2 与先导式减压阀 1 的调整压力满足 $p_2 < p_1$。

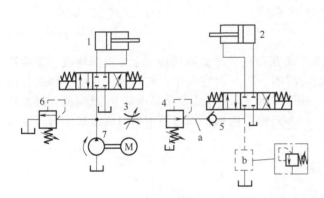

图 6-53　减压回路
1—主缸；2—支路缸；3—节流阀；4—减压阀；
5—单向阀；6—溢流阀；7—定量泵

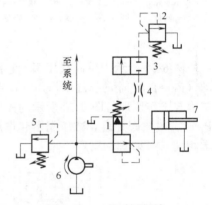

图 6-54　二级减压回路
1—先导式减压阀；2—远程调压阀；3—二位二通换向阀；4—固定节流器；5—溢流阀；
6—定量液压泵；7—液压缸

常见故障：当压力由 p_1 切换到 p_2 时，出现压力冲击。

原因分析：该减压回路的两级压力切换由二位二通换向阀 3 实现。当压力由 p_1 切换到 p_2 时，因阀 3 与阀 2 之间的油路内在切换前无压力，故阀 3 切换至左位时，减压阀 1 遥控口处的压力由 p_1 下降到几乎为零后再回升到 p_2，自然产生较大压力冲击。

排除方法：一是在阀 1 和 3 之间设置固定节流器 4，用于阻止和缓解压力切换时出现的压力冲击；二是将阀 3 与阀 2 的位置互换，由于这样从阀 1 的遥控口到阀 3 的油路内经常充满压力油，故阀 3 切换时系统压力从 p_1 下降到 p_2，便不会产生过大压力冲击。

6.3.3　顺序阀及其应用回路

顺序阀的主要用途是控制多个执行元件的先后顺序动作。通常顺序阀可看作二位二通液动换向阀，其开启和关闭压力可用调压弹簧设定。当控制压力（阀的进口压力或液压系统某处的压力）达到或低于设定值时，阀可以自动打开或关闭，实现进、出口间的通断，从而使多个执行元件按先后顺序动作。

顺序阀也有直动式和先导式两类；按压力控制方式的不同，顺序阀有内控式和外控式之分。顺序阀与单向阀组合可以构成单向顺序阀（平衡阀），用于防止立置液压缸及其工作机构因自重下滑。

　　（1）结构原理

　　① 直动式顺序阀。直动式内控顺序阀的结构、图形符号如图 6-55（a）、（b）所示。与溢流阀类似，阀体 4 上开有主油口 P_1、P_2，但 P_2 不是接油箱，而是接二次工作油路，故在阀盖 3 上的泄油口 L 必须单独接回油箱。为了减小调压弹簧 2 的刚度，滑阀式阀芯 5 下方设置了控制柱塞 6。系统工作时，进口压力油经内部流道 a 进入柱塞 6 下端面，产生向上的液压作用力，当该力小于弹簧 2 的预调力时，阀芯 5 在弹簧作用下处于下方，进、出油口不相通（亦即阀常闭）。当进口压力 p_1 升高使柱塞 6 下端面上的液压力超过弹簧预调力时，阀芯 5 便上移，使进油口与出油口接通，油液便经顺序阀口从出油口流出，从而驱动另一执行元件或其他元件动作。顺序阀在阀开启后应尽可能减小阀口压力损失，力求使出口压力接近进口压力。这样，当驱动后动作执行元件所需 P_2 口的压力大于顺序阀的调定压力时，系统的压力略大于后动作执行元件的负载压力，因而压力损失较小。如果驱动后动作执行元件所需 P_2 口的压力小于阀的调定压力，则阀口开度较小，在阀口处造成一定的压差以保证阀的进口压力不小于调定压力，使阀打开，P_1 口与 P_2 口在一定的阻力下沟通。综上可知，内控式顺序阀开启与否，取决于其进口压力，只有在进口压力达到弹簧设定压力时阀才开启。而进口压力的设定可通过改变调压弹簧的预调力实现，更换调压弹簧即可得到不同的调压范围。

　　如果将底盖 7 转过 $90°$ 或 $180°$，并打开外控口 K 的螺塞，则上述内控式顺序阀就可变为外控式顺序阀，其图形符号见图 6-55（c）。外控式顺序阀是用液压系统其他部位的压力控制其启闭，阀启闭与否和一次压力油的压力无关，仅取决于外部控制压力大小。因弹簧力只需克服阀芯摩擦副的摩擦力使阀芯复位，故外控油压可以较低。直动式顺序阀结构简单、动作灵敏，主要用于低压（低于 8MPa）场合，高压场合应采用先导式顺序阀。

　　图 6-56 所示为直动式压力控制阀［太重集团榆液公司油研系列 H/HC 型压力控制阀，靠内部或外部的压力工作，带压力缓冲机构，按组装方法不同分别可以作为顺序阀、卸荷阀（卸载阀）和低压溢流阀使用。H 型不带单向阀，HC 型带单向阀，阀的最高工作压力 21MPa，有 03、06 和 10 三种规格，对应流量为 50L/min、125L/min、25L/min］。

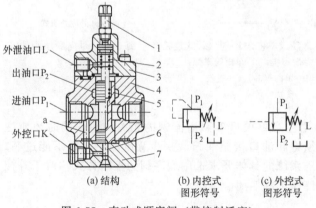

（a）结构　　　（b）内控式图形符号　　（c）外控式图形符号

图 6-55　直动式顺序阀（带控制活塞）

1—调节螺钉；2—调压弹簧；3—阀盖；4—阀体；
5—阀芯；6—控制活塞；7—底盖

外泄油口 L
出油口 P_2
进油口 P_1
a
外控口 K

（a）H 型（不带单向阀）　（b）HC 型（带单向阀）

图 6-56　直动式顺序阀实物外形
（油研系列 H/HC 型压力控制阀，
太重集团榆液公司）

　　② 先导式顺序阀。通常只要将同系列的直动式顺序阀的阀盖和调压弹簧去除，换上先导阀和主阀芯复位弹簧，即可组成先导式顺序阀。图 6-57 是主阀为滑阀的先导式顺序阀，

其结构原理与先导式溢流阀相仿，可仿前述先导式溢流阀进行分析。

图 6-58 是一种先导式顺序阀的实物外形（博世力士乐中国公司，力士乐系列 DZ 型，可带或不带单向阀。其最高工作压力 315bar，有通径 10mm、25mm、32mm 三种规格，最大流量至 650L/min）。

③ 单向顺序阀（平衡阀）。图 6-59 所示为直动式单向顺序阀（管式连接），它由直动式顺序阀和单向阀两部分构成。其顺序阀部分的结构与工作原理和图 6-55 所示顺序阀相仿，也为内控式。

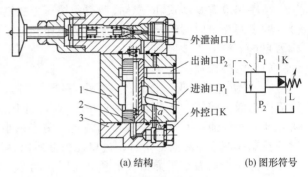

图 6-57　先导式顺序阀
1—阀体；2—阻尼孔；3—底盖

通过改变底盖的安装方向，也可变为外控方式。单向阀的阀芯为锥阀结构。当压力油从进口 P_1 流入，从出口 P_2 流出时，单向阀关闭，顺序阀工作。反之，当压力油从 P_2 流入，从 P_1 流出时，单向阀开启，顺序阀关闭。

对于先导式顺序阀，通过增设可选单向阀，也容易构成先导式单向顺序阀。单向顺序阀的图形符号如图 6-60 所示。直动式单向顺序阀和先导式单向顺序阀的实物外形可分别参看图 6-56（a）和图 6-58。

图 6-58　先导式顺序阀实物外形
（力士乐系列 DZ 型，
博世力士乐中国公司）

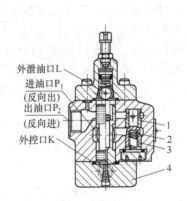

图 6-59　直动式单向顺序阀（管式连接）
1—单向阀座；2—单向阀弹簧；
3—单向阀芯；4—底盖

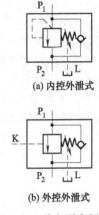

图 6-60　单向顺序阀的
图形符号

（2）常用产品　见表 6-14。

（3）安装与使用　顺序阀的安装使用注意事项可参照溢流阀的相关内容，同时还应注意：由于顺序阀通常为外泄方式，故必须将卸油口接至油箱，并注意泄油路背压不能过高，以免影响顺序阀的正常工作；应根据液压系统的具体要求选用顺序阀的控制方式，对于外控式顺序阀应提供适当的控制压力油，以使阀可靠启闭。

（4）常见故障诊断排除　见表 6-15。

（5）应用回路及其故障诊断　顺序阀常用来构成双缸顺序动作回路及平衡回路等。

① 单向顺序阀的双缸顺序动作回路。此类回路是通过压力控制方式对双缸动作顺序进行控制，故回路中要设置两个单向顺序阀，各单向顺序阀应分别串接在后动作液压缸的进油路上。如图 6-61 所示，液压缸 1 和液压缸 2 的顺序动作要求为：①→②→③→④。单向顺

序阀 3 和 4 分别串联在液压缸 1 的动作④和液压缸 2 前进动作②的进油路上，分别控制缸 1 伸出和缸 2 退回动作进油路的开启。由于单向顺序阀 4 的设定压力大于缸 1 的最大前进负载压力，单向顺序阀 3 的设定压力大于液压缸 2 最大返回负载压力，所以，当换向阀 5 切换至左位时，液压源的压力油先进入缸 1 的无杆腔，实现动作①。此后，系统压力升高，压力油打开顺序阀 4 进入缸 2 的无杆腔，实现动作②。同样地，当换向阀 5 切换至右位时，两液压缸（1 和 2）按③和④的顺序向左返回，返回中，缸 1 和缸 2 的无杆腔的油液分别经阀 4 中的单向阀和阀 3 中的单向阀排回油箱。从而实现了两个液压缸的动作顺序。

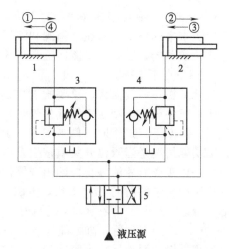

图 6-61　用单向顺序阀的压力控制顺序动作回路
1,2—液压缸；3,4—单向顺序阀；
5—三位四通电磁阀

此类回路的常见故障是顺序动作错乱，即不能按设定的动作顺序①→②→③→④完成循环。

故障分析与排除：

出现顺序动作错乱，原因除了单向顺序阀 3、4 本身的故障外，主要可能是压力调节不当，因为这种顺序动作回路的可靠性在很大程度上取决于顺序阀的性能及其压力调整值，正确的调整方法是后动作的阀 4 的调节压力应比缸 1 伸出动作①时的工作压力调高 0.8～1MPa，阀 3 的调节压力应比缸 2 后退动作③的工作压力调高 0.8～1MPa，否则系统中的工作压力波动可能使顺序阀出现误动作。

② 采用单向顺序阀（平衡阀）的平衡回路。为了防止立式布置的液压缸或垂直运动的工作部件在悬空停止期间由于自重自行下滑，或在下行运动中由于自重而失控超速不稳定运动，通常在液压系统中应设置平衡回路。平衡回路的作用是在立置液压缸的下行回油路上串联一个产生适当背压的元件，以便与自重相平衡，并起限速作用。构成平衡回路的方法之一就是在系统中设置单向顺序阀（平衡阀）。

如图 6-62（a）所示，内控式单向顺序阀 5 设置在液压缸 6 下行的回油路上。当电磁铁 1YA 通电使换向阀 4 切换至左位时，液压缸 6 的活塞向下运动，缸下腔的油液经平衡阀 5 中的顺序阀流回油箱。只要使阀 5 的调压值大于由于活塞及其相连工作部件的重力在缸下腔产生的压力值，则当换向阀处于中位时，活塞和工作部件就能被平衡阀锁住而不会因自重下降。在下行工况时，限速作用由平衡阀所形成的节流缝隙来实现。这种回路在活塞下行运动时因要克服顺序阀的背压，功率损失较大，且"锁紧"时活塞和与之相连的工作部件会因平衡阀和换向阀的泄漏而缓慢下落，故只适用于工作部件重量不大、锁紧定位要求不高的场合。为此，可采用外控式平衡阀组成的平衡回路 [图 6-62（b）]，由于平衡阀 5 的调压值基本上与负载大小（即背压）无关，通常只需系统压力

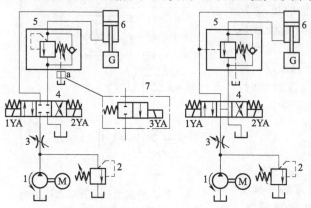

(a) 内控式单向顺序阀平衡回路　　(b) 外控式单向顺序阀平衡回路

图 6-62　单向顺序阀的平衡回路
1—液压泵；2—溢流阀；3—节流阀；4—三位电磁阀；
5—单向顺序阀（平衡阀）；6—液压缸；7—二位电磁阀

的 30%～40%，故功率损失较小；但为了防止液压缸 6 的活塞在下降中超速或出现平衡阀时开时关带来的振动，需在平衡阀和液压缸的回油路之间增设单向节流阀（图中未画出）。

内控式单向顺序阀的平衡回路常见故障现象及其诊断排除方法如下。

a. 停位点不准确。

故障分析：一般而言，只要阀 5 中的顺序阀调压值稍大于工作部件自重 G 在液压缸 6 下腔中形成的压力，则在工作部件停止时，阀 5 关闭，缸 6 就不会自行下滑，可停留在任意位置上；缸 6 下行工作时，阀 5 开启，缸下腔的背压力能平衡自重，不会产生下行超速现象。而实际情况是当限位开关或按钮发出停位信号（电磁铁 1YA 和 2YA 均断电）后，缸还要下滑一段距离后才能停止，即出现停位点不准确的故障。产生这一故障的原因是停位电信号在电路中传递的时间 $\Delta t_{电}$ 太长，电磁阀 4 的换向时间 $\Delta t_{换}$ 长，使发信后要经时间 $\Delta t_{总}=\Delta t_{电}+\Delta t_{换}$（大致在 $0.2\sim0.3s$ 范围内）和缸以运动速度 $v_{缸}$ 下滑位移 $L=\Delta t_{总}\,v_{缸}$（大致在 $50\sim70mm$ 范围内）后，缸才能停止。

出现下滑说明液压缸下腔的油液在发出停位信号后还在继续回油。当缸 6 瞬时停止和换向阀瞬时关闭时，油液和负载的惯性均会产生冲击压力，两冲击压力之和使缸的下腔产生的总的冲击压力往往远大于阀 5 的调定压力，而将阀 5 中的顺序阀打开，此时尽管阀 4 处于中位关闭，但油液可从阀 5 的外泄油道（a 处）流回油箱，直到压力降为调定值时为止，故缸下腔的油液要减少一些，必然导致停位点不准确。

解决办法：一是检查控制电路各元器件的动作灵敏度，尽量缩短 $\Delta t_{电}$；此外将阀 4 换为交流电磁阀，可使 $\Delta t_{换}$ 由 0.2s 降为 0.07s。二是在图中外泄油道 a 处增设一个二位交流电磁阀 7，并使正常工作时，电磁铁 3YA 通电，停位时 3YA 断电，外泄油道堵死，保证缸 6 下腔回油无处可泄，从而保证液压缸不继续下滑，满足了其停位精度。

b. 缸停止（或停机）后缓慢下滑。

故障分析与排除：这主要是液压缸 6 的活塞杆密封的外泄漏、单向顺序阀 5 及换向阀 4 的内泄漏较大所致，解决这些泄漏便可排除此故障；此外，可将阀 5 改为液控单向阀 [参见图 6-18（b）]，对防止缓慢下滑有益。

③ 变量泵-定量马达容积调速回路马达的超速控制。图 6-63 所示的容积调速回路，通过改变变量泵 1 的流量实现定量马达 5 的调速。回路常见故障是液压马达 5 产生超速运动。

故障分析与排除：由于受被起吊重物的负载 7、外界干扰及换向冲击压力等的影响，双向定量液压马达 5 在加入 a 处的外控单向顺序阀 4 之前，常产生超速（超限）转动的现象，当回路中加入阀 4 后，即使出现外界扰动的影响，出现液压马达超速转动时，阀 4 的控制压力下降，阀 4 关小马达 5 的回油，起出口节流作用，从而避免了马达的超速转动。

6.3.4 压力继电器及其应用回路

（1）功用类型　压力继电器又称压力开关。传统的压力继电器是利用液体压力与弹簧力的平衡关系来启闭内置的电气微动开关触点的液电转换元件。当液压系统的压力上升或下降到由弹簧力预先调定的启、闭压力时，微动开关通、断，发出电信号，控制电气元件（如电动机、电磁铁、各类继电器等）

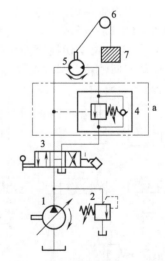

图 6-63　变量泵-定量马达开式容积调速回路及其超速故障排除

1—单向变量泵；2—溢流阀；3—三位四通手动换向阀；4—外控单向顺序阀；5—双向定量马达；6—滑轮；7—负载

动作，实现液压泵的加载或卸荷及执行元件的换向、顺序动作或系统的安全保护与互锁等功能。这种传统压力继电器通常由压力-位移转换机构和电气微动开关两部分组成。按前者不同，压力继电器分为柱塞式、膜片式和弹簧管式等类型，其中柱塞式应用较为普遍。按照微动开关的结构不同，压力继电器又分为单触点式和双触点式，其中单触点式应用较多。

数字式半导体压力开关是一种新型压力继电器，其内部装有电子压力传感器和电子回路，压力开关输出端采用光电隔离接口，传感器部分是固体部件，无可动部分，因而具有体积小、重量轻、可靠性高、使用寿命长等特点。

（2）结构原理 图6-64所示为单触点柱塞式压力继电器。当从控制油口 P 进入柱塞1下端的油液的压力达到弹簧预调力设定的开启压力时，作用在柱塞上的液压力克服弹簧力，顶杆2上移，使微动开关4的触头闭合，发出相应电信号。同样，当液压力下降到闭合压力时，柱塞1在弹簧力作用下复位，顶杆2则在微动开关4触点弹簧力作用下下移复位，微动开关也复位。调节螺钉3可调节弹簧预紧力即压力继电器的启、闭压力。图中 L 为外泄油口。柱塞式压力继电器结构简单，但灵敏度和动作可靠性较低。图6-64（c）所示为一种单触点压力继电器的实物外形（力士乐系列，北京华德液压公司。其压力达 50MPa）。

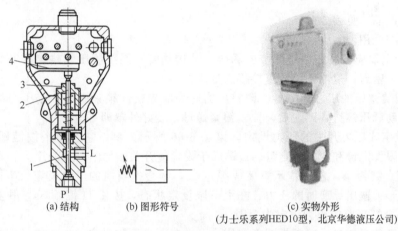

(a) 结构　　(b) 图形符号　　(c) 实物外形
（力士乐系列HED10型，北京华德液压公司）

图 6-64　单触点柱塞式压力继电器
1—柱塞；2—顶杆；3—调节螺钉；4—微动开关

图 6-65 所示为一种双触点柱塞式压力继电器（太重集团榆液公司，油研系列 S 型。其最高使用压力 35MPa）。它有两个微动开关，可分别将高、低压力信号转换为电信号。

图 6-66 所示为一种数字式半导体型压力开关（太重集团榆液公司，油研系列 J 型。其最高设定压力 0.1～3.5MPa、1～10MPa、2.5～25MPa、3.5～35MPa；规格 02；电源 DC18～28V，损耗电流小于 25mA；输出方式为光耦隔离，悬浮集电极/发射极，最大使用电压 DC35V，最

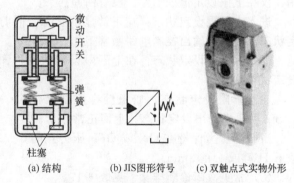

(a) 结构　　(b)JIS图形符号　　(c) 双触点式实物外形

图 6-65　双触点柱塞式压力继电器
（油研系列 S 型，太重集团榆液公司）

大电流 10mA），它采用按键方式进行参数设定，操作简单方便。产品有一 LED 红绿双色指示灯，用以指示被测压力；其红灯和绿灯同时亮时，表现为橙色。图 6-66（b）、（c）、（d）所示分别为该元件的液压图形符号、电气接线图和输出电路原理图。

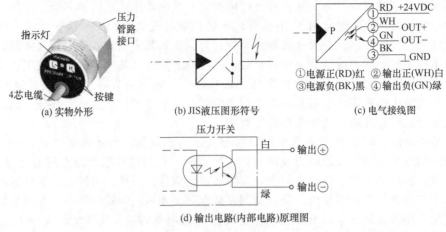

①电源正(RD)红 ②输出正(WH)白
③电源负(BK)黑 ④输出负(GN)绿

(a) 实物外形　　　(b) JIS液压图形符号　　　(c) 电气接线图

(d) 输出电路(内部电路)原理图

图 6-66　半导体型压力开关

(油研系列 J 型，太重集团榆液公司)

（3）典型产品　见表 6-16。

（4）安装与使用

① 压力继电器应安装在便于调节的场合；其进油管与系统测压管路应按安装连接方式正确连接并妥为密封；泄油管路应直接接入油箱。

② 对于弹簧调压的压力继电器，调整压力时，应先松开锁紧螺母，按压力的高低要求的方向缓慢转动调压螺钉，调定后，拧紧锁紧螺母，装好外罩即可。

③ 对于数字式压力开关的压力设定，以图 6-66 所示为例，它有两个按键即 L 键和 H 键，分别为下限设定键和上限设定键。L 键用于设定使开关输出断开时的压力：在上下限设定状态，按住 L 键约 5s，触发指示灯变成绿色 2s，则会把当前的压力设定为下限压力。H 键用于设定使开关输出导通时的压力：在上下限设定状态，按住 H 键约 5s，触发指示灯变成红色 2s，则会把当前的压力设定为上限压力。

指示灯以橙色或红色慢速闪烁，表示压力开关处于上下限设定状态。橙色闪烁表示下限设定值小于上限设定值。红色闪烁表示下限设定值大于上限设定值，此时下限设定值不起作用，仅在上限设定值处动作，没有回差。

进入上下限设定状态：在正常显示状态，同时按下 L、H 键约 5s，则会进入上下限设定状态。此时，输出控制电路照常工作。

退出上下限设定状态：在上下限设定状态，同时按下 L、H 键约 2s，则会退出上下限设定状态。

在上下限设定状态，如果没有按键操作，10min 后自动退出设定状态，返回正常显示。

当被测压力保持在 ON 或 OFF 压力点时，按下 H 键或 L 键 5min。

（5）常见故障诊断排除　见表 6-17。

（6）应用回路及其故障诊断　压力继电器控制的双缸顺序动作回路。与单向顺序阀类似，利用压力继电器对双缸顺序进行控制也属压力控制方式，且压力继电器应并接在先动作的液压缸进油路上。如图 6-67 所示，回路的顺

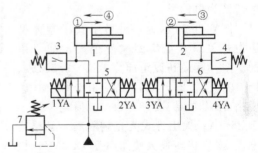

图 6-67　用压力继电器的顺序动作回路

1,2—液压缸；3,4—压力继电器；5,6—三位四通电磁阀；7—溢流阀

序动作循环为①→②→③→④。压力继电器 3 和 4 分别并联在液压缸 1 的动作①和液压缸 2 退回动作③的进油路上，分别控制三位四通电磁阀 5 和 6 的电磁铁 2YA 和 3YA。当电磁铁 1YA 通电使阀 5 切换至左位时，缸 1 的活塞右移，实现动作①；当活塞行至终点，回路中压力升高，压力继电器 3 动作使 3YA 通电，阀 6 切换至左位，缸 2 的活塞右移，实现动作②。返回时，1YA、2YA 断电，4YA 通电，缸 2 的活塞先退回，实现动作③；当其退至终点时，回路压力升高，压力继电器 4 动作，使 2YA 通电，液压缸 1 活塞退回，实现动作④。

此类回路的常见故障是顺序动作错乱。除了压力继电器本身有故障外，主要故障原因是各个控制元件的调节压力不当或者在使用过程中因某些原因而变化。为了防止压力继电器 3 在缸 1 伸出未到达行程终点之时就误发信号，压力继电器 3 的调节压力应比缸 1 伸出动作的工作压力大 0.3～0.5MPa。同理，压力继电器 4 的调节压力要比缸 2 缩回动作的工作压力大 0.3～0.5MPa。而为了保证顺序动作的可靠性，溢流阀 7 的调整压力要比压力继电器 3 和压力继电器 4 中调整压力较高的那个还要高 0.3～0.5MPa。

6.4 流量控制阀及其应用回路

流量控制阀的主要功用是通过改变阀芯与阀口之间的节流通流面积的大小来控制阀的通过流量，从而调节和控制执行元件（液压缸或液压马达）的运动速度。流量控制阀有节流阀、调速阀、溢流节流阀和分流集流阀等，而节流阀是其中结构最简单、应用最广的阀。

6.4.1 节流阀及其应用回路

(1) 结构原理　图 6-68 所示为板式连接普通节流阀，阀体 5 上开有进油口 P_1 和出油口 P_2，阀芯 2 左端开有轴向三角槽式节流通道 6，阀芯在弹簧 1 的作用下始终紧贴在推杆 3 上。油液从进油口 P_1 流入，经孔道 a 和节流通道 6 进入孔道 b，再从出油口 P_2 流出（通向执行元件或油箱）。调节手把 4 通过推杆 3 使阀芯 2 做轴向移动，即可改变节流口的通流面积，实现流量的调节。

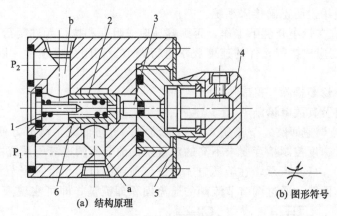

(a) 结构原理　　　　　　　　　　(b) 图形符号

图 6-68　普通节流阀

1—弹簧；2—阀芯；3—推杆；4—调节手把；5—阀体；6—节流通道

图 6-69 所示为滑阀型压差式单向节流阀。当压力油从 P_1 流向 P_2 时，阀起节流阀作用，反向时起单向阀作用。阀芯 4 的下端和上端分别受进、出油口压力油的作用，在进出油口压差和复位弹簧 6 的作用下，阀芯紧压在调节螺钉 2 上，以保持原来调节好的节流口开度。

图 6-70 所示为一类节流阀和单向节流阀的实物外形（济南超越液压件制造有限公司 LF 型和 LDF 型，其压力 14MPa，有通径 10mm、20mm、32mm 三个规格，对应流量为 25L/min、75L/min、190L/min）。

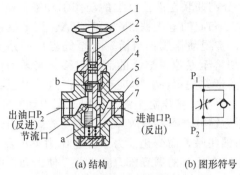

(a) 结构   (b) 图形符号

图 6-69 滑阀压差式单向节流阀
1—调节手轮；2—调节螺钉；3—螺盖；4—阀芯；
5—阀体；6—复位弹簧；7—端盖

(a) 螺纹连接节流阀   (b) 板式连接单向节流阀

图 6-70 节流阀实物外形
（LF 型节流阀和 LDF 型单向节流阀，
济南超越液压件制造有限公司）

（2）流量稳定性 通过节流阀的流量 q 是通过调节节流口的通流面积 A 获得，A 越大，流量越大。图 6-71 所示为节流阀在不同通流面积下的流量-压差特性曲线。在通流面积调毕后，由于受工作负载（即节流阀出口压力）变化的影响，节流阀前后的压差 Δp 也在变化，使流量不稳定，不能保证执行元件运动速度的稳定，故节流阀只能用于工作负载变化不大和速度稳定性要求不高的场合。

（3）典型产品 见表 6-18。

（4）安装与使用

① 普通节流阀的进口和出口，有的产品可以任意对调，但有的不可以对调。具体使用时，应按照产品使用说明正确接入系统。

② 节流阀不宜在较小开度下工作，否则容易造成阻塞和执行元件爬行。

③ 节流阀开度应按执行元件的速度要求进行调节，调闭后应锁紧，以防松动而改变调好的节流口开度。

（5）常见故障诊断排除 见表 6-19。

（6）应用回路及其故障诊断

① 节流阀节流调速回路。节流阀具有结构简单、价格低廉，调节方便的优点，常用于负载变化不大或对速度控制精度要求不高的定量泵供油节流调速液压系统中。

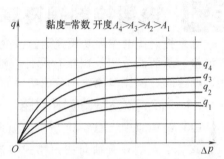

图 6-71 节流阀的流量-压差特性曲线

如图 6-72（a）、（b）所示，在液压缸 4 的进口前或出口后串接一个节流阀 3，可组成进油或回油节流调速回路，通过调节节流阀的通流面积即流量，即可实现液压缸的速度调节。

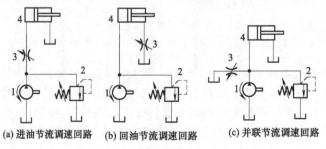

(a) 进油节流调速回路   (b) 回油节流调速回路   (c) 并联节流调速回路

图 6-72 采用节流阀的节流调速回路
1—定量液压泵；2—溢流阀；3—节流阀；4—液压缸

在串联节流调速回路中，液压泵出口必须并联溢流阀2，以保证节流阀工作时，将液压泵多余的流量溢回油箱。

在液压缸4的进口前并接一个节流阀3，可以组成并联（旁路）节流调速回路［图6-72(c)］，通过调节节流阀的通流面积即流量，即可实现液压缸的速度调节。在并联节流调速回路中，液压泵出口主油路上也必须并联溢流阀2，以保证在系统超载时开启，实施对系统的安全保护。

节流阀节流调速回路常见故障及其诊断排除方法如下。

a. 液压缸易发热，缸内泄漏增大。故障分析与排除：在进油节流调速回路［图6-72(a)］中，经节流阀产生节流损失而发热的油液进入液压缸，导致液压缸易发热与增加缸内泄漏；而回油节流和并联节流调速回路［图6-72(b)、(c)］中通过节流阀的热油直接排回油箱，有利于热量耗散。

b. 不能承受超越负载（即与液压缸运动方向相同的负载，亦称负负载）。液压缸在超越负载作用下往往会失控前冲，速度稳定性差。故障分析与排除：回油节流调速回路［图6-72(b)］的节流阀的液阻作用（阻尼力与速度成正比）能承受超越负载，不会因此失控前冲，运动较为平稳；而进油节流和并联节流调速回路［图6-72(a)、(c)］若不在回油路上增加背压阀就会产生此故障，在其回油路上增设背压阀后，能大大提高承受超越负载的能力和运动平稳性，但需相应调高溢流阀的设定压力，故功率损失增大。

c. 回油节流调速回路［图6-72(b)］停车后工作部件再启动时冲击较大。故障分析：此种回路停车时，液压缸4的回油腔内常因泄漏而形成空隙，再启动时的瞬间，液压泵1的全部流量输入缸的工作腔，推动缸快速前进，产生启动冲击，直至消除回油腔内的空隙建立起背压后，才转入正常。启动冲击可能会损坏切削刀具或工件，造成事故。并联节流调速回路［图6-72(c)］也会产生此类故障。解决办法：停车时不使缸的回油腔接通油箱可减小启动冲击。而对于进油节流调速回路［图6-72(a)］，只要在启动开车时关小节流阀，使进入缸的流量受到限制即可避免启动冲击。

d. 在节流调速回路中，压力继电器不能发信或不能可靠发信。故障分析：造成这种故障的原因是压力继电器安放位置错误。正确位置：在进油或旁路节流调速回路中，压力继电器应安装在液压缸进油路上［图6-73(a)、(c)］。在回油节流调速回路中，压力继电器应安装在液压缸回油口上［图6-73(b)］并采用失压发信才行，但控制电路较复杂。

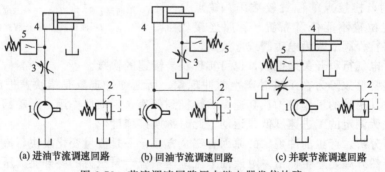

(a) 进油节流调速回路　　(b) 回油节流调速回路　　(c) 并联节流调速回路

图6-73　节流调速回路压力继电器发信故障

1—液压泵；2—溢流阀；3—节流阀；4—液压缸；5—压力继电器

e. 高速重载工况下，节流调速回路的速度稳定性差。回路的速度稳定性优劣可用速度刚性k_v的大小来描述。理论分析和工程实际表明节流阀的进油和回油节流调速回路在高速重载工况下的速度刚性k_v较小，即速度稳定性差；而旁路节流调速回路在高速重载工况下速度稳定性要好些；采用调速阀比采用节流阀的节流调速回路速度稳定性好，调速阀节流调速回路用于速度稳定性要求高的系统，但调速阀节流调速回路成本高，能耗大。

f. 钻孔组合机床液压系统用回油节流调速回路（图6-74），在工件上钻孔钻通瞬间，回油管出现爆裂。故障分析与排除：由图中参数可知，液压缸带动滑台稳定运动（钻孔）时的活塞受力平衡方程为

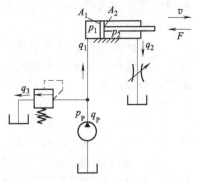

$$p_1 A_1 - p_2 A_2 = F$$

故此时回油管路的油液压力（背压力）p_2 为

$$p_2 = (A_1/A_2)(p_1 - F/A_1) = (A_1/A_2)(p_P - F/A_1)$$

此式表明，在液压缸两腔面积 A_1 和 A_2 一定的情况下，当无杆腔压力 p_1 亦即供油压力 p_P 由溢流阀调定不变时，负载 F 越小，背压力 p_2 越大。但在工件上孔被钻通

图6-74　钻孔组合机床回油节流调速回路故障分析简图

瞬间，负载由最大值骤降为零，致使背压力 p_2 突然增大，升高到最大值，因回油管路强度不足（壁厚太薄）产生爆裂。这说明该系统的回油管设计和使用有误，即未按 p_2 可能出现的最大值计算和选择壁厚，在满足流量要求前提下，重新计算和选用回油管路壁厚即可。

② 行程阀＋节流阀的快→慢速换接回路。执行元件从一种速度变换成另外一种速度，称为速度换接。实现速度换接的方法很多，行程阀＋节流阀可实现液压缸的快→慢速换接。

如图6-75所示，快、慢速换接回路的工作循环：快速前进→慢速前进→快速退回。液压缸7采用二位四通阀3换向，液压缸7的有杆腔回油路上并联有单向阀4、节流阀5和二位二通行程阀6。主换向阀3处于图示左位时，液压缸7快进。当活塞杆所连接的挡铁8压下常开的行程阀6时，阀6关闭（上位），液压缸7有杆腔油液必须通过节流阀5才能流回油箱（回油节流调速），故活塞转为慢速工进。当阀3切换至右位时，压力油经单向阀4进入缸7的有杆腔，活塞快速向左退回。这种回路的快、慢速的换接过程比较平稳，换接点的位置较准确，缺点是行程阀的安装位置不能任意布置，管路连接较为复杂。若将行程阀6改为电磁阀或电液阀，并通过挡块压下电气行程开关来操纵，也可实现快、慢速的换接。

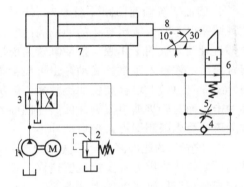

图6-75　用行程阀＋节流阀的快慢速换接回路
1—定量泵；2—溢流阀；3—二位四通换向阀；
4—单向阀；5—节流阀；6—二位二通行程阀；
7—液压缸；8—行程挡铁

此类回路常见故障为在工进时产生前冲现象。所谓前冲现象是指快速进给转慢速工进时，液压缸及其驱动的工作机构从高速突然转换到低速，因惯性作用，运动部件要前冲一段距离后，才按所调定的工进速度低速运动。此时称换接精度低。

故障原因分析。产生前冲现象的原因有三个方面：一是流量变化太快，流量突变引起泵的供油压力突然升高，产生冲击。对回油节流调速系统，泵压力的突升使液压缸进油腔的压力突升，更加大了出油腔压力的突升，冲击较大。二是速度突变引起压力突变造成冲击。对进口节流调速系统，前腔压力突降，甚至变为负压。对出口节流调速系统，后腔压力突然升高。三是采用调速阀的出口节流调速时，调速阀中的定差减压阀来不及起到稳定节流阀前后压差的作用，瞬时节流阀前后的压差大，导致瞬时通过调速阀的流量大，造成前冲。

故障排除方法是采用正确的速度转换方法。在实现快进转工进的换向阀（行程阀、电磁阀、电液动阀）中，电磁阀的切换速度快，冲击较大，转换精度较低，可靠性较差，但控制

灵活性大。使用带阻尼的电液动阀，通过调节阻尼大小，使速度转换的速度减慢，可在一定程度上减小前冲。用行程阀转换，冲击较小。根据经验，将行程挡铁 8 工作面做成 30°和 10°两个角度（图 6-75）较好。挡铁前端工作面为 30°斜面，以较快速度压下和关小行程阀的滑阀阀芯开口量的 2/3，加快过渡过程的进行；当阀口关闭中尚剩余 1/3 时，再由挡铁后段 10°斜面使阀芯缓慢移动，直至切断阀口通道，以减小冲击，实践表明效果更好。或在行程阀芯的过渡口处开 1~2mm 长的小三角槽，也可缓和快进转工进的冲击。行程阀的转换精度高，可靠性好，但行程阀必须安装在运动部件近旁，连接管路较长，压力损失较大，控制灵活性差，工进过程中越程动作实现困难。采用"电磁阀＋蓄能器"回路，利用蓄能器可吸收冲击压力。但在工进时需切断蓄能器油路，要另外加装电磁阀。

6.4.2　调速阀（二通流量阀）及其应用回路

调速阀是为了克服节流阀因前后压差变化，影响流量稳定的缺陷而发展的一类流量阀。在 GB/T 786.1—2021 中，调速阀又称为二通流量阀，其开口度预设置，单向流动，流量特性基本与压降和黏度无关。普通调速阀是由节流阀与定差减压阀串联而成的复合阀，其中：节流阀用于调节通流面积，从而调节阀的通过流量；减压阀则用于压力补偿，以保证节流阀前后压差恒定，从而保证通过节流阀的流量亦即执行元件速度的恒定，故定差减压阀又称为压力补偿器。通过增设温度补偿装置，可以构成温度补偿调速阀，它可使调速阀的通过流量不受油温变化的影响。调速阀在结构上增加一个单向阀还可以组成单向调速阀，油液正向流动时起调速作用，反向流动时起单向阀作用。与节流阀类似，调速阀经常与溢流阀配合组成定量泵供油的各种节流调速回路或系统。

（1）工作原理　在调速阀中，一般减压阀串接在节流阀之前。如图 6-76（a）所示，整个调速阀有两个外接油口。液压泵的供油压力亦即调速阀的进口压力 p_1 由溢流阀 4 调定后基本不变，p_1 经减压阀口降至 p_m，并分别经流道 f 和 e 进入 c 腔和 d 腔作用在减压阀芯下端；节流阀口又将 p_m 降至 p_2，在进入液压缸 3 的无杆腔驱动负载 F 的同时，通过流道 a 进入弹簧腔 b 作用在减压阀芯上端。从而使作用在减压阀芯上、下两端的液压力与阀芯上的弹簧力 F_s 相比较。若忽略减压阀芯的摩擦力和自重等影响，则减压阀芯在其弹簧力 F_s 及油液压力 p_m、p_2 作用下处于某一平衡位置时有

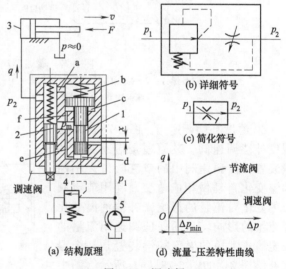

$$p_m(A_1+A_2)=p_2A+F_s \quad (6\text{-}2)$$

式中，A、A_1 和 A_2 分别为 b 腔、c 腔和 d 腔中减压阀芯的有效作用面积，且 $A_1+A_2=A$。所以节流阀压差

图 6-76　调速阀
1—减压阀；2—节流阀；3—液压缸；4—溢流阀；5—液压泵

$$p_m-p_2=\Delta p=F_s/A \quad (6\text{-}3)$$

由于弹簧很软，且工作过程中减压阀芯位移很小，故可认为弹簧力 F_s 基本保持不变，所以节流阀压差 $\Delta p=p_m-p_2$ 也基本不变，从而保证了节流阀开口面积 A_j 一定时流量 q 的稳定。流量稳定过程如下：当 $p_2=F/A_c$（F 和 A_c 分别为液压缸 3 的负载和有效作用面积）随着 F 的增大而增大时，作用在减压阀芯上端的液压力也随之增大，使减压阀芯因受力平

衡破坏而下移，于是减压口 x 增大，使减压阀的减压作用减弱，从而使 p_{m} 相应增大，直到 $\Delta p = p_{\mathrm{m}} - p_2$ 恢复到原来值，减压阀芯达到新的平衡位置；p_2 随 F 的减小而减小时的情况可作类似分析。总之，由于定差减压阀的自动调节（压力补偿）作用，无论 p_2 随液压缸负载如何变化，节流阀压差 Δp 总能保持不变，从而保证了调速阀的流量基本为调定值，最终也就保证了所要求的液压缸输出速度 $v = q/A_{\mathrm{c}}$ 的稳定，不受负载变化之影响。

由图 6-76（d）所示调速阀的流量-压差特性曲线可见，调速阀在压差大于其最小值 $\Delta p_{\min}$ 时，流量基本保持恒定。当压差 Δp 很小时，因减压阀芯被弹簧推至最下端，减压阀口全开，失去其减压稳压作用，故此时调速阀性能与节流阀相同（流量随压差变化较大），所以调速阀正常工作需有 0.5～1MPa 的最小压差。

调速阀的图形符号如图 6-76（b）、（c）所示。

（2）典型结构

① 普通调速阀。图 6-77 所示为一种板式连接的普通调速阀结构。调速阀中的减压阀和节流阀均采用阀芯、阀套式结构。流量通过节流调节部分调节，节流阀前后压差变化由减压阀补偿。

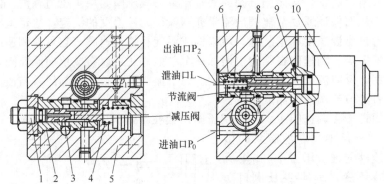

出油口P₂
泄油口L
节流阀
减压阀
进油口P₀

图 6-77 普通调速阀的结构
1—调节螺钉；2—减压阀套；3—减压阀芯；4—减压阀弹簧；5—阀体；6—节流阀套；
7—节流阀弹簧；8—节流阀芯；9—调节螺杆；10—节流调节部分

② 温度补偿调速阀。图 6-78 所示为温度补偿调速阀。其原理是借助温度补偿装置，使调速阀中的节流阀口大小随油温变化自动做相应改变，利用节流阀口的变化对流量的影响来补偿油温变化对流量的影响，从而保证调速阀流量的稳定。最常用的温度补偿装置是一个温度补偿杆 2，如图 6-78（a）所示（图中未画出减压阀），它与节流阀芯 4 相连。当油温升高（或降低）时，温度补偿杆 2 受热伸长（或缩短），于是带着节流阀芯 4 移动，使节流口 3 减小（或增大）。

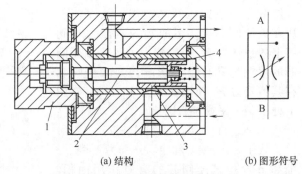

(a) 结构

(b) 图形符号

图 6-78 温度补偿调速阀
1—手柄；2—温度补偿杆；3—节流口；4—节流阀芯

③ 单向调速阀。图 6-79（a）所示为一种压力、温度补偿式单向调速阀的结构，由于带有压力补偿减压阀和温度补偿杆，故由节流阀调定的流量不受负载压力及油温变化的影响。正向流动时，起调速阀作用；反向流动时，油液经单向阀自由通过，调速阀不起作用。其图形符号如图 6-79（b）所示。图 6-79（c）所示为该阀的实物外形（太重集团榆液公司油液系列 FCG

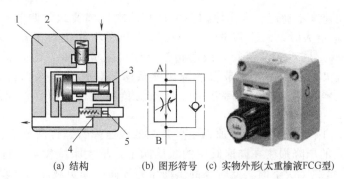

(a) 结构　　　　(b) 图形符号　　(c) 实物外形(太重榆液FCG型)

图 6-79　压力、温度补偿式单向调速阀
1—阀体；2—单向阀芯；3—减压阀芯；4—节流阀芯；5—温度补偿杆

型，其最高工作压力 14MPa、21MPa，有 01、02、03、06、10 五个规格，对应最大流量为 4L/min、30L/min、125L/min、250L/min、500L/min），借助该阀的数字刻度盘，可方便地调节和重新设定流量；此外，该阀还带有可选的压力补偿活塞开度调节机构，用以减小执行元件启动时的跳动（突变现象）。

（3）典型产品　见表 6-20。

（4）安装与使用

① 调速阀（不带单向阀）通常不能反向使用，否则，定差减压阀将不起压力补偿器的作用。

② 流量调整好后，应锁定位置，以免改变调好的流量。

③ 在接近最小流量工作时，建议在调速阀的进口侧设置管路过滤器，以免阀阻塞而影响流量的稳定性。

（5）常见故障诊断排除　见表 6-21。

（6）应用回路及其故障诊断　调速阀的优点是流量稳定性好，但压力损失较大。

调速阀常用于负载变化较大而对速度稳定性又要求较高的定量泵供油节流调速液压回路中，即可与溢流阀配合组成串联节流（进口节流、出口节流）和并联（旁路）节流调速回路，只要将图 6-73 所示的节流阀调速回路中的节流阀用调速阀替代便可得到。此外，调速阀还常有以下应用。

① 调速阀＋压力补偿变量泵的容积节流调速回路。回路采用压力补偿变量泵供油，用流量控制阀调节进入或流出液压缸的流量来控制其运动速度，并使变量泵的输出流量自动地与液压缸所需负载流量相匹配。这种调速回路没有溢流损失，效率较高，常用于执行元件速度范围较大的中小功率液压系统。

图 6-80 所示为使用限压式变量泵和调速阀的容积节流调速回路及其调速特性曲线。限压式变量泵 1 的压力油经调速阀 2 进入液压缸 3 无杆腔，回油经起背压作用的溢流阀 4 排回油箱。液压缸的运动速度 v 由调速阀调节。溢流阀 5 作安全阀使用。回路稳定工作时变量泵的流量 q_P 与调速阀的调节流量（负载流量）q_1 相等，即 $q_P = q_1$。这种回路只有正确调节，才能在节能的同时，使液压缸的运动速度稳定。回路常见故障及其诊断排除方法如下。

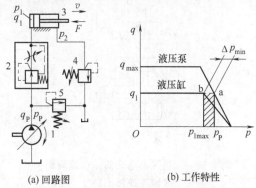

(a) 回路图　　　　(b) 工作特性

图 6-80　限压式变量泵和调速阀的容积节流调速回路
1—限压式变量泵；2—调速阀；3—液压缸；4,5—溢流阀

a. 液压缸运动速度不稳定。产生原因主要是泵的限压弹簧螺钉调节不合理,当负载增大引起负载压力 p_1 增大时,调速阀中的减压阀口全开而不能正常工作(不起反馈减压作用),此时的调速阀形同一个节流阀,调速阀输出流量随负载压力增高而下降,使活塞运动速度不稳定。解决办法是重新调节泵的限压弹簧螺钉,使调速阀保持 $\Delta p = 0.5\text{MPa}$ 左右的稳定压差。这样,不仅能使活塞运动速度不随负载变化,而且油流经调速阀的功率损失最小。

b. 油液发热,功率损失大。产生原因主要是泵的限压弹簧螺钉调节不当,使 $\Delta p = p_P - p_1$ 调得过大,多余的压降损失在调速阀中的减压阀上,增大系统发热。特别是当液压缸大部分时间工作在小负载工况下时,此时泵的供油压力较高,而负载压力又较低,损失在减压阀上的能耗很大,油液温升也高。合理的供油压力应是比负载压力高 0.5MPa 左右。

② 二次慢速换接回路。如图 6-81 所示,采用两个调速阀和一个二位三通电磁阀进行二次工作进给速度换接。两个调速阀 2 与 3 并联,此两阀可以独立调节各自的流量。通过二位三通电磁阀 4 的通断电改变液压缸 5 的进油通路实现换接:图示状态,电磁阀 4 断电处于左位,压力油经阀 2 和 4 进入液压缸 5 的无杆腔,缸以第一种速度工作进给(右行),速度大小由阀 2 的开度决定;阀 4 通电切换至右位时,压力油经阀 3 和阀 4 进入液压缸的无杆腔,液压缸以第二种速度工作进给(右行),速度大小由阀 3 的开度决定。

回路常见故障:两种速度换接时产生前冲现象。

故障原因分析:在调速阀 2 工作时,调速阀 3 的通路被封闭,阀 3 进出口压力相等,此时阀 2 中的减压阀不起减压作用,阀口全开。当转入二工进时,阀 3 的出口压力突然下降,在减压阀口尚未关小前,调速阀 3 中的节流阀前后压差很大,瞬时流量增大,造成前冲现象。同理,调速阀 3 由断开换接至工作状态时,也会产生上述故障。

排除方法:为了避免前冲现象,可将图中二位三通电磁阀更换为二位五通电磁阀。当一个调速阀工作时,另一调速阀仍有油液通过(出口接油箱),此时调速阀前后保持一定压差,使减压阀开口较小,转入工作时,就不会造成两端压差及流量的瞬间增大,因此改善了前冲现象,换接较为平稳,但回路中有一定能量损失。

③ 调速阀的液压缸并联同步回路。如图 6-82 所示,液压缸 5 和 6 油路并联,其运动速度分别用并联的调速阀 1 和 3 调节。当两个工作面积相同的液压缸做同步运动时,通过两个调速阀的流量要调节得相同。当电磁阀 7 通电切换至右位时,液压源的压力油可通过单向阀 2、4 使两缸的活塞快速同步退回。

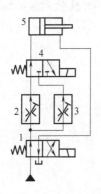

图 6-81　二位三通电磁阀＋调速阀的
二次慢速换接回路
1—二位四通电磁阀;2,3—调速阀;
4—二位三通电磁阀;5—液压缸

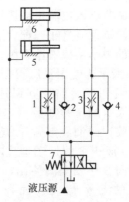

图 6-82　调速阀的液压缸并联同步动作回路
1,3—调速阀;2,4—单向阀;
5,6—液压缸;7—二位四通电磁阀

常见故障：两液压缸不同步。

故障原因：两调速阀制造精度及性能差异导致流量不一致；调速阀受油温变化影响，造成进入缸流量差异；两缸负载变化差异；受工作油液清洁度的影响，导致两调速阀节流孔局部阻塞情况各异等。

排除方法：尽可能挑选性能一致的两调速阀，并紧靠缸安装；控制油温，采用带温度补偿调速阀；避免负载差异和变化频繁的情况采用此种回路；加强油液污染控制，必要时换油；若同步精度要求较高，则可考虑改用分流集流阀或电液伺服及电液比例同步控制。

6.4.3　分流集流阀（同步阀）及其应用回路

分流集流阀用来保证液压系统中两个或两个以上的执行元件，在承受不同负载时仍能获得相同或成一定比例的流量，从而使执行元件间以相同的位移或相同的速度运动（同步运动），故又称同步阀。按液流方向的不同，分流集流阀有分流阀、集流阀和分流集流阀等类型，还可与单向阀组合构成单向分流阀、单向集流阀等复合阀。分流阀按固定的比例自动将输入的单一液流分成两股支流输出；集流阀按固定的比例自动将输入的两股液流合成单一液流输出；单向分流阀与单向集流阀使执行元件反向运动时，液流经过单向阀，以减小压力损失；分流阀及单向分流阀、集流阀及单向集流阀只能使执行元件在一个运动方向起同步作用，反向时不起同步作用。分流集流阀能使执行元件双向运动都起同步作用。按结构原理不同，分流集流阀又有换向活塞式、挂钩式、可调式及自调式等多种形式。

（1）结构原理　换向活塞式是分流集流阀的一种典型结构，如图 6-83 所示，其右侧为分流工况，左侧为集流工况。

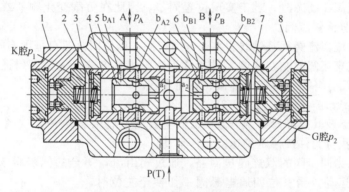

图 6-83　换向活塞式分流集流阀

1,8—端盖；2,7—弹簧；3—阀体；4—阀芯；5,6—换向活塞

在分流工况时，换向活塞 5 和 6 均处于离开中心的位置，高压油由 P 口进入阀内后，分两路流向两侧固定节流孔 a_1 和 a_2，然后分别流经可变节流孔 b_{A1} 和 b_{A2} 再流入两个执行元件；如果当两个执行元件负载压力相等，即 $p_A = p_B$ 时，液流所遇的阻力相同，则 $q_A = q_B$。当负载压力 $p_A > p_B$ 时，产生 $p_1 > p_2$，使阀芯 4 左、右两侧所受压力不等，阀芯向右运动，使可变节流孔 b_{A1} 逐渐增大，可变节流孔 b_{B1} 逐渐减小，则 p_1 下降，p_2 升高。当 p_2 升高到与 p_1 相等时，阀芯就停止移动，在新的平衡位置稳定下来。由于在新的位置上固定节流孔后的压力 $p_1 = p_2$，所以流量 $q_A = q_B$。

在集流工况时，两侧的换向活塞 5 和 6 均靠向中心，液流分别由 A 口和 B 口流入，先经一对集流可变节流孔口 b_{A2} 和 b_{B2}，流经中间油腔 K 和 G，再流过固定节流孔 a_1 和 a_2，集中由 T 口流回油箱。当负载压力 $p_A > p_B$ 时，产生 $p_1 > p_2$，使阀芯 4 左、右两侧所受压力不等，阀芯向右运动，使集流可变节流孔 b_{B1} 逐渐关小，b_{B2} 逐渐开大，压力 $p_1 = p_2$，使阀芯在新的平衡位置稳定下来。两固定节流孔后两端的压力差相等，所以流量 $q_A = q_B$。图 6-84 所示为分流集流阀的图形符号。图 6-85 所示为一种分流集流阀（同步阀）的实物外形（四平市同步阀制造有限公司 3FJL 系列，其压力等级有 7、14、21、31.5（MPa）；流量范围 2～50L/min，同步精度 0.5%～1%）。

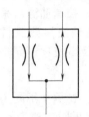

图 6-84　分流集流阀图形符号

图 6-85　分流集流阀实物外形
（3FJL 系列自调式，四平市同步阀制造有限公司）

（2）常用产品　见表 6-22。

（3）安装与使用

① 由于通过流量对分流集流阀的同步精度及压力损失影响很大，故应根据同步精度和压力损失的要求，正确选用分流集流阀的流量规格。

② 为避免因泄漏量不同等原因引起同步误差，在分流集流阀与执行元件之间，尽量不接入其他控制元件。但当执行元件在行程中需停止时，为防止因两出口负载压力不相等而窜油，应在同步回路中设置液控单向阀［参见本小节之（5）］。

③ 分流集流阀在动态时，难于实现位置同步，因此在负载变化频繁或换向频繁的系统中，不适宜采用分流集流阀。

④ 应保证分流集流阀阀芯轴线为水平方向安装，以免因阀芯自垂影响同步精度。

⑤ 由于分流集流阀的左右两侧零件通常为选配组装方式，故为了保证同步精度，当出现故障清洗维修后，各零件应按原部位、方向安装。

（4）常见故障诊断排除　见表 6-23。

（5）应用回路及其故障诊断　分流集流阀主要用于液压系统中 2～4 个执行元件的速度同步或控制两个执行元件按一定的速度比例运动。

图 6-86 所示为同步阀的双缸同步回路，通过输出流量等分的同步阀 3 可控制液压缸 6 和 7 的双向同步运动。当三位四通电磁阀 1 切换至左位时，液压源的压力油经阀 1、单向节流阀 2 中的单向阀、同步阀 3（此时作分流阀用）、液控单向阀 4 和 5 分别进入双缸的无杆腔，实现双缸伸出同步运动；当电磁阀 1 切换至右位时，液压源的压力油经阀 1 进入双缸的有杆腔，同时反向导通液控单向阀 4 和 5，双缸无杆腔经阀 4 和 5、同步阀 3（此时作集流阀用）、换向阀 1 回油，实现双缸缩回同步运动。此种方法的同步精度一般可达 2%～5%。

产生不同步故障的原因：同步阀同步失灵及误差大；缸的尺寸误差、泄漏及其量值不同；油液污染，造成同步阀节流口堵塞；双缸负载相差过大及负载不稳定且频繁变化而影响同步精度等。

排除方法：检修同步阀，排除其同步失灵和误差大故障；提高缸的制造精度，解决泄漏及其量值不同问题；清洗

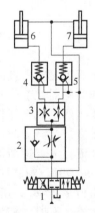

图 6-86　同步阀的双缸同步回路
1—三位四通电磁阀；2—单向节流阀；
3—同步阀；4,5—液控单向阀；
6,7—液压缸

或换油；尽量避免在双缸负载相差过大及负载频繁变化工况下采用这种方法。

6.5 多路阀及其应用回路

多路阀是多路换向阀的简称，它是以两个以上的滑阀式换向阀为主体，集换向阀、单向阀、安全溢流阀、补油阀、分流阀、制动阀等于一体的多功能集成阀。与其他液压阀相比，多路阀的突出特点是没有阀之间的连接管件，结构紧凑，压力损失小、操纵阻力小，可对多个执行元件集中操纵。多路阀具有方向和流量控制两种功能。多路阀主要用于车辆与工程机械等行走机械的液压系统中。一组多路阀通常由几个换向阀组成，每一个换向阀为一联。按多路阀的油口连通方式可分为并联、串联、串并联、复合油路等形式，每种连通方式的特点和功能不同。

（1）工作原理　图 6-87（a）所示为并联油路多路阀，其各联换向阀之间的进油路并联［即各阀的进油口与总的压力油路相连，各回油口并联（即各阀的回油口与总的回油路相连）］，进油与回油互不干扰。常态下，液压泵输出的油液依次经各阀之中位卸荷回油箱，有利于节能。工作中每个阀控制一个执行元件，可以单独或同时工作。但是如果油源为单定量泵，则当同时操作各换向阀时，压力油总是首先进入压力较低（即负载较小）的执行元件，故只有各执行元件的负载（即进油腔的油液压力）相等时，它们才能同时动作。

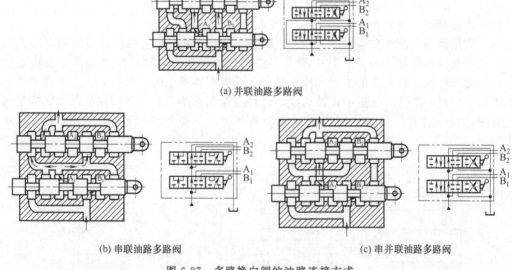

(a) 并联油路多路阀

(b) 串联油路多路阀　　　　　　　　　　　　　　(c) 串并联油路多路阀

图 6-87　多路换向阀的油路连接方式

串联油路多路阀如图 6-87（b）所示，常态下，液压泵卸荷。工作中，每联阀控制一个执行元件，可以单独或同时操纵。同时操纵时，可实现两个以上执行元件的复合动作，但其第一联阀的回油为下一联阀的进油，依次直到最后一联换向阀，液压泵的工作压力应为同时工作的各执行元件的负载压力总和。

串并联油路多路阀如图 6-87（c）所示，常态下，液压泵卸荷。其每一联换向阀的进油路与该阀之前的阀的中位回油路相连（进油路串联），各联阀的回油路与总的回油路相连（回油路并联），故称为串并联油路。工作时，每联阀控制一个执行元件，即当一个执行元件工作时，后面的执行元件供油被切断，各执行元件只能按顺序动作，所以又称为顺序单动油路。各执行元件能以最大能力工作，但不能实现复合动作。

复合油路多路换向阀是上述两种或三种油路的组合，组合的方式取决于系统及主机的作业方式。

(2)结构特点 在结构上，多路阀有整体式和分片式两种结构。

前者是将各联换向阀及一些辅助阀制成一体，具有固定数目的换向阀和机能。其优点是结构紧凑、重量轻、压力损失较小；缺点是通用性差，阀体的铸造工艺比分片式复杂，加工过程中只要有一个阀孔不合要求则整个阀体报废。它适合工艺目的相对稳定及批量大的品种。

后者是将每联换向阀做成一片，再用螺栓连接起来。其优点是可用几种单元阀组合成多种不同功用的多路阀，扩展了阀的使用范围；加工中报废一片也不影响其他阀片，用坏的单元易于修复或更换。其缺点是体积和重量大、加工面多；各片之间需要密封，泄漏的可能性大；旋紧片间连接螺栓不当可能引起阀体孔道变形，导致阀杆卡阻。

图 6-88 所示为多路阀典型产品之一的 ZS 系列（四川长江液压件有限公司）的实物外形，它是一种以手动换向阀为主体的组合阀，主要用于工程机械、矿山机械、起重运输机械和其他机械液压系统，用以改变液流方向，实现多个执行机构的集中控制。该系列阀经先后四次改进，派生有 ZS1、ZS2、ZS3、ZS4 四种结构形式，各有特点。其额定压力 16MPa、20MPa，有通径10mm、15mm、20mm、25mm 四个规格，对应流量为40L/min、63L/min、100L/min、160L/min。

图 6-88 多路阀实物外形
（ZS 系列，四川长江液压件有限公司）

(3)典型产品 见表 6-24。

(4)应用回路 图 6-89 和图 6-90 所示分别为工程机械中常用的二联多路阀并联换向回路和二联多路阀串联换向回路，其中前者多路阀 1 的各联换向阀可独立操作，也可联动操作，当联动操作时，载荷小的执行元件先动作；后者多路阀 1 的各联换向阀进油路串联，上游阀不在中位时，下游阀的进油口被切断，这种组合阀总是只有一个阀在工作，实现了阀之间的互锁。对于后者，当上游阀在进行微动调节时，下游阀还能够进行执行元件的动作操作。

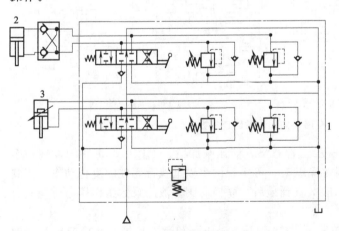

图 6-89 二联多路阀并联换向回路
1—多路阀；2,3—液压缸

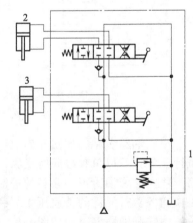

图 6-90 二联多路阀串联换向回路
1—多路阀；2,3—液压缸

(5)使用要点

① 使用前，应核对多路阀的公称压力、公称流量、滑阀机能是否符合液压系统的要求。

② 在搬运、安装、存放时，不要撞击和损坏滑阀的外露部分。

③ 安装板和支架要平整,安装螺钉拧紧力要均匀,不得使阀体扭曲。

④ 安装阀外操纵机构时,应保证滑阀运动灵活,无卡滞现象。

⑤ 在振动严重的机械上安装多路阀时,应采取减振措施。

⑥ 如果在离阀很近的地方进行焊接,应防止焊渣飞溅,破坏密封圈、防尘圈及滑阀外露部分。

⑦ 工作介质(油液)的运动黏度范围一般为 $10\sim400\text{mm}^2/\text{s}$,温度范围控制在 $-20\sim80℃$;工作介质应清洁,油液过滤精度一般要求不大于 $10\mu\text{m}$;油液最高污染等级通常按 GB/T 14039 标准的 19/16。

⑧ 正确装接多路阀的进、回油口。严禁回油口进高压油,以免损坏阀体。系统管路不宜太细长,以免增加压力损失,引起系统发热。

(6)常见故障诊断排除 见表 6-25。

6.6 叠加阀及其应用回路

6.6.1 结构原理

叠加阀是在板式阀集成化的基础上发展起来的以叠加方式连接的新型液压阀。这类阀不仅具有液压阀功能,还起油路通道的作用。因此,由叠加阀组成的液压系统,阀与阀之间不需要另外的连接体,而是以叠加阀阀体作为连接体,直接叠合再用螺栓结合而成。同一通径的各种叠加阀的油口和螺钉孔的大小、位置、数量都与相匹配的板式换向阀相同。因此,同一通径的叠加阀,只要按一定次序叠加起来,加上电磁控制换向阀,即可油路自行对接,组成各种典型液压系统。通常一组叠加阀的液压回路只控制一个执行元件(图 6-91)。若将几个安装底板块(也都具有相互连通的通道)横向叠加在一起,即可组成控制几个执行元件的液压系统。由叠加阀组成的液压回路实物外形如图 6-92 所示。

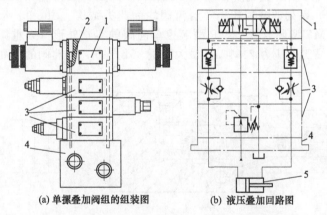

(a) 单摞叠加阀组的组装图   (b) 液压叠加回路图

图 6-91 控制一个执行元件的叠加阀及其液压回路

1—板式电磁换向阀;2—螺栓;3—叠加阀;4—底板块;5—执行元件(液压缸)

叠加阀的工作原理与一般板式阀基本相同,但在结构和连接方式上有其特点,故自成体系。叠加阀的阀芯一般为滑阀式或锥阀式结构。每个叠加阀体上必须有 P、T、A、B 等规定用途的共用油道(口)(其例子见图 6-93 所示的 10mm 通径叠加阀连接尺寸),这些油道(口)自阀的底面贯通到阀的顶面,而且同一通径的各类叠加阀的 P、A、B、T(即 O)油道(口)间的相对位置是和相匹配的标准板式换向阀一致的。故同一种控制阀,如溢流阀,因在不同的油路上起控制作用,就派生出不同的品种,此外,由于结构的限制,叠加阀上的通道多数是采用精密铸造成形的异型孔。

(a) 单摞叠加阀组　　　(b) 多摞叠加阀组

图 6-92　叠加阀组的实物外形

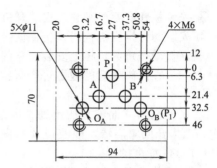

图 6-93　10mm 通径叠加阀连接尺寸

　　按功能不同，叠加阀通常分为单功能阀和复合功能阀两大类型。此处仅以单功能的先导叠加式溢流阀为例，简介叠加阀的结构原理特点。如图 6-94（a）所示，该溢流阀由先导阀和主阀两部分组成。先导阀用于调节主阀压力，它由调节螺钉 1（或锁柄机构）、调压弹簧 2、锥阀芯 3 及锥阀座 4 等组成。主阀用于溢流，它由前端锥形面的圆柱形阀芯 6、阀套 7、复位弹簧 5、主阀体 8 及密封圈等组成，构成一个插装单元。叠加式溢流阀在相似的阀体内不同油路配上先导阀部分和主阀组件，即可实现各油路的溢流阀功能。该阀工作原理：压力油从 P 口进入主阀芯右端 e 腔，作用于主阀芯 6 右端，同时通过阻尼小孔 d 进入主阀芯左腔 b，再通过小孔 a 作用于先导阀芯 3 上。当进油口压力小于阀的调整压力时，先导锥阀芯关闭，主阀芯无溢流；当进油口压力升高，达到阀的调整压力后，锥阀芯开启，液流经小孔 d、a、c 到达出油口 T_1，液流流经阻尼孔 d 时产生压力降，使主阀芯两端产生压力差，此压力差克服弹簧力使主阀芯 6 向左移动，主阀芯开始溢流。通过调节螺钉 1 可压缩弹簧 2，从而调节阀的调定压力。图 6-94（b）为叠加式溢流阀的型谱符号。国产大连组合所系列 Y_1—F※10D3—P/T 型叠加式溢流阀及油研（YUKEN）系列、威格士（VICKERS）系列和力士乐（REXROTH）系列的叠加式先导溢流阀均为此类结构。图 6-95 所示为油研系列 MB 型叠加式溢流阀、MF 型调速阀和 MP 型液控单向阀的实物外形（太重集团榆液公司产品，其中：溢流阀的最高工作压力 21MPa，最大流量 35L/min；调速阀的最高工作压力 16MPa，

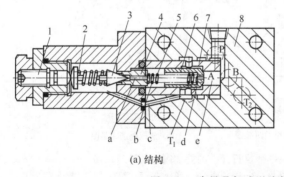

(a) 结构　　　　　　　　　　　　　　(b) 型谱符号

图 6-94　先导叠加式溢流阀

1—调节螺钉；2—调压弹簧；3—锥阀芯；4—锥阀座；5—复位弹簧；6—主阀芯；7—阀套；8—主阀体

(a) 叠加式溢流阀(MB型)　　　(b) 叠加式单向调速阀(MF型)　　　(c) 叠加式液控单向阀(MP型)

图 6-95　几种叠加阀实物外形（太重集团榆液公司油研系列）

最大调节流量 35L/min；液控单向阀的最高工作压力为 25MPa、31.5MPa，最大流量为 35L/min、60L/min）。

叠加阀常用产品见表 6-26。

6.6.2　应用特点

叠加阀的连接尺寸及高度已经标准化［国际标准 ISO 4401（国家标准 GB/T 8099）和 ISO 7790］，从而使叠加阀具有更广的通用性及互换性。叠加阀目前已在机床、化工与塑机、冶金机械、工程机械等行业获得了广泛应用。叠加阀液压系统的标准化、通用化、集成化程度高，设计、加工装配周期短；结构紧凑、体积小、重量轻、占地面积小；便于通过增减叠加阀实现液压原理的变更，系统重新组装方便迅速；配置形式灵活；由于属无管连接结构，故消除了因管件间连接引起的漏油、振动和噪声，外形整齐美观，系统使用安全可靠，维修容易。但叠加阀通径较小，可组成的液压回路形式较少，不能满足较复杂和大功率的液压系统的需要。

6.6.3　使用要点

在选用叠加阀并组成液压系统时，应注意如下问题。

① 应优先选择型号新、性能稳定、品种齐全、质量可靠的叠加阀产品和生产企业。

② 通径及安装连接尺寸。一组叠加阀回路中的换向阀、叠加阀及底板块的通径规格及安装连接尺寸必须一致，并符合国际标准 ISO 4401（国家标准 GB/T 8099）的规定。

③ 液控单向阀与单向节流阀组合。如图 6-96（a）所示，使用液控单向阀 3 与单向节流阀 2 组合时，应使单向节流阀靠近执行元件 1。反之，如果按图 6-96（b）所示配置，则当 B 口进油、A 口回油时，由于单向节流阀 2 的节流效果，在回油路的 a～b 段会产生压力，当液压缸 1 需要停位时，液控单向阀 3 不能及时关闭，并且有时还会反复关、开，使液压缸产生冲击。

④ 减压阀和单向节流阀组合。图 6-97（a）所示为 A、B 油路都采用节流阀 2，而 P 油路采用减压阀 3 的系统。这种系统中节流阀应靠近执行元件 1。如果按图 6-97（b）所示配置，则当 A 口进油，B 口回油时，由于节流阀的节流作用，液压缸 B 腔与单向节流阀之间这段油路的压力升高。这个压力又去控制减压阀，使减压阀减压口关小，出口压力变小，造成供给液压缸的压力不足。当液压缸的运动

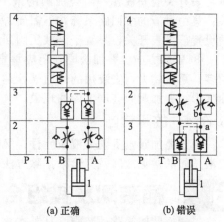

(a) 正确　　　　　(b) 错误

图 6-96　液控单向阀与单向节流阀组合
1—液压缸；2—单向节流阀；3—液控
单向阀；4—三位四通电磁换向阀

趋于停止时，液压缸 B 腔压力又会降下来，控制压力随之降低，减压阀口开度加大，出口压力又增加。这样反复变化，会使液压缸运动不稳定，还会产生振动。

⑤ 减压阀与液控单向阀组合。图 6-98（a）所示系统为 A、B 油路采用液控单向阀 2，P 油路采用减压阀 3 的系统。这种系统中的液控单向阀应靠近执行元件。如果按图 6-98（b）所示布置，由于减压阀 3 的控制油路与液压缸 B 腔和液控单向阀之间的油路接通，这时液压缸 B 腔的油可经减压阀泄漏，使液压缸在停止时的位置无法保证，失去了设置液控单向阀的意义。

⑥ 回油路上调速阀、节流阀、电磁节流阀的位置。回油路上的出口调速阀、节流阀、电磁节流阀等，其安装位置应紧靠主换向阀，这样在调速阀等之后的回路上就不会有背压产生，有利于其他阀的回油或泄漏油畅通。

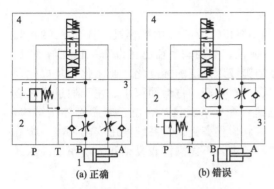

(a) 正确	(b) 错误

图 6-97　减压阀与单向节流阀组合

1—液压缸；2—单向节流阀；3—减压阀；

4—三位四通电磁换向阀

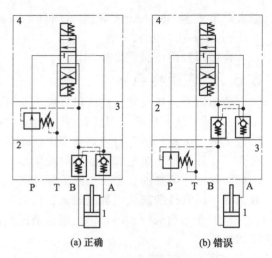

(a) 正确	(b) 错误

图 6-98　减压阀与液控单向阀组合

1—液压缸；2—液控单向阀；3—减压阀；

4—三位四通电磁阀

⑦ 压力测定。在叠加阀式液压系统中，若需要观察和测量压力，需采用压力表开关。压力表开关应安放在一组叠加阀的最下面，与底板块相连。单回路系统设置一个压力表开关；集中供液的多回路系统并不需要每个回路均设压力表开关。在有减压阀的回路中，可单独设置压力表开关，并置于该减压阀回路中。

⑧ 安装方向。叠加阀原则上应垂直安装，尽量避免水平安装方式。叠加阀叠加的元件越多，重量越大，安装用的贯通螺栓越长。水平安装时，在重力作用下，螺栓发生拉伸和弯曲变形，叠加阀间会产生渗油现象。

6.6.4　故障诊断

由于叠加阀本身既是液压元件，又是液压系统的通道，故本章 6.2～6.4 节所介绍的普通液压阀的常见故障及其诊断排除方法完全适用于叠加阀。

6.7　插装阀及其组合应用

二通插装阀简称插装阀，其基本核心元件是插装元件。将一个或若干个插装元件进行不同组合，并配以相应的先导控制级，可以组成方向控制、压力控制、流量控制或复合控制等控制单元（阀）。由于插装阀的基本构件标准化、通用化、模块化程度高，通流能力大（流量可达18000L/min 及以上），故适用于高压（超过21MPa）大流量（超过 150L/min）液压系统。插装阀有盖板式及螺纹式两类，前者多用于工业液压，后者则主要用于行走液压。

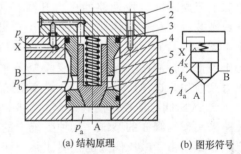

(a) 结构原理	(b) 图形符号

图 6-99　盖板式二通插装阀的结构

原理与图形符号

1—螺栓；2—控制盖板；3—密封件；4—阀套；

5—弹簧；6—阀芯；7—通道块（集成块）；

P_a、P_b、P_x—油腔（口）A、B、X 处的压力；

A_a、A_b、A_x—油腔（口）A、B、X 处的作用面积

6.7.1　结构原理

图 6-99 所示为盖板式二通插装阀的结构原理与图形符号。阀本身无阀体，其主要构件有插装单元、控制盖板、先导控制阀（图中未画出）等三部分。插装单元（简称插件）〔含阀套 4、阀芯

（锥阀或滑阀）6、弹簧 5 及密封件 3 等〕插装在有两个主油口 A 和 B 的通道块 7 标准化腔孔内，并由装在通道块上的控制盖板 2（通过螺栓 1 连接紧固）的下端面压住及保持到位，控制盖板上有控制口 X 与插装单元上腔相通。装在控制盖板 4 上端面不同的先导控制阀（图中未画出）发出的控制压力信号，对插装单元的启闭起控制作用，以实现具有两个主油口 A 和 B 的完整液压阀功能。插件上配置不同控制盖板和不同先导控制阀，即可实现不同的工作机能，构成大流量的插装方向控制阀、插装流量控制阀和插装压力控制阀等。插件、先导阀及控制盖板集成为一体的完整插装阀示例见图 6-100。通道块中的钻孔通道，将两个主油口连到其他插件或者连接到工作液压系统；通道块中的控制油路钻孔通道也按希望连接到控制油口 X 或其他信号源。故将若干个不同工作机能的插件安装在同一通道块内，实现集成化（图 6-101），即可组成所需的液压系统。

插装阀的基本动作原理是施加于控制口 X 的控制压力 p_x 作用于阀芯的大面积 A_x 上，通过与主油口 A 及 B 侧压力产生的力比较，实现阀的开关（启闭）动作，如图 6-102 所示（文字符号意义同图 6-99），设油口 A、B、X 的作用面积和油液压力分别为 A_a、A_b、A_x 和 p_a、p_b、p_x。面积关系 $A_x = A_a + A_b$。若只考虑复位弹簧力 F_s，而忽略液动力、阀的重力、摩擦力等因素的影响，则阀芯上、下两端的作用力 F_x 和 F_W 为

$$F_x = F_s + p_x A_x \tag{6-4}$$

$$F_W = p_a A_a + p_b A_b \tag{6-5}$$

当 $F_x > F_W$ 时，即

$$p_x > (p_a A_a + p_b A_b - F_s)/A_x \tag{6-6}$$

时，插装阀口关闭〔图 6-102（a）所示的二位四通电磁换向先导阀断电处于左位时的状态〕，油路 A、B 不通。

当 $F_x < F_W$ 时，即

$$p_x < (p_a A_a + p_b A_b - F_s)/A_x \tag{6-7}$$

时，插装阀口开启〔图 6-102（b）所示的先导阀通电切换至右位时的状态〕，油路 A、B 接通。

当 $F_x = F_W$ 时，阀芯处于某一平衡位置。

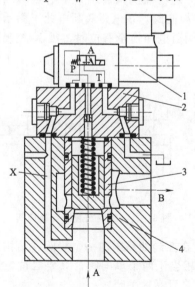

图 6-100　典型盖板式二通插装阀
1—先导控制阀；2—控制盖板；3—插入组件；
4—通道块（集成块）

（a）单个插装阀(无集成块)　　（b）集成后的系统
图 6-101　插装阀及其系统实物外形

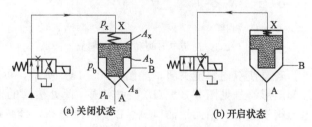

（a）关闭状态　　　　　　（b）开启状态
图 6-102　插装阀基本原理

综上所述可以得出如下结论。

① 插装阀的工作原理是依靠控制口 X 的油液压力 p_x 的大小来启闭的：p_x 大时，阀口关闭；p_x 小时，阀口开启。

② 通过改变 p_x 即可控制油口 A、B 间的通断、液流方向和压力。当控制油口 X 接油箱（卸荷），阀芯下部的液压力超过上部弹簧力时，阀芯被顶开，此时液流的方向视 A、B 口的压力大小而定：当 $p_a \geqslant p_b$ 时，液流流向为 A→B；当 $p_a < p_b$ 时，流向为 B→A。当控制口 X 接通压力油，且 $p_x \geqslant p_a$、$p_x \geqslant p_b$ 时，则阀芯在上、下端压力差和弹簧力的作用下关闭油口 A 和 B。由图 6-102 易看出，若采取机械或电气等方式控制阀芯的开启高度（即阀口开度），即可控制主油路流量。

③ 由盖板引出的控制压力信号 p_x 控制着插装阀口的启闭状态。故通过插装单元与不同的控制盖板、各种先导控制阀进行组合，改变 p_x 的连接方式即可改变阀的功能，既可用于压力控制，也可用于方向和流量控制。在作压力阀用时，工作原理与普通压力阀相同。作方向阀时，因一个插件仅有两个通油口、两种工作状态（阀口开启或关闭），故实际使用时需两个插件并联组成三通回路，两个三通回路并联组成四通回路，至于回路的通断情况（机能）则取决于先导控制阀。作流量阀时，通过控制阀口开度大小来实现。

6.7.2　典型组合

（1）插装方向阀　它由插件与换向导阀组合而成。

① 插装单向阀和液控单向阀。如图 6-103（a）所示，将控制腔 X 直接与 A 口或 B 口连通，即构成插装单向阀。连接方法不同，其导通方式也不同：若 X 与 A 连接，则 B→A 导通，A→B 截止；若 X 与 B 连接，则 A→B 导通，B→A 截止。在控制盖板上接一个二位三通液动换向阀来变换 X 腔的压力，即成为液控单向阀［图 6-103（b）］。当液动阀 K 口未接控制油而使该阀处于图示左位时，X 与 B 连接，则 A→B 导通，实现正向流动；当液动阀 K 口接控制油而使该阀切换至右位时，X 接通油箱而卸荷，则 B→A 导通，实现反向或正向流动。

② 二位二通插装换向阀。它由一个插件和一个二位三通电磁阀构成，其中电磁阀用来转换 X 腔压力。图 6-104 所示为单向截止的二位二通插装换向阀，在电磁阀断电处于图示左位时，X 与 B 连接，则 A→B 导通，B→A 截止。在电磁阀通电切换至右位时，因 X 腔接通油箱而卸荷，故 B→A 或 A→B 导通。

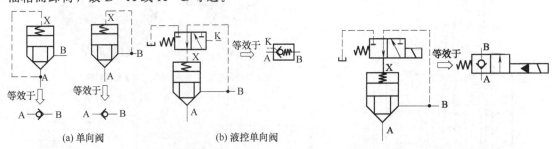

(a) 单向阀　　　　　(b) 液控单向阀

图 6-103　插装单向阀和液控单向阀　　　　图 6-104　二位二通插装换向阀

若要使双向都能关闭，如图 6-105（a）所示，可通过在控制油路中加一个梭阀［结构原理和图形符号见图 6-105（b）］来实现，此处梭阀的作用相当于两个单向阀，只要二位三通电磁阀不通电，则无论油口 A、B 哪个压力高，插装阀始终可靠地关闭。

③ 三通和四通插装换向阀。三通阀由两个插件和一个电磁导阀构成。而四通阀由四个插件及相应的电磁先导阀组成。图 6-106 为用一个二位四通电磁先导阀来对四个插件进行控制，它等效于二位四通的电液换向阀。基于这一原理构成的三位四通电液换向阀（O 型中

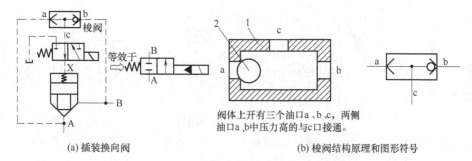

(a) 插装换向阀

(b) 梭阀结构原理和图形符号

阀体上开有三个油口a、b、c，两侧油口a、b中压力高的与c口接通。

图 6-105　双向都能关闭的二位二通插装换向阀

1—阀体；2—阀芯

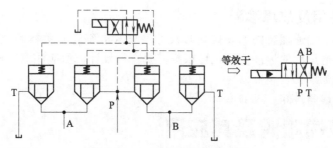

等效于

图 6-106　二位四通插装换向阀

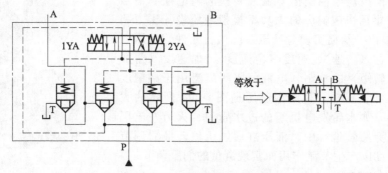

等效于

图 6-107　三位四通插装换向阀

位机能）见图 6-107，它用一个三位四通电磁先导阀来对四个插件进行控制。

（2）插装压力阀　插装式溢流阀由带阻尼孔的插件和先导压力阀组成（图 6-108），A腔压力油经阻尼小孔进入控制腔 X，并与先导压力阀进口相通，B腔接油箱，这样插件的开启压力可由先导压力阀来调节。其工作原理与先导式溢流阀完全相同，若在控制盖板设置多个先导压力阀，则可构成多级压力控制单元；当 B 腔不接油箱而接负载时，即变成一个顺序阀。图 6-109 所示为插装式减压阀，其阀芯采用常开的滑阀式阀芯，B 和 A 分别为进、出油口，A 口的压力油经阻尼小孔后与控制腔 X 及先导压力阀进口相通，其原理与普通先导式减压阀相同。

（3）插装流量阀　如前所述，若采取机械或电气等行程调节机构控制插件的开启高度（即阀口开度），以改变阀口的通流面积的大小，即可控制主油路流量，则插件可起流量控制阀的作用。图 6-110（a）所示即为插装节流阀，图 6-110（b）所示为在节流阀前串接一滑阀式减压阀，减压阀阀芯两端分别与节流阀进出油口相通，利用减压阀的压力补偿功能来保证节流阀两端的压差不随负载的变化而变化，这样就成为一个调速阀。

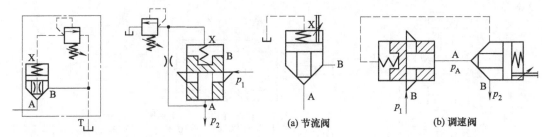

图 6-108　插装式溢流阀　图 6-109　插装式减压阀　　　(a) 节流阀　　　(b) 调速阀

图 6-110　插装节流阀和调速阀

6.7.3　典型产品

盖板式二通插装阀典型产品系列见表 6-27。

6.7.4　安装使用及故障诊断

（1）安装使用　二通插装阀的安装连接尺寸及要求应符合相关标准（GB/T 2877）。阀块可选用插装阀制造厂商的标准件，也可根据需要自行设计，但应注意其插装孔的尺寸及精度和粗糙度等已经标准化。

（2）常见故障诊断排除　见表 6-28。

6.8　电液伺服阀及其应用

电液伺服阀是一种自动控制液压阀，它既是电液转换元件，又是功率放大元件，其功用是将小功率的模拟量电控制信号输入转换为随电控制信号极性与大小变化且快速响应的大功率模拟液压量［压力和（或）流量］输出，从而实现对液压系统执行元件（液压缸或马达）的位移（转速）、速度（角速度）、加速度（角加速度）和力（转矩）的控制。电液伺服阀广泛用于高精度自动控制设备和装置中。其典型应用是图 6-111 所示的大口径流体管道（如水轮发电机组的进水管道、火力发电厂热蒸汽高低压旁路管道）中，液压缸通过机械转换器调节工艺阀门的开度以产生节流作用而实现流量的伺服调节。

图 6-111　伺服控制的管道阀门

6.8.1　结构原理

（1）基本组成　伺服阀的结构形式也很多，但都是由控制输入装置（伺服控制放大器和电气-机械转换器）、液压放大器和检测反馈机构组成（图 6-112）。液压放大器可以由一级、二级或三级组成，若是单级伺服阀，则无先导级阀；否则为多级伺服阀。在多级伺服阀中，起放大作用的最后一级称为"输出级"或"功率级"；二级伺服阀和三级伺服阀的第一、二级液压放大器则成为"前置级"或"先导级"或"控制级"。

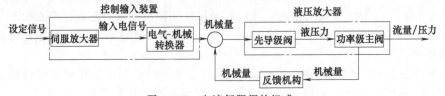

图 6-112　电液伺服阀的组成

由图 6-112 可看出，多级伺服阀在工作时，控制输入装置中的电气-机械转换器将控制放大器（即伺服放大器）给出的电信号转换为力或力矩，以产生驱动先导级阀运动的位移或转角；先导级阀（可以是滑阀、锥阀、喷嘴挡板阀或插装阀），用于接收小功率的电气-机械转换器输入的位移或转角信号，将机械量转换为液压力驱动功率级主阀；功率级主阀（滑阀或插装阀）将先导级阀的液压力转换为流量或压力输出；设在阀内部的检测反馈机构（可以是液压、机械或电气反馈等形式之一）将先导阀或主阀控制口的压力、流量或阀芯的位移反馈到先导级阀的输入端或比例放大器的输入端，实现输入输出的比较，从而提高阀的控制性能。

（2）主要类型　如图 6-113 所示。

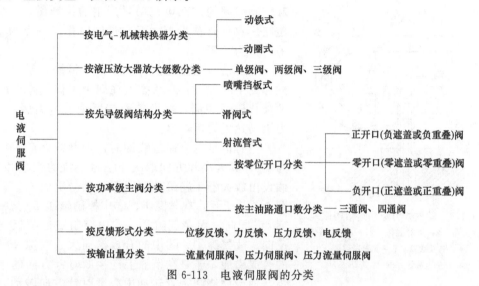

图 6-113　电液伺服阀的分类

（3）分部原理

① 电气-机械转换器。电液伺服阀的电气-机械转换器有力马达、力矩马达和伺服电机等。

a. 动铁式力马达。图 6-114 所示为一种用于流量伺服阀中的永磁式力马达，它主要由永久磁铁、对中弹簧、控制线圈和衔铁等组成。其中衔铁 5 支承在轴承 7 上，有利于减小黏滞摩擦力；对中弹簧 3 的刚度较大。永久磁铁 2 可提供部分所需磁动力。当给控制线圈 6 通入电流信号时，衔铁 5 可在中位产生左、右两个方向的驱动力，从而伺服阀芯双向移动。驱动力和阀芯位移与输入控制线圈 6 的电流大小成正比。

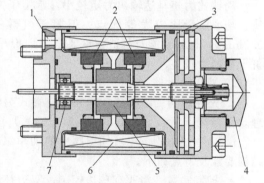

图 6-114　动铁式力马达结构原理
1—电缆孔；2—永久磁铁；3—对中弹簧；4—端盖；
5—衔铁；6—控制线圈；7—轴承

在伺服阀输出流量过程中，必须克服刚度较大的对中弹簧所引起的弹簧力，以及流体液动力、油液中的杂质引起的摩擦力等其他外力。在复位到中心位置过程中，弹簧力加上力马达的推力，推动阀芯回到零位，以减弱阀对油液污染的敏感程度。该力马达在对中弹簧位置只需很小的电流。

该力马达所需驱动电流显著低于相应比例电磁铁。要具有同样功能，比例电磁铁需要两个缠有更多线缆的电磁铁；或采用单个电磁铁加上一个复位弹簧，但在电磁铁断电情况下，弹簧将推动阀芯穿过全开位置至断电位置，从而导致负载运动失去控制。

b. 动铁式力矩马达。其输入为电信号，输出为力矩。如图 6-115 所示，动铁式力矩马

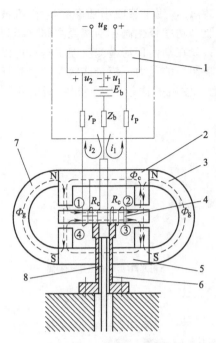

图 6-115　动铁式力矩马达结构原理
1—放大器；2—上导磁体；3,7—永久磁铁；
4—衔铁线圈；5—下导磁体；
6—弹簧管；8—弹簧杆

达由左、右两块永久磁铁（7 及 3），上、下两块导磁体（2 及 5），下端带弹簧杆 8 的衔铁及套在衔铁上的两个控制线圈 4 组成。衔铁固定在弹簧管（支承在上、下导磁体的中间位置上端）6 上，可以绕弹簧管的转动中心做微小转动。衔铁两端与上、下导磁体（磁极）形成四个工作气隙①、②、③、④。上、下导磁体除作为磁极外，还为永久磁铁产生的极化磁通 Φ_g 和控制线圈的差动电流信号产生的控制磁通 Φ_c 提供磁路。永久磁铁将上、下导磁体磁化，一个为 N 极，另一个为 S 极。

当无信号电流时，即 $i_1 = i_2$，衔铁处于上、下导磁体的中间位置，永久磁铁在四个工作气隙中所产生的极化磁通相同，使衔铁两端所受的电磁吸力相同，力矩马达无力矩输出。

当有信号电流通过线圈时，控制线圈产生控制磁通 Φ_c，其大小和方向取决于信号电流的大小和方向。假设由放大器 1 输给控制线圈的信号电流 $i_1 > i_2$，如图 6-115 所示，在气隙①、③中控制磁通 Φ_c 与极化磁通 Φ_g 同向，而在气隙②、④中控制磁通与极化磁通反向。故气隙①、③中的合成磁通大于气隙②、④中的合成磁通，于是在衔铁上产生顺时针方向的电磁力矩，使衔铁绕弹簧管转动中心顺时针方向转动。当弹簧管变形产生的反力矩与电磁力矩相平衡时，衔铁停止转动。如果信号电流反向，则电磁力矩也反向，衔铁向反方向转动，电磁力矩的大小与信号电流的大小成比例，衔铁的转角也与信号电流成比例。

动铁式力矩马达输出力矩较小，常用于控制喷嘴挡板之类的先导级阀。它具有动态响应快、功率质量比较大等优点。但限于气隙的形式，其转角和工作行程很小（通常小于 0.2mm），材料性能及制造精度要求高，价昂；此外，其控制电流较小（仅几十毫安），故抗干扰能力较差。

② 液压放大器。

a. 先导级阀。喷嘴挡板式和射流管式为电液伺服阀中常见的先导级阀形式，其结构原理及性能特点请参见 6.1.2 节 (2) 之④⑤。

b. 功率级主阀。电液伺服阀中的功率级主阀几乎均为滑阀，从伺服阀角度看，其主要结构要素及特点如下。

• 控制边数。滑阀有单边控制、双边控制和四边控制三种类型（图 6-116）。单边滑阀仅有一个控制边，控制边的开口量 x 控制了执行元件（此处为单杆液压缸）中的压力和流量，从而改变了缸的运动速度和方向。双边滑阀有两个控制边，压力油一路进入单杆液压缸有杆腔，另一路经滑阀控制边 x_1 的开口和无杆腔相通，并经控制边 x_2 的开口流回油箱；当滑阀移动时，x_1 增大，x_2 减小，或相反，从而控制了缸无杆腔的回油阻力，故改变了缸的运动速度和方向。四边滑阀有四个控制边，x_1 和 x_2 是用于控制压力油进入双杆缸的左、右腔，x_3 和 x_4 用于控制左、右腔通向油箱；当滑阀移动时，x_1 和 x_4 增大，x_2 和 x_3 减小，或相反，这样控制了进入缸左、右腔的油液压力和流量，从而控制了缸的运动速度和方向。综上，单边、双边和四边滑阀的控制作用相同。单边和双边滑阀用于控制单杆液压缸；

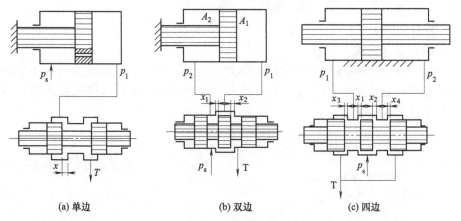

(a) 单边　　　　　　　(b) 双边　　　　　　　(c) 四边

图 6-116　单边、双边和四边控制滑阀

四边滑阀可以控制双杆缸或单杆缸。四边滑阀的控制质量好，双边滑阀居中，单边滑阀最差。但单边滑阀无关键性的轴向尺寸，双边滑阀有一个关键性的轴向尺寸，而四边滑阀有三个关键性的轴向尺寸，所以单边滑阀易于制造、成本较低，而四边滑阀制造困难、成本较高。通常，单边和双边滑阀用于一般控制精度的液压系统，而四边滑阀则用于控制精度及稳定性要求较高的液压系统。

• 预开口形式。按滑阀在零位（平衡位置）时的预开口量不同，滑阀有正开口、零开口和负开口三种形式（图 6-117）。预开口量取决于阀套（体）的阀口宽度 h 与阀芯的凸肩宽度 t 的尺寸大小；不同的预开口形式对其零位附近（零区）的特性，具有很大影响。正开口（负重叠）滑阀（$t<h$）在阀芯处于零位时存在较大泄漏，其流量特性是非线性的，一般不用于大功率场合；负开口（又称正重叠）的滑阀（$t>h$），阀工作时存在一个死区且流量特性非线性，故很少采用。零开口（零重叠）滑阀（$t=h$），既无死区，泄漏也小，所以是性能最好的滑阀，应用最多，但完全的零开口在加工制作工艺上较难达到，价昂，实际的零开口允许不超过 ±0.025mm 的微小开口量偏差。

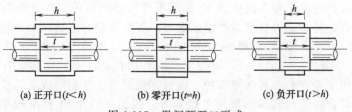

(a) 正开口($t<h$)　　　(b) 零开口($t=h$)　　　(c) 负开口($t>h$)

图 6-117　滑阀预开口形式

• 通路数、凸肩数与阀口形状。按通路数，滑阀有二通、三通和四通等几种。二通滑阀（单边阀）[图 6-116 (a)]，它只有一个可变节流口（可变液阻），使用时必须和一个固定节流口配合，才能控制一腔的压力，用于控制差动液压缸。三通滑阀 [图 6-116 (b)] 只有一个控制口，故只能用于控制差动液压缸，为实现液压缸反向运动，需在有杆腔设置固定偏压（可由供油压力产生）。四通滑阀 [图 6-116 (c)] 有两个控制口，故能控制各种液压执行元件。

阀芯上的凸肩数与阀的通路数、供油及回油密封、控制边的布置等因素有关。二通阀一般为两个凸肩，三通阀为两个或三个凸肩，四通阀为三个或四个凸肩。三凸肩滑阀为最常用的结构形式。凸肩数过多将加大阀的结构复杂程度、长度和摩擦力，影响阀的成本和性能。滑阀的阀口形状有矩形、圆形等形式，矩形阀口又有全周开口和部分开口，其开口面积与阀芯位移成正比，具有线性流量增益，故应用较多。

6.8.2 典型结构

(1) 单级电液伺服阀

① 滑阀式力马达型单级电液伺服阀。图 6-118（a）所示为动铁式力马达型单级电液伺服阀的结构原理，它主要由力马达（参见图 6-114）、集成电路板（伺服放大器）与一级滑阀三部分组成。

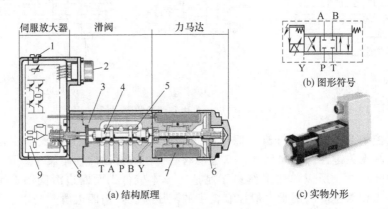

(a) 结构原理　　　　　　　　　　(b) 图形符号　　　　　　　　(c) 实物外形

图 6-118　动铁式力马达型单级电液伺服阀（MOOG 公司 D633 和 D634 系列）
1—零位调节螺塞盖；2—阀的插座；3—阀体；4—阀芯（滑阀）；5—阀套；
6—对中弹簧；7—力马达；8—位置传感器；9—放大器集成电路板

具有位置传感器（LVDT）8 和力马达 7 的阀芯 4 的位移闭环控制通过自带的集成电路板 9 实现。将与所需阀芯位移对应的电信号输入集成电路板，此电信号将转换为脉宽调制（PWM）电流以驱动力马达。振荡器激励阀芯位置传感器产生与阀芯位移成比例的电信号。解调后的阀芯位移信号与指令信号进行比较，阀芯位置偏差产生电流作用在力马达控制线圈中，推动阀芯移至指定位置，阀芯位置偏差即减为零。因而获得的阀芯位移与指令信号成比例。

MOOG 公司的 D633 和 D634 系列伺服阀即为此种结构，其实物外形如图 6-118（c）所示，该阀为直动式四通阀，堵死阀口 A 或 B 即可作三通阀使用。其优点为：阀套和阀芯可为零开口或不同百分比的正重叠量等类型，通过具有大驱动力永磁式力马达直接驱动，无需先导油源，动态性能不受压力影响（阀的响应时间不大于 12ms/20ms），分辨率高（＜0.1%）、滞环误差小（＜0.2%），零位及其附近功耗低，通过标准化的阀芯位置检测信号获得系统运行情况并有利于对阀的维护，电气零位调节，在断电或电缆损坏或紧急停车时阀芯无需外力即可自动返回到其弹簧对中位置等。阀的 ISO 4401 标准规格 03 和 05（阀口直径 7.9mm 和 11.5mm），最大工作压力 35MPa，额定流量为 5～100L/min，供电电压 24V DC，阀芯实际位移输出值为 4～20mA，在 12mA 时，阀芯居中。该阀适用于含航空领域在内的电液位置、速度、压力或力控制系统及其他需要高动态响应的系统。其图形符号如图 6-118（b）所示。

② 双喷嘴挡板式力矩马达型单级伺服阀。其结构原理图如图 6-119（a）所示，它由力矩马达和双喷嘴挡板阀两部分组成。当控制线圈 2 通电后，衔铁 4 转动并改变挡板距喷嘴 7 的间隙，从而实现流量控制。力反馈由弹簧杆 5 实现。内置过滤器 9 可保证进入阀内油液的清洁度。

北京机床研究所精密机电公司的 QDY-I 系列伺服阀即为此种结构，其实物外形如图 6-119（b）所示。该阀的特点为：采用干式力矩马达驱动及双喷嘴挡板式单级放大，动态响应高（频宽＞500Hz）、静态特性优良（分辨率≤0.5%，滞环误差≤3%，工作稳定）、使用可靠、寿命

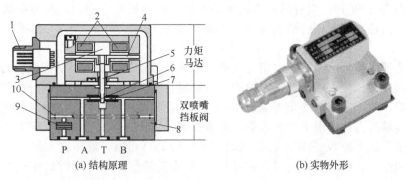

(a) 结构原理　　　　　　　　　　(b) 实物外形

图 6-119　力矩马达型双喷嘴挡板单级电液流量伺服阀（QDY-Ⅰ系列，北京机床研究所精密机电公司）

1—插座；2—控制线圈；3—永久磁铁；4—衔铁；5—弹簧杆；6—挡板；7—喷嘴；
8—阀体；9—内置过滤器；10—固定阻尼孔

长，采用超硬铝合金壳体、结构紧凑。阀的额定供油压力 21MPa，额定流量 1.2L/min，额定电流 30mA、40mA。它可用于微小流量控制系统。由于力矩马达输出功率较小，位移量小，定位刚度差，因而这种阀常用于小流量、低压和负载变化不大的场合。

　　（2）两级电液伺服阀

　　① 喷嘴挡板式力反馈电液伺服阀。这是在种类繁多的电液伺服阀中，使用量大、面广的一种［多用于控制流量较大（80~250L/min）的场合］。如图 6-120 （a）所示，它主要由力矩马达、双喷嘴挡板先导级阀和四凸肩的功率级滑阀三个主要部分组成。薄壁的弹簧管 4 支承衔铁 8 和挡板 3，并作为喷嘴挡板阀的液压密封。挡板的下端为带有球头（有时为红宝石轴承）的反馈弹簧杆 12，球头嵌入主滑阀阀芯 13 中间的凹槽内，构成阀芯对力矩马达的力反馈作用。两个喷嘴 2、10 及挡板 3 之间形成可变液阻节流孔，主阀左、右设有固定节流孔 1、14。阀内设有内置过滤器 15，以保证进入阀内油液的清洁。

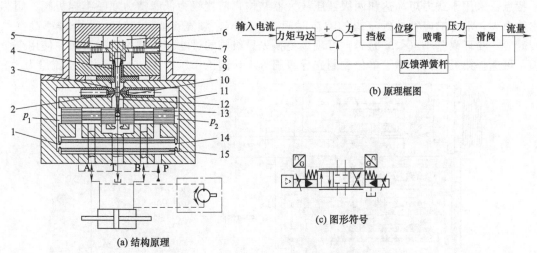

(a) 结构原理　　　　　　　　　　(b) 原理框图

(c) 图形符号

图 6-120　喷嘴挡板式力反馈两级电液伺服阀

1,14—固定节流孔；2,10—喷嘴；3—挡板；4—弹簧管；5—线圈；6—永久磁铁；7—上导磁体；
8—衔铁；9—下导磁体；11—阀座；12—反馈弹簧杆；13—主滑阀阀芯；15—内置过滤器

　　当线圈 5 没有电流信号输入时，力矩马达无力矩输出，衔铁、挡板和主阀芯都处于中（零）位。液压源▲（设压力为 p_s）输出的压力油进入主滑阀口，并由内置过滤器 15 过滤。由于阀芯 13 两端台肩将阀口关闭，油液不能进入 A、B 口，但同时液流经固定节流孔 1 和

14 分别引到喷嘴 2 和 10，喷射后的液流排回油箱。因挡板处于中位，故两喷嘴与挡板的间隙相等，则主阀控制腔两侧的油液压力（亦即喷嘴前的压力）p_1 与 p_2 相等，滑阀处于中位（零位）。

当线圈 5 通入信号电流后，力矩马达产生使衔铁转动的力矩，不妨假设该力矩为顺时针方向，则衔铁连同挡板一起绕弹簧管中的支点顺时针方向偏转，因挡板离开中位，故它与两个喷嘴的间隙不等，左喷嘴 2 间隙减小，右喷嘴 10 间隙增大，即压力 p_1 增大，p_2 减小，故主滑阀在两端压力差作用下向右运动，开启控制口，P 口→B 口相通，压力油进入液压缸右腔（或液压马达上腔），活塞左行；同时，A 口→T 口相通，液压缸左腔（或液压马达下腔）排油回油箱。在滑阀右移同时，弹簧杆 12 的力反馈作用（对挡板组件施加一逆时针方向的反力矩）使挡板逆时针偏转，使左喷嘴 2 的间隙增大，右喷嘴 10 的间隙减小，于是压力 p_1 减小，p_2 增大，滑阀两端的压差减小。当主滑阀阀芯向右移到某一位置，由主滑阀两端压差（$p_1 - p_2$）形成的通过反馈弹簧杆 12 作用在挡板上的力矩、喷嘴液流作用在挡板上的力矩及弹簧管的反力矩之和与力矩马达的电磁力矩相等时，主滑阀阀芯 13 受力平衡，稳定在一定开口下工作。

通过改变线圈输入电流的大小，就可成比例地调节力矩马达的电磁力矩，从而得到不同的主阀开口大小即流量大小。改变输入电流方向，就可改变力矩马达偏转方向以及主滑阀阀芯的方向，可实现液流方向的控制。

上述工作过程的分析可用图 6-120（b）（原理框图）来综合表达；图 6-120（c）为两级伺服阀的图形符号。

国内外有诸多厂家生产类似这种结构的两级电液伺服阀，例如图 6-121（a）所示即为 MOOG 公司生产的 G761 系列喷嘴挡板式力反馈（机械反馈）两级电液流量伺服控制阀的结构原理，该阀主要由力矩马达、先导级的双喷嘴挡板阀和功率级四通滑阀（带阀芯 11、阀套 8）构成，先导级带有蝶形过滤器 9。阀的实物外形如图 6-121（b）所示。该阀具有以下特点：采用干式力矩马达和两级液压放大器结构，前置级为低摩擦力双喷嘴挡板阀，阀芯驱动力大，动态响应特性好（阀的响应时间 5～16ms，频宽 120～230Hz），分辨率高（＜0.5%），滞环误差小（＜3.0%），可现场更换先导级阀的过滤器，结构坚固耐用，使用寿命长，可选择第五个油口用于单独控制先导级阀等。该阀工作压力 31.5MPa，额定流量为 4～

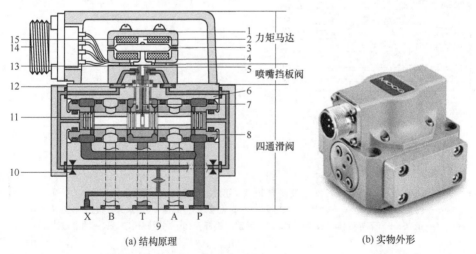

(a) 结构原理 　　　　　　　　　　(b) 实物外形

图 6-121　喷嘴挡板式力反馈两级电液伺服阀（G761 系列，MOOG 公司）

1,4—上、下导磁体；2—永久磁铁（图中遮挡）；3—衔铁；5—挡板；6—阀体；7—反馈弹簧杆；8—阀套；9—先导级阀的蝶形过滤器；10—固定液阻孔；11—阀芯；12—喷嘴；13—挠性管；14—电缆插座；15—控制线圈

63L/min，输入电流 8～200mA。它适用于造纸机械、工业通用机械、吹塑机械、油气勘探、金属成形机械、试验机和橡塑机械等机械装备的液压控制系统。

除了上述力反馈型的电液伺服阀外，双喷嘴挡板式电液伺服阀还有直接位置反馈、电反馈、压力反馈、动压反馈与流量反馈等不同反馈形式。它们具有线性度好、动态响应快、压力灵敏度高、阀芯基本处于浮动不易卡阻、温度和压力零漂小等优点，其缺点是抗污染能力差〔喷嘴挡板级零位间隙较小（仅 0.025～0.125mm）〕，阀易堵塞，内泄漏较大、功率损失大、效率低，力反馈回路包围力矩马达，流量大时提高阀的频宽受到限制。

② 射流式两级电液伺服阀。常见的射流式两级电液伺服阀有力反馈射流管式、位移反馈式和偏转射流式等三种类型。这里仅简介射流管式力反馈两级电液流量伺服阀。图 6-122 所示为此种伺服阀结构原理，其电气-机械转换器为干式桥形永磁力矩马达，射流管 3 焊接于衔铁上，并由薄壁弹簧片 9 支承。液压油通过柔性供压管 2 进入射流管 3。从射流管 3 喷嘴射出的液压油进入与阀芯 6 两端容腔分别相通的两个接收孔中，推动阀芯 6 移动。射流管的侧面装有弹簧板及反馈弹簧丝，其末端插入阀芯 6 中间的小槽内，阀芯移动推动反馈弹簧丝，构成对力矩马达的力反馈。力矩马达借助薄壁弹簧片实现对液压部分的密封隔离。

图 6-123 所示为一种射流管式力反馈两级电液流量伺服阀〔九江中船仪表有限责任公司（四四一厂）CSDY1、CSDY2 系列〕的实物外形。它采用干式力矩马达，整体焊接，射流管为先导级，主滑阀作功放，是一种高性能力反馈两级方向流量控制阀。它接收微小电信号并转换为液压功率放大，输出流量大小与控制电信号大小成比例。该阀额定压力 20.6MPa，额定流量 2～120L/min，额定电流 ±8mA。它具有以下显著特点：结构牢固；零位稳定优于双喷嘴挡板型阀，安全可靠；动态响应特性较好（频宽＞70Hz），分辨率极高（＜0.25%）；抗污染能力极强，可使用 NAS1638 的 7～8 级油液；寿命长，使用次数可达 107 次（约 5000h）；控制精度高（滞环误差＜3%）。它适用于各领域中的高精度电液伺服系统，如造船工业、航空航天工业、重工业、轻纺工业以及农业机械中的液压伺服系统。

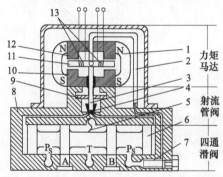

图 6-122　射流管式力反馈两级电液流量伺服阀结构原理
1—永久磁铁；2—柔性供压管；3—射流管；4—射流接收器；
5—反馈弹簧；6—阀芯（滑阀）；7—过滤器；8—阀体；
9—薄壁弹簧片；10—下导磁体；11—衔铁；
12—上导磁体；13—控制线圈

图 6-123　射流管式力反馈两级电液流量伺服阀实物外形〔CSDY1、CSDY2 系列，九江中船仪表有限责任公司（四四一厂）〕

射流管式伺服阀最大的优点是抗污染能力强（最小通流尺寸为 0.2mm，而喷嘴挡板式电液伺服阀仅为 0.02～0.06mm），可靠性高、寿命长；另外，射流管式伺服阀的压力效率和容积效率较高，可以产生较大的控制压力与流量，从而提高了功率级主阀的驱动能力和抗污染能力，工作稳定、零漂小。其缺点是频率响应低、低温特性差，制造困难，价格高。射流管式伺服阀适于动态响应要求不太高的控制场合。

6.8.3 技术性能

作为电液伺服控制系统中的关键元件，电液伺服阀与普通开关式液压阀相比，功能完备，但结构也异常复杂和精密，其性能优劣对于系统的工作品质有至关重要的影响，故阀的性能指标参数非常繁多且要求严格。电液伺服阀在工程上精确的特性及参数多通过实际测试获得。

（1）技术规格　电液伺服阀的技术规格可由额定电流、额定压力和额定流量表示。额定电流 I_n 指产生额定流量对线圈任一极性所规定的输入电流（单位为 A）；额定压力 p_n 指在规定的阀压降下，对应于额定电流的额定供油压力（单位为 Pa）；额定流量 q_n 指在规定的阀压降下，对应于额定电流的负载流量（单位为 m^3/s）。

（2）主要性能　电液伺服阀的技术性能包括静态特性、动态特性和输入特性等。静态特性可根据测试所得到的各种特性曲线及性能指标加以评定，包括负载流量特性、空载流量特性，压力特性（压力增益）、内泄漏量、零漂（供油压力零漂、回油压力零漂、温度零漂、零值电流零漂）等。动态特性一般用频率响应（频宽等）表示。输入特性包括线圈接法、颤振信号（波形、频率和幅度）等。

其中，电液伺服阀的负载流量特性曲线，是输入不同电流时对应的流量与负载压力构成的抛物线簇曲线（图6-124），它完全描述了伺服阀的静态特性。它主要用来确定伺服阀的类型、估计伺服阀的规格，以便与所要求的负载流量和负载压力相匹配。

空载流量特性曲线是伺服阀输出流量与输入电流呈回环状的函数曲线（图6-125），是在给定的伺服阀压降和零负载压力下，输入电流在正负额定电流之间作一完整的循环，输出流量点形成的完整连续变化曲线（简称流量曲线）。通过流量曲线，可以得出电液伺服阀的流量增益、线性度、对称度、滞环、分辨率、重叠等一些性能参数。

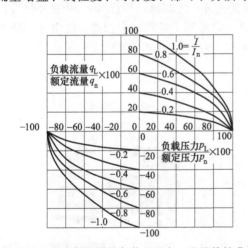

图6-124　电液伺服阀的负载（压力）流量特性曲线

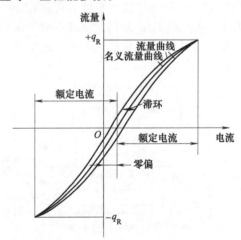

图6-125　流量曲线、额定流量、零偏、滞环

q_R—额定流量

电液伺服阀的频率响应是指输入电流在某一频率范围内做等幅变频正弦变化时，空载流量与输入电流的百分比。频率响应特性用幅值比（分贝，dB）与频率和相位滞后（度）与频率的关系曲线（波德图）表示（图6-126）。输入信号或供油压力不同，动态特性曲线也不同，所以，动态响应总是对应一定的工作条件。伺服阀产品样本中通常给出±10%、±100%两组（也有给出±5%、±40%、±90%三组的）输入信号试验曲线，而供油压力通常规定为7MPa。

幅值比是在某一特定频率下的输出流量幅值与输入电流之比，除以一指定频率（输入电流基准频率，通常为 5 周/s 或 10 周/s）下的输出流量与同样输入电流幅值之比。相位滞后是指在某一指定频率下所测得的输入电流和与其相对应的输出流量变化之间的相位差。

伺服阀的幅值比通常将 $-3\mathrm{dB}$（即输出流量为基准频率时输出流量的 70.7%）时的频率定义为幅频宽，将相位滞后达到 $-90°$ 时的频率定义为相频宽。应取幅频宽和相频宽中较小者作为阀的频宽值。频宽是伺服阀动态响应速度的度量，频宽过低会影响系统的响应速度，过高会使高频传到负载上去。伺服阀的幅值比一般不允许大于 $+2\mathrm{dB}$。通常力矩马达喷嘴挡板式两级电液伺服阀的频宽在 $100\sim130\mathrm{Hz}$ 之间，动圈滑阀式两级电液伺服阀的频宽在 $50\sim100\mathrm{Hz}$ 之间，位移电反馈高频响电液伺服阀的频宽可达 $250\mathrm{Hz}$ 甚至更高。

电液伺服阀的瞬态响应是指在给阀施加一个典型输入信号（通常为阶跃信号）时，阀的输出流量对阶跃输入电流的跟踪过程中表现出的振荡衰减特性（图 6-127）。反映电液伺服阀瞬态响应快速性的时域性能主要指标有超调量、峰值时间、响应时间和过渡过程时间等。超调量 M_p 是指响应曲线的最大峰值 $E(t_\mathrm{p1})$ 与稳态值 $E(\infty)$ 的差。峰值时间 t_p1 是指响应曲线从零上升到第一个峰值点所需要的时间。响应时间 t_r 是指从指令值（或设定值）的 5% 到 95% 的运动时间。过渡过程时间是指输出振荡减小到规定值（通常为指令值的 5%）所用的时间（t_s）。

不同的伺服阀产品，其性能指标不尽相同，使用时可参考有关产品样本或查阅设计手册。

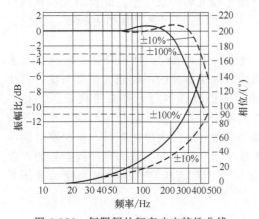

图 6-126　伺服阀的频率响应特性曲线

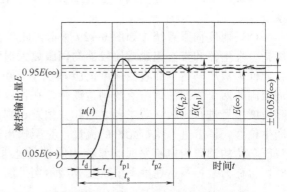

图 6-127　伺服阀的瞬态响应特性曲线

6.8.4　应用特点

电液伺服阀由于其高精度和快速控制能力，广泛用于高精度自动控制设备中，以实现位置、速度和力的自动控制。除了航空、航天和军事装备等普遍使用的领域外，它在机床、塑机、冶金、车辆等各种工业设备的开环或闭环的电液控制系统中，特别是系统要求高的动态响应、大输出功率的场合获得了广泛应用。电液伺服阀的主要缺点是结构及加工装配工艺复杂，价格昂贵，对油液清洁度和温度要求高，使用维护技术水平要求高。

6.8.5　典型产品

电液伺服阀典型产品见表 6-29。

6.8.6　典型应用系统

应用电液伺服阀可构成电液伺服系统。根据控制对象的不同，其典型应用系统有位置伺服、速度伺服和力伺服三种。

（1）位置伺服系统　如图 6-128 所示，此类系统通常由伺服阀、执行元件、位置反馈传感器、位置指令发生器和伺服放大器组成。对于典型的直线位置伺服系统，其执行元件为双

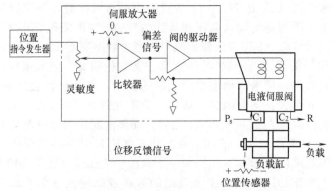

图 6-128　位置伺服系统构成原理
P_s—液压源；R—伺服阀回油口；C_1，C_2—执行元件进回油口

杆活塞缸（在回转位置伺服系统中，可用适当的回转执行元件来替代液压缸），伺服阀的两个控制油口与负载缸连接。在伺服放大器中，指令输入信号与位移传感器反馈的实际位移信号进行比较。若二者之间存在偏差，则该偏差信号经放大输送至伺服阀，从而驱动阀芯产生位移，调节进入执行元件的流量，直至活塞位置与指令输入相一致为止。此类系统，在执行元件为液压缸时，常称为阀控缸位置系统；执行元件为液压马达时，常称为阀控马达位置系统。

（2）速度伺服系统　如图 6-129 所示，此类系统通常由伺服阀、液压马达、转速计、速度指令发生器和带有集成式比较器的伺服放大器组成。对于典型的回转速度伺服系统，其执行元件为液压马达（在直线速度伺服系统中，可用适当的线性执行元件来替代液压马达），伺服阀的两个控制油口与液压马达连接。在伺服放大器中，指令输入信号与转速计反馈的实际速度信号进行比较。若二者之间存在偏差，则该偏差信号经放大输送至阀，从而驱动阀芯产生位移，调节进入执行元件的流量，直至输出速度与指令输入相一致为止。此类系统，在液压马达的油源为定量泵时，常称为阀控马达速度系统；在液压马达的油源为变量液压泵时，常称为泵控马达速度系统（其典型示例见图 6-130）。

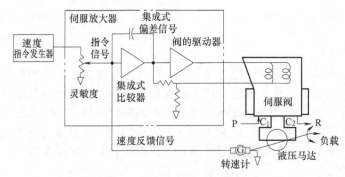

图 6-129　速度伺服系统构成原理
P—压力油口

电液速度伺服控制系统广泛用于原动机调速、机床的进给拖动、管道卷压机械、天线、雷达及炮塔的跟踪姿态等各技术领域中。

（3）力伺服系统　如图 6-131 所示，此类系统通常由伺服阀、执行元件、力传感器或压力传感器和伺服放大器组成，图中 AMO（adjustable metering orifice）为用于提高系统性能的可调测节流孔。伺服阀的两个控制油口与液压缸连接。在伺服放大器中，指令输入信号与

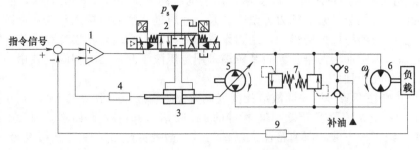

(a) 液压系统原理

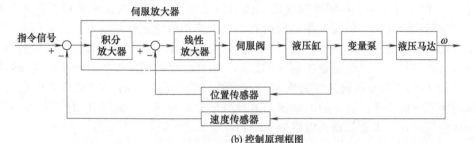

(b) 控制原理框图

图 6-130 闭环变量泵控制的液压马达速度系统

1—伺服放大器；2—电液伺服阀；3—双杆液压缸；4—位置传感器；5—双向变量液压泵；
6—双向定量液压马达；7—安全溢流阀组；8—补油单向阀组；9—速度传感器；ω—角速度

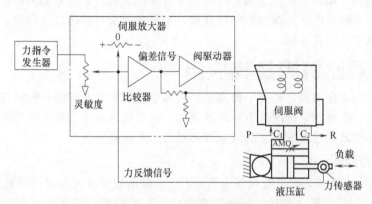

图 6-131 力伺服系统构成

力传感器反馈的实际力信号进行比较。若二者之间存在偏差，则该偏差信号经放大输送至阀，从而驱动阀芯产生位移，调节进入执行元件的油液压力，直至输出的力与指令输入相一致为止。

电液力（压力）伺服控制系统具有响应速度快、精度高、功率大、结构紧凑和使用方便等优点，故可广泛用于各类材料试验机、结构物疲劳试验机、线（带）材张力控制及车轮制动装置中。

6.8.7 使用要点

① 在使用伺服阀时，为了减小控制容积，以增加液压固有频率，应尽量减小伺服阀与执行元件之间的距离；若执行元件是非移动部件，伺服阀和执行元件之间应避免用软管连接；伺服阀和执行元件最好不用管道连接而直接装配在一起。同时，伺服阀应尽量处于水平状态，以免阀芯自垂造成零偏。

② 电液伺服阀通常采用定压液压源供油，几个伺服阀可共用一个液压油源，但必须减少相互干扰。油源应采用定量泵或压力补偿变量泵，并通过在油路中接入蓄能器以减小压力波动和负载流量变化对油源压力的影响，通过设置卸荷阀减小系统无功损耗和发热。应在有关部位设置过滤器，以防油液污染。伺服系统多采用定压液压源，几个伺服阀共用一个液压源时，要注意减少相互干扰。

③ 使用中要特别注意防污染，油液清洁度（显微镜测量法）一般要求 ISO 4406 标准的 15/12 级（5μm）、航空系统要求 ISO 4406 标准的 14/11 级（3μm），否则容易因污染堵塞而使伺服阀及整个系统工作失常。向油箱注入新油时，一般要先经过一个过滤精度为 5μm 的过滤器。

④ 应根据需要正确连接伺服阀线圈。伺服阀通电前，务必按说明书检查控制线圈与插头线脚的连接是否正确。闲置未用的伺服阀，投入使用前应调整其零点，且必须在伺服阀试验台上调零；如装在系统上调零，则得到的实际上是系统零点。由于每台阀的制造及装配精度有差异，故使用时务必调整颤振信号的频率及振幅，以使伺服阀的分辨率处于最高状态。

⑤ 力矩马达式伺服阀内的弹簧管壁厚只有百分之几毫米，有一定的疲劳极限；反馈杆的球头与阀芯一般间隙配合，容易磨损；其他各部分结构也有一定的使用寿命。故伺服阀必须定期检修或更换。工业控制系统连续工作情况下每 3～5 年应予更换。

6.8.8 故障诊断

电液伺服控制系统出现故障时，应首先检查和排除电路和伺服阀以外各组成部分的故障。当确认伺服阀有故障时，应按产品说明书的规定拆检清洗或更换伺服阀内的滤芯或按使用情况调节伺服阀零偏，除此之外用户一般不得拆解伺服阀。如故障仍未排除，则应妥善包装后返回制造商处修理排除。维修后的伺服阀，应妥善保管，以防二次污染。伺服阀常见故障及其诊断排除方法见表 6-30。

6.9 电液比例阀及其应用

电液比例阀简称比例阀，是介于普通液压阀和电液伺服阀之间的一种液压阀。其功能与电液伺服阀类同，电液比例阀既是电液转换元件，又是功率放大元件，它能够按输入的电气信号连续、成比例地对油液压力、流量或方向进行远距离控制。

6.9.1 结构原理

电液比例阀类型很多，与电液伺服阀类似，通常是由控制输入装置（控制放大器和电气-机械转换器）、液压放大器（先导级阀和功率级主阀）和检测反馈机构组成（图 6-132）。若是单级阀，则无先导级阀。比例电磁铁、力马达、力矩马达或直流电机等电气-机械转换器用于将输入的电流信号转换为力或力矩，以产生驱动先导级阀运动的位移或转角，其中比例电磁铁应用最多。先导级阀（又称前置级阀）可以是锥阀式、滑阀式、喷嘴挡板式或插装式，用于接收小功率的电气-机械转换器输入的位移或转角信号，将机械量转换为液压力驱动主阀；主阀通常是滑阀式、锥阀式或插装式，用于将先导级阀的液压力转换为流量或压力

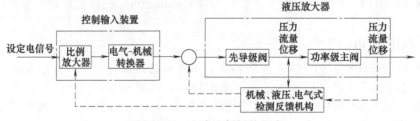

图 6-132 电液比例阀的组成

输出；设在阀内部的机械、液压及电气式检测反馈机构将主阀控制口或先导级阀口的压力、流量或阀芯的位移反馈到先导级阀的输入端或比例放大器，实现输入输出的平衡。

因先导级阀和主阀的结构类型与伺服阀基本相同，故此处仅对比例电磁铁作一简介。

比例电磁铁属于直流行程式电磁铁，其功用是将比例控制放大器输给的电信号（模拟信号，通常为24V直流，800mA或更大的额定电流）转换成力或位移信号（1.5～3.5mm）

输出，一般以输出推力为主。按输出位移的形式，比例电磁铁有单向和双向两种。常用的单向比例电磁铁（图6-133）由推杆1、线圈3、衔铁7、导向套10、壳体11、轭铁13等部分组成。导向套10前后两段为导磁材料，其前段有特殊设计的锥形盆口，两段之间用非导磁的隔磁环9焊接为整体。壳体与导向套之间，配置同心螺线管式控制线圈3。衔铁7前端所装的推杆1输出力或位移，后端所装的调节螺钉5和弹簧6为调零机构，可在一定范围内对比例电磁铁乃至整个比例阀的稳态特性进行调整，以增强其通用性（几种阀共用一种电磁铁）。衔铁支承在轴承上，以减小黏滞摩擦力。比例电磁铁的内腔通常要充入液压油，

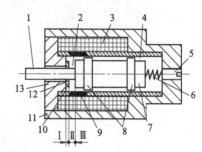

图 6-133 单向比例电磁铁结构原理
1—推杆；2—工作气隙；3—线圈；4—非工作气隙；
5—调节螺钉；6—弹簧；7—衔铁；8—轴承环；
9—隔磁环；10—导向套；11—壳体；
12—限位片；13—轭铁

使其成为衔铁移动的一个阻尼器，以保证比例元件具有足够的动态稳定性。

当线圈通入电流时，形成的磁路经壳体、导向套、衔铁后分为两路，一路由导向套前端到轭铁13而产生斜面吸力，另一路直接由衔铁断面到轭铁而产生表面吸力，二者的合成力即为比例电磁铁的输出力，如图6-134所示，比例电磁铁的整个行程区，分为吸合区Ⅰ、有效行程区Ⅱ和空行程区Ⅲ三个区段。在有效行程区（工作行程区）Ⅱ，比例电磁铁具有基本水平的位移-力特性，而工作区的长度与电磁铁的类型等有关。由于比例电磁铁具有水平的位移-力特性，故一定的控制电流对应一定的输出力，即输出力与输入电流成比例（图6-135），改变电流即可成比例地改变输出力。该输出力又作为输入量加给液压阀，后者产生一个与前者成比例的流量或压力。

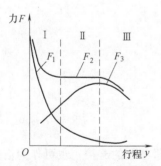

图 6-134 单向电磁铁的位移-吸力特性
F_1—表面力；F_2—合成力；F_3—斜面力

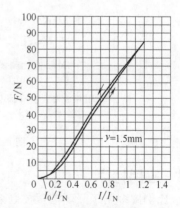

图 6-135 比例电磁阀的电流-力特性
I—工作电流；I_N—额定电流；I_0—起始电流；
F—吸力；y—行程

由于比例电磁铁结构简单、成本低廉、输出推力和位移大、对油质要求不高、维护方便，所以只要将比例电磁铁装到液压阀上，即构成电液比例阀。因此，在结构上，电液比例

阀相当于在普通液压阀上装上一个比例电磁铁，以代替原有的操纵驱动部分。只要给电子比例放大器一个输入电信号，它就将电压值的大小转换成相应的电流信号（图 6-136），例如 1mV→1mA 给比例电磁铁的线圈，产生的推力就可操纵液压放大器（压力、流量、方向），从而实现对液压缸、马达的负载、速度和方向的连续比例控制。

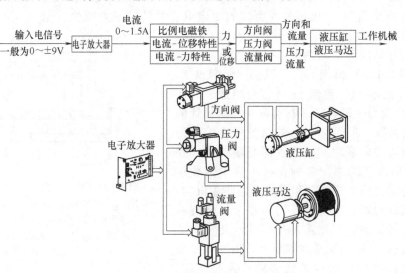

图 6-136　电液比例阀的信号流

6.9.2　主要类型

电液比例阀的分类见图 6-137。

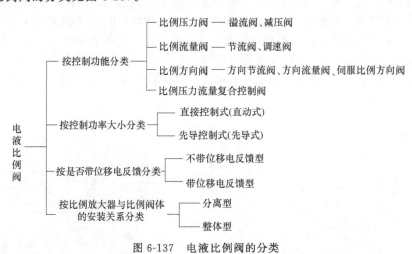

图 6-137　电液比例阀的分类

6.9.3　应用特点

电液比例阀多用于开环液压控制系统中，实现对液压参数的遥控，也可作为信号转换与放大元件用于闭环控制系统。与普通液压阀相比，比例阀的阀位转换过程是受控的，设定值可无级调节，能实现复杂程序和运动规律控制，实现特定控制所需液压元件少，明显地简化液压系统、减少投资费用，便于机电一体化，通过电信号实现远距离控制，大大提高液压系统的控制水平；与电液伺服阀相比（表 6-31），尽管其动、静态性能有些逊色，但在结构与成本上具有明显优势，能够满足多数对动、静态性能指标要求不高的场合。但随着电液伺服比例阀（亦称高性能或高频响比例阀）的出现，电液比例阀的性能已接近甚至超过了伺服阀，体现了电液比例控制技术的生命力。

6.9.4 典型结构

（1）比例溢流阀　图6-138（a）为一种先导式比例溢流阀。其上部为直动式比例先导阀6，下部为主阀体11，中部为手调限压阀10。P为压力油口，T为溢流口，X为遥控口，使用时其先导控制回油必须单独从外泄油口7无压引回油箱。图形符号见图6-138（b）。

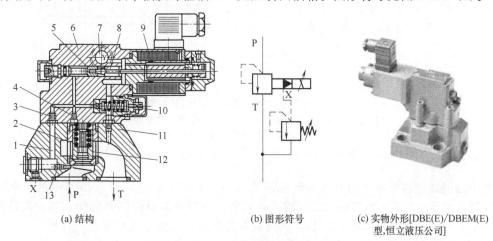

(a) 结构　　　　　　(b) 图形符号　　　　(c) 实物外形[DBE(E)/DBEM(E)
型,恒立液压公司]

图 6-138　先导式比例溢流阀

1—先导油流道；2—主阀弹簧；3,4,5—节流孔；6—先导阀；7—外泄口；8—先导阀芯；
9—比例电磁铁；10—限压阀；11—主阀体；12—主阀芯；13—内部先导油口螺塞

当比例电磁铁9通有输入电流信号时，它施加一个力直接作用在先导阀芯8上。先导压力油从内部先导油口或从外部先导油口X处进入，经流道1和节流孔3后分成两股，一股经节流孔5作用在先导阀芯8上，另一股经节流孔4作用在主阀芯的上部。只要P口的压力不足以使导阀打开，主阀芯上、下腔的压力就保持相等，从而使主阀芯处于关闭状态。当系统压力超过比例电磁铁的设定值，导阀芯开启，使先导阀的油液经油口Y流回油箱。主阀芯上部的压力由于阻尼孔3的作用而降低，导致主阀开启，油液从压力口P经油口T回油箱，实现溢流作用。手调限压阀10，起先导阀作用，与主阀一起构成一个普通的溢流阀，当出现系统压力过高或电控线路失效等情况时，它立即开启，使系统卸荷，保证系统安全。手调限压阀10的设定压力一般较比例溢流阀调定的最大工作压力要高10%左右。

由于这种溢流阀的主阀为锥阀，尺寸小、重量轻，工作时行程也很小，故响应快；另外，阀套的三个径向分布油孔，可使阀开启时油液分散流走，故噪声较低。

与此阀结构类似的产品很多，如上海液压件二厂的BY2型和博世力士乐的DBEM/DBEME型比例溢流阀等。恒立液压公司生产的DBE（E）/DBEM（E）型电液比例压力溢流阀也属此类结构，图6-138（c）所示是其实物外形，其特点是：底板安装，4种压力范围，最高压力保护结构，配套电子放大器等。其通径有10mm、25mm、32mm三个规格，最高工作压力31.5MPa，额定流量200～600L/min（先导控制流量为0.7～2L/min）；电源电压24V DC、电流100～800mA。线圈差动输入电压±10V，电流4～20mA。阀的滞环误差≤±1.5%（有颤振，频率200Hz，振幅峰值200mAPP）、±4.5%（无颤振），线性度误差≤±3.5%，重复精度±2%，切换时间30～150ms（与系统有关）。油液最高污染度等级按 NAS 1638标准9级和ISO 4406标准20/18/15级。阀采用了典型的VT2000型比例控制放大器，其电路框图和接线端子配置如图6-139所示。

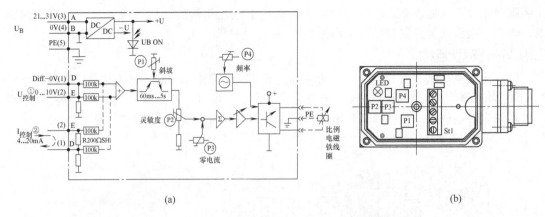

图 6-139　VT2000 型比例控制放大器电路及端子分布

P1—斜坡时间；P2—灵敏度；P3—零电位；P4—颤振频率；

St1—连接端子；LED—显示 U_B

①信号电压为 0...10V 的类型；②信号电流为 4...20mA 的类型

　　利用电液比例溢流阀可构成无级调压回路（图 6-140），通过调节泵出口电液比例溢流阀 2 的输入电流 i，即可实现系统压力的无级调节。与普通多级调压回路相比较，此种回路结构简单，压力切换平稳（图 6-141），无过高峰值压力，且便于实现遥控或程控。

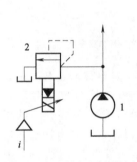

图 6-140　用电液比例溢流阀组成的无级调压回路

1—液压泵；2—电液比例溢流阀

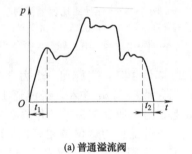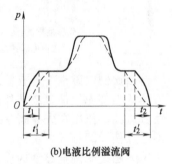

(a)普通溢流阀　　　　(b)电液比例溢流阀

图 6-141　普通溢流阀及比例溢流阀调压特性曲线

　　（2）电液比例调速阀　电液比例调速阀有直动式和先导式两大类。

　　图 6-142 所示为一种传统型直动式电液比例调速阀。它由直动式比例节流阀与作为压力补偿器的定差减压阀等组成。比例电磁铁 1 的输出力作用在节流阀芯上，与弹簧力、液动力、摩擦力相平衡，一定的控制电流对应一定的节流口开度。通过改变输入电流的大小，就可连续按比例地调节通过调速阀的流量。通过定差减压阀 3 的压力补偿作用来保持节流口前后压差基本不变。利用比例调速阀可以构成进口、出口和旁路等节流调速液压系统。

　　图 6-143（a）所示为一种电液比例调速阀/单向比例调速阀的实物外形（太重集团榆次液压公司油研系列 EFG/EFCG 型），其结构与图 6-142 所示类似，有与之配套的功率放大器可用，阀的额定电流 600mA，由电流可远距离控制系统流量。该阀具有压力和温度补偿功能，所以设定的流量不受压力（负载）或温度（油液黏度）的影响。阀的最高工作压力 20.6MPa，有 02、03 和 06 三种规格，对应最大调节流量 30L/min、125L/min、250L/min，对应滞环<5%、<7%、<7%，重复性均<1%。它特别适合在执行元件无冲击的启动、制动、变速的场合采用。JIS 图形符号见图 6-143（b）。

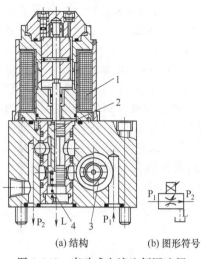

(a) 结构	(b) 图形符号

图 6-142　直动式电液比例调速阀
1—比例电磁铁；2—节流阀；
3—定差减压阀；4—弹簧

(a) 实物外形	(b) JIS图形符号

图 6-143　电液比例调速阀/单向比例调速阀
实物外形及其图形符号
（油研系列 EFG/EFCG 型，太重集团榆次液压公司）

　　（3）电液比例方向阀　　电液比例方向阀能按输入电信号的极性和幅值大小，同时对液流方向和流量进行控制，从而实现对执行元件运动方向和速度的控制，故又称为电液比例方向节流阀。在压差恒定条件下，通过电液比例方向阀的流量与输入电信号的幅值成比例，而流动方向取决于比例电磁铁是否受到激励。

　　图 6-144 所示为一种直动式电液比例方向节流阀，它主要由比例电磁铁 1、6，阀体 3，阀芯（四边滑阀）4，复位弹簧（对中弹簧）2、5 及电感式位移传感器 7 等组成。比例电磁铁直接驱动阀芯运动。当两比例电磁铁均不通电时，阀芯由复位弹簧保持在中位，P、A、B、T 之间互不相通；当比例电磁铁 1 通电时，阀芯右移，则油口 P 与 B 通，A 与 T 通，而来自放大器的电流信号值越大，阀芯向右的位移（即阀口的开度）也越大，即阀芯行程与电磁铁 1 的输入电流成正比，阀芯行程越大，通过的流量也越大；当电磁铁 6 通电时，阀芯向左移，油口 P 与 A 通，而 B 与 T 通，阀口开度及通过流量与电磁铁 6 的输入电流成正比。阀左端电磁铁配置的电感式位移传感器 7，其量程按两倍阀芯行程设计，可检测出阀芯在两个方向上的实际位置，并把与之成正比的电压信号反馈至放大器 8，与设定值进行比较，检测出两者差值后，以相应电信号传输给对应的电磁铁，修正实际值，故构成了位置反馈闭环，从而使阀芯的位移仅取决于输入信号，而与流量、压力及摩擦力等干扰无关，提高了电液比例方向阀的控制精度。

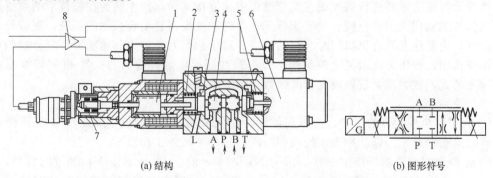

(a) 结构	(b) 图形符号

图 6-144　位移电反馈型直动式电液比例方向节流阀
1,6—比例电磁铁；2,5—对中弹簧；3—阀体；4—阀芯；7—位移传感器；8—比例放大器

博世力士乐的 4WREE 型直动式二位四通和三位四通比例方向阀即为此种结构，其三位四通阀的实物外形见图 6-145（a），它带有电气位置反馈传感器和集成电子元件（OBE）；具有单个比例电磁铁的即为二位四通电磁阀；阀有多种机能［图 6-145（b）、（c）］。其特点为：可控制液流方向和流量；通过螺纹连接比例电磁铁驱动阀芯动作，线圈可单独拆卸；弹簧对中；可选带内置放大器（OBE）（其电路框图和接线见图 6-146），输入可选 A1 或 F1（电压或电流输入）；外置放大器配套供应等。阀有 6、10mm 两个通径规格，阀的最高工作压力 31.5MPa，最大流量 180L/min。供电额定电压 24V DC，放大器电流消耗 I_{max}<2A；电磁铁输入指令信号：±10V 或 4～20mA；电流占空比 100%。滞环误差≤0.1%，反向误差≤0.05%，灵敏度≤0.05%；阀在 ±10%、±100% 输入信号时的幅频宽分别为 50Hz、18Hz。油液最高污染度等级按 NAS 1638 的 9 级和 ISO 4406 的 20/18/15 级。

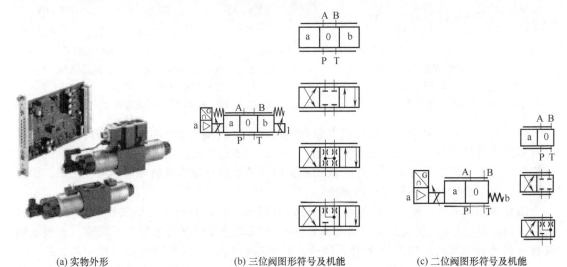

(a) 实物外形　　(b) 三位阀图形符号及机能　　(c) 二位阀图形符号及机能

图 6-145　博世力士乐的 4WREE 型直动式二位四通和三位四通比例方向阀

6.9.5　典型产品

电液比例阀典型产品见表 6-32。

6.9.6　选型使用

（1）选型要点　通常，液压系统的工作循环、速度及加速度、压力、流量等主要性能参数及其静态和动态性能是电液比例阀选择的依据。一般而言，对于压力需要远程连续遥控、连续升降、多级调节或按某种特定规律调节控制的系统，应选用比例溢流阀或比例减压阀；对于执行元件速度需要进行遥控或在工作过程中速度按某种规律不断变换或调节的系统，应选用比例节流阀或比例调速阀；对于执行元件方向和速度需要复合控制的系统，则应选用比例方向阀，但要注意其进出口同时节流的特点；对于执行元件的力和速度需要复合控制的系统，则应选用比例压力流量复合控制阀。应根据性能要求选择适当的电气-机械转换器的类型、配套的比例放大器及液压放大器的级数（单级或两级）。

（2）使用要点

① 为了避免液动力的影响，选择和使用的比例节流阀或比例方向阀，其工况不能超出其压降与流量的乘积，即功率表示的面积范围（称功率域或工作极限）。

② 比例阀对油液的污染度通常要求为 NAS 1638 的 7～9 级（ISO 4406 的 16/13、17/14、18/15 级）。决定这一指标的主要环节是先导级。尽管电液比例阀较伺服阀的抗污染能力强，但也不能因此对油液污染掉以轻心，以免油液污染引起电液比例控制系统故障。

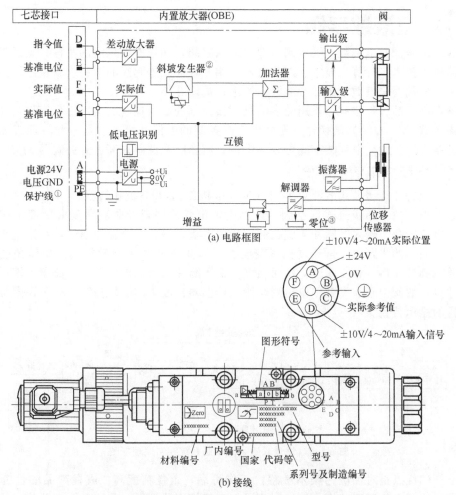

图 6-146 博世力士乐的 4WREE 型直动式二位四通和三位四通
比例方向阀内置放大器（OBE）电路框图和接线

注：从控制器引出的电信号（例如实际值）不允许用于开关设备的安全保护功能。

①接点 PE 与阀体和温度较低的物体相接；②斜坡时间可从外部在 0～2.5s 范围内调校，同样适用于 $T_上$ 和 $T_下$；③零点外部可调。

③ 比例阀与放大器必须配套。通常比例放大器能随比例阀配套供应，放大器一般有深度电流负反馈，并在信号电流中叠加着颤振电流。放大器设计成断电时或差动变压器断线时使阀芯处于原始位置或使系统压力最低，以保证安全。放大器中有时设置斜坡信号发生器，以便控制升压、降压时间，或运动加速度、减速度。驱动比例方向阀的放大器往往还有函数发生器以便补偿比较大的死区特性。比例阀与比例放大器安置距离可达 60m，信号源与放大器的距离可以是任意的。

④ 控制加速度和减速度的传统方法有：换向阀切换时间迟延、液压缸缸内端位缓冲、电子控制流量阀和变量泵等。用比例方向阀和斜坡信号发生器可提供很好的解决方案，这样就可提高机器的循环速度并防止惯性冲击。

⑤ 比例阀的泄油口要单独接回油箱；放大器接线要仔细，不要误接；比例阀的零位、增益调节均设置在放大器上。比例阀工作时，应先启动液压系统，然后施加控制信号。

6.9.7 故障诊断

常见故障诊断排除见表 6-33。

6.10 电液数字阀

数智化液压阀是电液数字液压阀（即电液数字阀）和智能液压阀的统称，是近年来液压技术与微电子技术、计算机技术、芯片技术等相融合而发展起来的高科技新型液压阀类。本节和下一节分别对电液数字阀和智能液压阀进行概略介绍。

电液数字阀简称数字阀，是用数字信息直接控制的新型控制阀类，它可直接与计算机连接，不需要数/模（D/A）转换器，在微机实时控制的电液系统中，是一种较理想的控制元件。按控制方式不同，电液数字阀可分为增量式阀和脉宽调制式高速开关阀两大类。

6.10.1 增量式电液数字阀

（1）原理特点　增量式电液数字阀以步进电机作为电气-机械转换器（图 6-147），驱动液压阀芯工作，故又称步进式数字阀。计算机发出脉冲序列经驱动器放大后使步进电机工作。步进电机转角与输入的脉冲数成比例，步进电机每得到一个脉冲信号，步进电机沿给定方向转动一固定的步距角，再通过机械变换器（丝杆-螺母副或凸轮机构）使转角变换为轴向位移并使阀口获得一相应开度，从而获得与输入脉冲数成比例的压力、流量。因增量式数字阀无零位，故阀中必须设置零位检测装置（传感器）或附加闭环控制，有时还附加用以显示被控量的显示装置。

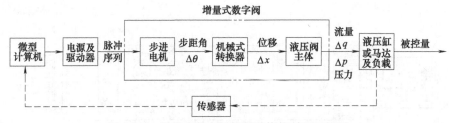

图 6-147　增量式数字阀控制系统控制原理框图

数字阀的优点是对油液污染不敏感，工作可靠，重复精度高，成批产品的性能一致性好，但由于按照载频原理工作，故控制信号频宽较模拟器件低，此外电控部分价格较高。增量式数字阀有数字控制压力阀、数字控制流量阀与方向阀等类型。

（2）典型结构　图 6-148 为本书著者研发的一种先导型增量式电液数字溢流阀（SYF1-E63B 型，额定压力 16MPa，流量 63L/min，调压范围 0.5～16MPa，调压当量 0.16MPa/脉冲，重复精度≤0.1%）。阀的液压部分由锥阀式导阀和两节同心式主阀两部分组成，阀中采用了三阻尼（图中 13、15、16）液阻网络，在实现压力控制功能的同时，有利于提高主阀的稳定性；该阀的电气-机械转换器为混合式步进电机（57BYG450C 型，驱动电压 36V DC，相电流 1.5A，脉冲频率 0.1kHz，步距角 0.9°），步距角小，转矩-频率特性好并可断电自定位；采用凸轮机构作为阀的机械转换器。其工作原理为：单片微型计算机（AT89C2051）发出所需脉冲序列，经驱动器放大后使步进电机工作，每个脉冲使步进电机沿给定方向转动一个固定的步距角，再通过凸轮 3 和调节杆 6 使转角转换为轴向位移，使导阀中调节弹簧 19 获得一压缩量，从而实现压力调节和控制。被控压力由 LED 显示器显示。每次控制开始及结束时，由零位传感器 22 控制溢流阀阀芯回到零位，以提高阀的重复精度，工作过程中，可由复零开关复零。

（3）产品及应用　自 1982 年日本东京计器公司首次推出增量式数字阀以来，美国、德国、英国、加拿大和中国等相继进行了研究和应用，已有了很大发展。不仅已有电液数字阀系列产品［代表性产品为日本东京计器公司的 D 系列电液数字阀（含电液数字压力阀、流量阀、方向流量阀），其压力达 21MPa，有 01、02、04、06、10 等几个规格，流量 2～

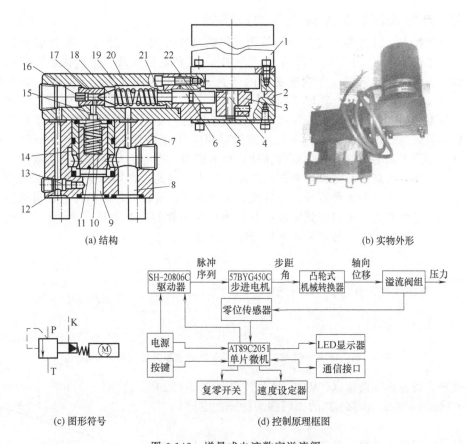

(a) 结构　　　　　　　　　　　　　　　　　(b) 实物外形

(c) 图形符号　　　　　　　　　(d) 控制原理框图

图 6-148　增量式电液数字溢流阀

1—步进电机；2—支架；3—凸轮；4—电机轴；5—盖板；6—调节杆；7—阀体；8—出油口 T；
9—进油口 P；10—复位弹簧；11—主阀芯；12—遥控口 K；13,15,16—阻尼；14—阀套；
17—导阀座；18—导阀芯；19—调节弹簧；20—阀盖；21—弹簧座；22—零位传感器

1000L/min 不等，图 6-149 所示是其数字溢流阀的实物外形]，而且与液压泵、液压缸等复合构成数字泵及数字缸等集成化数控元件。此外，基于数字阀的控制思想，还出现了直流电机作为电气-机械转换器的电液比例控制阀新产品［如图 6-150 所示的直流电机驱动的先导式电液比例减压阀（博世力士乐 DRG 系列）］。

图 6-149　D 系列 D-CG-06 型数字溢流阀外形　　　图 6-150　直流电机驱动的先导式电液比例减压阀
　　　　　　　　　　　　　　　　　　　　　　　　实物外形（博世力士乐 DRG 系列）

　　电液数字阀已在压铸机、飞行控制器、水轮机调速器、注塑机、工程机械、金属切削机床变速系统、玻璃制品压力机、水泥生产机械、试验台及航天器、舰船舵机等液压系统中成功地获得了应用。

6.10.2　脉宽调制式高速开关电液数字阀

（1）原理特点　脉宽调制式高速开关阀（简称高速开关阀）的电气-机械转换器主要是力矩马达［结构原理可参见本章 6.8.1 节之（3）］、各种电磁铁及步进电机等；阀的主体结构与其他液压阀不同，它是一个快速切换的开关。高速开关阀的控制信号是一系列幅值相等，而在每一周期内有效脉冲宽度不同的信号。

采用脉宽调制的高速开关式数字阀及其控制系统的控制原理框图如图 6-151 所示。微机输出的数字信号通过脉宽调制放大器调制放大后使电气-机械转换器工作，从而驱动液压阀工作。由于作用于阀上的信号为一系列脉冲，故液压阀只有与之对应的高速切换的全开和全关两种状态，而以开启时间的长短来控制流量或压力。因此，它具有压力损失和能耗小、抗污染能力强、数字信号和流量信号直接转换、控制灵活、价格低等鲜明特点，可以替代制造成本高、抗污染性差的液压伺服阀实现高精度液压伺服控制，非常适合冶金、煤炭、轧钢、锻压、车辆和工程机械等在恶劣环境下使用的机械设备。

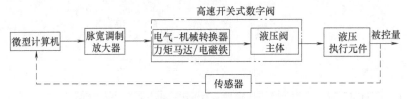

图 6-151　脉宽调制式高速开关阀及其控制系统控制原理框图

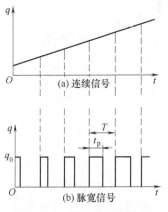

图 6-152　信号的脉宽调制

高速开关阀的脉宽调制（PWM）信号波形如图 6-152 所示。有效脉宽 t_p 对采样周期 T 的比值称为脉宽占空比 τ，即

$$\tau = t_p/T \tag{6-8}$$

用它表征该采样周期时输入信号的幅值，相当于平均电流与峰值电流的比值。例如用于控制数字流量阀时，则对应的输出平均流量为

$$\overline{q} = (t_p/T)q_n = \tau C_d A \sqrt{2\Delta p/\rho} \tag{6-9}$$

式中，t_p 为有效脉宽；q_n 为额定流量；C_d 为流量系数；A 为通流面积；Δp 为阀前后压差；ρ 为流体密度。

由式（6-9）可看出，通过改变占空比，就可改变经过阀的流量。

（2）产品及应用　国外很早就开展了对高速开关阀的研究，例如英国于 20 世纪 70 年代末就研发出了高速开关阀中特殊结构的电磁开关阀，阀中利用了形状和结构比较特殊的电磁铁。我国在这一领域的研究工作尽管起步稍晚，但在高速开关阀及其驱动装置的基础理论、产品研发及应用方面也有不少成果问世，例如大流量开关电磁阀、高速开关转阀、水压大流量高速开关阀、先导式大流量高速开关阀、磁回复高速开关电磁铁、永磁屏蔽式耐高压高速开关电磁铁、高速开关阀液压同步系统等。

目前国内应用较为成熟的是电磁铁驱动的 HSV 系列球阀式二位二通/三通高速开关阀（贵州红林车用电控技术有限公司与美国 BKM 公司联合研制产品），其实物外形如图 6-153 所示，职能符号见表 6-34；该系列阀结构紧凑、阀芯质量小，响应速度快（最高频率可达 200Hz）；额定压力 2～20MPa，流量 2～9L/min。

图 6-154 所示为 HSV 系列中的二位二通常闭阀结构，该阀由电磁铁（含衔铁 1、衔铁管 2、线圈 3 和极靴 4 等）和阀主体（螺纹式插装阀套 5、球阀芯 7 和顶杆 6）组成，螺纹式

插装阀套需安装在标准化孔腔通道体内。电磁铁则采用 PWM 高、低电压功率驱动电路驱动。当线圈通电时，衔铁 1 受到电磁力作用，克服弹簧力、摩擦力和液动力，并通过顶杆 6 使球阀芯 7 向右运动，阀口打开；当线圈断电时，球阀芯 7 在液动力和弹簧力作用下向左运动，最终紧靠在球阀芯的密封座面上，阀口关闭。

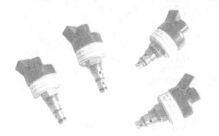

图 6-153　HSV 系列高速开关电液数字阀外形

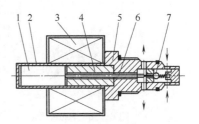

图 6-154　HSV 系列二位二通常闭型
高速开关阀结构
1—衔铁；2—衔铁管；3—线圈；4—极靴；
5—阀套；6—顶杆；7—球阀芯

目前高速开关阀已在汽车、工程机械、农业机械、水电站调速系统、轧钢 AGC 和旋压机械、钻探机械及国防装备等诸多领域获得了普遍应用。

6.11　智能液压阀

液压智能产品与液压智能服务作为"液压 4.0 时代"的主要组成部分之一，促进了包括液压阀在内的液压元件的智能化。

6.11.1　智能液压元件（控制阀）的基本功能特点

智能液压元件需要具备三种基本功能：液压元件主体功能、液压元件性能的控制功能、对液压元件性能服务的总线及其通信功能。

智能液压阀（元件）一般是在传统液压阀（元件）的基础上，将传感器、检测与控制电路、保护电路及故障自诊断电路集成为一体并具有功率输出的器件。它可替代人工的干预来完成元件的性能调节、控制与故障处理功能。其中保护功能可能包括压力、流量、电压、电流、温度、位置等性能参数，甚至包括瞬态的性能的监督与保护，从而提高系统的稳定性与可靠性。

就结构而言，智能液压阀（元件）具有体积小、重量轻、性能好、抗干扰能力强、使用寿命长等显著优点。在智能电控模块上，往往采用微电子技术和先进的制造工艺，将它们尽可能采用嵌入式组装成一体，再与液压阀元件主体连接。

6.11.2　结构功能

（1）结构主体　在原理上，智能液压元件与传统液压元件的主体可完全相同，在结构上也可基本相同。所不同的是作为智能液压元件往往要将微处理器嵌入到液压阀中，故结构需有所适应而变化。如今也在发展更适合发挥液压元件智能作用的新结构，元件的功能与外形甚至都会有所改变。

例如 Sauer-Danfoss 的 PVG 比例多路阀（图 6-155），这是于 20 世纪开发、在市场有一定占有率的代表性智能液压元件。在此阀中，其先导阀采用电液控制模块（PVE），将微处理器、传感器和驱动器集成为一个独立单元，然后直接和比例阀阀体相连。

PVE 包含四个高速开关数字阀（二位二通先导电磁数字阀）组成液压桥路（实现传统的三位四通电磁阀的功能），控制主阀芯两控制腔的压力。通过 LVDT 检测主阀芯的位移，

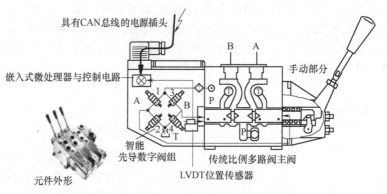

图 6-155　Sauer-Danfoss PVG 智能元件的组成与智能先导数字阀组

产生反馈信号，与输入信号作比较，调节四个高速开关阀信号的占空比。主阀芯到达所需位置，调制停止，阀芯位置被锁定。PVE 控制先导压力为 1.35MPa，额定开启时间为 150ms，关闭时间为 90ms，流量为 5L/min。

由上可见，智能液压元件必须是机电一体化为基体的元件，即智能液压元件一定具有电动或电子器件在内，同时还具备嵌入式微处理器在内的电控板或电控器件，以及在元件主体内部的传感器。任何一个元件也就是一个完整的具有闭环自主调整分散控制的电液控制系统。

（2）控制功能　智能液压阀将控制驱动放大器与一个带有嵌入式微处理器的控制板组合并嵌入液压主元件体内形成一个整体，如图 6-156 所示，这样此元件就具有分散控制的智能性，并带来一系列好处：减少外接线，无需维护，降低安装与维护成本，简化施工设计，免除电磁兼容问题，可以故障自诊断自监测，可以进行控制性能参数的选择与调整，能源可管理可节能（仅在需要时提供），可以快速插接并通过软件轻易获得有关信号值，可以通过软件轻易地设置元件或系统参数，等等。这样一来，此智能元件就将传统的集中控制的方式，转变为分散式控制系统。这不仅实现了智能控制功能，且系统设置也是柔性的，通信连接采用标准的广泛应用的 CAN 总线协议，外接线减到最少，系统是可编程的、可故障诊断的。

图 6-156　智能型 PVG 比例多路阀数字先导阀及其嵌入式电路板

智能液压元件在控制与调节功能上与传统的液电一体化产品相比有相同的地方，如流量调节、斜坡发生调节、速度控制、闭环速度控制、闭环位置控制与死区调节等，但性能参数会有提高。这包括控制精度的提高、CAN 总线的采用、故障监控与报警电路等。例如上述 PVG 阀的比例控制的滞环可以降低到 0.2%（一般可能为 3%～5%）。在故障监控上，具有输入信号监控、传感器监控、闭环监控、内部时钟等。

（3）总线及其通信功能　对智能型比例液压元件的分散控制的智能性表现在它不仅可以有驱动电流以及电信号的输入，也可有信息输出。由于在此元件部分增加了需要的传感器，故此时液压元件具有自检测与自控制、自保护及故障自诊断功能，并具有功率输出的器件。这样它可替代人工干预完成元件的性能调节、控制与故障处理功能。其中保护功能可能包括压力、流量、电压、电流、温度、位置等性能参数，甚至包括瞬态的性能的监督与保护，从而提高系统的稳定性与可靠性。这里的传感器有一些是根据液压元件的特点与特性开发出来的，体积小，适合液压元件应用，溅射薄膜压力传感器就是其中的一种。

液压元件智能控制系统采用 CAN 总线的优点非常明显，首先是减少了接线，降低成本、传输速度高，可以多主实时，信息有优先级区分、故障与其节点可自检、无电磁兼容问题并且安全可靠。该总线自 1986 年由 BOSCH 公司开发又经 ISO 标准化，已是汽车网络的标准协议，是一种有效支持分布式控制或实时控制的串行通信网络，其高性能与可靠性使之在包括工程机械很多液压控制系统与液压元件在内的领域被广泛采用。

图 6-157 所示为用于汽车控制的 CAN 接线，作为液压智能元件的功能配置与其相近。同时因液压元件通常体积小，不存在总线长度与通信速度的问题，对于车辆与工程机械而言也比较合适，但这一点是工业控制需要考虑的。

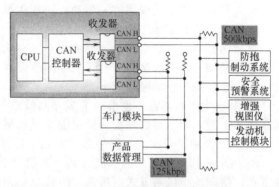

图 6-157 用于汽车控制的 CAN 接线

CAN 总线实质上是一种局域网，其通信距离有限制。将 CAN 总线与以太网连接就达到了移动远程控制或通信的目的（图 6-158）。智能液压元件可以与以太网联系起来，具备远程数据交换与通信的功能，从而为液压元件的调节、远程控制以至故障诊断等都提供了物质基础。液压智能元件的CAN 总线是可以双向交互通信的，此即为智能液压元件的基本特征之一。

（4）配套的控制器与软件　智能液压元件在液压系统里的使用与传统元件完全一样。但其性能参数的设置、调整等需要提供外设进行，这些外设可以是公司专设的控制器或一般的PC 机，但是都需要该产品所对应的该公司提供的开发软件系统。目前较多的是智能液压元件厂商为用户提供相应的控制器与配套软件系统（图 6-159），用于该元件的设置、控制以及监控等。这部分是对应于该系列元件或该公司同类型智能元件的，故对用户而言，仅购买一次即可以用于相应所有同类型元件的设置等功能。

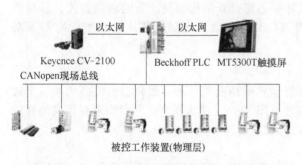

图 6-158　CAN 局域网与互联网的连接

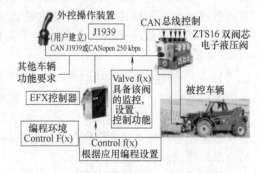

图 6-159　智能元件配套控制器与软件及其作用

从用户角度出发，对于控制器的一般要求有：高性价比、满足分散控制要求、易用来对智能元件设置参数、易用于各项服务功能、质量好与安全性高等。软件系统除去编程软件外，还有工具软件，用于系统监控、设置与故障诊断。

6.11.3 智能液压元件（控制阀）的效益

当前人类的技术发展已经进入了智能化的阶段，随着社会发展与民众受教育程度及素质的提高，人类对于简单重复性的劳动也乐意采用智能自动化，因此形成了向智能化发展的工业革命。但是在此过程中，要用更大的经济代价来换取这种生产方式还存在不少难点。例如人们还在意价格，就对智能装备的采用产生疑惑，另外，人们追求的是降低采购成本还是降低运营成本会对智能的采用产生决定性影响。因此这种效益的比较还需要用更多的创新去解决。

对于采用智能元件带来的效益，可以从用户和生产厂商两个方面来思考。

① 对用户而言，采用智能液压元件显示，用户得到了更多更好更符合工况的功能。例如采用上述比例阀，会增加不少功能，对双阀芯电液阀而言，可以实现挖掘机的铲斗振动、电子换挡、水平挖掘、软掘、抗流量饱和等，还可以实现高低速自动换挡、多级恒功率控制、熄火铲斗下降、无线遥控、自动程序动作等。这些功能最后表现的是发动机与液压系统功率的匹配，从而节能 $15\%\sim20\%$ 以上。

智能化会给用户带来两个方面的利益：在功能上更全面更有效率，尽管原始采购成本可能会有所增加，但在经济上节省了后期的运营成本；提高了机器的安全可靠性，降低了不可预计的由于故障产生的额外成本。

② 对于生产商而言，也带来了多方面效益。首先是电控智能使主机的性能提高通过控制方面来实现，而不是像过去那样只能通过机械或机械加工的方面实现。

a. 由于采用了开放式电控平台，方便了设计面向个体需求，降低了设计成本。

b. 由于采用了分散式的控制方式，系统动态可变参数配置、触发采用使系统运行更可靠方式，使调试手段与方式更灵活，降低流量调试维修成本。

c. 由于采用 CAN 总线后，电控接线更简单，省线、省查、省工时，可以取消传统控制必需的接线箱，提高生产效率，降低劳动强度与难度，降低了人力成本与采购成本。

d. 由于采用总线，不仅电控布线简单易行，而且对于硬件管路的放置更加灵活，便于安装，可以降低安装成本。

e. 由于故障的便捷诊断与维护的远程性，方便维修维护，降低了售后服务成本。

f. 产品开发方便快捷，可以个性化定制，降低了营销成本，增加了市场竞争力。

综上所述，可看出包括液压控制阀在内的液压元件智能化和数字化已是大势所趋。智能化液压元件的所有环节，技术是成熟的，工程实施是可以进行的。但是元件增加的功能无疑会对现有液压行业与液压元件及系统、产品提出极大的挑战。这个挑战来自技术、人员素质、上下游关系与经营理念等。因此必须不断通过创新解决所面临的智能化的新问题。但从目前情况来看，液压控制阀智能化的途径无外乎是通过新结构原理、新的驱动方式、新材料与新介质、内嵌微电子系统或集成电子器件（OBE）（微处理器及芯片）和智能控制策略（控制算法）等。

6.11.4 智能电磁换向阀

智能高性能电磁换向阀（图 6-160）简称智能电磁换向阀，是一类新型电磁换向阀（宁波华液公司生产），现有低功耗（ICFC）和大流量（LFRFW）两大系列，它们均带有集成的智能芯片。智能低功耗电磁换向阀与常规电磁换向阀比较，具有表 6-35 及图 6-161～图 6-163 所列的一系列特点。

两个系列均有二位四通和三位四通阀；有弹簧复位、机械定位、无弹簧复位、无机械定位及 O 型、H 型、Y 型等多种油路机能（见产品样本）。其技术性能参数分别见表 6-36 和表 6-37。ICFC 系列有直流和交流两种电源形式，可直接用于液压系统中，控制油路的通断和切换；也可作先导阀，用来操纵其他阀。LFRFW 系列阀为交流电源形式，可直接用于液压系统中，控制油路的通断和切换。

(a) 智能高性能低功耗电磁换向阀

(b) 智能高性能大流量电磁换向阀

(c) 智能芯片

图 6-160　智能高性能电磁换向阀

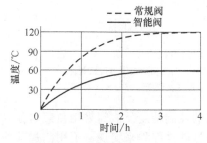
图 6-161　两类阀的温升比较

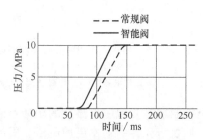
图 6-162　两类阀的响应速度比较

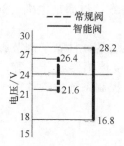
图 6-163　两类阀的电压浮动范围比较

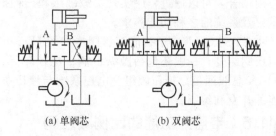
(a) 单阀芯　　(b) 双阀芯

图 6-164　单阀芯、双阀芯基本原理

6.11.5　ZTS 系列双阀芯电子智能多路液压阀

如图 6-164（a）所示，传统电磁换向阀采用一个阀芯，其进出油口 A 和 B 的位置关系在设计制造时就已确定，在使用过程中不能修改，而且其进出油口的压力和流量不能独立调节。由于不同液压系统对换向阀进出油口开口位置关系的要求不一样，故针对不同的液压系统需要设计制造不同的阀芯，互换性较差。双阀芯阀的基本原理如图 6-164（b）所示，每片阀内有两个阀芯，两个工作油口 A 和 B 分别对应负载执行元件的进油口和出油口。两个阀芯既可单独控制，也可以通过一定的逻辑和控制策略成对协调控制。

伊顿（Eaton）公司研发的 ZTS 系列双阀芯电子智能多路液压阀（额定压力 35MPa，单片流量为 130L/min），如图 6-165 所示，其控制系统的关键在于其独特的双阀芯控制技术。单个阀最多包含 6 片阀，每片液控主阀有两个阀芯 2（故整个阀共 12 个阀芯），相当于一个三位四通换向阀变成两个三位三通换向阀的组合。液控主阀的两个阀芯由电磁比例先导阀的两个相应阀芯进行控制，液控主阀的两个阀芯既可单独控制，也可根据控制逻辑进行成对控制。每片阀自带 DSP 数字信号处理器完成信号的采集与上位机信号的处理，生成相应的 PWM 数字信号，直接驱动先导阀电磁铁线圈工作。该阀两个工作油口 A、B 都设有压力传感器，两个主阀阀芯都设有 LVDT 位移传感器，能够将工作油口的压力流量情况实时地

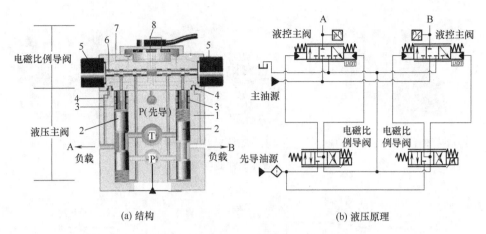

(a) 结构   (b) 液压原理

图 6-165　双阀芯结构及液压原理（伊顿公司）

1—主阀体；2—独立双阀芯；3—LVDT 位移传感器；4—膜片式压力传感器；
5—比例电磁铁；6—电磁比例先导阀阀芯；7—对中弹簧（复位杆）；8—嵌入式控制器

反馈至控制器，实现压力流量的闭环控制，具有很高的控制精度。该阀采用负载口独立控制技术，使执行元件的动作更加灵活。阀的功能完全通过软件编程来实现，不用添加其他压力补偿元件或者先导回路即可实现压力控制或者流量控制及工作模式的切换。对于多执行元件的应用场合，可以通过程序实现负载敏感和三种抗流量饱和的方案，以满足主机（例如工程机械）及系统的多种功能需求。

由 ZTS 双阀芯电子智能液压阀构成的 Ultronics 电子控制系统的硬件除了调节阀和双阀芯液压阀组外，一般还包括操纵手柄、电控单元（ECU）和外接传感器或开关等，其间通过 CAN 总线通信。液压阀组为电控系统与液压系统的交汇点。控制系统的软件用于其所有功能的开发和编制。

6.11.6　带蓝牙功能的比例减压阀

博世力士乐公司的首款可选配蓝牙（bluetooth）通信的比例减压阀（实物外形见图 6-166）已于 2021 年 1 月问世。它除了具有常规比例压力阀特性外，还带有蓝牙这一当今高效、便捷、低功耗通信的功能。

用户只需在手机上下载一款应用软件（easy2connect），便能用手机（安卓/苹果）与该带蓝牙功能的比例减压阀进行通信。它能让用户随时随地、更为便捷地监控和分析阀的当前工作状态，并能及时获取预警信息及进行任何参数设置，因此可以大大降低计划外停机时间和运行维护成本，省时省钱省力。

图 6-166　带蓝牙功能的比例减压阀
（博世力士乐公司）

该带蓝牙功能的比例减压阀最大压力 350bar，最大流量 60L/min；带有集成压力传感器，可确保平稳的压力-流量特性。

在此基础上，预计力士乐未来的比例阀都会逐渐带有蓝牙功能，以实现其互联液压战略中"为用户创造无限的可能"。

6.11.7　DSV 数字智能阀

瑞士 WANDFLUH（万福乐）公司是微型液压阀的著名生产商。该公司于 2003 年推出了 DSV（digital smart valve）数字智能阀，如图 6-167 所示。之所以称它为数字智能阀，是因阀可在最小的允许空间内放置一块数字式控制器，这是截止到当时市售结构最为紧凑的控

制模块，其结构尺寸只相当于普通
电子控制器的一半。用户可以在不
进行任何调整和设置的情况下直接
安装使用，而且这种产品还具有自
诊断及动作状态显示的功能。该液
压阀具有下列特点：即插即用、使
用简便且易于更换；便于实现设备
的平稳精确控制；具有极高的操作

(a) 型号DNVPM22-25-24VA-1　　(b) 型号BVWS4Z41a-08-24A-1

图6-167　DSV数字智能阀（瑞士万福乐公司）

可靠性能；具有自检测元部件及操作状态诊断功能等。

　　新型智能控制模块扩充了瑞士万福乐公司的产品系列，此模块可以适配万福乐公司的各种比例阀。此智能电子控制器拥有许多优点，内置此种控制器的比例阀在出厂前经过统一设置和调整，使相同型号的产品具备完全相同的工作特性。此控制器的结构紧凑，采用超薄设计，可与四通径阀结合。此外，万福乐公司也是目前唯一可提供 M22～M33 内置数字放大器的螺纹插装式比例阀的生产厂商，此系列产品专为固定式液压系统及移动液压系统而特殊设计。

　　DSV（数字智能阀）可适用于各种场合，例如，在林业设备或装载机械中使用的控制比例换向阀，也可用于在液压电梯、升降平台或叉车的液压系统中对升降运动进行平稳的控制；或者，在风力发电机的设备上控制叶轮的转角。板式结构的 DSV 阀还可为各种机床提供开环的比例方向控制、比例节流或比例流量控制。另外，此阀应用在简单的位置控制系统中，外部控制器可以非常容易地操纵此阀。此阀还具有多种适配功能，比例阀操作状态诊断可通过简洁的基于 Windows 模式的参数控制软件——PASO 轻松实现。

　　由于控制软件可以根据客户的特殊需求及实际工况条件进行任意修改，故万福乐的比例阀配合内置数字式控制器依然保留着灵活的特性。另外，此控制器还允许扩展传感器读值的功能，例如，在通风系统中作温度控制或对油缸的压力进行监控等特殊功能。

　　万福乐公司开发的数字智能阀使比例阀的发展和应用上升到一个新的台阶。应用 DSV 数字智能阀的客户无需了解元件的详细原理，只需将其安装到系统上即可直接享有 DSV 提供的功能。

6.11.8　分布智能的数字电子液压阀及系统

　　意大利 Atos 公司可为用户提供电子液压比例阀件配套一体化数字式的电子器件，这些产品能赋予传统控制体系新的功能，其基本功能是使新型紧凑的机器带有更高技术含量。数字电子器件集成了多种逻辑和控制功能（分布智能），且使大部分现代现场总线通信系统变得可行和便宜。一体化比例电子液压引入数字控制技术将带来一些立竿见影的进步：能在狭小的空间内通过增加阀件的参数设置数量来实现上述功能；更多功能，以适应各种应用中的特殊要求；数字化的处理能保证这些设置的可重复性；由于有永久存储，数字设置能被自动保存；数字化元件测试保证了所有功能参数设置的可重复性；新的控制技术提高了比例阀的静、动态性能。

6.11.9　基于智能材料驱动器的智能电液控制阀

　　压电陶瓷、压电晶体及超磁致伸缩材料均为功能型智能材料，此处介绍基于闭环压电陶瓷驱动器的智能电液伺服阀。

　　（1）结构组成　图6-168 所示为一种新型智能压电型电液伺服阀（北京航空航天大学发明专利），它是高频高精度伺服阀，该伺服阀主要由阀主体、闭环压电陶瓷驱动器（以下简称驱动器）、滑阀防阀芯旋转装置、阀套对中装置和压电陶瓷驱动器座等部分组成。该电液

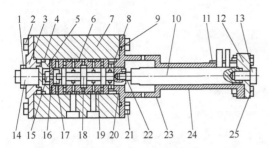

图 6-168　智能压电型电液伺服阀结构原理

1—防松螺母；2—左端盖螺栓；3—左端盖；4,6,9,20—密封圈；
5—阀套调中压柱；7—阀体；8—调零弹簧；10—闭环压电陶瓷
驱动器；11—盖瓦；12—闭环压电陶瓷驱动器座；13—固定闭环
压电陶瓷螺栓；14—调零螺栓；15—防阀芯旋转螺母；16—防
阀芯旋转卡槽支板；17—防阀芯旋转卡槽；18—阀芯；19—阀套；
21—右端盖螺栓；22—防松垫圈；23—右端盖盖板；
24—右端盖；25—闭环压电陶瓷驱动器座螺栓

伺服阀的结构细节为：左端盖 3、阀体 7、右端盖 24、闭环压电陶瓷驱动器座 12 和右端盖盖板 23 组成壳体；阀体 7 上有贯通的阀腔，阀腔内有滑阀阀套 19，阀套 19 的通孔内有阀芯 18，左端盖 3、调零螺栓 14、密封圈 4 和阀套调中压柱 5 一起封盖阀腔的左端面；右端盖 24 封盖阀腔的右端面，在右端盖 24 与阀腔的右端面之间有密封圈 9 和 20；驱动器座 12 通过螺栓固定在右端盖的右端；驱动器 10 的底端固定在驱动器座 12 上，其输出端通过防松垫圈 22 与阀芯 18 直接用螺纹连在一起，驱动器 10 的振动带动阀套往复运动，并且其自身还带有位移传感器可以检测阀芯的位移；防阀芯旋转螺母 15、防阀芯旋转卡槽支板 16 和防阀芯旋转卡槽 17 一起组成阀芯防旋转装置，防阀芯旋转卡槽 17 的卡槽与阀芯左端具有两个平行平面的凸台配合用以防止阀芯旋转，从而避免驱动器 10 由于承受轴向旋转力而破坏；防松螺母 1、密封圈 4、阀套调中压柱 5、调零弹簧 8 和调零螺栓 14 一起组成阀芯调零或对中装置，用以调节该伺服阀的零位；右端盖盖板 23 用以遮盖驱动器 10 和阀芯 18 连接处的两个窗口；盖瓦 11 用以遮盖驱动器 10 向外引两条电线处的缝隙。

（2）工作原理　在驱动器 10 两端不加电压时，阀芯 18 在阀套 19 的最右边，当向驱动器 10 加其额定电压的一半左右时，阀芯 18 处于阀套 19 的中位，这时向驱动器 10 所加的电压称为偏置电压；若在偏置电压基础上增加电压但不超过额定电压，则驱动器 10 推动阀芯 18 向左移动；当加的电压达到驱动器 10 的额定电压时，阀芯 18 到达阀套 19 的最左边；若在偏置电压基础上减小电压但加在驱动器 10 两端的电压不小于零，则驱动器 10 拉动阀芯 18 向右移动，当加在驱动器 10 两端的电压减小到零时，阀芯 18 到达阀套 19 的最右边。这样在周期电压信号的反复作用下，驱动器 10 将电能转化为机械能反复推拉阀芯 18，阀芯 18 便可在阀套 19 中往复地运动起来；同时驱动器 10 还可以用其自身携带的位移传感器检测其自身输出的位移，即阀芯 18 的位移，这样即可实现该伺服阀的闭环控制。

图 6-169 所示为采用两个对顶压电驱动器驱动滑阀阀芯运动的压电型电液伺服阀。其滑阀阀芯 2 左、右两端各用一个压电陶瓷堆 1、5 驱动，位移传感器 4 用于阀芯位移的检测反馈。工作时需要对阀芯两端的压电陶瓷堆加偏置电压，当阀芯向一端运动时，该端的压电陶瓷堆两端的电压就要降低，同时另一端压电陶瓷堆两端的电压要升高；原则上要保证一端压

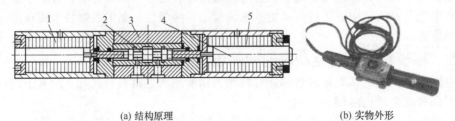

(a) 结构原理　　　　　　　　　　　　(b) 实物外形

图 6-169　双压电驱动器的电液伺服阀

1—左压电驱动器；2—滑阀阀芯；3—阀体；4—位移传感器；5—右压电驱动器

电陶瓷堆缩短的距离等于另一端压电陶瓷堆的伸长量。试验结果表明，采用 RBFNN（radial basis function neural network）网络整定的 PID 智能控制器可很好地实现两驱动器的解耦同步控制，保证阀芯快速、精确、平稳的运动。在压电驱动器上所加的电压为 0～180V；频率为 2Hz 条件下，阶跃响应时间小于 0.01s，伺服阀阀芯的位移跟踪误差在 0.5μm 以内。

（3）性能特点 该阀突破了传统电液伺服阀频宽较低的瓶颈，其可以高频高精度地工作，使智能材料压电陶瓷的高频高精度特性能够充分地应用到液压伺服控制领域中来。

6.11.10 磁流变液智能液压控制阀

（1）磁流变流体简介 磁流变流体（magnetorheological fluid，MF）是一种将饱和磁感应强度很高而磁力很小（微米尺寸的颗粒）的优质软磁材料，均匀分布溶于不导磁的基液中制成的磁流变悬浊液（悬浮液），其流变特性随外加磁场变化而变化。作为一种新型智能材料，其基本特征是：在磁场作用下，磁流变流体能在瞬间（ms 级）从自由流动的牛顿液体，其黏度增加两个以上数量级而转变为类固体，并呈现类似固体的力学性质，其强度由剪切屈服应力来表征，而且黏度的变化是连续、可逆的，即磁场一旦消失，又恢复为自由流动液体。磁流变效应连续、可逆、迅速和易于控制的特点使磁流变液装置能够成为电气控制、机械系统间简单、安静而且响应迅速的中间装置。利用磁流变液的流变效应，可设计制成无动作部件的液压阀，以应用于磁流变液压系统。

（2）磁流变液溢流阀 如图 6-170 所示，磁流变液溢流阀由衔铁和线圈组成，磁流变液从铁芯 a 和铁芯 b 之间的间隙流过。当溢流阀的线圈通电时，铁芯间隙形成一定的磁场。流经间隙的磁流变液在磁场的作用下瞬间转变为接近固体状态，只有当压力达到一定值时，磁流变液才恢复原流动状态，继续流动。故当线圈通电时，溢流阀可实现调压。当溢流阀线圈不通电时，磁流变液为流动状态，可通过溢流阀实现卸荷。

分析及试验表明，磁流变液溢流阀在输入电压为 24V 时，调定压力为 1MPa，且调定压力不随溢流阀输入流量的变化而变化（图 6-171），溢流阀工作特性稳定。与传统溢流阀相比，磁流变液溢流阀结构简单，无动作部件，工作更加可靠，可实现远程控制。

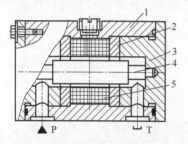

图 6-170　磁流变液溢流阀结构原理
1—壳体；2—铁芯 a；3—端盖；4—铁芯 b；5—线圈

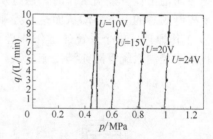

图 6-171　磁流变液溢流阀流量-压力试验曲线

（3）磁流变液减压阀 如图 6-172 所示，磁流变液减压阀主要由衔铁 1 和线圈 3（内含铁芯 2）组成，磁流变液从衔铁和铁芯之间的间隙流过。当线圈通电时，衔铁和线圈间隙形成一定的磁场。流经间隙的磁流变液在磁场的作用下瞬间转变为接近固体状态，变为黏塑性体，阻止 MF 液体流动。只有当压力达到一定值时，磁流变液才恢复原流动状态继续流动。通过调节线圈中电流强度来调节磁场（沿半径径向作用于间隙中磁流变液）强度，改变磁流变液的屈服强度，可实现调压，这种调节是连续、可逆的。当线圈不通电时，磁流变液为流动状态，可通过减压阀实现卸载。

由图 6-173 所示仿真结果看出，随着磁流变液屈服应力的增加，即相应磁场强度的增强，磁流变液减压阀的压力差 Δp 呈直线增加，相应的出口压力 p_2 则呈直线下降，此即为

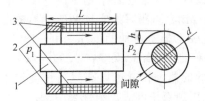

图 6-172　磁流变液减压阀结构原理

1—衔铁；2—铁芯；3—线圈

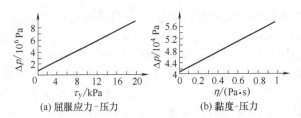

(a) 屈服应力-压力　(b) 黏度-压力

图 6-173　磁流变液减压阀的特性

磁流变效应的结果；随着磁流变液黏度的增加，磁流变液减压阀的 Δp 压力差呈直线增加，但是增加的幅度很小，相应的出口压力 p_2 变化不大。然而，若磁流变液的黏度值 η 过大，磁流变液流过阀体与衔铁间仅为 $1 \sim 2\text{mm}$ 的间隙时，油膜效应易使间隙发生堵塞，而影响减压阀的性能。目前磁流变液的零场黏度一般为 $0.2 \sim 1.0\text{Pa·s}$。

　　研究表明，由于产生磁场的材料性能的限制，减压阀磁场间隙 h 的可选范围不大（$1 \sim 2\text{mm}$），基本可视为一定值；磁流变液的零场黏度在 $0.2 \sim 1.0\text{Pa·s}$ 范围内，对减压阀出口压力 p_2 影响不大，也可视为一定值；减压阀衔铁内径 d 增加到某值后对出口压力 p_2 影响可以忽略，因此理想的内径 d 应选择该值及其附近的某个值，这样 d 可以看作一个定值；磁场的有效长度 L 与 Δp_1 和 Δp_2 均成正比关系，因此在进口压力 p_1 较低时，L 取较小值，反之 L 取较大值；在磁流变液屈服应力 τ_y 较小时，L 适当取较大值，反之 L 取较小值。这样可以拓宽出口压力 p_2 控制范围。总之，磁场的有效长度 L 是磁流变液减压阀结构中一个非常重要的参数；一个磁流变液减压阀，在强度足够的前提下，只要拥有高屈服应力磁流变液，即可用于低、中、高液压系统。

　　（4）磁流变液单向节流阀

　　① 结构组成。如图 6-174 所示，磁流变液单向节流阀由阀体 7、阀芯 6，复位弹簧 4、活塞 2、推杆 3 等构成。1 为磁流变液进口，5 为磁流变液出口，P1 为传统液压油进口，P2 为传统液压油出口。该阀工作时，通过从进口 1 进入的磁流变液的推力和复位弹簧力的平衡关系来控制阀芯的上下移动从而达到控制液压油流量的目的。

　　② 工作原理。整个系统的工作原理可借助图 6-175 来说明。在启动磁流变液控制系统前，将整个控制系统管路充满磁流变液，单向节流阀 5 处于全关闭状态，其内部推杆在最高

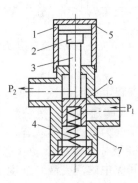

图 6-174　磁流变液单向节流阀结构原理

1—磁流变液进口；2—活塞；3—推杆；4—复位弹簧；
5—磁流变液出口；6—阀芯；7—阀体；
P1—传统液压油进口；P2—传统液压油出口

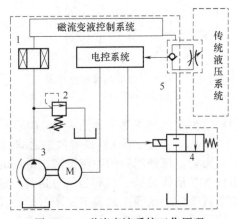

图 6-175　磁流变液系统工作原理

1—磁流变液控制阀；2—液压溢流阀；3—定量泵；
4—二位二通电磁换向阀；5—单向节流阀

位置上。当启动磁流变液控制系统后，为了减少冲击，应使单向节流阀逐渐开启。首先接通励磁电流，并且根据定量泵的出口压力高低［这可以从磁流变液控制阀1的入口压力传感器（图中未画出）反馈的信息得到］，将励磁电流尽量选取最大值。接通电机，启动定量泵3，压力上升并迅速传递到控制系统磁流变液中。控制系统开始每隔一定时间对单向节流阀出口实际流量值进行采样，把得到的采样结果与系统实际需要的流量值进行比较。

若传统液压系统的流量值等于实际需要的流量值，则迅速增大励磁电流值使磁流变液控制阀1中的磁流变液在强磁场的作用下变成类固体，以保证单向节流阀的阀芯固定在当前位置。若传统液压系统的流量值小于实际需要的流量值，则通过控制系统减少磁流变液控制阀的电流，使其减压作用减小，到达单向节流阀的磁流变液压力升高，推动活塞下移，直至单向节流阀出口的流量值与实际要求的一致。

③ 软件及功能。控制器是整个控制系统中重要的一部分，系统对各物理量的检测、读入、处理以及输出都依赖于控制器的软件来实现。软件功能主要是：参数的输入，压力、流量、电流和温度的检测反馈，控制算法的实现与输出以及故障信号的分析与处理等。普通单片机在实时控制、价格、体积等方面都具有较大优势，故可用于此控制系统中。由图 6-176 控制软件程序流程可看出，系统不断地对液压油的流量进行采样，一旦其流量发生变化，控制系统就会分析判断，做出相应的处理，使传统液压系统的流量保持不变。对于流体倒流的情形，出口压力高于进口压力，液压油从出口进，从入口出，并且压力差小。控制系统发出指令关闭液压系统，同时关闭磁流变液控制阀。

（5）磁流变液数字阀　如图 6-177 所示，磁流变液数字阀主要由壳体1、线圈2、铁芯3、阀芯4和端盖6等组成。铁芯、阀芯等导磁元件采用硅钢作为制作材料，因其具有高磁导率、低矫顽力、高强度等优点；而端盖等隔磁元件采用铝合金作为制作材料。该阀的试验以齿轮泵为动力源，采用密度为 $\rho = 2.56 g/cm^3$、动力黏度为 $\eta = 30 mPa \cdot s$ 的氟化铁系磁流变流体作为工作介质。

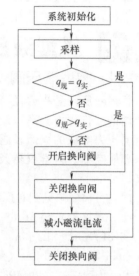

图 6-176　系统控制软件流程

磁流变液数字阀采用磁流变液的流动工作模式，铁芯与阀芯之间形成工作间隙，磁流变液由间隙中流过，其 B-H 曲线如图 6-178 所示。当线圈中有电流通过时，在上述工作间隙中产生磁场，此时流过工作间隙的磁流变液在磁场作用下瞬间由自由流动的牛顿流体转变为近固体状态，变为黏塑性体，阻尼力增大，阻止磁流变液进出磁流变液数字阀，阀芯两侧的压力差也逐渐增大。通过调节线圈中电流大小可调节磁场强度，从而改变磁流变液的屈服特

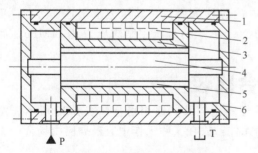

图 6-177　磁流变液数字阀结构原理
1—外壳；2—线圈；3—铁芯；4—阀芯；5—工作间隙；6—端盖

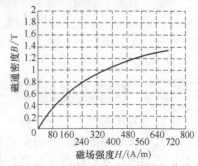

图 6-178　磁流变液的磁化特性曲线

性，达到该磁流变液数字阀调节压力、流量的目的，而且调节连续可逆。当线圈中没有电流通过时，磁流变液又恢复为自由流动状态，这时通过磁流变液数字阀的流量最大。

磁流变液流经数字阀时产生的压降 Δp 由两部分组成，其一是与其结构尺寸和黏滞阻尼性有关的 Δp_1，其二则是与磁流变液的屈服应力 τ_y 即工作间隙产生的磁场强度有关的 Δp_2。通过改变线圈电流即改变磁场强度即可改变屈服应力 τ_y，从而改变流体阻尼力的大小，产生新的压降 Δp_2。Δp_2 是磁流变液数字阀实现智能控制的关键。

磁流变液数字阀对压力、流量的控制可以采用脉宽调制（PWM）方式实现。

磁流变液数字阀具有良好的静态和动态特性、较高的切换速度和响应频率。其无相对运动部件，又可在计算机控制下实现压力、流量的连续调节，具有结构简单、工作可靠、使用寿命长等优点，并克服传统液压阀智能化控制困难、制造精度要求较高、输出精度低且对油液污染较敏感的缺点，从而提高系统的可靠性及智能化控制水平。

除上述智能液压阀外，尚有基于模糊自调整 PID 智能控制模块的智能数字流量阀等，限于篇幅，此处不再展开。

6.12 微型液压阀和水压液压阀

6.12.1 微型液压阀

微型液压阀是指通径≤3～4mm 的液压阀，是在普通液压阀基础上新发展的品种。此类液压阀的工作压力较高（最大压力一般＞31.5MPa，有的高达 50MPa 甚至更高）。微型液压阀与同压力等级的大通径阀相比，其外形尺寸和重量减小了很多，故对于现代液压机械和设备（如航空器、科学仪器及医疗器械等）的小型化、轻量化和大功率密度具有重要作用及意义。

国内目前尚未见到有厂家生产系列化微型阀产品；国外代表性生产厂家有：瑞士 WAND-FLUH（万福乐）公司（其微型阀产品的压力 20～35MPa，流量为 1L/min、5L/min、6L/min、6.3L/min、8L/min、12L/min、12.5L/min、15L/min、20L/min、60L/min、80L/min、100L/min 等）；美国 Lee（莱）公司［其微型阀产品的突出特点是全部采用插装技术和滤网保护技术，压力高达 220MPa，插装件通径 2.36～16.7mm（0.093″～0.656″）］。

6.12.2 水压液压阀

水压液压阀是以水作为工作介质的阀类，是构成水液压系统不可缺少的控制元件。有普通阀和电液控制阀等类型。与以油作为工作介质的液压阀相比，水压阀具有安全、卫生及环境友好等优点，但水的黏度低、汽化压力高、腐蚀性强，使水压阀的发展面临着工作机理、材质等一系列技术难题。

水压液压阀商品化产品较少且应用尚不普遍。国内水压控制阀系列化产品尚较少；国外，美国、日本、德国、芬兰、丹麦、英国等国家的水压液压技术研究开发较早，已达到实用阶段，研制出包括水压伺服阀和比例阀在内的各种水压阀，其压力水平在 14～21MPa。最为著名的为丹麦的 Danfoss 公司，其生产的 Nessie 系列水压控制阀压力达 14MPa，流量达 120L/min。

6.13 常用液压阀性能综合比较

按目前的技术水平及统计资料，液压阀的性能比较及其适用场合如表 6-38 所示。由于液压阀大多属于标准化、系列化、通用化控制元件，故在实际工作中应根据应用场合、工况特点和使用要求等进行合理选型与使用。

第7章 液压辅助元件

液压辅助元件是液压能源元件、执行元件和控制元件以外其他液压元件的统称，包括油箱、过滤器、热交换器、蓄能器、管件、压力表及其开关与密封装置等，它们是液压系统不可缺少的重要组成部分。除了油箱常需根据系统要求进行必要的计算、结构设计和加工组装外，液压辅助元件基本上都已标准化和系列化，用户只需合理选择及使用维护即可。本章主要介绍密封装置（将在第10章结合泄漏防止进行介绍）以外的液压辅助元件。

第7章表格

7.1 过滤器

众所周知，液压系统的故障多数是液压油液被污染所致。为了保持油液清洁，应尽可能防止或减少油液污染；同时要对已污染的油液进行净化。一般在液压系统中采用油液过滤器（简称过滤器）来滤去油液中的杂质，维护油液清洁，保证液压系统正常工作。

7.1.1 主要性能参数

决定过滤器主要性能的参数是过滤精度，它是指过滤器对不同尺寸（单位为 μm）颗粒污染物的滤除能力，它直接决定了对系统油液的污染控制水平。过滤精度越高，系统的清洁度越高，或污染度越低。

此外，ISO 4572 还将过滤比 β 确定为评定过滤器精度标准方法。过滤比 β 是指过滤器上游单位体积油液中大于某一给定尺寸的污染颗粒数 N_u 与下游单位体积的油液中大于同一尺寸的颗粒数 N_d 之比。即

$$\beta_x = N_u / N_d \tag{7-1}$$

式中，β_x 为相对于某一颗粒尺寸 x（单位为 μm）的过滤比。

由于过滤比 β_x 值随颗粒尺寸 x 的增大而增加，故当用过滤比表示过滤器精度时，要注明对应的颗粒尺寸，如 β_{10} 或 β_5。ISO 4572 规定用 β_{10} 作为评定过滤器精度的性能参数，以便于比较。

在过滤比 β_x 值中，有几个具有特定意义，如表 7-1 所示。

除了过滤精度，过滤器的性能参数还有压差特性和纳垢容量等，读者可参阅有关资料或使用说明。

7.1.2 结构类型

按过滤精度不同，过滤器有粗过滤器、普通过滤器、精过滤器和特精过滤器四种，它们分别能滤去公称尺寸为 $100\mu m$ 以上、$10\sim100\mu m$、$5\sim10\mu m$ 和 $5\mu m$ 以下的杂质颗粒。油液的过滤精度要求随液压系统类型及其工作压力不同而不同，其推荐值见表 7-2。

在液压系统中，按滤芯形式不同，常用的滤油器有网式、线隙式、纸芯式、烧结式和磁式等类型。

图 7-1 所示为网式过滤器，它由上盖 1、下盖 3 和几块不同形状的金属丝编织方孔网或金属编织的特种网 2 组成。丝网包在四周都开有圆形窗口的金属和塑料圆筒芯架上。网式过滤器属于粗滤油器，结构简单、通油能力强、阻力小、易清洗，一般装在液压泵吸油路入口

上，避免吸入较大的杂质，以保护液压泵。

图 7-2 所示为线隙式过滤器，它由端盖 1、壳体 2、带有孔眼的筒型芯架 3 和绕在芯架外部的铜线或铝线 4 等组成。它利用线间缝隙过滤油液，结构较简单，过滤精度较高，通油性能好，但不易清洗，滤材强度较低，通常用于回油路或液压泵吸油口处的油液过滤。

图 7-3 所示为一种带有磁环的金属烧结式过滤器，它由端盖 1、壳体 2、滤芯 3、磁环 4 等组成，磁环用来吸附油液中的铁质微粒。滤芯通常由颗粒状青铜粉压制后烧结而成，它利用铜颗粒的微孔过滤杂质，选择不同粒度的粉末可获得不同的过滤精度。目前常用的过滤精度为 0.01～0.1mm。其特点是滤芯能烧结成杯状、管状、板状等不同形状，制造简单、强度大、性能稳定、抗腐蚀性好、过滤精度高，适用于精过滤，在液压系统中使用日趋广泛。

图 7-4 所示为纸芯过滤器（也称纸质过滤器），它与线隙式过滤器结构类同，区别仅在于用纸质滤芯代替了线隙式滤芯，纸芯部分是把平纹或波纹的酚醛树脂或木浆微孔滤纸绕在带孔的镀锡铁片骨架上。为了增大过滤面积，滤纸成折叠形状。这种过滤器的过滤精度高达 0.005～0.03mm，属精过滤器。但纸芯耐压强度低，易堵塞，无法清洗，需经常更换纸芯，故费用较高。

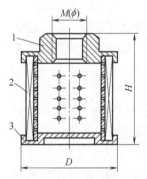

图 7-1 网式过滤器
1—上盖；2—滤网；3—下盖

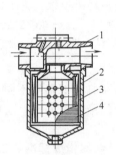

图 7-2 线隙式过滤器
1—端盖；2—壳体；
3—芯架；4—铜线或铝线

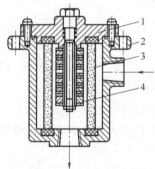

图 7-3 烧结式过滤器
1—端盖；2—壳体；
3—滤芯；4—磁环

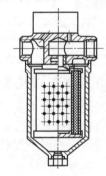

图 7-4 纸芯过滤器

磁式过滤器是利用磁性材料将混在油液中的铁屑、带磁性的磨料之类杂质吸住，过滤效果好。这种过滤器常与其他种类的过滤器配合使用。

图 7-5 所示为一种过滤器的外形。图 7-6（a）为过滤器的一般图形符号，带附属磁性滤芯的过滤器图形符号见图 7-6（b）。有些过滤器还带有污染指示和发信的电气装置，以便在液压系统工作中出现滤芯堵塞超过规定状态等情况时，通过电气装置发出灯光或音响报警信号，或切断液压系统的电控回路使系统停止工作。带光学阻塞指示器的过滤器图形符号见图 7-6（c）。

图 7-5 过滤器外形

(a) 一般图形符号

(b) 带附属磁性滤芯的过滤器图形符号

(c) 带光学阻塞指示器的过滤器图形符号

图 7-6 过滤器的图形符号

7.1.3 常用产品

油液过滤器常用产品见表 7-3。

7.1.4 安装使用

在液压系统中可能安装过滤器的位置如图 7-7 所示，其作用及要求等有关说明见表 7-4，应根据系统工况和要求进行合理设置。

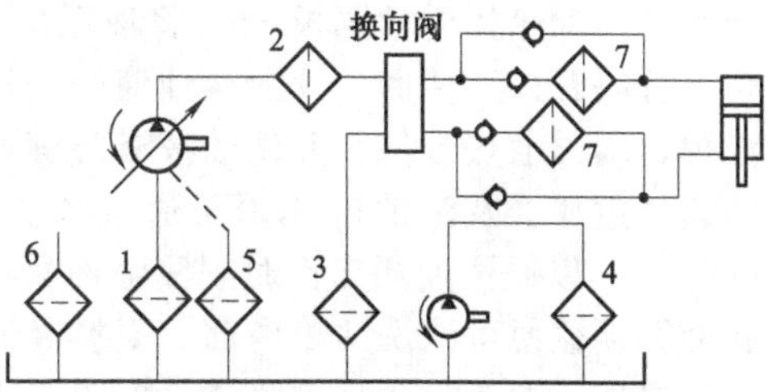

7.1.5 故障诊断

常见故障诊断排除见表 7-5。

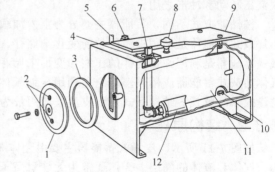

图 7-7　过滤器在液压系统中的安装位置
1～7—过滤器位置

7.2　液压油箱

7.2.1 类型特点

液压油箱简称油箱，主要用于存储工作介质、散发油液热量、分离空气、沉淀杂质、分离水分及安装元件（中小型液压系统的泵组和一些阀或整个控制阀组）等。通常油箱可分为整体式油箱、两用油箱和独立油箱三类。

整体式油箱是指在液压系统或机器的构件内形成的油箱。例如，加工机械的床身或立柱的内部空腔往往可制成不漏油的油箱，或者将车辆与工程机械上的管形构件用作油箱。整体式油箱占用空间小，且外观整洁。

两用油箱是指液压油与机器中其他目的用油的公用油箱。例如，淬火压机的空腔底座兼作液压系统和淬火用油的油箱，机床空腔床身兼作液压系统和导轨润滑用油的油箱。两用油箱节省空间，但由于油液必须同时满足液压系统对传动介质的要求和工件淬火、导轨润滑等其他工艺目的的要求，故这些要求有时可能不相容。

独立油箱是应用最为广泛的一类油箱，常用于各类工业生产设备，且通常做成矩形截面体，也有圆柱形的或油罐形的。独立油箱主要通过油箱壁靠辐射和对流作用散热，故油箱一般制成窄而高的形状。如果油箱顶盖安放泵组和液压阀组，为保证一定的安装位置，油箱形状要求较扁，油箱越扁，则油液脱气越容易；液压泵的吸油管较短并且便于打开进行检修；吸油过滤器易于接近。对于行走机械，由于车辆处于坡路上时液面的倾斜和车辆加速与制动期间液压油箱中油液的前后摇荡，油箱多制成细高的圆柱形。高架油箱在液压机等机械中应用较为普遍，通常它要安放在比主液压缸更高的位置上，以便当活动滑块靠辅助缸下行时，高架油箱经充液阀给主缸充液。对于重型设备（如大型轧钢机组）的液压系统，所用油箱的容量超过 2000L 时，多采用卧式安装带球面封头的油罐形油箱，但占地面积较大。

7.2.2 典型结构

根据油箱液面与大气是否相通，油箱有开式与闭式之分。闭式油箱的液面与大气隔绝，多用于车辆与行走机械以及航空器。开式油箱的箱内液面与大气相通，多用于各类固定设备。图 7-8 为典型的开式油箱结构示意图。

开式油箱由油箱体及多种相关附件构成。液压泵组及阀组的安装板 9 固定在油箱

图 7-8　开式油箱
1—清洗孔盖板；2—液位计安装孔；3—密封垫；
4—密封法兰；5—主回油管；6—泄漏油回油管；
7—泵吸油管；8—空气过滤器及注油口；9—安装板；
10—放油口螺塞；11—隔板；12—吸油过滤器

顶面上。油箱体内的隔板 11，将液压泵吸油管口 7、过滤器 12 与回油管口 5 及泄漏油回油管 6 分隔开来，使回油及泄漏油液受隔板阻挡后再进入吸油腔一侧，以增加油液在油箱中的流程，增强散热效果，并使油液有足够长的时间去分离空气泡和沉淀杂质。油箱顶盖上装设的通气过滤器及注油口 8 用于通气和注油。安装孔 2 用于安装液位指示器（液位液温计）（图 7-9）以便注油和工作时观测液面及油温。箱壁上开设有清洗孔（人孔），卸下其盖板 1 和油箱顶盖便可清洗油箱内部、更换吸油过滤器 12。放油口螺塞 10 有助于油箱的清洗和油液的更换。图 7-10 所示为通气过滤器，取下防尘罩可以注油，放回防尘罩即成通气器。

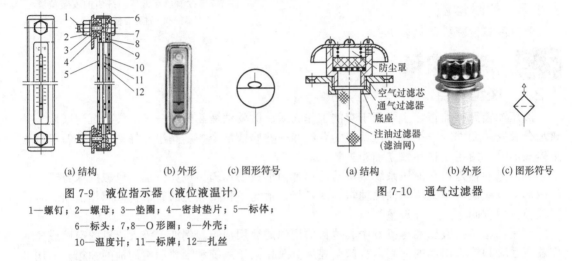

图 7-9　液位指示器（液位液温计）　　　　　图 7-10　通气过滤器

1—螺钉；2—螺母；3—垫圈；4—密封垫片；5—标体；
6—标头；7,8—O 形圈；9—外壳；
10—温度计；11—标牌；12—扎丝

7.2.3　加工安装

对于常用的矩形开式油箱，其结构设计和加工安装时的注意事项见表 7-6。

7.2.4　故障诊断

常见故障诊断排除见表 7-7。

7.3　蓄能器

7.3.1　用途类型

蓄能器是液压系统中储存和释放液体压力能的装置，除了作为辅助动力源外，还常作吸收液压脉动和冲击之用。

按储能方式不同，蓄能器主要分为重力加载式、弹簧加载式和气体加载式三种类型。重力加载式蓄能器是利用重锤的位能变化来储存、释放能量，常用于大型固定设备中。弹簧加载式蓄能器是利用弹簧构件的压缩和变形来储存、释放能量，常在低压系统中作缓冲之用。气体加载式蓄能器应用较多，它是利用压缩气体（通常为氮气）储存能量，主要有活塞式、皮囊式和隔膜式等结构形式，而皮囊式应用最为广泛。

7.3.2　结构原理

如图 7-11 所示，皮囊式蓄能器主要由壳体 3、皮囊 2、进油阀 1 和充气阀 4 等组成，皮囊为气体和液体的隔层。壳体通常为无缝耐高压的金属外壳，皮囊用丁腈橡胶、丁基橡胶等耐油、耐腐蚀橡胶等做原料与充气阀一起压制而成。进油阀为一弹簧加载的菌形提升阀，用以防止油液全部排出时皮囊挤出壳体之外而损伤。充气阀用于在蓄能器工作前为皮囊充气，蓄能器工作时则始终关闭。当液压油进入蓄能器壳体时，皮囊内气体体积随压力增加而减小，从而储存液压油。若液压系统需增加液压油，则蓄能器在气体膨胀压力推动下，将液压

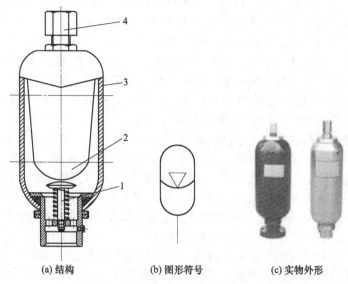

(a) 结构　　　(b) 图形符号　　　(c) 实物外形

图 7-11　皮囊式蓄能器
1—进油阀；2—橡胶皮囊；3—壳体；4—充气阀

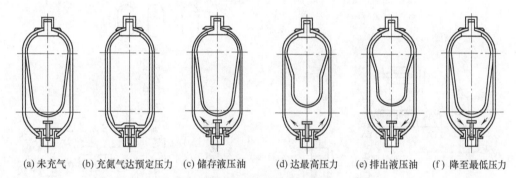

(a) 未充气　(b) 充氮气达预定压力　(c) 储存液压油　(d) 达最高压力　(e) 排出液压油　(f) 降至最低压力

图 7-12　皮囊式蓄能器工作过程

油排出给以补充。蓄能器的工作过程如图 7-12 所示。

皮囊式蓄能器具有油气隔离、油液不易老化、反应灵敏、尺寸小、重量轻、安装容易、维护方便等优点，允许承受的最高工作压力可达 32MPa，但皮囊制造困难，只能在一定温度范围（通常为−10～70℃）内工作。

7.3.3　典型产品

蓄能器及充气设备典型产品见表 7-8。

7.3.4　典型应用

（1）作辅助动力源　对于间歇工作的液压机械，当执行元件间歇或低速运动时，蓄能器可将液压泵输出的压力油储存起来；在工作循环的某段时间，当执行元件需要高速运动时，蓄能器作为液压泵的辅助动力源，与液压泵同时供出压力油。从而减小系统中液压泵的流量规格和运行时的功率损耗，降低系统温升。如图 7-13 所示，液压源通过液控单向阀 1 向蓄能器 2 充液，直至压力升高到卸荷阀 3 的设定压力后，

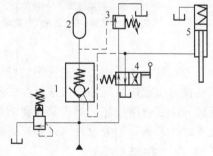

图 7-13　用蓄能器作辅助动力源
的快速运动回路
1—液控单向阀；2—蓄能器；3—卸荷阀；
4—二位四通手动换向阀；5—液压缸

泵通过阀 3 卸荷。二位四通手动换向阀 4 切换至右位时，液控单向阀 1 导通，液压源和蓄能器同时向液压缸 5 有杆腔供油，推动单作用液压缸 5 的活塞快速上升。

（2）保持系统压力，作应急动力源 在液压泵卸荷或停止向执行元件供油时，由蓄能器释放储存的压力油，补偿系统泄漏，保持系统压力；此外，蓄能器还可用作应急液压源，对液压系统起安全作用。在一段时间内维持系统压力，如果电源中断或原动机及液压泵发生故障，依靠蓄能器提供的液压油可使执行机构复位，以免造成整机或某些机件损坏等事故，使系统处于安全状态。例如图 7-14 所示采用蓄能器的保压回路，当电磁铁 1YA 通电使阀 5 切换至左位时，液压缸 6 向右运动，当缸运动到终点后，液压泵 1 向蓄能器 4 供油，直到供油压力升高至压力继电器 3 的调定值时，压力继电器发信使电磁铁 3YA 通电，电磁阀 7 切换至上位，泵 1 经溢流阀 8 卸荷，此时液压缸通过蓄能器保压。当液压缸因泄漏致使压力下降至某规定值时，压力继电器动作使 3YA 断电，液压泵重新向系统供应压力油。

图 7-15 所示为船装液化天然气卸料臂液压系统中蓄能器站用作应急动力源回路，活塞式蓄能器 3 由氮气瓶组（三个）加载以提高有效容量，系统正常工作时，电磁阀 5 断电处于图示右位，外泄式液控单向阀 4 关闭，液压源经单向阀 7 向系统提供能量，并经阀 4 为蓄能器 3 充液，充液压力由溢流阀 6 限定；当系统出现突发故障致使液压源不能正常向系统供油时，阀 5 通电切换至左位，蓄能器 3 提供的控制压力油反向导通阀 4，从而蓄能器 3 经阀 4 向系统供油，使液压缸驱动的卸料臂复位。

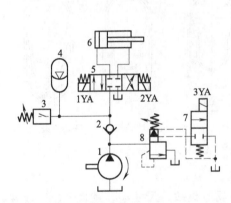

图 7-14 蓄能器保压回路
1—液压泵；2—单向阀；3—压力继电器；4—蓄能器；
5—三位四通电磁换向阀；6—液压缸；
7—二位二通电磁阀；8—先导式溢流阀

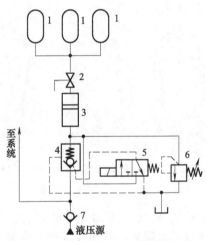

图 7-15 船装液化天然气卸料臂蓄能器站
用作应急动力源
1—氮气瓶；2—截止阀；3—活塞式蓄能器；
4—外泄式液控单向阀；5—二位三通电磁阀；
6—溢流阀；7—普通单向阀

（3）吸收冲击压力和液压泵的脉动 因执行元件突然启动、停止或换向，液压阀突然关闭或换向引起的液压冲击及液压泵的压力脉动，可采用蓄能器加以吸收，避免系统压力过高造成元件或管路损坏。对于某些要求液压源供油压力恒定的液压系统（如液压伺服系统），可通过在泵出口近旁设置（并接）蓄能器，以吸收液压泵的脉动，改善系统工作品质。

7.3.5 安装使用

（1）安装注意事项 见表 7-9 及图 7-16～图 7-18。

（2）使用维护注意事项

① 不能在蓄能器上进行焊接、铆焊及机械加工。

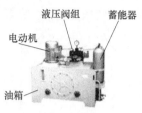
电动机
液压阀组　蓄能器
油箱

(a) 蓄能器搭载在油箱侧壁上

蓄能器组
支架

(b) 蓄能器组座装在支架上

支架
蓄能器组

(c) 囊式蓄能器组吊装在支架上

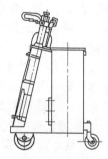
支架
氮气瓶　活塞式蓄能器

(d) 活塞式蓄能器组吊装在支架上

图 7-16　蓄能器的安装

图 7-17　拉杆

充气阀座

图 7-18　皮囊

图 7-19　充氮车

② 蓄能器安装就绪后再充氮气。要用专门的充装装置（如图 7-19 所示充氮车）为蓄能器充装增压气体（惰性气体，如氮气）；蓄能器绝对禁止充氧气、压缩空气或其他易燃气体，以免引起爆炸。

③ 蓄能器容量大小和充气压力与其用途有关，例如用于储存和释放能量（作辅助动力源、应急动力源和保压补漏之用）时的容量 V_A（皮囊工作前的充气容积）按式（7-2）计算确定：

$$V_A = \frac{V_W(1/p_A)^{\frac{1}{n}}}{(1/p_2)^{\frac{1}{n}} - (1/p_1)^{\frac{1}{n}}} \qquad (7\text{-}2)$$

式中，p_A 为皮囊工作前的充气压力；p_1 为蓄能器在储油结束时的压力（系统最高工作压力）；p_2 为蓄能器向系统供油时的压力（系统最低工作压力）；V_W 为蓄能器释放的油液体积，即气体体积变化量，$V_W = V_2 - V_1$（V_1 为皮囊被压缩后相应于 p_1 时的气体体积；V_2 为皮囊膨胀后相应于 p_2 时的气体体积），可根据用途算得或从产品样本图线查取。

例如蓄能用途的释放油液体积为

$$V_m = \sum_{i=1}^{n} q_i t_i \Big/ \sum_{i=1}^{n} t_i \qquad (\mathrm{m}^3/\mathrm{s}) \qquad (7\text{-}3)$$

式中，t_i 为一个工作循环（图 7-20）中第 i 阶段的时间间隔，s；q_i 为第 i 个阶段内的流量，m^3/s；$\sum_{i=1}^{n} q_i t_i$ 为一个工作周期内液压执行元件的耗油量之和，L；n 为多变指数（当蓄能器用于补偿泄漏、保持系统压力时，它释放能量的速度缓慢，可认为气体在等温条件下工作，这时取 $n=1$；蓄能器用于短期大量供油时，释放能量的速度很快，可认为气体在绝热条件下工作，这时取 $n=1.4$）。

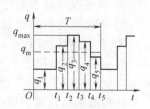

图 7-20　流量-时间工作循环图

注意：在一个工作循环内，各瞬间所需的瞬时流量 q_i 中，超出平均流量 q_m 的部分为蓄能器供给的流量，小于或等于 q_m 的部分为液压泵供给的流量。

充气压力 p_A 在理论上可与 p_2 相等，但由于系统存在泄漏，为保证系统压力为 p_2 时蓄能器还有补偿能力，宜使 $p_A < p_2$，根据经验，一般取 $p_A = (0.8 \sim 0.85)p_2$，或 $0.25p_1 < p_A < 0.9p_2$。

若已知蓄能器容量 V_A，则蓄能器的供油体积为

$$V_W = V_A p_A^{\frac{1}{n}} \left[(1/p_2)^{\frac{1}{n}} - (1/p_1)^{\frac{1}{n}} \right] \tag{7-4}$$

④ 常用充气方法：一般可按蓄能器使用说明书上介绍的方法进行充气。常使用图 7-21 所示的充气工具向蓄能器充入氮气：充气前，使蓄能器进油口微微向上，向壳体内注入少量用于润滑的液压油，将充气工具的一端连在蓄能器充气阀上，另一端与氮气瓶相连通。打开氮气瓶上的截止阀，调节其出口压力到 $0.05 \sim 0.1$ MPa，旋转充气工具上的手柄，徐徐打开充气阀芯，缓慢充入氮气，装配时被折叠的皮囊会随之慢慢打开，使皮囊逐渐增大，直到菌形吸油阀关闭。此时，充气速度可以加快，并达到充气压力。为了避免充气过程中因皮囊非均匀膨胀而破裂，切勿一下子将气体充入皮囊。

若蓄能器充气压力较高，应在充气系统设置增压器，将充气工具的另一端与增压器相连。若充气压力高于氮气瓶的压力，可采用蓄能器对充的方法。

⑤ 检查蓄能器充气压力的方法：检测回路如图 7-22 所示，在蓄能器 1 的进油口和油箱 5 之间设置截止阀 2，并在截止阀前设置压力表 3，慢慢打开截止阀 4，使压力油流回油箱，期间观察压力表，压力表指针先慢慢下降，达到某一压力值后速降到 0，指针移动速度发生变化时的读数（即压力表速降至 0 时的某一压力值），即为充气压力。

图 7-21　充气工具

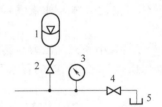

图 7-22　蓄能器充气压力检测回路

1—蓄能器；2,4—截止阀；3—压力表；5—油箱

也可借助放油检查充气压力：将压力表装在蓄能器的油口附近，用液压泵向蓄能器注满油液，然后，使泵停止，使压力油通过与蓄能器相接的截止阀慢慢从蓄能器中流出。在排油过程中观察压力表。压力表指针会慢慢下降，当达到充气压力时，蓄能器的进油阀关闭，压力表指针迅速下降到 0，压力迅速下降前的压力即为充气压力。还可利用充气工具直接检查充气压力，但由于每次检查都要放掉一点气体，故不适用于容量很小的蓄能器。

对于活塞式蓄能器，充气时，尽可能慢慢地打开阀门，使活塞推移至底部（听声音判断）。如无异常，再使充气压力达到液压系统最低使用压力的 $80\% \sim 85\%$，并检查有无漏气。

⑥ 移动及搬运蓄能器时，必须将气体放尽。

⑦ 不能在充液状态下拆卸蓄能器。

⑧ 在蓄能器使用中，应定期对皮囊的气密性进行维护检查：对新使用的蓄能器，第一周检查一次，第一个月内还要检查一次，然后半年检查一次。对作应急动力源的蓄能器，为确保安全，应经常检查与维护。

在高温辐射热源环境中使用的蓄能器可在蓄能器旁装设两层薄钢板和一层石棉组成的隔热板，起隔热作用。

⑨ 长期停用的皮囊式蓄能器，应关闭蓄能器与系统管路间的截止阀，保持蓄能器油压

在充气压力以上，使皮囊不靠底。

7.3.6 故障诊断

常见故障诊断排除见表 7-10。

7.4 热交换器

热交换器是冷却器和加热器的统称。液压系统工作介质温度过高或过低都将影响系统的正常工作。液压系统的正常工作温度因主机类型及其液压系统的不同而不同，对于一般液压系统希望保持在 30～50℃ 范围之内，最高不超过 65℃，最低不低于 15℃。如果液压系统依靠自然冷却仍不能使油温控制在允许的最高温度，或是对温度有特殊要求，则应安装冷却器，强制冷却；反之，如果环境温度太低，液压泵无法正常启动或有油温要求时，则应安装加热器，提高油温。

7.4.1 冷却器

液压系统中常用的冷却器有水冷式和风冷式两种。水冷式用于有固定水源的场合，风冷式则用于行走机械等水源不便的场合。最简单的水冷式冷却器是图 7-23（a）所示的蛇形管冷却器，它以一组或几组的形式直接装在油箱内。冷却水从管内流过时，就将油液中的热量带走。这种冷却器的散热面积小，冷却效率甚低。液压系统中使用较多的是强制对流式多管冷却器［图 7-23（b）］，冷却水从管内流过，油液从水管（通常为铜管）外的管间流过，中间隔板使油流折流，从而增加油的循环路线长度，故强化了热交换效果。

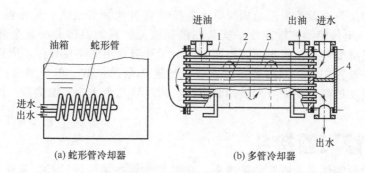

(a) 蛇形管冷却器　　　　　　(b) 多管冷却器

图 7-23　水冷式冷却器
1—外壳；2—挡板；3—水管；4—隔板

图 7-24 为电机驱动油/风冷却器，它由前端散热片、中部外壳和后端轴向电机风扇组成，油口设在后端。油液从带有散热片的腔中通过，正面用风扇送风冷却。此冷却器结构简单紧凑，占用空间小，散热性能好，散热效率高。此外，这种油/风冷却器还有内置油泵驱动型等。冷却器图形符号如图 7-25 所示。

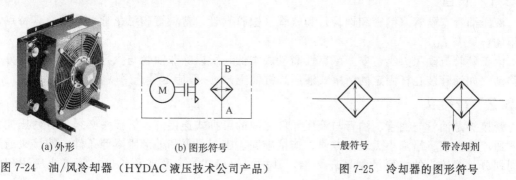

(a) 外形　　　　　　(b) 图形符号　　　　　　　一般符号　　　　　带冷却剂

图 7-24　油/风冷却器（HYDAC 液压技术公司产品）　　　图 7-25　冷却器的图形符号

冷却器在液压系统中的安装位置分两种情况：

① 若溢流功率损失是系统温升的主要原因，则应将冷却器设置在溢流阀的回油管路上[图 7-26（a）]，在回油管冷却器旁要并联旁通溢流阀，实现冷却器的过压安全保护；同时，在回油管冷却器上游应串联截止阀，用来切断或接通冷却器。

② 若系统中存在着若干个发热量较大的元件，则应将冷却器设置在系统的总回油管路上[图 7-26（b）]，如果回油管路上同时设置过滤器和冷却器，则应把过滤器安放在回油管路上游，以使低黏度热油流经过滤器的阻力损失降低。应确保油箱内的油液始终淹没冷却器。

冷却器常用产品见表 7-11。

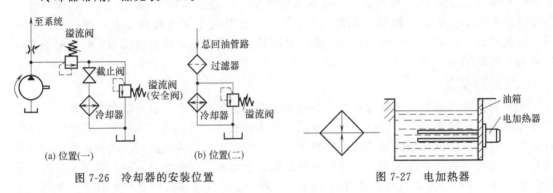

(a) 位置(一)   (b) 位置(二)

图 7-26　冷却器的安装位置　　　　　　　　　图 7-27　电加热器

7.4.2　加热器

液压系统的加热一般常采用结构简单、能按需要自动调节最高和最低温度的电加热器。如图 7-27 所示，电加热器宜横向水平安装在油箱壁上，其加热部分必须全部浸入油中，以免因蒸发使油面降低时加热器表面露出油面。由于油液是热的不良导体，所以应注意油的对流。加热器最好设置在油箱回油管一侧，以便加速热量的扩散。单个加热器的功率不宜太大，以免周围温度过高，使油液变质，必要时可同时装几个小功率加热器。加热器常用产品见表 7-12。

7.5　油管和管接头

液压系统中的管件包括油管和管接头，它们是连接各类液压元件、输送压力油的装置。管件应具有足够的耐压能力（强度）、无泄漏、压力损失小、拆装方便。

管件连接旋入端的螺纹主要使用国家标准米制锥螺纹（ZM）和普通细牙螺纹。前者依靠自身的锥体旋紧并采用聚四氟乙烯生料带等进行密封，适用于中低压系统；后者密封性好，但要采用组合垫圈或 O 形密封圈进行端面密封。国外常用惠氏（BSP）管螺纹（多见于欧洲国家生产的液压元件）和 NPT 螺纹（多见于美国生产的液压元件）。

7.5.1　油管

液压油管有硬管（钢管和铜管）和软管（橡胶软管、塑料管和尼龙管）两类，其特点及适用场合见表 7-13。

由于硬管流动阻力小，安全可靠性高且成本低，所以除非油管与执行机构的运动部分一并移动（如油管装在杆固定的活塞式液压缸缸筒上），一般应尽量选用硬管。

7.5.2　管接头

管接头是油管与油管、油管与液压元件之间的可拆式连接件，管接头必须具有耐压能力强、通流能力强、压降小、装卸方便、连接牢固、密封可靠和外形紧凑等条件。按接头通路不同划分，管接头的主要类型见表 7-14，其中，焊接式、卡套式和扩口式管接头应用较为普遍，其基本型有端直通管接头、直通管接头、端直角管接头、直角管接头、端三通管接头、三通管接头和四通管接头等 7 种。凡带"端"字的都是用于管端与机件（例如液压泵、液压缸、油路块等）间的连接，其余则用于管件间的连接。有 8 种特殊型管接头，其应用见表 7-15。

7.5.3 油管、管接头和油路块的故障诊断

常见故障诊断排除见表 7-16。

7.6 压力与流量测量仪表

7.6.1 压力表及压力传感器

液压系统中泵的出口、安装压力控制元件处、与主油路压力不同的支路及控制油路、蓄能器的进油口等处，均应设置测压点，以便通过压力表及其开关对压力调节或系统工作中的压力数值及其变化情况进行观测。

液压系统各工作点的静态压力通常都用压力表来观测。图 7-28（a）和（b）所示为最常用的弹簧管式普通压力表的结构及图形符号。当压力油进入弹簧弯管 1 时，管端产生变形，通过杠杆 4 使扇形齿轮 5 摆转，带动小齿轮 6，使指针 2 偏转，由刻度盘 3 读出压力值。

压力表精度用精度等级（压力表最大误差占整个量程的百分数）来衡量。例如 1.5 级精度等级的量程（测量范围）为 10MPa 的压力表，最大量程时的误差为 10MPa×1.5％＝0.15MPa。压力表最大误差占整个量程的百分数越小，压力表精度越高。一般机械设备液压系统采用的压力表精度等级为 1.5～4 级。压力表的量程应大于系统的工作压力的上限，即压力表量程为系统最高工作压力的 1.5 倍左右。压力表不能仅靠一根细管来固定，而应把它固定在面板上，压力表应安装在调整系统压力时能直接观察到的部位。压力

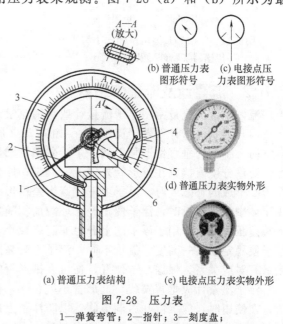

(b) 普通压力表图形符号　(c) 电接点压力表图形符号

(d) 普通压力表实物外形

(a) 普通压力表结构　(e) 电接点压力表实物外形

图 7-28　压力表

1—弹簧弯管；2—指针；3—刻度盘；
4—杠杆；5—扇形齿轮；6—小齿轮

表应通过压力表开关接入压力管道，以防止系统压力突变或压力脉动而损坏压力表。普通压力表的实物外形如图 7-28（d）所示。对于需用远程传送信号或自动控制的液压系统，可选用带微动开关的弹簧管式电接点压力表，其图形符号如图 7-28（c）所示。它一方面可以观测系统压力，另一方面在系统压力变化时可以通过微动开关内设的高压和低压触点发信，控制电动机或电磁阀等元件的动作，从而实现液压系统的远程自动控制。电接点压力表的典型应用回路可参见第 6 章 6.2.1 节（5）之②。电接点压力表的实物外形如图 7-28（e）所示。压力表典型产品见表 7-17。

流体传控系统动态压力测量一般采用压力传感器、电子放大器和记录仪器三部分组成的测量系统进行。压力传感器将压力信号转换为电信号，并用电子放大器（如动态电阻应变仪）对其微弱电信号进行放大，然后送至显示和记录仪器（如光线示波器）。压力传感器的固有频率要比被测压力的最高脉动频率高，灵敏度要高，动态误差要小，抗干扰能力要强，

稳定性好。

系统的压力测量也可采用带有压力传感器及微处理器的智能型数显压力计（表）进行测量。数显压力表及压力传感器典型产品见表 7-18 及图 7-29～图 7-32。

图 7-29　YXS-4 系列数显压力计实物外形

图 7-30　SP 系列数显气压表实物外形

(a) 实物外形　　(b) 图形符号

图 7-31　CY1-17E 型电位计式小型压力
传感器实物外形及图形符号

图 7-32　GS40 系列数字式压力
传感器实物外形

7.6.2　流量计及流量传感器

流体系统的流量常用浮子流量计或涡街流量计进行测量。

（1）浮子流量计（转子流量计）　如图 7-33 所示，浮子流量计的流量检测元件是由一根自下向上扩大的垂直锥形管 1 和一个沿着锥管轴上下移动的浮子 2 所组成，锥形管的大端在上，流量分度直接刻在锥形管外壁上。其工作原理为：当被测介质从下向上经过锥形管 1 和浮子 2 形成的环隙 3 时，浮子上下端产生差压形成浮子上升的力，当浮子所受上升力大于浸在流体中浮子重量时，浮子便上升，环隙面积随之增大，环隙处流体流速立即下降，浮子上下端差压降低，作用于浮子的上升力亦随之减小，直到上升力等于浸在流体中浮子重量时，浮子便稳定在某一高度。流量不同，浮子上升高度便不同。浮子在锥形管中的高度和通过的流量有对应关系。根据浮子位置，便可在锥形管的刻度上读出流量。

浮子流量计应垂直安装，锥形管小端在下，被测介质由下端进、上端出；被测介质应清洁；在使用时，应缓慢开启调节阀，以防浮子上冲而损坏锥形管。浮子的读数位置应是浮子顶部。国内浮子流量计典型产品见表 7-19 及图 7-34～图 7-38。

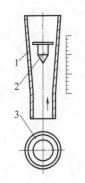

图 7-33　浮子流量计原理
1—锥形管；2—浮子；3—流通环形缝隙

图 7-34　LZB 系列玻璃管
浮子流量计实物外形

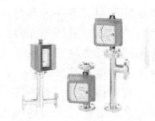

图 7-35　LZ 系列金属管浮子
流量计实物外形

（2）涡街流量计（旋涡流量计）　如图 7-39 所示，涡街流量计由涡街流量传感器（含表体、旋涡发生体和转换放大器）和显示仪表（界面）组成。旋涡发生体置于传感器表体内并与被测介质流向垂直。其工作原理为：当流体流过该旋涡发生体时，在一定雷诺数范围内，在发生体下游交替产生两列旋涡（卡门涡街）；旋涡脱离的频率与流速成正比，对特定通径管道而言，却与流量成正比。检测出旋涡的脱离频率，便可测出流量。在新型涡街流量计的显示仪表（界面）上除了显示流量，还可显示温度和压力并可通过菜单进行参数设置。

涡街流量计的优点：无可动件、寿命长、维护量小；测量介质的工况范围宽，介质压力高；流量测量范围宽；精确度高；测量体积流量时，几乎不受密度、压力、温度和黏度的影响，既可以模拟信号输出，也可以数字信号输出，便于与计算机系统配套使用。其缺点是不能测量小流量，价格较高。国内流量计典型产品见表 7-19。

涡街流量计的安装方向不限，流向应与流量计壳体上的箭头标志一致；流量计上游侧直管段一般需 $(10\sim40)d$，下游侧直管段需 $5d$；尽量避免安装在温度高、温差大、含腐蚀性气体的环境中；尽可能安装在振动和冲击小的场所，以防干扰对测量读数精度的影响；流量计周围应留出进行安装维修的充裕空间。

图 7-36　LUGB 系列涡街流量计实物外形

图 7-37　YF100 型旋涡流量计实物外形

图 7-38　PFMV5 系列流量传感器实物外形

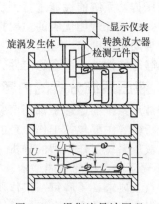

图 7-39　涡街流量计原理

第8章 | 典型液压系统分析

8.1 概述

8.1.1 典型液压系统分析的意义

第8章表格

液压系统名目及种类繁多，分类方式（参见1.4节）、系统的构成与原理及特点也因着眼点、应用领域及主机的不同而异，不便一一列举。本章选择了不同行业与控制目的及由不同控制元件构成的几例典型液压系统，结合主机功能结构，简要介绍其组成元件及回路原理，一方面使读者进一步加深对各类液压元件及回路综合应用的认识，掌握液压传动系统的一般分析方法；另一方面为读者进行液压系统的设计与分析提供典型实例，并可举一反三，便于了解和掌握其他液压系统。

8.1.2 液压系统的评价

随着液压技术的发展，国内外采用全液压传动与控制的机械设备已相当普遍。而液压机械设备的性能优劣，就主要取决于液压系统性能的好坏。对液压系统的评价，间接地表明了液压机械的性能优劣。液压系统性能的优劣是以系统中采用元件的质量好坏、所选择的基本回路恰当与否为判断依据的。

对液压传动系统的性能进行评价，是在满足机械工艺循环及静态特性要求的各种液压传动方案中，对表征性能优劣的主要指标［如系统效率、功率利用、调速范围及微调性能、操纵性能（自动化程度）、冲击、振动和噪声、安全性和经济性等］加以比较。对于液压控制系统，除静态特性外，尚有稳定性、准确性和快速性等评价指标。

8.1.3 液压系统分析的内容及方法要点

各个液压系统的原理图都用国家标准GB/T 786.1—2021规定的图形符号绘制。对液压系统的分析内容主要包括工作原理的分析和性能分析两个方面，其要点如下。

（1）液压系统工作原理的分析

① 概要了解主机的功能结构、工作机构数量及其驱动形式，详细了解各液压执行机构的工况特点及要求，了解每一工作循环的主要动作以及各动作之间的相互关系。

例如组合机床动力滑台液压系统，它是以速度转换为主的液压系统，除了保证能实现诸如滑台的快进→工进→快退的基本工作循环外，还要特别注意速度转换的平稳性等指标，同时要了解控制信号的转换以及动作状态表等。

再如压力机液压系统，它是以压力变换和控制为主的液压系统，除了保证能实现滑块的等待→快速前进→减速及慢速加压→保压及泄压→快速退回等基本循环外，要特别注意保压的可靠性及泄压方式会否引起振动、噪声，还要了解滑块与顶出机构的互锁关系等。

② 了解整机及液压系统的主要技术参数，如原动机（电动机或发动机）的型号、功率。分析了解系统中各组成元件（包括液压泵、液压缸、液压马达，液压阀及液压辅件等）的形式、规格，在系统中的具体作用，相关液压元件之间的油路连接关系及其组成回路的形式、功能、特点和组合方式等，查明液压系统的工作压力、额定压力和额定流量等。对一些用半结构图表示的专用元件（如磨床液压系统中机-液换向阀组成的液压操纵箱），要特别注意其

结构及工作原理，要读懂各种控制装置及变量机构。

③ 在上述基础上，利用所掌握的各种液压元件的结构原理和液压回路的基础知识，对液压系统的工作原理（各工况下系统的油液流动路线）和特点进行细致、深入的分析。具体分析时可借助主机动作循环图和动作状态表或用文字叙述其油液流动路线。为便于阅读，建议先将液压系统中的各元件及主要油路分别进行编码，然后按执行元件划分读图单元，每个读图单元先看动作循环，再看控制回路、主油路。要特别注意系统从一种工作状态转换到另一种工作状态时的信号元件，以及使哪些控制元件动作并实现的。

④ 识读液压系统原理图的注意事项如下。

a. 应对液压泵、执行元件、液压控制阀及液压辅助元件等元件的结构原理有所了解或较为熟悉。

b. 可借助主机动作循环图和动作状态表或用文字叙述其油液流动路线。

c. 分清主油路和控制油路。主油路的进油路起始点为液压泵压油口，终点为执行元件的进油口；主油路的回油路起始点为执行元件的回油口，终点为油箱（开式循环油路）或执行元件的进油口（液压缸差动回路）或液压泵吸油口（闭式循环油路）。对于控制油路也应弄明来源（如是主泵还是控制泵）与控制对象（如液控单向阀、换向阀和电液动换向阀等）。

d. 对于由插装阀组成的液压系统，应在逐一查明插件间的连接关系及相关联的控制盖板、先导控制阀组合成什么阀（是方向阀、压力阀还是流量阀）基础上，再对各工况下的油液流动路线逐一进行分析。

e. 对于由多路阀组成的液压系统，应在逐一查明各联阀中换向阀油口连通方式（并联、串联、串并联、复合油路等）之后，再对每个执行元件在各工况下的油液流动路线逐一进行分析。

（2）液压系统性能的分析 液压系统的种类虽然繁多，但根据其工作特点的不同，仍可大致分为：速度控制、压力控制、方向及位置控制，或它们的组合控制等。尽管不同的液压机械有其独特的要求，但无论什么特殊要求，影响液压系统性能的主要因素都无外乎：液压系统的类型；液压泵及执行元件的形式；系统工作压力；变量（调速）及功率调节方式；回路的组合及合流方式；操纵控制方式。以上六个方面构成了液压系统性能分析的基本出发点。

（3）分析归纳出液压系统的特点 最后，要对系统分析进行综合，以归纳总结出整个系统的特点，使所使用或设计的液压系统不断完善。归纳总结时应考虑以下几个方面：液压基本功能回路是否符合主机的动作及性能要求？各主油路之间、主油路与控制油路之间有无矛盾和干涉现象？液压元件的代用、变换与合并是否合理、可行、经济？以及系统性能的改进方向等。

8.2 连续直线往复运动为主的系统——M1432A 型万能外圆磨床液压系统

8.2.1 主机功能结构

万能外圆磨床主要用于机械零件加工中磨削圆柱、圆锥或阶梯轴的外圆表面以及阶梯轴的端面等，使用内圆磨具还可以磨削内圆和内锥孔表面。万能外圆磨床主要由床身、工作台、头架、砂轮架和尾座等部分构成（图 8-1），要求液压系统完成的主要运动有工作台的自动往复运动、砂轮架快速进退以及径向周期切入进给运动、尾座顶尖的自动松开等，故外圆磨床液压系统是以连续直线往复运动为主的系统。外圆磨床对液压系统的主要要求如表 8-1 所列。

8.2.2 液压系统分析

图 8-2 所示为 M1432A 型万能外圆磨床的液压系统原理图，该系统为定量泵供油的回油节流调速方式，工作台液压缸往复运动由机动先导阀和液动换向阀组成的液压操纵箱进行控制。

（1）工作台往复运动

① 往复运动时的油液流动路线及调速。当开停阀切换至右位（开），先导阀和换向阀的阀芯均处于右端位置时，液压缸右行。其油液流动路线如下。

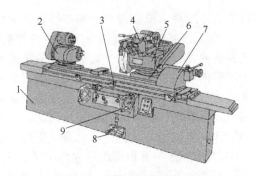

图 8-1　万能外圆磨床外形

1—床身；2—头架；3—工作台；4—内圆磨具；5—砂轮架；6—滑鞍；7—尾座；8—脚踏操纵板；9—横向进给手轮

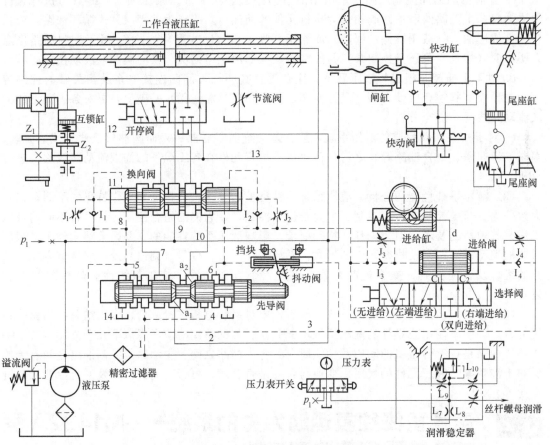

图 8-2　M1432A 型万能外圆磨床液压系统原理图

1～14—油路

进油路：液压泵→油路 9→换向阀→油路 13→液压缸右腔。

回油路：液压缸左腔→油路 12→换向阀→油路 10→先导阀→油路 2→开停阀右位→节流阀→油箱。

当工作台右行至预定位置时，其上的左挡块拨动先导阀操纵杆，使阀芯移至左端位置。这样，换向阀右腔通控制压力油，而左腔通油箱，使阀芯处于左端位置。控制油的流动路线如下。

进油路：液压泵→精密过滤器→油路 1→油路 4→先导阀→油路 6→单向阀 I_2→换向阀右腔。

回油路：换向阀左腔→油路 8→油路 5→先导阀→油路 14→油箱。

当换向阀阀芯处于左端位置后，主油路流动路线如下。

进油路：液压泵→油路 9→换向阀→油路 12→液压缸左腔。

回油路：液压缸右腔→油路 13→换向阀→油路 7→先导阀→油路 2→开停阀右位→节流阀→油箱。

这时，液压缸驱动工作台向左运动。当运动到预定位置时，工作台上右挡块拨动先导阀操纵杆，使阀芯又移到右端位置，则控制油路使换向阀切换，工作台又向右运行。工作台这样周而复始地往复运动直到开停阀转到左位方可停止。工作台往复运动速度由节流阀调节，速度范围为 $(0.83 \sim 66.67) \times 10^{-3} \mathrm{m/s}$。

② 换向过程如下。液压缸换向时，先导阀阀芯先受到挡块操纵而移动，先导阀换向后，操纵液动换向阀的控制油路的进油路与前述流动路线相同，而其回油路先后三次变换油路走向，使换向阀阀芯依次产生第一次快跳→慢速移动→第二次快跳。这样，就使液压缸的换向过程经历了迅速制动、停留和迅速反向启动三个阶段。具体过程如下。

当工作台右行至左挡块碰到先导阀操纵杆使其阀芯向左移动时，其上的右制动锥 a_2 逐渐将液压缸的回油通道关小，液压缸逐渐减速实现预制动。当先导阀阀芯移动，其右部环槽将控制油路 4 与 6 接通，其左部环槽将油路 5 接通油箱时，控制油路被切换，此时的控制油路的流动路线如下。

进油路：液压泵→精密过滤器→油路 1→油路 4→先导阀→油路 6→单向阀 I_2→换向阀右腔。

换向阀左腔至油箱的回油，视阀芯的位置不同，先后有三条油路。第一条油路是在阀芯开始移动阶段的回油路线：换向阀左腔→油路 8→油路 5→先导阀→油箱。此回油路中无节流元件，油路畅通无阻，故阀芯移动速度高，产生第一次快跳。第一次快跳使阀芯中部台肩移到阀套的沉割槽处，导致液压缸两腔的油路连通，工作台停止运动。

当换向阀阀芯左端圆柱部分将油路 8 覆盖后，第一次快跳结束。其后，左腔的回油只能经节流阀 J_1 至油路 5 回油箱，这样，阀芯按节流阀 J_1 调定的速度慢速移动。在此期间，液压缸两腔油路继续互通，工作台停止状态持续一段时间。这就是工作台反向前的端点停留，停留时间由节流阀 J_1 调定，调节范围为 $0 \sim 5\mathrm{s}$。

当换向阀阀芯移到左部环槽，将通道 11 与 8 连通时，阀芯左腔的回油管通道又变为畅通无阻，阀芯产生第二次快跳。这样，主油路被切换，工作台迅速反向启动向左运动，至此换向过程结束。

（2）工作台的液压驱动与手动互锁原理　工作台往复运动设有手动机构，以便工作台的调整。手动是由手轮经齿轮、齿条等传动副实现的。当工作台运动时，手摇工作台应失效，以免手轮转动伤人。只有工作台开停阀手柄置于左位（停）时，才能手摇工作台移动。此互锁动作是由互锁缸实现的。当开停阀右位切入系统时，互锁缸通入压力油，推动活塞使齿轮 Z_1 和 Z_2 脱开，工作台的运动不会带动手轮转动。当开停阀左位切入系统时，互锁缸接通油箱，活塞在弹簧力作用下移动，使齿轮 Z_1 和 Z_2 啮合，手动传动机构接通。同时工作台液压缸两腔通过开停阀和压力油互通而处于浮动状态，这时转动手轮即可使工作台运动。

（3）工作台的抖动　在切入磨削或在工件长度略大于砂轮宽度的情况下进行纵向磨削时，使工作台抖动可以降低工件表面粗糙度的值并提高工作效率。抖动原理如下：若把工作台左、右两挡块调整很近（图 8-2），甚至先导阀换向拨杆的两侧，其压力油由控制油路 5、6 供给，在抖动阀的推动下，先导阀左、右快跳，则换向阀也同时做左、右快跳，此时停留阀应开得最大，使进入液压缸的压力油迅速交替改变，工作台便做短距离频繁抖动。

（4）砂轮架的快速进退运动和周期进给运动

① 砂轮架上丝杆螺母机构的丝杆与快动缸的活塞杆连为一起，其快进和快退由快动缸驱动（图 8-2），通过快动阀（二位四通手动换向阀）控制。当快动阀处在图示右位时，压力油进入快动缸右腔，左腔通油箱，砂轮架快进。反之，快动阀切换至左位时，砂轮架快退。

为了防止砂轮架快速进退到终点处引起冲击，在快动缸两端设有缓冲装置，并设有闸缸（柱塞缸）抵住砂轮架，用以消除丝杆与螺母间的间隙，使其重复位置误差不大于 0.005mm。

② 砂轮架的周期进给是在工作台往复运动到终点停留时自动进行的。它是由进给阀操纵，经进给缸柱塞上的棘爪拨动棘轮，再通过齿轮、丝杆-螺母等传动副带动砂轮架实现的。进给缸右腔进压力油时为一次进给，通油箱时为空程复位无进给。这个间歇式周期性进给运动可在工件左端停留（工作台向右运行到终点）时进行，也可在工件右端停留时进行，还可在两端停留时进行，也可不进行。图 8-2 中选择阀的位置是"双向进给"。当工作台向右运行到终点时，由于先导阀已将控制油路切换，其油液流动路线为：

进油路：液压泵→精密过滤器→油路 1→油路 4→先导阀→油路 6→选择阀→进给阀 C_1 口→油路 d→进给缸右腔。

这样，进给缸柱塞向左移动，砂轮架产生一次进给。与此同时，控制压力油经节流阀 J_3 进入进给阀左腔，而进给阀右腔液压油经单向阀 I_4，先导阀左部环槽与油箱连通。于是进给阀阀芯移至右端，将 C_1 口关闭，C_2 口打开。这样，进给缸右腔经油路 d、进给阀 C_2 口、选择阀、油路 3、先导阀左端环槽与油箱连通，结果进给缸柱塞在其左端环槽与油箱连通，进给缸柱塞在其左端弹簧作用下移到右端，为下一次进给做好准备。进给量的大小由棘轮棘爪机构调整，进给快慢通过调整节流阀决定。工作台向右运行，砂轮架在工件右端进给时的过程与上述相同。

8.2.3 系统技术特点

该磨床工作台往复运动系统采用了 HYY21/3P-25T 型快跳式液压操纵箱，结构紧凑，操纵方便。

① 该操纵箱将换向过程分为预制动、终制动、反向迅速启动三个阶段进行。由于预制动为行程控制方式，每次预制动结束时，工作台的位置和速度基本相同，故提高了终制动在同速和异速时的位置精度。

② 当预制动结束时，抖动阀使先导阀阀芯快跳，且先导阀阀芯的快跳与换向阀阀芯的快跳几乎同时完成，这样不仅提高了工作台终制动的位置精度，还能保证制动平稳无冲击。

③ 由于液压操纵箱内增加了一对抖动阀，可实现工作台抖动，并保证了低速换向的可靠性。

④ 工作台往复运动采用结构简单的节流阀调速，功率损失较小。此外，节流阀位于液压缸出口油路中，不仅为液压缸建立了背压，有助于运动平稳，而且经节流阀发热的液压油直接流回油箱冷却，减少了热量对机床变形的影响。

8.3 压力变换与控制为主的系统之———YA32-200 型四柱万能液压机系统

8.3.1 主机功能结构

液压机是用来对金属、木材、塑料等材料进行压力加工的机械，按结构不同有四柱式、框架式和钢丝缠绕预应力等形式，其中四柱式应用量大面广。如图 8-3（a）所示，四柱式液压机的机身由横梁、工作台及四根立柱构成。滑块由置于中空横梁内的主液压缸驱动，顶出

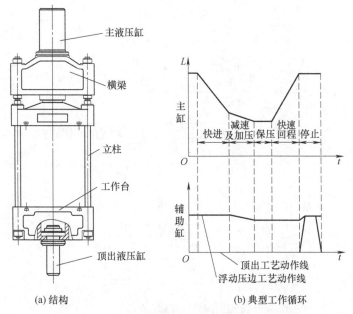

(a) 结构   (b) 典型工作循环

图 8-3   四柱式液压机的结构及典型工作循环

L—行程；t—时间

机构由置于工作台下方的顶出液压缸驱动，其典型工作循环如图 8-3（b）所示（在做薄板拉伸时，还需要利用顶出液压缸将坯料压紧，此时顶出液压缸下腔需保持一定的压力并随主缸一起下行）。液压机系统是以压力变换与控制为主的液压系统。YA32-200 型四柱万能液压机是一种典型压力机产品，其主液压缸最大压制力为 2MN。该机的液压系统采用普通液压阀控制。

8.3.2   液压系统分析

（1）系统组成   图 8-4 所示为 YA32-200 型四柱万能液压机液压系统原理图。系统的液压源为主泵 1 和辅泵 2。主泵为高压大流量压力补偿式恒功率变量泵，最高工作压力为 32MPa，由远程调压阀 5 设定；辅泵为低压小流量定量泵，主要用作电液换向阀 6 及 21 的控制油源，其工作压力由溢流阀 3 设定。系统的两个执行元件为主液压缸 16 和顶出液压缸 17，两液压缸的换向分别由电液动阀 6 和 21 控制；带卸荷阀芯的液控单向阀 14 用作充液阀，在主缸 16 快速下行时开启，使副油箱向主缸充液；液控单向阀 9 用于主缸 16 快速下行通路和快速回程通路，背压阀 10 为液压缸慢速下行时提供背压；单向阀 13 用于主缸 16 的保压；阀 11 为带阻尼孔的卸荷阀，用于主缸保压结束后、换向前主泵 1 的卸荷；节流阀 19 及背压阀 20 用于浮动压边工艺过程中，保持顶出缸下腔所需的压边力，安全阀 18 用于节流阀 19 阻塞时系统的安全保护。压力继电器 12 用作保压起始的发信装置。表 8-2 为该液压机系统的动作状态表。

（2）工作原理

① 主缸及滑块。

a. 快速下行。按下启动按钮，电磁铁 1YA、5YA 通电使电液动换向阀 6 切换至右位，电磁换向阀 8 切换至右位，辅泵 2 的控制压力油经阀 8 将液控单向阀 9 打开。此时，主油路的流动路线为如下。

进油路：主泵 1→换向阀 6（右位）→单向阀 13→主缸 16 无杆腔。

回油路：主缸 16 有杆腔→液控单向阀 9→换向阀 6（右位）→换向阀 21（中位）→油箱。

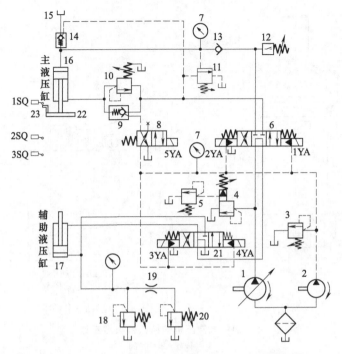

图 8-4　YA32-200 型四柱万能液压机液压系统原理图

1—主液压泵；2—辅助液压泵；3,4—溢流阀；5—远程调压阀；6,21—三位四通电液动阀；7—压力表；
8—二位四通电磁阀；9,14—液控单向阀；10—背压阀；11—卸荷阀（带阻尼孔）；12—压力继电器；
13—单向阀；15—副油箱；16—主液压缸；17—顶出液压缸；18—安全溢流阀；
19—节流阀；20—背压溢流阀；22—滑块；23—活动挡块

此时，主缸及滑块 22 在自重作用下快速下降。但由于变量泵 1 的流量不足以补充主缸因快速下降而使上腔空出的容积，因而置于液压机顶部的副油箱 15 中的油液在大气压及液位高度作用下，经带卸荷阀芯的液控单向阀 14 进入主缸无杆腔。

b. 慢速接近工件及加压。当滑块 22 上的活动挡块 23 压下行程开关 2SQ 时，电磁铁 5YA 断电使换向阀 8 复至左位，液控单向阀 9 关闭。此时主缸无杆腔压力升高，阀 14 关闭，且主泵 1 的排量自动减小，主缸转为慢速接近工件和加压阶段。系统的油液流动路线如下。

进油路：同快速下行。

回油路：主缸有杆腔→背压（平衡）阀 10→换向阀 6（右位）→换向阀 21（中位）→油箱。

从而使滑块慢速接近工件，当滑块 22 接触工件后，阻力急剧增加，主缸无杆腔压力进一步提高，变量泵 1 的排量自动减小，主缸驱动滑块以极慢的速度对工件加压。

c. 保压。当主缸上腔的压力达到设定值时，压力继电器 12 发信，使电磁铁 1YA 断电，电液动换向阀 6 复至中位，主缸上、下油腔封闭，系统保压。单向阀 13 保证了主缸上腔良好的密封性，主缸上腔保持高压。保压时间可由压力继电器 12 控制的时间继电器（图中未画出）调整。保压阶段，除了液压泵低压卸荷外，系统中无油液流动。此时，系统的油液流动路线为：主泵 1→换向阀 6（中位）→换向阀 21（中位）→油箱。

d. 泄压（释压）、快速回程。保压过程结束时，时间继电器发信，使电磁铁 2YA 通电（定程压制成型时，可由行程开关 3SQ 发信），换向阀 6 切换至左位，主缸进入回程阶段。如果此时主缸上腔立即与回油相通，保压阶段缸内液体积蓄的能量突然释放将产生液压冲击，引起振动和噪声。故系统保压后必须先泄压，然后回程。

当换向阀 6 切换至左位后，主缸上腔还未泄压，压力很高，带阻尼孔的卸荷阀 11 呈开启状态，因此有：主泵 1→换向阀 6（左位）→阀 11→油箱。此时主泵 1 在低压下运行，此压力不足以打开复式液控单向阀 14 的主阀芯，但能打开其阀内部套装的卸荷小阀芯（参见图 6-12），主缸上腔的高压油经此卸荷小阀芯的开口泄回副油箱 15，压力逐渐降低（泄压）。泄压过程持续至主缸上腔压力降到使卸荷阀 11 关闭时为止。泄压结束后，主泵 1 的供油压力升高，顶开阀 14 的主阀芯。此时系统的油液流动路线如下。

进油路：主泵 1→换向阀 6（左位）→液控单向阀 9→主缸有杆腔。

回油路：主缸无杆腔→阀 14→副油箱 15。

主缸驱动滑块快速回程。

e. 停止。当滑块上的挡铁 23 压下行程开关 1SQ 时，电磁铁 2YA 断电使换向阀 6 复至中位，主缸活塞被该阀的 M 型机能的中位锁紧而停止运动，回程结束。此时主液压泵 1 又处于卸荷状态（油液流动同保压阶段）。

② 顶出缸。主缸和顶出缸的运动应实现互锁。当电液换向阀 6 处于中位时，压力油经过电液换向阀 6 中位进入控制顶出缸 17 运动的电液换向阀 21。

a. 顶出。按下顶出按钮，电磁铁 3YA 通电，换向阀 21 切换至左位，系统的油液流动路线如下。

进油路：主泵 1→换向阀 6（中位）→换向阀 21（左位）→顶出缸 17 无杆腔。

回油路：顶出缸 17 有杆腔→换向阀 21（左位）→油箱。

活塞上升，将工件顶出。

b. 退回。电磁铁 3YA 断电，4YA 通电时，油路换向，顶出缸的活塞下降，此时油液流动路线如下。

进油路：主泵 1→换向阀 6（中位）→换向阀 21（右位）→顶出缸 17 有杆腔。

回油路：顶出缸 17 无杆腔→换向阀 21（右位）→油箱。

c. 浮动压边。做薄板拉伸压边时，要求顶出缸既保持一定压力，又能随主缸滑块的下压而下降。这时电磁铁 3YA 通电，换向阀 21 切换至左位，这时的油液流动路线与顶出时相同，从而顶出缸上升到顶住被拉伸的工件；然后电磁铁 3YA 断电，顶出缸无杆腔的油液被阀 21 封住。主缸滑块下压时，顶出缸活塞被迫随之下行，从而有：

顶出缸无杆腔→节流阀 19→背压阀 20→油箱。

8.3.3 系统技术特点

① 采用高压、大流量恒功率变量泵供油，既符合工艺要求，又节省能量。

② 依靠活塞滑块自重作用实现快速下行，并通过充液阀对主缸充液。快速运动回路结构简单，使用元件较少。

③ 采用普通单向阀保压。为了减少由保压转换为"快速回程"时的液压冲击，系统采用了由卸荷阀和带卸荷阀芯的充液阀组成的泄压回路。

④ 顶出缸与主缸运动互锁。只有换向阀 6 处于中位，使主液压缸不运动时，压力油才能经阀 21 使顶出缸运动。

8.4 压力变换与控制为主的系统之二——双液压缸剪板机插装阀集成液压系统

8.4.1 主机功能结构

双液压缸驱动剪板机（图 8-5）主要用于钢板的剪切作业。主机的主要工作部件通常为压料装置（几个油路并联的液压缸带动）和刀架（两个串联或并联的液压缸带动），具有剪切平稳、操作轻便、安全可靠等优点。其工作循环通常为：压紧→刀架下行切断→刀架回程→松开。

图 8-5　双液压缸剪板机外形

8.4.2　液压系统分析

图 8-6 所示为某剪板机的插装阀集成液压系统，其油源为定量泵 18，其最高压力由插件 1 及其先导阀 8 限定，远程调压与卸荷由阀 10 和插件 1 完成；两组执行元件分别为弹簧复位的单作用压料缸和并联同步刀架主缸（主缸）。压料缸与主缸的顺序动作，采用顺序阀（插件 6 和先导调压阀 16 组成）控制；立置主缸的自重由平衡阀（插件 5 和先导调压阀 15 组成）控制，主缸换向由插件 3 和插件 4 控制，14 为梭阀，主缸回程背压由插件 2 控制。

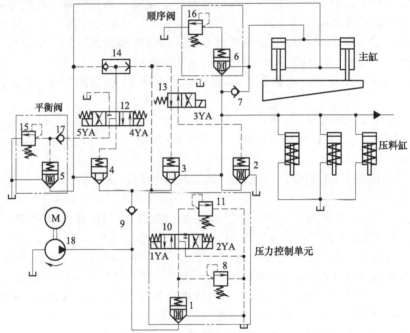

图 8-6　双液压缸剪板机插装阀液压系统原理图

1～6—插件；7,9,17—单向阀；8,11,15,16—先导调压阀；10,12—三位四通电磁阀；13—二位二通电磁阀；14—梭阀；18—定量泵

当主缸下行时，电磁铁 2YA 和 3YA 通电，阀 10 和阀 13 均切换至右位，泵 18 由卸荷转为升压，其压力由阀 8 限定，插件 3 的控制腔卸载而开启，插件 2 控制腔接压力油而关闭。此时系统的进油路线为：泵 18 的压力油经单向阀 9、插件 3，先进入压料缸使板材压紧；压紧后系统压力增高，当压力上升至顺序阀的设定值后，打开插件 6，压力油进入主缸上腔。回油路线为：主缸下腔油液经平衡阀排回油箱，主缸活塞杆带动刀架完成剪板作业。

仿照上述方法，容易对主缸回程油路做出分析，此处从略。该系统采用二通插装阀进行控制，特别适合该系统高压大流量的工况需求。

8.5　多路变换为主的液压系统——WY-100 型履带式全液压单斗挖掘机液压系统

多执行机构换向和复合系统在车辆与工程机械中较为常见。此类机械是运输及各类施工工程中不可缺少的，由于其具有以内燃机为原动机、载人工作、工作环境恶劣、受环保要求限制、自重和安装空间受到限制等特点，故普遍采用液压传动与控制。

8.5.1　主机功能结构

单斗液压挖掘机是一种自行式土方工程机械，斗容量从 $0.25 \sim 6.0 \mathrm{m}^3$ 不等，按行走机构不同有履带式和轮胎式两类。履带式应用较多，其主要组成如图 8-7 所示。铲斗 1、斗杆 2 和动臂 3 统称为工作机构，分别由相应液压缸 6、7、8 驱动；回转机构 4 和行走机构 5，由各自的液压马达（图中未绘出）驱动，整个机器的动力由柴油发动机提供。

挖掘机的典型工作循环是：铲斗切削土壤入斗，装满后提升回转到卸料点卸空，再回到挖掘位置并开始下次作业。其作业程序及其动作特性见表 8-3，此外，挖掘机还具有工作循环时间短（$12 \sim 25 \mathrm{s}$）的特点，并要求主要执行机构能实现复合动作，所以单斗挖掘机的系统是以多路换向为主的液压传动系统。

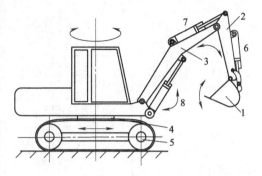

图 8-7　履带式全液压单斗挖掘机
1—铲斗；2—斗杆；3—动臂；4—回转机构；
5—行走机构；6—铲斗液压缸；
7—斗杆液压缸；8—动臂液压缸

WY-100 型履带式全液压单斗挖掘机的主要技术参数：铲斗容量 $1 \mathrm{m}^3$，发动机功率 110kW，机重为 250kN，行走速度（双速）为 3.4km/h 和 1.7km/h。

8.5.2　液压系统分析

（1）系统组成　图 8-8 所示为 WY-100 型履带式全液压单斗挖掘机的液压系统原理图，它是一个双泵双回路定量型系统，采用多路换向阀的串联油路以及专用手动换向阀的合流方式。

① 系统的油源为单向阀配流径向柱塞双联定量液压泵 1、2，两泵做在同一壳体内，每边三个柱塞，自成一泵，由发动机通过同一根曲轴驱动。泵的型号为 2-65×ZB64×641，其额定压力为 32MPa，额定流量为 2×100L/min。

② 系统有六个执行元件，分别是三个单杆液压缸（铲斗缸 3、斗杆缸 4、动臂缸 5）和三个内曲线多作用低速大转矩液压马达。每条履带用一个行走马达驱动，马达型号为 2ZMS4000（双排），其排量为 $4000 \mathrm{cm}^3 / \mathrm{r}$；回转台驱动马达型号为 M2000，其排量为 $2000 \mathrm{cm}^3 / \mathrm{r}$。

③ 系统的主要控制元件为两个多路换向阀组Ⅰ、Ⅱ，各缸和马达用一联多路换向阀操纵。泵 1、2 与多路换向阀组Ⅰ、Ⅱ及相关执行元件分别构成两个独立串联油路。

整个系统分上车和下车两部分，上车部分包括双联液压泵、控制部分及各液压缸、回转马达 14 和发动机等，置于回转台上部；下车部分包括左、右行走马达，设在履带底盘上，液压油经中心回转接头 9 进入左、右行走马达。

（2）工作原理　由图 8-8 可看出，泵 1 的液压油通过多路换向阀驱动铲斗缸 3、回转液压马达 14、左行走液压马达 16 工作，组成一个独立串联油路（第一个回油流入第二个进口）。溢流阀 7 用以限制泵 1 回路的最高工作压力，防止系统过载。泵 2 的液压油通过多路换向阀驱动动臂缸 5、斗杆缸 4 和右行走液压马达 17 工作，组成另一个独立串联油路。溢流阀 11 用以限制泵 2 回路的最高工作压力，防止泵 2 回路过载。在各执行元件的进回油分支油路中均设有缓冲溢流阀 23，用来吸收工作装置的冲击。

此双泵双回路系统，通过操纵相应的换向阀，就能使各液压缸和液压马达工作，完成挖掘和运走等作业。

8.5.3　系统技术特点

① 双速行驶。该挖掘机的左、右履带分别由一个双排液压马达 16 和 17 驱动。两个变

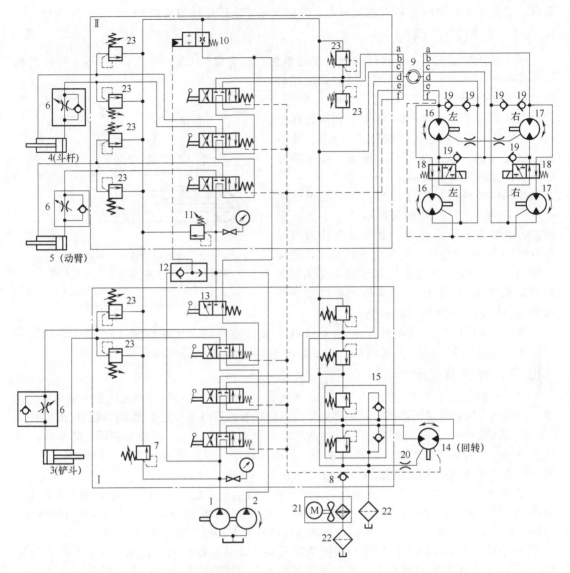

图 8-8　WY-100 型履带式全液压单斗挖掘机液压系统原理图

1,2—双联液压泵；3—铲斗液压缸；4—斗杆液压缸；5—动臂液压缸；6—单向节流阀；7,11—溢流阀；8—背压单向阀；9—中心回转接头；10—限速阀；12—梭阀；13—手动合流阀；14—回转马达；15—限压补油阀组；16,17—左、右行走马达；18—行走马达变速阀；19—补油单向阀；20—节流器；21—冷却器；22—过滤器；23—限压阀

速电磁阀（二位四通换向阀）18 装在马达 16 和 17 的配油轴中。通过阀 18 的通断电实现变速：当阀 18 断电处于图示左位时，马达的两排油腔并联进油，为低速大转矩，用于道路阻力大及爬坡工况；当阀 18 通电切换至右位时，马达的两油腔串联进油，为高速小转矩，用于道路阻力小的工况。

　　② 合流方式。当需要动臂或斗杆快速工作时，可通过二位三通手动合流阀 13 实现合流与分流。当阀 13 切换至左位时，可使泵 1 和泵 2 的液压油合流供给动臂缸 5 或斗杆缸 4，以提高动臂或斗杆的工作速度。当阀 13 处于图示右位时，起分流作用。

　　③ 限速措施。动臂、斗杆和铲斗缸都有可能发生重力超速现象，为此，采用了单向节流阀 6 的限速措施。

行走液压马达下坡时也会发生重力超速现象，故油路中用液控限速阀 10 来防止。限速阀 10 的液控口作用着由交替逆止阀（梭阀）12 提供的泵 1、2 的最大压力。当挖掘机下坡行走出现超速情况时，泵出口压力会降低，限速阀 10 自动对回油进行节流，防止溜坡现象，保证挖掘机行驶安全。由于限速阀 10 的控制压力油通过交替逆止阀 12 引入，若履带一边液压马达超速，而另一边未超速，因交替逆止阀 12 引起的是未超速一边的压力去控制限速阀 10 移动，所以限速阀不能起限速作用。只有在两条履带均超速时，限速阀才能起防止超速作用。前一种超速工况，实际工作时很少出现，而后一种超速工况才是经常发生的。

④防止热冲击的排油油路。进入回转马达 14 内部和壳体内的液压油温度不同，会造成液压马达各零件热膨胀程度不同，引起密封滑动面卡死的热冲击现象。为此，在马达 14 壳体上设有两个油口：左侧油口经节流器 20 与有背压回路（背压单向阀 8）相通，使部分回油进入壳体；右侧油口（无背压）经过滤器 22 直接回油箱。由于马达壳体内不断形成低压油循环，带走热量，故可防止热冲击的发生。此外，循环油还能冲洗壳体内磨损物。

⑤ 单独的泄油回路。将多路换向阀和液压马达的泄漏油液用油管集中起来，通过五通接头和过滤器 22 引回油箱。该回路无背压，以减少外漏。液压系统出现故障时可通过检查泄漏油路过滤器，判定是否属于液压马达磨损引起的故障。

⑥ 补油油路。该液压系统中的回油经背压阀 8 流回油箱，能产生 0.8～1.0MPa 的补油压力，形成背压油路，以便在液压马达制动或出现超速时，背压油路中的油液经补油单向阀 19（或 15）向液压马达补油，以防止液压马达内部的柱塞滚轮脱离导轨表面。

⑦ 强制风冷。该系统为双联定量泵油源，效率较低、发热量大，而履带式挖掘机属行走机械，液压油箱不能过大，故为了防止液压系统过大的温升，该机设置强制风冷式冷却器 21，以保证油温不超过 80℃。

8.6　电液比例控制系统之一——XS-ZY-250A 型注塑机液压系统

8.6.1　主机功能结构

注塑机是热塑性塑料制品的成型加工机械，具有使形状复杂制品一次成型的能力。如图 8-9 所示，液压传动与控制的注塑机主要由合模部件（含合模缸 1、动模板 2、定模板 3 与顶出缸 4 等）、注射部件（含料斗 7、料筒 6、喷嘴 5、预塑电机 M、注射缸 9 和注射座移动缸 10 等）、床身（内装液压系统及电控系统等，图中未画出）等组成。

注塑机的一般工艺流程如图 8-10 所示，具有注塑工艺顺序动作多、工况多变、成型周期短、合模力和注射力需求大的特点。因此，注塑机液压系统属于多执行元件顺序动作、多级压力调节和多级速度转换的系统。采用开关式液压阀构成的注塑机系统，尽管对塑料制品的适应性较强，但系统油路复杂，所需液压元件较多，工作稳定性较差。电液比例阀构成的注塑机系统，可以简化油路结构，提高系统的稳定性，提高注塑机整机的机电一体化和自动化水平及产品质量。

此处介绍的 XS-ZY-250A 型注塑机属中小型注塑机，其机筒螺杆有 $\phi40$mm、$\phi45$mm 和 $\phi50$mm 三种可选直径，分别对应的一次注射量为 201g、254g 和 314g，本机装 $\phi50$mm 的机筒螺杆，其他机筒螺杆由用户选购。该机采用液压-机械式合模机构，锁模力为 1600kN。采用电动机预塑。

8.6.2　液压系统分析

（1）系统组成　由图 8-9 所示的 XS-ZY-250A 型注塑机电液比例控制系统原理图可知，系统由一台双联定量泵 28 和一台定量单泵 26 组合供油；液压执行元件有合模缸 1、顶出缸

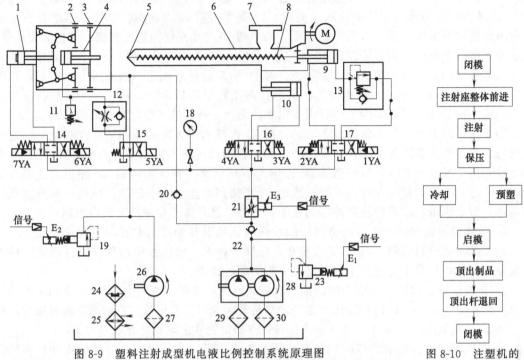

图 8-9　塑料注射成型机电液比例控制系统原理图

图 8-10　注塑机的一般工艺流程

1—合模缸；2—动模板；3—定模板；4—顶出缸；5—喷嘴；6—料筒；7—料斗；8—螺杆；
9—注射缸；10—注射座移动缸；11—压力继电器；12—单向节流阀；13—单向顺序阀；
14,17—三位四通电液动换向阀；15—二位四通电磁阀；16—三位四通电磁换向阀；
18—压力表及其开关；19,23—电液比例溢流阀；20,22—单向阀；21—电液比例流量阀；
24—磁芯过滤器；25—冷却器；26—单级泵；27,29,30—过滤器；28—双联泵

4、注射缸 9 和注射座移动缸 10 等。合模液压缸 1 通过对称五连杆机构推动模板进行启、闭模，缸 1 的运动方向由电液动换向阀 14 控制。缸 4 用于顶出工件，其运动方向由电磁换向阀 15 控制，顶出速度由单向节流阀 12 控制；缸 9 的运动方向由电液动换向阀 17 控制；缸 10 的运动方向由电磁换向阀 16 控制。两个电液比例溢流阀 19 和 23 可对注塑机的启闭模、注射座前移、注射、顶出、螺杆后退时的压力进行控制，系统压力由压力表及其开关 18 读取。电液比例流量阀 21 用来控制启闭模和注射时的速度。

（2）工作原理　根据表 8-4 所列系统的动作状态表，容易了解各工况下的油液流动路线（此处从略）。

8.6.3　系统技术特点

① 采用一台独立单泵和一台双联泵的液压源，通过组合供油，满足主机不同执行机构在不同工作阶段对流量的不同要求，实现了节能。

② 采用了比例压力阀和比例流量阀，可实现注射成型过程中的压力和速度的比例调节，以满足不同塑料品种及不同制品的几何形状和模具浇注系统对压力和速度的不同需要。大大简化了液压回路及系统，减少了液压元件用量，提高了系统的可靠性。

③ 由于注塑机通常要将熔化的塑料以 40～150MPa 的高压注入模腔，模具合模力要足够大，否则注射时会因模具闭合不严而产生塑料制品的溢边现象。系统中采用液压-机械式合模机构，合模液压缸通过具有增力和自锁作用的五连杆机构实现闭模与启模，可减小合模缸工作压力，且合模平稳、可靠。最后合模是依靠合模液压缸的高压，使连杆机构产生弹性

变形来保证所需的合模力，并把模具牢固地锁紧。

④ 为了缩短空行程时间以提高生产率，且要考虑合模过程中的平稳性，以防损坏模具和制品，故合模机构在闭模、启模过程中需有慢速—快速—慢速的顺序变化，系统中的快速是用液压泵通过低压、大流量供油来实现的。

⑤ 为了使注射座喷嘴与模具浇口紧密接触，注射座移动缸无杆腔在注射、保压工况时，应一直与压力油相通，以保证注射座移动缸活塞具有足够的推力。

⑥ 为了使塑料充满容腔而获得精确的形状，同时在塑料制品冷却收缩过程中，使熔融塑料可不断补充，以防止充料不足而出现残次品，在注射动作完成后，注射缸仍通压力油来实现保压。

⑦ 调模采用液压马达驱动，因而给装拆模具带来极大的方便。

8.7 电液比例控制系统之二——火力发电厂捞渣机液压系统

8.7.1 主机功能结构

刮板式捞渣机（图 8-11）是火力发电厂的锅炉除渣系统的重要设备，用于封闭锅炉炉膛，同时可将锅炉底渣连续输送至渣仓或后级输送设备。捞渣机一般由主机、驱动装置和张紧装置等部分组成，并布置在锅炉炉膛下方。捞渣作业时，渣井的高温炉渣落入捞渣机壳体内，通过壳体内的冷却水对高温炉渣进行冷却，同时保持炉膛与外界隔绝。图 8-12 所示为捞渣机驱动装置，主轴（驱动轴）由固定在机器壳体上双侧的液压马达驱动旋转，通过主轴相连的驱动轮（单齿可拆型齿轮）带动圆环形链条牵引刮板，将冷却后的炉渣连续输送至炉膛外的渣仓顶部碎渣机进行碎渣处理，然后落入渣仓储存转运。

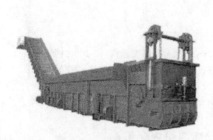

图 8-11　捞渣机外形

图 8-12　捞渣机驱动装置

8.7.2 液压系统分析

（1）系统组成　图 8-13 所示为某捞渣机驱动装置液压系统原理图。系统的油源为电动机 1 驱动的负载敏感控制变量液压泵 2，泵的输出流量由负载传感控制变量阀（或功率适应控制变量阀）3（其中 3-1 为比例滑阀，3-2 为恒压阀）通过泵中的差动变量缸 2-2 操纵其斜盘倾角实现。单向阀 4 用于防止液压冲击对泵的影响以保护液压泵。系统的工作压力由溢流阀 10 设定并通过压力表及其开关 6 监控。系统的执行元件为驱动齿轮正反向旋转的双向定量液压马达 13 和 14，其运动方向由三位四通电液比例方向阀 11 控制，负载压力通过梭阀 7 由压力传感器 12 检测。单向阀 5 作背压阀使用，以提高两马达的运转平稳性。过滤器 15 和 18 分别用于液压马达回油和泄漏油过滤。电磁水阀 17 用于控制水冷却器 16 冷却水的通断；加热器 19 用于油箱 24 中油液的加热；2 点液位开关 20 和液位计 23 用于监控油箱 24 的液位高低；5 接点温度计用于监控油液温度；空气过滤器 22 用于进入开式油箱空气的过滤。放

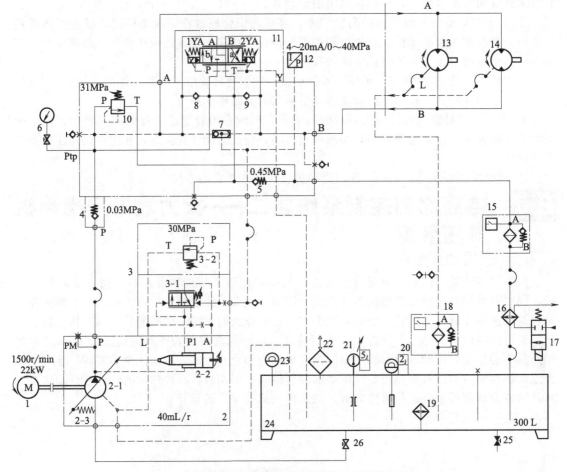

图 8-13　捞渣机驱动装置电液比例控制系统原理图

1—电动机；2—变量液压泵（2-1—泵主体；2-2—变量缸；2-3—变量弹簧）；3—负载敏感变量阀（3-1—比例滑阀；
3-2—恒压阀）；4,5—单向阀；6—压力表及其开关；7—梭阀；8,9—单向阀；10—溢流阀；11—电液比例方向阀；
12—压力传感器；13,14—双向定量液压马达；15,18—过滤器；16—水冷却器；17—电磁水阀；19—加热器；
20—2点液位开关；21—5接点温度计；22—空气过滤器；23—液位计；24—油箱；25—放油口；26—吸油截止阀

油口 25 用于油箱的清洗放油；截止阀 26 用于维护液压泵隔离油箱内介质。

（2）工作原理　功率适应阀中的比例滑阀左、右两端分别受液压泵输出压力、液压马达的负载压力和弹簧力的作用。

当比例方向阀 11 不通电处于图示中位时，马达 13 和 14 停止转动。此时，比例滑阀在液压泵油压作用下处于左位，泵输出的压力油经比例滑阀和 A 口作用于变量缸，使泵的排量一直减小到只是用于补偿泄漏所需流量，液压泵流量卸荷。

当比例电磁铁 1YA 通电时，阀 11 按输入电流的大小向左移动一开口量，泵 2 的压力油经单向阀 4、比例阀 11 和管路 A 进入马达 13 和 14 的上腔，泵 2 的压力上升到液压马达动作压力，马达带动机器的齿轮和环形链条运转，马达下腔回油经管路 B、阀 11、单向阀 5、过滤器 15 和冷却器 16 排至油箱 24。同时，梭阀 7 将输出的马达负载压力作用于负载敏感变量阀 3 中的比例滑阀右端，与作用于比例滑阀左端的液压泵的输出压力进行比较。开始动作时，由于泵的流量即通过比例阀 11 的流量尚小，故阀 11 进油路的进出油口压差也小，于是比例滑阀在弹簧作用下推向左，变量缸回油通过油路 L 与油箱接通，从而使泵的流量增加。随着泵流量的增加，比例阀 11 进油路压差逐渐增大，直至比例滑阀所设定的补偿压差时，比例滑阀移到平衡位置，则液压泵输出流量不再增加而维持某一流量，此流量正好与此时比例换向阀 11 输入电流对应阀口开度所通过的流量相适应。

若渣量增大导致负载压力增大，则泵的压力随之增大，提高捞渣机的承载能力。当负载压力大于设定值要求的延时时间时，则比例滑阀左移，变量缸使泵的流量增大，马达转速亦即捞渣机速度自动提升，以加大排渣量。

当负载压力超过阀 3 中的压力阀设定压力（30MPa）即超载时，阀 3 中的压力阀即开启，泵的排油作用于变量缸，使泵在该压力下的排量一直减小到只是用于补偿泄漏所需流量，泵实现流量卸荷。

比例电磁铁 2YA 通电使液压马达反转的工况可进行类似分析，此处从略。

8.7.3 系统技术特点

① 系统采用负载敏感控制变量泵供油＋电液比例换向阀换向及调速，泵的压力和流量与负载需求高度匹配，能耗低，发热少，机电液一体化水平高。

② 系统采用了完备的过滤和温控措施，运转安全可靠。

8.8 电液伺服控制系统——四辊轧机液压压下装置电液伺服系统

8.8.1 主机功能结构

轧机是冶金工业中轧钢及有色金属加工业生产板、带等产品的常用设备，其中四辊轧机最为常见，其压下装置的结构如图 8-14 所示。工艺原理是：当厚度为 H 的板坯通过上、下两轧辊（工作辊）5 之间的缝隙时，在轧制力的作用下，板坯 2 产生塑性变形，在出口就得到了比入口薄的板带（厚度为 h），经过多道次的轧制，即可轧制出所需厚度的成品。由于不同道次所需辊缝值不同以及轧制过程中需要不断地自动修正辊缝值，就需要压下装置。

随着对成品厚度的公差要求不断提高，早期的电动机械式压下装置逐渐被响应快、精度高的液压压下装置所取代。液压压下装置的功能是使轧机在轧制过程中克服来料厚度及材料物理性能的不均匀，消除轧机刚度、辊系的机械精度及轧制速度变化的影响，自动迅速地调节压下液压缸的位置，使轧机工作辊辊缝恒定，从而使出口板厚恒定。

轧机液压压下装置主要由液压泵站、伺服阀台、压下液压缸、电气控制装置以及各种检测装置所组成（图 8-15），压下液压缸 3 安装在轧辊下支承两侧的轴承座下（推上），也可安

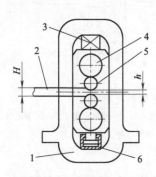

图 8-14 四辊轧机的液压压下装置结构示意图
1—机架；2—带材；3—测厚仪；4—支承辊；
5—工作辊；6—压下液压缸

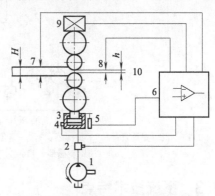

图 8-15 液压压下装置的结构原理
1—液压泵站；2—伺服阀台；3—压下液压缸；
4—油压传感器；5—位置传感器；6—电控装置；
7—入口测厚仪；8—出口测厚仪；9—测厚仪；10—带材

装在上支承辊轴承之上（压下），两种结构习惯上都称为压下。调节液压缸的位置即可调节两工作辊的开口度（辊缝）的大小。辊缝的检测主要有两种，一是采用专门的辊缝仪直接测量出辊缝的大小，二是检测压下液压缸的位移，但它不能反映出轧机的弹跳及轧辊的弹性压扁对辊缝变化的影响，故往往需要用测压仪或油压传感器测出压力变化，构成压力补偿环，来消除轧机弹跳的影响，实现恒辊缝控制。此外，完善的液压压下系统还有预控和监控系统。

8.8.2　液压系统分析

图 8-16 所示为某轧机液压压下装置的电液伺服控制系统原理图，它由恒压变量泵提供压力恒定的高压油，经过滤器 2 和 5 两次精密过滤后送至两侧的伺服阀台，两侧的油路完全相同。以操作侧为例，压下缸 9 的位置由伺服阀 7 控制，缸的升降即导致了辊缝的改变。电磁溢流阀 8 起安全保护作用，并可使液压缸快速泄油；蓄能器 3 用于减少泵站的压力波动，而蓄能器 6 则是为了提高响应速度。双联泵 14 供油给两个低压回路：一个为压下缸的背压回路；一个是冷却和过滤循环回路，它对系统油液不断进行循环过滤，以保证油液的清洁度，当油液超温时，通过冷却器 12 对油进行冷却。每个压下缸采用两个伺服阀控制，通过在一个阀的控制电路中设置死区，可实现小流量时一个阀参与控制，大流量时两个阀参与控制，这样对改善系统的性能有利。

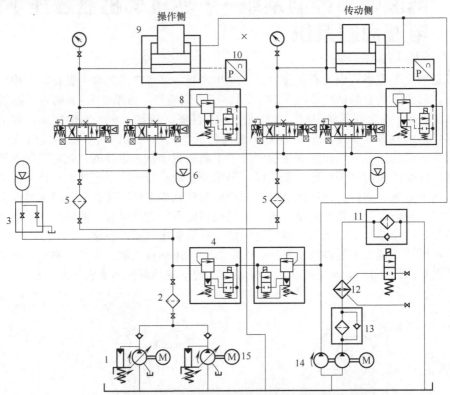

图 8-16　轧机液压压下装置的电液伺服控制系统原理图

1,15—恒压变量泵；2,5—过滤器；3,6—蓄能器；4,8—电磁溢流阀；7—电液伺服阀；9—压下液压缸；
10—油压传感器；11,13—离线过滤器；12—冷却器；14—双联泵

8.8.3　系统技术特点

液压伺服控制是钢铁冶金行业板材、带材轧制生产过程中普遍采用的技术手段。利用其稳定、快速、准确的特点，不仅保证了产品质量，还提高了设备的自动化水平。

该系统工作压力为 20～25MPa，压下速度 2mm/min，系统频宽 5～20Hz，控制精度达 1%。

第9章 液压系统设计要点

液压系统设计是指组成一个新的能量传递系统，以完成一项专门的任务。尽管液压传动系统和控制系统的工作特征及追求目标不尽相同，但二者的结构组成或工作原理并无本质差别。在设计内容上，二者的主要区别：前者侧重静态性能设计，而后者除了静态性能外，还包括动态性能设计。通常，所谓液压系统设计即指液压传动系统的设计，其设计内容与方法只要略作调整即可直接用于液压控制系统的设计。

第 9 章表格

9.1 液压系统一般设计流程

作为液压机械的传动系统，其设计无疑是与主机的设计紧密联系的。当从必要性、可行性和经济性几方面对机械、电气、气动和液压等传动方式进行综合比较和论证，决定应用液压传动之后，液压系统的设计与主机的设计往往同时进行。所设计的液压系统首先应满足主机的拖动、循环要求，其次还应符合油路结构及元件组成简单、体积小、重量轻、工作安全

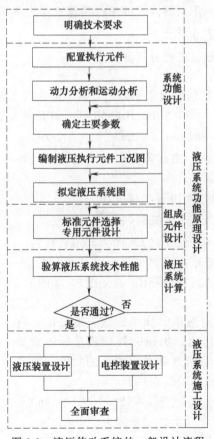

图 9-1 液压传动系统的一般设计流程

可靠、运转效率高、使用维护方便、成本合理、经济性好等公认的设计原则。

在目前的实际设计工作中，多是将追求效能和追求安全二者结合起来，并按图 9-1 所示内容与步骤来设计液压系统。即在明确技术要求基础上，首先进行功能原理设计，然后进行施工设计。但由于各类主机设备对系统应用场合、使用要求的不同及设计者经验的多寡区别，其中有些内容与步骤可以省略或从简，或将其中某些内容与步骤合并交叉进行。例如，对于较简单的系统，可以适当简化设计程序；但对于重大工程的复杂系统，往往还需在初步设计基础上进行计算机模拟仿真试验或进行局部实物试验并反复修改，才能确定设计方案。

9.2 典型设计实例之——钻孔组合机床液压系统设计计算

9.2.1 明确技术要求

某型汽车发动机箱体加工自动线上的一台单面多轴钻孔组合机床，其卧式动力滑台（导轨为水平导轨，其静摩擦因数 $\mu_s = 0.2$，动摩擦因数 $\mu_d = 0.1$）拟采用液压缸驱动，以完成工件钻削加工时的进给运动；工件的定位和夹紧均采用液压方式，以保证自动化要求。液压与电气配合实现的自动循环为：定位（插定位销）→夹紧→快进→工进→快退→原位停止→夹具松开→拔定位销。工作部件终点定位精度无特殊要求。工件情况及动力滑台的已知参数见表 9-1。

9.2.2 执行元件的配置

根据上述技术要求，选择杆固定的单杆活塞缸作为驱动滑台实现切削进给运动的液压执行元件；定位和夹紧控制则选用缸筒固定的单杆活塞缸作为液压执行元件。

9.2.3 运动分析和动力分析

以下着重对动力滑台液压缸进行分析计算。

（1）运动分析

a. 运动速度。与相近金属切削机床作类比，确定滑台液压缸的快速进、退的速度相等，且 $v_1 = v_3 = 0.1 \text{m/s}$。按 $D_1 = 13.9 \text{mm}$ 孔的切削用量计算缸的工进速度为 $v_2 = n_1 S_1 = (360 \times 0.147/60) \text{mm/s} = 0.882 \text{mm/s} = 0.882 \times 10^{-3} \text{m/s}$。

b. 各工况的动作持续时间。由行程和运动速度易算得各工况的动作持续时间如下。

快进 $\quad t_1 = L_1/v_1 = 100 \times 10^{-3}/0.1 = 1 \text{s}$

工进 $t_2 = L_2/v_2 = 50 \times 10^{-3}/(0.882 \times 10^{-3}) = 56.6 \text{s}$

快退 $t_3 = (L_1 + L_2)/v_3 = (100 + 50) \times 10^{-3}/0.1 = 1.5 \text{s}$

由表 9-1 及上述分析计算结果可画出滑台液压缸的行程-时间循环图（L-t 图）和速度-时间循环图（v-t 图），如图 9-2 所示。

（2）动力分析 动力滑台液压缸在快速进、退阶段，启动时的外负载是导轨静摩擦阻力，加速时外负载是导轨动摩擦阻力和惯性力，恒速时是动摩擦阻力；在工进阶段，外负载是工作负载即钻削阻力负载及动摩擦阻力。

静摩擦负载 $F_{fs} = \mu_s(G + F_n) = 0.2 \times (9800 + 0) = 1960 \text{N}$

式中，F_n 为工作负载在导轨上的垂直分力。

动摩擦负载 $F_{fd} = \mu_d(G + F_n) = 0.1 \times (9800 + 0) = 980 \text{N}$

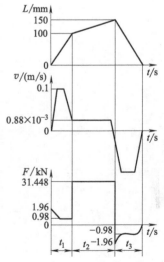

图 9-2 组合机床液压缸的 L-t 图、v-t 图和 F-t 图

惯性负载
$$F_i = \frac{G}{g} \times \frac{\Delta v}{\Delta t} = \frac{9800 \times 0.1}{9.81 \times 0.2} = 500N$$

利用铸铁工件钻孔的轴向钻削阻力经验公式 $F_e = 25.5DS^{0.8}HB^{0.6}$ 可算得工作负载：

$F_e = 14 \times 25.5D_1S_1^{0.8}HB^{0.6} + 2 \times 25.5D_2S_2^{0.8}HB^{0.6} = 14 \times 25.5 \times 13.9 \times 0.147^{0.8} \times 240^{0.6} + 2 \times 25.5 \times 8.5 \times 0.096^{0.8} \times 240^{0.6} = 30468N$

式中，F_e 为轴向钻削阻力，N；D 为钻孔孔径，mm；S 为进给量，mm/r；HB 为铸件硬度。

滑台液压缸各工况下的外负载计算结果列于表 9-2，绘制出的负载循环图（F-t 图）如图 9-2 所示。

9.2.4　液压系统主要参数计算和工况图的编制

（1）预选系统设计压力　本钻孔组合机床属于半精加工机床，载荷最大时为慢速工进阶段，其他工况时载荷都不大，参考表 9-3，预选液压缸的设计压力 $p_1 = 4MPa$。

（2）计算液压缸主要结构尺寸　为了满足滑台快速进退速度相等，并减小液压泵的流量，将液压缸的无杆腔作为主工作腔，并在快进时差动连接，则液压缸无杆腔与有杆腔的有效面积 A_1 与 A_2 应满足 $A_1 = 2A_2$，即活塞杆直径 d 和液压缸内径 D 的关系应为 $d = 0.71D$。为防止工进结束时发生前冲，液压缸需保持一定回油背压。参考表 9-4 暂取背压 0.6MPa，并取液压缸机械效率 $\eta_{cm} = 0.9$，则可算得液压缸无杆腔的有效面积为

$$A_1 = \frac{F}{\eta_{cm}(p_1 - p_2/2)} = \frac{31448}{0.9 \times (4 - 0.6/2) \times 10^6} = 94 \times 10^{-4} m^2$$

液压缸内径为

$$D = \sqrt{4A_1/\pi} = \sqrt{4 \times 94 \times 10^{-4}/\pi} = 0.109m$$

按 GB/T 2348—2018（表 9-5），将液压缸内径圆整为 $D = 110mm = 11cm$。

因 $A_1 = 2A_2$，故活塞杆直径为

$$d = 0.71D = 0.71 \times 110 = 78.1mm$$

按 GB/T 2348—2018（表 9-5），将活塞杆直径圆整为 $d = 80mm = 8cm$。

则液压缸实际有效面积 A 的计算如下：

$$A_1 = \frac{\pi}{4}D^2 = \frac{\pi \times 11^2}{4} = 95cm^2$$

$$A_2 = \frac{\pi}{4}(D^2 - d^2) = \frac{\pi}{4}(11^2 - 8^2) = 44.7cm^2$$

$$A = A_1 - A_2 = 50.3cm^2$$

差动连接快进时，液压缸有杆腔压力 p_2 必须大于无杆腔压力 p_1，其差值估取 $\Delta p = p_2 - p_1 = 0.5MPa$，并注意到启动瞬间液压缸尚未移动，此时 $\Delta p = 0$；另外，取快退时的回油压力损失为 0.7MPa。

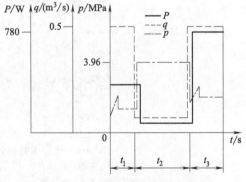

图 9-3　组合机床液压缸的工况图

（3）编制液压缸的工况图　根据上述条件经计算得到液压缸工作循环中各阶段的压力、流量和功率见表 9-6，编制出其工况图见图 9-3。

9.2.5　制定液压回路方案，拟定液压系统原理图

（1）制定液压回路方案

① 调速回路及循环方式。工况图表明，液压系统功率较小，负载为阻力负载且工作中变化小，故采用调速阀的进油节流调速回路。为防止在孔钻通时负载突然消失引起滑台前

冲，回油路设置背压阀。由于已选用节流调速回路，故系统必然为开式循环。

②油源形式。工况图表明，系统在快速进、退阶段为低压、大流量的工况且持续时间较短，而工进阶段为高压、小流量的工况且持续时间长，两种工况的最大流量与最小流量之比约达 60，从提高系统效率和节能角度，宜选用高低压双泵组合供油或采用限压式变量泵供油。两者各有利弊，现决定采用双联叶片泵供油方案。

③换向与速度换接回路。系统已选定差动回路作快速回路，同时考虑到工进→快退时回油流量较大，为保证换向平稳，故选用三位五通、"Y"型中位机能电液动换向阀作主换向阀并实现差动连接。由于本机床工作部件终点的定位精度无特殊要求，故采用行程控制方式即活动挡块压下电气行程开关，控制换向阀电磁铁的通断电即可实现自动换向和速度换接。

④压力控制回路。在高压泵出口并联一溢流阀，实现系统的溢流定压；在低压泵出口并联一外控顺序阀，实现系统高压工作阶段的卸荷。

⑤定位夹紧回路。为了保证工件的夹紧力可靠且能单独调节，在该回路上串接减压阀和单向阀；为保证定位→夹紧的顺序动作，采用压力控制方式，即在后动作的夹紧缸进油路上串接单向顺序阀，当定位缸达到顺序阀的调压值时，夹紧缸才动作；为保证工件确已夹紧后滑台液压缸才能动作，在夹紧缸进油口处装一压力继电器。

⑥辅助回路。在液压泵进口设置一过滤器以保证吸入液压泵的油液清洁；出口设一压力表及其开关，以便各压力控制元件的调压和观测。

（2）拟定液压系统原理图　在制定各液压回路方案基础上，经整理所组成的液压系统原理图如图 9-4 所示，图中附表是电磁铁及行程阀的动作顺序表。结合附表容易看出系统在各工况下的油液流动路线。

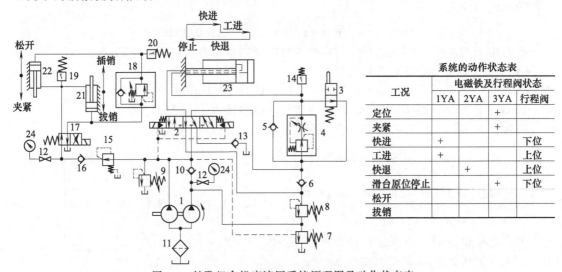

图 9-4　钻孔组合机床液压系统原理图及动作状态表

1—双联叶片泵；2—三位五通电液动换向阀；3—二位二通机动换向阀（行程阀）；4—调速阀；5,6,10,13,16—单向阀；
7—外控顺序阀；8,9—溢流阀；11—过滤器；12—压力表开关；14,19,20—压力继电器；
15—减压阀；17—二位四通电磁阀；18 单向顺序阀；21—定位缸；22—夹紧缸；23—进给缸；24—压力表

9.2.6　液压元件计算和选型

（1）液压泵及其驱动电机计算与选定

①液压泵的最高工作压力的计算。由工况图 9-3（或表 9-6）可查得液压缸的最高工作压力出现在工进阶段，即 $p_1 = 3.96 \text{MPa}$，而压力继电器的调整压力应比液压缸最高工作压力大 0.5MPa。此时缸的输入流量较小，且进油路元件较少，故泵至缸间的进油路压力损失

估取为 $\Delta p = 0.8\text{MPa}$。则小流量泵的最高工作压力 p_{P1} 为

$$p_{P1} = 3.96 + 0.5 + 0.8 = 5.26\text{MPa}$$

大流量泵仅在快速进退时向液压缸供油，由图 9-3 可知，快退时液压缸的工作压力比快进时大，取进油路压力损失为 $\Delta p = 0.4\text{MPa}$，则大流量泵最高工作压力 p_{P2} 为

$$p_{P2} = 1.86 + 0.4 = 2.26\text{MPa}$$

② 液压泵的流量计算。双泵最小供油流量 q_P 按液压缸的最大输入流量 $q_{1\max} = 0.5 \times 10^{-3}\text{m}^3/\text{s}$ 进行估算。取泄漏系数 $K = 1.2$，双泵最小供油流量 q_P 应为

$$q_P \geqslant q_v = Kq_{1\max} = 1.2 \times 0.5 \times 10^{-3} = 0.6 \times 10^{-3}\text{m}^3/\text{s} = 36\text{L/min}$$

考虑到溢流阀的最小稳定流量为 $\Delta q = 3\text{L/min}$，工进时的流量为 $q_1 = 0.83 \times 10^{-5}\text{m}^3/\text{s} = 0.5\text{L/min}$，小流量泵所需最小流量 q_{P1} 为

$$q_{P1} \geqslant q_{v1} = Kq_1 + \Delta q = 1.2 \times 0.5 + 3 = 3.6\text{L/min}$$

大流量泵最小流量 q_{P2} 为

$$q_{P2} \geqslant q_{v2} = q_P - q_{P1} = 36 - 3.6 = 32.4\text{L/min}$$

③ 确定液压泵的规格。根据系统所需流量，拟初选双联液压泵的转速为 $n_1 = 1000\text{r/min}$，泵的容积效率 $\eta_v = 0.9$，可算得小流量泵和大流量泵的排量参考值分别为

$$V_{g1} = \frac{1000q_{v1}}{n_1\eta_v} = \frac{1000 \times 3.6}{1000 \times 0.9} = 4.0\text{mL/r}$$

$$V_{g2} = \frac{1000q_{v2}}{n_1\eta_v} = \frac{1000 \times 32.4}{1000 \times 0.9} = 36\text{mL/r}$$

根据以上计算结果查阅产品样本，选用规格相近的 $\text{YB}_1\text{-40/6.3}$ 型双联叶片泵：泵的额定压力为 $p_n = 6.3\text{MPa}$；小泵排量为 $V_1 = 6.3\text{mL/r}$；大泵排量为 $V_2 = 40\text{mL/r}$；泵的额定转速为 $n = 960\text{r/min}$，容积效率 $\eta_v = 0.90$，总效率 $\eta_P = 0.80$。倒推算得小泵和大泵的额定流量分别为

$$q_{P1} = V_1 n\eta_v = 6.3 \times 960 \times 0.90 = 5.44\text{L/min}$$

$$q_{P2} = V_2 n\eta_v = 40 \times 960 \times 0.90 = 34.56\text{L/min}$$

双泵流量为 q_P 为

$$q_P = q_{P1} + q_{P2} = 5.44 + 34.56 = 40\text{L/min}$$

这与系统所需流量相符合。

④ 确定液压泵驱动功率及电机的规格、型号。由图 9-3 知，最大功率出现在快退阶段（p_P 取 p_{P2}），已知泵的总效率为 $\eta_P = 0.80$，则液压泵快退所需的驱动功率为

$$P_P = \frac{p_P q_P}{\eta_P} = \frac{2.26 \times 10^6 (5.44 + 34.56) \times 10^{-3}}{0.80 \times 60 \times 10^3} = 1.883\text{kW}$$

查手册，选用 Y 系列（IP44）中规格相近的 Y112M-6-B3 型卧式三相异步电动机，其额定功率 2.2kW，转速为 940r/min。用此转速驱动液压泵时，小泵和大泵的实际输出流量分别为 5.33L/min 和 33.84L/min；双泵总流量为 39.17L/min；工进时的溢流量为 $5.33 - 0.5 = 4.83\text{L/min}$，仍能满足系统各工况对流量的要求。

（2）液压控制阀和液压辅助元件的选定　首先根据所选择的液压泵规格及系统工况，算出液压缸在各阶段的实际进、出流量，运动速度和持续时间（表 9-7），以便为其他液压控制阀及辅件的选择及系统的性能计算奠定基础。根据系统工作压力与通过各液压控制阀及部分辅助元件的最大流量，查产品样本所选择的元件型号规格，见表 9-8。管件尺寸由选定的标准元件油口尺寸确定。油箱容量计算：本系统属于中压系统，但考虑到要将泵组和阀组安

第 9 章　液压系统设计要点　177

装在油箱顶盖上，故取经验系数 $\alpha = 10$，得油箱容量为
$$V = \alpha q_P = 10 \times 39.17 = 391.7 \text{L} \approx 400 \text{L}$$

9.2.7　验算液压系统性能

（1）验算系统压力损失　按选定的液压元件接口尺寸确定管道直径为 $d = 18$mm，进、回油管道长度均取为 $l = 2$m；取油液运动黏度 $\nu = 1 \times 10^{-4} \text{m}^2/\text{s}$，油液密度 $\rho = 0.9174 \times 10^3 \text{kg/m}^3$。由表 9-6 查得工作循环中进、回油管道中通过的最大流量 $q = 83.24$L/min 发生在快退阶段，由此计算得液流雷诺数为

$$Re = \frac{vd}{\nu} = \frac{4q}{\pi d \nu} = \frac{4 \times 83.24 \times 10^{-3}}{60 \times \pi \times 18 \times 10^{-3} \times 1 \times 10^{-4}} = 981$$

Re 小于临界雷诺数 $Re_c = 2300$，故可推论出：各工况下的进回油路中的液流均为层流。

将适用于层流的沿程阻力系数 $\lambda = 75/Re = 75\pi d\nu/(4q)$ 和管道中液体流速 $v = 4q/(\pi d^2)$ 代入沿程压力损失计算公式得

$$\Delta p_\lambda = \frac{4 \times 75 \rho \nu l}{2\pi d^4} q = \frac{4 \times 75 \times 0.9174 \times 10^3 \times 1 \times 10^{-4} \times 2}{2\pi \times (18 \times 10^{-3})^4} q = 0.835 \times 10^8 q$$

在管道具体结构尚未确定情况下，管道局部压力损失 Δp_ζ 常按以下经验公式计算：
$$\Delta p_\zeta = 0.1 \Delta p_\lambda$$

各工况下的阀类元件的局部压力损失按下式计算：
$$\Delta p_v = \Delta p_s (q/q_s)^2$$

式中，Δp_s 为额定流量对应的压力损失；q_s 为额定流量。

根据以上三式计算出的各工况下的进回油管道的沿程、局部和阀类元件的压力损失见表 9-9。

将回油路上的压力损失折算到进油路上，可求得总的压力损失，例如快进工况下总的压力损失为

$$\sum \Delta p = \left(3.317 \times 10^5 + 1.197 \times 10^5 \times \frac{44.7}{95}\right) \text{Pa} = 3.88 \times 10^5 \text{Pa} = 0.388 \text{MPa}$$

其余工况以此类推。尽管上述计算结果与估取值不同，但不会使系统工作压力超过其能达到的最高压力。

（2）液压泵工作压力的估算　小流量泵在工进时的工作压力等于液压缸工作腔压力 p_1 加上进油路上的压力损失 Δp_1 及压力继电器比缸工作腔最高压力所高的压力值 Δp_2，即
$$p_{P1} = 3.96 \times 10^6 + 5 \times 10^5 + 5 \times 10^5 = 49.6 \times 10^5 \text{Pa} = 4.96 \text{MPa}$$

此值即为调整溢流阀 9 的调整压力时的主要参考依据。

大流量泵在快退时的工作压力最高，其数值为
$$p_{P2} = 1.86 \times 10^6 + 1.059 \times 10^5 = 19.66 \times 10^5 \text{Pa} = 1.966 \text{MPa}$$

此值为调整顺序阀 7 的调整压力时的主要参考依据。

（3）估算系统效率、发热和温升　由表 9-6 可看到，本液压系统的进给缸在其工作循环持续时间中，快速进退仅占 3%，而工作进给达 97%，故系统效率、发热和温升可概略用工进时的数值来代表。

① 计算系统效率。工进阶段的回路效率为

$$\eta_c = \frac{p_1 q_1}{p_{P1} q_{P1} + p_{P2} q_{P2}}$$

$$= \frac{3.96 \times 10^6 \times 0.83 \times 10^{-5}}{4.96 \times 10^6 \times \frac{5.33 \times 10^{-3}}{60} + 0.087 \times 10^6 \times \frac{33.84 \times 10^{-3}}{60}} = 0.067$$

其中，大流量泵的工作压力 p_{P2} 就是此泵通过顺序阀 7 卸荷时所产生的压力损失，因此其数值为

$$p_{P2} = 0.3 \times 10^6 \times (33.84/63)^2 = 0.087 \times 10^6 \text{MPa}$$

前已取双联液压泵的总效率 $\eta_P = 0.80$，现取液压缸的总效率 $\eta_{cm} = \eta_A = 0.95$，则可算得本液压系统的效率为

$$\eta = \eta_P \eta_c \eta_A = 0.80 \times 0.067 \times 0.95 = 0.051$$

足见工进时液压系统效率极低，这主要是由溢流损失和节流损失造成的。

工进工况液压泵的输入功率为

$$P_{Pi} = \frac{p_{P1} q_{P1} + p_{P2} q_{P2}}{\eta_P}$$

$$= \frac{4.96 \times 10^6 \times \dfrac{5.33 \times 10^{-3}}{60} + 0.087 \times 10^6 \times \dfrac{33.84 \times 10^{-3}}{60}}{0.80} = 612.10 \text{W}$$

② 计算系统发热功率。根据系统的发热功率计算公式可算得工进阶段的发热功率为

$$P_h = P_{Pi}(1 - \eta) = 612.10 \times (1 - 0.051) = 580.88 \text{W}$$

③ 计算系统散热功率。前已初步求得油箱有效容积为 $400\text{L} = 0.4\text{m}^3$，按式 $V = 0.8abh$（一般液面高度是油箱高度 h 的 0.8 倍）求得油箱各边之积为

$$abh = V/0.8 = 0.4/0.8 = 0.5 \text{m}^3$$

取油箱三边之比 $a : b : h = 1 : 1 : 1$，则算得 $a = b = h = 0.794\text{m}$。

油箱散热面积为

$$A = 1.8(a + b)h + 1.5ab = 1.8 \times (0.794 + 0.794) \times 0.794 + 1.5 \times 0.794 \times 0.794$$
$$= 2.27 + 0.945 = 3.22 \text{m}^2$$

油箱的散热功率为

$$P_{ho} = KA\Delta t$$

取油箱散热系数 $K = 15\text{W/(m}^2 \cdot ℃)$，油温与环境温度之差 $\Delta t = 25℃$。算得

$$P_{ho} = KA\Delta t = 15 \times 3.22 \times 25 = 1207.5 \text{W} \gg P_h = 580.88 \text{W}$$

可见油箱散热能够满足液压系统的散热要求，不需加设其他冷却装置。

（4）系统液压冲击计算　略。

9.3 典型设计实例之二——框架式压力机液压系统功能原理改进设计

9.3.1 问题的提出

某企业现有一台框架式立置单缸驱动压力机（图 9-5），活塞式单杆液压缸安装在横梁上方，通过配置不同滑块（压头）用于工件的校正等压力加工，名义压制力 $F = 200\text{tf} = 2000000\text{N} = 2\text{MN}$。因其运行时有回程噪声及工艺参数的变更，拟对其液压系统进行改进设计，设计要求如下。

① 主机工作循环：图 9-6 为主机动作循环图，快速下行后达到设定压力后保压（保压时间 $t = 0 \sim 10\text{s}$ 可调），然后快速上行，接着进入等待工况（等待时间 $t_1 = 0 \sim 10\text{s}$ 可调）。

② 负载及运动条件：额定压制力 $F = 200\text{tf} = 2000000\text{N} = 2\text{MN}$；行程 $L = 650\text{mm}$；快速下行速度 $v_{1x} = 2.5\text{m/min} = 2500\text{mm/min}$；快速上行速度 v_{2x} 由泵流量及缸径和杆径决定。

横梁　主缸

图 9-5　框架式立置单缸压力机实物外形

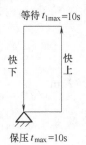

等待 $t_{1max}=10s$

快下　快上

保压 $t_{max}=10s$

图 9-6　压力机动作循环图

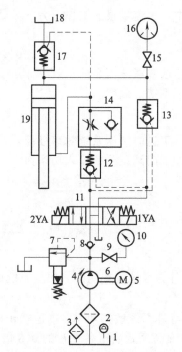

图 9-7　压力机液压系统原理图

1—主油箱；2—液位液温计；3—空气过滤器；
4—定量液压泵；5—电动机；6—联轴器；7—溢
流阀；8—单向阀；9,15—压力表开关；
10—压力表；11—三位四通电磁阀；
12,13,17—液控单向阀；14—单向
节流阀；16—电接点压力表；
18—辅助油箱；19—液压缸

③ 使用现有主机和液压缸、液压泵组。现有液压缸的缸径 $D=320$mm，活塞杆直径 $d=180$mm，行程 $L=650$mm，耐压 $p>31.5$MPa；现有液压泵为 25MCY14-1B 型定量柱塞泵，其额定压力 $p_s=31.5$MPa，排量 $V_p=25$mL/r，额定转速 $n_s=1500$r/min。现有泵的驱动电机为 Y160L-4 三相交流异步电动机，其额定功率 $P=15$kW，额定电流为 30.3A，满载转速 $n=1450$r/min。

9.3.2　压制力及速度测算

① 液压缸面积计算：无杆腔有效面积 $A_1=\dfrac{\pi}{4}D^2=0.785D^2=0.785\times32^2=803.84$cm^2，有杆腔有效面积 $A_1=\dfrac{\pi}{4}(D^2-d^2)=0.785(D^2-d^2)=0.785\times(32^2-18^2)=549.5$cm^2。

② 压制力（最大油压时）计算：$F=pA_1=31.5\times10^6\times803.84\times10^{-4}=2532096N\approx253$tf。

③ 液压泵流量计算：$q_P=V_p\times n_s\times\eta_v=25mL/r\times1450r/min\times0.90=32625mL/min=32.625$L/min。

④ 速度计算：

空载下行速度 $v_{1t}=q_P/A_1=32.625\times1000/803.84=40.586cm/min=405.86$mm/min；

空载上行速度 $v_{2t}=q_P/A_2=32.625\times1000/549.5=59.372\mathrm{cm/min}=593.72\mathrm{mm/min}$。

9.3.3 液压系统原理图设计与拟定

围绕用户要求所拟定的压力机液压系统如图 9-7 所示，由原电动机 5 驱动的液压泵 4 供油，并设置辅助油箱 18 及液控单向阀 17 自重充液实现液压缸快速；利用复式液控单向阀 13 保压释压，电接点压力表 16 保压发讯；利用液控单向阀 12 和单向节流阀 14 平衡液压缸 19 运动部件自重；液压缸换向通过三位四通电磁换向阀 11 实现；系统压力由溢流阀 7 设定并经压力表 10 显示；单向阀 8 用于防止压力油倒灌冲击；系统等待期间卸荷通过阀 11 的 H 型中位机能实现；油箱上设置液位液温计 2 和空气过滤器 3。

9.3.4 液压元件计算与选型

① 额定压制力下的工作压力：$p=F/A_1=2000000/(803.84\times10^{-4})=24.88\mathrm{MPa}$。

② 流量：液压缸快速下行无杆腔所需流量 $q_1=v_{1x}A_1=250\times803.84=200960\mathrm{cm^3/min}=200.96\mathrm{L/min}$；采用原泵尚差流量 $\Delta q=q_1-q_P=200.96-36.625=164.335\mathrm{L/min}$；快速下行有杆腔回油流量 $q_2=v_{2x}A_2=250\times549.5=137375\mathrm{cm^3/min}=137.375\mathrm{L/min}$。

③ 缸下行满行程运行时间：$t=L/v_{1x}=65/250=0.26\mathrm{min}=15.6\mathrm{s}$。

④ 液压缸满行程所需油液容积：$V_c=A_1L=803.84\times65=55249.6\mathrm{mL}=55.2496\mathrm{L}$。

⑤ 液压泵在缸下行满行程期间提供的油液容积：$V_{P1}=q_Pt=36.625\times0.26=9.523\mathrm{L}$。

⑥ 用副油箱辅助供油应提供油液容积：$V_2=V_c-V_{P1}=55.25-9.523=45.727\mathrm{L}$。

取系数 $\alpha=3$，则副油箱容积 $V_{20}=\alpha V_2=3\times45.727=137.181\mathrm{L}\approx137\mathrm{L}$。

根据上述计算，查手册或产品样本容易选择出除已有泵、电机和液压缸以外的其他液压元器件（从略）。

第10章 液压系统安装调试与运转维护

第10章表格

正确合理地安装调试和规范化使用、维护液压系统,这是保证其长期发挥和保持良好工作性能的重要条件之一。为此,在液压系统的安装调试中,必须熟悉主机的工艺目的、工况特点及其液压系统的工作原理与各组成部分的结构、功能和作用,并严格按照设计要求来进行操作;在系统使用中应对其加强日常维护和管理,并遵循相关的使用维护要求。

10.1 液压系统的安装

液压系统的安装包括液压泵站(泵与原动机及其连接件、油箱及附件)、液压阀组〔液压阀及其辅助连接件(油路块等)〕、液压缸及马达等部分的安装,其实质就是通过液压管道和管接头或油路块将这些部分连接起来。好的安装质量,是保证液压系统可靠工作的关键之一,故必须合理地完成安装过程中的每一个细节。

10.1.1 安装准备

① 了解液压系统各部分的安装要求,明确安装现场的施工程序和施工方案。

② 熟悉相关技术文件和资料,包括液压系统原理图、液压控制装置的集成回路图、电气原理图、各部件(如液压油箱、液压泵组、液压控制装置、蓄能器装置)的总装图、管道布置图、液压元件和辅件清单和有关产品样本等。

③ 落实安装人员并按清单备齐液压元件、机械及工具等有关物料,对液压元件的规格、质量按设计要求及有关规定进行细致检查,检查不合格的元件和物料不得装入液压系统。

10.1.2 确定安装程序与方案

液压系统安装现场的施工程序和施工方案与主机的结构形式及液压装置的总体配置形式相关。按液压装置两种配置形式的特点不同,液压系统的现场安装也相应有以下两种程序与方案。

(1)分散配置型 它是将液压泵及其驱动电机(或内燃机)、缸及马达、液压阀和辅助元件按照设备的布局、工作特性和操纵要求等分散安装在主机的适当位置上,并用管道实现系统各组成元件的逐一连接。故液压系统的安装与主机的安装,二者往往同时进行。

(2)集中配置型(液压站) 它通常是将液压泵站、蓄能器站等及液压阀组等独立安装在主机之外,仅将系统的执行元件与其驱动的工作机构安装在主机上,再用管道实现液压装置与主机的连接。故主机的安装和液压系统的安装既可以同时独立进行,也可以非同时独立进行。图10-1所示为广泛使用的整体式液压站。图10-2所示为分离式液压站配置示意图,其典型应用的为船装液化天然气(LNG)卸料臂液压系统,其内臂缸、外臂缸、旋转缸和球阀缸及脱离缸等执行元件安装在数十米高处,双泵液压泵站、液压阀组和蓄能器站

图10-1 整体式液压站
1—油箱;2—液位计;3—液压泵组;
4—测压仪表;5—液压阀组;
6—蓄能器组件;7—通气过滤器

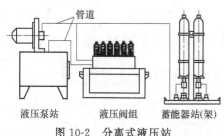

图 10-2　分离式液压站

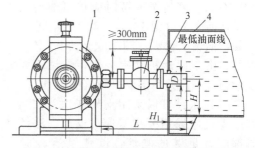

图 10-3　液压泵吸油口低于油箱液面安装

1—液压泵；2—截止阀；3—吸油管路；4—油箱

分散安置在卸料码头场地各处，通过不锈钢管道实现上述各组成部分的连接。

不论何种安装程序与方案，均应根据液压设备的平面布置图对号吊装就位、测量及调整设备安装中心线及标高点（可通过安装螺栓旁的垫板调整），以保证液压泵的吸油管、油箱的放油口具有正确方位；安装好的设备要有适当的防污染措施；设备就位后需对设备底座下方进行混凝土浇筑。

10.1.3　液压元件和管件的质量检查

（1）外观检查与要求

① 液压元件及油路块的检查。液压元件的型号规格应与元件清单上一致；生产日期不宜过早，否则其内部密封件可能老化；压力阀和流量阀等元件上的调节螺钉、手轮及其他配件应完好无损；电磁换向阀的电磁铁、压力继电器的内置微动开关及电接点式压力表内的开关等应工作正常；元件及油路块的安装面应平整，其沟槽不应有飞边、毛刺、棱角，不应有磕碰凹痕，油口内部应清洁；油路块的工艺孔封堵螺塞或球涨式堵头等应齐全并连接密封良好；油箱内部不能有锈蚀，通气过滤器、液位计等油箱附件应齐全，安装前应清洗干净。

②管件的检查。管道的材质、牌号、通径、壁厚和管接头的型号、规格及加工质量均应符合设计要求及有关规定；硬管（金属材质的油管）的内外壁不得有腐蚀和伤口裂痕、表面凹入或剥离层和结疤；软管（胶管和塑料管）的生产时间不得过久。管接头的螺纹、密封圈的沟槽棱角不得有伤痕、毛刺或断扣等现象，接头体与螺母配合不得松动或卡涩。

（2）液压元件的拆洗与测试　由于技术能力、产品资料及试验手段的限制，液压技术的最终用户一般不宜对液压元件随便拆解。但对于内部污染，或出厂、库存时间过久，密封件可能自然老化的液压元件则应根据具体情况进行拆洗和测试。

液压元件的拆洗工作必须在熟悉其构造、组成和工作原理的基础上进行；元件拆解时应对各零件拆下的顺序进行记录，以便拆洗结束组装时正确、顺利地安装；清洗时，一般应先用洁净的煤油清洗，再用液压工作油液清洗。不符合要求的零件和密封件必须更换；组装时要特别注意防止各零件被再次污染和异物落入元件内部。油箱及油路块的通油孔道也必须严格清洗并妥善保管。

经拆洗的液压元件应尽可能进行试验，一般液压系统中的主要液压元件测试项目见表10-1。测试的元件均应达到规定的技术指标，测试后应妥善保管，以防再次污染。

10.1.4　液压系统的安装及其要求

（1）液压泵站及相关液压辅件的安装要求

① 液压泵组的安装。尽管各类液压泵的结构不同，但是在安装方面存在许多共同点。

a. 安装时首先要注意传动轴旋转方向；按要求向泵内灌满油液。

b. 液压泵可以安装在油箱内或油箱外，可以水平安装（图10-3和图10-4）或垂直安装

（图 10-5）。液压泵安装时应尽可能使其处于油箱液面之下（图 10-3）；对于小流量泵，可以装在油箱上自吸（图 10-4）。对于较大流量的泵，由于原动机功率较大，建议不要安装在油箱上，而采用倒灌自吸（图 10-6）。

c. 液压泵可以采用支架或法兰安装，泵和原动机应采用公用基座。支架、法兰和基础都应有足够的刚性，以免泵运转时产生振动。

d. 在工作环境振动不大且原动机工作平稳（如电动机）时，液压泵与原动机之间一般应采用弹性联轴器连接，联轴器的形式及安装要求应符合泵制造厂的规定。

e. 若原动机振动较大（如内燃机），则液压泵与原动机之间建议采用带轮或齿轮进行

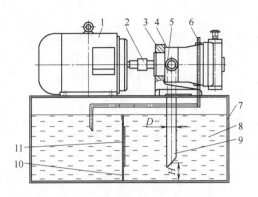

图 10-4 液压泵在油箱顶上自吸的安装
1—电动机；2—联轴器；3—泵支架；4—液压泵；5—排油口；6—泄漏油管；7—油箱；8—油液；9—吸油管路；10—隔板；11—滤网

连接（参见图 4-34），应加一对支座来安装带轮或齿轮，该支座与泵轴的同轴度误差应不大于 $\phi 0.05$mm；泵的安装支架与原动机的公共基座要有足够的刚度，以保证运转时始终同轴。

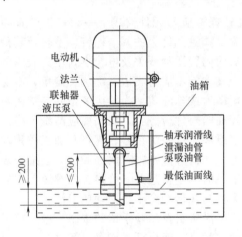

图 10-5 液压泵的垂直安装

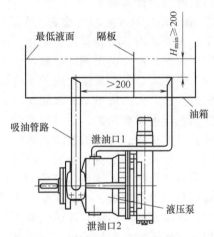

图 10-6 液压泵在油箱下面倒灌自吸的安装

f. 液压泵与原动机之间或液压马达与工作机构连接完毕，应采用千分表等仪表测量检查其安装精度（同轴度和垂直度）（参见图 4-35），同轴度和垂直度偏差一般应不大于（0.05～0.1）mm；轴线间的倾角不得大于 1°。

g. 不得用敲击方式安装联轴器，以免损伤液压泵或马达的转子；外露的旋转轴、联轴器必须设置防护罩。

h. 按使用说明书的规定进行配管，液压泵（及液压马达）的接管包括进、出口接管和泄漏油管。进、出油口接管不得接反；泵的泄油管应直接接油箱。液压管道安装前应严格清洗，一般碳钢钢管应进行酸洗，并经中和处理。清洗工作应在焊管后进行，以确保管道清洁。

• 液压泵的吸油管路应短而粗，常用的吸油、回油、压油管路的管径与泵流量的关系见表 10-2；除非安装空间受限，否则应避免拐弯过多和断面突变，吸油管道长 $L < 2500$mm（图 10-3），管道弯头不多于两个；泵的吸油高度应 ≤500mm（图 10-5）或自吸真空度 ≤

0.03MPa；若采用补油泵供油，供油压力不超过 0.5MPa，若超过 0.5MPa，要改用耐压密封件。

• 泵的吸油管路必须可靠密封，不得吸入空气，以免影响泵的性能。泵的吸、回油管口均需在油箱最低液面 200mm 以下（图 10-5 和图 10-6）。

• 为了降低振动和噪声，高压、大流量的液压泵装置推荐：泵进油口设置橡胶弹性补偿接管；泵出油口连接高压软管；泵组公共基座设置弹性减振垫。

• 吸油管路一般需设置公称流量小于泵流量 2 倍的粗过滤器（过滤精度一般为 80～180μm）。吸油管道上的截止阀（图 10-3）的通径应比吸油管道通径大一挡。吸油管端至油箱侧壁的距离 $H_1 \geq 3D$，至油箱底面的距离 $H \geq 2D$。

• 对于壳体上具有两个对称泄漏油口的液压泵，其中一个一定要直接接通油箱，另一个则可用螺塞堵住（见图 10-4）。不论何种安装方法，其泵壳外泄油管均应超过泵轴承中心线以上，以润滑泵的轴承（见图 10-5）。泵的泄油管背压力一般应≤0.2MPa，以免壳腔压力过高造成轴端橡胶密封漏油。

② 油箱组件的安装（见 7.2.3 节）。

③ 过滤器组件的安装。应按系统所规定的位置正确安装过滤器。滤芯的过滤精度、额定流量和耐压强度等必须符合设计图样中的要求。为了指示各类过滤器何时需要清洗和更换滤芯，必须装有污染指示器或设有测试装置。

④ 控温组件的安装。油箱侧板设置的液位计和温度计（或二者合一的液位温度计）的安装高度应符合设计图样中的规定。安装在油箱上的加热器的位置必须低于油箱下极限液面位置，加热器的表面耗散功率不得超过 0.7W/cm^2。使用热交换器，应有液压油（液）和冷却（或加热）介质的测温点，但加热器的安装位置和冷却器的回油口必须远离测温点。采用空气冷却器时，应防止进、排气通路被遮蔽或堵塞。

⑤ 蓄能器组件安装参见第 7 章。

（2）液压阀组的安装　见表 10-3。

（3）液压马达和液压缸的安装及其注意事项　参见第 5 章。

（4）液压管道的安装和清洗　一般应在所连接的设备及各液压装置部件、元件等组装、固定完毕后再进行管道安装。全部管道多分两次安装，其大致顺序是：预安装→耐压试验→拆散→酸洗→正式安装→循环冲洗→组成液压系统（注意，如果硬管采用不锈钢材质，则清洗可以适当简化）。安装管道时应特别注意防振、防漏问题。在管道安装过程中，所选择的管材应符合设计图样的规定，并应根据其尺寸、形状及焊接要求等对管材进行加工。

① 管子加工。管子的加工包括切割、打坡口、弯管、螺纹加工等内容。管子的加工质量优劣对管道系统参数影响较大，并关系到液压系统运行的可靠性。必须采用科学、合理的加工方法，才能保证加工质量。管子的加工要求如下。

a. 管子的切割。原则上采用机械方法对管子进行切割，如切割机、锯床或专用机床等，严禁用手工电焊、氧气切割方法，无条件时允许用手工锯切割。切割后的管子端面与轴向中心线应尽量保持垂直，控制在 90°±0.5° 之间。切割加工的管子端部应平整，无裂纹和重皮等缺陷，切割后需将锐边倒钝，并清除铁屑。

b. 管子的弯曲。最好在机械或液压弯管机上对管子进行弯曲加工。用弯管机在冷状态下弯管，可避免产生氧化皮而影响管子质量。如果无冷弯设备，也可采用热弯曲方法，热弯时容易产生变形、管壁减薄及产生氧化皮等现象。热弯前需将管内注实干燥河砂，用木塞封闭管口，用气焊或高频感应加热法对需弯曲部位加热，加热长度取决于管径和弯曲角度。直径为 28mm 的管子弯成 30°、45°、60° 和 90° 时，加热长度分别为 60mm、100mm、120mm 和 160mm；弯曲直径为 34mm、42mm 的管子，加热长度需比上述尺寸分别增加 25～

35mm。热弯后的管子需进行清砂并采用化学酸洗方法处理，清除氧化皮。弯曲管子应考虑弯曲半径，以免弯曲半径过小，导致管路应力集中，降低管路强度。弯曲半径一般应大于管子外径的 3 倍，弯制后的椭圆率应小于 8％；不同规格的钢管的最小弯曲半径见表 10-4。

c. 管端螺纹。管端螺纹应与相配的螺纹的基本尺寸和公差标准一致，螺纹加工后应无裂纹和凹痕等缺陷。

d. 焊缝坡口加工。需焊接的管子其端部必须开坡口。焊缝坡口过小，会引起管壁未焊透，造成管路焊接强度不够；坡口过大，又会引起裂缝、夹渣及焊缝不齐等缺陷。坡口的加工最好采用坡口机（台式或手持式），采用机械切削方法加工坡口既经济，效率又高，操作又简单，还能保证加工质量。手工焊接的管子的坡口形式、尺寸及角度等参见表 10-5。

② 管路敷设。

a. 管路敷设的一般要求和规则见表 10-6。

b. 管道敷设前，应认真熟悉管路安装图样，明确各管路排列顺序、间距与走向，在现场对照安装图，确定液压阀件、接头、法兰及支架（或管夹）的位置并划线、定位，支架（或管夹）一般固定在预埋件上，管夹之间距离应适当，过小会造成浪费，过大将发生振动。通常支架（或管夹）距离可按表 10-7 选取。

c. 管道、管沟的敷设可参考图 10-7 进行。

d. 软管在行走机械的液压系统中使用量大，多通过带有各种接头的耐热耐油合成橡胶软管总成实现系统连接，其安装和敷设的注意事项如下。

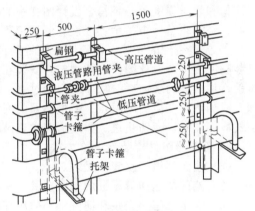

图 10-7　多根管路沿墙布置

• 软管总成要有足够的长度以便在其运动层大的位置上仍保持正确的形状。在运动最大的位置上，邻接端部接头的软管应有一段 A 保持不弯（图 10-8），这段的长度应不小于软管外径的 6 倍。

• 软管的安装连接，在自然或运动状态中，其最小弯曲半径 R（图 10-9）一般不应小于软管外径的 9 倍左右。

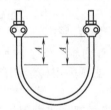

图 10-8　靠近接头的一段保持不弯

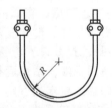

图 10-9　软管最小弯曲半径

图 10-10　软管连接应该松弛

• 软管连接两端应留出一点松弛以便软管伸缩（图 10-10）。因为在压力作用下，一段软管可能发生长度变化，变化幅度从 －4％～ ＋2％。但软管过于松弛会降低美观度。

• 选择合适的软管接头并正确使用管夹，以减少软管的弯度和扭曲（图 10-11），避免软管的附加应力使接头螺母旋松，甚至在应变点使软管爆裂。安装之后可通过检查软管外皮上纵向彩色线，了解软管是否在安装时被扭曲。

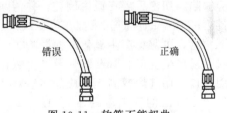

图 10-11　软管不能扭曲

• 软管连接时应留出足够长度（图10-12），以使弯曲处得到大半径的曲线。因为弯曲处过紧会使软管窝窄并阻碍流动。软管甚至窝扁而完全断流。

• 尽可能避免软管之间或与相邻物体之间的接触摩擦。当软管经过排气管或其他热源附近时，应该用隔热套管或金属隔板来隔离热源；为了减小摩擦，可通过采用支架和管夹把软管固定（图10-13）。产生摩擦的原因通常有软管与运动机件接触、软管与尖锐棱边接触、软管十字交叉、管夹使用不当及直角接头装配不良。十字交叉是最常见的摩擦问题，任何振动都产生锯削作用，终将磨掉两根软管的保护蒙皮并损及加固层。在十字交叉处正确地设置管夹，把两根软管有效地隔开，很容易避免此类问题。

为使软管易于安装且有较长的寿命，软管应有足够的长度和较大的弯曲半径（图10-14）。金属的管接头没有挠性，正确的安装可以保护金属件免遭过大应力之害，并避免软管窝扁。

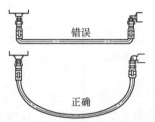

图 10-12　软管弯曲处要足够长

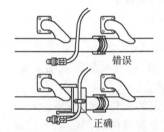

图 10-13　隔离热源和减少摩擦

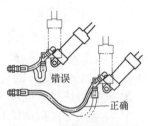

图 10-14　软管应有足够的长度和较大的弯曲半径

③ 管路焊接。管路的焊接一般按加工坡口、焊接、检查焊缝质量等三步进行。

a. 坡口的加工在焊接前进行，其要求可参见表10-6。

b. 焊接方法。目前广泛使用的有氧气-乙炔焰焊接、手工电弧焊接和氩气保护电弧焊接（简称氩弧焊接）三种，最适合液压管路焊接的方法是氩弧焊接，因其具有焊口质量好，焊缝表面光滑、美观，无焊渣，焊口不氧化，焊接效率高等优点。另两种焊接方法易造成焊渣进入管内或在焊口内壁产生大量氧化铁皮，难以清除，故不要轻易采用。如遇工期短、氩弧焊工少时，可考虑采用氩弧焊焊第一层（打底），第二层开始用电焊的方法，这样既保证了质量，又可提高施工效率。

c. 焊缝质量检查项目包括：焊缝周围有无裂纹、夹杂物、气孔及过大咬肉、飞溅等现象；焊道是否整齐、有无错位、内外表面是否突起、外表面在加工过程中有无损伤或削弱管壁强度的部位等。对高压或超高压管路，可对焊缝采用射线检查或超声波检查，提高管路焊接检查的可靠性。检查不合格时，应进行补焊，同一部位的返修次数不宜超过三次。

（5）液压管道的清洗

① 管道酸洗。管道酸洗方法目前在施工中均采用槽式酸洗法和管内循环酸洗法两种，其要点及应用见表10-8及图10-15，配方及工艺参数见表10-9。

管路安装完成后要对管道进行酸洗处理和循环冲洗。酸洗的目的是通过化学作用将金属管内表面的氧化物及油污去除，使金属表面光滑，保证管道内壁的清洁。管路用油进行循环冲洗，必须在管路酸洗和二次安装完毕后的较短时间内进行，其目的是清除管内在酸洗及安装过程中以及液压元件在制造过程中遗落的机械杂质或其他微粒，达到液压系统正常运行时所需的清洁度，保证主机设备的可靠运行，延长系统中液压元件的使用寿命。

② 循环冲洗。酸洗合格后，必须用油对管路进行循环冲洗。

注意，对于液压系统长度较短的小规模管道清洗，则可以涤尘（空调清洗剂）或四氯化碳作为酸洗液进行酸洗并用清水或油进行简易冲洗。

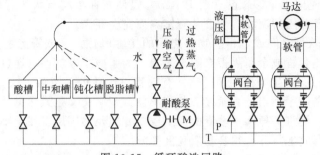

图 10-15　循环酸洗回路

10.2　液压系统的调试

10.2.1　调试目的

对新制造和安装的液压系统必须进行调试，使其在正常运转状态下能够满足主机工艺目的要求；液压系统经维修、保养并进行重新装配之后，也必须进行调试才能投入运转使用。液压系统调试的主要目的有以下四个。

① 检查系统是否能够完成预定的工作运动循环。

② 将组成工作运动循环的各个阶段的时间、输出的动力和运动［力（或转矩）、位移及其起止点、速度和加速度］和整个循环的总时间等参数调整到设计所规定的数值。

③ 测定系统的功率损失和温升是否妨碍主机的正常工作。

④ 检验输出的动力和运动的可调整性及操纵的可靠性等。

10.2.2　调试类型及准备

液压系统的调试有出厂试验和总体调试两种类型。不论何种调试，都应在调试前做好以下两项准备工作。

① 根据使用说明书及有关技术资料，全面了解被试液压系统及主机的结构、功能、工作顺序、使用要求和操作方法，了解机械、电气、气动等方面与液压部分的联系，认真研究液压系统各组成元件的作用，读懂液压原理图（识读方法见 1.3 节），弄明白液压执行元件等在主机上的实际安装位置及其结构、性能和调整部位，仔细分析液压系统在各工况下的压力、速度变化及功率利用情况，熟悉系统所用液压工作介质的牌号和要求。

② 对液压系统和主机进行外观检查（如液压元件和管道安装的正确性、液压装置的防护装置的完备性等），以避免某些故障的发生。外观检查中如发现问题，则应在改正后才能进行调试。

在液压系统调试中，应遵循系统及元件制造厂的相关要求，注意安全保护措施，以免发生人身及设备事故。

10.2.3　调试的一般顺序

一般是先手动后自动；先空动调低压，然后调高压；先调控制回路，后调主回路；先调轻载，后调重载；先调低速，后调高速。对于多环控制系统，一般应先调内环，后调外环；先调静态指标，后调动态指标。调试时需调试操作人员具备较扎实的理论基础和实际经验。系统的动态和静态测试记录可作为日后系统运行状况评估的依据。

10.2.4　出厂试验

液压系统制造完毕后，只有试验合格后才能投入使用或准予出厂，故液压系统的调试又可称为出厂试验。出厂试验的主要内容包括清洁度试验、耐压及密封试验、功能试验（含液压泵运行功能试验、液压回路功能试验、噪声试验）等。

对于提供液压系统产品的制造厂，可以用管道将液压系统与供试验用的执行元件连接起来进行调试（离线调试）。如果是主机制造厂，则液压系统应由供货方在主机上进行合同中指定的试验，试验时直接用管道将液压系统与安装在主机设备上的执行元件连接起来进行调试（在线试验），试验结束后应将试验结果提供给需方。在主机上进行试验的项目及注意事项见表 10-10。

（1）清洁度试验　按照有关标准（例如 GB/T 14039—2002）对液压油液取样后，采用自动颗粒计数器或显微镜测量油液颗粒，确定该油液的污染度等级（见 2.7.3 节），然后与典型液压系统的清洁度等级或液压元件清洁度指标（见 JB/T 7858）进行比对，如果污染度等级在典型液压系统的清洁度等级或液压元件清洁度指标范围内，即认为合格，否则即为不合格。

（2）耐压试验　其主要目的是检查液压系统的泄漏和强度。耐压试验应在管道冲洗合格、系统安装完毕，并经空载运转后进行。试验要点见表 10-11。

（3）功能试验　一般先做液压泵功能试验，后做回路功能试验。各种调试项目均应由部分到整体逐项进行。试验应遵守相应的规程并做好详尽的调试记录。

① 液压泵功能试验（表 10-12）。

② 液压回路功能试验。通过操作各个液压控制阀，检查各个液压回路的功能，各液压阀在要求的设定范围内重复试验 3 次，如果某阀出现 1 次失误，则应在排除故障后重复试验 6 次。注意事项见表 10-13。

③ 液位与油温的控制和报警试验、液电转换元件试验。液位与油温控制和报警装置及压力继电器、各种传感器等液电转换元件的动作和信号应符合设计要求。

④ 噪声试验。液压系统各组成元件产生噪声和辐射噪声的情况各不相同，由表 10-14 可见液压泵（及其原动机）是液压系统及装置所有元件中的主要发声元件，其本身就是一个噪声源，称一次声源；而另一些元件如油箱和管道等，本身发声很小，不是独立的噪声源，但泵和溢流阀产生的机械和液体噪声会激发它们产生振动，从而产生和辐射出很强噪声，这类噪声源称二次声源。液压装置的噪声是一次声源和二次声源噪声的叠加。

噪声控制也是液压元件及系统产品的质量评价指标之一。根据国际及我国的环境噪声标准，我国机械行业在规范液压元件和系统技术条件时，先后制定了包括各类液压泵在内的相关标准及规范，这些标准对液压元件的噪声容许值均进行了规定，例如表 10-15 为 JB/T 7043 关于轴向柱塞泵的噪声值规定。

液压装置的噪声用声压级（简称声级）描述其大小或强弱，一般用便携式声级计（图 10-16）中的 A 计权网络进行测定，称为 A 声级 L_A，单位为 dB（A）。测量时应正确选择测试位置（参见下文）和测点数目（一般不少于 4 点），尽量消除或减少被测装置周围环境的影响。

传声器

图 10-16　声级计外形

10.2.5　总体调试

行走机械液压系统的配管安装和调试一般由主机制造厂在厂内进行。大型固定设备通常是预装各部件，并进行局部调试后发货，而总体调试在用户现场进行。现场调试步骤、内容及要求见表 10-16。

10.2.6　液压控制系统的调试要点

液压控制系统的调试要点见表 10-17。

10.2.7　液压系统的调整

液压系统的调整要在系统安装、试验过程中进行，在使用过程中也随时进行一些项目的调整。液压系统调整的一些基本项目及方法如下。

① 液压泵工作压力的调整：调节泵的安全阀或溢流阀，使液压泵的工作压力比执行元件最大负载时的工作压力大 10％～20％。

② 快速行程的压力的调整：调节泵的卸荷阀，使其比快速行程所需的实际压力大 15％～20％。

③ 压力继电器的工作压力的调整：在工作部件停止或顶在挡铁上时，调节压力继电器的弹簧，使其比液压泵工作压力低 0.3～0.5MPa。

④ 换接顺序的调整：调节行程开关、先导阀、挡铁及碰块等，使系统的换接顺序及其精度满足工作部件的要求。

⑤ 工作部件速度调整：调节流量阀、变量液压泵或变量液压马达、润滑系统及密封装置，使工作部件运动平稳，没有冲击和振动，不允许有外泄漏，在有负载下，速度下降不应超过 10％～20％。

10.3 液压系统的运转维护及管理

在主机及其液压系统磨损之前采取主动维护，与维修相比，二者是主动与被动、事前与事后的关系。故主动维护不但为设备的可靠运行提供保障，同时可大幅度降低维修成本，延长维修周期乃至设备的使用寿命。实践表明，液压元件或系统失效、损坏等问题多数是由污染、维护不足和油液选用不当造成的。为保证液压系统处于良好性能状态，并延长其使用寿命，应对其合理使用，并重视对其进行日常检查和维护。

10.3.1 运转维护的一般注意事项

请参见 1.6 节。

10.3.2 液压系统的检查（点检）

众所周知，很多液压机械的露天作业环境相当恶劣，经常受到风吹日晒、雨雪乃至地质灾害的侵袭，受自然条件和工作环境的影响较大。为了减少故障发生次数及消除故障隐患，发挥其效能，应及时了解和掌握液压机械及整个系统的运行状况，预防故障发生的最好办法是加强主机及整个系统的检查（点检）。

点检是指按一定标准、一定周期对液压系统规定部位进行检查，以便早期发现系统的故障隐患，及时加以调整，使系统保持其规定功能的一种系统管理方法。系统点检既是一种检查方式，又是一种制度和管理方法，是重要的维修活动信息源，也是做好液压系统修理准备和安排修理计划的基础。液压系统点检中所指的"点"，是指系统的关键部位，通过检查这些"点"，能及时准确地获取系统技术状态的有关信息。按照点检的周期和业务范围不同，点检分为日常点检、定期点检和专项点检等三类。

① 日常点检是指由液压系统操作者和维修者每日执行的例行维护作业。其目的是及时发现主机和液压系统异常，保证系统和主机正常运转。点检时，利用人的感官（耳、目、手）、简单工具或装在系统上的仪表和信号标志（如电压、电流、压力、温度检测仪表和油箱液位等）来感知和观测。日常点检应严格按专用的点检卡片进行，检查结果记入标准的日常点检卡中。点检标准、点检项目及内容因行业和设备不同而异，表 10-18 所列为汽车工业流水线中液压机械的日常点检项目和内容。

② 定期点检（定检）是指以液压系统专业维修人员为主，操作人员参加，定期对液压设备进行检查，记录主机及液压系统异常、损坏及磨损情况，确定维修部位及更换元件，确定修理类别及时间，以便安排修理计划的检查作业。定检对象是重点液压机械、故障多的设备和有特殊安全要求的设备。定检的主要目的是检查主机及系统的缺陷和隐患，确定修理方

案和时间，保证主机和系统维修规定的功能。表 10-19 所列为汽车工业流水线中液压设备的定检项目和内容。

③ 专项点检一般指由液压系统专业维修人员（含工程技术人员），针对某些特定的项目（精度、功能参数等）进行定期或不定期的检查测定作业。其主要目的和内容是了解液压设备的技术性能和专业性能，例如精、大、稀液压设备和精加工设备的精度检查和调整；液压起重和行走设备、压力试验设备的定期负荷试验、耐压试验等。

10.3.3 液压系统的定期维护

定期维护是保证液压系统正常工作的重要措施，通常包括表 10-20 所列的五个方面。

10.3.4 液压元件与系统的检修

（1）液压元件与系统检修的一般注意事项　由于液压元件标准化、系列化和通用化程度高，故一般具有可维修性。

① 在液压系统使用中，由于各种原因产生异常现象或发生故障后，当用调整的方法不能排除时，可进行拆解修理或更换元件。元件在使用中，因磨损、疲劳或密封件老化失效，技术指标已达不到使用要求，尽管还未发展到完全不能用的程度，也应进行修理。否则，不仅使系统工作不可靠，而且会导致无法修复而报废的后果。

② 经过修理的元件经过试验后，其技术指标和性能达到要求者仍可继续使用。

③ 除了清洗后再装配以及更换密封件或弹簧这类简单修理之外，重大的拆解修理要十分小心。对于液压技术的一般用户，若不具备一定技术条件和试验条件，切勿自行修理，最好到液压元件制造厂或有关大修厂检修。

④ 在检修时，应做好记录。这种记录对以后发生故障时查找原因有实用价值。同时也可作为判断该设备常常用哪些备件的依据。

⑤ 在修理时，要备齐如下常用备件：液压缸的密封件，液压泵和马达传动轴的密封件，各种密封圈，液压阀用弹簧，压力表，管路过滤元件，管路用的各种管接头、软管、螺塞、电磁铁以及蓄能器用的隔膜等。此外，还必须备好检修时所需的有关资料，如液压设备使用说明书、液压系统原理图、各种液压元件的产品样本、密封填料的产品目录以及液压油液的性能表等。

（2）液压元件的修理方法　液压元件的常用修理方法是更换修理法，即当某个液压元件发生故障，并一时难于排除时，首先将该元件拆下，换上合格的元件，先使主机正常运转；然后再对拆下的液压元件进行检修，并在试验台架上进行性能测试，符合要求就可作为备件待用。采用更换修理法，要有更换的备件、修理用的易损件和测试用的试验台架。

① 液压泵和液压马达可以修理的内容与方法见表 10-21。

② 液压缸可修理内容与方法。若活塞表面有划痕造成漏油，活塞杆表面锈蚀严重、镀层脱落，可通过磨削，再镀铬进行修复。若活塞杆防尘圈损坏不起防尘作用，可更换防尘圈。当活塞杆弯曲变形大于规定值 20% 时，可校正修复。若缸内泄漏超过规定值三倍以上，查找泄漏原因，可通过更换密封件或检查活塞与缸筒配合间隙，若过大则重做活塞的方法修复。若液压缸两端盖处有外泄漏，则可能是密封件老化失效或破损，或紧固螺钉松动，或紧固螺钉过长而未压紧端盖所导致。针对具体原因进行处理。对于带缓冲的缸，若缓冲效果不良，可检修缓冲装置。

③ 液压阀。若是阀芯与阀孔磨损，致使配合间隙比规定值（表 10-22）增大 20%～25%，则可重新制作阀芯，与孔进行配研修复，使间隙达到规定值。若是锥阀芯与阀座接触不良，封闭性能差，可配研修复。若是调压弹簧弯曲、变弱或折断，则应换新。若密封件老化、失效则换新。若出现工作失常（如阀芯卡死，阀失灵、动作迟缓），则可拆洗检修。

10.3.5　液压系统的泄漏与密封

（1）液压系统的泄漏及其危害　液压系统中的油液，由于某种原因越过了边界，流至其不应去的其他容腔或系统外部，称为泄漏。从元件的高压腔流到低压腔的泄漏称为内泄漏，从元件或管路中流到外部的泄漏称为外泄漏。按照泄漏机理不同，泄漏可分为缝隙泄漏、多孔隙泄漏、黏附泄漏和动力泄漏等多种。液压系统泄漏的主要部位有管接头、固定接合面、轴向滑动表面密封处和旋转轴密封处等。泄漏有以下主要危害。

① 浪费液压介质。例如在开展防漏治漏前，英国液压系统泄漏造成的经济损失达高达1.8亿元/年；美国液压系统泄漏达 38000L/年，直接经济损失合 6000 万美元/年；日本液压油泄漏损失近 9000 万美元/年。

② 污染环境，限制了液压技术在医药、卫生、食品等领域应用。

③ 影响和制约液压技术应用、声誉和发展。事实上，泄漏是某些液压元件和系统高压化的瓶颈。

④ 降低系统的容积效率，影响液压系统的正常工作。

为了控制液压系统的泄漏，首先要对液压系统各组成部分的泄漏量加以限制。控制泄漏主要靠密封装置及其正确选用和使用，靠密封装置有效地发挥作用。

（2）密封装置的作用及要求　密封装置的作用是防止液压系统中工作介质的内、外泄漏，以及外界灰尘、金属屑等异物的侵入，保证液压系统正常工作。液压系统对密封装置的主要要求如下。

① 在一定的压力、温度范围内能够很好地密封。

② 相对运动的密封装置摩擦力要小。

③ 耐磨、耐腐蚀，不易老化，寿命长，磨损后能在一定程度上自动补偿。

④ 结构简单，安装维护方便，价格低廉。

（3）密封装置的类型与结构原理　按照与密封部位相联系的工作零件的状态可将密封分为静密封与动密封两大类：工作零件间无相对运动的密封称为静密封；工作零件间有相对运动的密封称为动密封，动密封又可分为往复运动密封和旋转运动密封两类。密封件是实现密封的重要元件，常用密封件的类型及材料见表 10-23。

液压密封又可分为间隙密封、橡胶密封圈密封、组合密封等多种类型，其中最常用的是种类繁多的橡胶密封圈（静密封和动密封均可用）。各类橡胶密封圈的尺寸系列、预压缩量、安装沟槽的形状、尺寸及加工精度和粗糙度等都已标准化，常用橡胶密封标准目录见表 10-24，其细节可从液压工程手册中查得。

图 10-17　间隙密封

① 间隙密封。这是最简单的一种密封形式，它是利用相对运动的圆柱摩擦副之间的微小间隙 δ（通常为 0.02～0.05mm）防止泄漏。它常用于液压元件中的活塞、滑阀的配合中。为了提高密封能力，减小液压卡阻，常在圆柱表面开设几条环形均压槽（图 10-17）。间隙密封结构简单、摩擦阻力小，耐高温，但磨损后无法恢复原有能力。

② 橡胶密封圈密封。按截面形状不同，橡胶密封圈有 O 形和唇形等。

O 形密封圈 ［图 10-18（a）］是用耐油橡胶压制而成的圆截面密封件。它依靠预压缩消除间隙而实现密封 ［图 10-18（b）］，能随着压力 p 的增大自动提高密封件与密封表面的接触应力，从而提高密封效果，且能在磨损后自动补偿。O 形密封圈的结构简单、密封性好、价廉、应用范围广，既可用于外径或内径密封，也可以用于端面密封；高低压都可用，但在压力 $p>10$MPa 的高压场合需加设合成树脂密封挡圈 3、

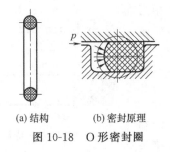

(a) 结构　　(b) 密封原理

图 10-18　O 形密封圈

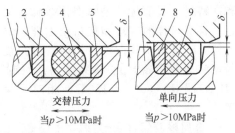

交替压力
当 p>10MPa 时

单向压力
当 p>10MPa 时

图 10-19　O 形密封圈的挡圈设置
1,6—活塞；2,7—缸筒；3,5,8—挡圈；4,9—O 形圈

5 或 8（图 10-19），以防 O 形圈 4 或 9 从密封槽的间隙 δ 中被挤出。

　　唇形密封圈是靠其唇口受液压力作用变形，使唇边贴紧密封面进行密封，液压力越大，唇边贴得越紧，并具有磨损后自动补偿的能力。常用的有 Y 形、V 形等，一般用于往复运动密封。图 10-20 所示为 Y 形密封圈，它有一对与密封面接触的唇边，安装时唇口对着压力高的一边。油压低时，靠预压缩密封；高压时，受油压作用而两唇张开，贴紧密封面，能主动补偿磨损量，油压越高，唇边贴得越紧。双向受力时要成对使用。这种密封圈摩擦力较小，启动阻力与停车时间长短和油压大小关系不大，运动平稳，适用于高速、高压的动密封。

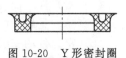

图 10-20　Y 形密封圈

　　V 形密封圈（图 10-21）由多层涂胶织物压制而成，由三种不同截面形状的压环、密封环、支承环组成一套使用。当压力大于 10MPa 时，可以根据压力大小适当增加中间密封环的个数，以满足密封要求。这种密封圈安装时应使密封环唇口面对高压侧。V 形密封圈的接触面较长，密封性能好，适宜在工作压力≤50MPa，温度 -40～+80℃场合使用。

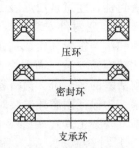

压环

密封环

支承环

图 10-21　V 形密封圈

　　③ 组合密封装置。组合密封装置是由两个以上密封件组合而成的密封装置。有橡胶组合密封与金属组合密封两类。

　　a. 橡胶组合密封件。它通常是由充当弹性体的 O 形橡胶圈和夹布橡胶质或特殊聚四氟乙烯（PTEE）唇形圈叠加组合而成。利用 O 形圈的巨大弹性，迫使唇形圈唇部紧贴密封表面，产生足够大的表面接触应力，起到密封作用。它具有摩擦阻力小，工作平稳，易于装配维修等优点。

　　图 10-22 为蕾形组合圈，它由丁腈橡胶 O 形圈和夹布橡胶质 Y 形圈组合而成。压力液体通过 O 形圈弹性变形始终挤压 Y 形圈唇部，迫使唇部紧贴密封表面，产生随液体压力增大的表面接触应力，并与初始接触应力一起阻止泄漏。特点是低压时靠合成橡胶密封，高压时靠夹织物橡胶圈变形提高接触应力实现密封；摩擦阻力小，不易磨损。它适宜在工作压力≤20MPa，温度 -30～+100℃场合使用。

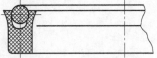

图 10-22　蕾形组合圈

　　格莱圈（图 10-23）与斯特封（图 10-24）统称为同轴密封圈，都是由一个提供预压缩力的 O 形圈和一个特殊聚四氟乙烯（PTEE）制成的耐磨密封环叠加组合而成。格莱圈中的密封环为矩形截面 PTEE，斯特封中的密封环为矩形-梯形截面 PTEE。由于 PTEE 具有自润滑性，且摩擦因数小，但缺乏弹性，将其与弹性体的橡胶圈同轴组合使用，利用橡胶圈的弹性施加压紧力，二者取长补短，密封效果良好。格莱

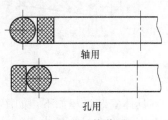

轴用

孔用

图 10-23　格莱圈

圈和斯特封的显著优点是摩擦因数低，动、静摩擦因数相当接近，且有极佳的定形和抗挤出性能，寿命长，运动时无爬行。格莱圈可用于双向密封；斯特封只能单向密封（两个斯特封可实现双向密封）。格莱圈与斯特封适宜在工作压力≤40MPa，温度－30～＋120℃，相对运动速度＜5m/s场合使用。

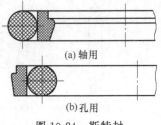

图 10-24　斯特封

b. 金属橡胶组合密封件。图 10-25 为由耐油橡胶内圈和钢（Q235）外圈压制而成的组合密封垫圈，主要用于管接头等处的端面密封，安装时外圈紧贴两密封面，内圈厚度 h 与外圈厚度 s 之差即为压缩量。由于它安装方便、密封可靠，故应用广泛。

（4）密封件厂商（中国液压气动密封件工业协会会员单位）及产品　见表 10-25。

（5）密封件的安装与更换

① 安装和拆卸注意事项。安装和拆卸液压密封件时，应防止密封件被螺纹、退刀槽等尖角划伤或其他损坏而影响其密封性，注意事项见表 10-26。

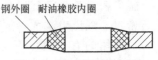

钢外圈　耐油橡胶内圈

图 10-25　组合密封垫圈

② 密封件安装工具（以格莱圈为例）。格莱圈由 O 形圈和耐磨密封环组成（图 10-26），由于 O 形圈弹性较大，比较容易安装；而耐磨密封环弹性较差，如果直接安装，则活塞的各台阶、沟槽容易划伤其密封表面，影响密封效果。为保证耐磨环安装时不被损坏，应采取一定的安装措施（安装工具）。耐磨密封环主要由填充聚四氟乙烯（PT-FE）材料制成，具有耐腐蚀的特性，热膨胀系数较大，故安装前可先将其在 120℃以上的油液中浸泡 10min 左右，使其逐渐变软，然后再用图 10-27 所示的芯轴（右端头部带有 5°倒角，用于引导 O 形圈和密封环装入活塞的密封沟槽）、推进器（由弹性较好的 65Mn 钢经热处理制成，加工成均布的 8 瓣结构，故又称胀套，用于推进密封环）和复原器三个部分组成的一套工具将其装入活塞的沟槽中。

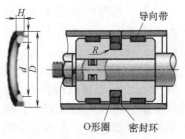

导向带

O形圈　密封环

图 10-26　活塞上的格莱圈

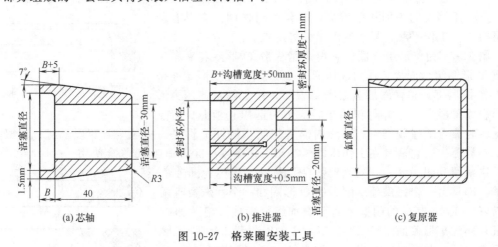

(a)芯轴　　　　(b)推进器　　　　(c)复原器

图 10-27　格莱圈安装工具

具体安装过程如下：如图 10-28 所示，对活塞及所有安装工具和格莱圈清洗并涂油→把 O 形圈放入密封沟槽中，但注意不得过量拉伸 O 形圈→把芯轴装到活塞上→把密封环加热后套在芯轴上并用推进器推至密封沟槽中→从活塞上卸下芯轴→一边转动一边把复原工具推到密封组件上，1min 后卸去。

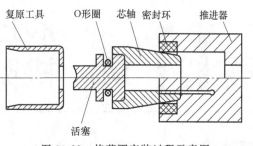

每种规格的格莱圈应有一套对应的安装工具来保证其安装要求，安装好后的格莱圈不允许有褶皱、扭曲、划伤和装反现象存在。

（6）非金属密封件常见故障诊断排除　见表 10-27。

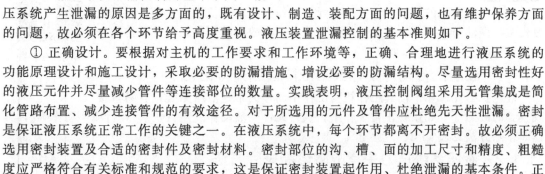

图 10-28　格莱圈安装过程示意图

（7）液压系统泄漏控制的基本准则　液压系统产生泄漏的原因是多方面的，既有设计、制造、装配方面的问题，也有维护保养方面的问题，故必须在各个环节给予高度重视。液压装置泄漏控制的基本准则如下。

① 正确设计。要根据对主机的工作要求和工作环境等，正确、合理地进行液压系统的功能原理设计和施工设计，采取必要的防漏措施、增设必要的防漏结构。尽量选用密封性好的液压元件并尽量减少管件等连接部位的数量。实践表明，液压控制阀组采用无管集成是简化管路布置、减少连接管件的有效途径。对于所选用的元件及管件应杜绝先天性泄漏。密封是保证液压系统正常工作的关键之一。在液压系统中，每个环节都离不开密封。故必须正确选用密封装置及合适的密封件及密封材料。密封部位的沟、槽、面的加工尺寸和精度、粗糙度应严格符合有关标准和规范的要求，这是保证密封装置起作用、杜绝泄漏的基本条件。正确选用管接头、管材和连接螺纹，合理布置液压管路系统。根据液压系统的环境温度及工况，合理选择温控装置。采取必要的防冲击、振动和噪声措施。

② 正确加工和装配。油路块上液压阀的安装面应平直；密封沟槽的密封面要精加工，杜绝径向划痕。液压阀与油路块的连接及油路块间的连接预紧力应足以防止表面分离。正确制定液压装置的装配工艺文件，配置必要的装配工具，并严格按装配工艺执行。在液压装置装配前，应按有关标准检验系统元件的耐压性和泄漏量。若发现问题，要采取相应措施，问题严重者，应予以更换。保持液压元件及附件、密封件和管件的清洁，以防沾上颗粒异物和污染，并应检查密封面和连接螺纹的完好性。不宜将各接头拧得过紧，否则会使某些零件严重变形甚至破裂，造成泄漏。避免在装配过程中损坏密封件。正确布置和安装管路。保持装配环境清洁，避免污物进入系统。系统装配完毕，要试车检查，观察系统各部位有无泄漏。发现泄漏，要采取相应措施。如板式连接元件结合面各油口要装 O 形密封圈，不得漏装，必要时可辅以密封胶治漏等。试车后，整个系统不渗不漏才可装入主机使用。

③ 正确维护保养。要保持系统清洁，防止系统污染。必要时，可给液压站加防护罩。液压系统中的过滤器堵塞后要及时清洗或更换滤芯。更换或增添新油时，必须按规定经过滤后才能注入油箱。维修液压系统、拆修（或更换）液压元件时，应保持维修部位的清洁。维修完毕后，各连接部位应紧固牢靠。

④ 液压系统的泄漏控制措施，见表 10-28。

第11章 | 液压系统故障诊断排除典型案例

11.1 液压系统共性故障及其诊断排除方法

第 11 章表格

液压系统常见的故障类型有执行元件动作失常、系统压力失常、系统流量失常、振动与噪声大、系统过热等，造成这些故障的可能原因及其排除方法要点如下。

11.1.1 液压执行元件动作失常故障诊断排除方法

液压执行元件在带动其工作机构工作中动作失常是液压系统最容易直接观察到的故障［（如系统正常工作中，执行元件突然动作变慢（快）、爬行或不动作等]，其诊断排除方法见表11-1。

11.1.2 液压系统压力失常故障诊断排除方法

相关内容见表11-2。

11.1.3 液压系统流量失常故障诊断排除方法

相关内容见表11-3。

11.1.4 液压系统存在异常振动和噪声故障诊断排除方法

相关内容见表11-4。

11.1.5 液压系统过热故障诊断排除方法

相关内容见表11-5。

11.1.6 液压冲击及控制

在液压系统中，由于某种原因引起的系统压力在瞬间急剧上升，形成很高的压力峰值，此种现象称为液压冲击。液压冲击时产生的压力峰值往往比正常工作压力高出几倍（图11-1），常使液压元件、管道及密封装置损坏失效，引起系统振动和噪声，还会使顺序阀、压力继电器等压力控制元件产生误动作，造成人身及设备事故。所以，正确分析并采取有效措施防止或减小液压冲击（表11-6），对于高精加工设备、仪器仪表等机械设备的液压系统尤为重要。

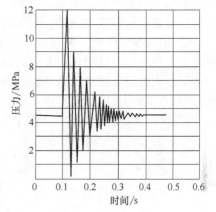

图 11-1　液压冲击波形

11.1.7 气穴气蚀及其预防

在液压系统中，由于绝对压力降低至油液所在温度下的空气分离压 p_g（小于一个大气压），原溶入液体中的空气分离出来形成气泡的现象，称为气穴现象（或称空穴现象）。气穴现象会破坏液流的连续状态，造成流量和压力的不稳定。当带有气泡的液体进入高压区时，气穴将急速缩小或溃灭，从而在瞬间产生局部液压冲击和温度变化，并引起强烈的振动及噪声。过高的温度将加速工作液的氧化变质。如果这个局部液压冲击作用在金属表面上，金属壁面在反复液压冲击、高温及游离出来的空气中氧的侵蚀下将产生剥蚀（气蚀）。有时，气穴现象中分离出来的气泡还会随着液流聚集在管道的最高处或流道狭窄处形成气塞，破坏系统的正常工作。气穴现象多发生在压力和流速变化剧烈的液压泵吸油口和液压阀的阀口处，预防气穴及气蚀的主要措施见表11-7。

11.1.8 液压卡紧及其消除

毛刺和污物楔入液压元件配合间隙的卡阀现象称为机械卡紧；液体流过阀芯阀体（阀套）间的缝隙时，作用在阀芯上的径向力使阀芯卡住，称液压卡紧（俗称卡阀）。轻度的液压卡紧，使液压元件内的相对移动件（如阀芯、叶片、柱塞、活塞等）运动时的摩擦增加，造成动作迟缓，甚至动作错乱的现象。严重的液压卡紧，使液压元件内的相对移动件完全卡住，不能运动，造成不能动作（如换向阀不能换向，柱塞泵柱塞不能运动而实现吸油和压油等）的现象，手柄的操作力增大等。消除液压卡紧和其他卡阀现象的措施见表11-8。

11.1.9 开环控制系统和闭环控制系统常见故障诊断

液压控制系统有开环控制和闭环控制之分。当液压控制系统出现故障后，为了迅速准确地判断和查出故障器件，机械、液压和电气工作者应良好配合。为了对系统进行正确的分析，除了要熟悉每个器件的技术特性外，还必须具有分析相关工作循环图、液压原理图和电气接线图的能力。开环和闭环液压控制系统，如果出现故障，可以分别参考表11-9、表11-10进行诊断。

11.2 液压系统故障诊断排除典型案例

11.2.1 四柱万能液压机主缸（滑块）不动作与回程振动噪声大故障诊断排除

（1）主缸液压系统工作原理 图11-2所示为某四柱万能液压机主缸部分的简化液压系统原理图，主缸带动滑块可以完成的动作循环为快速下行→慢速加压→保压→快速回程→任意位置停留。系统的主泵1为高压大流量压力补偿式恒功率变量泵，最高工作压力为32MPa，由溢流阀4设定；辅泵2为低压小流量定量泵，主要用作电液动换向阀5的控制油

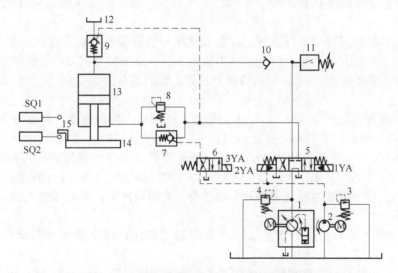

图11-2　四柱万能液压机主缸液压系统原理图

1—主液压泵；2—辅助液压泵；3,4—溢流阀；5—三位四通电液动换向阀；6—二位四通电磁阀；7,9—液控单向阀；
8—背压阀；10—单向阀；11—压力继电器；12—副油箱；13—主缸；14—滑块；15—活动挡块

源，其工作压力由溢流阀 3 设定。系统的执行元件为主缸 13，其换向由电液动换向阀 5 控制；液控单向阀 9 用作充液阀，在主缸快速下行时开启，使副油箱 12 向主缸充液；液控单向阀 7 用于主缸快速下行通路和快速回程通路（阀 7 的启闭由电磁阀 6 控制），背压阀 8 为液压缸慢速下行时提供背压；单向阀 10 用于主缸的保压；压力继电器 11 用作保压起始的发信装置。系统的信号源除了启动按钮外，还有行程开关 SQ1 和 SQ2 等。

（2）故障现象　上述系统在调试和使用中发现如下两个故障：主缸不动作；主缸回程时，出现强烈冲击和巨大炮鸣声，造成机器和管路振动，影响液压机正常工作。

（3）故障原因分析与排除

① 主缸不动作。疑似原因是主泵 1 未能供油或电液动换向阀 5 未动作。

a. 主泵 1 未能供油可能原因及解决方法：主泵 1 转向不正确，检查发现转向正确；主泵 1 漏气，检查发现主泵正在卸荷，说明吸排油正常。从而说明主泵 1 可供油。

b. 电液动换向阀 5 未动作可能原因及解决方法：电液动换向阀 5 的电磁导阀未动作，检查阀的供电情况和插头连接情况，发现正常；控制泵 2 故障，检查发现该泵正在经溢流阀 3 溢流，说明此泵无问题；控制压力太低，检查泵 2 出口压力，发现仅 0.1MPa，不能使阀 5 的液动主阀换向。通过调整溢流阀 3，将控制压力逐渐调到 0.6MPa，主缸开始动作，故障排除。

启示：执行元件不动作的可能原因是多方面的，如流量、压力、方向等，泵、阀、缸等方面原因，要逐一检查进行排除。

② 主缸回程时出现强烈冲击和巨大炮鸣声，造成机器和管路振动，影响液压机正常工作。可能原因是主缸回程前未泄压或泄压不当。

a. 原因分析。该液压机主缸内径 $D=400mm$，工作行程 $S=800mm$，保压时工作压力 $p=32MPa$，保压时液压缸活塞常处于 2/3 工作行程处。换向时间 $\Delta t=0.1s$。保压时主缸工作腔油液容积为

$$V=D^2(\pi/4)\times(2/3)S=40^2(\pi/4)\times(2/3)\times80=67020cm^3$$

若不计管道和液压缸变形，则缸内油液压缩后的容积变化为

$$\Delta V=\beta V(p-p_0)=7\times10^{-10}\times67020\times32\times10^6=1500cm^3=1.5L$$

式中，β 为油液压缩系数，取 $\beta=7\times10^{-10}m^2/N$；$p_0$ 为加压前油液压力，此处认为 $p_0=0$。

如果在保压阶段完成后立即回程，缸上腔立即与油箱接通，缸上腔油压突然迅速降低。此时即使主缸活塞未开始回程，但由于压力骤然下降，原压缩容积 ΔV 迅速膨胀，这意味着 $\Delta V=1.5L$ 的油液要在 $\Delta t=0.1s$ 时间内排回油箱，瞬时流量为

$$q=\Delta V/\Delta t=1.5\times60/0.1=900L/min$$

这样大的流量通过直径为 $d=30mm$ 的管道，引起很大冲击流速，其值为

$$v=q/[d^2(\pi/4)]=(900\times10^3/60)/[3^2(\pi/4)]=15000/[3^2(\pi/4)]=2.12\times10^3cm/s=21.2m/s$$

在 $\Delta t=0.1s$ 内，受压油液由 $p=32MPa$ 降至零释放的巨大液压势能可粗略估算如下：

$$\Delta E=(1/2)pq\Delta t=(1/2)\times(32\times10^6)\times(15\times10^{-3})\times0.1=24000J$$

如此大的流量、能量的排出和释放，必然会引发剧烈冲击、振动和惊人响声，甚至使管道和阀门破裂。

b. 解决方案。主导思路是使主缸上腔有控制地释压，待上腔压力降至较低时再转入回程。

方案 1：采用卸荷阀实现释压。即在原系统增设带阻尼孔的卸荷阀 16（图 11-3），用该阀实现释压控制。

具体动作是：当电磁铁 2YA 通电使阀 5 切换至左位后，主缸上腔尚未释压，压力很高，

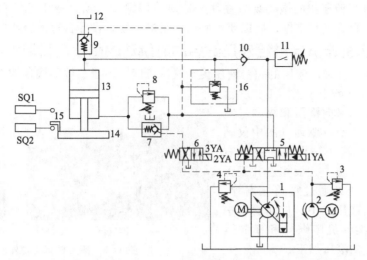

图 11-3　采用卸荷阀实现释压的四柱万能液压机主缸液压系统原理图

1—主液压泵；2—辅助液压泵；3,4—溢流阀；5—三位四通电液动换向阀；6—二位四通电磁阀；7,9—液控单向阀；
8—背压阀；10—单向阀；11—压力继电器；12—副油箱；13—主缸；14—滑块；15—活动挡块；16—卸荷阀

卸荷阀 16 呈开启状态，主泵 1 经阀 16 中阻尼孔回油箱。此时泵 1 在低压下运转，此压力不足以使主缸活塞回程，但能打开充液阀 9 中的卸载阀芯，使上腔释压。这一释压过程持续到主缸上腔压力降低，卸荷阀 16 关闭为止。此时泵 1 经阀 16 的循环通路被切断，油压升高并推开阀 9 中的主阀芯，主缸开始回程。

　　方案 2：单独控制充液阀实现释压。即在主缸上腔的充液阀 9 用电磁阀 16 控制（图 11-4），实现释压。

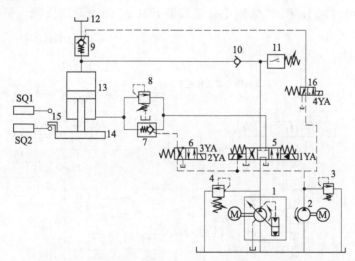

图 11-4　单独控制充液阀实现释压的四柱万能液压机主缸液压系统原理图

1—主液压泵；2—辅助液压泵；3,4—溢流阀；5—三位四通电液动换向阀；
6—二位四通电磁阀；7,9—液控单向阀；8—背压阀；10—单向阀；11—压力继电器；
12—副油箱；13—主缸；14—滑块；15—活动挡块；16—二位三通电磁阀

　　具体动作是：压制时，电磁铁 1YA 通电；保压时，1YA、2YA、3YA、4YA 均断电；回程时，先 4YA 通电，延时 2s 由阀 9 逐渐释放保压能量，然后 2YA 通电。即可消除炮鸣声。

c. 启示：大型液压机的炮鸣现象往往会造成连接螺纹松动，液压元件和管件爆裂，致使设备泄漏等，影响正常工作，所以要对此给以足够重视，设计合理的释压回路。

11.2.2　滚压机床纵向进给液压缸启动时跳动故障诊断排除

（1）功能原理　某厂使用的一台液压传动滚压机床，用于工件的滚压加工，其主要动作为纵向进给，横向滚压。图 11-5 所示为机床实物照片，横向滚压和纵向进给各采用一个液压缸执行驱动（图中仅画出进给液压缸）。液压站设置在主机右旁侧，进给液压缸与中托板相连并置于主机前下方，液压站通过管道（铜管）将压力油传递至液压缸中，从而驱动中托板和滚压刀架沿机床纵向和横向运动，实现对工件的滚压加工。

图 11-5　滚压机床实物外形

图 11-6 所示为该滚压车床液压系统原理图，该系统为单泵双回路油路结构，即定量液压泵 4 是 X 向液压缸 24 和 Z 向液压缸 25 的共用油源，泵的最高压力由溢流阀 12 设定，缸 24 的工作压力由电液比例溢流阀调节，缸 25 的工作压力由溢流阀 13 设定，液压泵工作压力的切换由二位二通电磁阀 7 控制。二位二通电磁阀 6 和 14 分别控制两条油路通断。蓄能器 22 用于吸收液压冲击和脉动，以提高工件表面加工质量。缸 24 和 25 的运动方向分别由三位四通电磁阀 9 和 17 控制。缸 24 采用回油节流调速（节流阀 10）方式，快进与工进的速度换接采用行程控制，即通过行程开关发信使二位二通电磁阀 11 通断电接通或断开缸 24 的回油路实现。缸 25 的正反向工进均采用进油节流调速（节流阀 20 和 19）方式，快进与工进的换接也为行程控制，即通过行程开关发信使二位二通电磁阀 18 和 21 通断电接通或断开缸 25 的进油路实现。单向阀 15 为缸 25

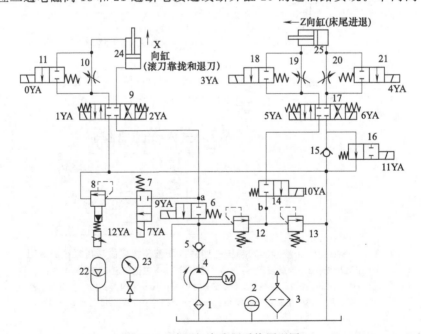

图 11-6　滚压机床液压系统原理图

1—过滤器；2—液位计；3—通气器；4—液压泵；5—单向阀；6,7,11,14,16,18,21—二位二通电磁阀；8—电液比例溢流阀；9,17—三位四通电磁阀；10,19,20—节流阀；12,13—溢流阀；15—单向阀；22—蓄能器；23—压力表及其开关；24,25—液压缸的背压阀，在缸 25 工进时回油克服此阀背压排回油箱，用于提高缸的运动平稳性，而在缸 25 快进时，可由阀 16 短接阀 15，使缸 25 无背压回油。由液压系统的动作状态表（表 11-11）很容易了解各工况下的油液流动路线。

（2）故障现象　该机床在使用几年后频繁出现如下现象：缸 25 在工退时，启动瞬间会出现跳动，跳动距离大约 2mm，且该现象时有时无；缸 25 偶尔也会出现无动作，致使滚刀直接扎进工件的现象。但缸 25 快退时不出现跳动，但快进时启动瞬间会出现短暂冲击。

（3）原因分析及对策　由系统原理图可看出，导致上述故障的可能原因及相应对策如下。

① 单向阀 15 损坏。如果起背压作用的单向阀 15 中的弹簧疲劳或断裂失效，则会使缸 25 回油无背压，从而引起缸启动跳动。对此拆检修理或更换阀 15 即可。

② 液压缸卡阻。由于缸 25 为进油节流调速，节流后热油进入液压缸 25，使其构成零件出现热膨胀，引起缸卡阻甚至无动作或不顺畅。

为此，可以在不改变油路组成和结构情况下，通过改变电磁铁 3YA 和 4YA 的通断电顺序（例如缸 25 工进时，将原 3YA 通电、4YA 断电改变为 3YA 断电、4YA 通电）及相应电气控制线路，即可将缸 25 回路变为进退均为回油节流调速方式，从而使节流后热油排回油箱散热再进行循环。此时，节流阀 19 和 20 还对缸 25 有背压作用，可起到提高缸 25 运动平稳性的作用。

③ 电磁阀 16 换向滞后。电磁阀 16 通电后一般要滞后 0.5s 才能达到额定吸力而换向，在此期间，缸 25 工退，其无杆腔回油直接（无背压）通油箱，加之回油腔可能形成空隙，故启动瞬间引起跳动，直至电磁阀 16 全部关闭时，消除回油腔内的空隙，建立起背压（单向阀 15）后，才转入正常工退运动。解决方案之一，是更换反应速度快的电磁阀 16，迅速关闭其通道，使液压缸启动时立刻建立回油背压；解决方案之二，是因缸 25 为进油节流调速回路，故可以在开车时关小节流阀，使进入缸的流量受到限制以避免启动冲击。

④ 油路问题。因缸 25 压力油引自两溢流阀 12 和 13 的连通管路上，故溢流阀口开度大小的动态变化及卡阻情况，会使系统压力或流量波动，同时，缸 25 的压力油是经溢流阀 12 后的热油，从而导致缸 25 出现上述故障。解决方案是保留阀 12，去掉阀 13，将缸 25 进油路 b 点移至阀 6 上方油路 a 点，由电液比例压力阀直接对缸 25 的工作压力进行调节，以消除上述故障。

上述故障原因中，背压单向阀 15 损坏属于使用方面的问题，而液压缸卡阻、电磁阀换向滞后及油路问题均属于液压系统设计不尽合理带来的问题。因此，上述解决方案中应由易到难，即首先排查单向阀，然后再考虑设计问题。

（4）启示　金属切削机床液压系统是以速度变换和控制为主的低压小流量系统，多采用定量泵供油的节流调速方式。为了保证系统有好的速度-负载特性（运动平稳性）、调节特性和散热性能等，应优先考虑采用回油节流调速，这已被工程实际中大多数机床液压系统所证明。而采用进油节流调速，其负面作用较多，应尽量不予采用。

11.2.3　毛呢罐蒸机液压驱动胶辊转速调节失常故障诊断排除

（1）功能结构及故障现象　毛呢罐蒸机是从英国 Saler 公司引进的一种纺织设备，由卷绕机和罐蒸器两部分组成，用于毛呢织物的卷绕和罐蒸，以提高产品美观度。卷绕机由图 11-7 所示的整体式液压变速器驱动和控制，用于将经剪绒之后卷在胶辊 9 上的毛呢织物均匀地卷绕到胶辊 7 上。卷绕工艺要求该液压变速器能通过由齿轮、同步齿形带等机构零件组成的机械系统 II 正、反向启动胶辊 9 及 7，且能通过该变速器输入和输出端的变量调节机构使两个胶辊的转速从 0～1500r/min 得到无级调节，同时还能通过起反馈作用的机械系统 I 与气缸 5 及小轮 6 的配合，使两个胶辊之间的织物的线速度基本恒定，以保证适当张力，实

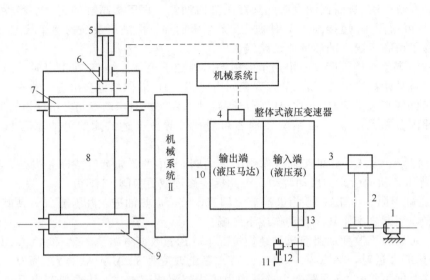

图 11-7　毛呢罐蒸机卷绕机运动联系示意图

1—电动机；2—V带；3—输入轴；4—输出端变量调节机构；5—气缸；6—小轮；7,9—胶辊；
8—毛呢织物；10—输出轴；11—手轮；12—链传动机构；13—输入端变量调节机构

现均匀卷绕。

在该机正常使用 4 年多后发现，胶辊转速调节不到高速区上，即只能在低速区（约 500r/min）工作，远不能满足生产率要求。

（2）原因分析　概略检查暴露在外的机械系统Ⅰ和油箱液位，发现均正常。故推断是液压变速器内部发生了某种故障。故转而分析故障原因，寻求排除方法。

结合机器的使用说明书和实物了解到该整体式液压变速器，其输入端和输出端分别为双向变量的叶片泵和叶片马达。泵和马达轴均为水平安装。输入端前部和输出端后部的凸出部分别是泵和马达的变量调节机构 13 和 4，泵和马达通过外壳固定在附有紫铜薄壁散热管油箱的顶部。该变速器驱动功率（即电动机输入功率）为

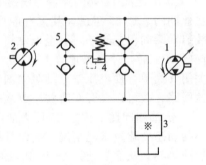

图 11-8　变量泵-变量马达闭式
容积调速系统基本原理

1—变量泵；2—变量马达；3—真空
吸入阀；4—溢流阀；5—单向阀

5kW，但其整体尺寸（含油箱）仅约长×宽×高＝600mm×200mm×700mm。

由于原技术文件中无液压原理图，所以经仔细分析推断认为，该液压变速器实质是一台变量泵和变量马达组成的闭式容积调速系统，根据推断试探性绘出了液压原理图（图 11-8）。液压泵和液压马达的变量调节机构采用丝杆-螺母组成的螺旋副，并分别通过手轮和链传动进行手动和自动调节；调压部分采用 6 片碟形弹簧组；变速器输入端与动力源采用柔性联系（液压泵与驱动电机通过两根 V 带传动）。

由变量泵-变量马达液压系统转速特性公式可知，液压马达输出转速：

$$n_{m} = \frac{V_{Pmax} x_{P} n_{P}}{V_{mmax} x_{m}} \eta_{PV} \eta_{lV} \eta_{mV} \tag{11-1}$$

对于本系统，液压泵和马达的最大排量 V_{Pmax} 和 V_{mmax} 均为常数，故影响马达输出转速 n_{m} 的参数只能是泵的输入转速 n_{P}、泵和马达的调节参数 x_{P} 及 x_{m}，以及泵、马达的容积效率 η_{PV}、η_{mV} 和管路容积效率 η_{lV}。

基于上述分析，对该液压变速器的有关部位进行了如下检查和拆解处理。

① 检查泵的输入转速 n_p，发现电动机与泵之间的 V 带较松，V 带打滑会降低运转时的传动比。为此，通过调整电动机上的底座螺钉，张紧了 V 带。

② 检查马达和泵的变量机构，发现马达的变量机构正常；但泵的变量机构中丝杆的台肩与端盖的结合面 A（图 11-9）有一约 1.5mm 的磨损量，故丝杆转动时，螺母产生径向"空量"，得到的是一个"伪" x_p 值。

（3）解决方案与效果　解决上述磨损问题的办法是在结合面处加装一相应厚度的耐磨垫圈或重新制作一丝杆，这样即可消除上述"空量"。迫于生产现场任务要求，采用了加耐磨垫圈的方法。

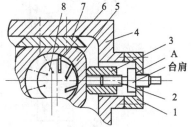

图 11-9　泵的变量机构示意图
1—端盖；2—丝杆；3—螺母；4—壳体；
5—定子环；6—叶片；7—滑轨块；8—转子

鉴于毛呢罐蒸机使用 4 年多以来，该液压变速器一直未更换过液压油液的情况，将原系统中所有油液排出，发现其中有少量织物纤维，油箱底还附着大量颗状污物。考虑到这些杂质易引起液压元件堵塞和磨损，可能会导致各容积效率及吸油量下降，故对系统进行了彻底清洗。最后，重新组装并按使用要求加足新液压油液，一次试车成功，排除了上述故障，使罐蒸机及液压变速器恢复了正常工作状态，生产效率得以提高。

（4）启示　从国外引进的液压机械，在进行验收时，应重视其技术文件（原理图、特殊备件表等）的完整性；对液压机械应定期检查液压元件及系统的工作状态，并对易损零件和油液的清洁度给予足够重视。

11.2.4　双缸驱动剪板机出力不足故障诊断排除

在使用中发现某厂的双缸驱动液压剪板机不能将机器说明书标称厚度的钢板剪断，这说明液压缸输出力不足。影响出力的因素是压力和结构尺寸（缸径或作用面积）。经检查，液压缸的工作压力已调为说明书规定值，故做进一步检查，经计算对比发现液压缸的规格尺寸不正确（比规定缸径小一挡），导致了剪板机出力不足而不能剪断标称厚度的钢板，纠正后故障消失。

11.2.5　动力平板运输车悬挂液压系统顶升力不足故障诊断排除

某动力平板运输车是机电液相结合的产品，主要用于造船厂船体分段等大型构件的拉运。整车全长×宽＝8m×4m，额定装载质量50t。该车采用全液压驱动，并通过工业控制计算机控制各行走桥液压悬挂、独立转向以及液压升降调平。该车同时能够实现直行、斜行、"8"字转向、原地转向等多种运行模式，整车运行灵活，还能实现小场地无滑移或少滑移行驶。

图 11-10 所示为该动力平板运输车的液压系统原理图。系统的油源为恒功率变量泵 7，系统的两组执行元件为 4 个并联的转向液压缸和 4 个并联的悬挂液压缸 20。其中缸 20 为单作用缸，其运动方向由三位四通电磁阀 16 控制，由液控单向阀 17 锁紧，由溢流阀 15 设定悬挂压力，工作压力可通过测压接头 22 处压力表（图中未画出）和压力传感器 21 进行测定；节流阀 14 可用于防止冲击。主油路和控制油路的总控由三位四通电磁阀 9 实现；4 个悬挂缸又分为上下两组，并通过分流阀 11 进行一次节流，通过分流阀 12 和 13 进行二次分流，从而保证了车辆前后左右的悬挂动作同步。

在使用该车几年后发现其举升力下降至 30t 左右，影响了作业。经分析是溢流阀设定压力有误，重新调整即可恢复原举升力。

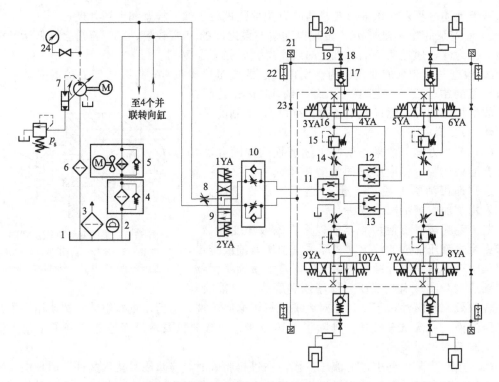

图 11-10 动力平板运输车液压系统原理图

1—油箱；2—液位液温计；3—空气过滤器；4—回油过滤器；5—风冷却器；6—吸油过滤器；7—恒功率变量泵；
8—节流阀；9—三位四通电磁阀；10—双单向节流阀；11，12，13—分流集流阀；14—管式节流阀；
15—直动式溢流阀；16—三位四通电磁换向阀；17—液控单向阀；18，23—球阀式截止阀；
19—双防爆阀；20—悬挂液压缸；21—压力传感器；22—测压接头；24—压力表

11.2.6　矫直校平压力机液压系统变量柱塞泵超电流故障诊断排除

　　该主机用于工程机械关键工作部件的矫直校平，其液压系统（图 11-11）采用高低压双泵［低压大排量定量柱塞泵（带内置限压阀）1＋高压小排量变量柱塞泵（压力补偿变量）2］组合供油。液压缸 8 驱动工作机构对工件实施矫直校平加工。在电磁阀 6 和电液动换向阀 7 均切换至右位时，双泵合流供油，液压缸空载快速前进；在工作机构对工件加压时，卸荷阀 3 开启，低压泵 1 经阀 3 卸荷，高压泵 2 独立向液压缸提供高压油，工作机构转为高压慢速加载。

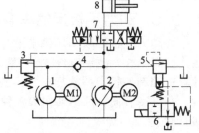

图 11-11　矫直校平压力机
液压系统原理图

1—定量泵；2—变量泵；3—卸荷阀；
4—单向阀；5—溢流阀；6—电磁阀；
7—电液动换向阀；8—液压缸

　　上述系统闲置几年后再启动运转时发现，变量泵 2 在变量工作点（拐点）时，其功率为 18.5kW 的驱动电机（在液压站油箱顶盖立置，图 11-12）的 M2 超电流达近 150A（正常值为 36.3A）并伴随强烈噪声，势有逼停及烧毁电机的危险。根据上述故障现象，怀疑变量泵 2 的变量机构卡阻。

　　拆解发现斜盘耳轴不能正常转动，为此更换同型号一台新泵，故障消失，系统工作恢复正常。对于变量液压泵电机超电流故障，如果变量机构正常，此时，可对电机启动电路及电气元件进行检查，以免电气元件故障导致电机超电流。

11.2.7 石棉水泥管卷压成型机 PV18 型电液伺服双向变量轴向柱塞泵难以启动故障诊断排除

（1）功能原理　PV18 型电液伺服双向变量柱塞泵是美国 RVA 公司生产的石棉水泥管卷压成型机液压系统的主泵，通过控制变量泵的排油压力间接对压辊装置压下力实施控制。图 11-13 所示为该泵的结构原理，作为整个系统的核心部件，PV18 泵主要由柱塞泵主体 9，伺服缸 8 和控制盒 2（内装伺服阀 13 及用凸轮耳轴 5 与斜盘 6 机械连接的位置检测器 LVDT 3）组成，与泵配套的电控柜内，装有伺服放大器和泵控分析仪。由泵的液压原理图（图 11-14）可知，PV 泵内还附有双溢流阀组 2，溢流阀 3 和双单向阀的溢流阀组 4 等液压元件。当泵工作时，控制压力油从油口 C 经

图 11-12　变量泵驱动电机

油路 9 进入 PV 泵的电液伺服变量机构（Servo），通过改变斜盘倾角，改变泵的流量和方向；控制压力由溢流阀 3 调定；斜盘位置可通过与 LVDT 相连的机械指示器观测并反馈至信号端；双溢流阀组 2 对 PV 泵双向安全保护；另配的补油泵可通过油口 S 和阀组 4 向 PV 泵驱动的液压系统充液补油；由阀组 4 和阀 3 排出的低压油经油路 6 及节流小孔 7 可冷却泵内摩擦副发热并冲洗磨损物，与泵内泄油混合在一起从泄油管 8 回油箱；阀 5 为单向背压阀。PV 泵的额定压力 12MPa；额定流量 205L/min；额定转速 900r/min；驱动电机功率 18kW；控制压力 3.5MPa；控制流量 20L/min。PV 变量泵实质上是一个闭环电液位置控制系统，其控制原理框图如图 11-15 所示。

（2）故障现象及其分析排除　PV 泵一般情况下工作良好，但"有时出现难以启动甚至完全不能启动"即开机后无流量输出的故障。

起初，试图用加大控制信号（调高电路增益）的方法解决，但未能奏效。后来经认真分析认为，石棉水泥管卷压成型机及其液压系统工作环境恶劣，粉尘较多，

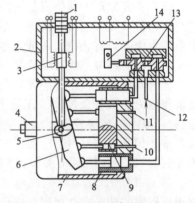

图 11-13　PV 型电液伺服双向变量轴向柱塞泵结构原理

1—机械指示器；2—控制盒；3—位置检测器 LVDT；4—泵主轴；5—耳轴；6—斜盘；7—壳体；8—伺服缸；9—柱塞泵主体；10,11—泵主体进出油口；12—控制油进口；13—电液伺服阀；14—力矩马达

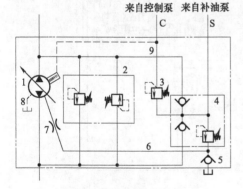

图 11-14　PV 型电液伺服双向变量轴向柱塞泵液压原理图

1—柱塞泵；2—双溢流阀组；3—溢流阀；4—双单向阀的溢流阀组；5—单向阀；6,9—油路；7—节流小孔；8—泄油管

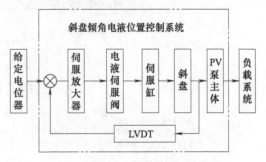

图 11-15　PV 泵控制原理框图（闭环电液位置控制系统）

容易对液压系统的油液造成污染，从而引起 PV 泵内电液伺服阀堵塞和卡阻。检查果然发现：伺服阀周围有大量铁磁物质和非金属杂质，清洗后故障得以排除。进一步分析发现，该泵的控制油路原已装有 $10\mu m$ 过滤精度的过滤器，但仍出现这样问题，表明使用的过滤器过滤精度太低，不能满足要求，因此更换为 $5\mu m$ 纸质带污染发信过滤器，效果较好。

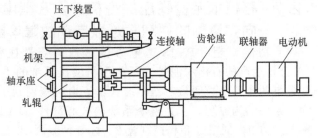
图 11-16 轧钢机结构组成示意图

（3）启示　电液伺服变量柱塞泵综合性能优良，但对油液清洁度要求较高，为保证其工作可靠性，应特别重视介质防污染工作。

11.2.8 轧钢机电液伺服压下系统（HAGC）管道间歇抖动故障分析诊断

（1）功能原理　轧钢机是实现金属轧制过程的机械设备，由主机（机架、轧辊及压下装置）和辅机（飞剪及拉钢机等）组成（图 11-16）。一般所说的轧机往往仅指主机。以轧制中心线为中心，将轧机、飞剪、各种冷床拉钢机等设备的传动装置统一放在轧机的一侧，简称传动侧；而将中心线对面的另一侧作为主要物流通道和检修操作的空间，简称操作侧。

轧辊调整装置（压下装置）是轧钢机的重要组成部分：通过电液伺服阀控制对液压缸的流量和压力的调节来控制液压缸上、下移动的行程，来调节轧辊辊缝值，进而实现对轧件（板材）厚度的精确控制，故称液压自动厚度控制（HAGC）。轧机液压压下装置主要由液压泵站、伺服阀台、压下液压缸、电气控制装置以及各种检测装置所组成（可参见图 8-16），其工作原理如 8.8.1 节所述。

图 11-17 所示为某轧钢机电液伺服压下系统（HAGC）原理图（伺服阀台部分），传动侧和操作侧的油路完全相同。以传动侧为例，高压油 P_1 经过滤器 2.1 精密过滤后再经单向

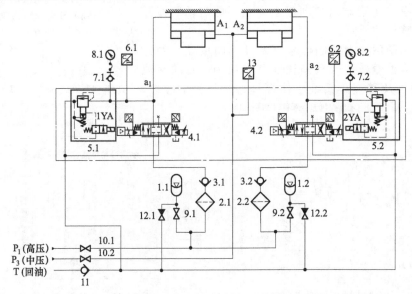
图 11-17　轧钢机电液伺服压下系统（AGC）原理图（部分）

1.1,1.2—蓄能器；2.1,2.2—过滤器；3.1,3.2,11—单向阀；4.1,4.2—电液伺服阀；5.1,
5.2—电磁溢流阀；6.1,6.2,13—压力传感器；7.1,7.2—测压接头；8.1,8.2—压力表；
9.1,9.2,10.1,10.2,12.1,12.2—高压截止球阀；A_1—传动侧缸；A_2—操作侧缸

阀 3.1 送至伺服阀台和压下缸 A_1，压下液压缸 A_1 的位置由电液伺服阀 4.1（型号 MoogD661-4539）控制，缸的升降即产生了辊缝的改变。电磁溢流阀 5.1 起安全保护作用，并可使液压缸快速泄油；蓄能器 1.1 用于减少液压源的压力波动。中压油 P_3 为压下缸提供背压。压下缸工作压力和背压分别由压力传感器 6.1 和 13 检测。

（2）故障现象及其诊断　上述压下系统的伺服阀台出口到传动侧之间的一段橡胶油管 a_1 在工作的时候间歇性抖动，用手摸上去感觉油管中的流量是一股一股地流动，而操作侧的正常。

为此曾更换过伺服阀和过滤器滤芯但未能奏效。经了解，这台轧机之前因废钢时发生过失火事故，电路的线缆受损严重。而未失火之前并未发现上述抖动的现象，失火之后抖动的现象是逐渐地明显起来（刚失火电路恢复好时没有发现抖动）。

根据上述故障现象及描述，参照第 6 章表 6-30 之方法进行分析，可能原因是 a_1 段橡胶油管过长或电路线缆有虚接现象所致。

11.2.9　卧式带锯床液压系统噪声大及过热故障诊断排除

（1）设计原理　某卧式带锯床用于棒料的锯切作业，所设计的液压系统原理如图 11-18 所示。在正常走锯时，夹紧缸 13 用于夹紧棒料，其换向由三位四通电磁换向阀 10 控制；双升降缸 11、12 的活塞杆支撑导轨控制架下降进锯断料，其二位二通电磁阀 9 用于快速进给回油，单向节流阀 8 用于回油节流控制工作进给速度，缸的上下行换向由三位四通电磁阀 6 控制。进给缸工作压力 $3 \sim 3.5 \mathrm{MPa}$，通过溢流阀 7 设定。系统的液压泵 2 为 YB1-6 型叶片泵，其排量为 $6 \mathrm{mL/r}$，驱动电机的功率和转速分别为 $1.5 \mathrm{kW}$ 和 $1400 \mathrm{r/min}$。溢流阀 7 为 P-B6B 型低压溢流阀，其额定压力为 $2.5 \mathrm{MPa}$，额定流量为 $6 \mathrm{L/min}$。

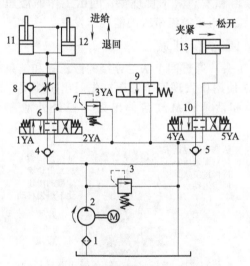

图 11-18　卧式带锯床液压系统原理图
1—过滤器；2—液压泵；3,7—溢流阀；
4,5—单向阀；6,10—三位四通电磁阀；
8—单向节流阀；9—二位二通电磁阀；
11,12—进给液压缸；13—夹紧液压缸

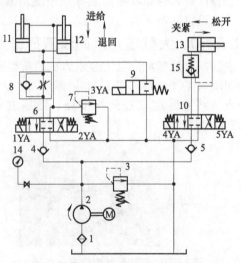

图 11-19　改进后的卧式带锯床液压系统原理图
1—过滤器；2—液压泵；3,7—溢流阀；4,5—单向阀；
6,10—三位四通电磁换向阀；8—单向节流阀；
9—二位二通电磁换向阀；11,12—进给液压缸；
13—夹紧液压缸；14—压力表及其开关；15—液控单向阀

（2）故障现象及原因分析　当系统工作时，泵 2 有一定的负载噪声，溢流阀 3 和回油口出油就成乳液状，油中带气泡，泵噪声加大；泵、阀以及油液温度很高，可把操作者的手部皮肤烫伤。原因分析如下。

① 液压泵的流量与溢流阀不匹配。如不计泄漏，则 YB1-6 型叶片泵，其排量 $V = 6 \mathrm{mL/}$

r，在转速 $n=1400\text{r/min}$ 下的流量为

$$q=Vn=6\times1400=8.4\text{L/min}$$

而 P-B6B 型溢流阀为广研中低压系列阀，额定压力和流量分别为 2.5MPa 和 6L/min，该阀实际通过流量比额定值大 40%，这应是系统产生噪声和发热的主要原因。

② 由于系统无卸荷设计，故带载启动。

③ 系统要求溢流阀调整压力 3～3.5MPa，但溢流阀额定压力仅为 2.5MPa，这相当于超载 40% 使用该阀，存在极大安全隐患。

④ 系统在溢流阀入口未设压力表，使调压似"瞎子摸象"。

（3）改进方法　基于上述原设计系统所选溢流阀规格与油源流量及负载工作压力不匹配是系统问题的主要原因的分析，提出的改进方法如下。

① 为了解决噪声及发热问题，但又不影响运转速度的方案是：在不改变泵及电机前提下，通过改变溢流阀型号规格来实现：例如改为同系列 Y-10B 型（或中高压系列 YF3-6B 型）溢流阀即可，其额定压力和流量分别为 6.3MPa 和 10L/min。此方案较之改变（重选）液压泵成本低，结构易实现。

② 将夹紧油路改用液控单向阀实现停电夹紧（图 11-19）。但为了保证液控单向阀在意外停电后缸还能对锯料有效夹紧，在停电时换向阀的机能应使液控单向阀的控制压力能完全释放，以保证液控单向阀阀芯可靠压紧在阀座上从而保证缸无杆腔油液封死在无杆腔，故换向阀 10 应改为 H 型中位机能，此机能换向阀还可使系统实现空载启动和卸荷。

③ 增设压力表及其开关 14 及测压点 x，以便系统压力调整和监控。

此例表明：在液压系统设计时，应合理对泵和阀进行选型，以使其压力、流量与系统要求合理匹配，否则容易因此导致系统出现异常噪声和发热等不良现象；间歇工作的液压系统，应设置卸荷回路，以实现空载启动和卸荷，减少高压溢流带来的能耗与发热。

11.2.10　大型压力机同步液压缸泄漏故障诊断排除

（1）故障现象　某大型压力机的箱型滑块（压头）通过四个法兰连接的液压缸和链条同步驱动对工件加载（图 11-20、图 11-21）。用户在使用中发现四个液压缸先后出现泄漏，漏油点分别为缸底与缸筒连接处、液压缸油口处和活塞杆从缸盖伸出处等三处外泄漏点（图 11-22）。

液压站

图 11-20　层压机结构组成示意图

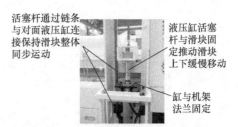

活塞杆通过链条与对面液压缸连接保持滑块整体同步运动

液压缸活塞杆与滑块固定推动滑块上下缓慢移动

缸与机架法兰固定

图 11-21　液压缸通过链条同步驱动滑块

（2）诊断排除　此液压缸属结构尺寸不大（缸径 80mm/杆径 40mm/行程 400mm），低载、中速、低压活塞式液压缸，工况简单，载荷变化小。液压缸缸底与缸筒采用螺纹连接，连接液压缸的管道为橡胶软管并采用胶管总成，采用 46 号抗磨液压油。漏油为外泄漏，其可能原因及解决方案如下。

① 缸底与缸筒螺纹连接处泄漏是因螺纹制作精度低，无防漏措施。事实上，缸底缸盖采用螺纹连接是最容易泄漏和不推荐使用的一种结构，建议采用带静密封装置

漏油点

图 11-22　泄漏的液压缸

的法兰连接。

② 液压缸油口与管接头处缠绕了密封胶带，但缠绕方向可能有误，可检查改正；另外此处可考虑加装金属橡胶组合密封件（JB 982），以从根本上解决泄漏问题。

③ 针对活塞杆从缸盖伸出处的漏油，用户曾更换过相关密封圈，但其沟槽尺寸及公差都会影响其压缩率，从而影响密封效果，应予检查。另应检查缸前部是否设有防尘圈及其状态，以免污物带入缸内，保护密封圈不被硬质异物拉伤。

④ 用户液压站油液如果污染或时间过久未换油，都可能会带来影响，视具体情况解决即可。

11.2.11　几种液压阀故障诊断排除

（1）电磁阀通电后换向失常　某厂液压系统有一个 34E-B4BH 型电磁换向阀（图 11-23），使用中发现该阀右位通电后总是差一点切换到位。由该阀型号可知，它是一个广研中低压系列三位四通直流电磁换向阀，压力等级 B（2.5MPa），额定流量 4L/min，板式连接，H 型中位机能，外泄方式。检查发现阀芯没有机械卡阻，因此，疑似故障原因是对中弹簧破损或外泄油口不顺畅。进一步检查发现在外泄油口有污染物部分堵塞通道，致使该换向阀泄油背压大换向不彻底，清洗或换油甚至换阀即可消除故障。

图 11-23　三位四通电磁换向阀

（2）二位二通螺纹插装式电磁阀通电后不换向　在某车辆液压系统中有一个二位二通螺纹插装式电磁换向阀（力士乐产品，常闭机能，通径 8mm，流量 40L/min）。

调试时发现接通 220V 交流电源后不换向。检查系统油液是清洁的。后检查铭牌发现标有 220VRC 字样，说明这是 220V 交流本整形电磁阀，需用配套的带半波整流器件的插头（但电磁铁仍为直流）。为此，改用带半波整流器件的插头，故障消失。

（3）钢丝压延生产线液压系统 MOOG 电液伺服阀控制放大器故障　从国外引进的钢丝压延生产线液压系统有一用于调节辊距的德国产 MOOG 伺服阀（G761-3008，H19JOGM4VPH 型，额定压力 21MPa，额定电流±1500mA）（图 11-24）。在使用中出现了无法调节辊距的故障现象，即显示器所显示的数值为正常，而实际上启动之后无法调节辊距，亦即配套的伺服控制器（D136-001-007）（图 11-25）无法控制伺服阀。直接更换 MOOG 控制器之后设置完参数则恢复正常。

图 11-24　MOOG 电液伺服阀

图 11-25　伺服控制器

图 11-26　水泥立磨

11.2.12　水泥立磨液压站爆炸故障诊断排除

某水泥生产立磨（图 11-26）在工作中发生液压站爆炸，油箱顶盖被掀起而损坏，油箱液面以上起火，影响了生产。由于系统各元件正常，故疑似原因是液压系统发热严重，油温升高，致使油箱中液面至顶盖间的油气压力急剧增大，巨大的外力将油箱顶盖连接部位破坏并产生爆炸和起火现象。接下来应进一步检查立磨液压系统过热的原因，例如油路及元件选择与功率利用是否合理、油箱容量决定的散热面积是否足以散热等。

气动篇

第12章 气动技术基本知识

气动技术属于流体传动范畴，它是以压缩空气作为工作介质进行动力传递和实现控制的技术。

第12章表格

12.1 气动技术的基本工作原理与气动系统的组成

12.1.1 基本原理

采用气动技术的机械设备很多，此处通过一直线往复运动工作装置作为模型来说明其气动系统的基本组成和原理。如图12-1所示，该系统通过气压发生装置（此处为空气压缩机1）将原动机（电动机或内燃机）输出的机械能转变为空气的压力能，并通过管路L1、过滤器2、压力阀（调压阀）3、油雾器4、换向阀5、流量阀7和管路L2等将压缩空气送入气缸8的无杆腔（有杆腔空气通过管路L3、换向阀5及消声器6排向大气），从而使气缸8的活塞杆驱动工作装置9向右运动，即将压力能转换成机械能对外做功。操纵换向阀5即可通过改变气缸8的进排气方向实现工作装置运动方向的变换，通过调节流量阀7的开度，即可改变进出气缸的压缩空气流量，实现气缸速度的调节；通过调节压力阀3，即可调节或限定系统的空气压力高低，实现气缸输出推力的调节或保证系统安全。消声器6可降低系统的排气噪声。

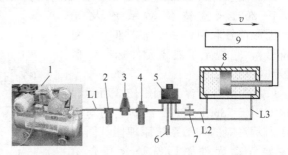

图 12-1 往复直线运动工作装置气动系统
原理示意图（半结构原理图）
1—空气压缩机；2—过滤器；3—调压阀；4—油雾器；
5—换向阀；6—消声器；7—单向流量阀；8—气缸；
9—往复运动工作装置；L1,L2,L3—管道

由上述介绍可看出，气动系统的工作过程是一个二次能量转换过程（见图12-2），即通过气压发生装置将原动机输出的机械能转变为空气的

图 12-2 气动系统工作过程中的能量传递与转换

压力能→通过管路、各种控制阀及辅助元件将压力能传送到对外做功的执行元件→再转换成机械能，驱动机械设备的工作机构以直线运动（或回转运动）形式，进行生产或作业。

12.1.2 气动系统的组成部分

气动技术涵盖气压传动和真空吸附两大分支，前者依靠介质正压（大于大气压）而后者

依靠负压（小于大气压）进行工作。与液压系统类似，气动系统也由能源元件、执行元件、控制元件、辅助元件和工作介质五个部分组成，而介质以外的几个部分统称为气动元件，各部分的功能作用如表12-1所列。

一般而言，能够实现某种特定功能的气动元件的组合，称为气动回路。为了实现对某一机器或装置的工作要求，将若干特定的基本功能回路按一定方式连接或复合而成的总体称为气动系统。

12.2 气动系统的表示——图形符号

12.2.1 气动系统的表示方法

与液压系统类似，气动系统原理也有半结构形式和标准图形符号等两种图样表示法。由于后者用来表达系统中各类元件的作用和整个系统的组成、管路联系和工作原理，简单明了，便于绘制、辨认与技术交流，并便于实现气动系统原理图的计算机辅助设计，故除非采用了一些特殊元件，气动行业大多采用图形符号来绘制和表达气动系统原理图。

12.2.2 气动图形符号标准（GB/T 786.1—2021）及图形符号意义

（1）图形符号标准 如1.3.2节所述，我国现行的液压气动图形符号标准为GB/T 786.1—2021《流体传动系统及元件 图形符号和回路图 第1部分：图形符号》，它规定了液压元件标准图形符号和绘制方法。

（2）图形符号含义 图12-3所示即为按GB/T 786.1—2021绘制出的与图12-1所示对应的气动系统原理图，图中的主要气动元件图形符号含义介绍如下。

① 空气压缩机（下简称空压机）图形符号。由一个圆加上一个空心正三角形来表示，正三角形箭头向外，表示压缩空气的方向。圆上、下两垂直线段分

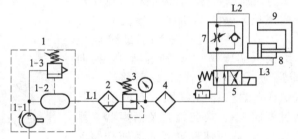

图 12-3　用图形符号绘制的往复直线
运动工作装置气动系统原理图
1—空压机组件；1-1—空压机；1-2—气罐；1-3—溢流阀；
2—过滤器；3—调压阀（带压力表）；4—油雾器；5—换向阀；
6—消声器；7—单向流量阀；8—气缸；9—往复运动
工作装置；L1,L2,L3—管道

别表示排气和吸气管路（气口）。圆侧面的双线和弧线箭头分别表示泵传动轴和旋转运动。例如图12-3中的元件1-1即为空压机，空压机组件往往带有气罐1-2和限压安全溢流阀1-3等。

② 气罐图形符号。如图12-3所示，气罐1-2用类似于平键槽的图形表示。

③ 压力阀和压力表图形符号。方格相当于阀芯，方格中的箭头表示气流的通道。两侧若为直线，则分别代表进、出气管；若一侧为直线，另一侧为向外的空心正三角形，则分别代表进、排气口；图中的虚线表示控制气路，压力阀就是利用控制气路的液压力与另一侧调节弹簧力相平衡的原理进行工作的。例如图12-3中的元件1-3为溢流阀，用于限定气罐最高压力以免过载，而元件3为减压阀（调压阀），则用于设置系统供气压力并保持恒定。

压力表的图形符号用一个中圆表示，圆内部的斜箭头表示表头指针。例如图12-3中的减压阀3自带压力表。

④ 气缸图形符号。用一个长方形加上内部的两个相互垂直的双直线段表示，双垂直线段表示活塞，活塞一侧带双水平线段表示为单活塞杆缸，活塞两侧带双水平线段表示双活塞杆缸。图中有小长方形和箭头的表示缸带可调节缓冲器，无小长方形则表示缸不带缓冲

器。例如图 12-3 中的元件 8 为不带可调节缓冲器的单活塞杆气缸。

⑤ 过滤器图形符号。由等边菱形加上内部相互垂直的半虚线及实线表示。例如图 12-3 中元件 2 为过滤器。

⑥ 调压阀图形符号。方格相当于阀芯，方格中的箭头表示油流的通道，两侧的直线代表进、出气管。虚线表示控制气路。与前述溢流阀一样，调压阀也是利用控制气路的气压力与另一侧调节弹簧力相平衡的原理进行工作的。例如图 12-3 中的元件 3 为调压阀。

⑦ 换向阀图形符号。与液压换向阀类似，为改变气体的流动方向，换向阀的阀芯位置要变换，它一般可变动 2～3 个位置，而且阀体上的通路数也不同。根据阀芯可变动的位置数和阀体上的通路数，可组成×位×通阀。其图形意义如下。

a. 换向阀的工作位置用方格表示，有几个方格即表示几位阀。

b. 方格内的箭头符号"↑"或"↓"表示气流的连通情况（有时与气体流动方向一致），短垂线"┳"表示气体被阀芯封闭的符号，这些符号在一个方格内与方格的交点数即表示阀的通路数。

c. 方格外的符号为操纵阀的控制符号，控制形式有手动、机动、电磁、液动和电液动等。例如图 12-3 中的元件 5 为二位四通电磁换向阀。

⑧ 节流阀图形符号。两圆弧所形成的缝隙即节流孔道，气体通过节流孔使流量减少，图中的箭头表示节流孔的大小可以改变，也即通过该阀的流量是可以调节的。

⑨ 单向阀图形符号。由一小圆和其一侧与其相切的两短倾斜线段表示，圆两侧的垂线分别表示阀的进气和排气管路。

⑩ 单向节流阀图形符号。如果节流阀旁侧并联单向阀，且二者装在同一阀体内，则为单向节流阀。例如图 12-3 中的元件 7 为单向节流阀（流量阀），它用于缸前进时的进气节流调速和退回排气。

⑪ 消声器图形符号。消声器用一个矩形加上三条小线段表示，矩形外部直线表示进气管，空心正三角形表示排气方向。图 12-3 中的元件 6 即为消声器。图 12-4 所示为按 GB/T 786.1—2021 绘制的电视机包装机气动真空系统原理图（其执行元件包括气缸和真空吸盘）。元件 2、5～14 的图形符号意义同前，其余组成元件图形符号意义如下。

① 气压源的图形符号。用一空心正三角形表示，正三角形箭头的方向表示压缩空气的方向。例如图 12-4 中的元件 1 为气压源，用于给气缸和真空吸盘供气。

② 真空发生器的图形符号。两圆弧所形成的缝隙即真空发生通道，其左右两侧的直线段和空心正三角形分别代表正压进气管和排气口，与进气管垂直的直线段代表真空排气管。例如图 12-4 中的元件 3 为真空发生器，用于将正压空气变为真空气体。

③ 真空吸盘的图形符号。它由两相交折线段表示，其外侧直线段表示进气管。如图 12-4 中的元件 4 为真空吸盘，用于工件的吸附。

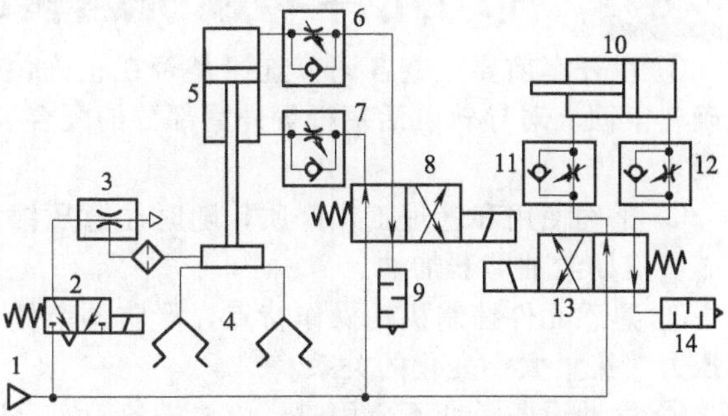

图 12-4　用图形符号绘制的电视机包装机气动真空系统原理图

1—气压源；2—二位三通电磁阀；3—真空发生器；4—真空吸盘；5,10—气缸；6,7,11,12—单向节流阀；8,13—二位四通电磁阀；9,14—消声器

图 12-4 所示的电视机包装机气动真空系统原理图工作原理简述如下：气缸 5 和气缸 10 配合可实现垂直与水平两个方向的动作，气压源 1 的压缩空气经真空发生器 3 产生真空，靠

两个真空吸盘 4 将电视机产品从装配生产线搬下，放上包装材料后，置于纸箱中，完成电视机的包装作业。气缸 5 和 10 的运动方向变换分别由二位四通电磁换向阀 8 和 13 控制，运动速度分别由单向节流阀 6、7 和 11、12 控制。

12.2.3 气动系统原理图的绘制与分析识读

气动系统原理图绘制与分析识读方法及注意事项与液压系统原理图相同，请参见 1.3.3 节。对于因故没有原理图的气动系统，需结合说明书等文档资料、实物并通过询问现场工作人员进行推断分析。

12.3 气动系统的类型及特点

相关内容见表 12-2。

12.4 气动技术的特点及发展

12.4.1 气动技术的特点及应用

与其他传动控制方式相比较，气动技术有着一系列显著的特点（表 12-3），因而其应用几乎涵盖了液压技术所涉及的各技术领域，例如能源工业、冶金及金属材料成形领域、化工及橡塑工业、现代制造装备业、汽车零部件行业、轻工与包装业、电子信息产业与机械手及机器人领域、农林机械、建材建筑机械与起重工具、城市公交、铁道车辆与河海航空（天）领域和医疗康复器械与公共设施等，且这些行业和领域应用气动技术的出发点各不相同。

12.4.2 现代气动技术的发展趋势与特征

与液压技术比较，尽管气动技术的发展要晚，但随着当代科学技术的发展，以及新技术、新产品、新工艺、新材料等在工业界的应用，作为低成本的自动化手段，为了应对电气传动与控制技术（如伺服传动、直线电机及电动缸等）的挑战，气动技术及产品作为各类自动化主机配套的重要基础件正在发生着革命性变化，特别是通过与当代微电子技术、计算机信息技术、互联网技术、控制技术、区块链技术和材料学及机械学的集成和整合创新，以使其立于不败之地。现代气动技术的主要发展趋势与特征见表 12-4。

12.5 气动元件与系统运转维护的注意事项

① 在开车前要检查各调节旋钮是否在正确位置，行程阀、行程开关、挡块的位置是否正确、牢固。对导轨、活塞杆等外露部分的配合表面进行擦拭。开车前、后要放掉系统中的冷凝水。

② 正确使用和管理工作介质，随时注意压缩空气的清洁度，要定期清洗分水滤气器的滤芯，定期给油雾器加油。

③ 熟悉元件控制机构操作特点，严防调节错误造成事故；注意各元件调节旋钮的旋向与压力、流量大小变化的关系。

④ 气动设备长期不使用时，应放松各旋钮，以免弹簧等零件失效而影响元件性能。

12.6 气动系统的故障及其诊断排除

12.6.1 气动故障及其诊断的定义

气动故障及其诊断的定义与液压故障（可参见 1.7.1 节）类似，此处不再赘述。气动故障诊断是一项技术性很强的工作，也要由专业的操作维护人员和技术人员来实施。

12.6.2 气动故障类型

气动系统的故障有多种分类方式。其中以故障发生的时间为例，气动系统的故障可分为早期故障、中期故障和后期故障等三类。

（1）早期故障　它是指调试阶段和运转初期（新系统开始运转的两三个月内）发生的故障，其产生的可能原因有如下四个方面。

① 设计方面。设计气动元件时对元件的材料选用不当，加工工艺要求不合理等。对元件的功能、性能了解不够，造成回路及系统设计时元件选择不当。设计的空气处理系统不能满足要求，回路设计出现错误。

② 制造方面。如元件内孔的研磨不合要求，零件毛刺未清除干净，不清洁安装，零件装反、装错，装配时对中不良，零件材质不符合要求，外购零件（如电磁铁、弹簧、密封圈）质量差等。

③ 装配方面。装配时，气动元件及管道内吹洗不干净，使灰尘、密封材料碎末等杂质混入，造成气动系统的故障；装配气缸时存在偏心。管道的固定、防振等未采取有效措施。

④ 维护保养方面。如未及时排除冷凝水、没及时给油雾器补油等。

（2）中期故障　它是指系统在稳定运行期间突然发生的故障。如空气或管路中，残留的杂质混入元件内部，突然使相对运动件卡死；弹簧突然折断、电磁线圈突然烧毁；软管突然破裂；气动三联件中的油杯和水杯都是用工程塑料（聚碳酸酯）制成，当它们接触了有机溶剂后强度会降低，使用时可能突然破裂；突然停电造成的回路误动作等。

突发故障有些是有先兆的。例如电磁铁线圈过热，预示电磁阀有烧毁的可能；换向阀排出的空气中出现水分和杂质，反映过滤器已失效，应及时查明原因，予以排除，不要酿成突发故障。但有些突发故障是无法预测的，例如管道突然爆裂等，只能准备一些易损件以备及时更换失效元件，或采取安全措施加以防范。

（3）后期故障　它是指个别或少数元件已达到使用寿命后发生的故障，故又称老化故障（寿命故障）。可通过参考各元件的生产日期、开始使用日期、使用的频度和已经出现的某些预兆（如泄漏越来越大、气缸运行不平稳、反常声音等），大致预测老化故障的发生期限。此类故障较易处理。

12.6.3　气动故障的特点与诊断策略及一般步骤

气动故障的特点与诊断策略及一般步骤与液压故障类似，只是介质不同而已，请参阅1.8.1节。

12.6.4　气动故障诊断常用方法

在气动故障分析诊断中，常用方法有经验法和逻辑推理分析法等。

（1）经验法（直观检查法）　此法主要依靠使用维护人员的现场实际经验，借助简单的仪表，诊断故障发生的部位，找出故障产生原因。与液压系统故障诊断排除方法类同，经验法可客观地按所谓"望→闻→问→切"的流程来进行。

① 望（眼看）：看执行元件运动速度有无异常变化；各压力表显示的压力是否符合要求，有无大的波动；润滑油的质量和滴油量是否符合要求，冷凝水能否正常排出；换向阀排气口排出空气是否干净，电磁阀的指示灯显示是否正常；管接头、紧固螺钉有无松动；管道有无扭曲和压扁；有无明显振动现象等。通过查阅气动系统的技术档案，了解系统的工作程序、动作要求；查阅产品样本，了解各元件的作用、结构、性能，查阅日常维护记录。

② 闻（耳听和鼻闻）：耳听气缸、气马达及换向阀换向时有无异常声音；系统停止工作但尚未泄压时，各处有无漏气声音等；闻一闻电磁线圈和密封圈有无过热发出特殊的气味等。

③ 问：访问现场操作人员，了解故障发生前和发生时的状况，了解曾出现过的故障及其排除方法。

④ 切（手摸）：如手摸相对运动件外部的温度、电磁线圈处的温升等，手摸 2s 感到烫手，应查明原因；检查气缸、管道等处有无振动，活塞杆有无爬行感，各接头及元件处有无漏气等。

上述经验法简单易行，但因每个排障人的实际经验多寡及感觉和判断能力的差别，诊断故障会产生一定的局限性。

（2）逻辑推理分析法　此法指利用逻辑推理，一步步地查找出故障的真实原因。推理的原理是：由易到难、由表及里地逐一分析，排除掉不可能的和次要的故障原因，优先查故障概率高的常见原因，故障发生前曾调整或更换过的元件也应先查。在工程实际中，具体又有以下几种做法。

① 仪表分析法。使用监测仪器仪表，如压力表、差压计、电压表、温度计、电秒表、声级计及其他电子仪器等，检查系统中元件的参数是否符合要求。

② 试探反证法。试探性地改变气动系统中的部分工作条件，观察对故障的影响。如阀控气缸不动作时，除去气缸的外负载，察看气缸能否动作，便可反证出是否由于负载过大造成气缸不动作。

③ 部分停止法（截堵法）。暂时停止气动系统某部分的工作，观察其对故障的影响。

④ 比较替换法。用标准的或合格的元件代替系统中相同的元件，通过对比，判断被更换的元件是否失效。

12.6.5　做好气动故障诊断及排除应具备的条件

气动故障诊断排除是一项专业性及技术性极强的工作。它能否准确及时，往往有赖于用户及相关人员的知识水平、经验多寡及细心程度。做好故障诊断及排除工作通常应具备以下条件。

（1）必备的理论知识　欲有效地排除气动系统的故障，首先要掌握气动元件及系统的基本知识（如液压工作介质及流体力学基础知识、各类气动元件的构造与工作特性、常用气动基本回路及系统的组成与工作原理等）和常见气动故障诊断排除方法，因为分析气动系统故障时，必须从其基本工作原理出发，当分析其丧失工作能力或出现某种故障的原因是设计与制造缺陷带来的问题，还是安装与使用不当带来的问题时，只有懂得基本工作原理才有可能做出正确的判断。切忌在不明主机及系统结构原理时就凭主观想象判断故障所在或拆解液压系统及元件。否则，故障排除就带有一定的盲目性。对于大型精密、昂贵的气动设备来说，错误的诊断必将造成维修费用高、停工时间长，导致降低生产率等经济损失。

（2）较为丰富的实践经验　很多机械设备的气动系统故障属于突发性故障和磨损性故障，这些故障在液压系统运行的不同时期表现形式与规律互不相同。因此诊断与排除这些故障，不仅要有专业理论知识，还要有较为丰富的设计研发、制造安装、调试使用、维修保养方面的实践经验。如同医生看病一样，临床经验必不可少。而气动故障实践经验的取得，来自气动系统使用、维修及故障排除工作的日积月累及学习总结。

（3）了解和掌握主机结构功能及气动系统的工作原理　检查和排除气动系统故障最重要的一点是在了解和明确主机的工艺目的、功能布局（固定还是行走，卧式还是立式等）、工作机构（运动机构）数量、这些机构是全气动还是部分气动、气动系统中各执行元件与主机工作机构的连接关系（例如气缸是缸筒还是活塞杆与工作机构连接）及其驱动方式（是直接驱动还是通过杠杆、链条、齿轮等间接驱动）等基础上，掌握气动系统的组成［气源形式、气路结构（串联、并联等）］及工作原理（压力控制、方向控制、流量控制、分流与合流、每种工况下的气动路线等）。系统中每一个元件都有其功用，同一元件置于不同系统或同一系统不同位置，其作用将有很大差别，因此应该熟悉每一个元件的结构及工作特性。

第13章 气动工作介质

气动系统的工作介质是压缩空气，其主要功用是传递能量和工作信号，传递和提供气动元件和系统的工作信号及失效的诊断信息等。一个气动系统运转品质的优劣，在很大程度上取决于所使用的工作介质。

13.1 空气的组成及形态

自然空气由多种气体混合而成，其主要成分是氮（约占 78%）和氧（约占 21%），其次是氩和少量的二氧化碳及其他气体。但在各种作业环境中，空气的组成则更加复杂，上述比例也会完全改变。

空气可分为干空气和湿空气两种形态：含有水蒸气的空气称为湿空气，去除水分的、不含有水蒸气的空气称为干空气。气压传动与控制以干空气为工作介质。

13.2 空气的主要物理性质

空气的物理性质有密度、黏性、湿度、可压缩性和膨胀性等。

13.2.1 密度

单位体积 V 内空气的质量 m，称为空气的密度，用 ρ 表示。

$$\rho = m/V \tag{13-1}$$

干空气的密度用式（13-2）表达：

$$\rho = 3.482 \times 10^{-3} p/(273+t) \quad (\text{kg/m}^3) \tag{13-2}$$

湿空气的密度用式（13-3）表达：

$$\rho = 3.482 \times 10^{-3}(p - 0.378\varphi p_s)/(273+t) \quad (\text{kg/m}^3) \tag{13-3}$$

式中，p 为空气的绝对压力，Pa；t 为空气的温度，℃；φ 为空气的相对湿度，%；p_s 为温度为 t℃时饱和空气中水蒸气的分压力，Pa。

由以上二式可看出，空气密度会随压力 p 的增大而减小，随温度 t 的增大而减小。干空气在 20℃时的密度为 $\rho = 1.2052 \text{kg/m}^3$。

13.2.2 黏性

空气运动时产生摩擦阻力的性质称为黏性，黏性大小常用运动黏度 ν 表示。

$$\nu = \mu/\rho \quad (\text{m}^2/\text{s}) \tag{13-4}$$

式中，μ 为空气的绝对黏度，Pa·s；ρ 为空气的密度，kg/m³。

空气黏度受压力变化的影响极小，通常可忽略。而空气黏度随温度升高而增大，主要是因温度升高后，空气内分子运动加剧，使分子间碰撞增多之故。

压力在 0.1013MPa 时，空气的运动黏度与温度之间的关系见表 13-1。

13.2.3 湿度

湿空气所含水分的程度用湿度和含湿量来表示，湿度有绝对湿度和相对湿度两种表示方法。

（1）绝对湿度　单位体积湿空气中所含水蒸气的质量称为湿空气的绝对湿度，用 χ 表示：

$$\chi = \rho_s = m_s/V = p_s/(R_s T) \quad (\text{kg/m}^3) \tag{13-5}$$

式中，m_s 为湿空气中水蒸气的质量，kg；V 为湿空气的体积，m^3；ρ_s 为湿空气中水蒸气的密度，kg/m^3；T 为绝对温度，K，$T=273+t$；R_s 为水蒸气的气体常数，$J/(kg \cdot K)$，$R_s=462.05J/(kg \cdot K)$。

（2）饱和绝对湿度　湿空气中水蒸气的分压力达到该温度下水蒸气的饱和压力时的绝对湿度称为饱和绝对湿度，用 χ_b 表示：

$$\chi_b = p_b/(R_s T) \tag{13-6}$$

式中，p_b 为饱和湿空气中水蒸气的分压力；T 为热力学温度，K，$T=273.16+t$；t 为湿空气温度，℃；R_s 为水蒸气的气体常数，$J/(kg \cdot K)$，$R_s=462.05J/(kg \cdot K)$。

（3）相对湿度　在一定温度和压力下，绝对湿度和饱和绝对湿度之比称为该温度下的相对湿度，用 φ 表示：

$$\varphi = (\chi/\chi_b) \times 100\% = (p_s/p_b) \times 100\% \tag{13-7}$$

当空气的相对湿度 $\varphi=0$ 时即为绝对干燥；当 $\varphi=100\%$ 时即为饱和湿度。气动技术中，规定进入控制元件的空气相对湿度应小于95%。

（4）含湿量　单位质量的干空气中所混合的水蒸气的质量，称为质量含湿量，用 d 表示：

$$d = m_s/m_g = \rho_s/\rho_g \tag{13-8}$$

式中，m_g 为干空气质量；ρ_g 为干空气密度，kg/m^3；其余符号意义同前。

13.2.4　可压缩性和膨胀性

空气的气体分子间距较大，约为气体分子直径的 9 倍，其距离约为 3.35×10^{-9}m，内聚力较小，从而使空气在压力和温度变化时，体积极易变化。空气随压力增大而体积减小的性质称为气体的可压缩性；空气随温度升高而体积增大的性质称为气体的膨胀性。空气的可压缩性和膨胀性比液体大得多，这是气体和液体的主要区别，故在气动技术设计和使用中应予以考虑。

13.3　压缩空气的使用管理

在气动元件和系统运转中，压缩空气的质量对气动系统的工作可靠性和性能优劣影响很大，而压缩空气混入污染物（如灰尘、液雾、烟尘、微生物颗粒等）极易引起元件及管道锈蚀、喷嘴堵塞及密封件变形等（见表13-2），会降低气动系统及主机的工作可靠性，成为系统动作失常及故障的原因。故在气动元件与系统使用中，要特别注意压缩空气的污染及预防。

压缩空气的污染主要来自水分、油分和粉尘三个方面。其一般控制方法如下。

① 应防止冷凝水（冷却时析出的冷凝水）侵入压缩空气而致使元件和管道锈蚀，影响其性能。为此，应及时排除系统各排水阀中积存的冷凝水；经常注意自动排水器、干燥器的工作状态是否正常；定期清洗分水滤气器、自动排水器的内部零件等。

② 应设法清除压缩空气中的油分（使用过的、因受热而变质的润滑油），以免其随压缩空气进入系统，导致密封件变形、空气泄漏、摩擦阻力增大，以及阀和执行元件动作不良等。对较大油分颗粒，可通过油水分离器和分水滤气器的分离作用通空气分开，从设备底部排污阀排除；对较小油分颗粒，可通过活性炭的吸附作用清除。

③ 应防止粉尘（大气中的粉尘、管道内的锈粉及磨耗的密封材料碎屑等）侵入压缩空气，从而导致运动件卡死、动作失常、堵塞喷嘴等故障，加速元件磨损、降低使用寿命等。为了除去空气中浮游的微粒，使用空气净化装置为最有效的方法，几种典型空气净化装置见表13-3。同时还应经常清洗空压机前的预过滤器；定期清洗滤气器的滤芯；及时更换滤清元件等。

第 14 章 | 气动系统主要参数

14.1 气体压力

第 14 章表格

在气动元件与系统中，单位面积气体上的作用力称为压力（用 p 表示），它是气动技术中最重要的参数之一。根据压力度量起点的不同，气体压力有绝对压力和相对压力之分。当压力以绝对真空为基准度量时，称为绝对压力。超过大气压力的那部分压力叫做相对压力或表压力，其值以大气压为基准进行度量。因大气中的物体受大气压的作用是自相平衡的，所以用压力表测得的压力数值是相对压力（表压力）。在气动技术中所提到的压力，如不特别指明，一般均为相对压力。

在真空吸附技术中，将绝对压力不足于大气压力的那部分压力值，称为真空度。此时相对压力（表压力）为负值。由图 14-1 可知，以大气压为基准计算压力时，基准以上的正值是表压力，基准以下的负值就是真空度。

压力的法定计量单位是 Pa（帕，N/m^2）；也可用 MPa 表示。

$$1MPa = 10^6 Pa = 10^3 kPa$$

在气动技术中，为简化常取"当地大气压"$p_a = 0.1MPa = 100kPa$。以此为基准，绝对压力、表压力及真空度之间的关系如图 14-1 所示。

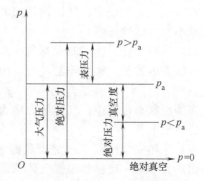

图 14-1 大气压力、绝对压力、表压力和真空度之间的关系

14.2 气体状态及其变化

气体以某种状态存在于空间，气体的状态通常以压力、温度和体积三个参数来表示。气体由一种状态到另一种状态的变化过程称为气体状态变化过程。气体状态变化中或变化后处于平衡时各参数的关系用气体状态方程及状态变化方程进行描述。

14.2.1 理想气体状态方程

不计黏性的气体即为理想气体，一定质量的理想气体在某一平衡状态时的状态方程为

$$pV = mRT \tag{14-1}$$

$$pv = RT \tag{14-2}$$

式中，p 为气体绝对压力，Pa；V 为气体体积，m^3；T 为气体热力学温度，K；v 为气体比体积，m^3/kg；m 为气体质量，kg；R 为气体常数；干空气为 $R_g = 287J/(kg \cdot K)$，水蒸气为 $R_s = 462.05J/(kg \cdot K)$，$J/(kg \cdot K)$。

当压力 p 在 $0 \sim 10MPa$，温度在 $0 \sim 200℃$ 之间变化时，pv/RT 的比值接近 1，误差小于 4%。由于气动技术中的工作压力通常在 2MPa 以下，故此时将实际气体视为理想气体引起的误差相当小。

14.2.2 理想气体的状态变化过程

（1）等容变化过程（查理定律）　一定质量的气体，在容积保持不变时，从某一状态变化到另一状态的过程，称为等容变化过程，简称等容过程，由理想气体状态方程（14-2）可得等容过程的方程为

$$p_1/T_1 = p_2/T_2 = 常数 \tag{14-3}$$

式中，p_1、p_2 分别为起始状态和终了状态的绝对压力，Pa；T_1、T_2 分别为起始状态和终了状态的热力学温度，K。

在等容状态过程中，压力的变化与温度的变化成正比，当压力增大时，气体温度随之增大。

（2）等压变化过程（盖-吕萨克定律）　一定质量的气体，在压力保持不变时，从某一状态变化到另一状态的过程，称为等压过程，由理想气体状态方程（14-1）可得等压过程的方程为

$$v_1/T_1 = v_2/T_2 = 常数 \tag{14-4}$$

式中，v_1、v_2 分别为起始状态和终了状态的气体比体积，m^3/kg；其余符号意义同上。

在等压变化过程中，气体体积随温度升高而增大（气体膨胀），反之气体体积随温度下降而减小（气体被压缩）。

（3）等温变化过程（波意耳定律）　一定质量的气体，当温度不变时，从某一状态变化到另一状态的过程，称为等温过程，由理想气体状态方程（14-2）可得等温过程的方程为

$$p_1 v_1 = p_2 v_2 = 常数 \tag{14-5}$$

在等温状态过程中，气体压力增大时，气体体积被压缩，比体积下降；反之，则气体膨胀，比体积上升。

（4）绝热变化过程　一定质量的气体与外界无热量交换的状态变化过程，称为绝热过程，由热力学第一定律和理想气体状态方程（14-1）可得绝热过程的方程为

$$T_2/T_1 = (p_2/p_1)^{(k-1)/k} = (v_1/v_2)^{k-1} \tag{14-6}$$

式中，k 为气体绝热指数，自然空气可取 $k=1.4$。

在绝热变化过程中，气体状态变化与外界无热量交换，系统靠消耗内能做功。气动技术中，快速动作如空气压缩机的活塞在气缸中的运动被认为是绝热过程。在绝热过程中，气体温度变化很大，例如空压机压缩空气时，温度可高达 250℃，而快速排气时，温度可降至 -100℃。

（5）多变过程　不加任何限制条件的气体状态变化过程，称为多变过程。由热力学第一定律和理想气体状态方程（14-1）可得多变过程的方程为

$$T_2/T_1 = (p_2/p_1)^{(n-1)/n} = (v_1/v_2)^{n-1} \tag{14-7}$$

式中，n 为气体多变指数，n 在 0～1.4 变化，自然空气可取 $n=1.4$；其余符号意义同前。

在某一多变过程中，多变指数 n 保持不变，对于不同的多变过程，n 有不同的值。工程实际中大多数变化过程为多变过程，前述四种典型过程是多变过程的特例。

14.3 气体定常管道流动参数

14.3.1 气体流动基本概念

（1）实际流体和理想流体、定常流动和非定常流动　实际流体具有黏性。理想流体是一种假想为无黏性的流体。

气体流动时，全部运动参数（如压力 p、速度 u、密度 ρ）都不随时间而变化的流动称为定常流动（也称稳定流动），例如流量控制阀开度一定时管道内的流动。上述参数随时间变化的流动就称为非定常流动，例如气缸的充气放气过程及换向阀启闭过程中的流动等。

（2）一元流动、管道通流截面、流量和平均流速　气体的运动参数仅与一个空间坐标有关的流动称为一元流动。通常认为，流速只与一个空间坐标有关的便是一元流动，例如在收缩角不大的收缩管内，各截面上的平均流速只与轴线坐标有关。

如图 14-2 所示，与直径为 d 的管道中所有流线正交的截面称为通流截面（过流断面），其截面积用 A 表示。

单位时间内流过通流截面的气体量称为流量，它反映了气动元件和管道的通流能力。对于不可压缩流动的气体量常以体积度量，称为体积流量 q，其常用单位是 m^3/s 或 L/min；压缩流动的气体量常以质量度量，称为质量流量 q_m，其常用单位是 kg/s。

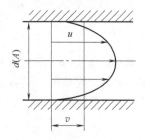

图 14-2　管道通流截面、流速和平均流速

流体在管道内的流速 u 的分布规律很复杂（图 14-2），故常用平均流速（假设通流截面上各点的流速均匀分布）v 来计算流量，即

体积流量 $$q = vA \qquad (14\text{-}8)$$
质量流量 $$q_m = \rho v A \qquad (14\text{-}9)$$

14.3.2　连续性方程

连续性方程，是质量守恒定律在气体力学中的应用。

一元不可压缩气体定常管流，其体积流量保持不变，管内任意两截面之间的连续性方程为

$$q_1 = v_1 A_1 = v_2 A_2 = q_2 \qquad (14\text{-}10)$$

式中，A_1、A_2 分别为两任意通流截面的面积，m^2；v_1、v_2 分别为两任意通流截面的液体平均流速，m/s；q_1、q_2 分别为管内两截面的流量。此式表明，在流量不变情况下，流速与通流截面积成反比，即通流截面积 A 大处流速高，截面积小处流速低。

一元可压缩气体定常管流的连续性方程为

$$q_m = \rho_1 v_1 A_1 = \rho_2 v_2 A_2 = 常数 \qquad (14\text{-}11)$$

式中，q_m 为气体流经每个截面的质量流量，kg/s；ρ_1、ρ_2 分别为两任意通流截面的气体密度，kg/m^3。

14.3.3　伯努利方程（能量方程）

伯努利方程（能量方程）是能量守恒定律在气体力学中的应用。

（1）一元气流伯努利方程　在气动系统中，由于气流速度一般很快，基本上来不及与周围环境进行热交换，故可忽略，认为是绝热流动。当考虑气体的可压缩性（密度 $\rho \neq 常数$），并忽略位置势能与气体较小黏度带来的能量损失时，绝热流动下可压缩理想气体的伯努利方程为

$$\frac{k}{k-1} \times \frac{p_1}{\rho_1} + \frac{v_1^2}{2} = \frac{k}{k-1} \times \frac{p_2}{\rho_2} + \frac{v_2^2}{2} \qquad (14\text{-}12)$$

式中，符号意义同前。

在低速流动时，气体可认为是不可压缩的，则式（14-12）变为

$$p_1 + \frac{\rho v_1^2}{2} = p_2 + \frac{\rho v_2^2}{2} \tag{14-13}$$

此即为一元不可压缩理想气体定常管流伯努利方程，它表明管道中气体能量（压力能和动能之和）守恒，即速度高处压力低，速度低处压力高。

实际气体管流的伯努利方程为

$$p_1 + \frac{\rho v_1^2}{2} = p_2 + \frac{\rho v_2^2}{2} + \Delta p \tag{14-14}$$

式中，p_1、p_2 分别为两任意通流截面的压力；v_1、v_2 分别为两任意通流截面的液体平均流速；Δp 为截面 1 到截面 2 之间的管流压力损失，它包括沿程压力损失 Δp_λ 和局部压力损失 Δp_ζ 两个部分。沿程压力损失为

$$\Delta p_\lambda = \lambda \frac{l}{d} \times \frac{\rho v^2}{2} \tag{14-15}$$

式中，λ 为沿程阻力系数，与气体流动状态（层流和紊流）相关，可通过手册相关曲线查得；l 为管长；d 为管径；ρ 为气体密度，kg/m^3；v 为气体的平均流速，m/s。

局部压力损失 Δp_ζ 一般为

$$\Delta p_\zeta = \zeta \frac{\rho v^2}{2} \tag{14-16}$$

式中，ζ 为局部阻力系数，其具体数值可根据局部阻力装置的类型从有关手册查得。

（2）多变过程下气体的能量方程

$$\frac{n}{n-1} \times \frac{p_1}{\rho_1} + \frac{v_1^2}{2} = \frac{n}{n-1} \times \frac{p_2}{\rho_2} + \frac{v_2^2}{2} \tag{14-17}$$

式中，符号意义同前。

（3）流体机械对气体做功时的能量方程　空压机、鼓风机等流体机械在绝热流动下气体的能量方程为

$$\frac{k}{k-1} \times \frac{p_1}{\rho_1} + \frac{v_1^2}{2} + L_k = \frac{k}{k-1} \times \frac{p_2}{\rho_2} + \frac{v_2^2}{2} \tag{14-18}$$

$$L_k = \frac{k}{k-1} \times \frac{p_1}{\rho_1} \left[\left(\frac{p_2}{\rho_1} \right)^{(k-1)/k} - 1 \right] + \frac{1}{2}(v_2^2 - v_1^2) \tag{14-19}$$

多变过程下气体的能量方程为

$$\frac{n}{n-1} \times \frac{p_1}{\rho_1} + \frac{v_1^2}{2} + L_n = \frac{n}{n-1} \times \frac{p_2}{\rho_2} + \frac{v_2^2}{2} \tag{14-20}$$

$$L_n = \frac{n}{n-1} \times \frac{p_1}{\rho_1} \left[\left(\frac{p_2}{\rho_1} \right)^{(n-1)/n} - 1 \right] + \frac{1}{2}(v_2^2 - v_1^2) \tag{14-21}$$

式中，L_k、L_n 分别为绝热过程、多变过程中，流体机械对单位质量气体所做的全功，J/kg；其余符号意义同前。

14.3.4　马赫数及气体的可压缩性

可压缩空气在气动元件或系统中高速流动时，其密度和温度会发生较大变化，其管流及计算与不可压缩流动有所不同。在可压缩管流中，经常使用马赫数 M［某点气流速度 v 与当地声速（声波在介质中的传播速度）a 之比，即 $M = v/a$］。当 $M < 1$ 时，称为亚声速流动；当 $M = 1$ 时，称为声速流动或临界流动；当 $M > 1$ 时，称为超声速流动。

马赫数是气体流动的重要参数，它反映了气流的压缩性。马赫数越大，气流密度的变化越大。当气流速度 $v = 50m/s$ 时，气体密度变化仅 1%，可不计气体的压缩性；当气流速度

$v=140\mathrm{m/s}$ 时，气体密度变化达 8%，一般要考虑气体的压缩性。事实上，在气动系统中，气体速度一般较低且已被预先压缩过，故可认为是不可压缩流体（指流动特性）的流动。

气体在截面积变化的管道中流动，在马赫数 $M>1$ 和 $M<1$ 两种情况下，气体的运动参数如密度、压力、温度等随管道截面积变化的规律截然不同。当马赫数 $M=1$ 时，即气流处于声速流动时，气流将收缩于变截面管道的最小截面上以声速流动。

14.3.5 收缩喷嘴气流特性

收缩喷嘴是将气体压力能转换为动能的元件，是气动元件和系统中的常见结构，可用来实现流量调节等功能。如图 14-3 所示，左端大容器中的气体经右端的喷嘴流出，容器内流速 $v_0 \approx 0$，压力为 p_0，温度为 T_0；设喷嘴出口处压力为 p_e，喷嘴出口截面积为 A_e。

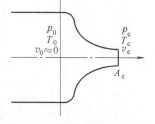

图 14-3 收缩喷嘴气体流动

p_e 改变会导致喷嘴两端的压力差改变，从而影响整个流动状态：如果 $p_e=p_0$，则喷嘴流速为零；如果 p_e 减小，则容器中的气体经喷嘴流出。在 p_e 减小到临界流动压力（$p_e>0.528p_0$）时，气流变为亚声速状态。此时通过喷嘴的质量流量 q_m（kg/s）为

$$q_m = A_e p_0 \sqrt{\frac{2k}{R(k-1)T_0}} \sqrt{\left(\frac{p_e}{p_0}\right)^{\frac{2}{k}} - \left(\frac{p_e}{p_0}\right)^{(k+1)/k}} \tag{14-22}$$

在 p_e 继续降低到临界流动压力（$p_e=0.528p_0$）时，喷嘴出口截面上的气流速度达到声速，此时通过喷嘴的质量流量 q_m（kg/s）为

$$q_m = \left(\frac{2}{1+k}\right)^{1/(k-1)} A_e p_0 \sqrt{\frac{2k}{R(k+1)T_0}} \tag{14-23}$$

若 p_e 继续降低，由于喷嘴截面出口已经达到声速，同样以声速传播的背压 p_e 扰动将不能影响喷嘴内部的流动状态，喷嘴出口截面的流速保持声速，压力保持为临界压力。故此时无论背压如何降低，喷嘴出口截面始终保持为声速流动，称为超临界流动状态。

上述两式在工程使用中不便，为此将质量流量转化为基准状态下的体积流量。

当 $p_0>p_e>0.528p_0$ 时，亚声速流动的体积流量 q_m（$\mathrm{m^3/s}$）为

$$q_m = 3.9 \times 10^{-3} A_e \sqrt{\Delta p p_0} \sqrt{273/T_0} \tag{14-24}$$

当 $p_e<0.528p_0$ 时，喷嘴出口截面上的气流速度达到声速，此时通过喷嘴的质量流量 q_m（$\mathrm{m^3/s}$）为

$$q_m = 3.9 \times 10^{-3} A_e p_0 \sqrt{273/T_0} \tag{14-25}$$

式中，A_e 为喷嘴出口截面积，$\mathrm{m^2}$；p_e 为喷嘴出口处的绝对压力，Pa；p_0 为容器内的绝对压力，Pa；Δp 为喷嘴前后压降，$\Delta p = p_0 - p_e$；T_0 为容器中气体热力学温度，K。

上述收缩喷嘴流量特性公式［式（14-22）～式（14-25）］对于气动阀口等节流小孔均适用。

14.3.6 气动元件和系统的有效截面积

气动元件和管道对气体的通流能力除了用前述流量表示外，还常用有效截面积 A 来描述。

（1）圆形节流孔口的有效截面积 如图 14-4 所示为常见的气体通过圆形孔口（面积为

A_0）流动。由于孔口边缘尖锐，而流线又不可能突然转折，气流经孔口后流束发生收缩，其最小截面积称为有效截面积，并用 A 表示。有效截面积 A 与实际截面积 A_0 之比称为收缩系数，以 α 表示，即

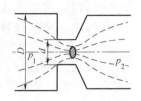

图 14-4　圆形节流孔有效截面积

$$\alpha = A/A_0 \qquad (14\text{-}26)$$

对于图 14-4 所示的圆形节流孔口，其孔口直径为 d，面积为 $A_0 = \pi d^2/4$。节流孔上游直径为 D。令 $\beta = (d/D)^2$，根据 β 值可从图 14-5 所示曲线查得收缩系数 α 值，计算出有效截面积。

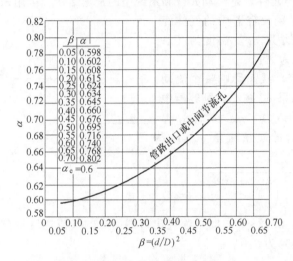

图 14-5　圆形节流孔的收缩系数 α

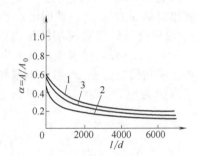

图 14-6　管道的收缩系数 α

1—$d = 11.6 \times 10^{-3}$ m 的具有涤纶编织物的乙烯胶管；2—$d = 2.52 \times 10^{-3}$ m 的尼龙管；3—$d = (1/4 \sim 1)$in（1in＝25.4mm）的瓦斯管

（2）气动管道的有效截面积　对于内径为 d、长为 l 的气动管道，其有效面积仍按式 (14-26) 计算，此时的 A_0 为管道内孔的实际截面积，式中的收缩系数 α 由图 14-6 查取。

（3）多个气动元件组合后的有效截面积　气动系统中若干元件并联和串联合成的有效截面积分别由以下两式确定。

$$A = A_1 + A_2 + \cdots + A_n = \sum_{i=1}^{n} A_i \qquad (14\text{-}27)$$

$$1/A^2 = 1/A_1^2 + 1/A_2^2 + \cdots + 1/A_n^2 = \sum_{i=1}^{n} (1/A_i^2) \qquad (14\text{-}28)$$

式中，A_i（$i = 1, 2, \cdots, n$）为各组成元件的有效截面积。

14.4　气动系统中的充气与放气过程

气罐、气缸、气马达以及气动控制元件的控制腔均可视为气压容器，气动系统的工作过程就是这些容器的充气与放气过程。容器的充气与放气计算主要包括充、放气过程中的温度和时间计算等。

14.4.1　充气温度与时间

气罐充气装置原理见图 14-7。图中二位二通电磁控制阀通电切换至上位时，气源向气罐充气，控制阀复至图示下位时停止充气。设气罐容积为 V、气源压力为 p_s、温度为 T_s。充气后，气罐内压力从 p_1 升高到 p_2，气罐内温度由原来的室温

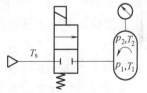

图 14-7　充气装置原理

T_1 升高到 T_2。因充气过程进行较快，热量来不及通过气罐与外界交换，可按绝热过程考虑。根据能量守恒规律，充气后的温度为

$$T_2 = \frac{k}{1 + p_1/p_2[k(T_s/T_1) - 1]} T_s \qquad (14\text{-}29)$$

当 $T_2 = T_1$，即气源与被充气罐均为室温时，有

$$T_2 = \frac{k}{1 + (p_1/p_2)(k-1)} T_1 \qquad (14\text{-}30)$$

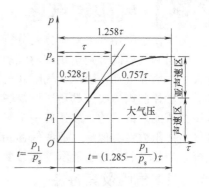

图 14-8　充气压力-时间特性曲线

充气结束后，因气罐壁散热，使罐内气体温度下降至室温，压力也随之下降，降低后的压力值为

$$p = p_2(T_1/T_2) \qquad (14\text{-}31)$$

气罐充气到气源压力时所需时间为

$$t = (1.285 - p_1/p_s)\tau \qquad (14\text{-}32)$$

$$\tau = 5.217 \times 10^{-3} \times V/(kA)\sqrt{273.16/T_s} \qquad (14\text{-}33)$$

式中，T_s 为气源热力学温度，K；k 为绝热指数；p_s 为气源绝对压力，MPa；τ 为充气与放气的时间常数，s；V 为气罐容积，L；A 为充气控制阀有效截面积，mm^2。

由图 14-8 所示充气压力-时间特性曲线可见，充气过程分为两个时间段，即 $t_1 = (0 \sim 0.528)\tau$；$t_2 > 0.528\tau$。t_1 时间段称为声速充气区，气罐内部压力随时间线性增大；t_2 时间段称为亚声速充气区，气罐内部压力随时间呈非线性变化，直至与供气压力 p_s 相等。

14.4.2　排气温度与时间

图 14-9 所示为气罐的排气装置原理图。当二位二通电磁控制阀通电在图示上位时，气罐排气。排气时，气罐内压力从 p_1 降低到 p_2，气罐内温度由原来的室温 T_1 降低到 T_2。因排气过程进行较快，可视为绝热过程。排气后的温度为

$$T_2 = T_1(p_2/p_1)^{(k-1)/k} \qquad (14\text{-}34)$$

若排气至 p_2 时，立即关闭控制阀，停止排气，则气罐内温度上升到室温，此时气罐内压力将回升，压力 p 为

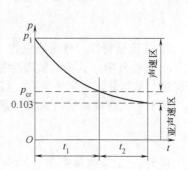

图 14-9　排气装置原理

$$p = p_2(T_1/T_2) \qquad (14\text{-}35)$$

式中，p 为关闭控制阀后气罐内气体达到稳定状态时的绝对压力，MPa；p_2 为刚关闭控制阀时气罐内的绝对压力，MPa。

气罐排气终了所需时间为

$$t = \left\{ \begin{matrix} [2k/(k-1)][(p_1/p_{cr})^{(k-1)/(2k)} - 1] + \\ 0.945(p_1/0.1013)^{(k-1)/k} \end{matrix} \right\} \tau \qquad (14\text{-}36)$$

式中，p_1 为气罐初始绝对压力，MPa；p_{cr} 为临界压力，一般取 $p_{cr} = 0.192$MPa；其余符号意义同前。

图 14-10 所示为排气压力-时间特性曲线，排气过程分也分声速排气区 t_1 和亚声速排气区 t_2。当 $p > p_{cr}$ 时为 t_1 区，当 $p < p_{cr}$ 时为 t_2 区。

图 14-10　排气压力-时间特性曲线

$$t_1 = [2k/(k-1)][(p_1/p_{cr})^{(k-1)/(2k)} - 1]\tau \qquad (14\text{-}37)$$

14.5 气阻和气容

为了便于采用气电对应方法分析气动元件和回路，经常要用到气阻和气容的概念。事实上，气阻和气容既分别是相应的气动元件结构，又分别代表相应的参数，即二者均具有双重含义。因为在气动系统中，气阻和气容分别是调速和延时等元件不可缺少的基础结构。例如各类气动控制阀的实质都是通过控制阀芯的位置而对阀口的气流阻力进行控制，从而达到调节压力或流量的目的，故任何一个气动阀的阀口均可视为一个气阻，同时，气阻也表示着其对气流的阻力；类似地，那些储存和释放气体的空间（如各种腔室、容器和管道）均可视为气容，当然气容同时也表示着压力变化对空间容积（或流量）变化的影响。

14.5.1 气阻及其特性

（1）气阻 R 的定义　压差变化 Δp 对相应质量流量变化 Δq_m 的比值称为气阻 R。

$$R = \Delta p / \Delta q_m \quad [\text{N} \cdot \text{s}/(\text{m}^2 \cdot \text{kg})] \tag{14-38}$$

在已知气阻的流量-压力特性方程情况下，利用式（14-38），可以求出其液阻。

（2）气阻的结构类型及特性

① 按工作特征，气阻分为恒定气阻、可变气阻和可调气阻三种。图 14-11（a）、（c）所示的毛细管（细长孔）、薄壁孔为恒定气阻；图 14-11（e）、（f）所示的球阀、喷嘴-挡板阀为可变气阻；图 14-11（b）、（d）所示的圆锥-圆锥形、圆锥-圆柱形针阀（锥阀）为可调气阻。

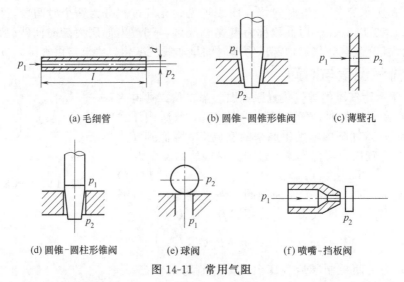

(a) 毛细管　　　　　　(b) 圆锥-圆锥形锥阀　　　　(c) 薄壁孔

(d) 圆锥-圆柱形锥阀　　　(e) 球阀　　　　　　(f) 喷嘴-挡板阀

图 14-11　常用气阻

② 按流量特性，气阻有线性气阻和非线性气阻之分。

a. 线性气阻。其流动状态为层流，通过气动元件的流量与其两端压降成正比关系。圆管层流、毛细管、恒定节流孔、缝隙流动都是线性气阻，其气阻 $R = \Delta p / \Delta q_m$ 为常数。

对于毛细管线性气阻，其质量流量用哈根-泊肃叶（Hagen-Poiseuille）公式表示为

$$q_m = \rho \frac{\pi d^4}{128 \mu l} \Delta p$$

式中，q_m 为质量流量，kg/s；ρ 为气体密度，kg/m³；d、l 分别为圆管直径、长度，m；μ 为气体动力黏度，Pa·s；Δp 为压降，Pa。

按式（14-38）可导出其气阻为

$$R = \frac{128 \mu l}{\rho \pi d^4} \tag{14-39}$$

如果管长较短，要考虑扰动影响，故采用式（14-39）计算气阻，应乘以修正系数 ε（其取值见表 14-1），即

$$R = \varepsilon \frac{128\mu l}{\rho \pi d^4} \tag{14-40}$$

b. 非线性气阻。其流动状态为紊流，流量与压力降的关系为非线性。长径比 l/d 很小的薄壁节流孔即为非线性气阻，其质量流量为

$$q_m = C_d A \sqrt{2\rho \Delta p}$$

式中，q_m 为质量流量，kg/s；C_d 为流量系数，由试验决定，一般取值 $C_d = 0.6$；A 为薄壁孔通流面积，m^2；ρ 为气体密度，kg/m^3；Δp 为气流经过薄壁孔的压降，Pa。

按式（14-38）可导出其气阻为

$$R = v/(2C_d A) \tag{14-41}$$

式中，v 为薄壁孔气流平均速度，m/s。

14.5.2　气容及其特性

由于气体可压缩，在一定容积腔室中所容的气体量将因压力不同而异。故在气动元件和系统中，凡是能储存和释放气体的空间（如各种腔室、容器和管道）都有气容性质。

（1）气容 C 的定义　一气室单位压力变化所引起的气体质量变化称为气容 C。

$$C = dM/dp = V dp/dp \quad (s^2 \cdot m) \tag{14-42}$$

式中　M 为气体质量，kg；p 为气体绝对压力，Pa；V 为气体容积，m^3；ρ 为气体密度，kg/m^3。

（2）气容的形式及特性　气容有定积气容和可调气容之分，而可调气容在调定后的工作过程中，其容积也是不变的。

工作过程中容积不变的多变过程气容为

$$C = V/(nRT) \quad (s^2 \cdot m) \tag{14-43}$$

式中，n 为多变指数，与压力变化快慢有关，其取值范围为 $1.0 \sim 1.4$，压力变化较慢则取小值，否则取大值。

第15章 气动能源元件及辅助元件

气动能源元件（简称气源）是气动机械和系统正常工作所需的压缩空气动力源，是气动系统的核心部分。气动辅助元件（简称辅件）是除气源、执行元件和控制调节元件之外的所有元件或装置的总称，是对压缩空气进行储存及净化处理，保证气动系统正常工作必不可少的重要组成部分。

15.1 气动能源元件

第15章表格

15.1.1 组成

产生、处理和储存压缩空气的设备称为气动能源元件，简称气源。如图15-1所示，气源一般包括气压发生器与气源处理系统两大部分。

气压发生器因输出压力不同而异，排气压力为正压的气压发生器称为空压机，它将原动机输出的机械能转化为气体的压力能，为以气缸、气马达为执行元件的气压传动系统提供能源；空压机也经常用作以真空发生器作为真空发生装置的真空吸附系统中的动力源。在吸入口形成负压（真空），排气口直接和大气相通的气流输送机械称为真空泵，它是真空吸附系统中的一种动力源。

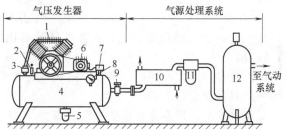

图 15-1 气源的组成

1—空压机；2—安全阀；3—单向阀；4—小气罐；5—自动排水器；6—原动机；7—压力开关；8—压力表；9—截止阀；10—后冷却器；11—油水分离器；12—气罐

气源处理系统是在气压发生器后端近旁附设的对压缩空气进行处理的元器件，如图15-1所示，以空压机为气压发生器时，其气源处理系统包括后冷却器、油水分离器、储气罐、主管道过滤器、干燥器等元件，用于压缩空气的冷却、过滤、储存和干燥处理等，为系统提供符合质量要求的洁净干燥压缩空气，以保证系统工作的可靠性，避免气动系统出现故障。

15.1.2 空压机

（1）功用类型 空压机是压缩空气气源装置的核心，作为气压发生器，其功用是将原动机（电动机或内燃机）输出的机械能转化为气体的压力能，为系统工作提供压缩空气。空压机有多种类型，如图15-2所示。

（2）原理特点

① 活塞式空压机。在图15-2所列空压机类型中，容积型空压机的构成及工作原理基本上与液压泵相同，气体压力的提高通过改变气体容积，增大气体密度的方法获得，即以工作容积的变化进行吸气和排气。在结构上应具备定子、转子和挤子，若干个可变的密闭工作容积（工作腔），要有配气机构（因结构不同而异）。在配气机构作用下，工作容积增大时吸

气，工作容积减小时排气。

例如图 15-3（a）所示为单级往复活塞式空压机工作原理，当其工作时，原动机带动曲柄 8、连杆 7、滑块 5、活塞杆 4 及活塞 3 运动。当活塞 3 向右移动时，气缸 2 的工作腔（活塞左腔）压力低于大气压，吸气阀 9 被打开，空气吸入工作腔内。当活塞向左运动时，缸的工作腔容积减小，吸气阀关闭，气体受到压缩，压力增大，排气阀 1 打开，压缩空气经输气管排出空压机。曲柄旋转一周，空压机吸气一次，排气一次。多个滑块和多个活塞缸由一个曲柄轴驱动，即组成多腔空压机，可增大其气体排量及连续性。其图形符号如图 15-3（b）所示。

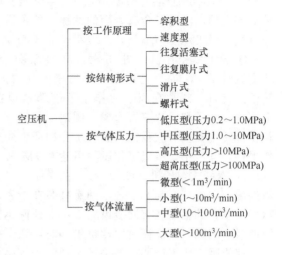

图 15-2 空压机的分类

在活塞式空压机中，若空气压力超过 0.6MPa，产生的过热将大大地降低压缩机的效率，各项性能指标将急剧下降。单级活塞式空压机通常用于需要 0.3～0.7MPa 压力范围的系统。因此当输出压力较高时，应采取分级压缩。分级压缩可降低排气温度，节省压缩功，提高容积效率，增加压缩气体排量。为了提高效率，降低空气温度，还需要进行中间冷却。工业中使用的活塞式空压机通常是两级的（图 15-4），每一级的工作原理与单级活塞式空压机原理相似。工作时由两级三个阶段将吸入的空气压缩到最终的压力。

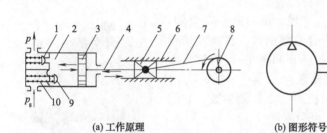

(a) 工作原理　　　　　　(b) 图形符号

图 15-3　单级往复活塞式空压机的工作原理及图形符号
1—排气阀；2—气缸；3—活塞；4—活塞杆；5—滑块；
6—滑道；7—连杆；8—曲柄；9—吸气阀；10—弹簧

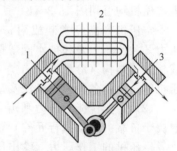

图 15-4　两级活塞式空压机
1—一级活塞；2—冷凝器；3—二级活塞

容积型空压机能获得高压力和中小流量，输出压力范围较大，效率高，品种规格多，是气动机械设备使用的主要空压机。但压力脉动较大，输出气体不连续。

② 速度型空压机。此类空压机是先使气体得到一个高速度而具有较大动能，尔后将气体的动能转换为压力能而达到提高气体压力的目的。其特点是输出压力不高，但流量大，机体内不需要润滑，故压缩空气不会被润滑油污染，供气均匀，压力较稳定，但效率低，使用较少。

③ 往复膜片式空压机。如图 15-5 所示，往复膜片式空压机与活塞式压缩机原理基本相同，仅活塞由膜片代替。原动机驱动连杆 4 运动，使橡胶膜片 3 向下向上往复运动，先后打开吸气阀 2、排

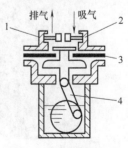

图 15-5　往复膜片式
空压机结构原理
1—排气阀；2—吸气阀；
3—橡胶膜片；4—连杆

气阀 1，由输出管输出压缩空气。此类空压机因由膜片代替活塞运动，消除了金属表面的摩擦，故可得到无油的压缩空气。但工作压力不高，一般小于 0.3MPa。

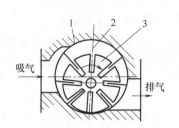

图 15-6　滑片式空压机的结构原理
1—圆筒形缸体；2—滑片；3—转子

④ 滑片式空压机（图 15-6）。在圆筒形缸体 1 内偏心地配置转子 3，转子上开有若干切槽，其内放置滑片 2。转子回转时，滑片在离心力作用下端部紧顶在气缸表面上，缸、转子和滑片三者形成一周期变化的容积。各小容积在一转中实现一次吸气、压气工作循环。此类空压机工作平稳，噪声小，单级工作压力可达 0.7MPa。

⑤ 螺杆式空压机（图 15-7）。在壳体 1 内的一对大螺旋齿的阴、阳螺杆 2 与 6 啮合，两螺杆装在外壳内由两端的轴承所支承，其轴端装有同步齿轮 3 以保证两螺杆之间形成封闭的微小间隙。当螺杆由原动机带动时，该微小间隙发生变化，完成吸、压气循环。如果轴承和转子（螺杆）腔间用油封 4、轴封 5 隔开，可以得到无油的压缩空气。此类空压机工作平稳，效率高。单级压力可达 0.4MPa，二级可达 0.9MPa，三级可达 3.0MPa，多级压缩可得到更高压力，但加工工艺要求较高。

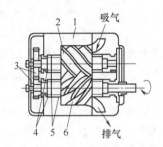

图 15-7　螺杆式空压机结构原理
1—壳体；2,6—螺杆；3—同步齿轮；4—油封；5—轴封

在上述空压机基础上还派生出涡旋式（靠涡轮转子与定子之间月牙形的空间容积变化吸排气）和旋齿式（靠独特形状的阴、阳两螺杆间无接触运转吸排气）等结构类型空压机，限于篇幅，此处不再赘述。各类空压机均可用图 15-3（b）所示的图形符号表示。

空压机产品经常制成附带原动机、气罐、单向阀、安全阀、压力开关、压力表和排水阀等附件的组合型便携式、移动式结构或柜式等结构（参见图 15-1 左半部、图 15-8 和图 15-9），称为空压机组，用作各种气动机械及系统的气压源。

（3）主要性能　压力和流量是空压机的主要性能参数，它们取决于负载（气动执行元件）要求的压力和流量。

空压机的工作压力（输出压力）p_s 为

$$p_s = p + \sum \Delta p \qquad (15\text{-}1)$$

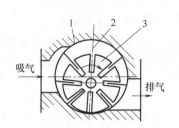

图 15-8　空压机组产品实物外形

Ⓐ 两级压缩一体式主机　Ⓕ 油气分离器
Ⓑ 高效节能的永磁电机　Ⓖ 进气阀
Ⓒ 彩色触摸屏微电脑控制系统　Ⓗ 空气过滤器
Ⓓ 高效的轴流风机变频控制系统　Ⓘ 高效冷却器
Ⓔ 油过滤器

(a) 萨震压缩机公司产品　　　　(b) 广东云昌空压机有限公司产品

图 15-9　柜式空压机组产品实物外形

式中，p 为气动执行元件的最高负载压力，MPa；$\sum \Delta p$ 为气动系统的管路阻力、阀口等局部阻力产生的压力损失之和，一般取 $\sum \Delta p = 0.15 \sim 0.2$MPa。

空压机的输出流量 q_s 按式（15-2）确定，即

$$q_s = k_1 k_2 k_3 q \tag{15-2}$$

式中，q 为系统工作时，同一时间内需求的最大耗气量，m^3/s；k_1 为泄漏系数，$k_1 = 1.15 \sim 1.5$；k_2 为备用系数，$k_2 = 1.3 \sim 1.6$，根据可能增加的执行元件数目确定；k_3 为利用系数，通常取 $k_3 = 1$。

（4）典型产品　见表 15-1。

（5）选型要点

① 空压机选型。首先根据使用对象及工况特点从产品样本或液压气动设计手册来选择空压机的结构类型，然后根据计算确定的压力 p_s 和流量 q_s，选取空压机型号规格。

② 压缩空气站（下简称空压站）中空气压缩机的型号、台数和不同空气品质、压力的供气系统，应根据供气要求、压缩空气载荷，经技术经济方案比较后确定。空压站内，空压机的台数宜为 3~6 台；对同一品质、压力的供气系统，空气压缩机的型号不宜超过两种。

③ 空压站的备用容量，根据负荷及系统情况，应符合下列要求：当最大机组检修时，其余机组的排气量，除通过调配措施可允许减少供气外，应保证全厂（矿）生产所需气量；当经调配仍不能保证生产所需气量而需设备用机组时，不多于 5 台（套）空气压缩机（组）的供气系统，可增加一台作为备用；对于具有联通管网的分散空压站，其备用容量应统一设置；两个不同压力的供气系统，宜用较高压力系统的机组作为低压系统的备用机组；对有油、无油两种机型的站房，宜采用无油空气压缩机组作为备用。

（6）使用维护

① 安装。空压机的安置需要考虑吸入空气的质量和噪声两个方面。从吸入空气的质量考虑，空压机应尽量放置在粉尘少、空气清洁、湿度小的地方。从抑制噪声方面考虑，则可采用隔声室和隔声箱。空压机的安装地基应坚固并有防振设施。

② 润滑。必须使用在空压机工作温度（一般 120~180℃，冷却不好时可能高达 200℃）下不易氧化和变质的润滑油对其进行润滑。对于有油润滑的活塞式和滴油回转式空压机中的轻载空压机可使用 GB 12691 中的 L-DAA 空气压缩机油（其牌号为 L-DAA32、L-DAA46、L-DAA68、L-DAA100、L-DAA150），中载空压机可使用 L-DAB 空气压缩机油（其牌号为 L-DAB32、L-DAB46、L-DAB68、L-DAB100、L-DAB150）；对于排气温度低于 100℃、有效工作压力低于 800kPa 的轻载喷油回转式空压机，可使用 GB 5904 中的空气压缩机油（其牌号为 N15、N22、N32、N46、N68、N100），也可使用制造厂指定的压缩机油，并且在使用中要采取定期更换等管理措施。上述各润滑油牌号中的阿拉伯数字表示 40℃时运动黏度的平均值（单位为 mm^2/s）。

③ 操作维护。每种压缩机都有特殊的结构和性能，故应根据机器使用说明书的要求进行操作：在启动压缩机前，应先检查有无润滑油和冷却水；各仪表的指示值是否正常；应注意倾听机器的运转声。在机器运转 1~2min 后，注意观察工作有无异常。现已有些压缩机本身装备有故障自动诊断和显示装置，能自动监测排气压力、流量、温度、电源电压及频率等运行参数。每日一次将积存在气罐内的水放出，应注意积水量会随季节而变化。应进行定期保养检修，以保证在任何条件下能可靠地进行运转和正常工作。

（7）故障诊断　见表 15-2。

15.1.3 真空泵

（1）功用类型　真空泵是真空吸附系统中产生真空的动力源，它将原动机的机械能转变为负压气压能，其结构原理与空压机类似，不同之处在于真空泵的进口是负压，排气口是大气压。按真空获得方法不同，真空泵有图 15-10 所示的多种类型。它们都是通过对容器抽气来获得真空的；各类真空泵均可用图 15-11 所示的图形符号表示。

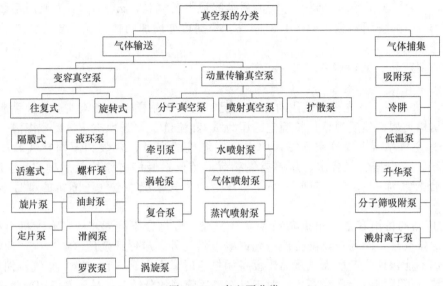

图 15-10　真空泵分类

（2）结构原理　由于真空吸附系统一般对真空度要求不高，属低真空范围，故机械式真空泵应用较多（如旋片式、水环式和往复式等），其结构基本与同名的空压机类似。此处仅对旋片式和水环式真空泵的结构原理简要说明如下。

图 15-11　真空泵的图形符号

① 旋片式真空泵。旋片泵属油封机械式低真空泵，是最基本的真空获得设备之一。它可以单独使用，也可以作为其他真空泵或超高真空泵的前级泵。旋片泵多为中小型泵，有单级和双级两种。双级是指在结构上将两台单级泵串联起来。一般多做成双级的，以获得较高的真空度。

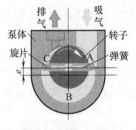

图 15-12　旋片式真空泵结构原理

图 15-13　旋片式真空泵实物外形（2X 系列，山东飞耐泵业有限公司产品）

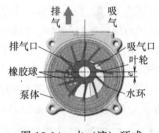

图 15-14　水（液）环式真空泵结构原理

如图 15-12 所示，旋片泵主要由泵体（定子）、转子、旋片、端盖、弹簧等组成。转子与定子偏心（图中 e）安装，转子外圆与泵腔内表面相切（二者有很小的间隙），转子槽内所装弹簧的张力使旋片顶端与泵腔的内壁保持接触，转子旋转带动旋片沿泵腔内壁滑动。两个旋片把转子、泵腔和两个端盖所围成的月牙形空间分隔成 A、B、C 三部分。原动机通过泵轴带动转子按箭头方向旋转时，与吸气口相通的空间 A 的容积逐渐增大，完成吸气过程；而与排气口相通的空间 C 的容积逐渐缩小，完成排气过程。居中的空间 B 的容积也是逐渐减少的，处于压缩过程。由于空间 A 的容积是逐渐增大（即膨胀），气体压力降低，泵的入口处外部气体压力大于空间 A 内的压力，故将气体吸入。当空间 A 与吸气口隔绝时，即转至空间 B 的位置，气体开始被压缩，容积逐渐缩小，最后与排气口相通。当被压缩气体

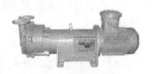

图 15-15　水环式真空泵实物外形（山东飞耐泵业有限公司产品）

压力超过排气压力时，排气阀被压缩气体推开，气体穿过油箱（图中未示）内的油层排至大气中。泵连续运转，即可连续抽气。如果排出的气体通过气道而转入另一级（低真空级），由低真空级抽走，再经低真空级压缩后排至大气中，即为双级泵。这时总的压缩比由两级来负担，因而提高了真空度（也即降低了绝对压力）。图 15-13 所示为一种旋片式真空泵的实物外形（山东飞耐泵业有限公司 2X 系列产品，其技术参数参见表 15-3）。

② 水（液）式真空泵。它是一种粗真空泵，所能获得的极限真空为 2～4kPa，串联大气喷射器可达 270～670Pa。

如图 15-14 所示，水环泵主要由泵体（定子）、带有叶片的叶轮（转子）等组成，转子与定子偏心（图中 e）安装。在泵腔中装有适量的水工作液。当叶轮顺时针旋转时，水被叶轮抛向四周，由于离心力的作用，水形成了一个决定于泵腔形状的近似于等厚度的封闭圆环。水环的上部分内表面恰好与叶轮轮毂相切，水环的下部内表面刚好与叶片顶端接触（实际上叶片在水环内有一定的插入深度）。此时叶轮轮毂与水环之间形成一个月牙形空间，而这一空间又被叶轮分成叶片数目相等的若干个小腔。以叶轮的上部 0° 为起点，则叶轮在旋转前 180° 时小腔的容积由小变大，且与端面上的吸气口相通，此时气体被吸入，当吸气终了时小腔则与吸气口隔绝；当叶轮继续旋转时，小腔由大变小，使气体被压缩；当小腔与排气口相通时，气体便被排出泵外。综上所述，水环式真空泵是靠泵腔容积的变化来实现吸气、压缩和排气的，故属于变容式真空泵。和其他机械真空泵相比，水环泵具有以下优点：结构简单，制造精度要求不高，容易加工；结构紧凑，占地面积小；泵的转速较高，它一般可与电动机直联，无需减速装置，故用小的结构尺寸，可以获得大的排气量；压缩气体基本上是等温的，即压缩气体过程温度变化很小；由于泵腔内没有金属摩擦表面，无需对泵内进行润滑，而且磨损很小；转动件和固定件之间的密封可直接由水封来完成；吸气均匀，工作平稳可靠，操作简单，维修方便。水环式真空泵的缺点是：效率低，一般在 30% 左右。由于结构限制及工作液饱和蒸气压的限制，其可获真空度较低，用水作工作液，极限压力只能达到 2000～4000Pa；用油作工作液，可达 130kPa。图 15-15 所示为一种水环式真空泵的实物外形（山东飞耐泵业有限公司 2BV 系列产品，其技术参数参见表 15-3）。

(3) 性能特点

① 主要性能。真空泵的主要性能参数如下。

a. 极限压力（又称极限真空）。它是指泵在入口处装有标准试验罩并按规定条件工作，在不引入气体的正常工作的情况下，趋向稳定的最低压力。

b. 抽气速率。真空泵的抽气速率，是指泵装有标准试验罩，并按规定条件工作时，从试验罩流过的气体流量与在试验罩指定位置测得的平衡压力之比，简称泵的抽速。

c. 抽吸流量。真空泵的抽吸流量（单位为 m^3/s 或 L/s）是指泵入口的气体流量。

② 主要特点。作为真空吸附系统的动力源之一，与真空发生器相比，真空泵产生的真空度可达 100kPa，吸入流量可很大，且二者能同时获得最大值，寿命较长；但其结构复杂、体积和重量大、功耗大、安装维护不便、与配套件复合集成化较为困难、真空的产生及解除

慢、真空压力存在脉动而需设真空罐；故主要适用于连续大流量工作、集中使用且不宜频繁启停的场合。

（4）典型产品　见表15-3。

（5）选型要点　选择真空泵的主要依据是真空吸附系统所需的真空度和抽吸流量。

① 根据系统对真空度的要求，选择真空泵的类型。考虑系统所有被真空驱动的装置，借助某些公式或特性曲线，计算出系统所需的真空度，并预留10％的余量来选择合适的真空泵。各类真空泵的使用范围如图15-16所示。

② 根据系统所需抽吸流量确定真空泵的规格大小。抽吸流量的大小决定了系统的动作速度。极限真空相同的真空泵，无论抽吸流量大小，均可达到同一真空度。抽吸流量大者，所需时间短些；反之，则所需时间长些。通常每种泵的抽吸流量都会随真空度的升高而下降，都存在最佳抽吸真空范围。系统的真空度应保证选在泵的最佳抽吸真空范围内。而最佳抽吸范围可从真空泵生产厂家的产品样本中给出的特性曲线查得。

系统工作装置与系统管道中需要抽出的自由空气体积量与工作频率的乘积即为系统所需的抽吸流量。

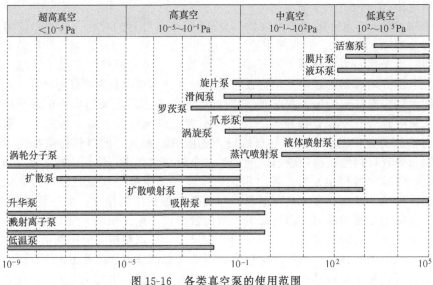

图15-16　各类真空泵的使用范围

③ 选取真空泵的型号。

（6）使用维护

① 当真空度在非标准状态下（如高海拔地区）使用时，真空泵的极限真空度需按当地环境条件重新标定，标定公式为

$$H_b = H_0(p_b/p_0) \tag{15-3}$$

式中，H_b 为极限真空的标定值，Pa；H_0 为真空泵铭牌上的极限真空值（标准状态，即标准大气压和 15℃下的极限真空值），Pa；p_b 为当地大气压，Pa；p_0 为标准大气压，Pa。

② 为了减小工作温度对真空泵的性能及使用寿命的影响，对于高真空下连续工作的真空泵，应采用专门的冷却系统进行散热；而对于短时间工作在高真空下的泵，则可在工作循环之间进行冷却，不需专门的冷却系统。如果工作环境温度过高或过低，也应加以考虑，但泵工作在 4～35℃ 环境下一般均属正常。

③ 定期更换润滑油并检查润滑油液位高低、轴封漏油状况、吸气口滤网灰尘、固定螺

栓有无松动、联轴器完好性等。如有异常，要及时予以处理。

④ 维修注意事项：拆解的零件要用推荐的清洗剂（否则有可能造成锈蚀）清洗后再进行检查和修理；安装前要保证零件清洁；拆解下来的橡胶密封件要仔细检查，变形或破损者要换新；不同生产厂的真空泵的备件一般不要互用。在安装泵的壳体、端盖时，螺栓要按对角顺序均匀拧紧。

(7) 故障诊断　见表15-4。

15.1.4　真空发生器

(1) 功用类型　真空发生器是利用压缩空气产生真空的元件。使用真空发生器的真空吸附系统，气动装置外不必再设置真空气源。真空发生器的分类见表15-5。

(2) 结构原理　真空发生器本身无运动件，利用气体的喷射原理来产生真空。

① 普通型真空发生器。真空发生器的基本结构如图15-17所示，在工作时，压缩空气从供气口P流入真空发生器，经喷嘴（拉伐尔喷嘴）1，气流的速度增大。在喇叭形的扩压室（又称负压室）2前，因气流速度的增大而带走了扩压室前的气体，一起从排气口O排入大气。位于扩压室前的真空进气口A由于气体被引射而压力降低，不断从真空进气口吸入气体。真空进气口通常与真空吸盘等执行元件相连接，真空吸盘与被吸工件接触后形成密闭空间，其中的气体被真空发生器中扩压室前的高速气流引射排出，真空度逐渐增大到最大值。当供气口无压缩空气输入时，抽吸过程则停止。

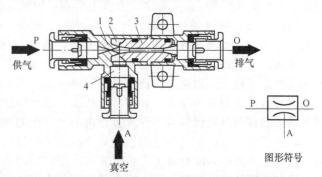

图15-17　喷射式真空发生器的基本结构原理
1—喷嘴；2—扩压室；3—扩散器；4—真空进气口

② 带附加功能的真空发生器。真空发生器除了单一型结构外，还常有带附加功能而将电磁阀、过滤器等集成为一体的集成型结构。如图15-18所示真空发生器（Festo产品），它将电磁开关阀1、气室2、气动喷射脉冲阀（其原理与快速排气阀类同）3、消声器4及内芯5集成为一体，具有真空产生和解除功能。当阀1通电切换至上位工作时，真空发生器内芯5进行抽吸，排气经消声器4排向大气，同时压缩空气经通道A充满气室2，同时压缩空气将气动喷射脉冲阀的阀芯压在阀座上将排气通道B关闭，真空口为负压，与之相连的真空吸盘（图中未示）上的工件被吸附；当阀1断电复至图示下位时，抽吸过程停止，因通道A无压缩空气输入，贮存在气室2内的压缩空气将阀3的阀芯推离阀座，气室内的压缩空气经通道B从真空口快速排出，从而使真空口由负压迅速变为正压，相应地与之相连的真空吸盘上的工件快速脱开。

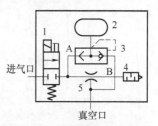

图15-18　带附加功能的集成式真空发生器（Festo产品）
1—电磁开关阀；2—气室；3—气动喷射脉冲阀；4—消声器；5—真空发生器内芯

③ 组合型真空发生器。图15-19所示为一种连续耗气的组合型真空发生器，它由电磁阀1和2、真空发生器内芯3、消声器4、真空过滤器5、真空压力表6、真空开关7和节流阀8等组合而成。从A口进入的压缩空气由内置电磁阀控制。电磁阀1和2分别为真空发生阀和真空破坏阀。当阀1通电切换至上位时，压缩空气从进气口A流向消声器4（排气口），真空发生器在真空口B产生真空。当阀2通电（阀1断电）时，压缩空气从A口流向

B口，真空口的真空消失，吸入的空气通过内置过滤器 5 和压缩空气一起从排气口排出。内置消声器可减小噪声。真空压力表 6 和真空开关用于监控真空度大小。

图 15-20 所示为一种断续耗气的组合型真空发生器，它由电磁阀 1 和 2、真空发生器内芯 3、消声器 4、节流阀 5、单向阀 6、真空过滤器 7、真空压力开关 8 等组合而成。从 A 口进入的压缩空气由内置电磁阀控制。当阀 1 通电切换至右位时，压缩空气从进气口 A 流向消声器 4（排气口），真空发生器在真空口 B 产生真空。待真空压力低于所期望的调定的真空上限时，真空压力开关 8 使阀 1 断电复至图示左位，关闭阀 1。待真空压力低于所期望的调定的真空下限时，阀 1 再次通电接通，于是又产生了真空。阀 2 是真空破坏阀，当阀 2 通电（阀 1 断电）时，压缩空气从 A 口流向 B 口，真空口的真空消失，吸入的空气通过内置过滤器 7 和压缩空气一起从排气口排出，与 B 口相连的真空吸盘上的工件立即脱开。内置消声器可减小噪声。单向阀 6 的功用是当阀 1 在真空上限时被关闭后，使真空发生器不再耗气，处于省气状态。吸盘吸住物体后与喷嘴发生器的喷射口排气区域之间的通道被单向阀封堵，保证吸盘内的真空压力免遭外界破坏。一旦吸盘在吸取物体过程中，由于吸附表面不平等原因使其真空压力消失过快时，只要降至设定真空下限，阀 1 的电磁铁将立即通电，瞬时便可产生能满足上限值时的真空压力。这一过程使这种组合式真空发生器实现断续瞬时耗气，大大减少了真空发生器耗气。

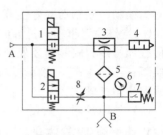

图 15-19　连续耗气的组合型
真空发生器（SMC 产品）

1,2—电磁阀；3—真空发生器内芯；4—消声器；5—真空过滤器；6—真空压力表；7—真空开关；8—节流阀

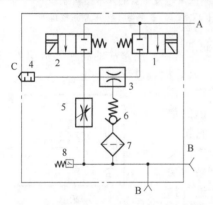

图 15-20　断续耗气的组合型真空发生器

1,2—电磁阀；3—真空发生器内芯；4—消声器；5—节流阀；6—单向阀；7—真空过滤器；8—真空压力开关

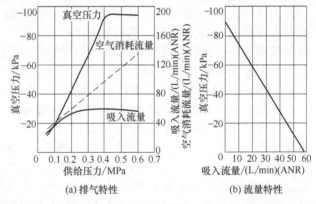

(a) 排气特性　　　　　　(b) 流量特性

图 15-21　真空发生器的排气特性和流量特性曲线

（3）性能特点

① 主要特性。真空发生器的主要特性有排气特性和流量特性。描述这些特性的主要参数有喷嘴直径、输入压力、最大真空度（用表压力表示）、抽吸流量和耗气量及接口尺寸等。真空发生器的排气特性 [图 15-21（a）] 是指最大真空度（用表压力表示）、耗气量（空气消耗量）和最大抽吸流量之间的关系；流量特性是指在供气压力为 0.45MPa 条件下，真空口处于变化的非封闭状态下，真空发生器的抽吸流量与真空度之间的关系 [图 15-21（b）]。

真空发生器的规格一般用喷嘴直径表示，喷嘴直径的范围一般为 0.5～3mm。真空发生器的输入压力是指其供气口的压力，通常都小于 1MPa；最大真空度是指真空口被完全封闭时，真空口内的真空度；当超过最大真空度时，即便增大工作压力，真空度不但没有增大，反而会减小［图 15-21（a）］。真空发生器产生的最大真空度可达 88kPa。实际使用真空发生器时，其供气压力和最大真空度的选取推荐值分别为 0.5MPa 和 70kPa。最大抽吸流量是指真空口向大气敞开时，从真空口吸入的流量；耗气量（空气消耗量）是由工作喷嘴直径决定的，对同一喷嘴直径的真空发生器，其耗气量随供气（工作）压力的增加而增加［图 15-21（a）］。

由图 15-21 所示流量特性曲线可知，抽吸流量变化则真空压力也变化。说明如下：堵住真空发生器的真空口 A，则吸入流量为 0，真空压力达最大；逐渐开启真空口使空气流动产生泄漏、吸入流量增加，但真空压力下降；真空口全开，吸入流量最大，真空压力几乎为零（大气压力）。因此真空口不泄漏，真空压力达最高。泄漏量增加，真空压力下降。泄漏量等于最大吸入流量，则真空压力几乎为零。为了获得较大的真空度或较大的抽吸流量，真空发生器的供给压力应处于 0.25～0.6MPa 范围内（最佳使用范围为 0.4～0.45MPa）。

② 主要特点。真空发生器作为真空吸附系统的能源之一，其可产生的最大真空度可达 88kPa，抽吸流量较小，且二者不能同时获得最大值；与真空泵相比，真空发生器的结构简单、体积和重量小、无可动件、寿命长、功率消耗很小、价格低、安装维护简便、容易与电磁阀及传感器等配套件复合化（集成的元件数量因应用场合不同而异）、产生和解除真空快、工作时不发热，另外，真空压力无脉动，故不需真空罐。使用真空发生器的真空吸附系统，气动装置外不必再设置真空泵，但需提供压缩空气，适宜流量不大、间歇工作的气动装置和分散使用。

（4）典型产品 见表 15-6 及图 15-22～图 15-27。

图 15-22 ZHF-Ⅱ系列真空发生器实物外形（广东肇庆方大气动有限公司产品）

图 15-23 ZKF 系列真空发生器实物外形（烟台未来自动装备有限公司产品）

图 15-24 ZH 系列真空发生器实物外形［SMC（中国）有限公司产品］

图 15-25 VN 系列真空发生器实物外形［费斯托（中国）有限公司产品］

图 15-26 EV 系列真空发生器实物外形（中国台湾气力可股份有限公司产品）

图 15-27 ZAM 系列集成式真空发生器实物外形［牧气精密工业（深圳）有限公司产品］

（5）选型要点 与真空泵的选型一样，选择依据是真空吸附系统要求的真空度和抽吸流量。

① 根据系统对真空度和抽吸流量的要求，确定真空发生器的形式及尺寸规格。

② 由于高真空型和大流量型真空发生器的流量特性互不相同，特别是吸附有泄漏流量的工件时，泄漏流量与真空压力有关，故应在注意真空压力的基础上选定真空发生器。

③ 根据应用场合选择适当的集成形式并根据排气情况合理选定消声器配置形式。对于集成式真空发生器同时动作位数较多的单独排气的情况 [图 15-28（a）]，应选择消声器内置型或通口排气型；对于集成式真空发生器位数较多集中排气的情况 [图 15-28（b）]，应在两侧安装消声器；对于配管向室外等排气的情况，应选择不会因配管形成的背压而对真空发生器产生影响的大口径配管。

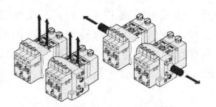

(a) 单独排气情况　(b) 集中排气情况

图 15-28　真空发生器集成
形式的排气情况

（6）使用维护

① 为了避免真空发生器的喷嘴被磨损，压缩空气的净化程度应达到一般小型气动元件的使用要求。应注意真空发生器一般不得给油工作。

② 必须保证真空发生器在额定供气压力下工作，以免供气压力过小或过大，导致真空度下降或不但不能增大真空度，反而增大噪声及耗气量。为了获得较大的真空度或较大的抽吸流量，真空发生器的供给压力应处于 0.25～0.6MPa 范围内（最佳使用范围为 0.4～0.45MPa）。

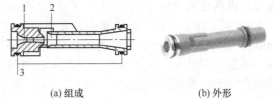

(a) 组成　　　　(b) 外形

图 15-29　真空发生器内芯 [费斯托
（中国）有限公司产品]
1—拉法尔喷嘴（精制铝合金）；2—接收嘴
（聚甲醛）；3—密封圈（NBR）

真空发生器在某固定的供给压力下工作时，可能会排气产生异常间歇声，使真空压力变得不稳定。在此状态下继续使用，真空发生器的功能也不会有问题。如果担心间歇声或者考虑到对真空压力开关的动作产生不良影响，则可将真空发生器的供给压力稍许下调或上升，使其供给压力担心范围内但不发出间歇声。

③ 对于多个真空发生器同时工作的真空吸附系统，应保证气源能够同时提供足够的压缩空气量，以免造成真空度下降。

④ 真空发生器的使用温度范围一般为 5～60℃；真空发生器产生的真空度一般不受海拔高度与环境温度变化的影响。

⑤ 如真空发生器喷嘴磨损影响使用，可酌情更换真空发生器内芯（图 15-29）。

15.2　气源处理元件

15.2.1　空压站及其配置

在气动系统中，通常当气源排气量小于 $6m^3/min$ 时，可将空压机直接安装在主机旁；当气源排气量大于或等于 $6～12m^3/min$ 时，应设置独立的压缩空气站（空压站）。气动系统所使用的压缩空气必须经过干燥和净化处理才能使用，以免压缩空气中的水分、油污和灰尘等杂质混合而成液体渣质进入管路和元件，影响系统及主机的正常工作和性能，甚至造成事故。对于一般的空压站，除了空压机外，还需设置过滤器、后冷却器、油水分离器和储气罐等净化元件。

图 15-30 所示为空压站净化流程，空气首先经过一次过滤器过滤掉部分灰尘、杂质后进入空压机 1，空压机输出的压缩空气进入后冷却器 2 进行冷却，当温度降低到 40～50℃ 时，油气与水汽凝结成油滴和水滴，然后进入油水分离器 3，使大部分油、水和杂质从气体中分离出来；将得到初步净化的压缩空气送入储气罐 4 中（一次净化）。对于要求不高的气动系

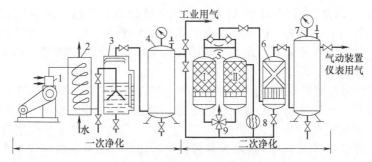

图 15-30　空压站净化流程

1—空压机；2—后冷却器；3—油水分离器；4,7—储气罐；5—干燥器；6—过滤器；8—加热器；9—四通阀

统即可从储气罐 4 直接供气。但对仪表用气和质量要求高的工业用气，则必须进行二次和多次净化处理，即将经过一次净化处理的压缩空气再送进干燥器 5 进一步除去气体中的残留水分和油。在净化系统中干燥器Ⅰ和Ⅱ交换使用，其中闲置的一个利用加热器 8 吹入的热空气进行再生，以备接替使用。四通阀 9 用于转换两个干燥器的工作状态，过滤器 6 的作用是进一步消除压缩空气中的颗粒和油气。经过处理的气体进入储气罐 7，可供给气动装置和仪表使用。

典型气源净化处理系统见表 15-7，可按应用对象的要求选用其中的一种组合配置形式。

15.2.2　后冷却器

（1）功用类型　后冷却器安装在空压机输出管路上，将空压机输出的压缩空气的温度（可达 120℃以上，在此温度下空气中的水分完全呈气态）冷却至 40℃以下，并通过冷凝使压缩空气中的大部分水蒸气和变质油雾变成液态水滴和油滴，以便经油水分离器析出。

后冷却器有风冷式和水冷式两种。风冷式冷却器不需冷却水设备，无需担心断水或水冻结；结构紧凑、重量轻、占地面积小，运转成本低，易于维护。但它仅适用于入口空气温度低于 100℃，且处理空气量较少的场合。水冷式冷却器一般为间接水冷换热器，其散热面积是风冷式的 25 倍，热交换均匀，分水效率高，故适用于入口空气温度低于 200℃，且处理空气量较大、湿度大、粉尘多的场合；水冷式按其结构形式不同又有蛇管式、列管式和套管式等几类。

（2）结构原理

① 风冷式后冷却器。如图 15-31（a）所示，风冷式后冷却器是靠电机驱动风扇产生的冷空气吹向带散热片的热气管道来降低压缩空气温度，图 15-31（b）、（c）所示分别为风冷式后冷却器的图形符号和 SMC 的 HAA 系列产品实物外形（其技术参数参见表 15-8）。

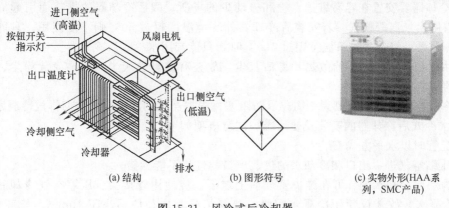

图 15-31　风冷式后冷却器

② 水冷式后冷却器。图 15-32 所示为蛇管式水冷却器，高温压缩空气从蛇形管上方进入，从下方出口排出；强迫输入的冷却水在热气管外水套中反向流动，通过蛇形管表面带走热量，从而降低管中空气的温度。此类冷却器结构简单，使用维护方便，适于流量较小的任何压力范围，应用最为广泛。

图 15-33 所示为列管式水冷却器，高温压缩空气在管间流动，冷却水在管内流动。管内冷却水可以是单程或双程流动，通过隔板的配置，管外的压缩空气以垂直于管束的流向曲折流动。除图示立式结构外，还有卧式结构（图 15-34），卧式结构可兼作配管的一部分，安装空间紧凑，应用较多。图 15-35 所示为套管式水冷却器，高温压缩空气在内管中流动，冷却水在内外套管间流动。因流动面积小，有利于热交换。但结构笨重，适用于空气压力较高、流量不大且热交换面积较小的场合。

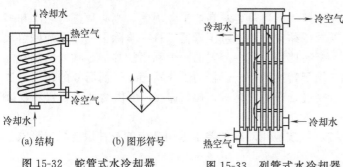

(a) 结构　　　(b) 图形符号

图 15-32　蛇管式水冷却器

图 15-33　列管式水冷却器

图 15-34　卧式水冷却器实物外形

（3）性能参数　后冷却器的性能参数有热交换面积 A（m^2）、冷却水消耗量 G（kg/s）、工作压力、额定流量、空气处理量及公称直径等。

（4）典型产品　见表 15-8。

（5）使用维护

① 风冷式后冷却器的安装及使用维护注意事项如下。

a. 压缩空气进口和压缩空气的出口连接不能弄错。空气进、出口管道在进行紧固时，先将产品的进、出口喷嘴部用扳手夹住。

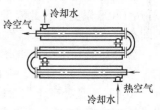

图 15-35　套管式水冷却器

b. 压缩空气冷却会产生冷凝水，要配置冷凝水配管。冷凝水配管内径要达到 10mm 以上，长度要在 5m 以内。

c. 后冷却器的通风进口和出口无通风障碍物。距离墙壁或其他设备应不小于 20cm。

d. 冷却器要安置在容易维护点检和振动少的场所。因后冷却器的排热而引起周围温度上升，需用换气扇等换气。若安装后冷却器处环境温度超过 50℃ 则不能使用。只能选用水冷式后冷却器；当空气进口温度超过 100℃ 时，只能选用水冷式后冷却器。

e. 由于风冷式冷却器的散热片易沾灰尘，故在有黏着性灰尘（静电涂装粉尘、油气粉尘等）的场合不要使用。

f. 冷却器点检周期一般为一周，以防阻塞；根据产生的冷凝水量定期排放冷凝水。

② 水冷式后冷却器的安装及使用维护注意事项如下。

a. 配管时以水平方式安装。

b. 压缩空气进、出口和冷却水的进、出口的连接不能弄错。

c. 为了使冷却水配管可在维护管理面上取下，应使用管接头。压缩空气冷却后会产生大量的冷凝水，故建议使用冷凝水配管。冷凝水配管内径应不小于 10mm，长度要在 5m

以内。

d. 冷却水断水的场合会发生异常高温的危险，故必须有防止断水的安全措施。

e. 冷却水量应在额定水量范围内，否则可能会损伤传热管道。

f. 冷却水应采用使用说明书规定的合格水质。一般可用自来水或者工业用水，但不能使用海水。如冷却水的水质不好，会导致传热管的损坏和性能降低，特别是冷却水在冷却塔中冷却时，容易产生水垢，故必须进行定期的水质检查及循环水的更换。

g. 在冬季冷却水有可能冻结，为了防止冻结损坏，必须将冷却水排出。长期不使用的场合，必须将冷却水排放掉。

h. 当冷却性能降低时，应对冷却水管内部进行清洗。

i. 冷却水和压缩空气配管的尺寸应选用配管口径以上的尺寸。

15.2.3　主管道油水分离器

（1）功用类型　油水分离器又称液气分离器，置于后冷却器下游的气源主管道上，它是压缩空气产生后的首道过滤装置。油水分离器可用于分离与去除压缩空气中凝聚的水分和油分等杂质，使压缩空气得到初步净化。特别是采用有油润滑的空压机，在压缩过程需有一定量的润滑油，空气被压缩后产生高温、焦油碳分子以及颗粒物。为了减少对其下游的干燥器、过滤器等元件的污染，经后冷却器之后的压缩空气，必须在进入干燥器之前进行一次过滤。油水分离器的结构形式有撞击挡板式、旋转离心式和水浴分离式以及以上形式的组合等。

（2）结构原理

① 撞击挡板式油水分离器。图 15-36 所示为撞击挡板式油水分离器，撞击挡板式油水分离器输入的气流以一定的速度进入分离器内，受挡板阻挡被撞击折向下方，然后产生环形回转并以一定速度上升。油滴、水滴等杂质因惯性力和离心力的作用析出，沉降于壳体底部，由排污阀定期排除。为了达到满意的油水分离效果，气流回转后上升的速度应缓慢，一般要求低压空气流速 $v \leqslant 1\text{m/s}$，中压空气流速 $v \leqslant 0.5\text{m/s}$，高压空气流速 $v \leqslant 0.3\text{m/s}$。

② 水浴并旋转离心串联式油水分离器。如图 15-37 所示，压缩空气先通过左侧安装于装有水的水浴式分离器底部位置的管道，用水浴清洗，过滤掉压缩空气中较难除掉的油、水、杂质等，再沿切向进入右侧旋转离心式分离器中，气流沿容器圆周做强烈旋转，油滴、油污、水等杂质在离心惯性力的作用下，被甩至壁面上，并随壁面沉落分离器底部，气体沿中部空心管输出。此种分离器油水分离效果好。油水分离器的实物外形见图15-38。

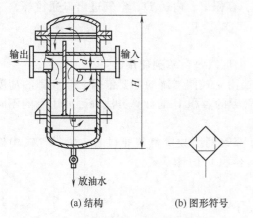

图 15-36　撞击挡板式油水分离器

(a)结构　　(b)图形符号

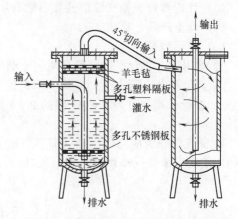

图 15-37　水浴并旋转离心串联式油水分离器

（3）性能参数　油水分离器的性能参数有空气处理量、进气压力、进气温度、接口管径等。

（4）典型产品　见表15-9。

图 15-38　油水分离器实物外形

15.2.4　储气罐

（1）功用类型　储气罐是压缩空气的储存元件，其功用是：储存一定量的压缩空气，调节用气量或以备发生故障和临时需要应急使用；消除空压机输出压缩空气的波动，稳定气源管道中的压力，保证输出气流的连续性；进一步分离压缩空气中的水分、油分、杂质并降低空气温度等。

储气罐一般为圆筒状焊接结构，有立式和卧式两种，立式使用居多。

（2）结构配置　储气罐外形配置及实物如图15-39和图15-40所示。空气进出口管道直径小于 $1\frac{1}{2}$ in 时采用螺纹连接，在大于 2in 时为法兰连接。排水阀可酌情改为自动排水器。储气罐属于承压容器，在每台储气罐上必须配置以下附件：安全阀及压力表，安全阀作为安全保护装置，可调整其最高压力比正常工作压力高 10%，储气罐压力可通过压力表进行监控；储气罐的空气进出口应安装闸阀（截止阀）；储气罐上应设有检查及清洗用人孔或手孔；储气罐底端应设置排放油、水等污物的接管和阀门。此外，有些储气罐还与增压阀连用［图15-40（b）］，以提高工厂或气动机械中的局部气压（增压比达 2～4）。

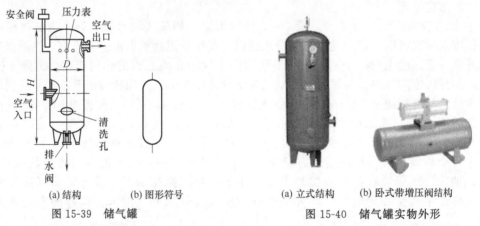

(a) 结构　　(b) 图形符号　　　　　　(a) 立式结构　　(b) 卧式带增压阀结构

图 15-39　储气罐　　　　　　　　　　　　图 15-40　储气罐实物外形

（3）性能参数　储气罐的性能参数有压力 p、容积 V、内径 D、空气进出口通径等。

（4）典型产品　见表15-10。

（5）使用维护

① 使用时，数台空压机可共用一个储气罐，也可以每台单独使用。

② 选型要点。压力 p、容积 V 和高度 H 是选用立式储气罐的主要依据，储气罐的高度 H 按 V 进行计算（可为其内径 D 的 2～3 倍），气罐的容积 V 的计算方法则因使用目的不同而异。

a. 储气罐作为应急气压源（即当空压机或外部管网因故突然停止供气，紧靠气罐中储存的压缩空气维持气动系统工作一段时间），气罐容积 V 的计算式为

$$V \geqslant \frac{p_a q_{max} t}{60(p_1 - p_2)} \quad (\text{L}) \qquad\qquad (15\text{-}4)$$

式中，p_a 为大气压力，$p_a = 0.1MPa$；p_1 为突然故障时气罐内的压力，MPa；p_2 为气动系统允许的最低工作压力，MPa；q_{max} 为气动系统的最大耗气量，L/min（标准状态）；t 为故障后应维持气动系统正常工作的时间，s。

b. 空压机的吸入流量是按气动系统的平均耗气量选定的，当气动系统在最大耗气量下工作时，气罐容积 V 的计算式为

$$V \geqslant \frac{p_a(q_{max} - q_{sa})}{p} \times \frac{t'}{60} \ (\text{L}) \tag{15-5}$$

式中，p 为气动系统的使用压力，MPa（绝对压力）；p_a 为 0.1MPa；q_{sa} 为气动系统的平均耗气量，L/min（标准状态）；t 为气动系统在最大耗气量下工作的时间，s；其余符号意义同上。

③ 储气罐可由空压机制造厂配套供应。

④ 储气罐应安装在基础上；储气罐属于压力容器，应遵守压力容器的相关法规。压力低于 0.1MPa，真空度低于 2kPa 或公称容积小于 450L 的容器可不按压力容器处理。

15.2.5 主管道过滤器

（1）功用类型　主管道过滤器又称一次过滤器，它安装在主管道（空压机及冷冻干燥器的前级）中，用于清除压缩空气中的油污、水分和粉尘，以提高下游干燥器的工作效率，延长精密过滤器的使用寿命。

按连接方式不同，主管道过滤器有螺纹连接（管式）式和法兰连接式两种。

（2）结构原理　图 15-41 (a)、(b) 所示为主管道过滤器结构原理。通过过滤组件 2 将分离出来的油、水和粉尘等，流入过滤器下部，经手动或自动排水器 4 排出。过滤组件中的滤芯的过滤面积比普通过滤器大 10 倍，配管口径 2in 以下的过滤组件还带有金属骨架，故此类过滤器使用寿命较长。法兰连接式过滤器的上盖 6 可直接固定滤芯，故更换滤芯较为方便。图 15-41 (c)、(d) 所示分别为主管路过滤器的图形符号和一种实物外形（SMC 的 AFF 系列，其技术参数见表 15-11）。

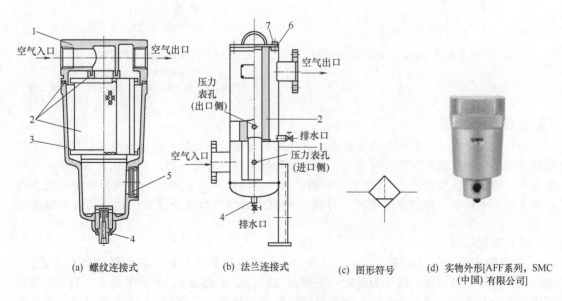

(a) 螺纹连接式　　(b) 法兰连接式　　(c) 图形符号　　(d) 实物外形[AFF系列，SMC（中国）有限公司]

图 15-41　主管道过滤器

1—主体；2—过滤组件；3—外罩；4—手动或自动排水器；5—观察窗；6—上盖；7—密封垫

(3) 性能参数　主管道过滤器的主要性能参数有耐压力、额定流量、环境温度以及使用流体温度、过滤精度、接口管径、使用寿命等。该类过滤器进出口阻力不大于 500Pa，过滤器容量为 $1mg/m^3$。

(4) 典型产品　见表 15-11。

(5) 使用维护

① 通常主管道过滤器的空气质量仅作一般工业供气使用，如需用于气动机械设备、气动自动化控制系统，还需在冷冻式干燥器后面添置所需精度等级的过滤器。但对于过滤精度较高的管道过滤器产品（如 SMC 目前的 AFF 系列主管道过滤器过滤精度就达 $3\mu m$），要实现规定的空气质量就无需再在冷冻式干燥器后面添置高精度等级的过滤器，但在主管道采用高等级过滤器并不符合经济性原则。

② 使用主管道过滤器时，应根据主管路进口压力和最大处理流量选择过滤器的规格型号，并检查其他技术参数，也应满足使用要求。利用制造商给出的最大处理流量曲线图来对主管路过滤器进行选型较为快捷，例如用图 15-42 所示 SMC 给出的最大处理流量曲线，对进口侧压力 0.6MPa，最大处理流量 $5m^3/min$（ANR）系统选择其主管道过滤器：首先利用最大处理流量曲线，求进口压力和最大处理流量的交点 A；然后按最大处理流量线在交点 A 之上来选定型号，本例应选 AFF37B。注意，求得的交点必须在最大处理流量线以上来选型，若最大处理流量线在交点之下来选定型号，则规格不能满足要求，会成为不匹配的原因。主管道过滤器的安装配管示意如图 15-43 所示。

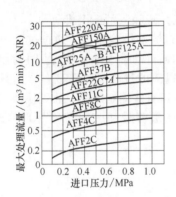

图 15-42　主管道过滤器最大处理流量曲线

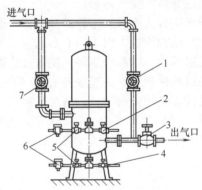

图 15-43　主管道过滤器的安装配管示意图
1—反吹进气阀；2,4—手动排水阀；
3—出气阀；5—截止阀；6—自动排水器；7—进气阀

15.2.6　干燥器

(1) 功用类型　干燥器又称干燥机，其功用是对经后冷却器、油水分离器、气罐、主管道过滤器得到净化后的压缩空气，进一步吸收和排除其中所含有的水蒸气（含量多少与空气的温度、压力和湿度相关），使之变为干燥空气，以保证有高质量压缩空气要求的气动系统正常工作。常用的干燥器有吸附式、冷冻式和膜片式等类型以及将它们优点结合而成的组合式。

(2) 结构原理

① 吸附式干燥器。如图 15-44 (a) 所示，压缩空气从吸附式干燥器的进气口 1 进入，经过上吸附层（吸附剂，通常为硅胶干燥剂）、滤网 5、上栅板 6、下吸附层 9 之后，压缩空气中的水分被吸收，成为干空气。干空气通过滤网、栅板、毛毡层 12 进一步滤掉机械杂质和粉尘后经出口 14 排出。干燥器经过一段时间的使用，吸附层将饱和失效。故饱和的吸附

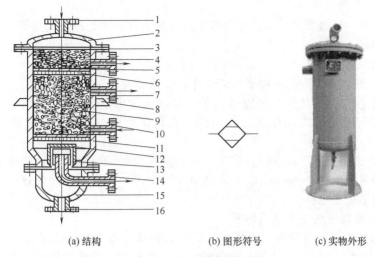

(a) 结构   (b) 图形符号   (c) 实物外形

图 15-44　吸附式干燥器

1—湿空气进气口；2—上封头；3—密封件；4,7—再生空气排气口；5,13—钢丝滤网；6—栅板；8—支撑架；
9—吸附层；10—再生空气进气口；11—主体；12—毛毡层；14—干空气排气口；15—下封头；16—排水口

剂必须干燥再生才能恢复其性能。吸附剂再生原理是：封闭进气口 1 和排气口 14，由再生进气口 10 输入温度为 180℃以上的干燥热空气。干燥热空气经过吸附层后将吸附剂中的水分蒸发并从排气口 4 和 7 排向大气中。吸附式干燥器具有体积小、重量轻、易维护的优点，但处理流量小，主要适用于干燥程度要求高、处理空气量小的场合。吸附式干燥器的图形符号和实物外形分别如图 15-44（b）和图 15-44（c）所示。

　　② 冷冻式干燥器。如图 15-45（a）所示，冷冻式干燥器主要由热交换器和致冷机及自动排水器等部分组成。湿热压缩空气进入热交换器的外侧被预冷，再被内有循环制冷剂的致冷机冷却到压力露点（2～5℃）。在此过程中，水蒸气被冷凝成水滴，经自动排水器排出。分离了水分的空气再次通过热交换器内侧进行加热变成干燥的空气，使其温度回复到周围环境的温度以免输出口结霜，供给出口侧。冷冻式干燥器的实物外形如图 15-45（b）所示。

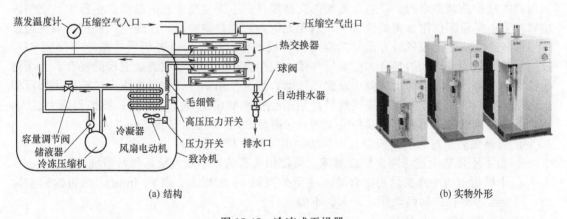

(a) 结构   (b) 实物外形

图 15-45　冷冻式干燥器

　　冷冻式干燥器具有结构紧凑、占用空间较小、噪声低、使用维护简便及使用维护费用低的优点，主要适用于空气处理量大、压力露点温度 2～10℃的场合。

　　③ 组合式干燥器。此类干燥器主要是结合了吸附式和冷冻式干燥机的优点，通过合理的管道连接及容量搭配，最大限度地发挥两者的优点，以达到最佳运行点并得到高品质低露

点成品气体。

(3) 性能参数 干燥器的主要性能参数有进气压力和额定处理空气量等。

(4) 典型产品 见表15-12。

(5) 使用维护

① 大型空压站需配置两套干燥器轮流工作，以便连续工作。

② 应在干燥器输出口处安装精密过滤器，以除去输出空气中可能含有的吸附剂粉尘；干燥器的输入口与输出口之间的压力差应保持在规定范围内；经常检查输出空气的露点湿度。

③ 吸附式干燥器使用注意事项：应在干燥器进气口处安装除油器，使进入干燥器的压缩空气中的含油量控制在 $1mg/m^3$ 以下，以防吸附剂因"油中毒"而失效；干燥器的吸附剂工作一定时间后应予更换。

④ 冷冻式干燥器使用注意事项如下。

a. 以下场合应避开设置冷冻式干燥器：雨淋、风吹、湿气较大的场合（相对湿度85％以上的场合）；有水、水蒸气、盐分、油等的情况；有灰尘、粉末的场合；有易燃易爆气体的场合；有腐蚀性气体、溶剂、可燃性气体的场合；阳光直射和有放射热的场合；环境温度超过以下范围的场合，运行时 2～45℃，保管时 0～50℃（但是，配管内部没有冷凝水）；温度急剧变化的场合；强电磁噪声的场合；静电发生的场合；强高频波发生的场合；可能遭受雷击的场合；车辆及船舶等输送设备；海拔超过 2000m 的场合；受到强振动、冲击的情况；受到使主体变形的力、重量的情况；无法确保维护所需的足够空间的情况；产品的通风口被阻塞的场合；可能吸入空压机或其他干燥机的排出空气（热风）的场合；发生急剧压力变动或流速变化的气动回路及系统。

b. 安装管线注意事项：勿将压缩空气进出口接错；配管时，为避免灰尘、密封带、液体状密封垫等进入配管内，请充分吹洗后连接，以免这些异物导致冷却不良或冷凝水排出不良；压缩空气进出口应通过接头进行连接，以便拆卸；为了在不停止空压机时也可进行维护检查，建议设置旁路配管；在主体上安装气动配管接头时，请使用扳手等拧紧主体的气动配管。配管需对使用压力、温度有完全的耐受力，连接部需牢固安装，以免泄漏；配管重量请勿直接施加在空气干燥器上。在压缩空气出口、进口接头上安装空气过滤器等零件的场合，请勿对本产品施加多余的力，通过支架等支撑零件；不要使空压机的振动产生影响；空气进出口配管上尽量不使用金属柔性管子，以免配管内产生异常噪声；压缩空气的进口温度超过65℃的场合，应在空压机后方设置后冷却器，或者使空压机的设置场所的温度下降到65℃以下；气源压力变动大的场合，应采用气罐；发生急剧压力变动或流量变动的场合，为了防止冷凝水飞溅，干燥器的出口侧应设置过滤器；根据使用条件，为了防止出口配管表面可能出现结露，应在配管部分包裹隔热材料；请避免排水管向上竖立、弯折、损伤和阻力过大，用户自备排水管时，请使管子在外径 12mm、内径 8mm 以上，长度 5m 以内。

c. 应避免防尘过滤网被灰尘、尘埃堵塞而导致冷却性能下降。

d. 为了不使防尘过滤网变形或损坏，可使用毛长的刷子或气枪，每月清洗 1 次。

e. 干燥器运行中停机后再次启动，应至少间隔 3min 以上。若在 3min 之内再次启动运行，可能会导致保护回路动作、灯灭、不能运行。

(6) 故障诊断 见表15-13。

15.2.7 自动排水器

(1) 功用类型 自动排水器又称水分离器或排水阀，用于自动排放气动系统中管道、气罐、过滤器、滤杯等处的冷凝积水。它可免去人工定时排水的麻烦，尤其适于应用在人员不便接近的某些设备上。

根据结构原理的不同，自动排水器有浮子式、压差式和电动式等。

（2）结构原理

① 浮子式自动排水器。图 15-46 所示为应用最为普遍的浮子式自动排水器，当排水器内积水增高到一定高度时，浮子 3 上升并开启喷嘴 2，压缩空气经喷嘴进入后作用在活塞 6 左侧，推动活塞右移，排水口开启排水。排水后，浮子复位，关闭喷嘴。活塞左侧气体经手动操纵杆 8 上的溢流孔 7 排出后，在弹簧力作用下活塞左移，自动关闭排水口。此种排水器排水量较小，适宜安装在管道低处、拐角处及过滤器的底部。图 15-47 所示为排水器实物外形。浮子式自动排水器无需人力和电源，排水可靠，不会浪费压缩空气，易于安装维护。

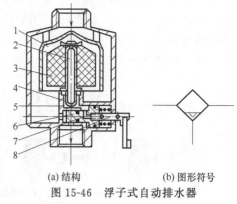

(a) 结构   (b) 图形符号

图 15-46   浮子式自动排水器

1—盖板；2—喷嘴；3—浮子；4—滤芯；
5—阀座；6—活塞；7—溢流孔；
8—手动操纵杆

② 电动式自动排水器。图 15-48 所示为电动式自动排水器，此类排水器其进口与空压机输气管相连，由内置电动机驱动凸轮机构旋转，冷凝水从排水口排出。动作频率和排水时间与空压机匹配。本排水器具有诸多优点：高黏度流体也能可靠排出；阀的启闭可靠，能切实地排出高黏度液体及灰尘；排污能力强，一次动作可排出大量冷凝水；在气罐及配管内部因无残留的冷凝水，故可防止生锈及冷凝水干燥后产生的异物对下游元件带来的恶劣影响；功耗较低（4W）；排出口可装长配管，可直接装在空压机上。

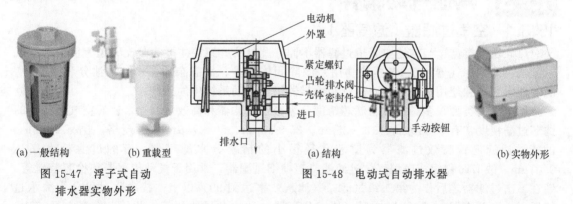

(a) 一般结构   (b) 重载型

图 15-47   浮子式自动
排水器实物外形

(a) 结构   (b) 实物外形

图 15-48   电动式自动排水器

（3）性能参数   自动排水器的性能参数有每次排水量、工作压力、工作温度、连接口径等。

（4）典型产品   见表 15-14。

（5）使用维护

① 压缩空气的温度及设置排水器场合的环境温度应在允许的范围内，否则会产生故障和事故。设置在空压机附近的场合，要防止振动的影响。

② 压缩空气中及周围环境中不得含腐蚀性气体、可燃性气体及有机溶剂。

③ 浮子式自动排水器配管内径一般应不小于 10mm，长度在 5m 以内。

对于重载型浮子式自动排水器，其冷凝水进口配管口径应在 1/2in 以上；配管内径应不小于 8mm，管长在 10m 以内。对于电动式自动排水器，冷凝水排出配管内径应不小于 5mm，长度在 5m 以内，同样应避免垂直向上的配管。

④ 冷凝水出口垂直向下安装，与垂直方向的偏差应在 5° 以内，不得以其他方向安装使

用。因冷凝水排出速度快，故出口配管必须牢固地固定；在安装自动排水器时，上方应留出200mm 以上的空间，以便维护；在冷凝水进口，必须安装一个截止球阀，以便于维护，阀的通径应在 15mm 以上，以保证适当的冷凝水的流入；在安装电动排水器时，应事先把气罐等处的冷凝水排之后再进行安装，以免造成动作不良。

自动排水器安装示意如图 15-49 所示。

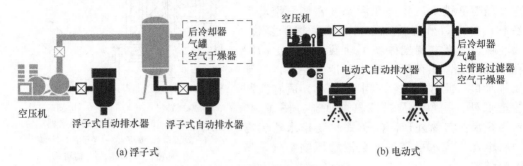

(a) 浮子式　　　　　　　　　　　　(b) 电动式

图 15-49　自动排水器安装示意图

⑤ 运转时空气压力应在排水器产品规定的工作压力范围内，若压力超出最高值，则可能导致故障和事故；若低于最小值且空压机输出流量小于规定值，空气会从冷凝水排出口排放。

⑥ 排水器上有灰尘阻塞的场合，对于电动排水器可通过压手动按钮冲洗，以免造成动作不良。

15.3　其他气动辅件

15.3.1　空气过滤器（滤气器）

(1) 功用类型　与前述主管道过滤器不同，此处所介绍的主要为分支管道上使用的空气过滤器（简称滤气器）。滤气器的功用是滤除固体粉尘、固态杂质、水分、油分和臭味等。滤气器既可单独使用，也可与减压阀和油雾器组成气动系统中的三联件。

滤气器的类型很多，按过滤滤芯精度分为普通过滤器和高效过滤器，普通空气过滤器的滤芯过滤精度常有 $5 \sim 10 \mu m$、$10 \sim 25 \mu m$、$25 \sim 50 \mu m$、$50 \sim 75 \mu m$ 四种规格，也有 $0 \sim 5 \mu m$ 的精过滤滤芯；高效过滤器为滤芯孔径很小的精密分水滤气器，有的过滤精度高达 $0.01 \mu m$，故有时称为洁净型气体过滤器或超精细过滤器，常用于气动传感器和检测装置等，装在二次过滤器之后作为第三级过滤，其滤灰效率达到 99% 以上。按净化对象分为除水过滤器（水滴分离器）、除油过滤器（油雾分离器）和除臭过滤器等。此外，在真空系统中，需要用到真空过滤器，其内部装有滤片（芯），用于抽吸过程中阻止外界杂质进入真空源。上述各种空气过滤器的外形没有多大差别。

(2) 结构原理

① 普通除水滤灰过滤器。它主要用于除去空气中的固态杂质、水滴和油雾，但不能清除气态油和水。按排水方式分有手动排水和自动排水两种方式。

除水滤灰过滤器的典型结构原理如图 15-50 (a) 所示，从其输入口进入的压缩空气被旋风叶片 1 导向，使气流沿存水杯 3 的圆周产生强烈旋转，空气中夹杂的水滴、油污物等在离心力的作用下与存水杯内壁碰撞，从空气中分离出来到杯底。当气流通过滤芯 2 时，由于滤芯的过滤作用，气流中的灰尘及雾状水分被滤除，洁净的气体从输出口输出。挡水板 4 可以防止气流的旋涡卷起存水杯中的积水。为保证分水滤气器正常工作，需及时打开手动放水阀5 放掉存水杯中的污水。滤芯可用多种材料制成，多用铜颗粒烧结成形，也有陶瓷滤芯。图

15-50（b）、（c）所示分别为空气过滤器的图形符号和实物外形。

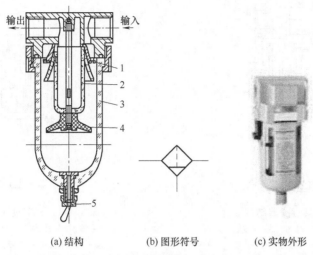

(a) 结构　　　　(b) 图形符号　　　(c) 实物外形

图 15-50　除水滤灰过滤器
1—旋风叶片；2—滤芯；3—存水杯；4—挡水板；5—手动放水阀

② 除油过滤器。它又称油雾分离器，主要用于分离除去油雾（焦油粒子）和 $0.3\mu m$ 以上的锈末、碳类固态粒子等。其典型结构原理如图 15-51 所示，从入口流入滤芯内侧的压缩空气，再流向外侧。进入纤维层的油粒子，由于相互碰撞或粒子与多层纤维碰撞，被纤维吸附。更小的粒子因布朗运动引起碰撞，使粒子逐渐变大，凝聚在特殊泡沫塑料层表面，在重力作用下沉降到杯子底部再被清除。

③ 除臭过滤器。其主要作用是通过活性炭纤维类滤芯，除去压缩空气中的气味及有害气体，用于讨厌气味的洁净室之类的场合。其典型结构原理如图 15-52 所示，由入口输入的空气进入过滤器滤芯内侧容腔，在通过滤芯输出时，其中含有的臭气粒子（$0.002\mu m$ 左右）被填充在超细纤维层内的活性炭所吸附。

④ 真空过滤器。此类过滤器主要用于除去固体杂质和水分，以保护真空发生器及真空吸附系统其他元件，延长其使用寿命。真空发生器主要有大流量式和除水式两种。真空发生器的典型结构原理如图 15-53 所示。对于大流量式过滤器，从入口进入的空气经过挡板后通过滤芯除去异物；对于除水式过滤器可通过挡板上固定角度的扇叶叶面旋转产生的离心力，将进入的水滴分离。

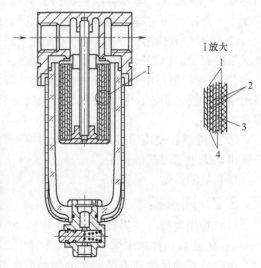

图 15-51　除油过滤器结构原理
1—多孔金属筒；2—纤维层；3—泡沫塑料；4—过滤纸

（3）性能参数　空气过滤器的性能参数有通径、压力、流量和过滤精度等。

（4）典型产品　见表 15-15。

（5）使用维护　普通过滤器的使用要点如下。

① 要根据气动设备要求的过滤精度和自由空气流量来选用。

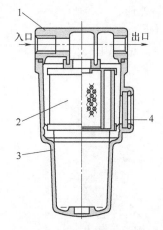

图 15-52　除臭过滤器结构原理
1—壳体；2—滤芯；3—外罩；
4—观察窗

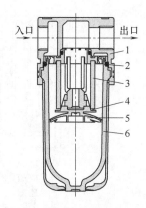

图 15-53　真空过滤器结构原理
1—主体；2—杯体 O 形密封圈；3—滤芯；
4—密封圈；5—挡板；6—杯体组件

② 空气过滤器一般装在减压阀之前，也可单独使用。

③ 要按壳体（主体）上的箭头方向正确连接其进、出口，不可将进、出口接反，也不可将存水杯朝上倒装。

④ 检查实际使用时空气的压力、流量、温度等参数是否在过滤器的允许范围之内，上述参数在使用过程中是否有较大的变化。

⑤ 检查过滤器底部排污器工作情况是否正常。在低温的冬季，由于污水中含有一定量的油分，黏度很大，容易黏附在排污器的运动部件上，造成动作失灵，影响其正常工作。如发生上述情况，可将排污器拆下放入中性的洗涤剂中，经清洗后再装上使用。

⑥ 随时注意滤芯的工作情况（如有无破损、泄漏、滤材粉末或纤维丝混入空气造成二次污染等）。如有意外情况，应立即更换滤芯。

⑦ 分支管道用空气过滤器的下壳体一般采用透明的有机玻璃（聚碳酸酯）制成，有足够的耐压强度。但应注意周围环境有无腐蚀性气体对其造成损害。必要时，可采用金属壳体替代之。

⑧ 过滤器在使用中必须经常放水，存水杯中的积水不得超过挡水板，否则水分仍被气流带出，失去了过滤的作用。

（6）故障诊断　见表 15-16。

15.3.2　油雾器

（1）功用类型　油雾器又称给油器，它是一种特殊的注油装置，可使润滑油液雾化为 $2\sim3\mu m$ 的微粒，并随压缩气流进入元件中，达到润滑的目的。此种注油方法，具有润滑均匀、稳定、耗油量少和不需要大的储油设备等特点。

按雾化粒径大小，油雾器分为微雾型（雾化粒径 $2\sim3\mu m$）和普通型（雾化粒径 $20\mu m$）；按雾化原理分为固定节流式、可调节流式和增压式；按补油方式分为固定容积式和自动补油式等。

（2）结构原理　图 15-54（a）所示为油雾器（普通型油雾器）的典型结构，图形符号见图 15-54（b）。压缩空气从输入口进入后，其大部分直接由出口排出，小部分经孔 a、截止阀 2 进入油杯 3 的上方 c 腔中，油液因气压作用沿吸油管 4、单向阀 5 和节流针阀 6 滴入透明的视油器（观察窗）7 内，进而滴入主管内。油滴在主管内高速气流作用下被撕裂成微粒溶入气流中。因此,油雾器出口气流中已具有润滑油成分。节流针阀 6 可控制出口气流中的含油量。从视油器可看到滴油量,通常调节在 1~4 滴/s。润滑油在油雾器中雾化后,一般输送距离可达 5m,适于一般气动元件的润滑。图 15-55 所示为两种油雾器实物外形。

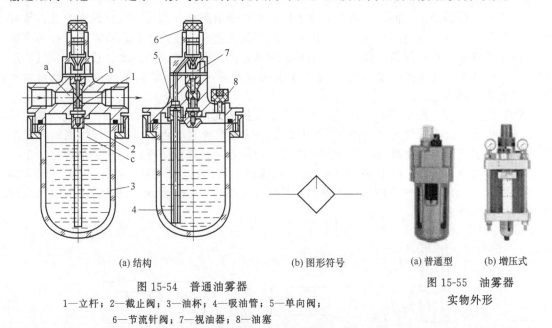

| (a) 结构 | (b) 图形符号 | (a) 普通型 | (b) 增压式 |

图 15-54 普通油雾器

1—立杆;2—截止阀;3—油杯;4—吸油管;5—单向阀;
6—节流针阀;7—视油器;8—油塞

图 15-55 油雾器
实物外形

（3）性能参数 油雾器的性能参数有公称通径、油杯容积、工作压力、最小滴液流量等。

（4）典型产品 见表 15-17。

（5）使用维护 在使用油雾器时的注意事项如下。

① 油雾器一般安装在减压阀之后,尽量靠近主换向阀。

② 油雾器进出口不能接反,储油杯不可倒置。

③ 油雾器使润滑油雾化的优劣与油的性质（黏度、成分）、环境温度以及空气流量有关。若油的黏度大,则雾化困难;油的黏度过低,虽易于雾化,但易沉积于管道内壁,很难达到终端元件。另外,要求润滑油对于气动元件中橡胶、塑料等零件等无恶劣影响（即相容性）,故润滑油需按推荐使用:国际标准规定为 VG32~38 透平油,相当于日本的 90~140 号透平油和国产 20~22 号汽轮机油。

④ 油雾器的给油量应根据需要调节,一般 $10m^3$ 的自由空气供给 1mL 的油量。

⑤ 在油雾器正常使用过程中如发生不滴油现象,应检查进口空气流量是否低于其流量、是否漏气、油量调节针阀或油路是否堵塞。

⑥ 使用时应及时排除油杯底部沉积的水分,以保证润滑油的纯度。一般可通过油雾器底部的排水旋钮排水,排水完毕后应迅速拧紧旋钮。

⑦ 油杯内油面低至油位下限位置时,应及时加油（自动补油式油雾器除外）。油面不得超过油位上限位置。

⑧ 油杯一般是用聚碳酸酯制成的透明容器,应避免接触有机溶剂、合成油等,并避免在这些化学物质的气氛中使用。

⑨ 发现密封圈损坏时应及时更换。新的密封圈应涂上润滑脂再安装并避免尖角损伤密封圈。

（6）故障诊断 见表 15-18。

15.3.3 消声器

（1）功用类型　气动元件与系统的噪声可达 100～120dB（A），频率高。噪声会随工作压力、流量的增加而增加。消除气动噪声的措施有吸声、隔声、隔振以及消声等，而消声器是一种简单方便的消声元件。按消声原理不同，消声器有阻性、抗性、阻抗性和多孔扩散等形式；按用途不同又有空压机输出端消声器、阀用消声器和真空发生器用消声器；按消声排气芯材质不同有黄铜、树脂、聚乙烯、塑料和聚苯乙烯或钢珠烧结消声器；按消声排气芯形状不同有扩散型（凸头型或宝塔型）、平头型和圆柱型消声器；按结构不同有通用消声器和排气节流消声器等。

（2）结构原理　图 15-56（a）所示为阀用多孔扩散式消声器，螺纹接头 2 与气动控制阀的排气口连接，消声排气芯（消声套）1 由聚苯乙烯颗粒或钢珠烧结而成，气体通过排气芯排出，气流受到阻力，声波被吸收一部分转化为热能，从而降低了噪声。此类消声器用于消除中、高频噪声，可降噪约 20dB（A），在气动系统中应用最广。消声器的一般图形符号如图 15-56（b）所示，排气节流型消声器图形符号如图 15-56（c）所示。图 15-57 所示为几种消声器的实物外形。

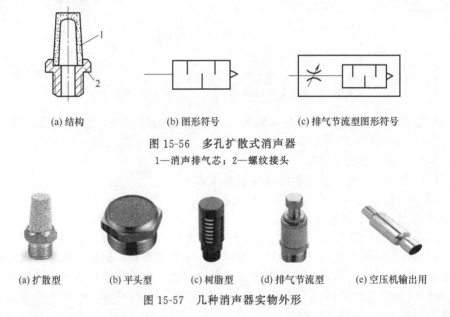

(a) 结构　　　　　(b) 图形符号　　　　(c) 排气节流型图形符号

图 15-56　多孔扩散式消声器
1—消声排气芯；2—螺纹接头

(a) 扩散型　　(b) 平头型　　(c) 树脂型　　(d) 排气节流型　　(e) 空压机输出用

图 15-57　几种消声器实物外形

（3）性能参数　消声器的性能参数有工作压力（范围）、公称通径、公称流量或有效截面积、消声效果等。

（4）典型产品　见表 15-19。

（5）使用维护　目前，消声器多作为气动控制阀或真空发生器的附件，生产厂一般会随阀配套供货，只要正确安装维护即可。

（6）故障诊断　除了损坏及堵塞，消声器在使用中一般不会出现故障，但当消声器有冷凝水、灰尘或油雾排出时，则可能意味着气动系统有某种潜在故障，此时可按表 15-20 的方法进行处理。

15.3.4　气-电转换器和电-气转换器

（1）气-电转换器（AE 转换器）

① 功用类型。气-电转换器多称压力开关，又称压力继电器，是把输入的气压信号转换成输出电信号的元件，即利用输入气信号的变化引起可动部件（如膜片、顶杆或压力传感器

等）的位移来接通或断开电路，以输出电信号，通常用于需要压力控制和保护的场合。

根据压力敏感元件的不同，气-电转换器有膜片式、波纹管式、活塞式、半导体式等形式，膜片式应用较为普遍，而膜片式按输入气信号压力的大小可分为高压（＞0.1MPa）、中压（0.01～0.1MPa）和低压（＜0.01MPa）三种。根据电触点形式不同，有触电式、机械式和电子式（数字式）等。其中，新一代数字式压力开关实现了工作状况、设备状态可视化，可通过通信进行远程监视和远程控制；根据需要可以边观测压力值边进行设定，可通过LED屏对多种度量单位如 MPa、kPa、kgf/cm^2、bar、psi、inHg、mmHg 进行显示和切换，具有总线及自由编程功能，故是一类智能化压力开关。

② 结构原理。图 15-58 所示为高压气-电转换器，它由压力位移转换机构（膜片 4、顶杆 3 及弹簧 5）和微动开关 1 两部分构成。输入的气压信号使膜片 4 受压变形去推动顶杆 3 启动微动开关 1，输出电信号。输入气信号消失，膜片 4 复位，顶杆在弹簧 5 作用下下移，脱离微动开关。调节螺母 2 可以改变接收气信号的压力值。此类气-电转换器结构简单，制造容易，应用广泛。

在气-电转换器中还有一类检测真空压力的元件——真空压力开关。当真空压力未达到设定值时，开关处于断开状态。当真空压力达到设定值时，开关处于接通状态，发出电信号，使真空吸附机构动作。当真空系统存在泄漏、吸盘破损或气源压力变动等而影响到真空压力大小时，装上真空压力开关便可保证真空系统安全可靠地工作。真空压力开关按功能分，有通用型和小孔口吸着确认型（内装压力传感器基于气桥原理工作）；按电触点的形式分，有无触点式（电子式）和有触点式（磁性舌簧开关式等）。一般使用压力开关，主要用于确认设定压力，真空压力开关确认设定压力的工作频率高，故真空压力开关应具有较高的开关频率，即响应速度要快。

图 15-59 所示为几种气-电压力开关的实物外形。

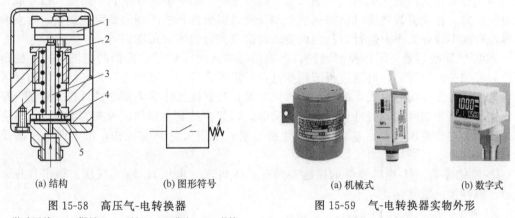

| (a) 结构 | (b) 图形符号 | | (a) 机械式 | (b) 数字式 |

图 15-58　高压气-电转换器　　　　图 15-59　气-电转换器实物外形
1—微动开关；2—螺母；3—顶杆；4—膜片；5—弹簧

③ 性能参数。气-电转换器的性能参数有压力调节范围、频率、电源电压及电流等。

④ 典型产品，见表 15-21。

⑤ 使用维护。在使用气-电转换器时，应避免将其安装在振动较大的地方。并不应倾斜和倒置，以免产生误动作，造成事故。

(2) 电-气转换器

① 功用分类。电-气转换器是将电信号转换成气信号输出的装置，与气-电转换器作用刚好相反。其按输出气信号的压力也分为高压（＞0.1MPa）、中压（0.01～0.1MPa）和低压（＜0.01MPa）三种。事实上，常用的电磁阀及电-气比例减压阀也属于电-气转换器。

② 结构原理。图 15-60（a）、（b）所示分别为一种喷嘴挡板式电-气转换器（SMC 产品）结构原理和原理框图，它由力矩马达、喷嘴挡板、先导阀及受压风箱和杠杆（反馈机构）等部分组成。其图形符号及实物外形如图 15-60（c）、（d）所示。

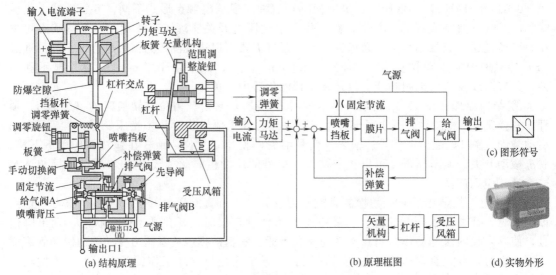

图 15-60　喷嘴挡板式电-气转换器

当输入电流增大时，力矩马达的转子受到顺时针方向回转的力矩，将挡板向左方推压，喷嘴舌片因此而分开，喷嘴背压下降。于是，先导阀的排气阀向左方移动，输出口 1 的输出压力上升。该压力经由内部通道进入受压风箱，力在此处发生变换。该力通过杠杆作用于矢量机构，在杠杆交点处生成的力与输入电流所产生的力相平衡，并得到了与输入信号成比例的空气压力。补偿弹簧将排气阀的运动立刻反馈给挡板杆，故闭环的稳定性提高。零点调整通过改变调零弹簧的张力进行，范围调整通过改变矢量机构的角度进行。

该电-气转换器是一闭环控制元件，可输出与输入电流信号成比例的空气压力，输出范围广（0.02～0.6MPa），可通过范围调整自由设定最大压力；可作为有关气动元件的输入压力信号使用；先导阀容量大，故可得到较大流量；当直接操作驱动部分或对有大容量气罐的内压进行加压控制时，响应性优异；耐压防爆，即使在易发生爆炸、火灾的场所，也可将主体外壳卸下进行范围调整、零点调整及点检整备；采用矢量调整机构，可实现平滑的范围调整。

③ 性能参数。气-电转换器的性能参数有输入电流（电压）、输入气压、输出气压、耗气量、线性度、重复性等。

④ 典型产品，见表 15-22。

15.3.5　气-液转换器

（1）功用类型　气-液转换器的功用是将空气压力转换为相同液体压力，常常用于以气-液阻尼缸或液压缸作执行元件的气动系统中，以消除空气压缩性的影响。采用气-液转换器的气动系统，和液压装置类似，在启动和负载变动时，也能恒速驱动；能够消除低速运动的爬行现象，从而获得平稳的速度。它适用于执行机构精密恒速进给、中间停止、点动进给和摆动机构的缓速驱动。

按照气液是否隔离，气-液转换器有两种：一种是气液接触式，即在一筒式容器内，压缩空气直接作用在液面（多为液压油）上；另一种则是气液非接触式，即通过活塞、隔膜作用在液面上，推压液体以同样的压力输出至系统（液压缸等）。通过配置控制阀组（阀单元），还可构成气-液转换装置。

（2）结构原理　图 15-61 所示为气液接触式转换器。压缩空气由穿过上盖 1 的进气管输入转换器管，经缓冲装置 3 后作用在液压油面上，故液压油即以与压缩空气相同的压力从壳体 4 侧壁上的排油孔 5 输出。缓冲装置用以避免气流直接冲到液面上引起飞溅。壳体上可开设透明视窗用于观察液位高低。图 15-62 所示为气-液转换器和气-液转换装置的实物外形。

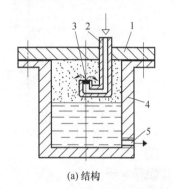

(a) 结构　　　　　(b) 图形符号

图 15-61　气-液转换器
1—上盖；2—进气管；3—缓冲装置；
4—壳体；5—排油孔

(a) 气-液转换器　(b) 气-液转换装置

图 15-62　气-液转换器和气-液转换
装置实物外形

（3）性能参数　气-液转换器的性能参数有压力调节范围和有效容积（筒体内径）等。

（4）典型产品　见表 15-23。

（5）使用维护　使用转换器时，其储油量应不小于液压缸最大有效容积的 1.5 倍。

15.3.6　外部液压缓冲器

（1）功用类型　外部液压缓冲器是设置在气缸外部的一种液压元件（图 15-63），它用于吸收快速运动气缸在行程末端产生的过大的冲击能量，降低机械撞击噪声，以弥补气缸内部缓冲能力的不足，适应现代气动机械设备高速化的要求。根据结构不同，外部液压缓冲器有多孔式、单孔式和自调试等几种。

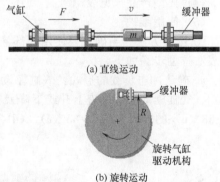

(a) 直线运动

(b) 旋转运动

图 15-63　气缸外部液压缓冲器设置示意图

（2）结构原理　如图 15-64（a）、（b）所示，液压缓冲器一般为筒形结构。它主要由壳体 1（外筒及开有节流小孔 5 的内筒）、缓冲头（承压件）9、缓冲介质（液压油）及复位件（弹簧 3）等四部分构成，其基本工作原理如下：当与之作用的气缸的冲击载荷 F 作用于缓冲头 9 时，活塞 6 向右运动。由于节流小孔 5 的节流阻尼作用，右腔中的缓冲介质不能顺畅流出，外界冲击能量使右腔的油压急剧增高。高压油经小孔 5 高速喷出，使大部分压力能转化为热能通过筒体逸散至大气中或转换成弹性能量储存于复位件中。当缓冲器活塞移行至行程终端之前，冲击能量已被全部吸收掉。小孔流出的油液返回至活塞左腔。在活塞右移过程中，储油元件（泡沫橡胶 2）被油液压缩，以储存由于活塞两腔容积差而多余的油液。待气缸冲击载荷移去时，缓冲器在油压力和复位件的弹性能（恢复能）作用下使活塞杆伸出的同时，活塞右腔产生负压，其左腔及储油元件中的油液就返回至右腔，使活塞及缓冲头恢复至冲击前的初始位置。通常要求在无反冲击情况下，复位时间尽量短，为此，活塞上设有单向阀 7，以提高缓冲器复位速度。外部液压缓冲器的图形符号尚无统一标准，一般由生产厂自行规定，如图 15-64（c）所示为费斯托（中国）有限公司的 DYSC 型液压缓冲器的图形符号。

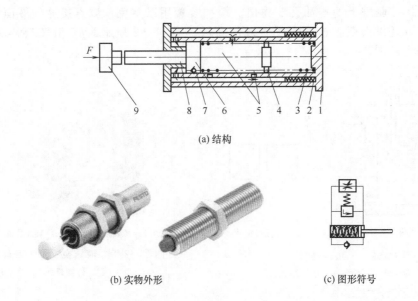

（a）结构

（b）实物外形　　　　　　　　　　　　（c）图形符号

图 15-64　外部液压缓冲器

1—壳体；2—储油元件（泡沫橡胶）；3—复位弹簧；4—弹簧导向环；5—节流小孔；6—活塞；
7—单向阀；8—活塞杆；9—缓冲头（冲击承压件）

（3）性能参数　外部液压缓冲器的性能参数有行程、缓冲长度、每次最大吸收能量、冲击速度、复位时间、环境温度等。

（4）典型产品　见表 15-24。

（5）使用维护

① 选型方法。当确定要使用外部液压缓冲器时，其选型有图表法和软件法两种。其中图表法选型步骤如下。

a. 确认冲击负载的形式：气缸驱动负载水平直线运动或倾斜直线运动 ［参见图 15-65（a）］、气缸驱动负载垂直上升或下降及自由下降冲击 ［图 15-65（b）］、旋转运动冲击 ［图 15-63（b）的转盘和图 15-65（c）、（d）的摆动物体、摆杆］ 等。

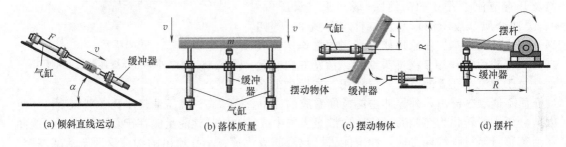

（a）倾斜直线运动　　　（b）落体质量　　　（c）摆动物体　　　（d）摆杆

图 15-65　几种冲击负载的形式

b. 确定使用工况条件，包括冲击物质量、冲击速度或角速度、下落高度、气缸缸径及使用压力、转矩、使用频率、环境温度等。

c. 确认规格及注意事项，确认使用条件是否在液压缓冲器产品的规格范围内。

d. 根据冲击的形式，计算冲击动能 $E_1(=mv^2/2)$；预选一个缓冲器型号，并计算推力能 $E_2(=Fs)$；二者之和 $E(=E_1+E_2)$ 即为缓冲器吸收能量。

e. 根据吸收能量计算当量质量 $M_e(=2E/v^2)$，由该当量质量和冲击速度 v 即可通过生产厂产品样本给出的有关选型图表（例如图 15-66）选定缓冲器产品型号。

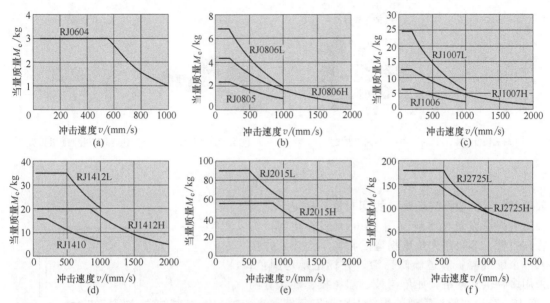

图 15-66　液压缓冲器的选型图表［SMC（中国）有限公司］

软件法是借助生产厂提供的选型软件（例如图 15-67），通过人机对话进行液压缓冲器的选型。其主要步骤为：选择使用工况→选择冲击负载形式→输入给定的工况参数→完成缓冲器选型。

② 使用注意事项。

a. 应由系统的设计者或决定规格的人员来判断所采用的液压缓冲器产品是否适合使用工况。

b. 应由有充分知识和经验的人员进行机械装置的组装、操作、维护等。

c. 在使用机械装置或工具拆装缓冲器时，要确认安全才可进行。

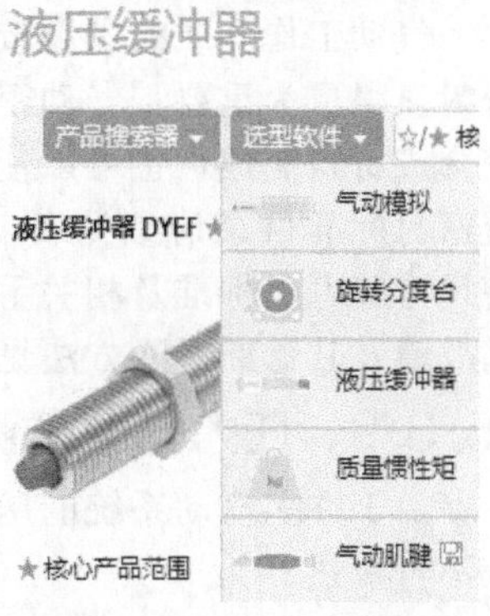

15.3.7　管件及管道布置

（1）功用类型　管道及管接头统称为管件。管件是气动系统的动脉，用于连接各气动元件并通过它向各气动装置和控制点输送压缩空气。气动系统的管道有软管（尼龙管、塑料管和橡胶管）和硬管（钢管、铜管和铝合金管等）两大类。管接头用于管道之间以及管道与其他元件的可拆卸连接。管道种类、性能参数及选择要点见表 15-25；管接头类型及应用见表 15-26，典型管接头实物外形见图 15-68。

图 15-67　采用选型软件
对液压缓冲器选型
［费斯托（中国）有限公司］

（2）气动系统管路布置的一般原则　对于单机气动设备的管路，其布置较为简单，满足基本要求即可。对于集中供气的大中型工厂和车间的气动管网，则应合理规划与布置，其一

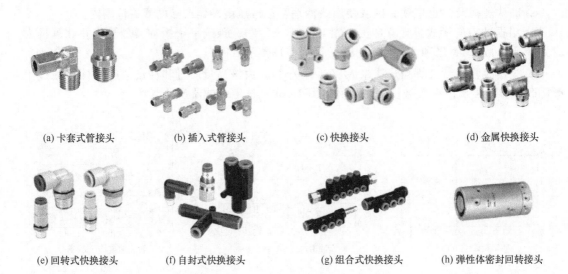

(a) 卡套式管接头　　(b) 插入式管接头　　　(c) 快换接头　　　(d) 金属快换接头

(e) 回转式快换接头　　(f) 自封式快换接头　　(g) 组合式快换接头　　(h) 弹性体密封回转接头

图 15-68　典型管接头实物外形

般原则如下：根据现场统一协调布置；在主干管道和支管终点设置集水罐（图 15-69）或排水器；支管在主管上部采用大角度拐弯后再向下引出，并接入一个配气器；管道涂防锈漆，并标记规定颜色；采用多种供气网络，如单树枝、双树枝、环状管网（表 15-27）；在较长管道的用气点附近安装储气罐；根据最大耗气量或流量来确定管道的通径（表 15-25），根据最高压力和管材确定管道壁厚。

15.3.8　密封件

气动工作介质的黏度较小，容易产生泄漏，故密封显得更为重要。气动密封件通常采用皮革或橡胶合成材料制成，也可以使用液压密封件。常用橡胶密封标准目录请参见表 10-24，其尺寸系列及沟

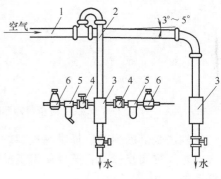

图 15-69　车间内气动系统管道布置示意图
1—主管；2—支管；3—集水罐；4—阀门；
5—过滤器；6—调压阀

槽尺寸等可由标准及相关手册查得。密封件的安装和更换可参见表 10-26，非金属密封件常见故障及其诊断排除方法见表 10-27。

15.3.9　压力与流量测量仪表

由于许多气动系统的压力和流量测量仪表与液压系统的相同或类似，请参见 7.6 节，此处不再赘述。

第16章 气动执行元件

第16章表格

16.1 功用类型

气动执行元件又称气驱动器,是将气压能转换为机械能对外做功的一大类元件,包括气缸、摆动气缸及摆台、气爪、气马达、真空吸盘、柔触气爪、气动人工肌肉等七大类。在这些气动执行元件中应用量大面广的是气缸和真空吸盘。此外,这些执行元件还可通过自身结构的一些变化,或通过与齿轮齿条、曲柄连杆、摇杆、凸轮、楔块、框架等机械结构的灵活配置,构成除气动气爪及夹钳外的气动夹具,以及滑台、机械手、机器人等气动自动化工具和装备,以满足不同用途。与液压执行元件相比,气动执行元件工作压力低,运动速度高,适用于低输出力场合。但因气体的压缩性较大,气动执行元件在速度控制、抗负载影响等方面的性能劣于液压执行元件。当需要较精确地控制运动速度、减小负载变化对运动的影响时,常需要借助气-液复合等装置来实现。

16.2 气缸

16.2.1 主要类型

气缸的功用是将气动系统的气压能转换为机械能,通过其外伸杆或缸筒驱动工作机构实现直线往复运动,因此气缸是直线运动气缸的简称。气缸的类型及分类方法繁多,按结构特征分为活塞式、膜片式、组合式和无杆式;按作用方式分为单作用气缸和双作用气缸;按功能分为普通气缸和特殊气缸。各类气缸的原理、特点及适用场合分述于16.2.4节,气缸的图形符号按 GB/T 786.1—2021 的规定。在所有气缸中,活塞式普通气缸应用最为广泛,多用于无特殊要求的场合。

16.2.2 性能参数

输出力和效率、速度、使用压力范围、耗气量等是气缸的常用主要性能参数。现以图 16-1 所示单杆双作用活塞气缸简图为例来说明这些参数,气缸的活塞和活塞杆直径分别为 D 和 d,无杆腔和有杆腔的有效作用面积分别为 A_1 和 A_2,缸筒两侧分别设有可通过换向阀切换的进、排气口。

(1)输出力和效率 输出力是气缸的使用压力 p 作用在活塞有效面积上产生的推力 F_1 或拉力 F_2,其理论值分别按如下两式计算:

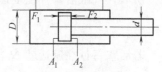

图 16-1 单杆双作用活塞气缸简图

$$F_1 = pA_1 = p\,\frac{\pi}{4}D^2 \tag{16-1}$$

$$F_2 = pA_2 = p\,\frac{\pi}{4}(D^2 - d^2) \tag{16-2}$$

在气缸工作时,活塞输出力的变化因两腔的压力变化较复杂而复杂。气缸的效率 η 随缸径及工作压力的增大而增大,通常 $\eta = 0.8 \sim 0.9$。

(2)速度 由于气体的可压缩性,欲使气缸保持准确的运动速度比较困难,故通常气缸速度都是指其平均速度，它是气缸运动行程除以气缸的动作时间（通常按到达时间计算）。气缸的平均运动速度 v 可按式（16-3）计算。

$$v = q/A \qquad (16\text{-}3)$$

式中，q 为压缩空气的体积流量；A 为气缸工作腔有效作用面积。

在一般工作条件下，标准气缸的使用速度范围大多是 $50 \sim 500\text{mm/s}$。现说明如下。

① 若速度小于 50mm/s，由于气缸摩擦阻力的影响增大以及气体的可压缩性，不能保证活塞做平稳移动，会出现时走时停的爬行现象。

② 若速度大于 1000mm/s，气缸密封的摩擦生热加剧，加速密封件磨损，造成漏气，寿命缩短，还会加大行程末端的冲击力，影响气缸乃至整个主机的寿命。

③ 欲使气缸在很低速度下工作，可采用低速气缸。但缸径越小，低速性能越难保证，这是因为摩擦阻力相对气压推力影响较大的缘故，通常缸径为 32mm 的气缸可在低速 5mm/s 无爬行运行。

④ 如需更低的速度或在变载的情况下，要求气缸平稳运动，则可使用气-液阻尼缸或通过气-液转换器，利用液压缸进行低速控制。欲使气缸在更高速度下工作，需加长缸筒长度、提高缸筒的加工精度，改善密封件材质以减小摩擦阻力，改善缓冲性能等，同时要注意气缸在高速运动终点时，确保缓冲来减小冲击。

（3）使用压力范围　它是指气缸的最低使用压力至最高使用压力的范围。最低使用压力是指保证气缸正常工作（气缸能平稳运动且泄漏量在允许指标范围内）的最低供给压力。双作用气缸的最低工作压力一般为 $0.05 \sim 0.1\text{MPa}$，而单作用气缸一般为 $0.15 \sim 0.25\text{MPa}$。在确定最低工作压力时，应考虑换向阀的最低工作压力特性，一般换向阀工作压力范围为 $0.15 \sim 0.8\text{MPa}$ 或 $0.25 \sim 1\text{MPa}$（也有硬配阀为 $0 \sim 1\text{MPa}$）。最高使用压力是指气缸长时间在此压力作用下能正常工作而不损坏的压力。

（4）耗气量　气缸在每秒内的压缩空气消耗量称为理论耗气量，用 q_t 表示。

$$q_t = ALN \qquad (16\text{-}4)$$

式中，A 为气缸的有效作用面积，m^2；L 为气缸的有效行程，m；N 为气缸每秒往复运动次数，s^{-1}。

例如图 16-1 的单杆双作用活塞气缸，活塞杆伸出和退回行程的耗气量分别为

$$q_1 = A_1 L = \frac{\pi}{4} D^2 L \qquad (16\text{-}5)$$

$$q_2 = A_2 L = \frac{\pi (D^2 - d^2)}{4} L \qquad (16\text{-}6)$$

所以，气缸活塞杆往复运动一次的耗气量为

$$q = q_1 + q_2 = \frac{\pi}{4}(2D^2 - d^2)L \qquad (16\text{-}7)$$

若活塞每秒往返运动 N 次，则每秒活塞杆运动的理论耗气量为

$$q_t = qN \qquad (16\text{-}8)$$

考虑泄漏等因素，实际耗气量应为

$$q_s = (1.2 \sim 1.5)q_t \qquad (16\text{-}9)$$

为了便于选用空压机，需按式（16-10）将压缩空气实际耗气量 q_s 换算为自由空气消耗量 q_z，即

$$q_z = q_s \frac{p + 0.1013}{0.1013} \qquad (16\text{-}10)$$

式中，p 为气缸工作压力，MPa。

16.2.3　一般组成

以活塞式气缸（图 16-2）为例，气缸一般由缸筒缸盖组件（缸筒 8 和前缸盖 11、后缸盖 1）、活塞活塞杆组件（活塞 5 和活塞杆 7）、密封装置（密封圈 2、缓冲密封圈 3、活塞密封圈 4、防尘密封圈 12）与缓冲装置（缓冲柱塞 6 和缓冲节流阀 9）等部分组成。缓冲装置视具体应用场合而定，其他装置则是必不可少的。

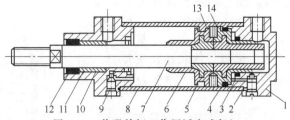

图 16-2　普通单杆双作用活塞式气缸

1—后缸盖；2—密封圈；3—缓冲密封圈；4—活塞密封圈；
5—活塞；6—缓冲柱塞；7—活塞杆；8—缸筒；9—缓冲
节流阀；10—导向套；11—前缸盖；12—防尘密封圈；
13—磁铁；14—导向环

为了满足不同用户不同应用场合的各种需求，各生产商提供的产品的外形及安装形式多种多样（图 16-3），例如有标准型（圆形气缸、方形气缸）、拉杆气缸、紧凑型气缸、带导杆气缸、带锁气缸、销钉气缸、止动气缸、带阀气缸等。尽管这些气缸的外形有所不同，但其一般组成和内部构造则大同小异。

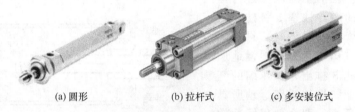

(a) 圆形　　　　　　(b) 拉杆式　　　　　　(c) 多安装位式

图 16-3　几种普通单杆双作用气缸实物外形

［费斯托（中国）有限公司产品］

16.2.4　典型结构

（1）普通气缸

① 单作用气缸。图 16-4 为活塞式单作用气缸，活塞 2 的一侧设有使活塞杆 4 复位的弹簧 3，另一端的缸盖上开有气口 5。此类气缸结构简单，耗气量小，有效行程较小，常用于小型气缸。例如 SMC（中国）有限公司生产的 CJP 系列和 CJ2 系列产品就属于此类气缸，其实物外形如图 16-5 所示。

图 16-6（a）所示为单作用单杆膜片式气缸的基本结构形式。膜片 3 在无杆腔压力气体作用下克服弹簧 4 的复位力及负载向右运动；当压力气体释放后，在弹簧力作用下复位。因膜片材料是由夹织材料与橡胶压制而成，伸缩量受到限制。通常碟形膜片式气缸的行程为膜片直径的 0.25 倍，而平板膜片式气缸行程仅为膜片直径的 0.1 倍。无锡气动技术研究所生

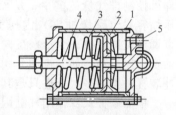

图 16-4　活塞式单作用气缸
结构原理

1—缸筒；2—活塞；3—弹簧；
4—活塞杆；5—气口

(a) 针形 CJP 系列埋入安装　　(b) 针形 CJP 系列面板安装　　(c) CJ2 系列杆不回转型

图 16-5　活塞式单作用气缸实物外形［SMC（中国）有限公司 CJP 系列和 CJ2 系列产品］

产的 QGBM 系列产品就属于此类气缸，其实物外形如图 16-6（b）所示。膜片式气缸密封性好、不易漏气；结构简单、紧凑，体积小，重量轻；无磨损件、维护方便，适于短行程场合使用。

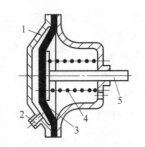

(a) 结构原理
1—缸盖；2—气口；3—膜片；
4—弹簧；5—活塞杆

(b) 实物外形
（无锡气动技术研究所有限公司产品）

图 16-6　膜片式气缸

② 双作用气缸。它是使用最为广泛的普通气缸，其结构有单活塞杆式、双活塞杆式、缓冲式与非缓冲式等。

图 16-7 的单杆双作用气缸，在气缸两端设有缓冲结构，以便使活塞在行程末端运动平稳，不产生冲击现象。其缓冲原理为：当活塞在压缩空气推动下向右运动时，缸右腔的气体经柱塞孔 4 及缸盖上的气孔 8 排出。在活塞运动接近行程末端，活塞右侧的缓冲柱塞 3 将柱塞孔 4 堵死、活塞继续向右运动时，封在气缸右腔内的剩余气体被压缩，缓慢地通过节流阀 6 及气孔 8 排出，被压缩的气体所产生的压力能如果与活塞运动所具有的全部能量相平衡，即会取得缓冲效果，使活塞在行程末端运动平稳，不产生冲击。调节节流阀 6 阀口开度大小，即可控制排气量的多少，从而决定了被压缩容积（称缓冲室）内压力的大小，以调节缓冲效果。

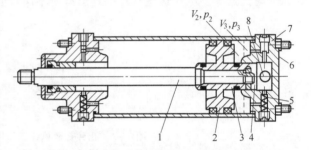

图 16-7　单杆双作用缓冲式气缸结构原理
1—活塞杆；2—活塞；3—缓冲柱塞；4—柱塞孔；
5—单向阀；6—节流阀；7—缸盖；8—气孔

令活塞反向运动时，从气孔 8 输入压缩空气，可直接顶开单向阀 5，推动活塞向左运动。如节流阀 6 阀口开度固定，不可调节，即称为不可调缓冲气缸。气缸所设缓冲装置种类很多，上述只是其中之一。

单活塞杆式双作用气缸因两腔有效面积互不相等，故当输入压力、流量相同时，其往返运动输出力及速度互不相等。

双活塞杆式气缸因两端活塞杆直径相等，故活塞两侧受力面积相等。当输入压力、流量相同时，其往返运动输出力及速度均相等。与液压缸一样，双活塞杆式气缸也有缸筒固定和杆固定两种。缸筒固定时，其所带载荷（如工作台）与气缸两活塞杆连成一体，活塞杆带动工作台左右运动，工作台运动范围等于其有效行程的 3 倍。其安装所占空间大，一般用于小型设备上。活塞杆固定时，为管路连接方便，活塞杆做成空心，缸体与载荷（工作台）连成一体，压缩空气从空心活塞杆的左端或右端进入气缸两腔，使缸体带动工作台向左或向右运动，工作台的运动范围为其有效行程的 2 倍，适用于中、大型设备。

SMC（中国）公司 10-CJ2 洁净系列与 SMC（中国）公司 CJ2W 系列产品及广东肇庆方大气动公司 QGEW-2 系列产品就属于此类气缸，其实物外形如图 16-8 所示。

(2) 特殊气缸

① 冲击气缸。冲击气缸是把气压能转换成为活塞高速运动（最大速度可达 10m/s 以上）的冲击动能的一种特殊气缸，有普通型和快排型两种，其工作原理基本相同，差别只是快排型冲击气缸在普通型气缸的基础上增加了快速排气结构，以获得更大的能量。

(a) SMC(中国)公司10-CJ2洁净系列单杆缸

(b) SMC(中国)公司CJ2W 系列双杆缸

(c) 广东肇庆方大气动公司
QGEW-2系列双杆缸

图 16-8　活塞式双作用气缸实物外形

② 数字气缸（多位气缸）。如图 16-9 所示，数字气缸的活塞 1 右端有 T 字头，活塞的左端有凹形孔，后面活塞的 T 字头装入前面活塞的凹形孔内，由于缸筒的限制，T 字头只能在凹形孔内沿缸的轴向运动，而两者不能脱开。若干活塞如此顺序串联置于缸体内，T 字头在凹形孔中左右可移动的范围就是此活塞的行程量。不同的进气孔 $A_1 \sim A_i$（可能是 A_1，或是 A_1 和 A_2，或是 A_1、A_2 和 A_3，还可能是 A_1 和 A_3，或 A_2 和 A_3，等等）输入压缩空气（$0.4 \sim 0.8$MPa）时，相应的活塞就会向右移动，每个活塞的向右移动都可推动活塞杆 3 向右移动，故活塞杆 3 每次向右移动的总距离等于各个活塞行程量的总和。

这里 B 孔始终与低压气源相通（$0.05 \sim 0.1$MPa），当 $A_1 \sim A_i$ 孔排气时，在低压气的作用下，活塞会自动退回原位。各活塞的行程大小，可根据需要的总行程 S 按几何级数由小到大排列选取。设 $S = 35$mm，采用 3 个活塞，则各活塞的行程分别取 $a_1 = 5$mm，$a_2 = 10$mm，$a_3 = 20$mm。

如 $S = 31.5$mm，可用 6 个活塞，则 a_1、a_2、a_3、$\cdots$、a_6 分别设计为 0.5mm、1mm、2mm、4mm、8mm、16mm，由这些数值组合起来，就可在 $0.5 \sim 31.5$mm 范围内得到 0.5mm 整数倍的任意输出位移量。而这里的 a_1、a_2、a_3、$\cdots$、a_i 可根据需要设计成各种不同数列，就可以得到各种所需数值的行程量。

图 16-10 所示为费斯托（中国）有限公司的 ADNM 系列多位气缸实物外形及功能符号，它将 $2 \sim 5$ 个同缸径但不同行程的本类气缸串接后，可获得最多 6 个输出位置。

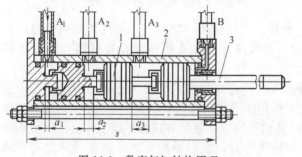

图 16-9　数字气缸结构原理
1—活塞；2—缸筒；3—活塞杆

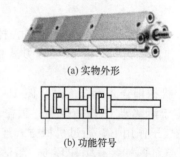
(a) 实物外形

(b) 功能符号

图 16-10　多位气缸实物外形及图形符号
［费斯托（中国）有限公司 ADNM 系列产品］

③ 回转气缸。回转气缸主要由导气头、缸体、活塞和活塞杆等组成［图 16-11 （a）］。缸筒 3 连同缸盖 6 及导气头芯 10 可被其他动力（如车床主轴）携带回转，活塞 4 及活塞杆 1 只能做往复直线运动，导气头体 9 外接管路，固定不动。图 16-11 （b）所示为缸的一种结构，为增大其输出力，将两个活塞串联在一根活塞杆上，从而使输出力比单活塞也增大约一倍，且可减小气缸尺寸，导气头体与导气头芯因需相对转动，装有滚动轴承 7、8，并以研配间隙密封，应设油杯润滑以减少摩擦，避免烧损或卡死。回转气缸主要用于机床夹具和线材卷曲等装置上。为了便于加工长轴类零件，这种气缸除了中实结构，还可做成贯穿气缸的大通孔结构。常州市科普特佳顺机床附件有限公司生产的 RA-B 系列中实缸和 RQ 系列中空

缸产品属于此类气缸，其实物外形如图 16-12 所示。

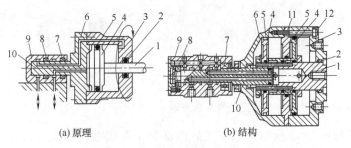 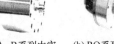

(a) 原理　　　　　　　　(b) 结构

图 16-11　回转气缸原理及结构

(a) RA-B系列中实
双活塞回转型　　(b) RQ系列中空
回转型

图 16-12　回转气缸实物外形
（常州市科普特佳顺机
床附件有限公司产品）

1—活塞杆；2,5—密封圈；3—缸筒；4—活塞；6—缸盖；7,8—轴承；
9—导气头体；10—导气头芯；11—中盖；12—螺栓

④ 钢索式气缸。钢索式气缸（图 16-13）以柔软的、弯曲性大的钢丝绳（缆绳）代替刚性活塞杆。气缸的活塞与钢丝绳连在一起，活塞在压缩空气推动下往复运动，钢丝绳带动载荷运动，安装两个滑轮，可使活塞与载荷的运动方向相反。这种气缸可制成行程很长的缸，例如制成直径为 25mm，行程为 6m 左右的气缸也不困难。但钢索与导向套间易产生泄漏。烟台未来自动化有限责任公司 QGL 系列产品就属于此类气缸，其实物外形如图 16-14 所示。

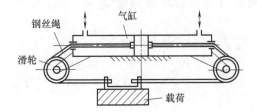 

图 16-13　钢索式气缸结构原理

图 16-14　钢索式气缸实物外形
（烟台未来自动化有限责任公司 QGL 系列产品）

⑤ 无活塞杆气缸。此类气缸去掉了活塞杆，气压作用于活塞上，通过活塞驱动与之相连的工作部件运动。按照耦合方式的不同，无活塞杆气缸有机械耦合和磁耦合两种常用类型。

a. 机械耦合式无杆气缸。图 16-15 所示为一种机械耦合式无杆气缸的结构原理，活塞 17 固定于活塞架 12 左右两侧；顶盖 29 之上可用于安装工作部件（图中未画出）。气缸工作时，在气压作用下，通过机械方式连接为一体的活塞、活塞架和顶盖驱动工作部件往复运动做功。气缸两端装有缓冲环 6，当活塞运动到端部时，锥形缓冲头插入活塞缓冲腔实现缓冲，减缓了端点冲击。此种气缸比传统有杆气缸可减重达 17% 以上；缸盖的配管可从四个方向进行，提高了配管的自由度；通过缓冲针阀 33 便于调整缓冲效果；在磁性开关的安装槽的任何位置，都可从正前方安装磁性开关；可以从单侧及两侧调整缸的行程；通过磁力吸引方式固定防尘密封条，而且气密性好，提高了整个密封乃至气缸的使用寿命。SMC（中国）有限公司的 MY1B 系列产品就属于此种气缸，其实物外形如图 16-16 所示。

b. 磁耦合无杆气缸（磁性气缸）。如图 16-17 所示，磁耦合无杆气缸是在活塞 15 上安装一组强磁性的永久磁环 11（一般为稀土磁性材料）。磁力线通过薄壁缸筒（不锈钢或铝合金无导磁材料等）与套在外面的另一组磁环 9 作用，由于两组磁环极性相反，故具有很强的吸力。当活塞在缸筒内被气压推动时，则在磁力作用下，带动缸筒外的磁环套（外部滑块 13）一起移动。磁耦式无杆气缸的主要特点是运动通过可移动外部滑块的磁性耦合力同步传

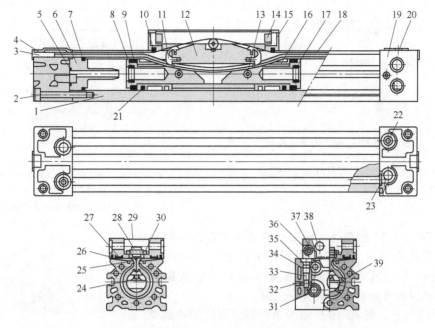

图 16-15　机械耦合式无活塞杆气缸结构原理

1—缸筒；2—内六角螺钉；3—密封带压板；4—顶板；5—缓冲环静密封圈；6—缓冲环；7—缸筒静密封圈；8—缓冲
密封圈；9—活塞密封圈；10—刮尘圈；11—密封带分离器；12—活塞架；13—平行销；14—两圆轴平键；15—端盖；
16—密封带压板；17—活塞；18—防尘密封圈；19—缸盖；20—扁头螺钉；21—给油器；22—内六角锥塞；
23,34—O形圈；24—密封带；25—密封磁石；26—侧向防尘圈；27—轴承；28—导轮；29—顶盖；
30—平行销；31—内六角锥螺塞；32—钢球；33—缓冲针阀；35—CR型弹性挡圈；
36—内六角圆柱头螺钉；37—隔板；38—限位器；39—磁环

递；安装空间比一般的气缸要小。气缸内腔与外部滑块之间无机械连接，故密封性好，避免了泄漏损失。但气缸活塞的推力必须与磁环的吸力相适应，为增加吸力可以增加相应的磁环数目，磁耦合气缸中间不可能增加支撑点，当缸径≥25mm时，最大行程只能≤2m。SMC（中国）有限公司CY3B系列与费斯托（中国）有限公司DGO系列产品就属于此类气缸，其实物外形如图16-18所示。

图 16-16　机械耦合式无活塞
杆气缸实物外形
〔SMC（中国）有限公司 MY1B
系列产品〕

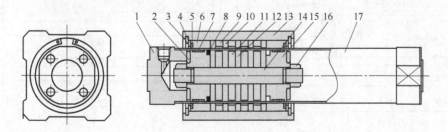

图 16-17　磁耦合无活塞杆气缸结构原理

1—缸盖；2—缓冲垫；3—弹性挡圈；4—隔板；5—防尘圈；6—耐磨环 B；7—耐磨环 A；
8—活塞密封；9—外磁环；10—外部滑动架（外隔圈）；11—内磁环；12—活塞架（内隔圈）；
13—外部滑块；14—轴；15—活塞；16—活塞螺母；17—缸筒

(a) SMC(中国)有限公司CY3B系列

(b) 费斯托(中国)有限公司DGO系列

图 16-18　磁耦合无活塞杆气缸实物外形

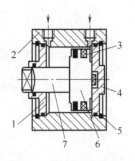

图 16-19　单杆薄型气缸结构原理

1—前缸盖；2—缸筒；3—磁环；4—后缸盖；
5—弹簧卡环；6—活塞；7—活塞杆

如果将图 16-17 磁耦合无杆气缸的活塞开设缓冲腔，缸的端盖再安设相应缓冲头（其外周面开有按 SIN 函数深度变化的 U 形槽），即可实现气缸的平稳无冲击启动加速和减速制动。因此将这种气缸称为正弦无杆气缸。

⑥ 薄型气缸。图 16-19 所示为单杆薄型气缸结构原理。活塞 6 上采用组合 O 形圈密封，前后缸盖 1 和 4 上无空气缓冲机构，缸盖与缸筒之间采用弹簧卡环 5 固定。这种气缸结构紧凑，轴向尺寸及行程较普通气缸短，有效节省安装空间；气缸可利用外壳安装面直接安装于主机上；各面自带的安装槽可用于安装磁性开关（传感器）；薄型气缸的活塞杆既可单杆也可双杆，杆端可制成多种形式。薄型气缸的常用缸径为 10～100mm，行程范围一般在 5～100mm 之间，常用于固定夹具等场合。几乎每一个气动元件厂商都生产此类气缸，图 16-20（a）、（b）分别是牧气精密工业（深圳）有限公司 CFB 系列单杆缸和 SMC（中国）有限公司 CDQ2W 系列双杆带磁性开关缸的实物外形。

(a) 牧气精密工业(深圳)有限公司 CFB 系列单杆缸

(b) SMC(中国)有限公司
CDQ2W 系列双杆带磁性开关气缸

图 16-20　薄型气缸实物外形

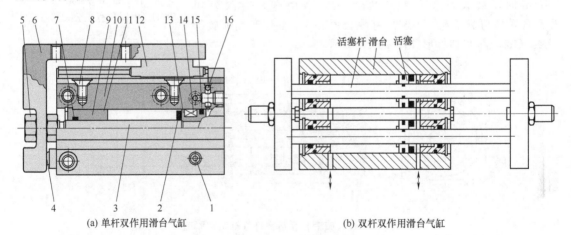

(a) 单杆双作用滑台气缸　　　　　　(b) 双杆双作用滑台气缸

图 16-21　滑台气缸结构原理

1—接头；2—保险片；3—活塞杆；4—防撞器；5—螺母；6—滑台；7—活塞杆密封件；8—紧定螺钉；9—端盖；10—缸筒；11—垫片；12—导轨；13—活塞；14—磁环；15—活塞密封；16—钢球堵头

⑦ 滑台气缸。图16-21（a）所示为单轴滑台气缸结构原理，气压通过活塞13和活塞杆3带动滑台6及负载沿导轨12往复运动。它可从三个方向配管；由于采用了刚性好的直线导轨，其允许力矩最多提高了两倍；高刚性直线导轨和活塞部可使质量减小达20％左右。

图16-21（b）所示为双轴滑台气缸结构原理，它由两个双杆双作用气缸并联构成，动作原理与普通气缸相同；两个气缸腔室之间通过中间缸壁上的导气孔相通，以保证两个气缸同步动作；双轴滑台气缸的特点是缸的输出力增加一倍，抗弯曲抗扭转能力强；承载能力强；外形轻巧，节省安装空间；安装方式有滑台固定型（滑台面固定）和边座固定型（滑台面移动）两种方式。不回转精度为±0.1°，适用于气动机械手臂等自动化机械设备。

SMC（中国）有限公司 MXH 系列单轴双作用滑台气缸和无锡市华通气动制造有限公司 STM 系列双轴滑台气缸就属于上述类型气缸，其实物外形如图16-22所示。

⑧ 带阀气缸。图16-23 所示为带阀气缸结构原理，它是一种省略了阀和缸之间的接管，将两者制成一体的气缸。它由圆形、方形、薄型等气缸，带排气节流阀的中间连接板、阀和连接管道组合而成。阀一般用电磁阀，也可用气控阀，气缸按工作形式可分为通电伸出型和通电退回型两种。图16-24 给出了济南杰菲特

(a) SMC(中国)有限公司MXH 系列
单轴双作用滑台气缸

(b) 无锡市华通气动制造有限公司
STM 系列双轴滑台气缸

图16-22　滑台气缸实物外形

气动液压有限公司 GPM 系列方形带阀气缸和 SMC（中国）有限公司 CVQ 系列薄型带阀气缸的实物外形。

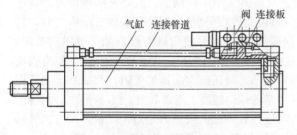

图16-23　带阀气缸结构原理

(a)济南杰菲特气动液压有限公司 GPM 系列方形带阀气缸

(b) SMC(中国)有限公司CVQ 系列薄型带阀气缸

图16-24　带阀气缸实物外形

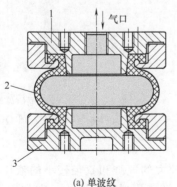

(a) 单波纹

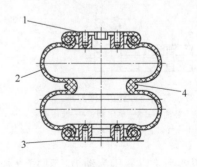

(b) 双波纹

图16-25　气囊式气缸结构原理
1—顶板；2—波纹气囊；3—底板；4—带环

带阀气缸可节省管道材料和接管人工，但它无法将阀集中安装，必须逐个安装在气缸上，维修不太方便。

⑨ 气囊式气缸。如图 16-25 所示，气囊式气缸由两块金属板（顶板 1 和底板 3）加上一个或两个波纹气囊 2 组成。该气缸为单作用无杆气缸，但不需弹簧力复位，而是通过外力复位。由于无任何密封件，也无任何移动机械元件，故气缸结构简单、坚固，负载和行程范围广，安装高度小，适用于恶劣、充满粉尘（如卷烟薄片制造业）的环境及水下作业。费斯托（中国）有限公司 EB 系列产品就是这种气缸，其实物外形如图 16-26 所示。

⑩ 组合气缸。组合气缸一般指气缸与液压缸复合而成的气-液阻尼缸、气-液增压器等。此类元件将气缸动作快，液压缸速度易于控制，一般不会产生"爬行"和"自走"现象的优点巧妙组合起来，取长补短，即成为气动系统中普遍采用的气-液阻尼缸。这种缸克服了气缸由于工作介质的压缩性故速度不易控制，当载荷变化较大时，容易产生"爬行"

(a) 单波纹   (b) 双波纹

图 16-26　气囊式气缸实物外形
［费斯托（中国）有限公司 EB 系列产品］

或"自走"现象，以及液压缸的工作介质不可压缩，动作不如气缸快的缺点。

按气缸与液压缸的连接形式，气-液阻尼缸可分为串联型与并联型两种。串联型缸筒较长；加工与安装时对同轴度要求较高，有时两缸间会产生窜气窜油现象。并联型缸体较短、结构紧凑；气、液缸分置，不会产生窜气窜油现象；因液压缸工作压力可以相当高，故液压缸可制成相当小的直径（不必与气缸等直径），但因气、液两缸安装在不同轴线上，会产生附加力矩，会增加导轨装置磨损，也可能产生"爬行"现象。图 16-27 所示为串联型气-液阻尼缸结构原理。两活塞固定在同一活塞杆上。液压缸 4 不用泵供油，只要充满油即可，其进出口间装有液压单向阀 3、节流阀 1 及补油杯 2（可以立置或卧置）。当气缸 5 的右端供气时，气缸克服载荷 6 带动液压缸活塞向左运动（气缸左端排气），此时液压缸左端排油，单向阀关阻，油只能通过节流阀流入液压缸右腔及油杯内。这时若将节流阀阀口开大，则液压缸左腔排油通畅，两活塞运动速度就快；反之，若将节流阀阀口关小，液压缸左腔排油受阻，两活塞运动速度会减慢。这样，调节节流阀开口大小，就能控制活塞的运动速度。可以看出，气-液阻尼缸的输出力应是气缸中压缩空气产生的力（推力或拉力）与液压缸中油的阻尼力之差。广东肇庆方大气动有限公司的 QGB 系列产品就属此类气缸，其实物外形如图 16-28 所示。

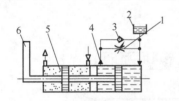

图 16-27　气-液阻尼缸结构原理
1—节流阀；2—补油杯；3—单向阀；4—液压缸；
5—气缸；6—外载荷

图 16-28　气-液阻尼缸实物外形
（广东肇庆方大气动有限公司 QGB 系列产品）

气-液增压器则是以气压为动力，利用直径较大的气缸和直径较小的液压缸的面积比将气体低压增大为液体高压而输出的一种元件，其性能用增压比表示。它常用于印字、折弯、冲压、铆合等场合。按加压方式，气-液增压器可分为直压式和预压式两类，前者用于短距离移动等全程均需要高压及大输出力的场合；后者适于用另外的执行液压缸等将工件移送至所定位置后，再行加压的场合，故需配用气-液转换器（见第 15 章），由于该气-增压器是在行程最后阶段才增压，故较相同输出力的气缸而言，用气量可大大减少，具有明显的节能效果，因此又称节能型增压器。济南杰菲特气动液压有限公司生产的 ZYG 系列、SMC（中国）有限公司 CQ2L 系列及广东肇庆方大气动有限公司生产的 QGQY 系列气-液增压器的实物外形如图 16-29 所示。

油杯

(a) 济南杰菲特气动液压有限公司　　(b) SMC（中国）有限公司　　(c) 广东肇庆方大气动有限公司
　ZYG 系列气–液增压器　　　　　　CQ2L 系列气–液增压器　　　　QGQY系列节能型气–液增压器

图 16-29　气-液增压器实物外形

⑪ 伺服气缸。图 16-30 所示为采用喷嘴挡板（膜片）式气动伺服阀构成的一种伺服气缸结构原理。它是根据力平衡原理工作的。当控制压力 p_c 流入输入室 6 后，膜片 8 受到力的作用向左位移。喷嘴 9 与膜片 8 的间隙变小，背压随阻力增大而升高。在背压作用下，膜片 5 的作用力大于膜片 4 的作用力，阀芯 3 左移，压力为 p_s 供气经 A 口流入气缸左腔；同时，气缸有杆腔经 B 口排气，气缸活塞杆 11 向右移动伸出，该运动通过连接杆 10 传至反馈弹簧 7。气缸活塞杆不断运动直至弹簧与膜片 8 的作用力相平衡，最终得到与输入信号成比例的位移。一旦控制压力 p_c 降低，在此瞬间由弹簧产生的力就大于作用在膜片 4 上的气压力，阀芯向右移动，A 口关小，B 口打开，活塞杆向左退回，直到弹簧力再次与作用在膜片 4 上的气压力相平衡为止。SMC（中国）有限公司 CPA2/CPS1 系列产品即为这种气缸，其实物外形如图 16-31 所示，该缸的气压参数见表 16-3，其他参数：线性度为 ±2%（全行程）；迟滞为 1%；重复精度为 ±1%（全行程）；灵敏度为 ±0.5%（全行程）；行程范围为 25～300mm。

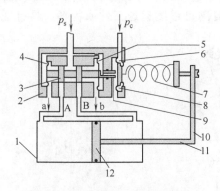

图 16-30　伺服气缸结构原理
1—气缸体；2—伺服阀阀体；3—阀芯；4,5,8—膜片；
6—输入腔室；7—反馈弹簧；9—喷嘴；10—连接杆；
11—气缸活塞杆；12—气缸活塞

图 16-31　伺服气缸实物外形
［SMC（中国）有限公司
CPA2/CPS1 系列带定位器
的气缸（伺服气缸）］

伺服气缸主要应用于印刷（张力控制）、半导体（点焊机、芯片研磨）、自动化控制及机器人等领域。

⑫ 旋转（回转）夹紧气缸。旋转夹紧气缸主要用于各种类型的夹紧动作。如图 16-32

所示，旋转夹紧气缸由缸筒3、轴承端盖2及6、活塞杆1、活塞5和导向件4 [图（a）的螺钉或图（b）的销] 等组成，活塞杆端部可装上夹紧手指（横臂）[图（c）]。由于在活塞或活塞杆上开有导轨槽，所以气缸在气压作用下工作时，导向件在导轨槽内，迫使活塞（杆）带动夹紧手指完成摆动和直线组合动作及工件的夹紧和松开动作。例如先完成旋转行程（一般为90°），然后再完成下压夹紧工件行程；当交换进排气方向时，与上述过程相反，即活塞杆和夹紧手指先将工件松开，然后活塞杆和手指反方向旋转90°，以便于装拆工件。

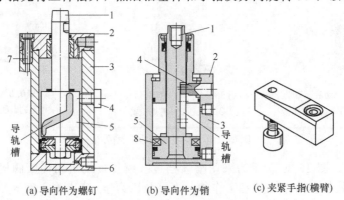

(a) 导向件为螺钉　　　(b) 导向件为销　　　(c) 夹紧手指(横臂)

图 16-32　回转夹紧气缸结构原理

1—活塞杆；2,6—轴承端盖；3—缸筒；4—导向件（螺钉或销）；5—活塞；7—法兰螺钉；8—磁环

旋转行程和夹紧行程及二者之和的总行程大小，取决于导轨槽的结构参数。旋转夹紧气缸不仅可以完成工件的夹紧和松开动作，甚至还可以插入和移走夹紧范围以外的工件。旋转夹紧气缸一般有向左或向右摆动两种。通过缸筒外部沟槽安装磁性开关，容易实现对旋转夹紧气缸的动作行程的检测和控制。费斯托（中国）有限公司的 CLR 系列产品即为图 16-32（a）所示的旋转气缸，其实物外形如图 16-33 所示。旋转夹紧气缸具有结构简单坚固、使用寿命长、安装维护费用低、摆动方向及角度便于调控等特点，适合各种自动化装备使用。

⑬ 止挡气缸。止挡气缸也称阻挡气缸，主要用于运输线上无需停机条件下，实现传送带上工件或物料的停止或分离（挡住），气缸缩回时则可继续运送工件或物料，具有平稳、安静和安全停止等特点。

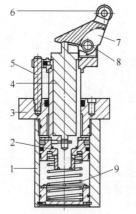

图 16-33　回转夹紧气缸
实物外形 [费斯托
（中国）有限公司
CLR 系列产品]

图 16-34　止挡气缸结构原理

1—缸筒；2—活塞；3—缸盖；4—活塞杆；
5—托架；6—滚轮；7—杠杆；
8—销轴；9—弹簧

图 16-35　滚轮杠杆式止挡气
缸实物外形
[费斯托（中国）有限公司
DFST-G2 系列产品]

止挡气缸通常由活塞式双作用气缸和止挡机构两部分组成。按气缸杆端及止挡机构不同，止挡气缸分为柱销式、滚轮式和滚轮杠杆式等多种。其中滚轮杠杆式的结构较为复杂，但功能性能最好。滚轮杠杆式止动气缸的结构如图 16-34 所示，带弹簧双作用气缸由缸筒 1、活塞 2、缸盖 3、活塞杆 4 及弹簧 9 组成，活塞上内置磁环（图中未画出）以通过磁性开关进行控制，活塞杆内可设液压缓冲器（图中未画出）；止挡机构由托架 5、杠杆 7 及销轴 8 等组成。费斯托（中国）有限公司的 DFST-G2 系列和济南杰菲特气动液压有限公司 GAA 系列等产品即为此类气缸，前者实物外形如图 16-35 所示。滚轮杠杆式止动气缸的工作顺序如表 16-1 所示。

16.2.5 典型产品

相关内容见表 16-2、表 16-3。

16.3 摆动气缸及摆台

16.3.1 类型原理

（1）类型符号　摆动气缸又称摆动气马达，是输出轴做往复摆动的一种气动执行元件。摆动气缸的结构较连续旋转的气马达结构简单，但摆动马达对冲击的耐力小，故常需采用缓冲机构或安装制动器以吸收载荷突然停止等产生的冲击载荷。

按结构不同，摆动气缸可分为叶片式和活塞式两类。工作时，前者靠压缩空气驱动叶片带动传动轴（输出轴）往复摆动；后者靠压缩空气驱动活塞直线运动带动传动轴（输出轴）摆动；摆动气缸的摆动角度可根据需要进行选择，可以在 360° 以内，也可大于 360°，常用摆动气缸的最大摆动角度有 90°、180°、270° 三种规格。摆动气马达的图形符号见表 16-4。

（2）组成原理

① 叶片式摆动气缸。按叶片数量不同，叶片式摆动气缸有单叶片和双叶片两类（图 16-36），它们都是由缸体、叶片、转子（输出轴）、限位止挡及两侧端盖组成。叶片与转子（输出轴）固定在一起，压缩空气作用在叶片上，在缸体内绕中心摆动，带动输出轴摆动，输出一定角度内的回转运动。

单叶片式摆动气缸的摆动角度小于 360°，一般在 240°～280°；双叶片式摆动气缸的摆动角度小于 180°，一般在 150° 左右。在结构尺寸相同时，双叶片式的输出转矩应是单叶片式摆动气缸

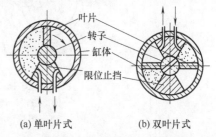

图 16-36　叶片式摆动气马达原理

(a) 单叶片式　　　(b) 双叶片式

输出转矩的 2 倍。这种气缸由于叶片与缸体内壁接触线较长，需要较长的密封，密封件的阻力损失较大。

② 活塞式摆动气缸。活塞式摆动气缸有齿轮齿条式、螺杆式及曲柄式等多类。其基本原理是利用某些机构（如齿轮齿条、螺杆、曲柄等）将活塞的直线往复运动转变成一定角度内的往复回转运动输出。

图 16-37（a）所示为齿轮齿条式摆动气缸，活塞带动齿条从而推动与齿条啮合的齿轮转动，齿轮轴输出一定角度内的回转运动；图 16-37（b）所示为螺杆式摆动气缸，活塞内孔与一螺杆啮合，当活塞往复运动时，螺杆就输出回转运动（一定角度内的摆动）。

上述两种活塞式摆动气缸的摆动角度可以在 360° 以内，也可以大于 360°，可据需要设计。齿轮齿条式摆动气缸密封性较好，机械损失也较小；螺杆式的密封性可做到较好，但加工难度稍大，机械损失也较大。

16.3.2 性能参数

摆动气缸及摆台的主要性能参数有缸径（规格）、工作压力、摆动角度、输出转矩、摆动频率、容许动能、摆动时间调整范围与环境及流体温度等。其中叶片式摆动马达的输出转矩用式（16-11）进行计算。

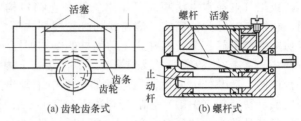

图 16-37 活塞式摆动气缸原理

(a) 齿轮齿条式 (b) 螺杆式

$$T = \frac{1}{8}(p_1 - p_2)Z(D^2 - d^2)b\eta_{\mathrm{m}} \tag{16-11}$$

式中，p_1 为供气压力，Pa；p_2 为排气背压，Pa；Z 为叶片数；D 为缸体内径，m；d 为叶片安装轴外径，m；b 为叶片轴向宽度，m；η_{m} 为马达机械效率，叶片式 $\eta_{\mathrm{m}} \leqslant 80\%$。

活塞式摆动马达的输出转矩由式（16-12）进行计算。

$$T = \frac{1}{8}\pi D_{\mathrm{g}} D^2(p_1 - p_2)\eta_{\mathrm{m}} \tag{16-12}$$

式中，D_{g} 为齿轮分度圆直径（齿轮齿条式），m；η_{m} 为马达机械效率，活塞式 $\eta_{\mathrm{m}} \leqslant 95\%$；其余符号意义同上。

16.3.3 典型结构

（1）叶片式摆动气缸及摆台

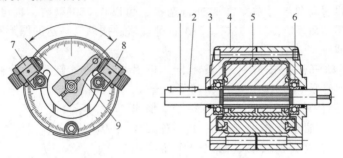

图 16-38 叶片式摆动气缸结构

1—输出轴；2—键；3—轴密封件；4—缸体；5—叶片；
6—滚珠轴承；7,8—终端止挡；9—摆动挡块

① 叶片式摆动气缸。图 16-38 所示为叶片式摆动气缸的结构，缸体内两端用滚珠轴承 6 支承的输出轴 1 上装有叶片 5，当气压作用时，输出轴驱动通过键 2 连接的工作机构（图中未画出）做旋转摆动（摆动挡块 9 随之旋转），并由两个终端止挡 7、8 限位，气缸摆角可通过刻度盘精确地调节，故缸内无金属固定止挡；气缸终端位置可由位置传感器无接触感测。费斯托（中国）有限公司生产的 DRVS 系列/DSM 系列双作用摆动气缸即为此种结构，其实物外形如图 16-39 所示。

内部带有金属固定止挡的摆动气缸，其摆角不易调节，其止挡个数及结构与气缸叶片数量及摆动角度有关，单叶片摆动气缸与双叶片摆动气缸中的限位止挡结构及叶片状态分别如图 16-40 和图 16-41 所示，大多数叶

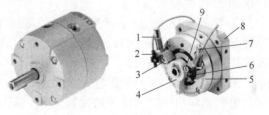

图 16-39 DRVS 系列/ DSM 系列双作用摆动气缸
实物外形［费斯托（中国）有限公司产品］

1,7—缓冲器；2,6—位置传感器；3,9—终端止挡；
4—止动杠杆；5—角度刻度盘；8—气缸主体

片式摆动气缸均为这种终端止挡。例如 SMC（中国）有限公司生产的 CRB2 系列双叶片双伸轴摆动气缸和 CRBU2 系列自由安装型带磁性开关摆动气缸即属此类产品，其实物外形如图 16-42 所示。

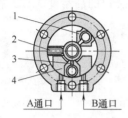 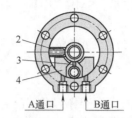 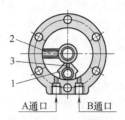

(a) 摆角90°，B口进入压缩空气　　(b) 摆角180°，B口进入压缩空气　　(c) 摆角270°，摆动途中位置

图 16-40　单叶片摆动气缸限位止挡结构及叶片工作状态（从输出轴侧看）

1—限位止挡；2—叶片；3—限位止挡密封件；4—限位止挡

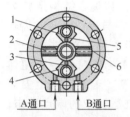 

(a) 摆角90°，从传动轴侧看　　(b) 摆角100°，双伸轴式从长轴侧看

图 16-41　双叶片摆动气缸限位止挡结构及叶片工作状态
（A 口或 B 口进入压缩空气时的中间位置）

1,4—限位止挡；2,6—叶片；3,5—限位止挡密封件

图 16-42　CRB2 系列双叶片双伸轴摆动气缸和 CRBU2 系列自由安装型带磁性开关摆动气缸实物外形［SMC（中国）有限公司产品］

② 叶片式摆台。带摆动工作台、分度台的气缸简称摆台，用于自动化生产线上工业机器人或机械手对工件的搬运、抓取及筛选等负载的精确摆动控制。

如图 16-43 所示，叶片式摆台由驱动部（叶片式摆动马达）和摆台部两大部分组成，二

驱动部(摆动气缸)　　摆台部(摆台)

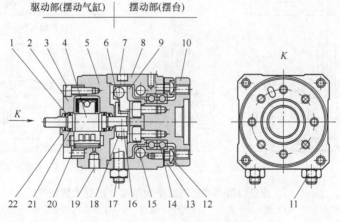

图 16-43　叶片式摆台结构原理

1—支撑环；2—气缸左端盖；3,15,18—内六角螺钉；4—叶片轴；5—气缸右端盖；6—限位挡块导座；
7—铭牌；8—壳体；9—限位块架；10—摆台；11—六角螺母；12—半圆头螺钉；13—轴承压盖；
14—滚动轴承；16—架压板；17—角度调整螺钉；19—紧定螺钉；20—限位块
密封件；21—O 形圈；22—轴承

者相互独立，便于用户根据需要进行组合与分解。摆台 10 由滚动轴承 14 支承，并通过两部分之间的板架类组件实现与驱动部右端输出轴的机械连接。当驱动部旋转时则摆台随之摆动旋转。摆台 10 右端面开有螺纹孔用于安装负载，在端面上可把磁性开关固定在适合的位置上，以实现摆台的位置检测和换向控制。SMC（中国）有限公司的高精度 MSU 系列叶片式摆台实物外形如图 16-44 所示。

广东诺能泰自动化技术有限公司的高精度 NMSUB 系列产品即属此类结构的叶片式摆台，其实物外形参见图 16-44。

气动摆台具有将气缸与工作台集成为一体，免去了用户自行设计制造此类装备的周期和成本；摆动角度可调节；摆台振摆精度高；磁性开关安装位置可任意移动等显著优点。

(a) 未安装磁性开关　　　(b) 安装带磁性开关

图 16-44　MSU 系列叶片式摆台实物外形
〔SMC（中国）有限公司产品〕

（2）活塞式摆动气缸及摆台

① 活塞式摆动气缸。活塞式摆动气缸最常见的结构是齿轮齿条型，其基本结构形式如图 16-45（a）所示，左右两个活塞 10 通过螺钉 11 与齿条 2 连接为一体，与齿条啮合的齿轮 22 装在由滚动轴承 14 支承的输出轴 12 上。左右活塞腔交替进排气，齿条则左右往复移动，从而通过齿轮带动输出轴实现正反向旋转。若在活塞上设置磁环 7 ［图 16-45（b）］、在主体外侧安装磁性开关（图中未画出），则可实现摆动角度的检测和转向控制；若在活塞上安装缓冲套 19 ［图 16-45（c）］，在两侧缸盖分别开设缓冲腔，则可缓和气缸运转中的端点冲击。大多数厂商的齿轮齿条型摆动气缸，尽管其外形有所不同，但基本上均为上述结构形式，例如 SMC（中国）有限公司的 CRA1 系列、济南杰菲特气动液压有限公司的 QGCB 系列等均属此类摆动气缸，相关产品实物外形如图 16-46 所示。

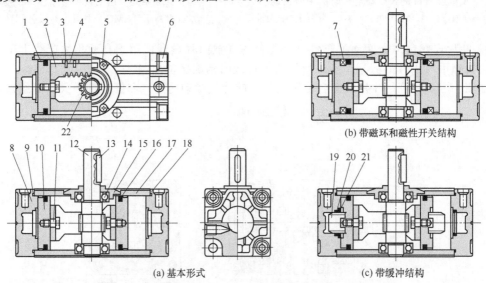

(b) 带磁环和磁性开关结构

(a) 基本形式　　　　　　(c) 带缓冲结构

图 16-45　齿轮齿条式摆动气缸结构原理（活塞式摆动气缸）

1—耐磨环；2—齿条；3—弹簧销；4—滑块；5—内十字螺钉；6—带垫内六角螺钉；7—磁环；8—左缸盖；
9—缸筒静密封圈；10—活塞；11—连接螺钉；12—输出轴；13—键；14—滚动轴承；15—轴承座；
16—活塞密封圈；17—主体；18—右缸盖；19—缓冲套；20—缓冲密封圈；21—密封件护圈；22—齿轮

活塞式齿轮齿条型摆动气缸，在整个摆角范围内转矩恒定输出，适用于蝶阀、球阀和风门的自动化工作，还适用于水处理/污水处理、饮料、制药和过程自动化。

(a) CRA1系列	孔式
[SMC(中国)有限公司产品]	轴式

(a) CRA1系列
[SMC(中国)有限公司产品]

(b) QGCB系列
(济南杰菲特气动液压有限公司产品)

(c) DFPD系列
[费斯托(中国)
有限公司产品]

(d) QGK/QGKA系列
(烟台未来自动装备有限责任公司产品)

图 16-46　活塞式齿轮齿条型摆动气缸实物外形

② 活塞式齿轮齿条型气动摆台。如图 16-47 所示，活塞式气动摆台也由驱动部（双活塞摆动气缸）和摆台部两大部分构成。驱动部的齿条式双活塞 7 与齿轮 22 相互啮合；摆台 19 通过键 21 和内六角螺钉 23 与齿轮 22 连接；齿轮轴及摆台由球轴承（或滚针轴承）20 及 24（高精度转台则改用锥面球轴承 31）支承。当压缩空气以推挽式交替进入双活塞的工作腔时，活塞的往复直线运动转变为齿轮驱动摆台旋转的摆动。活塞的端点冲击有的是通过内置的缓冲吸盘 6 吸收（由调整螺钉 1 调整），有的则是通过外置的液压缓冲器 30 吸收。摆台 19 上端面的法兰孔用于安装负载，在端面上还可把磁性开关固定在适合的位置上，以实现摆台的位置检测和换向控制。活塞式摆台与齿轮齿条型摆动气缸实现了一体化，便于摆动角度调节，换向端点冲击小，特别适用于搬运和装配机械自动化作业。

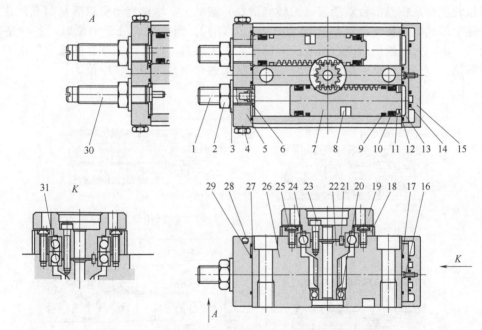

图 16-47　齿轮齿条式摆动气缸结构原理（活塞式气动摆台）

1—调整螺钉；2—锁紧螺母；3—密封垫圈；4—螺塞；5—左端盖；6—缓冲吸盘；7—齿条式活塞；8—磁环；
9—耐磨环；10—活塞密封圈；11—密封圈挡圈；12—压铆螺母或弹性挡圈；13—端板；14—密封圈；15—盖；
16—十字头小螺钉；17—耐磨环；18—轴承压盖；19—摆台；20—球轴承（或滚针轴承）；21—平行销（或键）；
22—齿轮；23—内六角螺钉；24—球轴承；25—薄头内六角螺钉；26—本体；27—O 形密封圈；28—钢球；
29—静密封圈；30—液压缓冲器；31—锥面球轴承

SMC（中国）有限公司的 MSQ 系列和费斯托（中国）有限公司的 DRRD 系列产品即属此类结构的活塞式摆台，其实物外形如图 16-48 所示。由图可看出，活塞式气动摆台除了法兰孔和法兰轴型外，尚有驱动轴、位置感测、外部位置感测（传感器安装）、外部缓冲和终端位置锁止等多种派生类型。

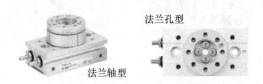

(a) MSQ系列[SMC(中国)有限公司产品]

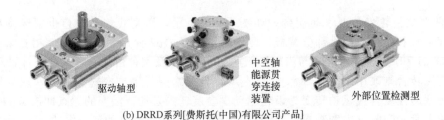

(b) DRRD系列[费斯托(中国)有限公司产品]

图 16-48　活塞式齿轮齿条型气动摆台实物外形

在上述摆台基础上，有的气动元件厂商还开发生产了三位置摆台。如图 16-49（a）所示，三位置摆台是在原摆台双活塞（回转侧活塞）基础上，增设直动侧双活塞而成，并采用三位五通中压式电磁换向阀进行控制［图 16-49（b）］。当电磁阀处于中位时，各活塞通口全部给气，由于回转侧活塞左右两端压力相等，故无推力，在直动侧活塞的推力作用下，移动至中间位置，两个直动侧活塞与回转侧活塞都接触时摆台便停止在中位。

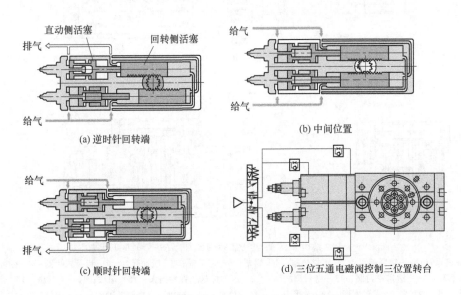

图 16-49　活塞式齿轮齿条型三位置气动摆台示意

16.3.4　典型产品

相关内容见表 16-5。

16.4 直线-摆动组合气缸

直线-摆动组合气缸也称伸摆气缸，它由直进部和摆动部两大部分组成（图 16-50 和图 16-51），前者通常是完成往复伸缩运动的直线气缸，后者则是用于完成往复摆动的摆动气缸。这类气缸可在前进端、后退端做摆动运动或在直进行程中做摆动运动等。直线-摆动组合气缸的图形符号如图 16-52 所示。

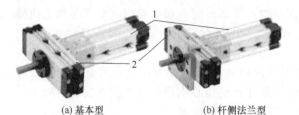

(a) 基本型　　　　　(b) 杆侧法兰型

图 16-50　活塞式齿轮齿条型伸摆气缸
［SMC（中国）有限公司产品］
1—普通双作用气缸；2—活塞式齿轮齿条型摆动气缸

图 16-51　叶片式摆动-直线气缸
［费斯托（中国）有限公司产品］
1—活塞杆；2—传感器安装槽；3—终端位置调节机构；4—刻度盘；5—止挡杠杆；6—位置传感器；7—传感器安装支架；8—缓冲器

直线-摆动组合气缸的主要优点是，将普通双作用气缸与摆动气缸一体化，直线和摆动功能组合起来，在结构上二者相互独立，可独立配管，便于用户使用、维护；直进运动、摆动运动的计时可任意设定；可选择气缓冲，运动平稳；通过摆动部调整旋转角度；内置磁环，可在外部两侧设置磁性开关。其特别适合配置及带动气爪在自动化生产线上对工件进行抓取或变向（图 16-53）等作业。缺点是价格较高。

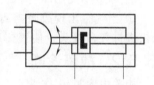

图 16-52　直线-摆动组合气缸图形符号［费斯托（中国）有限公司］

直线-摆动组合气缸的主要性能参数有工作压力、环境及流体温度。直进部：规格、活塞速度、行程。摆动部：摆动角度、转矩、容许动能和摆动时间调整范围等。各生产厂商的产品参数不尽相同。直线-摆动组合气缸的产品概览如表 16-6 所列。

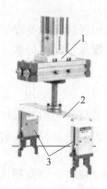
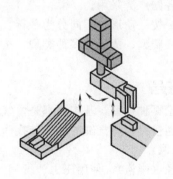
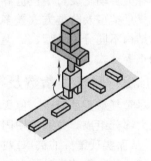

(a) 直线-摆动组合气缸的典型配置　　　　(b) 工件抓取　　　　(c) 工件变向

图 16-53　直线-摆动组合气缸典型应用
1—直线-摆动组合气缸；2—连接架；3—气爪

16.5　气缸的使用维护

16.5.1　使用要点

① 一般气缸的正常工作条件为环境温度−35～80℃，工作压力 0.4～0.6MPa。

② 应按生产厂提供的使用维护说明书及有关技术资料的要求，正确安装气缸。

③ 气缸的安装连接方式应根据缸拖动的工作机构结构要求及安装位置等按表 16-7 来选择。通常应采用固定式连接。在需要随工作机构连续回转时（如金属切削机床等加工机械），应选用回转气缸。在要求活塞杆除直线运动外，还需做圆弧摆动时，则选择轴销式连接，等等。

④ 无论采用何种安装连接方式，均应尽量使活塞杆承受拉力载荷，承受推力载荷时应尽可能使载荷作用在活塞杆轴线上，不允许活塞杆承受偏心或横向载荷。在安装过程中，应特别注意防止污物侵入气缸。应正确连接进出气管，不能连错。

⑤ 安装前，应在 1.5 倍工作压力条件下进行试验，不应漏气。

⑥ 装配时，所有密封元件的相对运动工作表面应涂以润滑脂。在更换密封件时，要注意避免划伤密封件唇口，建议使用安装专用工具。

⑦ 气源进口处必须设置气源调节装置（三联件）：过滤器—减压阀—油雾器。

⑧ 载荷在行程中有变化时，应使用输出力足够的气缸，并附设缓冲装置。

⑨ 尽量不使用满行程。

⑩ 当气缸出现故障需要拆卸时，应在拆卸前将活塞杆退回到末端位置，然后切断气源，拧松进排气口接头，使气体压力降为零。

16.5.2　故障诊断

相关内容见表 16-8。

16.6　气爪（气动手指）

16.6.1　特点类型

气爪（气动手指）又称气动抓手，其功用是以压缩空气作为动力，实现工件的夹取或抓取。气爪源于日本，由于其结构尺寸小、重量轻、动作快，可有效地提高生产效率及工作的安全性，现已在电子信息、印刷包装、轻工业、机械制造业、汽车零部件业、机械手及机器人等各类自动化装备中被世界各国广泛采用。

气爪类型及分类方式繁多：按运动形式不同分为平行、摆动和回转三大类型；按夹指或爪体结构不同分为平型、Y 型、阔型、薄型等多种类型；按手指数量不同又分为二爪、三爪和四爪等形式。

16.6.2　原理、参数及符号

尽管气爪类型繁多，但无论哪种类型，基本上都是由气缸、手指（夹指）及中间连接机构三大部分组成，并通过中间连接机构将气缸的动作转换为夹指的张开（打开）和合拢（关闭），从而实现工件的夹取或抓取。

气爪的主要技术参数有缸径（规格）、使用压力、行程（开闭角度）、重复精度、夹持力（矩）、操作频率、环境和流体温度等，各生产厂商的产品参数不尽相同。

气爪的图形符号在我国的 GB/T 786.1—2021 中尚没有规定，但国内各生产厂商有的根据功能结构自行规定，有的则直接借用相关国家（例如德国的 DIN 或日本的 JIS）标准规定的图形符号。

16.6.3 典型结构

（1）平行气爪

① 平型夹指气爪。如图16-54所示，平型夹指气爪主要由本体8、活塞杆7、摇臂16及手指12等组成。活塞杆通过摇臂等中间连接件带动手指做平行开合运动，以夹取或抓取工件，可外径或内径抓取。几乎所有生产气爪的厂商均可提供此类气爪，图16-55所示为SMC（中国）有限公司MHQG2系列平型夹指气爪实物外形及图形符号。

② 阔型气爪。阔型气爪又称宽型气爪。如图16-56所示，在阔型气爪的主体15内装有左右两个独立的活塞24，活塞杆2和18分别与外部的手指1相连，故每个活塞杆的运动表示单个手指的运动。齿条式导杆5通过齿轮轴13可实现两侧手指的同步运动。由于采用双活塞结构，故夹持力较大。SMC（中国）有限公司的MHL2系列产品和济南杰菲特气动液压有限公司的QHL系列产品即属此类，其实物外形及图形符号如图16-57所示。

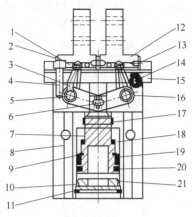

图16-54　平型夹指气爪结构原理
1—钢球；2—挡板；3—紧定螺钉；4—内六角螺钉；5—摇臂定位销；6—活塞杆插销；7—活塞杆；8—本体；9—轴心扣环；10—O形圈；11—C形扣环；12—手指（夹爪）；13—挡板平头螺钉；14—定位销；15—滑座；16—L形摇臂；17—U形环；18—塑料垫片；19—磁铁；20—活塞U形环；21—后盖

（a）实物外形　　　（b）图形符号

图16-55　平型夹指气爪实物外形及图形符号
〔SMC（中国）有限公司 MHQG2系列产品〕

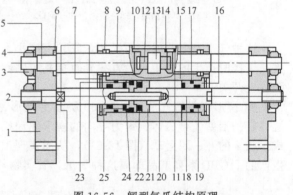

图16-56　阔型气爪结构原理
1—手指；2—左端活塞杆；3—防松螺母；4—垫圈；5—齿条导杆；6—平垫圈；7—扣环；8—防尘圈；9—DU轴承；10—C形扣环；11,17—O形圈；12—齿轮；13—齿轮轴；14—齿轮盖；15—主体；16—前盖；18—右端活塞杆；19,23—活塞密封圈；20—连接螺钉；21—磁铁座；22—磁铁；24—活塞；25—防撞垫

③ 薄型（滑轨型）气爪。薄型气爪的结构原理如图16-58所示。在主体7内装有前后两个独立的气缸，各气缸内的齿条14两端的活塞3通过螺钉固结为一体。两个齿条的运动通过齿轮联系。左右两侧手指通过连接件21分别与前后两

（a）SMC(中国)有限公司MHL2系列产品[图形符号与图16-55(b)同]

（b）济南杰菲特气动液压有限公司QHL系列产品

图16-57　阔型气爪实物外形及图形符号

齿条连接。工作时，气压通过活塞齿条驱动两手指沿直线导轨 20 做开闭运动，从而实现工件的夹取或抓取。牧气精密工业（深圳）有限公司生产的 CGB 系列产品及 SMC（中国）有限公司生产的 MHF2 系列产品就属于此类气爪，其实物外形及图形符号如图 16-59 所示。

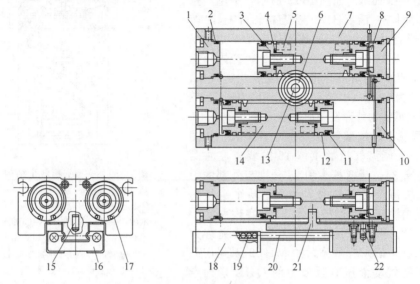

图 16-58　薄型气爪结构原理

1—左端盖；2,4—静密封圈；3—活塞；5—磁环；6—齿轮；7—主体；8—缓冲垫；9—右端盖 a；
10—右端盖 b；11—活塞密封圈；12—耐磨环；13—滚针；14—齿条；15—平行销；16—止挡；
17—弹性挡圈；18—手指；19—钢球；20—直线导轨；21—连接件；22—滚子（销）

这种气爪，安装时无需托架，安装高度小，节省安装空间；双缸构造，故紧凑且夹持力大；工作时产生的弯矩小；直线导轨提高了刚性和精度；还可从两个方向配管及在前后侧安装磁性开关。

④ 楔形密封型气爪。图 16-60 所示为楔形密封型气爪的结构原理。在主体 5 内装有气缸，缸的活塞 4 带磁体，带力导向的楔形驱动机构 3 将气缸活塞杆的直线运动产生的力转变成手指 2 的开、闭运动（图 16-61），从而实现工件的夹取或抓取。费斯托（中国）有限公司生产的 HGPD 系列产品即属这种气爪，其实物外形及图形符号如图 16-62 所示。

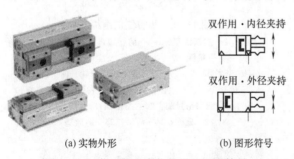

（a）实物外形　　（b）图形符号

图 16-59　薄型气爪实物外形及图形符号
［SMC（中国）有限公司 MHF2 系列产品］

双作用·内径夹持

双作用·外径夹持

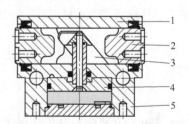

图 16-60　楔形密封型气爪结构原理
1—保护盖；2—手指；3—楔形机构；
4—带磁体活塞；5—主体

楔形密封型气爪的运动机构完全密封，故适用于非常恶劣的环境条件下向外和向内的工件抓取。抗转矩力大且使用寿命长，楔形机构确保了两个手指的同步运动，就不会产生回转间隙。通过在主体外沟槽装设位置传感器容易实现位置感测，通过设置比例压力阀还可实

(a) 气爪合拢　　　　　　(b) 气爪打开

图 16-61　楔形密封型气爪开闭示意图

(a) 实物外形　　　　　　(b) 图形符号

图 16-62　楔形密封型气爪实物外形及图形符号

［费斯托（中国）有限公司 HGPD 系列产品］

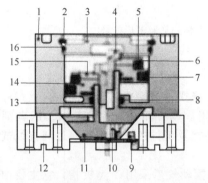

图 16-63　直线驱动圆柱型平行气爪结构原理

1—主体；2—扣环；3—后盖；4—内六角沉头螺钉；

5—磁铁；6—磁铁垫片；7—活塞密封圈；8—轴心

密封圈；9—十字埋头螺钉；10—盖板；11—活塞杆；

12—夹指；13—防撞垫；14—活塞；

15—磁铁座；16—O 形环

(a) 实物外形(有2爪、3爪和4爪三种可选类型)　(b) 图形符号

图 16-64　直线驱动的圆柱型平行

气爪实物外形及图形符号

［牧气精密工业（深圳）有限公司 CGD 系列产品］

现夹紧力的无级调节。

⑤ 圆柱型平行气爪。此类平行气爪的主体为圆柱状，常作为机床等设备的附件，用于工件加工时的夹紧。图 16-63 所示是一种采用直线驱动圆柱型平行气爪，直线气缸的活塞 14 下端活塞杆 11 带有楔形块，楔形块表面与夹指 12 紧密接触。因此，当压缩空气进入工作腔，活塞 14 与活塞杆上下移动时，夹指 12 会受到楔形块产生的水平推力作用而产生平行移动，打开或合拢，从而实现了工件的夹紧或松开。牧气精密工业（深圳）有限公司生产的 CGD 系列产品即为此种气爪，其实物外形及图形符号如图 16-64 所示。

图 16-65 所示是一种回转驱动圆柱型平行气爪。凸轮 6 通过连接螺钉 5 与摆动叶片气缸的叶片轴 3 连为一体。当叶片轴在气压作用下摆动时，凸轮随之转动，通过销钉 7、滚筒 8 带动夹指组件 9 沿导轨 11 平行移动，实现了气爪的张开和合拢。SMC（中国）有限公司生产的 MHR3/MDHR3 系列三爪产品即为此种气爪，其实

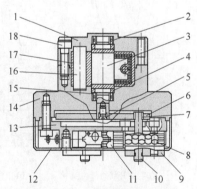

图 16-65　回转驱动圆柱型平行

气爪结构原理

1—主体；2—轴承；3—叶片轴；4—O 形圈；

5—连接螺钉；6—凸轮；7—销钉；8—滚筒；

9—夹指组件；10—销钉；11—导轨；

12—端盖；13—导轨保持座；14—连

接件主体；15—支撑密封圈；16—止

动挡块；17—止动环密封件；

18—内六角螺钉

物外形及图形符号如图 16-66 所示。此类气缸内置磁环，可以外置磁性开关实现端点检测控制。

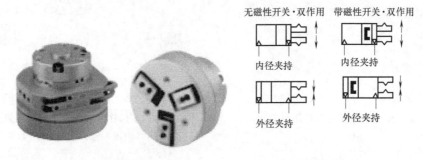

(a) 实物外形　　　　　　　　(b) 图形符号(JIS)

图 16-66　回转驱动圆柱型平行气爪实物外形及图形符号

[SMC（中国）有限公司 MHR3/MDHR3 系列产品]

（2）摆动气爪

摆动气爪通过摆动实现工件的夹取或抓取。按夹指摆动的实现方式不同有直驱式和间驱式两类，前者通过气缸及杠杆结构直接驱动 Y 型夹指摆动开闭及工件的抓取；后者则是通过直线气缸驱动夹指实现平行开闭及工件的抓取，夹指及工件的摆动则是通过与直线气缸相连的摆动气缸来实现。

① 直驱式摆动气爪。图 16-67 所示结构的直驱式摆动气爪采用 Y 型夹指，它主要由本体（主体）3、活塞16、中间连接件（活塞组件4、滚针5、侧轮6、中心销8等）和手指9等组成。通过活塞组件及中间连接件带动手指做摆动（Y 型开闭运动），即可夹取或抓取工件。SMC（中国）有限公司的 MHC2 系列产品即属于此类气缸，其实物外形及图形符号如图 16-68 所示。由于它采用了双活塞，结构紧凑且夹持力矩大；内置节流阀便于调节开闭速度；可安装带指示灯的无触点磁性开关与橡胶磁环一起实现气爪摆动开闭角度的检测及控制。

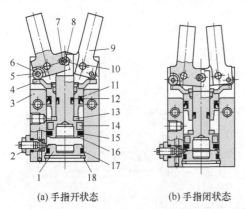

(a) 手指开状态　　　　(b) 手指闭状态

图 16-67　直驱式 Y 型夹指摆动气爪结构原理（一）
1—端盖；2—针阀组件；3—主体；4—活塞组件；5—滚针；
6—侧轮；7—中轮；8—中心销；9—手指；10—杠杆轴；
11,12,15—活塞密封圈；13—缓冲垫；14—橡胶
磁环；16—活塞；17—垫圈；18—弹性挡圈

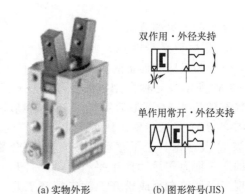

(a) 实物外形　　　　(b) 图形符号(JIS)

图 16-68　直驱式 Y 型手指摆动气爪实物
外形及图形符号

[SMC（中国）有限公司 MHC2 系列产品]

直驱式摆动气爪的另一结构如图 16-69 所示。该气爪主要由缸筒 1、带磁环 4 的活塞 3、活塞杆 5、中间连接件（杠杆 7）和夹指 8 等组成。当压缩空气作用于活塞上时，通过活塞

杆及杠杆直接带动夹指做摆动（Y型开闭运动），即可夹取或抓取工件。费斯托（中国）有限公司DHWS系列产品即属于此类气缸，其实物外形及图形符号如图16-70所示。

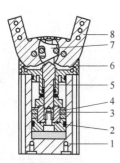

图16-69 直驱式Y型夹指摆动气爪结构原理（二）

1—缸筒；2—活塞密封；3—活塞；4—磁环；
5—活塞杆（开槽导向板）；6—端盖；
7—杠杆；8—夹指

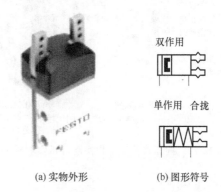

(a) 实物外形　　(b) 图形符号

图16-70 直驱式Y型手指摆动气爪实物外形及图形符号

[费斯托（中国）有限公司DHWS系列产品]

直驱式摆动气爪具有以下优点：气爪采用沟槽导向系统，重复精度高；抓取力保持性好；内部固定节流；外部安装选项多样；外部可设置易调节的位置传感器等，适用于向内和向外抓取。

② 间驱式摆动气爪。如图16-71所示，此类元件主要由夹指部1（平型夹指）与摆动部5（叶片式摆动气缸）两大部分构成。主体部4中的平行销9、止动杠杆10、内六角螺钉11及14、杠杆压件15、限位导轨16等零部件将夹指部抓取功能与摆动部的摆动功能有机结合为一体。即夹指部的开闭用于工件的抓取，摆动部带动夹指部实现整体摆动。在摆动时夹指部整体上通过上下两个滚动轴承7支承；摆动角度可通过螺钉13进行调整；在开关架3及元件尾部可安装磁性开关，以进行气爪开闭及摆动端部的位置检测。SMC（中国）有限公司的MRHQ系列产品和中国台湾气立可气动设备有限公司RMZ系列产品即属此类，其实物外形如图16-72所示。

此类摆动气缸将气爪机构与摆动功能紧凑地一体化，一个气爪即可完成搬运线的工件夹持与反转，便于通过更换手指实现内径、外径夹持（参见图16-73）；结构较各分立元件单体的组合品（摆台＋附件＋气爪）更为紧凑，免去了分立元件所需的管线配置作业；便于摆动范围及角度调整，并可通过磁环及磁性开关方便实现位

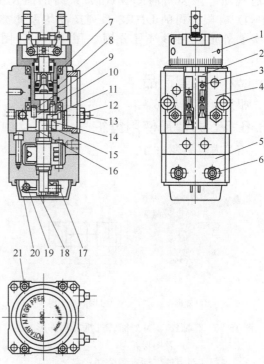

图16-71 间驱式摆动气爪结构原理

1—夹指部；2—开关安装导轨；3—开关安装架；4—主体；
5—摆动部；6—开关外壳及架；7—轴承；8—O形圈；
9—平行销；10—止动杠杆；11,14—内六角螺钉；
12—螺母；13—调整螺钉；15—杠杆压件；16—限位导轨；17—内六角止动螺钉；18—磁石杆；
19—磁石；20—外壳；21—内六角螺钉

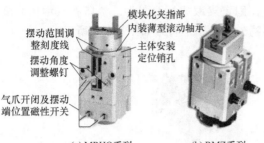

模块化夹指部
内装薄型滚动轴承
摆动范围调整刻度线
主体安装定位销孔
摆动角度调整螺钉
气爪开闭及摆动端位置磁性开关

(a) MRHQ系列
[SMC(中国)有限公司产品]

(b) RMZ系列
(中国台湾气立可气动设备有限公司产品)

图 16-72　间驱式平型手指摆动气爪实物外形

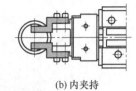

(a) 外夹持　　　　　　　(b) 内夹持

图 16-73　直驱式摆动气爪的两种夹持状态

置检测及控制。

（3）回转气爪　回转气爪的典型结构如图 16-74 所示。活塞 3、导杆 6 通过螺钉 5 连为一体，当气压作用于活塞使导杆上下运动时，驱动两个凸轮 8 绕销轴 7 转动，从而实现了两个夹指 9 在 180°内的回转开闭动作。内置磁环 4 与气爪主体外沟槽安装的磁性开关（图中未画出），可实现位置检测和控制。浙江西克迪气动有限公司的 C-MHY2 系列产品及费斯托（中国）有限公司的 DHRS 系列产品均系此类气爪，其实物外形及图形符号分别如图 16-75 和图 16-76 所示。

16.6.4　典型产品

相关内容见表 16-9。

16.6.5　选型及使用维护

相关内容见表 16-10。

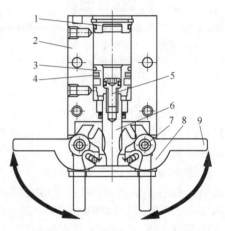

图 16-74　凸轮式回转气爪结构原理示意图
1—端盖；2—主体；3—活塞；4—磁环；
5—连接螺钉；6—导杆（活塞杆）；
7—销轴；8—凸轮；9—夹指

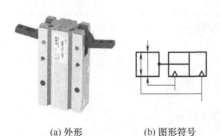

(a) 外形　　　　　　　(b) 图形符号

图 16-75　C-MHY2 系列回转气爪实物外形及图形符号
（浙江西克迪气动有限公司产品）

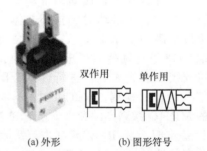

(a) 外形　　　　　　　(b) 图形符号

图 16-76　DHRS 系列回转气爪实物外形及图形符号
［费斯托（中国）有限公司产品］

16.7　气马达

16.7.1　主要类型

气马达是将气压能转换为连续回转运动机械能的一种气动执行元件。气马达的用量及类型远不及气缸多，最常用的容积式气马达是叶片式和活塞式，其分类及性能见表16-11。

16.7.2　结构原理

（1）叶片式气马达　叶片式气马达主要由定子1、转子2、叶片3及4等构件组成［图16-77（a）］。转子与定子偏心安装（偏心距为 e）。定子上有进、排气用的配气槽或孔，转子上所加工的长槽内有可以伸缩运动的叶片。定子两端密封盖上有弧形槽与进、排气孔 A、B 及叶片底部相通。转子的外表面、叶片（两叶片之间）、定子的内表面及两密封端盖形成了若干个密闭工作容积。

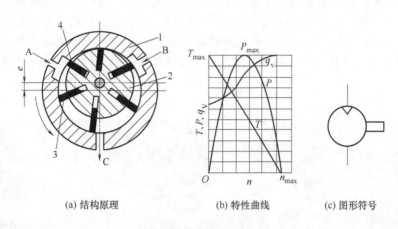

(a) 结构原理　　　　(b) 特性曲线　　　　(c) 图形符号

图 16-77　叶片式气马达
1—定子；2—转子；3,4—叶片

当压缩空气由 A 孔输入时，分为两路：一路经定子两端密封盖的弧形槽进入叶片底部，将叶片推出。叶片靠此气压推力及转子转动时的离心力的综合作用，保证运转过程中较紧密地抵在定子内壁上；另一路经 A 孔进入相应的密封工作容积。压缩空气作用在叶片 3 和 4 上，各产生相

(a) QMY系列
（浙江省瑞安市欧旭机械有限公司产品）

(b) M00※ 系列
［英格索兰(中国)有限公司产品］

图 16-78　叶片式气马达实物外形

反方向的转矩。但由于叶片 3 比叶片 4 伸出的要长，作用面积大，产生的转矩大于叶片 4 产生的转矩，故转子在相应叶片上产生的转矩差作用下逆时针方向旋转，做功后的气体由定子孔 C 排出，剩余残气经孔 B 排出。改变压缩空气的输入方向（如由 B 孔输入），则可改变转子的转向。

可双向回转的叶片式气马达，有正反转性能不同和性能相同两类。图 16-77（b）为正反转性能相同的叶片式马达特性曲线。这一特性曲线是在一定工作压力（例如 0.5MPa）下作出的，在工作压力不变时，其转速、转矩及功率均依外加载荷的变化而变化。当空载时，转速达最大值 n_{max}，马达输出功率为零。当外加载荷转矩等于气马达最大转矩 T_{max} 时，气马达停转，转速为零，输出功率也为零。当外加载荷转矩等于气马达最大转矩的一半（$T_{max}/2$）时，其转速为最大转速的一半（$n_{max}/2$），此时马达输出功率达最大值 P_{max}。一般而言，此即为气马达的额定功率。由于特性曲线的各值随工作压力变化而有较大的变化，

故叶片式气马达的特性较软。

叶片式气马达主要用于中小容量及高速回转的场合,如食品药物包装、卷扬机、粉碎机、卷绕装置、矿山机械与气动工具及自动化生产线等。其图形符号如图16-77(c)所示,该符号对其他气马达也适用。图16-78所示为两种叶片式气马达的实物外形。

(2)活塞式气马达 活塞式气马达是依靠作用于气缸底部的气压推动气缸动作实现气马达功能的。活塞式气马达中的气缸数目一般为4~6个,气缸可以径向和轴向配置,但大多为径向连杆式的(图16-79)。压缩空气由进气口(图中未画出)进入配气阀套1及配气阀2,经配气阀及配气阀套上的孔进入气缸3(图示进入气缸Ⅰ和Ⅱ),推动活塞4及连杆组件5运动。通过活塞连杆带动曲轴6旋转,从而带动负载运动。曲轴旋转的同时,带动与曲轴固定在一起的配气阀2同步转动,使压缩空气随着配气阀角度位置的改变进入不同的缸内(图示顺序为Ⅰ、Ⅱ、Ⅲ、Ⅳ、Ⅴ),依次推动各个活塞运动,各活塞及连杆带动曲轴连续运转。与此同时,与进气缸相对应的气缸分别处于排气状态。图16-80所示为两种活塞式气马达的实物外形。

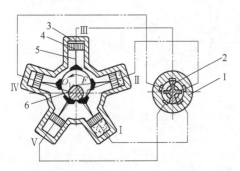

图16-79 活塞式气马达结构原理
1—配气阀套;2—配气阀;3—气缸体;
4—活塞;5—连杆组件;6—曲轴

(a) QMH系列
(浙江省瑞安市欧旭机械有限公司产品)

(b)带齿轮驱动EE系列
[英格索兰(中国)有限公司产品]

图16-80 活塞式气马达实物外形

活塞式气马达和叶片式气马达类似,也具有软特性的特点。其适用于低速、大转矩场合,如矿山机械及带传动等。

16.8 真空吸盘

16.8.1 结构原理

真空吸盘是真空吸附系统中的执行元件,它利用吸盘内表面与被吸物(工件)表面之间空间形成负压(真空),在大气压力作用下将被吸物提起。真空吸盘常用于机械手的抓取机构,其吸力范围为1~10000N,适用于抓取薄片状或重量较轻的物件[如塑料片、半导体芯片、移动电话壳体、显示器屏、硅钢片、纸张(盒)及易碎的玻璃器皿等],一般要求工件表面光滑平整、无孔、无油污。

真空吸盘由橡胶材料和金属骨架压制而成,通常靠吸盘上的螺纹直接与真空泵或真空发生器的管路连接。

16.8.2 类型特点

真空吸盘通常分为普通型和特殊型两大类。普通型吸盘的橡胶部分多为碗状,此外尚有矩形、圆弧形等异形形状。特殊型是为了满足某些特殊使用场合(如带孔工件、轻薄工件及表面不平工件的吸附)而专门设计制造的。真空吸盘的详细分类及特点见表16-12和表16-13。此外,基于真空吸盘,目前还出现了借助磁力进行吸附的新型吸盘产品。

16.8.3　性能参数

① 公称直径，指真空吸盘的外径。

② 有效直径，指吸持工件被抽空的直径，亦即吸盘的内径，通常所说的吸盘直径均指有效直径，用 D 表示，单位为 m。

③ 真空工作压力，指真空吸盘内的工作压力（亦即低于大气压的压力），用 p_v 表示，单位为 Pa、kPa 或 MPa，其换算关系为 $1MPa=10^6Pa=10^3kPa$ 或 $1kPa=10^3Pa=10^{-3}MPa$。

若以大气压为基准，称为表压力，表示为 $-MPa$；若以真空度表示（不足一个大气压的差额部分），真空度等于负表压；若以绝对压力为基准，表示为 MPa。

④ 理论吸附力 F，指吸盘内的真空度 p_v 与吸盘有效吸附面积 $A(m^2)$ 的乘积，即

$$F=Ap_v=\frac{\pi}{4}D^2p_v\ (N) \tag{16-13}$$

16.8.4　典型结构

（1）真空吸盘的常见结构　真空吸盘通常都带有连接件。如图 16-81 所示，此类吸盘一般由吸盘 1、连接件 2 和垫片 3 等组成。连接件也称接口或接管，有外螺纹和内螺纹两种类型，均可直接或通过变径接头实现与其他管件的连接。如图 16-82 所示，大多数吸盘为圆形，根据用途不同又可制成扁平型、薄型、带沟扁平型、钟型、波纹型（风琴型或多层型）等多种；椭圆形主要用于长方形的工件和

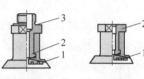

图 16-81　常见真空吸盘结构
1—吸盘；2—连接件；3—垫片

物料的吸附，也有扁平型、钟型、波纹型等多种。这些吸盘的真空取出口多为纵向，此外还有横向（侧向）真空取出口。在 GB/T 786.1—2021 中，对真空吸盘的图形符号进行了规定（图 16-83）。

图 16-82　常见真空吸盘实物外形

[产品系列归属：(a) 广东肇庆方大气动有限公司 ZHP 系列；(b)、(c) SMC（中国）有限公司 ZP3P 系列；
(d) 中国台湾气立可股份有限公司；(e)~(j) 费斯托（中国）有限公司 OGVM 系列]

（2）薄型真空吸盘　薄型真空吸盘主要用于薄片类工件或物料的吸附作业，具有结构尺寸小、节省安装空间、保护工件表面不变形不损坏的特点。其类型有吸附面带沟薄型吸盘、无吸附痕迹的吸盘等多种。

伯努利式真空吸盘为利用流体动力学伯努利原理进行工作的薄型吸盘新品种，又称伯努利抓手。如图 16-84 所示，它主要由本体 1 和中心插件 4 构成，本体下端面装有环形垫片 6、7 和凸柄 5、8 或 9。环形垫片和凸柄的材料可以都是 POM（聚甲醛工程塑料）或者环形垫片为 POM 而凸柄为 NBR（丁腈橡胶）。吸盘有两种气源接口可选：一个位于顶部，另外一个备选接口位于侧面。可用堵头封堵吸盘闲置的接口。

图 16-83　真空吸盘的图形符号

工作时，输入的压缩空气在吸盘内径向转向，在工件和吸盘表面之间形成回流。气流通过吸盘本体和中心插件之间非常窄小的缝隙 a 流动，这样大大提高了气流速度，根据流体动力学的伯努利原理可知，此时气流压力（绝对压力）大大降低，高速外流的气流在吸盘和工件间产生真空。吸盘的垫片使吸盘和工件之间保持一定的距离，确保气流能够顺畅地流出。这种采用伯努利原理的真空发生器能轻柔抓取各种工件且几乎不发生接触，特别适合搬运接触面较小、厚度薄且极其精密和脆弱的工件。费斯托（中国）有限公司的 OGGB 系列产品即为此类真空吸盘，其实物外形和图形符号如图 16-85 所示。此外，SMC（中国）有限公司的 ZNC 系列吸盘也属于此类结构（图 16-86），它比以往产品更小型、轻量，提高了吸附力（达 28.3N）并降低了空气消耗量（最大 72%）；本体除了铝和树脂外，还增加了面向食品行业的不锈钢规格，并可通过传感器检测工件是否吸附，通过定位器防止工件偏移。

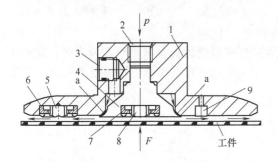

图 16-84　伯努利式薄型真空吸盘结构原理
1—本体；2—纵向气源接口；3—横向气源接口；4—中心插件；
5,8,9—凸柄；6,7—环形垫片

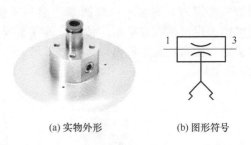

(a) 实物外形　　　　(b) 图形符号

图 16-85　OGGB 系列伯努利式真空吸盘实物外形及图形符号
［费斯托（中国）有限公司产品］

(a) 铝　　　　　(b) 不锈钢　　　　　(c) 树脂

图 16-86　ZNC 系列伯努利型真空吸盘实物外形
［SMC（中国）有限公司］

（3）其他结构吸盘　除上述结构形式的吸盘外，尚有一些其他品种吸盘。如用于吸附有凹凸的工件的海绵型吸盘，用于吸附和搬运诸如显像管、汽车主体等体积较大或较重的工件的重载吸盘，带有风琴机构以缓和工件的冲击并能贴合工件的弯曲等的特殊形状吸盘［用于数字家电 CD、DVD 等圆盘类工件的吸附及玻璃基板的台架（如 LCD 面板）的多级固定］，以及带有真空发生器的吸盘，等等。

16.8.5 新型吸盘——磁力吸盘

图 16-87 所示为 SMC 公司于 2022 年推出的一种吸盘新品种——磁力吸盘，它由本体（缸体）、活塞及磁环等组成，通过磁环对重物进行吸附（吸附力最大达 1000N），可调节磁环和工件的距离，调整吸附力，以适应工件厚度变化和防止薄型工件变形；即使切断供气也可通过磁力保持吸附工件，防止工件下落；可以轴向或侧向安装；可同时安装小型磁性开关，用于极限和中间位置检测。它适合作为机械手或机器人的末端执行器用于钢板以及多孔、凸凹及复杂形状的金属（碳钢类）工件的吸附搬运。其缸径有 $\phi16mm$、$\phi25mm$、$\phi32mm$、$\phi50mm$ 四个规格，对应的吸附力为 10～50N、70～200N、190～500N、230～1000N，高度调整范围均为 5mm，工件厚度均为 6mm。

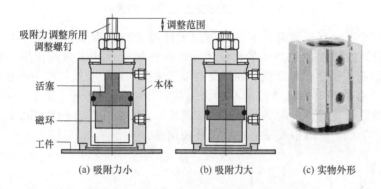

(a) 吸附力小　　　　　(b) 吸附力大　　　　　(c) 实物外形

图 16-87　ZNC 系列伯努利型真空吸盘
［SMC（中国）有限公司］

16.8.6 典型产品

相关内容见表 16-14。

16.8.7 使用维护

（1）真空吸盘的选型及相关真空元件的选配　真空吸盘是气动系统中借助真空气体进行工作的重要执行元件，其选型与气缸、气马达等执行元件一样也是整个系统设计中的重要一环。真空吸盘选型的一般流程如图 16-88 所示。但由于各类气动设备对系统应用场合、使用要求的不同及用户经验的多寡，其中有些内容与步骤可以省略和从简，或将其中某些内容与步骤合并交叉进行。

① 明确技术要求。技术要求是真空吸盘选型的依据和出发点。开始选型前应通过讨论并辅以调查研究，明确真空吸盘拟吸附工件的大小、表面形状、材质和吸附部位、使用环境（温度、尘埃、腐蚀、振动、冲击等）情况、限制条件及对安全可靠性的要求；明确经济性要求，如投资额度、吸盘的货源、保用期和保用条件、运行能耗和维护保养费用等。

② 根据技术要求，对照产品样本或设计手册确定吸盘的形状（圆形或椭圆形）和个数。

③ 确定吸附工件或物料的重量 W。工件重量 W 一般可以根据工件形状和材料，通过简单计算得到；对于重要的应用场合，有时还需辅以必要的吸附试验来确定。在确定 W 时，应注意下述两点事项。

a. 应尽可能上方吸附（水平吸附）［图 16-89（a）］，尽可能避免垂直吸附［图 16-89

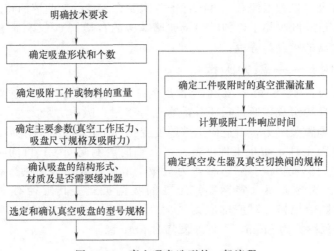

图 16-88　真空吸盘选型的一般流程

（b）］，以确保安全。水平吸附时，不仅要考虑工件或物料的重量，还要考虑工件移动（升降、停止、回转）时的加速度产生的惯性力、风压作用以及冲击力的作用［图 16-90（a）］以给予充分的裕量；要考虑到吸盘个数及安装位置情况（由于吸盘的抗力矩性很弱，故应尽量处于工件的重心位置，使真空吸盘不受力矩的作用；安装位置［图 16-90（b）］给予裕量；对于水平吸附的情况，横向移动时会因加速度以及吸盘与工件间摩擦因数太小，而使工件偏移［图 16-90（c）］，所以要适当控制平移加速度。

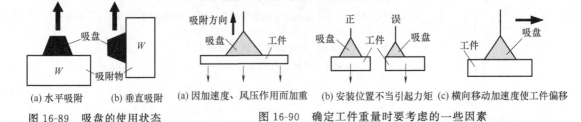

(a) 水平吸附　　(b) 垂直吸附
图 16-89　吸盘的使用状态

(a) 因加速度、风压作用而加重　(b) 安装位置不当引起力矩　(c) 横向移动加速度使工件偏移
图 16-90　确定工件重量时要考虑的一些因素

b. 要考虑吸盘和工件的平衡以及吸盘吸附方式对负载的影响。为了避免因真空泄漏而影响吸附效果，应保证吸盘的吸附面积不超出工件表面［图 16-91（a）］；大面积板状工件一般使用多个吸盘进行吸附搬运，对此应合理分配吸盘位置，保持平衡。特别是周边部分，要适当配置以免边缘脱离工件［图 16-91（b）］。此外，若有必要尚需设置防止工件落下的导轨等辅助工具；还需注意，由于吸附平衡，某些地方的负载可能会增加。

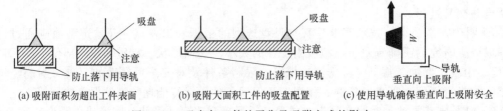

(a) 吸附面积勿超出工件表面　　(b) 吸附大面积工件的吸盘配置　　(c) 使用导轨确保垂直向上吸附安全
图 16-91　吸盘与工件的平衡及吸附方式的影响

吸盘的基本吸附方式为水平吸附，故应尽量避免倾斜吸附、垂直吸附、固定用吸附（吸盘会受到工件负载）等，否则必须使用导轨［图 16-91（c）］以确保安全；对于从下方吸附工件、用其他元件进行定位再用吸盘固定的场合，应进行吸附试验，以确认是否可以使用。

④ 确定主要参数。

a. 预选吸盘的真空工作压力（表压力）p_0。使用真空发生器作为气源时，预选吸盘的真空压力 p_0 在 $-60kPa$ 左右。

b. 计算和确定吸盘的面积 A 和尺寸（圆形吸盘的直径 D；椭圆形吸盘的长轴长 L 和短轴长 B）。计算公式如下：

吸盘吸附面积
$$A = \frac{Wt}{np_v} \ (m^2) \tag{16-14}$$

圆形吸盘直径
$$D = \sqrt{\frac{4A}{\pi}} \ (m) \tag{16-15}$$

椭圆吸盘的长轴和短轴（满足）　　$LB = A \ (m^2)$ (16-16)

式中，W 为吸附物重量，N；t 为安全系数 [考虑确保安全，给予足够余量的系数，根据使用状态（图 16-89）选定，水平吸附 $t \geqslant 4$，垂直吸附 $t \geqslant 8$]；n 为同一直径的吸盘数量；p_v 为真空工作压力（表压力），Pa。

由式（16-14）～式（16-16）容易看出，真空工作压力 p_v 的取值直接影响吸盘的结构尺寸大小。p_v 越大，吸盘的尺寸越小，结构越紧凑。由式（16-13）可知，当真空压力 p_v 增大 2 倍时，理论吸附力 F 也相应增大 2 倍；若吸盘直径增大 2 倍，则理论吸附力增大 4 倍。

但实际应用中也不是 p_v 越高越好，因为若真空压力过高，反而会发生意外情况：当真空压力在所需值以上时，吸盘的磨耗量会增加，容易引起龟裂，使吸盘寿命变短；当真空工作压力（设定压力）设定过高时，不但响应时间会变长，发生真空所必要的能量也会增大。因此要根据拟选产品给出的真空工作压力范围，从中合理预选吸盘的真空工作压力。

c. 对计算值进行圆整并反向推算对应的吸盘面积和工作压力。按以上公式算得的圆形吸盘直径 D 或椭圆形吸盘的长轴 L 和短轴 B 后，要按就近原则对照产品样本所列的系列值进行圆整。至此，以圆形吸盘为例，即可按式（16-17）和式（16-18）分别算得圆整后的吸盘面积 A 和实际真空工作压力 p_v；并按式（16-13）算得吸盘的理论吸附力 F。

$$A = \frac{\pi}{4} D^2 \tag{16-17}$$

$$p_v = \frac{Wt}{nA} \tag{16-18}$$

算得的理论吸附力只要大于工件重量，即 $F > W$，即可保证工件吸附的安全可靠性。

⑤ 由使用动作场合以及工件的形状、材质等属性，确定吸盘的结构形式（平型、钟型、波纹型）、材质、真空吸出口方向，确定吸盘是否带缓冲支架（高度补偿器）。

a. 吸盘结构形式的确定。不同结构形式的吸盘，其使用对象不同，例如：扁平型吸盘适用于表面平整不变形的工件吸附；带沟平型吸盘适用于想进行工件彻底脱离的场合；波纹型（风琴型）适用于无安装缓冲的空间、工件吸附表面倾斜的场合；椭圆形吸盘则适用于长方形工件的吸附。用户应根据工件及使用环境从拟选吸盘产品系列所具有的结构形式中，选择最为适合的形式。

b. 吸盘材质的选定。应在对工件的形状、使用环境的适合性、吸附痕迹的影响以及导电性等诸方面进行考虑的基础上，选定真空吸盘的材质。吸盘常用橡胶材质特性及适用场合参见表 16-13。在选材中，采用类比法参考现有各种材质的吸附工件的成熟案例，再行确认橡胶的特性较为便捷稳妥。

c. 真空吸出口方向的确定。可以根据工件吸附方式及管件配置情况选定纵向或横向。

d. 缓冲的确定。对于高低不一的工件、耐冲击性差的工件以及需要缓和对吸盘的冲击的场合，吸盘应带缓冲；对于高度不齐的工件以及吸盘和工件的间距不确定的场合 [图 16-

92（a）]，可采用内置弹簧的带缓冲器吸盘。对于需要限制回转方位的场合 [图 16-92 (b)]，可选择带防回转的缓冲支架。

⑥ 从产品样本中最终选定和确认真空吸盘的型号规格等。在上述流程完成后，即可从产品样本中选定和确认真空吸盘的型号规格。

⑦ 吸盘相关真空元件的选择配置及其注意事项。

a. 真空发生器与真空切换阀的选择。选择分三步进行：一是根据被吸附工件的属性

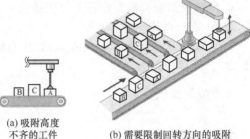

(a) 吸附高度
不齐的工件
(b) 需要限制回转方向的吸附

图 16-92　需要配置缓冲吸盘的场合

及表面形状，确定吸盘吸附工件时是否存在泄漏，如存在泄漏，则应确定其泄漏流量；二是确定吸附工件响应时间；三是确定真空发生器和真空切换阀的规格尺寸。

• 确定工件吸附时的真空泄漏流量。如图 16-93 所示，吸盘在吸附透气性或表面粗糙的工件时会吸入大气（或真空流量泄漏），引起吸盘内真空压力变化，使吸盘内部达不到吸附工件时所需真空压力。吸附此类工件时，要计算和确定工件的真空泄漏流量，从而选定真空发生器、真空切换阀的规格尺寸。当然，工件吸附无泄漏的工况，则该项流量为零。真空泄漏量可通过计算方法或试验方法之一加以确定，此处仅介绍计算方法。

已知工件流导，标准状态（ANR）下真空泄漏流量 q_L 的计算公式为

$$q_L = 55.5C_j \ (\text{L/min}) \tag{16-19}$$

式中，C_j 为工件和吸盘之间的间隙或工件开口处的流导，$\text{dm}^3/(\text{s} \cdot \text{bar})$。

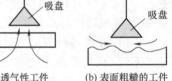

(a) 透气性工件
(b) 表面粗糙的工件

图 16-93　漏气的工件

• 确定吸附工件响应时间。用真空吸盘吸附工件搬运的场合，从供给阀或真空切换阀动作后到吸盘内的真空压力达到吸附所必需的真空压力的时间称为吸附响应时间（它是一个大致值）。吸附响应时间通过计算或图解方法求得。其中，计算法确定吸附工件响应时间 T_1、T_2 的计算公式如下（参见图 16-94）：

$$T_1 = \frac{V \times 60}{q_z} = \frac{\pi}{4}d^2 L \ \frac{1}{(q+q_L)} \times \frac{1}{1000} \times 60 = \frac{3.14d^2 L \times 60}{4000(q+q_L)} \tag{16-20}$$

$$T_2 = 3T_1 \tag{16-21}$$

式中，T_1 为最终真空压力 p_v 的 63% 的到达时间，s；T_2 为最终真空压力 p_v 的 95% 的到达时间（参见图 16-93），s；q_z 为总流量（ANR），L/min；q 为平均吸入流量 q_1 和配管系统最大流量 q_2 中的小流量（ANR），L/min；q_1 为平均吸入流量（ANR），L/min；q_2 为从真空发生器或切换阀到吸盘之间配管系统的最大流量（ANR），L/min；q_L 为泄漏流量（无泄漏时=0）(ANR)，L/min；V 为配管容积，L；d 为配管内径，mm；L 为从真空发生器或切换阀到吸盘的配管长度，m。

q_1 需视真空源而定，以真空发生器作为真空源的场合：

$$q_1 = (1/2 \sim 1/3)q_{max} \tag{16-22}$$

以真空泵作为真空源的场合：

$$q_1 = (1/2 \sim 1/3) \times 55.5C_v \tag{16-23}$$

式中，q_{max} 为真空发生器的最大吸入流量，L/min；C_v 为切换阀的流导，$\text{dm}^3/(\text{s} \cdot \text{bar})$。

$$q_2 = 55.5C_1 \tag{16-24}$$

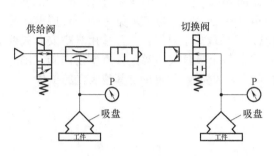

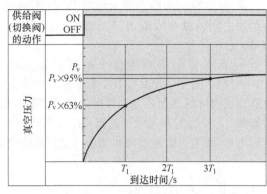

(a) 真空吸附回路

(b) 供给阀(切换阀)的真空压力和响应时间

图 16-94　供给阀（切换阀）动作压力与响应时间的关系

式中，C_1 为配管的流导，$\mathrm{dm^3/(s \cdot bar)}$，可从配管流导图线（图 16-95）中根据管长 L 和管径 ϕ 查得。

b. 吸盘相关其他真空元件选择。

在选择吸盘相关其他真空元件时，特别应考虑到安全可靠性问题，即针对可能出现的停电、气源停供引起真空压力降低，导致工件下落的危险，要有相应对策。

• 真空供给阀、破坏阀及真空压力开关的选配。如图 16-96 所示真空吸附回路，考虑到停电问题，真空供给阀 1 应选择常闭式或带自保持功能的电磁阀；真空破坏阀 2 应选用低真空规格的二通或三通电磁阀，为了调节破坏流量，应使用节流阀 3；工件的吸附和搬运，由真空压力开关 4 确认；吸附重物及危险品并应用真空压力表 5 进行确认；在恶劣环境下工作时，压力开关前应加装真空过滤器 6。

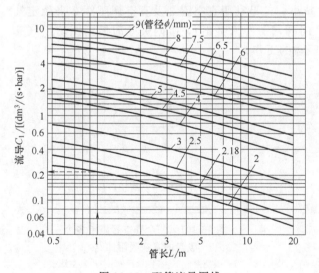

图 16-95　配管流导图线

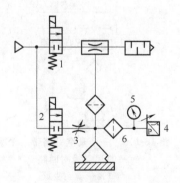

图 16-96　真空吸附回路——供给阀、
破坏阀及压力开关的选配

1—真空供给阀；2—真空破坏阀；3—节流阀；
4—真空压力开关；5—真空压力表；
6—真空过滤器

• 真空换向阀的选配。如图 16-97 所示真空吸附回路，使用真空换向阀 1，吸盘和真空发生器之间的总有效截面积不能过小。为保护换向阀，应使用真空过滤器 2，以免过滤芯堵塞。

• 真空发生器和吸盘个数的选配。最理想的情况是一个真空发生器带一个吸盘（图 16-98）；对于一个真空发生器带多个吸盘的回路（图 16-99），为了避免一个工件脱落，导致真空压力降低而使其他工件随之脱落情形的出现，可采取如下对策：一是采用真空安全阀或节流阀 2，使吸附和未吸附的真空压力变化减小；二是每个吸盘气路都配置真空换向阀（图中未画出），吸附失效时换向阀切换（真空压力由真空开关 3 检测），不影响其他吸盘的工作。

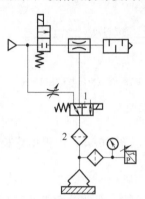

图 16-97　真空吸附回路——
切换阀的选配
1—真空切换阀；2—真空过滤器

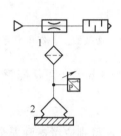

图 16-98　一个真空发生
器带一个吸盘的
真空吸附回路
1—真空发生器；2—真空吸盘

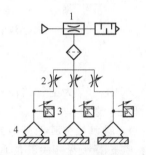

图 16-99　一个真空发生器带多
个吸盘的真空吸附回路
1—真空发生器；2—节流阀；
3—真空压力开关；4—真空吸盘

• 真空泵和吸盘个数的选配。最理想的情况是一个真空管路带一个吸盘（图 16-100）；对于一个真空管路带多个吸盘的回路（图 16-101），其对策如下：一是采用真空安全阀或节流阀 4，使吸附和未吸附的真空压力变化减小；二是利用真空罐 3 及真空调压阀 2 来稳定气源压力；三是每个吸盘气路都配置真空换向阀（图中未画出），吸附失效时换向阀切换（真空压力由真空开关 5 检测），不影响其他吸盘的工作。

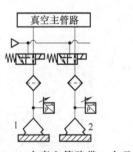

图 16-100　一个真空管路带一个吸盘
的真空吸附回路
1,2— 真空吸盘

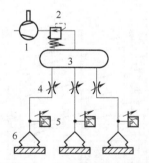

图 16-101　一个真空管路带多个
吸盘的真空吸附回路
1—真空泵；2—真空调压阀；3—真空罐；
4—节流阀；5—真空开关；6—真空吸盘

• 真空过滤器的设置。真空元件在吸附工件的同时，其周围的灰尘、油分等污物也会吸入元件内部，故比其他气动元件更需要防止灰尘的侵入。尽管有些真空元件已带有过滤器，但在大量灰尘污物等环境下工作的场合，尚需另外追加过滤器；在真空侧回路，为了保护切换阀及防止真空发生器的孔口阻塞，建议使用真空过滤器；在灰尘多的环境中使用的场合，建议使用厂家推荐的组合过滤器。

• 真空过滤器的容量、切换阀等元件的通流能力，应结合真空发生器/真空泵的最大吸入流量 q_{max}[L/min(ANR)] 加以确定，其中流导 C 应在式（16-25）求得的数值以上。在真空管路中，若多个元件串接，则应进行流导的合成。

$$C = \frac{q_{max}}{55.5} \quad [\mathrm{dm}^3/(\mathrm{s \cdot bar})] \tag{16-25}$$

⑧ 真空元件的选型举例。

a. 真空吸盘的选型。

• 已知条件及要求：工件为半导体芯片，其尺寸为 8mm×8mm×1mm，质量为 $m = 1\mathrm{g}$；真空侧配管长度 $L = 1\mathrm{m}$；吸附响应时间不超过 $T = 300\mathrm{ms}$。

• 真空吸盘的选定。由工件质量算得工件重量 $W = mg = 1 \times 10^{-3} \times 9.8 = 0.0098\mathrm{N}$；由工件的尺寸，选择直径为 $D = 4\mathrm{mm}$ 真空吸盘 1 个，其有效工作面积 $A = \frac{\pi}{4}D^2 = 0.785 \times 0.4^2 = 0.13\mathrm{cm}^2$；设水平吸附工件，则安全系数 $t = 4$，由式（16-18）反算得真空工作压力为

$$p_v = \frac{Wt}{nA} = \frac{0.0098 \times 4}{1 \times 0.13} = 3.0 \times 10^3 \mathrm{Pa} = 3.0\mathrm{kPa}$$

由计算结果可知，若真空压力在 $-3.0\mathrm{kPa}$ 以上，则可吸附工件。

• 真空吸盘结构形式的选择。根据工件种类及形状，选择平型吸盘，吸盘材质为硅橡胶。

• 吸盘规格型号的确定。由上述结果，参考产品样本〔SMC（中国）有限公司〕选定 ZPT 系列无缓冲平型硅橡胶真空吸盘，其型号为 ZP304US-□□（其中，□□为真空引出口，由吸盘的安装形态决定）。

b. 真空发生器的选定。

• 求真空侧配管容积。假定管子内径为 2mm，则配管容积为

$$V = \frac{\pi}{4}d^2L \times \frac{1}{1000} = \frac{3.14}{4} \times 2^2 \times 1 \times \frac{1}{1000} = 0.0031\mathrm{L}$$

• 若吸附时无泄漏（q_L），由式（16-19）得达到吸附响应时间的平均流量为

$$q = \frac{V \times 60}{T_1} - q_L = \frac{0.0031 \times 60}{0.3} - 0 = 0.62\mathrm{L/min}$$

由式（16-23）可算得真空发生器的最大真空吸入流量为

$$q_{max} = (2 \sim 3)q + q_L = (2 \sim 3) \times 0.62 + 0 = 1.24 \sim 1.86\mathrm{L/min}$$

根据这一计算结果，选用 ZX 系列真空发生器，其表型号可选定 ZX105□（配合使用条件，即可决定使用的真空发生器的完整型号），该真空发生器产品的最大吸入流量为 $5\mathrm{L/min} > (1.24 \sim 1.86)\mathrm{L/min}$，其喷嘴直径为 $0.5\mathrm{mm}$，适合直径 $2 \sim 13\mathrm{mm}$ 的吸盘，满足使用要求。

c. 吸附响应时间的核算确认。由已选定的真空发生器的特性，对响应时间进行核算确认。

• 前已述及，所选 ZX105□真空发生器的最大吸入流量为 $5\mathrm{L/min}$，由式（16-22）可算得平均吸入流量为

$$q_1 = (1/2 \sim 1/3)q_{max} = (1/2 \sim 1/3) \times 5 = (2.5 \sim 1.7)\mathrm{L/min}$$

• 按配管求最大流量 q_2。由图 16-95（A→B）查得配管的流导 $C_1 = 0.22$，故由式（16-

25）算得配管最大流量为

$$q_2 = 55.5 C_1 = 55.5 \times 0.2 = 11.1 \text{L/min(ANR)}$$

• 比较 q_1 和 q_2，因 $q_1 < q_2$，故选取 $q = q_1$。因此，吸附响应时间按式（16-20）算得：

$$T = \frac{V \times 60}{q_z} = \frac{V \times 60}{q} = \frac{0.0031 \times 60}{1.7} = 0.109 \text{s} = 109 \text{ms}$$

满足所要求的响应时间要求。

（2）使用维护要点

① 真空元件的防污染。真空吸盘等元件在完成吸附工件的同时，会将其周围的灰尘、油分等也随之吸入元件内部，并有可能在元件内部发生积聚而产生问题。例如一旦滤器的孔口阻塞，会导致吸附部分和真空发生器部形成压力差，使吸附状态和效果变差。因此，真空元件比其他气动元件更为需要防止污染。真空元件内不要进入灰尘，这是基本的考虑和要求。除了设置过滤器，尚需注意以下事项。

a. 为了不吸入灰尘等污物，应尽量保持环境及工件附近处于清洁状态。

b. 实际使用前，要充分了解工作环境及其灰尘等污物种类和数量。在相应的配管中要设置必要的过滤器等。特别是以吸尘为目的的洁净器的场合，需使用专用的过滤器。

c. 使用前进行试验，按使用条件确认可清除后再使用。

d. 按污染情况对过滤器进行维护。

② 吸盘冲击的防止。当吸盘与工件接触时，要避免过大的用力及冲击，以免引起变形、龟裂和磨损，缩短吸盘的使用寿命。为此，吸盘压紧在工件上的工况下，吸盘的按压要在其侧缘的变形范围内，肋部要轻轻碰上工件。对于小吸盘，定位要正确（图 16-102）。

③ 吸盘和工件的平衡。对于工件上升的工况，除了工件或物料的自重外，还应考虑工件移动加速度产生的惯性力和风阻 [参见图 16-90（a）]；应考虑到吸盘个数及安装位置情况致使工件的重心位置不当，使真空吸盘受到力矩作用 [参见图 16-90（b）]；对于水平吸附的工况，要适当控制平移加速度，以免横向移动时因加速度大小、吸盘与工件间摩擦因数大小不同，而使工件偏移 [参见图 16-90（c）]。

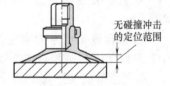

图 16-102　吸盘防冲击

吸盘的吸附面积不能比工件的表面大，以免发生泄漏而使吸附不稳 [参见图 16-91（a）]；对于大面积板状工件使用多个吸盘进行吸附搬运的工况，在吸盘配置时要保证良好的平衡。特别要注意，其周边部分吸附的定位不要发生偏离 [参见图 16-91（b）]。

④ 高度不一致工件的吸附。高度不一致工件的吸附，吸盘和工件不能定位工况，应采用带弹簧缓冲的吸盘 [参见图 16-92（a）]；方位有要求的场合，应使用不可回转型的缓冲支架 [参见图 16-92（b）]。

⑤ 透气工件和带孔工件的吸附。吸附多孔材质和纸张等透气性工件 [图 16-103（a）] 时，因工件被吸附而鼓起，要选用足够小规格的吸盘。此外，空气泄漏量大的工况下，因吸附力小，故应采取提高真空发生器或真空泵的吸入流量，并增大配管的有效截面积等措施。

⑥ 平板工件和柔软工件的吸附。在吸附面积较大的玻璃板、基板等板材时 [图 16-103（b）]，加大了风阻，由于冲击会出现波浪形，故要考虑吸盘的大小与合理配置及布局。在吸附塑料、纸张和薄板等柔软性工件时 [图 6-103（c）]，由于负压，工件会产生变形和褶皱，故应采用小型吸盘和带肋吸盘，而且需要适当降低真空度。

⑦ 产生真空的时间。吸盘产生真空有两种方式：一是真空吸盘下降接触到工件后产生

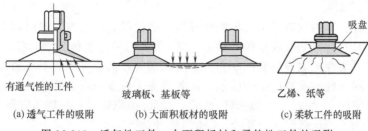

有通气性的工件　　　　玻璃板、基板等　　　　乙烯、纸等

(a) 透气工件的吸附　　　(b) 大面积板材的吸附　　　(c) 柔软工件的吸附

图 16-103　透气性工件、大面积板材和柔软性工件的吸附

真空；二是从真空吸盘下降开始阶段就真空吸气，靠近后吸附工件。前者存在一些问题，例如产生真空的时间尚需加上阀的开、闭时间；此外，由于真空吸盘下降检测用开关的动作时间可能有偏差，故产生真空的时间有延迟的可能性。因此，不推荐此种产生真空的方式。而推荐采用后者，但若吸附极轻工件，会有定位偏差，应加以确认。

⑧ 吸附的确认。工件吸附后，在吸盘上升的场合，应尽可能使用真空压力开关检测，拾取出吸附确认信号后，令真空吸盘上升（特别是重物危险的场合，要与压力表并用进行目视加以确认）。采用延时继电器等按时间控制真空吸盘的上升动作时，工件会产生脱离落下的风险。对于一般的吸附搬运，在工作时，由于真空吸盘和工件位置的变化，吸附所需的时间也会发生微妙变化。故关于吸附后的动作，推荐采用真空压力开关等控制元件进行吸附完成的确认，再开始下一个动作。

⑨ 真空压力开关的设定压力。真空压力开关的压力设定：应在算出吸附工件时所需的真空压力后，再设定适合的值。此外，对于真空压力开关的设定值，还应充分考虑工件移动时的加速度和振动。在工件确实能吸附的范围内，推荐设定为尽可能低的值，以缩短工件吸附上升时间。此外，检测是否吸附工件，判别这点的压力非常重要。

⑩ 真空吸盘的更换。真空吸盘是易耗品，要定期进行更换。随着真空吸盘的使用，吸附面会被磨耗，外形部会慢慢变小。尽管吸附力随吸盘直径变小而降低，但有时仍可吸附。由于表面粗糙度、使用环境（温度、湿度、臭氧、溶剂等）、使用条件（真空度，工件重量、真空吸盘向工件的压紧力、缓冲的有无等）等多种因素的影响，故很难推测并准确给出真空吸盘的更换周期。用户只能依据初次使用的状况自行判断其更换时间。此外，应根据使用条件、使用环境以及螺钉有松动的场合，定期进行检查维护。

16.8.8　故障诊断

相关内容见表 16-15。

16.9　柔触气爪（柔性气动手指）

16.9.1　功用特点

柔触气爪是柔触气动手爪的简称，它是一种柔性夹具。它运用仿生学原理，模仿章鱼触手包裹被抓对象的动作对工件或物料进行包覆式抓取。本节以国产柔触手爪［苏州柔触机器人有限公司（张家港市）］产品为主线，对这一气动元件进行简介。

与传统夹具、机械气爪和气动吸盘不同的是，柔触气爪由柔性材料（纳米材料）制成，故具有安全性高、通用性好、安装简单方便等诸多特点（表 16-16），其应用也涵盖了汽车零部件、3C 电子、食品、医疗、服装、日化等多种行业，装配、分拣、搬运等多种工业场合以及自动售卖机等新的零售行业，弥补了机械气爪与真空吸盘在某些场合无法适用的不足。特别成为机器人末端介于机械气爪和气动吸盘之间的一种优异气动执行元件，极大地拓宽了工业机器人的应用领域。

16.9.2 原理组成

（1）动作原理　柔触气爪采用气压驱动技术，通过柔触驱动控制器控制正压和负压（真空）的切换，使具有特殊的气囊结构的柔性手指/柔喙自适应物体外表体征，实现张开与闭合动作，从而完成柔性抓取或外撑的动作。通过调节气压大小可控制手爪的夹紧力度或开合角度，实现对不同工件或物料的柔性抓取，同时避免工件或物料被夹伤。如图 16-104 所示，当输入气流为真空时，手指/柔喙则张开/抓合，释放/抓取物件；当输入常压气流时，手指/柔喙则放松；当输入正压气流时，手指/柔喙则抓合/张开。

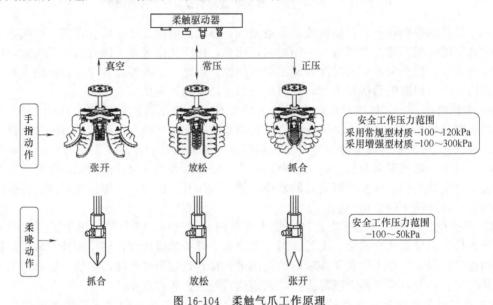

图 16-104　柔触气爪工作原理

（2）结构组成　柔触气爪通常由手指模块/柔喙模块、连接模块、控制单元及其他配件（包括连接件、型材、T 型螺母及支架等）等几部分组成，并按图 16-105 所示顺序连接装配成标准夹爪或非标准夹爪。上述各组成部分及组合都有自己的编码方式，以便用户根据应用领域和使用要求进行选型及组合安装。

当抓取对象变化时，可根据夹取对象的形状、体积、重量、材质更换手指模块或滑移安装板，以达到最佳的抓取效果；当夹爪组合（不含机械臂）与非标准夹爪组合，采用铝合金型材组合连接，适用于体积较大或不规则形状工件或产品的抓取，标准夹爪组合或手指模块可自由安装在支架的任意位置，也可根据工况不同，加装气缸、吸盘或传感器等元件。

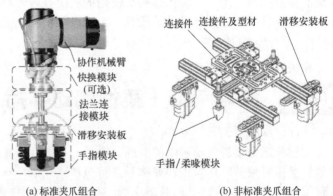

(a) 标准夹爪组合　　(b) 非标准夹爪组合

图 16-105　夹爪的组合结构组成

16.9.3 性能参数

柔触气爪的主要性能参数有最大负载、工作气压、手指行程（包括正压和负压行程）或柔喙开口距离、夹持力、最高工作频率、精度及使用寿命等，这些参数会因生产厂及产品系列不同而异。

16.9.4 典型结构

(1) 手指/柔喙模块 手指/柔喙模块是柔触气爪的动作执行模块，直接接触和抓取物件，由手指/柔喙和固定模块/金具接头两个部分组合而成 [图 16-106（a）]。其中手指/柔喙由柔性材料（纳米材料）制成，具有良好的耐温性、耐候性、耐油性、耐溶剂性、耐酸碱性和防静电性能。例如对于常规材质，其允许环境温度−20～110℃，允许接触物体表面温度−30～280℃；根据使用场合要求的不同，还可定制耐高温材质手指，其允许温度可到900℃及以上。

① 手指模块。手指模块由柔触手指和固定模块组合而成。柔触手指是独立可以更换的手指，有多种宽度。在相同工作气压下，更宽的手指拥有更大的夹持力。指底花纹及指尖形状，会影响柔触气爪对工件的包覆效果以及摩擦力，指底花纹及指尖可进行组合及并具有不同特性。根据手指的安装形式、结构特点和适用场合的不同，手指的固定模块有多个系列，每个系列的结构特点及适用场合不同。

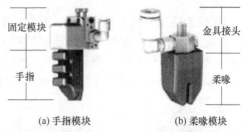

(a) 手指模块　　　(b) 柔喙模块

图 16-106　手指/柔喙模块

② 柔喙模块。它由柔喙和配套的金具接头组成 [图 16-106（b）]。柔喙模块可安装在连接模组或法兰连接模组上。模块中附带直通型或侧通型金具接头。柔喙可以替换；配合柔触驱动器使用，正压状态下指尖打开，负压状态下指尖夹紧；既可内夹，也可外撑。柔喙有薄片纵向插拔、柱状工件纵向插拔、薄片平行夹取、杆件横向抓取和内孔外撑等多种类型。用户应依据夹取对象的形状、体积、材质和工况等选择柔喙，以达最佳抓取效果。

(2) 连接模块 连接模块包括滑移安装板、连接模组、法兰连接模块和快换模块等几个部分。

① 滑移安装板是柔触手指模块或柔喙模块的标准搭载支架。如图 16-107 所示，它有用于手指模块和铝型材装配间的独立手指模块系列；用于柔喙模块、连接模组和铝型材间装配的柔喙模块系列；用于手指模块和法兰连接模块间装配的多向系列等。在安装板上设有标准滑槽和刻度线，手指模块和柔喙模块在滑槽中的安装位置和姿态角度可以自由调节。

(a) 独立手指模块系列滑移安装板　　(b) 柔喙模块系列滑移安装板　　(c) 多向系列滑移安装板

图 16-107　滑移安装板

② 连接模组（柔喙用弹性连接模块系列）。如图 16-108 所示，其末端（下端）可安装全系列柔喙模块；可安装在柔喙模块系列滑移安装板上；带有弹性缓冲结构，尤其适用于多层弹性柔软面料类产品分层抓取。

③ 法兰连接模块是协作机械臂末端和滑移安装板之间的连接件，配合快换模块使用，有弹簧杆式和固定杆式（轻型）两种（图 16-109）。前者适配于市售大多数机器人法兰，用于安装柔喙或轻型手爪（建议最大负载 500g），可以提高夹爪在竖直方向的自适应性，适合尺寸差异较大工件的抓取；重复定位精度较低，对定位精度要求高的场合，可改用轻型法兰连接模块。后者适配于市售大多数机器人法兰，自重轻，适用于轻量型多关节机器人（建议

最大负载 5kg）；可用于高精度搬运、装配等场合。

图 16-108　连接模组

(a) 弹簧杆式　　(b) 法兰连接模块

图 16-109　法兰连接模块

④ 快换模块（选配模块），用于自动更换备用夹爪。如图 16-110 所示，按安装位置不同，快换模块有机械臂端（安装于机械臂末端）和夹爪端（安装于夹爪端）两类；按锁紧控制方式不同，又有轻型手动和轻型气动两种：前者手动锁紧，垂直拉力；后者采用气动控制（与气缸类似，由开关阀控制），具有断气自锁保护功能。

(a) 手动-安装于机械臂端　(b) 手动-安装于夹爪端　(c) 气动-安装于机械臂端　(d) 气动-安装于夹爪端

图 16-110　快换模块

（3）控制单元　柔触夹持系统，可依照工作场合与功能，搭建为基础控制方式、标准控制方式和移动式控制方式三种模式，每种控制模式需要选用不同的控制单元。

① 基础控制方式。其一般构成原理如图 16-111 所示，由压缩空气驱动，经电磁开关阀的压缩空气可经气压调节器供给柔触手指动作，还可由真空发生器驱动柔喙动作，具备单向抓取功能；结构简单、体积小、即插即用，无需对原有气路系统进行改造，部署成本低；适用于对部署成本控制要求较高，抓取功能重复单一的工业场合。

基础控制方式的典型组合使用方式是机械气爪（气缸驱动手指）＋柔触手指模块，其构成如图 16-112 所示。经电磁开关阀的压缩空气一分为二，一路直接驱动机械气爪（平行气爪、Y 型摆动气爪或 180°回转气爪）的动作，另一路经气压调节器驱动柔触手指动作。这种组合方式兼具传统机械气爪大夹持力和柔性手指柔软自适应的优点；夹持力最大可达 70N；独立电磁开关阀控制，结构简单，体积小，部署成本低，抓取范围更广；可与各个品牌的机械气爪组合使用。

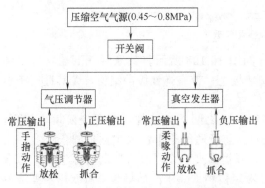

图 16-111　基础控制方式一般构成原理框图

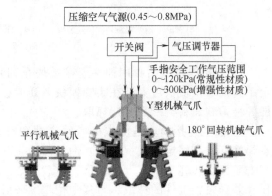

图 16-112　机械气爪（气缸驱动手指）＋柔触手指模块

② 标准控制方式。其一般构成原理如图 16-113 所示。它由压缩空气驱动，具备抓取与张开的双向功能；工作节拍快，力度及速度均可调节，并配备反馈信号与泄漏报警功能；标准通信接口，可与机械臂、PLC 或工控微机实时通信控制。它适用于对抓取功能要求全面、柔性化、智能化程度高的智能工厂等场合。

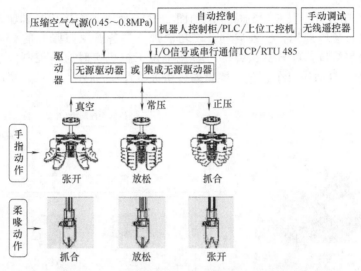

图 16-113　标准控制方式一般构成原理框图

标准控制方式的驱动器有无源和集成无源两类，其中 PCU 系列标准型（高速型）柔触无源驱动器的实物外形及接口功能如图 16-114 所示，该驱动器为压缩空气驱动柔触气爪工作的专用控制器，结构紧凑（外形尺寸 330mm×230mm×120mm），重量轻（净重 5.8kg），使用寿命可达 2000 万次；功耗低（额定电压 24V DC，额定功率 36W）；输入气压为 0.45～1.0MPa，输入流量＞200L/min，输出气压为 -70～120kPa，可通过遥控器（315MHz 射频）控制，使用面板调节夹持力度和速度；可与工业机械臂或 PLC 通信，即插即用。该系列驱动器防护等级高、流量大（正压流量高达 200L/min，负压流量达 40L/min）且响应速

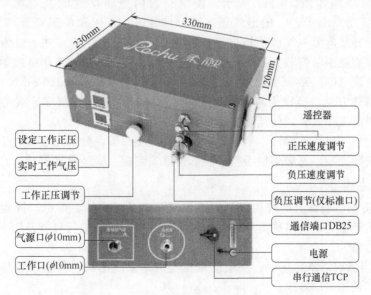

图 16-114　无源驱动器的实物外形及接口功能

度快，适于各种环境严苛工作场合下高速搬运工况使用。

集成无源驱动器又有标准型、紧凑型和轻量型三种，不仅具有无源驱动器的功能和优点，而且因去掉了外壳，故减轻了重量；采用一体式阀岛或阀组结构，故提高了驱动效率，适用于高速搬运工况。图 16-115 所示为紧凑型集成无源驱动器的实物外形及接口功能。其他类型此处不再赘述。

③ 移动式控制方式。其一般构成原理如图 16-116 所示，它采用有源驱动器，故无需连接压缩空气管路，插电即用，一键启动，轻巧便携；具备抓取与张开的双向功能，力度可调；带有标准通信接口，可与机械臂、PLC 或上位工控机实时通信控制。它适用于如移动式机械臂、AGV（自动导引车——一类轮式移动机器人）、商业、学校、家用等场合。

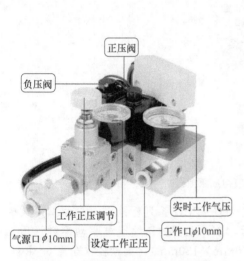

图 16-115　集成无源驱动器（紧凑型）的
实物外形及接口功能

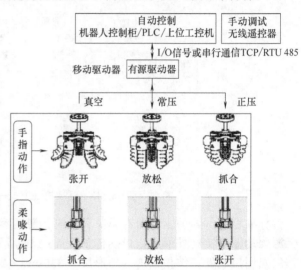

图 16-116　移动控制方式一般构成原理框图

移动式控制方式的驱动器（ACU）为有源驱动器，是移动式柔触气爪专用控制器，其实物外形及接口功能如图 16-117 所示。该驱动器内置驱动气源及电源（可充电电池，25.2V DC，额定功率 120W），输出气压－70～120kPa，正压和负压流量均为 8L/min，满电状态下可在无外接电源、气源的情况下连续驱动柔触气爪工作 3.5h，专为无气源工作现场设计；可通过旋钮手动调节夹持力度；可用于 AGV 移动机器人工作站或柔触气爪调试准备的工作现场。该 ACU 系列驱动器结构紧凑（外形尺寸 340mm×210mm×125mm）、重量轻（7.7kg），携带方便、操作简单、即插即用，可缩短现场调试繁琐管线的时间，缩短调试准备时间，提高工作效率，使用寿命长（达 1000h）。

（4）其他配件　包括连接件、型材、T 型螺母和支架等，分别用于安装手指模块或铝型材、交叉固定安装支架、安装柔触手指模块和滑移安装板、安装驱动器等，详见产品样本。

16.9.5　使用维护

① 订货及咨询。应认真研究生产厂对柔触气爪产品（手指、柔喙、固定模块、金具接头、连接件及驱动器等）的编码方式的详细规定，并严格按其进行订货及服务咨询，以免失误造成不必要的损失。

② 选型。当抓取对象变化时，一般应根据夹取对象的形状、体积、重量和材质等，进行选型，以达到最佳抓取效果。

a. 应根据进气方式、安装位置、组合方式，选择合适的手指固定模块系列；并依据夹

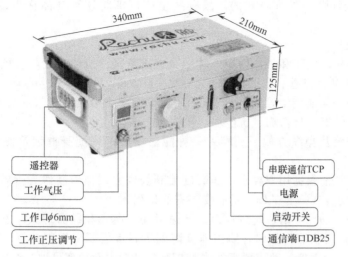

图 16-117 移动式有源驱动器实物外形及接口功能

取工件的重量及尺寸、所需夹持力大小，选择合适的手指款型。夹持力由手指款型、工作气压及安装位置决定。

b. 根据夹取对象的形状、体积、材质、工况等选择柔喙。

③ 使用。柔触气爪产品的使用气压必须严格控制在安全工作压力范围内。过载使用可能对产品造成不可逆转的损害；建议使用生产厂配套的驱动器，以保证产品使用的稳定性和寿命。

④ 使用场合中的工作气压及抓取工件的表面粗糙度，会对柔触手指或柔喙的使用寿命造成不同程度的影响，建议使用配套的驱动器，工作气压务必不超过安全工作压力范围。

⑤ 柔触夹持系统出现故障，应在使系统复位排气后，查找原因，寻求解决方案，以免伤及现场人员及设备。

16.10 气动肌肉（气动肌腱）

16.10.1 原理特性

（1）基本原理　气动肌肉又称气动肌腱，它是一种模仿生物肌肉的拉伸执行器。其基本原理是将弹性材料制成两端带连接器（通常为压装适配接头）的可收缩的弹性管状体（也称收缩膜），在封闭并固定一端时，由另一端输入压缩空气，管状体在气压的作用下膨胀，径向的扩张引起纵向的收缩（图 16-118），从而产生牵引力（在收缩一开始就达到可用拉伸力的最大值，然后随着行程减小），带动负载单向运动；当工作气压释放后，管状体靠材料收缩性（弹性）回复到原态。

由上述可见，气动肌肉由压缩空气驱动做推拉动作，其过程类似人体的肌肉运动，力与位移之间几乎呈线性关系。作为最具有代表性的新型气动元件之一，气动肌肉在夹紧技术、机器人、医学康复、物料传输、自动上下料、仿生仿真技术、振动平台、板材线材卷取张力调节等领域获得了成功应用。

该原理由苏联发明家 S. Garasiev 于 1930 年最早提出，随后出现了四类类似构想：液压和气压驱动的；正压和负压驱动的；编织式/网孔式和内含式

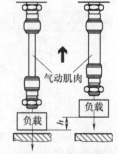

(a) 自由悬浮　(b) 充气受压状态
附加负载状态　（纵向收缩，
径向膨胀）

图 16-118　气动肌肉的
轴向收缩

（嵌入式）的；张紧膜和重排膜式的。故有些生产厂商将这种产品称为流体肌肉（fluidic muscle）。

（2）主要特性

① 单作用动作，结构和工作简单、体积小、重量轻。拉伸力是同直径普通单作用气缸的 10 倍，而重量仅为普通单作用气缸的几分之一；功率/质量比高达 400∶1。

② 耗气量小。与能产生等值力的气缸相比，其耗气量仅为普通气缸的 40%。

③ 环境适应性好。抗污垢、抗尘埃、抗沙能力强。

④ 携带、安装及操纵方便。是唯一一种能被卷折起来随身携带及便于操纵的气动执行器。

⑤ 组合灵活。能根据用户要求，随时度量其长度并用剪刀制作为所需执行器；多个人工肌肉可以互相交合在一起工作，不需要整齐的排列。

⑥ 柔顺性好、动作平滑、响应快速。低速运动无爬行和黏滞现象，工作行程临近终点时，无蠕动现象；当收缩到位时，肌肉速度降到零，不需要专门制动；可承受较大惯性负载；也无猛冲不稳定现象；动作频率可达 150Hz，且振幅和频率可独立调整。

⑦ 可根据输入气压大小，用于精度要求不高场合的定位。相当于气压弹簧，弹性力可调。

⑧ 无运动部件，无摩擦损耗，无泄漏和污染，清洁优势突出。

16.10.2　类型特点

气动肌肉主要有以下三类，其特点不同。

（1）编织式气动肌肉　如图 16-119 所示，它主要由气密弹性管和套在外面的编织套组成，其内层为橡胶管，外面用纤维编织层（网）套住，两端再用金属挟箍（连接器）密封。编织纤维（芳纶纤维）以一定的螺旋角缠绕在气密弹性管上，纤维丝与管轴线所夹的锐角 θ 称为编织角。其一端通气源，另一端连接负载。当通过接头向其内部输入压缩空气时，随着内部压力上升，橡胶管沿径向膨胀，再通过纤维的传力作用，变径向膨胀力为沿轴向的收缩力。该力大小取决于肌肉的直径、纤维的编织角和充气压力的大小。由于此种肌肉是由气密弹性管推压编织套来工作的，因此，这种肌肉不能在负压下工作。这种气动肌肉是目前商业化生产的最主要类型（常见产品为英国 Shadow Robot 公司和德国 Festo 公司的），平常人们提及的气动肌肉，大多指此种类型。

(a) 结构　　　　(b) 实物外形[费斯托(中国)有限公司 DMSP系列产品]　　　　(c) 图形符号

图 16-119　编织式气动肌肉

（2）网孔式气动肌肉　如图 16-120 所示，其原理与编织式基本相同。主要区别在于编织套的疏密程度不同。编织式肌肉的编织套比较密，而网孔式肌肉的网孔比较大，纤维比较稀疏，网是系结而成，故这种肌肉一般只能在较低的压力下工作。

（3）嵌入式气动肌肉　其承受负载的构件（丝、纤维）是嵌入到弹性薄膜里的。例如图 16-121 所示是一种嵌入式气动肌肉，除弹性管和两端连接附件外，又在外面加了一个壳体，工作时是从壳体下端进气口充气，弹性管内的空气由上端连接附件上的气口排出，弹性管径向缩小，导杆外伸，驱动负载。在嵌入式气动肌肉中，还有一种负压工作的人工肌肉（UP-

AM），它由负压驱动，其结构与图 16-121 所示肌肉相似。工作时，弹性管内的空气从气孔吸出，管内产生负压，在大气压的作用下弹性管径向收缩，从而引起轴向收缩。最大负压值为－100kPa，故驱动力不大。

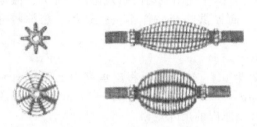

图 16-120　网孔式气动肌肉

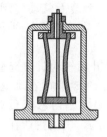

图 16-121　嵌入式气动肌肉

16.10.3　技术参数

　　气动肌肉的主要技术参数有工作压力、温度范围、内径、额定长度、拉伸力、拉伸率、收缩率、重复精度等，其具体参数因生产厂商及其产品系列不同而异。

16.10.4　典型产品

　　相关内容见表 16-17 及图 16-122、图 16-123。

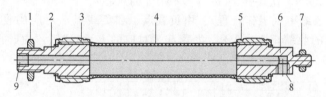

图 16-122　DMSP 系列气动肌肉结构示意图
［费斯托（中国）有限公司产品］
1,7—螺母；2,6—法兰；3,5—套筒；4—弹性管状体（收缩膜）；
8—径向气接口；9—纵向气接口

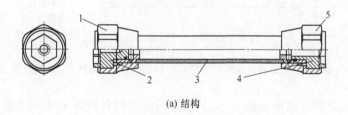

(a) 结构

(b) 实物外形

图 16-123　MAS 系列气动肌肉
［费斯托（中国）有限公司产品］
1,5—外套；2,4—张力调节接头；3—弹性织物管

16.10.5 应用选型

（1）**应用实例** 见表 16-18。

（2）**选型示例** 我国关于气动肌肉的研究及应用较晚，现仍处于起步及零星应用阶段。此外，与气缸、吸盘及气动控制阀等气动元件相比，国外气动肌肉的系列化和商品化产品也较少，需要时可从机械设计手册查取或从生产厂商提供的产品样本进行选型。兹举两例如下。

① 恒载提升用气动肌肉选型。

已知条件：气动肌肉在非运转状态的负载力为 0N，运转时要将支承表面上质量 $m=80kg$ 的恒定负载（自由悬浮负载，负载力 $F=mg\approx800N$）提升行程 $S=100mm$，使用压力为 $p=0.6MPa$，试从费斯托公司产品中确定气动肌肉的尺寸规格。

选型步骤如下。

第 1 步：确定所需的内径（根据工作条件及要求从拉伸力合乎要求的产品中确定尺寸）。查费斯托公司产品样本或表 16-17 可知，内径 20mm 或 40mm 的气动肌肉可满足使用要求。

第 2 步：确定负载点 1。利用费斯托公司产品样本 DMSP/MAS20 型气动肌肉的拉伸力 F-收缩率 h 特性曲线（图 16-124）求出负载点 1（图中负载为 0、使用压力 p 为 0 的点①）。

第 3 步：确定负载点 2。在拉伸力（F）-收缩率（h）特性曲线（图 16-124）中求出负载点 2（图中负载为 800N、使用压力 p 为 0.6MPa 的点②）。

第 4 步：确定收缩率（工作行程）。由负载点 1 和负载点 2 对应的收缩率之差求出收缩率。负载点 1 对应的收缩率 $h=0\%$，负载点 2 对应的 $h=9.6\%$，由此得收缩率 $h=9.6\%$（图 16-124 中的③）。

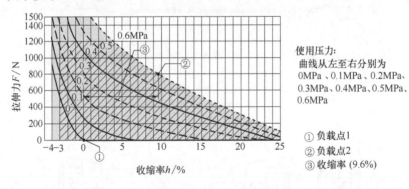

图 16-124　规格 20mm 的气动肌肉拉伸力（F）-收缩率（h）特性曲线

第 5 步：求气动肌肉额定长度 L_N。从已知的提升行程值 S 和步骤 4 求出的收缩率确定额定长度。计算得气动肌肉的长度 $L_N=S/h=100/9.6\%\approx1042mm$。

第 6 步：确定产品型号。从产品样本查得满足上述使用工作条件和计算结果的气动肌肉型号为压入型 DMSP-20-1042N 或螺纹调节型 MAS-20-1042N-AA；产品的内径为 20mm，额定长度为 1042mm，拉伸力为 800N，行程为 100mm。

② 拉伸弹簧用气动肌肉选型。

已知条件：气动肌肉在拉伸时的负载力为 2000N，收缩时的负载力 $F=1000N$，行程 $S=50mm$，使用压力 $p=0.2MPa$，试从费斯托公司产品中确定气动肌肉的规格（直径和额定长度）。

选型步骤如下。

第 1 步：确定所需的气动肌肉的内径。根据所需的负载力确定最合适的气动肌肉直径。根据所需负载力 2000N，查费斯托公司产品样本或表 16-17 可知，选定 DMSP-40 型气动肌肉。

第 2 步：确定负载点 1。利用费斯托公司产品样本 DMSP/MAS40 型气动肌肉的拉伸力 F-收缩率 h 特性曲线（图 16-125）求出负载点 1（图中负载为 2000N、使用压力 p 为 0.2MPa 的点①）。

第 3 步：确定负载点 2。在拉伸力 F-收缩率 h 特性曲线（图 16-125）中求出负载点 2（图中负载为 1000N、使用压力 p 为 0.2MPa 的点②）。

第 4 步：读出长度的变化。在特性图的横轴上负载点 1 和 2 之间对应的收缩率（$h=0\%$，$h=8.7\%$）可读出肌肉长度的变化为 $h=8.7\%$（图 16-125 中的③）。

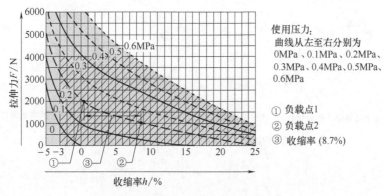

图 16-125　规格 40mm 的气动肌肉拉伸力
（F）-收缩率（h）特性曲线

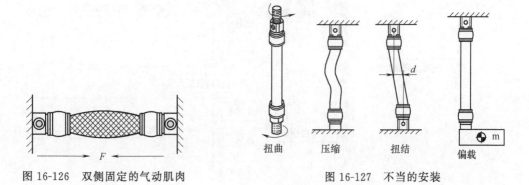

图 16-126　双侧固定的气动肌肉　　　　图 16-127　不当的安装

第 5 步：计算气动肌肉额定长度 L_{N}。从已知的提升行程值 S 和步骤 4 求出的收缩率确定额定长度，计算得气动肌肉的长度 $L_{\mathrm{N}}=S/h=50/8.7\%\approx575\mathrm{mm}$。

第 6 步：确定产品型号。从产品样本查得满足上述使用工作条件和计算结果的气动肌肉型号为压入型 DMSP-40-575N 或螺纹调节型 MAS-40-575N-AA，产品的内径为 40mm，额定长度为 575mm，拉伸弹簧的拉伸力为 2000N，弹簧动程为 50mm。

16.10.6　使用维护

相关内容见表 16-19 及图 16-126、图 16-127。

16.10.7　故障诊断

相关内容见表 16-20。

16.11 磁性开关

16.11.1 功用类型

磁性开关也称磁控开关、感应开关、感应器、接近开关等。与霍尔式位置传感器类似，磁性开关是利用磁感应原理来控制电气线路开关启闭的器件，主要用于流体传控元件与系统中（如气动执行元件中的各类气缸及气爪）的运动位置检测和控制（图16-128），故在国内外诸多气动元件厂商的产品样本或型录中，常将磁性开关列为气缸的附件。按工作原理不同，磁性开关可分为触点型（有触点磁簧式）和无触点型（无触点电晶体式）两大类，其中每一类又可按安装方式和导线引出方式的不同细分为若干类型（图16-129）。

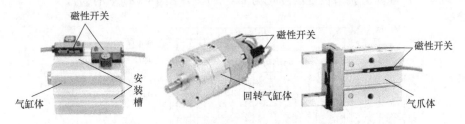

(a) 安装磁性开关的直线气缸　(b) 安装磁性开关的回转气缸　(c) 安装磁性开关的平型气爪

图16-128　安装有磁性开关的气动元件

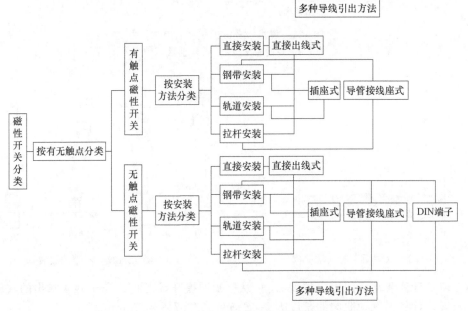

图16-129　磁性开关的一般分类

16.11.2 结构原理

（1）有触点舌簧式磁性开关　常用的有触点磁性开关是舌簧式磁性开关，如图16-130所示，其内装舌簧开关（两个金属舌簧片）3、保护电路2、开关动作的指示灯（LED灯）1和信号导线5等，用树脂塑封在一个壳体4内。整个磁性开关通常直接装在气缸体8的外侧（槽或端面）上，气缸可以是各种型号的气缸，但缸体（筒）必须是导磁性弱、隔磁性强的材料（如硬铝、不锈钢、黄铜等）；非磁性体的活塞6需带有磁性，为此，通常是在活塞6

上安装永磁体（橡胶磁、永磁铁氧体、烧结钕铁硼等类型之一）的磁环7。当带有磁环的活塞移动到磁性开关所在位置时，磁性开关内的舌簧开关3的两个金属磁簧片在磁环磁场的作用下被感应而相互吸引，触点闭合，发出信号；当活塞移开感应开关区域时，舌簧开关簧片离开磁场而失去感应的磁性，簧片因本身的弹性而分开，触点自动断开，信号切断。触点闭合或断开时发出的电信号（或使电信号消失），带动其负载（可以是信号灯、继电器线圈或可编程控制器 PLC 的数字输入模块等其他元件）工作，最终即可控制相应电磁阀乃至气缸完成动作切换及行程控制（例如气缸全行程为 100mm，可以将行程调整为 80mm；安

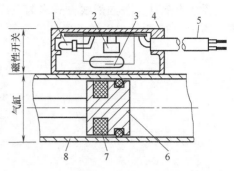

图 16-130　有触点磁性开关的结构原理

1—指示灯；2—保护电路；3—舌簧开关；
4—开关外壳；5—信号导线；6—活塞；
7—磁环；8—气缸体（缸筒）

装多个磁性开关还可以实现气缸在多点停位）。从磁性开关外部看到所带开关动作指示灯 1 点亮时，表示有信号输出；当指示灯熄灭时，表示没有信号输出。故通过指示灯的亮灭即可观察和了解磁性开关的工作状态是否正常。

有触点磁性开关的配线方式多为二线式，个别产品也有三线式。电源多交直流通用；指示灯有单色（红色或黄色）显示式（点亮时表示动作区域）和双色显示式（绿色表示稳定区域，红色表示非稳定区域）两种。图 16-131 所示为有触点磁性开关的几种电路图。

(a) 二线式典型电路　　(b) 二线式双色指示灯电路　　(c) 三线式电路(与NPN相当)

图 16-131　有触点磁性开关的几种电路

（2）无触点磁性开关　无触点磁性开关的结构原理与有触点磁性开关具有本质的区别。无触点磁性开关是通过对内部晶体管（NPN 或 PNP）的控制来发出控制信号。如图 16-132 所示，当活塞及磁环运动靠近磁性开关时，晶体管导通产生电信号；当磁环离开磁性开关后，晶体管关断，点信号消失。图中 ● 为最大感应点。

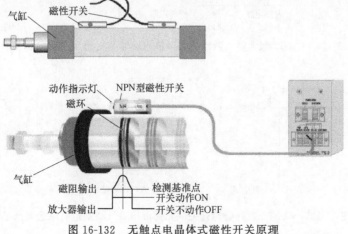

图 16-132　无触点电晶体式磁性开关原理

无触点磁性开关的配线方式多为三线式，个别产品有二线式。这种开关只能使用直流电源。图 16-133 所示为无触点磁性开关的几种典型电路。

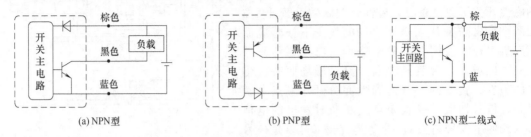

(a) NPN型   (b) PNP型   (c) NPN型二线式

图 16-133　无触点电晶体式磁性开关电路

前已述及，磁性开关的配线有二线式和三线式的区别，三线式又有 NPN 型和 PNP 型，它们的接线互不相同，如表 16-21 所示。

16.11.3　性能特点

采用磁性开关检测气缸行程的位置，将不再需行程两端设置机控阀或行程开关及其安装架，也不需要在活塞杆端部设置撞块，也避免了高压流体直接作用于磁性开关，故使用方便、结构紧凑，可靠性高，稳定性好，寿命长、成本低、开关反应快（通常约 1ms），因而在气动元件位置检测和控制中得到了广泛应用。触点型（有触点磁簧管型）与无触点型（无触点电晶体型）的特点比较如表 16-22 所示。

16.11.4　规格及性能参数

磁性开关的技术规格和性能参数主要有配线方式、输出方式、适合负载、电源电压、开关电流、消耗电流、负载电压、负载电流、内部电压降、漏电流、指示灯、灵敏度、重复性、抗冲击性及抗振性等，这些性能因生产厂及其产品系列型号不同而异。在使用磁性开关时，务必不能超出所选系列型号对应的规格范围，以免造成损毁和动作不良。

16.11.5　典型产品

相关内容见表 16-23 及图 16-134～图 16-140。

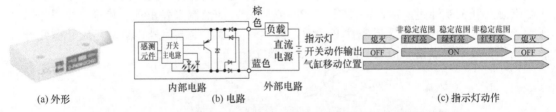

(a) 外形   (b) 电路   (c) 指示灯动作

图 16-134　CK-J7 型无触点磁性开关（济南杰菲特气动元件有限公司产品）

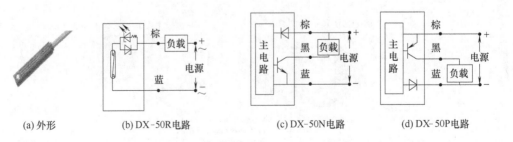

(a) 外形   (b) DX-50R电路   (c) DX-50N电路   (d) DX-50P电路

图 16-135　DX-50 系列磁性开关（无锡市华通气动制造有限公司产品）

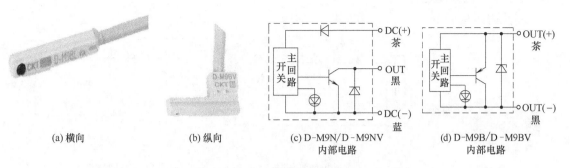

(a) 横向 　　　　(b) 纵向 　　　　(c) D-M9N/D-M9NV 内部电路 　　　　(d) D-M9B/D-M9BV 内部电路

图 16-136　D-M9 系列无触点磁性开关（浙江西克迪气动有限公司产品）

注：-NV 型和-BV 型为纵向安装，其余横向安装。

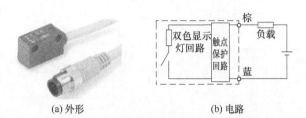

(a) 外形 　　　　(b) 电路

图 16-137　D-P79WSE 型耐强磁场双色显示式有触点磁性开关

［SMC（中国）有限公司产品］

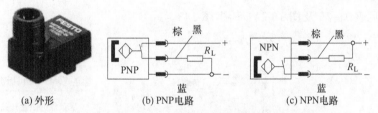

(a) 外形 　　　　(b) PNP电路 　　　　(c) NPN电路

图 16-138　SMTSO-8E 型抗焊场磁阻式接近开关

［费斯托（中国）有限公司产品］

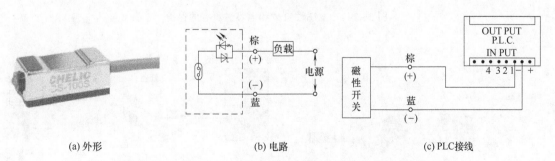

(a) 外形 　　　　(b) 电路 　　　　(c) PLC接线

图 16-139　CS-100（S）系列高感应有触点磁性开关（感应器）

（中国台湾气立可股份有限公司产品）

16.11.6 应用选型

相关内容见表 16-24。

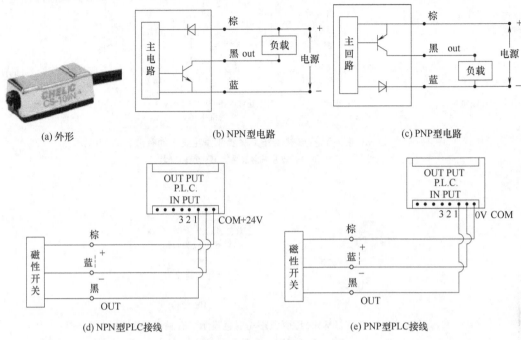

(a) 外形

(b) NPN型电路

(c) PNP型电路

(d) NPN型PLC接线

(e) PNP型PLC接线

图 16-140 CS-100N（P）系列有触点磁性开关（感应器）（中国台湾气立股份有限公司产品）

16.11.7 使用维护

相关内容见表 16-25 及图 16-141～图 16-143。

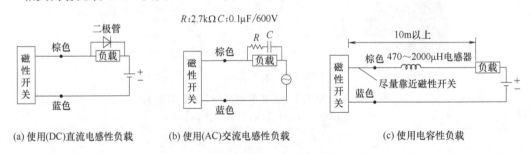

(a) 使用(DC)直流电感性负载

(b) 使用(AC)交流电感性负载

(c) 使用电容性负载

图 16-141 电感性负载和电容性负载的保护

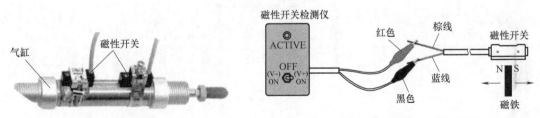

图 16-142 气缸端部安装磁性开关

图 16-143 用磁性开关检测仪对其进行可用性检测

第**17**章 气动控制元件及其应用回路

17.1 气动控制阀及其应用回路概述

17.1.1 功用类型

气动控制元件主要指各种气动控制阀（简称气动阀），其功用是控制调节压缩空气的流向、压力和流量，使执行元件及其驱动的工作机构获得所需的运动方向、推力及运动速度等。气动阀种类繁多（表17-1），但基本上都是由阀芯、阀体和驱动阀芯相对于阀体运动的装置所组成。利用气动控制阀可以构成多种多样的气动回路和系统，以满足不同气动主机的传控需求。

第17章表格

17.1.2 参数特点

公称通径（mm）和公称压力（MPa）是气动阀的两个基本性能参数。前者是指阀的主气口的名义尺寸，它代表了阀的规格和通流能力大小；后者的高低代表了阀的承载能力大小。工作介质的不同，使气动阀与液压阀在使用能源、使用特点、压力范围及对泄漏和润滑的要求等很多方面不尽相同，这是在使用气动技术时需特别注意的。

17.2 方向控制阀及其应用回路

17.2.1 功用种类

气动方向控制阀（简称方向阀）的功用是控制压缩空气的流动方向和气流通断，以满足执行元件启动、停止及运动方向的变换等工作要求。在各类气动控制元件中，方向阀种类最多（表17-2）。不同类型的方向阀区别主要体现在功能、结构、操纵方式、作用特点及密封形式上。

17.2.2 单向型方向阀及其应用回路

单向型方向阀只允许气流沿一个方向流动，包括普通单向阀、导控单向阀、梭阀、双压阀和快速排气阀等。

（1）单向阀 图17-1所示为内螺纹的管式单向阀。当正向进气时，进、排气口 P→A 接通，当进气压力降低时，阀起截止作用，使介质不能逆向返回，保持系统压力，故又称止回阀；反向进气时，P、A截止，靠阀芯2与阀座5间的密封胶垫4实现密封。国内外大多数单向阀产品均为此类结构，只是外形结构及连接方式有所不同而已，图17-2（a）、（b）、（c）分别为内螺纹式、外螺纹式和端部带有快换接头的管式单向阀实物外形。

单向阀在防止介质逆流和防止重物下落中被广泛采用。例如图17-3所示为简易真空保持回路，单向阀6可用于防止吸盘8的介质向真空发

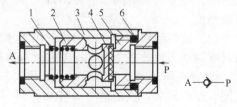

(a) 结构原理 (b) 图形符号

图 17-1 单向阀

1—弹簧；2—阀芯；3—阀体；4—密封胶垫；5—阀座；6—密封圈

(a) 无锡市华通气动制造有限公司　(b) SMC(中国)有限公司　(c) 费斯托(中国)有限公司
　　　KA 系列产品　　　　　　　AKH.AKB 系列产品　　　　　H 系列产品

图 17-2　单向阀实物外形

生器 4 逆流；图 17-4 所示为防止气罐内的压力逆流回路，单向阀 2、3、4 分别用于阻止气罐 5、6、7 的压力逆流；图 17-5 所示为防止重物下落回路，在气缸 7 拖动重物等待期间，单向节流阀 5、6 封堵了气缸工作腔气体，重物被短时保持。

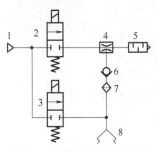
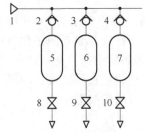
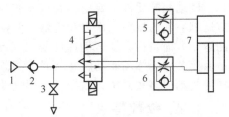

图 17-3　用单向阀的简易真空保持回路

1—压力气源；2,3—二位二通电磁阀；4—真空发生器；5—消声器；6—单向阀；7—过滤器；8—真空吸盘

图 17-4　用单向阀的防止气罐内压力逆流回路

1—压力气源；2～4—单向阀；5～7—气罐；8～10—截止阀

图 17-5　用单向阀的防止重物下落回路

1—压力气源；2—单向阀；3—截止阀；4—二位五通电磁阀；5,6—单向节流阀；7—气缸

（2）先导式单向阀　先导式单向阀除了具有普通单向阀的正向流通、反向截止功能外，通过外部气压控制还可实现反向流通。图 17-6 所示为一种先导式单向阀，阀上的三个气口 P、A、K 分别为进气口、排气口和先导控制气口。在先导气口 K 无信号供给条件下，正向进气时，P→A 接通；反向进气时，阀芯 8 的端面与阀座接触将阀口关闭。当先导气口 K 有信号供给时，控制活塞 1 克服弹簧 2 的弹力，向下推动阀芯 8，导通 P、A，压缩空气便会流入气缸或从气缸流出。如果不存在先导信号，阀就会切断气缸的排气通道，气缸就会停止运动。SMC（中国）有限公司 AS-X785 系列先导式单向阀即为这种结构，其实物外形如图 17-7 所示。

先导式单向阀适用于气缸短时间的定位和制动场合。例如图 17-8 所示回路，当二位五通电磁阀 2 通电切换至上位时，压缩空气经阀 2 和 5 进入气缸无杆腔，同时反向导通阀 4，气缸下腔经阀 3 中的节流阀和阀 2 排气，负载下行。当二位五通电磁阀 2 断电处于图示下位状态时，先导式单向阀 4 的控制口 K 无信号，该阀反向关闭，故气缸 6 有杆腔气体被封闭，负载停位。

（3）或门型梭阀　或门型梭阀相当于反向串接的两个单向阀（共用一个双作用阀芯），故具有两个入口及一个出口，工作时具有逻辑"或"的功能，即压力高的入口自动与出口接通。图 17-9 所示为或门型梭阀。图示状态下，阀芯 2 在 A 口压力气体作用下左移，使 B 口关闭，A 口开启，气流由 C 口排出。同样，当 B 口有压力气体作用时，阀芯右移，使 B 口开启，A 口关闭，气体由 C 口排出。当 A、B 口同时有压力气体作用时，压力高者工作。通常 A、B 口只允许一个口有压力气体作用，另一口连通大气。广东肇庆方大气动有限公司 QS 系列梭阀、SMC（中国）有限公司 VR1210.1220 系列梭阀及费斯托（中国）有限公司产品 OS 系列或门梭阀即为此类结构，图 17-10 所示是其实物外形。

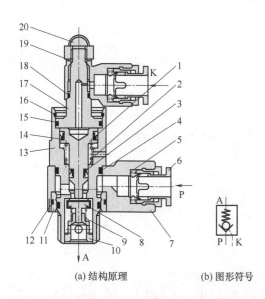

(a) 结构原理　　　(b) 图形符号

图 17-6　先导式单向阀
1—控制活塞；2—弹簧；3—密封圈；
4,12,15,18—O 形圈；
5,11,14—密封件；6—快换接头；
7—接头体；8—阀芯；9—弹簧；10—弹簧座；
13—导控体；16—环；17—盖；
19—垫圈；20—堵头

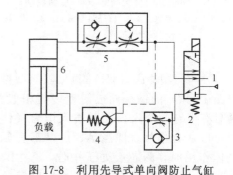

(a) 侧通式　　　(b) 直通式

图 17-7　先导式单向阀实物外形
[SMC（中国）有限公司 AS-X785 系列产品]

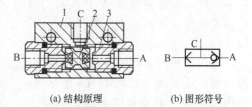

图 17-8　利用先导式单向阀防止气缸
自行下降回路
1—气源；2—二位五通电磁阀；3—单向节流阀；
4—先导式单向阀；5—双单向节流阀；6—气缸

或门型梭阀在逻辑回路和程序控制回路中有广泛应用。例如图 17-11 所示手动-自动换向回路，操作手动阀 1 或电磁阀 2 都可以通过梭阀 3 使气动阀 4 换向，从而使气缸 7 换向，故这种回路又称为或回路；单向节流阀 5 和 6 用于气缸 7 的正反向调速。图 17-12 所示为使用或门型梭阀的互锁回路，当手动阀 1 或 2 切换至左位时梭阀 4 动作，则气控阀 5 切换至左位，此时若阀 3 也切换至左位，则回路无输出 3；若阀 1 和 2 都处于如图右位，则只要操纵阀 3，回路便有输出 3。

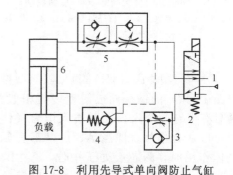

(a) 结构原理　　　(b) 图形符号

图 17-9　或门型梭阀
1—阀体；2—阀芯；3—阀座

(a) QS系列梭阀
(广东肇庆方大气动有限公司产品)

(b) VR1210.1220系列梭阀
[SMC(中国)有限公司产品]

(c) OS系列或门梭阀
[费斯托(中国)有限公司产品]

图 17-10　或门型梭阀实物外形

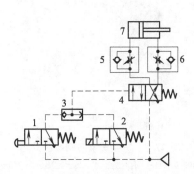

图 17-11　使用或门型梭阀的手动-自动换向回路
1—二位三通手动阀；2—二位三通电磁阀；3—梭阀；
4—二位四通气控阀；5,6—单向
节流阀；7—气缸

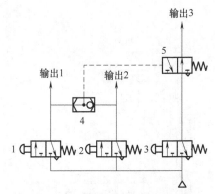

图 17-12　使用或门型梭阀的互锁回路
1,2,3—二位三通手动阀；4—或门型梭阀；
5—二位三通气控阀

（4）与门型梭阀（双压阀）　与门型梭阀（图 17-13）的结构同或门型梭阀相似。该阀只有当有两个入口同时输入压力气体时，出口才有信号。即当 A、B 口都有压力气体作用时，阀芯 2 处于中位，A、B、C 口连通，C 口输出压力气体。当只有 A 口输入压力气体时，阀芯左移，C 口无输出。同样，只有 B 口输入压力气体时，阀

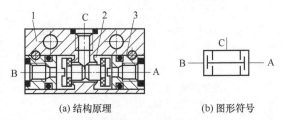

图 17-13　与门型梭阀
1—阀体；2—阀芯；3—阀座

芯右移，C 口也无输出。当 A、B 口气体压力不相等时，则气压低的通过 C 口输出。广东肇庆方大气动有限公司 KSY 系列与门梭阀（双压阀）、SMC（中国）有限公司 VR1211F 系列带快换接头双压阀即为此类结构（图 17-14）。

与门型梭阀也在有互锁要求的回路中被广泛采用，如图 17-15 所示为该阀在钻床气动系统中的应用回路。行程阀 1 和行程阀 2 分别输出工件定位信号与夹紧工件信号。当两个信号同时存在时，与门型梭阀 3 才输出压

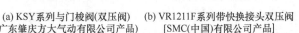

(a) KSY系列与门梭阀(双压阀)　　(b) VR1211F系列带快换接头双压阀
(广东肇庆方大气动有限公司产品)　　[SMC(中国)有限公司产品]
图 17-14　与门型梭阀实物外形

力气体，使气动换向阀 4 切换至左位，气缸 5 驱动钻头开始钻孔加工。否则，阀 4 不能换向。可见，与门型梭阀对行程阀 1 和行程阀 2 起到了互锁作用。

图 17-16 所示为另一种与门型梭阀应用回路，出口压力不同的电磁阀 1 和 2 都通电切换至左位时，输出 1 及输出 2 便有信号输出；当输出 1 及输出 2 都有信号输出时，一旦手动阀 3 切换至左位，输出 3 便有信号；当电磁阀 1 和 2 任一个断电复至右位时，即便阀 3 处于左位，输出 3 也无信号。

（5）快速排气阀　快速排气阀（图 17-17）简称快排阀，是为了加快气缸运动速度，作快速排气之用的阀，按阀芯结构不同有膜片式和唇式等类型，其中膜片式较为多见。在快速排气阀的排气口还可带或不带快换管接头或消声器。

图 17-17（a）所示为膜片式快速排气阀的结构原理，当 P 口有压力气体作用时，膜片 1 下凹，关闭排气口 T，气体经沿膜片圆周上所开小孔 2 从 A 口排出。当 P 口的压力气体取

消后，膜片在弹力和 A 口的压力气体作用下复位，P 口关闭，A 口的压力气体经 T 口排向大气。图 17-17 (b) 所示为唇式快速排气阀的结构原理，当压缩空气从 P 口流入时，唇形阀芯 4 上移其截面封堵排气口 T，气体通过唇形阀芯与阀座内孔之环形缝隙从 A 口进入气缸。当气口 P 处的压力下降时，从气口 A 到 T 排气。图 17-18 所示为几种快速排气阀的实物外形。

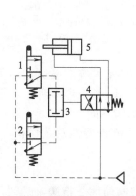

图 17-15　钻床系统与门型梭阀应用回路
1,2—二位三通行程阀；3—梭阀；4—二位四
通气控阀；5—气缸

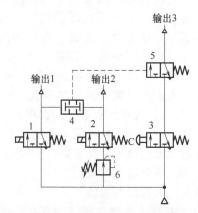

图 17-16　与门型梭阀的另一种应用回路
1,2—二位三通电磁阀；3—二位三通手动阀；4—梭阀；
5—二位三通气控阀；6—减压阀

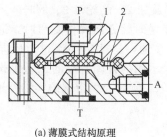
(a) 薄膜式结构原理

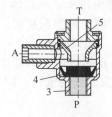
(b) 唇式结构原理

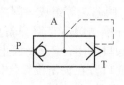
(c) 图形符号

图 17-17　快速排气阀
1—膜片；2—小孔；3—阀体；4—唇形阀芯；5—阀座

(a) KKP系列膜片式快速排气阀
(济南杰菲特气动有限公司产品)

(b) KP系列快速排气阀
(广东肇庆方大气
动有限公司产品)

(c) AQ240F.340F系列快速排气阀
[SMC(中国)有限公司产品]

(d) SE系列快速排气阀
[费斯托(中国)有限公司产品]

图 17-18　快速排气阀实物外形

快速排气阀通常设置在换向阀和气缸之间使用，使气缸内的空气不经换向阀而由此阀直接排出。由于排气快，缩短了气缸的返程时间，提高了气缸的往复速度，特别适用于远距离控制又有速度要求的系统。图 17-19 所示为快速排气阀的应用回路，带消声器的快速排气阀 4、5 设置在气缸 6 和二位五通电磁阀之间，即可提高气缸 6 的正反向运动速度。

(6) 性能参数　单向型方向阀的主要性能参数有公称通径、使用压力、额定流量、有效截面积、开启和关闭压力、泄漏量、换向时间等。

(7) 典型产品　见表17-3。

17.2.3　换向型方向阀及其应用回路

（1）类型参数　换向型方向阀简称换向阀，用于改变气流方向，从而改变执行元件的运动方向，或用于气流的开关通断控制等。气动换向阀由主体部分和操纵部分组成。阀芯和阀体为阀的主体部分，阀芯工作位置数有二位和三位等，通路数有二通、三通、四通及五通等（表17-4）；阀

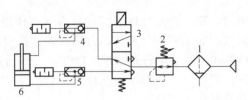

图 17-19　双向快速排气阀应用回路
1—分水滤气器；2—定值器；3—二位
五通电磁阀；4,5—带消声器
快速排气阀；6—气缸

芯结构有截止式（提动式）转阀式、滑阀式（柱塞式）和座阀式等。操纵控制方式有人控（旋钮、按钮、肘杆、双手、脚踏等）、机控、电控、气控、电-气控等多种。不同类型的换向阀，其主体部分大致相同，区别多在于操纵机构和定位机构不同。

换向型方向阀的性能参数有公称通径、工作压力范围、流量特性及截面积、换向时间、工作频率、泄漏量和耐久性等。

（2）人力控制换向阀

① 旋钮式人控换向阀（手指换向阀）。旋钮式人控换向阀简称手指阀，是通过人手直接操作旋钮实现阀的通断的二位换向阀，按通口数有二通、三通和五通等；按结构原理有直动式和先导式两种，先导式较直动式操作力要小，主要用作控制气路的开关和改变控制气路的方向，可发出气信号给气控换向阀使其换向，也可直接控制中、小型气缸动作。

如图17-20所示为一种二位二通手指阀，由阀体1、旋钮2、凸轮环3、阀杆4、弹簧5、阀座6、阀芯7等组成，阀芯通过座阀结构实现密封。当逆时针方向操作旋钮时，通过凸轮环和阀杆推动阀芯克服弹簧力下移，阀口打开，P→A接通，压缩空气流过；反向操作旋钮，则阀口关闭，P→A截止。通过旋钮方向可清楚地表示阀的开闭。有的三通手指阀，并无排气通口，在关闭位置，排除A侧的残余空气。图17-21所示为手指阀的实物外形。

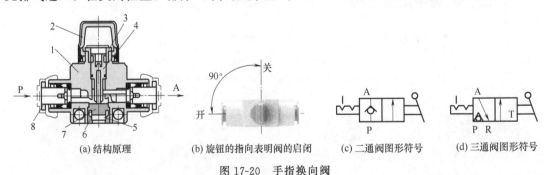

(a) 结构原理　(b) 旋钮的指向表明阀的启闭　(c) 二通阀图形符号　(d) 三通阀图形符号

图 17-20　手指换向阀
1—阀体；2—旋钮；3—凸轮环；4—阀杆；5—弹簧；6—阀座；7—阀芯；8—快换管接头

(a) C系列旋钮式人控阀
（广东肇庆方大气动有限公司产品）

(b) K23JR3型旋钮式二位三通换向阀
（济南杰菲特气动元件有限公司产品）

(c) VHK系列手指阀
[SMC(中国)有限公司产品]

图 17-21　手指换向阀实物外形

② 手动转阀式换向阀。它是利用人力旋转操纵手柄，使阀芯相对于阀体旋转从而改变气体流向。

图 17-22 (a) 所示为手动转阀式四通换向阀的结构原理，阀体 6 上开有压缩气口 P、排气口 T 和工作气口 A、B 四个气口，其操作手柄 1 通过转轴 10 可带动阀芯 8 转动。如图 17-22 (b) 所示，二位阀的手柄操作角度为 90°，三位阀的手柄操作角度在左位和右位各为 45°。转轴 10 带动阀芯 8 转动，则气口 P→A（或 P→B）和 B→T（或 A→T）接通，实现了气缸等执行元件的换向，弹簧 3 和钢球 4 则用于阀芯 8 换向后的定位。对于三位阀，当手柄处于中位时，转阀处于中位。可见通过手柄的朝向即可直观地判断气体流向。手动转阀式四通换向阀的图形符号如图 17-22 (c) 所示，对于三位阀，与液压阀类似，其处于中位时的 4 个气口的连通方式称为中位机能，有 O 型、Y 型等多种，每一种对执行元件可实现不同的控制功能。图 17-23 所示为几种手动转阀式换向阀的实物外形。

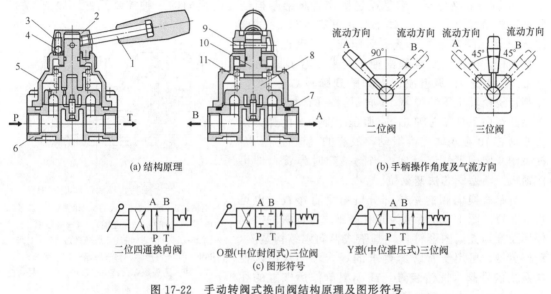

(a) 结构原理 　　(b) 手柄操作角度及气流方向

(c) 图形符号

图 17-22　手动转阀式换向阀结构原理及图形符号

1—手柄；2—手柄头；3—弹簧；4—钢球；5—阀盖；6—阀体；7—O 形圈；8—阀芯（滑板）；9—销轴；10—转轴；11—弹簧

(a) QSR₂系列水平旋转手柄式换向阀
（广东肇庆方大气动有限公司产品）

(b) VH系列手动转阀式换向阀
[SMC(中国)有限公司产品]

(c) VHER系列旋转式手柄换向阀
[费斯托(中国)有限公司产品]

图 17-23　手动转阀式换向阀实物外形

此类阀具有轻巧灵活、压降小，操作维护方便，易损件少，耐磨性好，维护方便的优点，主要用于自动化气动机械的手动机构（如图 17-24 所示的橡塑机械的卷绕胶辊张紧等机构）或非自动化气动机械或装置中，既可直接安装在主机机座上，也可安装在控制盘上。

③ 手动滑阀式及截止阀式换向阀。它们是利用人力推拉、手压、旋转等方式操纵手柄使阀芯相对于阀体滑动实现气流换向的阀（通常为弹簧复位）。此类阀有二位三通、二位五通和三位五通等多种机能，具有小巧紧凑、重量轻、驱动力小等特点，可用于所有工业行业以及手工业场合各类非自动化气动机械设备，执行简单的过程，如夹紧或关闭安全门等。

手动转阀装在塑料保鲜膜复卷机机架上

手动转阀装在生物降解吹膜机机架上

图 17-24　手动转阀式换向阀在橡塑机械上的应用

④ 脚踏式换向阀。它是通过操作者脚踏踏板使滑阀换向的一种控制元件。如图 17-25所示，脚踏式换向阀的主体部分由开有气口 22 的阀体 21、活塞阀芯 10、弹簧 3 等组成；操纵机构类似一个杠杆，由作为支点的销轴 1 及带凸台的踏板 5、芯轴 6、弹簧 15 等组成。当脚踏到踏板右上面时，在踏板绕销轴 1 压缩弹簧 15 向下运动的同时，踏板下侧凸台向下推压芯轴 6，克服压缩弹簧 3 的弹力使活塞阀芯 10 在阀体孔内滑动，故有的气口打开，有的关闭，实现了气流换向；当脚抬起时弹簧力即可使踏板及活塞阀芯快速复位。

脚踏式换向阀的主体部分既可垂直布置，也可水平布置。图 17-26 所示为几种脚踏式换向阀的实物外形及操纵控制图形符号。脚踏式换向阀结构紧凑，动作灵敏，可用于有防爆要求的场合，经常用作控制系统信号阀（发信装置）或小型单作用气缸的往复运动控制。人力控制换向阀典型产品见表 17-5。

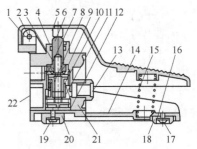

图 17-25　脚踏式换向阀结构原理

1—销轴；2—埋头螺钉；3,15—弹簧；4—E 形扣环；5—踏板；6—芯轴；7,8—O 形圈；9—前盖；10—活塞阀芯；11—底盖；12—C 形扣环；13—消声器；14—底座；16—垫片；17,19—圆头螺钉；18—小脚垫；20—大脚垫；21—阀体；22—气口

踏板控制

(a) QR7A系列二位三通、五通脚踏换向阀（广东肇庆方大气动有限公司产品）　(b) KJR7系列脚踏式二位换向阀（济南杰菲特气动元件有限公司产品）　(c) VM200系列脚踏式二位换向阀 [SMC(中国)有限公司产品]　(d) 脚踏换向阀操纵控制图形符号

图 17-26　脚踏式换向阀外形及操纵控制图形符号

（3）机控换向阀　机控换向阀是通过机械外力驱动阀芯切换气流方向，既可作信号阀使用，并将气动信号反馈给控制器，也可直接控制气缸等执行元件。机控阀多为二位阀（有二通、三通、四通、五通等多种机能），靠机械外力使阀实现换向动作，靠弹簧力复位。

图 17-27 所示为二位五通直动滚轮机控换向阀。图示位置，弹簧 6 使阀芯 3 复位，阀体

4 的压力气口 P 与工作气口 B 接通，工作气口 A 经排气口 T_2 排气；当机械撞块（图中未画出）等压下滚轮 1 和压杆 2 及阀芯 3 时，机控阀换向，压力气口 P 与工作气口 A 接通，工作气口 B 经排气口 T_1 排气。

除了上述直动滚轮式外，阀的头部操纵机构还有直动式（压杆活塞式）、杠杆滚轮式、滚轮通过式等多种，其实物外形和操纵控制图形符号如图 17-28 所示。其中直动式是由机械传动中的挡铁进行操纵控制；杠杆滚轮式是由机械外力压下杠杆滚轮及阀芯进行控制；滚轮通过式只有当行程挡块正向运动时，挡块压住阀的头部才能使阀换向，而在挡块回程时，虽压滚轮，但阀不会换向。

机械控制换向阀具有无需电子控制器、无需编程、易于调节和连接等优点。机械控制换向阀典型产品见表 17-6。

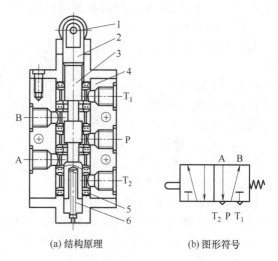

(a) 结构原理　　　　(b) 图形符号

图 17-27　二位五通直动滚轮机控换向阀

1—滚轮；2—压杆；3—阀芯；4—阀体；
5—阀套及密封组件；6—复位弹簧

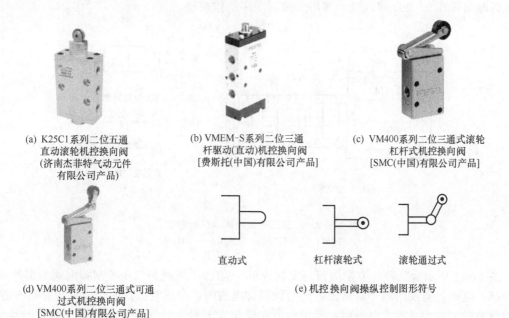

(a) K25C1系列二位五通直动滚轮机控换向阀（济南杰菲特气动元件有限公司产品）

(b) VMEM-S系列二位三通杆驱动(直动)机控换向阀[费斯托(中国)有限公司产品]

(c) VM400系列二位三通式滚轮杠杆式机控换向阀[SMC(中国)有限公司产品]

(d) VM400系列二位三通式可通过式机控换向阀[SMC(中国)有限公司产品]

直动式　　　杠杆滚轮式　　　滚轮通过式

(e) 机控换向阀操纵控制图形符号

图 17-28　机控换向阀实物外形及操纵控制图形符号

（4）气控换向阀　气控换向阀是利用气压信号作为操纵力使气体改变流向。此类阀适于在高温易燃、易爆、潮湿、粉尘大、强磁场等恶劣工作环境下及不允许电源存在的场合使用。此类阀按控制方式有加压控制、释压控制、差压控制和延时控制等四种。

加压控制指气控信号压力是逐渐上升的，当气压增加到阀芯的动作压力时，阀便换向；释压控制指气控信号压力是减小的，当减小到某一压力值时，阀便换向；差压控制指阀芯在两端压力差的作用下换向；延时控制指气流在气容（储气空间）内经一定时间建立起一定压力后，再使阀芯换向。此处仅介绍典型的释压控制和延时控制换向阀。

图 17-29 所示为二位五通释压控制式换向阀。阀体 1 上的气口 P 接压力气源，A 和 B 接执行元件，T_1 和 T_2 接大气，K_1 和 K_2 接阀的左、右控制腔 4 和 5（控制压力气体由 P 口提供）；滑阀式阀芯 2 在阀体内可有两个工

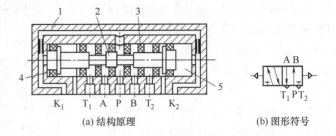

(a) 结构原理　　　　　　　(b) 图形符号

图 17-29　二位五通气控换向阀（释压控制）
1—阀体；2—阀芯；3—软体密封；4,5—左、右控制腔

作位置；各工作腔之间采用软质密封（合成橡胶材料制成）。当 K_1 口通大气而使左控制腔释放压力气体时，则右控制腔内的控制压力大于左腔的压力，便推动阀芯左移，使 P→B、A→T_1 接通。反之，当 K_1 口关闭，K_2 口通大气而使右控制腔释放压力气体时，则阀芯右移换向，使 P→A，B→T_2 相通。

图 17-30 所示为二位三通延时控制式换向阀，它由延时和换向两部分组成。当无气控信号时，P 与 A 断开，A 腔排气；当有气控信号时，气体从 K 口输入经可调节流阀 3 节流后到气容 C 内，使气容不断充气，直到气容内的气压上升到某一值时，使换向阀芯 2 右移，使 P→A 接通，A 有输出。当气控信号消失后，气容内气压经单向阀到 K 口排空。这种阀的延时时间可在 $0 \sim 20s$ 间调整，多用于多缸顺序动作控制。

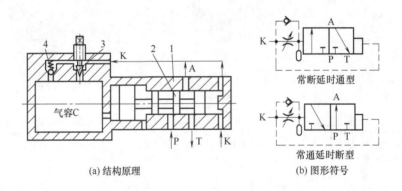

(a) 结构原理　　　　　　　(b) 图形符号

图 17-30　二位三通换向阀（延时控制）
1—阀体；2—阀芯；3—节流阀；4—单向阀

图 17-31 所示为几种气控换向阀的实物外形；表 17-7 所列为气压控制换向阀典型产品。

（5）电磁控制换向阀　电磁控制换向阀简称电磁阀，利用电磁铁的吸力直接驱动阀芯移位进行换向，称为直动式电磁阀；利用电磁先导阀输出的先导气压驱动气动主阀进行换向，称为先导式电磁阀（也称电-气控制换向阀）。

电磁阀由于用电信号操纵，故能进行远距离控制且响应速度快，因而成为气动系统方向控制阀中使用最多的。按电磁铁数量有单电控驱动（单电磁铁或单头驱动）和双电控驱动（双电磁铁或双头驱动）两类；按电源有交流电磁阀和直流电磁阀；按阀芯结构有滑阀式、膜片式、截止式和座阀式等；按工作位置有二位和三位之分；按通口数量有二通、三通、四通和五通多种。其中二位二通和二位三通阀一般为单电控阀，二位五通阀一般为双电控阀。单电磁铁截止式二位三通换向阀工作原理及图形符号如图 17-32 所示。

(a) K35K2系列三位五通双气控释压
控制滑阀式换向阀
(济南杰菲特气动元件有限公司产品)

(b) QQC系列气控换向阀
(广东肇庆方大气动有限公司产品)

(c) K23Y系列二位三通延时控制换向阀
(济南杰菲特气动元件有限公司产品)

(d) VZA2000二位、三位五通滑阀式
气控换向阀
[SMC(中国)有限公司产品]

(e) VTA301系列二位三通气控换向阀
[SMC(中国)有限公司产品]

(f) VUWS系列二位三通、五通,三位
五通滑阀式气控换向阀
[费斯托(中国)有限公司产品]

图 17-31   几种气控换向阀的实物外形

　　① 单电控电磁阀。图 17-33 所示为单电磁铁滑阀式二位三通换向阀结构原理 [其图形符号与图 17-32（c）所示相同]，它主要由阀体、阀芯、弹簧及电磁铁等构成，阀芯与阀套之间采用间隙密封。图示为电磁铁断电状态，弹簧 4 作用使阀芯复位，A→T 口连通排气，P 口闭死；当电磁铁通电时，阀芯克服弹簧力下移，P→A 口连通，T 口闭死。从而实现了气流换向。

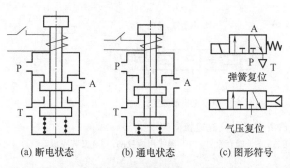

图 17-32   单电磁铁截止式二位三通换向
阀工作原理及图形符号

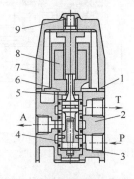

图 17-33   单电磁铁滑阀式二位三通换
向阀结构原理
1—垫片；2—阀体；3—弹簧座；4—弹簧；
5—阀芯组件；6—衬套；7—线圈罩；
8—电磁铁组件；9—堵头

　　几种单电磁铁直动式二位换向阀的实物外形如图 17-34 所示。
　　② 双电控直动式电磁阀。图 17-35 所示为双电磁铁直接驱动的动滑阀式二位五通换向阀。图 17-35（b）为电磁铁 a 通电状态，阀芯右移，P→A 口连通，B→T_2 口连通；图 17-35（c）为电磁铁 b 通电状态，阀芯左移，P→B 口连通，A→T_1 口连通。阀芯在电磁铁 1、2 的交替作用下向左或向右移动实现换向，但两电磁铁不可同时通电。如图 17-35（a）所示，在结构上，双电控二位五通阀的中部为阀体 3、阀芯 4、阀套组件 5 组成的主体结构，其两侧为电磁铁 1 和 6，整个阀安装于底板 8 之上，通过两个电磁铁的通断电即可驱动阀芯的移位实现阀的换向。

(a) Q22D 系列单电控截止式、膜片式
二位二通电磁阀
（广东肇庆方大气动有限公司产品）

(b) PC 系列二位三通、四通交流电磁阀
（无锡市华通气动制造有限公司产品）

管式阀　　　　　板式阀

(c) K25D-L系列二位五通电磁阀
（济南气动元件有限公司产品）

(d) VS3135.3145 系列/ VS3115.3110 系列
二位三通电磁阀
[SMC (中国)有限公司产品]

图 17-34　单电磁铁直动式二位换向阀实物外形

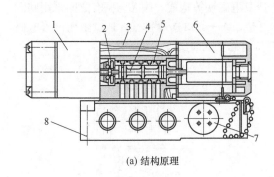

图 17-35　双电磁铁滑阀式二位五通换向阀
1,6—电磁铁；2—制动组件；3—阀体；4—阀芯；5—阀套组件；7—导线用橡胶塞；8—安装底板

　　双电控二位电磁阀多具有记忆功能，在一个电磁铁得电后处于某一种状态，即使这个电磁铁失电了（双失电状态），它依然留在这个状态下，直至另一个电磁铁得电后它才返回到另一个状态。由此可见这种双电磁铁驱动的二位电磁阀不会像单电磁铁驱动的电磁阀那样利用弹簧自行复位。图 17-36 所示为带记忆功能的双电控二位五通电磁阀实物外形。

(a) QDC 系列二位五通双电控电磁阀
（广东肇庆方大气动有限公司产品）

(b) K25D$_2$系列二位五通双电控滑阀式电磁阀
（烟台未来自动装备有限公司产品）

(c) VS4210 系列双电控直动
式二位五通电磁阀
[SMC (中国)有限公司产品]

图 17-36　双电控滑阀式五通电磁阀实物外形（带记忆功能）

双电磁铁驱动的三位阀则是靠两侧复位弹簧来进行对中复位；其中位有封闭、加压和泄压等几种机能（表 17-4）。

③ 先导式电磁阀。先导式电磁阀由电磁换向阀和气控换向阀组合而成，其中前者规格较小，起先导阀作用，通过改变控制气流方向使后者切换，通常为截止式；后者规格较大为主阀，改变主气路方向从而改变执行元件运动方向，有截止式和滑阀式等结构形式。先导式电磁阀也有单先导式（单电控）和双先导式（双电控）之分。

图 17-37 所示为二位五通双先导式换向阀工作原理及图形符号。图 17-37（a）为左先导阀通电工作，右先导阀断电，主阀芯右移，P→A 口连通，B→T_2 口连通；图 17-37（b）为左先导阀断电，右先导阀通电，主阀芯左移，P→B 口连通，A→T_1 口连通。

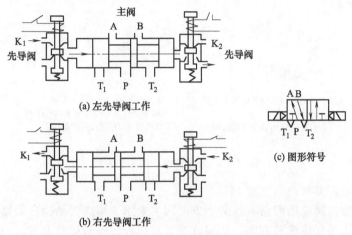

(a) 左先导阀工作

(b) 右先导阀工作

(c) 图形符号

图 17-37　双电控先导式二位五通电磁阀工作原理及图形符号

图 17-38 所示为三位五通双电控先导式换向阀。阀的主体结构为滑阀芯 4 和阀体 7，操纵机构为两个电磁铁 1 和 8 及两个装在空腔控制活塞中的弹簧 3 和 5。在两个电磁铁均未通电时，由于两个弹簧的对中作用，滑阀芯处于图示中间封闭位置。当电磁铁 1 通电时，该先导阀输出的气压作用在控制活塞 2 上，阀换向，P→A 接通，B→T_1 排气；同样，当电磁铁 8 通电时，则 P→B 接通，A→T_2 排气。该三位阀是靠加压控制使阀换向的，电磁先导阀为

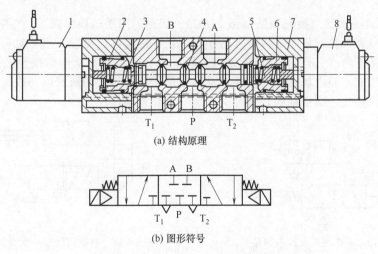

(a) 结构原理

(b) 图形符号

图 17-38　三位五通双电控先导式换向阀

1,8—电磁铁；2,6—控制活塞；3,5—弹簧；4—滑阀芯；7—阀体

常断式。若三位阀用泄压控制换向，则电磁先导阀需用常通式的。

几种先导式电磁阀实物外形如图 17-39 所示，其中图（a）是先导式电磁阀的先导阀。

(a) Q23DI 二位三通
电磁先导阀
（广东肇庆方大气动有限公司
产品）

(b) K25D 系列二位五通电磁阀
（济南气动元件有限公司产品）

(c) 200 系列二位三通、五通，三位五通
单电控/双电控内部先导式电磁阀
（无锡市华通气动制造有限公司产品）

(d) K35D₂系列三位五通双电控
先导式电磁阀
（烟台未来自动装备有限公司
产品）

(e) VUVG系列二位三通、五通，
三位五通单电控／双电控先导式电磁阀
[费斯托(中国)有限公司产品]

图 17-39　先导式电磁阀实物外形

电磁控制换向阀典型产品见表 17-8。

（6）换向型方向阀应用回路　换向型方向阀主要用于构成气动换向回路，通过各种通用气动换向阀改变压缩气体流动方向，从而改变气动执行元件的运动方向。

① 单作用气缸换向回路（图 17-40）。回路采用常闭的二位三通电磁阀 1 控制单作用气缸 2 的换向。当电磁阀 1 断电处于图示状态时，气缸 2 左腔经阀 1 排气，活塞靠右腔的弹簧力作用复位退回。当阀 1 通电切换至左位后，气源的压缩空气经阀 1 进入气缸的左腔，活塞压缩弹簧并克服负载力右行。当阀 1 断电后，气缸又退回。二位三通阀控制气缸只能换向而不能在任意位置停留。如需在任意位置停留，则必须使用三位四通或三位五通阀控制，但由于空气的可压缩性，难于停止在精确的位置，另外，阀和缸的泄漏，也使其不能长时间保持在停止位置。

② 双作用缸一次往复换向回路（图 17-41）。回路采用手动换向阀 1、气控换向阀 2（具有双稳态功能）和机控行程阀 3 控制气缸实现一次往复换向。当按下阀 1 时，阀 2 切换至左位，气缸的活塞进给（右行）。当活动挡块 5 压下阀 3 时，阀 3 动作切换至上位，阀 2 切换至图示右位，气缸右腔进气、左腔排气推动活塞退回。从而手动阀发出一次控制信号，气缸往复动作一次。再按一次手动阀，气缸又完成一次往复动作。

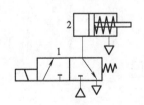
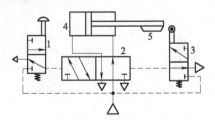

图 17-40　单作用气缸换向回路
1—二位三通电磁阀；2—单作用气缸

图 17-41　双作用气缸一次往复换向回路
1—手动换向阀；2—气控换向阀；3—机控
行程阀；4—气缸；5—活动挡块

③ 双作用缸往复换向回路（图 17-42）。用两个二位三通电磁阀 1 和 2 控制双作用缸 3 往复换向。在图示状态，气源的压缩空气经电磁阀 2 的右位进入气缸 3 的右腔，左腔经阀 1 的右位排气，并推动活塞退回。当阀 1 和阀 2 都通电时，气缸的左腔进气，右腔排气，活塞杆伸出。当电磁阀 1、2 都断电处于图示状态时，活塞杆退回。电磁阀的通断电可采用接触式的或非接触式的行程开关发信。

④ 双作用气缸连续往复换向回路（图 17-43）。在图示状态，气缸 5 的活塞退回（左行），当机控换向阀（行程阀）3 被活塞杆上的活动挡块 6 压下时，控制气路处于排气状态。当按下具有定位机构的手控换向阀 1 时，控制气体经阀 1 的右位、阀 3 的上位作用在气控换向阀 2 的右端控制腔，阀 2 切换至右位工作，气缸的左腔进气、右腔排气进给（右行）。当挡块 6 压下行程阀 4 时，控制气路经阀 4 上位排气，阀 2 在弹簧力作用下复至左位。此时，气缸右腔进气，左腔排气，做退回运动。当挡块压下阀 3 时，控制气体又作用在阀 2 的右控制腔，使气缸换向进给。周而复始，气缸自动往复运动。当拉动阀 1 至左位时，气缸便停止运动。

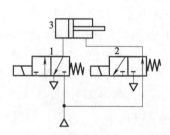

图 17-42　双作用缸往复换向回路
1,2—电磁阀；3—气缸

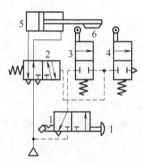

图 17-43　双作用气缸连续往复换向回路
1—手控换向阀；2—气控换向阀；3,4—机控换向阀（行程阀）；5—气缸；6—活动挡块

17.2.4　其他方向阀及其应用回路

（1）二通流体阀（介质阀）　二通流体阀也叫过程阀或介质阀，在气动系统中主要用作压缩空气的开关，阀打开时空气通过，阀关闭时空气截止。流体阀在结构上也是由主体结构（阀体和阀芯）和操纵结构两部分组成。按照阀芯结构不同，有膜片式、滑阀式、球阀式、蝶阀式等形式；按操纵控制方式不同，二通流体阀有手动控制、机械控制、气动控制和电磁控制等类型；按照阀芯的复位方式不同，有弹簧复位和气压复位等。

此处仅对一种膜片式气控流体阀简介如下。它是直角式二位二通结构，如图 17-44 所示，它主要由阀体 1、膜片 2 和弹簧 3 构成，阀体上开有主气口 P、A 和气孔口 K。膜片 2（阀芯）将阀分成上气室 4 和下气室 5。当气控口 K 无信号作用时，自 P 口进入阀内的压缩空气经节流小孔（图中未画出）进入上气室，此时上气室压力将膜片的下端面紧贴阀的输出口，封闭 P→A 的通道，阀处于关闭状态；当气控口 K 有信号作用时，阀上气室的放气孔（图中未画出）打开而迅速失压，膜片上移，压缩空气通过阀输出口输出，P→A 打开，阀处于"开启"状态。这种二通阀常在袋式脉冲除尘器喷吹灰系统中用作压缩空气开关，连接在储气筒与除尘器喷吹管上，通过气信号的控制，对滤袋进行喷吹清灰。

（2）大功率三位三通中封式换向阀

① 功用原理。三位三通大功率换向阀的主要功用是大流量气动系统的控制（如气缸中间停位，真空吸附/真空破坏，气缸终端减速和中间变速、缓停及加减速控制等），实现气路结构简化，减少用阀数量等。

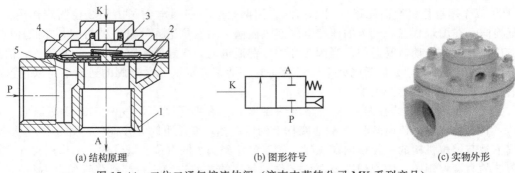

(a) 结构原理

(b) 图形符号

(c) 实物外形

图 17-44　二位二通气控流体阀（济南杰菲特公司 MK 系列产品）

1—阀体；2—膜片；3—弹簧；4—上气室；5—下气室

图 17-45（a）所示为三位三通中封型大功率换向阀的结构原理，它主要由阀体 1、座阀芯 3 及 5、对中弹簧 2 及 6、控制活塞 9 等组成，通过先导空气驱动控制活塞 9、轴 4 及与其相连的座阀芯 3 和 5 左右移动，即可实现该阀对气流的换向。先导空气直供时为气控阀，通过电磁导阀提供时为电磁先导型阀［图（a）中未画出电磁导阀］。先导空气通口 K_1 进气时（K_2 排气），控制活塞 9、轴 4 驱动阀芯 3、5 左移，P→A 相通，T 口封闭；先导空气通口 K_2 进气时（K_1 排气），控制活塞 9、轴 4 驱动阀芯 3、5 右移，A→T 相通，P 口封闭；当 K_1 和 K_2 均不通气时，阀芯在对中弹簧 2 和 6 的作用下处于图示中位，气口 P、A、T 均封闭。阀的图形符号如图 17-45（b）所示。SMC（中国）有限公司的 VEX3 系列大功率三位三通气控型/先导电磁型换向阀系列产品即为此种结构，其实物外形如图 17-45（c）所示。

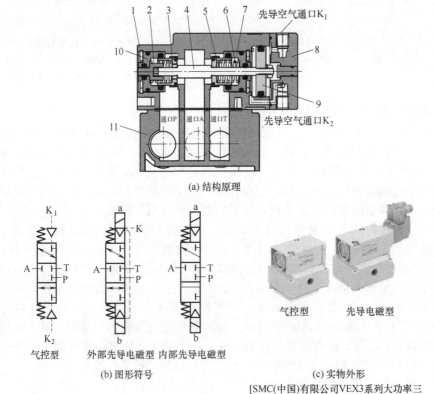

(a) 结构原理

(b) 图形符号

气控型　外部先导电磁型　内部先导电磁型

气控型　先导电磁型

(c) 实物外形

[SMC(中国)有限公司VEX3系列大功率三位三通气控型/先导电磁型换向阀系列产品]

图 17-45　大功率三位三通电磁阀

1—阀体；2，6—对中弹簧；3，5—座阀芯；4—轴；7，10—阀芯导座；8—端盖；9—控制活塞；11—底板

② 典型应用回路。

a. 气缸中位停止回路（图 17-46）。利用一个中封机能三位阀 4，替代两个二位阀 2、3，即可简单构成气缸中位停止回路，减少了阀和配管数量与规格尺寸及其带来的阻力损失，增大了系统流通能力。

b. 真空吸附/真空破坏回路（图 17-47）。利用一个三位三通双电控阀 6 适合替代多个电控阀（阀 2、3）构成真空吸附、真空破坏和停止中封动作气动系统（阀 2 作吸附阀、3 作破坏阀）（例如图 17-48 所示的移动电话零部件跌落破坏试验机系统），且真空吸附与真空破坏切换时没有漏气。但应注意：通口 A 保持真空的工况，由于真空吸盘及配管等处漏气，真空度会降低，故应将三位三通阀保持真空吸附位置继续抽真空；此外，该阀不能用作紧急切断阀。

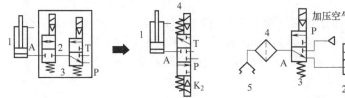

(a) 二位阀回路　　　(b) 三位阀回路　　　(a) 多阀真空吸附/真空破坏系统　(b) 三位三通阀真空吸附/破坏系统

图 17-46　气缸中位停止回路　　　　　图 17-47　真空吸附/真空破坏回路

1—气缸；2,3—二位三通电磁阀；　　　1—真空泵；2,3—二位三通电控阀；4—真空过滤器；

4—三位三通电磁阀　　　　　　　　5—真空吸盘；6—三位三通双电控阀

c. 终端减速·中间变速回路。如图 17-49（b）所示，采用三位三通电磁阀容易变速，系统构成比多阀回路 [图 17-49（a）] 简单，响应快；减少了阀和配管数量与规格尺寸及其带来的阻力损失，增大了系统流通能力。例如，气缸 1 伸出时，若阀 10 的电磁铁 b 一旦断电，气缸排气被切断则减速。

d. 压力选择回路和方向分配回路。如图 17-50 所示，三位三通电磁阀 8 可以替代二位三通电磁阀 7 作为选择阀，选择两个不同设定压力的减压阀 1、2 输出的压力供系统使用。三位三通电磁阀还可替代二位三通阀构成方向分配回路（图 17-51），向气罐 2 或 3 分配供气。在做上述应用时，阀可有多种接管形式，可顺次切换动作，防止漏气和空气混入。

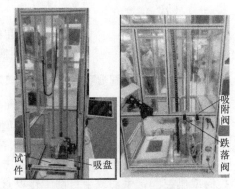

图 17-48　跌落破坏试验机

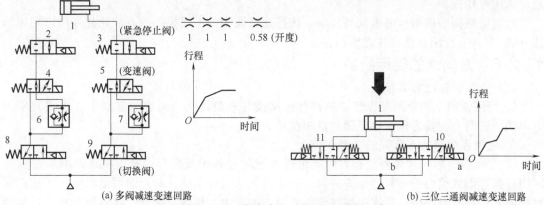

(a) 多阀减速变速回路　　　　　　　　(b) 三位三通阀减速变速回路

图 17-49　终端减速-中间变速回路

1—气缸；2，3—二位二通电控阀（紧急停止阀）；4，5，8，9—二位三通电磁阀（变速阀和切换阀）；

6，7—单向节流阀；10，11—三位三通电磁阀

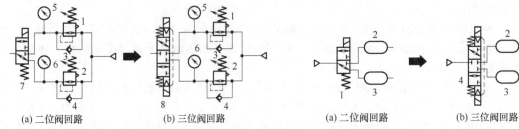

| (a) 二位阀回路 | (b) 三位阀回路 | (a) 二位阀回路 | (b) 三位阀回路 |

图 17-50 压力选择回路

1，2—减压阀；3，4—单向阀；5，6—压力表；

7—二位三通电控阀；8—三位三通电磁阀

图 17-51 方向分配回路

1—二位三通电磁阀；2，3—气罐；

4—三位三通电磁阀

e. 双作用气缸的缓停及加减速动作控制回路。如图 17-52（a）所示，若用两个三位三通电磁阀 1、2 驱动双作用气缸 3，可实现缓停及加减速等 9 种不同位置（3 位置×3 位置＝9 位置）的动作控制 [图 17-52（b）]，各位置阀的机能及气缸状态如图（b）附表所列。

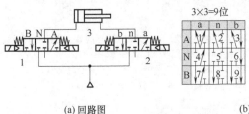

各位置阀的机能及气缸状态

位置编号	1	2	3	4	5
阀机能、缸状态	中压式	中压式＋往复运动	中封式	中封式
位置编号	6	7	8	9
阀机能、缸状态	中泄式＋往复运动	中封式	中泄式

| (a) 回路图 | (b) 位置组合表 |

图 17-52 双作用气缸的缓停及加减速动作控制回路

1，2—三位三通电磁阀；3—双作用气缸

（3）其他方向阀典型产品 见表 17-9。

17.2.5 方向阀的应用选型

方向阀品种繁多，在对其进行选型时，注意事项如下。

（1）类型的选定 应根据使用条件和要求（如自动化程度、环境温度、易燃易爆、密封要求等）选择方向控制阀的操纵控制方式及结构形式，例如自动工作设备宜选用电磁阀、气控阀或机控阀，手动或半自动工作设备则可选用人力控制阀或机控阀；密封为主要要求的场合，则应选用橡胶密封的阀；如要求换向力小、有记忆功能，则应选用滑阀；如气源环境条件差，宜选用截止式阀等。此外，应尽量减少阀的种类，优先采用现有标准通用产品，尽量避免采用专用阀。

（2）电磁阀的选型 电磁阀是气动系统使用量最大的一类换向阀，故此处专门以列表形式（表 17-10）介绍其选型注意事项。

17.2.6 方向阀的使用维护

（1）安装调试注意事项

① 使用说明书的使用及保管。应在仔细阅读并理解说明书内容的基础上，再安装使用方向阀；说明书应妥为保管以便随时查阅使用。

② 应确保维修检查所需的必要空间。

③ 在阀安装前，首先要检查方向阀组件在运输过程中及库存中是否损坏，损坏或库存时间过久可能致使内部密封已经失效者一律不得装入气动系统；对于泄漏量增大，不能正常动作的元件，不得使用；其次应彻底清除管道内的灰尘、油污、铁锈、碎屑等污物，以免阀动作失常或被损伤。

④ 在安装时，应注意是否符合产品规格和技术要求（如通径大小、使用压力、先导压

力、电源电压、动作频率、环境温度范围等）；应注意阀的推荐安装位置和标明的气流方向〔大多数方向阀产品，P或1为气源进气口，A（B）或2（4）为工作气口，T_1、T_2或3（5）为排气口〕，在安装和维护时，可接通压缩空气和电源，进行适当的功能检查和漏气检查，确认是否正确安装；安装和使用中不要擦除、撕掉或文字涂抹产品上印刷或粘贴的警告标记与规格及图形符号。

⑤ 换向阀应尽可能靠近气缸安装，以便提高反应速度并减少耗气量。

⑥ 电控阀应接地，以保证人身安全。

⑦ 安装时，应按照推荐力矩拧紧螺纹。

⑧ 管件配置（配管）。

a. 配管前，应进行充分的吹扫（刷洗）或者清洗，充分地除去管内的切屑、切削油、异物等。

图 17-53 密封带的卷绕方法

b. 密封带的卷绕方法。配管和管接头类螺纹连接的场合，不许将配管螺纹的切屑和密封材的碎片混入阀内部。在使用密封带时，如图 17-53 所示，应在螺纹前端留下 1 个螺距不缠。

c. 在使用中位封闭式换向阀时，应充分确认阀和气缸之间的配管无漏气。

d. 应切实将配管插到底，并在确认配管不能拔出之后再使用。

e. 气动控制阀中的配管接口螺纹除了公制 M 外，还有 G 和 Rc、NPT、NPTF 等几种英制螺纹（其代号含义及特点参见表 17-1）。在配管安装使用时，这几种螺纹不要搞错。要用推荐的工具和要求的力矩将配管和管接头的螺纹拧入，以免过度拧紧而溢出大量密封剂，或拧紧不足，造成密封不良或螺纹松弛。管件通常可重复使用 2～3 次。从卸下的管接头上剥离附着的密封剂，通过吹扫等除去后再使用。

f. 在产品上连接配管时，请参见使用说明书，以防供给通口接错。

⑨ 电气线缆配置（配线）。

a. 电磁阀是电气产品，应设置适当的保险丝和漏电断路器，以保证使用安全。

b. 不要对导线施加过大（具体数值见说明书，如 SMC 的配线为 30N）的力，以免造成断线而影响安全和使用。

c. 施加电压。电磁阀与电源连接时，不要弄错施加电压，以免致动作不良或线圈烧损。

d. 直流（带指示灯、过电压保护回路的）电磁阀与电源连接时，应确认有无极性。当有极性时，应注意以下几点：未内置极性保护用二极管时，一旦弄错极性，电磁阀内部二极管和控制器侧的开关元件或电源会被烧损；带极性保护用二极管时，弄错极性，电磁阀无法切换。

e. 接线的确认。完成配线后，请确认接线无误。

⑩ 润滑给油。

a. 对于使用弹性密封的阀，应参照使用说明书决定阀是否必须给油，对于有预加润滑脂的阀，能在不给油的条件下工作。如要给油，请按说明书规定的润滑油品牌及牌号进行。一旦中途停止给油，由于预加润滑脂消失会导致动作不良，故必须一直给油。对于使用金属密封的阀，可无给油使用。给油时，请按说明书规定的润滑油品牌及牌号进行。

b. 给油量要得当。如果给油过多，先导阀内部润滑油积存会造成误动作或响应迟缓等异常，故不要过度给油。对于需要大量给油的场合，应使用外部先导，并向外部先导口供给无给油的空气，以免先导阀内部润滑油积存。

⑪ 空气源。

a. 气动方向阀的工作介质应使用压缩空气，并按说明书要求的过滤精度进行过滤（在阀附近的上游侧安装空气过滤器）。若压缩空气中有含有化学药品、有机溶剂的合成油、盐分、耐腐蚀性气体等，会造成电磁阀的破坏及动作不良，故不要使用。应注意，当使用流体为超干燥空气时，可能会因元件内部的润滑特性劣化，影响元件的可靠性（寿命）。

b. 含有大量冷凝水的压缩空气会造成气动元件动作不良，故对于冷凝水多的场合，应设置后冷却器、空气干燥器、冷凝水收集器等装置。

c. 对于碳粉较多的场合，应在换向阀的上游侧设置尘埃分离器以除去碳粉，以免碳粉附在阀内部导致其动作不良。

⑫ 使用环境。

a. 不要在有腐蚀性气体、化学品、海水、水、水蒸气的环境或有这些物质附着的场所中使用；不要在有可燃性气体、爆炸性气体的环境中使用，以免发生火灾或爆炸；不要在发生振动或者冲击的场所使用。

b. 在日光照射的场合，应使用保护罩等避光。不能在户外使用。在周围有热源存在的场合，应遮蔽辐射热。

c. 在有油以及焊接时焊渣飞溅附着的场所，应采取适当的防护措施。

d. 在控制柜内安装电磁阀，或长时间通电时，根据电磁阀的规格，采取使电磁阀的温度可保持在规定范围内的放热对策。

e. 应在各阀规格所示的环境温度范围内使用。但在温度变化剧烈的环境下使用时应多加注意。

f. 在湿度低的环境中使用阀时，应实施防静电对策；在高湿度环境中使用时，应实施防水滴附着对策。

（2）维护检查

① 气动控制阀要定期维修，在拆卸和装配时要防止碰伤密封圈。

② 应按照使用说明书给出的方法、步骤进行维护检查。以免因误操作，对人体造成损伤并导致元件和装置损坏或动作不良。

③ 机械设备上气动元件的拆卸及压缩空气的供、排气。

a. 在确认被驱动物体（负载）已采取了防落下处置和防失控等对策之后再切断气源和电源，通过残压释放功能排放完气动系统内部的压力之后，才能拆卸元件。

b. 使用三位中封式或中止式换向阀时，阀和气缸之间会有压缩空气残留，同样需要释放残压。

c. 气动元件更换或再安装后重新启动时，应先确认气动缸等执行元件已采取了防止飞出措施后，再确认元件能否正常动作。尤其是在使用二位双电控电磁阀时，若急剧释放残压，在某些配管条件下，可能发生阀的误动作及连接的执行元件动作的情况。故应多加注意。

④ 低频率使用。为防止动作不良，电磁阀通常应至少每30天进行一次换向动作。

⑤ 进行手动操作时，连接的装置有动作。应确认安全后再进行操作。

⑥ 漏气量增大或产品不能正常动作时，不要使用。定期检查和维护电磁阀，确认漏气和动作状况。

⑦ 应定期排放空气过滤器内的冷凝水；对于弹性密封电磁阀，一旦给油后就必须连续给油，应使用产品说明书规定的润滑油，以免因使用其他种类润滑油导致动作不良等故障发生；双电控阀进行手动切换时，如果是瞬间操作，可能会造成气缸误动作，建议持续按住手动按钮直至气缸到达行程末端。

17.2.7 方向阀的故障诊断

相关内容见表17-11。

17.3 压力控制阀及其应用回路

17.3.1 功用种类

压力控制阀（简称压力阀）主要用来控制气动系统中的压力高低，满足各种压力要求或用以节能。压力阀可分为起限压安全保护作用的溢流阀（安全阀）、起降压稳压作用的减压阀、起提高压力作用的增压阀、根据气路压力不同对多个执行元件进行顺序动作控制的顺序阀四类。这些阀都通常是利用空气压力和弹簧力的平衡原理来工作的。按调压方式的不同，压力控制阀又可分为利用弹簧力直接调压的直动式和利用气压来调压的先导式两种。

17.3.2 安全阀（溢流阀）及其应用回路

（1）功用分类　安全阀在气动系统中起过压保护作用。在气动系统中，溢流阀和安全阀在性能、结构上基本相同，所不同的只是阀在回路中所起的作用。安全阀用于限制回路的最高压力，而溢流阀用于保持回路工作压力一定。按调压方式不同，安全阀有直动式和先导式两种；按结构不同，有膜片式、钢球式与活塞式等。

（2）原理特点

① 直动式安全阀（溢流阀）。图 17-54 所示的直动式溢流阀为膜片式结构。当阀不工作时，阀芯在调压弹簧作用下使阀口关闭。当作用在膜片上的气体压力大于调压弹簧力时，阀芯上移，阀口开启，P→T 口连通，系统中部分气体经 T 口排向大气。

由于膜片的承压面积比阀芯的面积大得多，故阀的开启压力与闭合压力较接近，即阀的压力特性好、动作灵敏，但阀的最大开启量较小，流量特性差。此类阀常用于保证回路内的工作气压恒定。

② 先导式溢流阀。图 17-55 所示为先导式溢流阀的主阀，其先导阀是利用一个直动式减压阀的出口气压接入 K 口构成。所以调节减压阀的工作压力（先导压力）即可调节该主阀的工作压力。图 17-56 所示为几种安全阀（溢流阀）产品的实物外形。

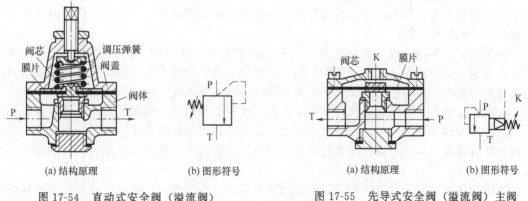

| (a) 结构原理 | (b) 图形符号 | (a) 结构原理 | (b) 图形符号 |

图 17-54　直动式安全阀（溢流阀）　　　　图 17-55　先导式安全阀（溢流阀）主阀

(a) PQ 系列安全阀(济南杰菲特　(b) Q 型安全阀(威海博胜气　(c) D559B-8M 型安全阀(威海　(d) AP100 系列压力调节阀(溢流阀)
　气动元件有限公司产品)　　动液压有限公司产品)　　博胜气动液压有限公司产品)　[SMC(中国)有限公司产品]

图 17-56　安全阀（溢流阀）实物外形

（3）性能参数　安全阀的性能参数包括公称通径、有效截面积、工作（溢流）压力、泄漏量和环境温度等，这些参数因产品系列类型不同而异。

（4）典型产品　见表 17-12。

（5）应用回路　安全阀（溢流阀）的典型应用是气动系统的一次压力控制和气缸缓冲。

① 一次压力控制回路（图 17-57）。此回路主要控制储气罐，使其压力不超过规定值。常采用外控式安全阀（溢流阀）来控制。空压机 1 排出的气体通过单向阀 2 储存于气罐 3 中，空压机排气压力由安全阀（溢流阀）4 限定。当气罐中的压力达到安全阀调压值时，安全阀开启，空压机排出的气体经安全阀排向大气。此回路结构简单，但在安全阀开启过程中无功能耗较大。

② 气缸缓冲回路。如图 17-58 所示，当气缸 6 突然遇到过大负载或在换向端点因冲击而使系统压力升高时，溢流阀 4 打开溢流，起到缓和冲击作用。

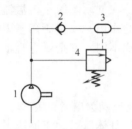

图 17-57　一次压力控制回路
1—空压机；2—单向阀；
3—储气罐；4—外控溢流阀

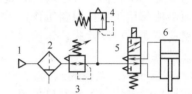

图 17-58　用溢流阀的气缸缓冲回路
1—气源；2—分水滤气器；3—减压阀；
4—溢流阀；5—二位五通电磁阀；6—气缸

（6）选择要点　气动系统应根据系统最高使用压力和排放流量来选择安全阀（溢流阀）的类型和技术规格。

（7）故障诊断　见表 17-13。

17.3.3　减压阀及其应用回路

（1）功用分类　在气动系统中，来自空压机的气源压力由溢流阀（安全阀）调定，其值高于各执行元件所需压力。各执行元件的工作压力由减压阀调节、控制和保持，故减压阀在气动技术中也称调压阀。

按调压方式不同，减压阀分为直动式和先导式两种；按溢流方式不同，减压阀有溢流式、非溢流式及恒流量排气式等结构。溢流式减压阀有稳定输出压力的作用，当阀的输出压力超过调压值时，压缩空气从溢流孔排出，维持输出压力不变；但减压阀正常工作时，无气体从溢流孔溢出；非溢流式减压阀没有溢流孔，使用时回路中在阀的输出压力侧要安装一个放气阀来调节输出压力。当工作介质为有害气体时，应采用非溢流式减压阀；恒量排气式减压阀始终有微量气体从溢流阀座上的小孔排出，这对提高减压阀在小流量输出时的稳压性能有利。

减压阀还经常与分水过滤器一起构成过滤减压阀，俗称气动二联件；减压阀也经常与分水过滤器、油雾器组合在一起使用，俗称气动三联件。

（2）原理特点

① 直动式减压阀。图 17-59 所示为直动式减压阀。该阀靠进气口 P_1 的节流作用减压，靠膜片 6 上的力平衡作用与溢流孔的溢流作用稳定输出口 P_2 的压力；靠调整调节手柄 1 使输出压力在可调范围内任意改变。减压稳压过程为：图示在调压弹簧力作用下有预开口，输出口压力气体同时经反馈阻尼器 7 进入膜片 6 下腔，在膜片上产生向上的反馈作用力并与调压弹簧力平衡。当反馈力大于弹簧力时，膜片向上移动，阀杆 8、阀芯 9 跟随上移，减小减

压阀口，使压力 p_2 下降，直至作用在膜片上的气压力与调压弹簧力相平衡时，p_2 不再增大，稳定在调定值上。

② 先导式减压阀。先导式减压阀由主阀和先导阀组合而成。其主阀如图 17-60 所示，主阀膜片上腔无调压弹簧，而是利用先导阀输出的压力气体取代调压弹簧力。故调节先导阀的工作压力也就调节了主阀的工作压力。作为先导阀的减压阀应采用溢流式结构（一般为小型直动式减压阀）。先导阀装在主阀上腔内部的称内部先导式减压阀，先导阀装在主阀外部的称外部先导式减压阀。外部先导阀与主阀的连接管道不宜太长，通常应≤30m。

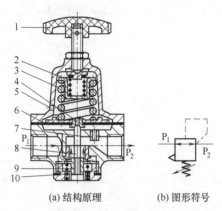

图 17-59　直动式减压阀

1—手柄；2, 3—调压弹簧；4—溢流阀座；5—排气孔；6—膜片；
7—反馈阻尼器；8—阀杆；9—减压阀芯；10—复位弹簧

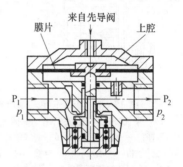

图 17-60　先导式减压阀主阀

图 17-61 所示为内部先导式减压阀。中间气室 7 以上部分为先导阀，以下部分为主阀。工作原理如下：一级压力气体由进气口 P_1 进入主阀后，经过减压阀口从输出口 P_2 输出。当出口压力 p_2 随负载增大而增大时，反馈气压作用在导阀膜片 14 的作用力也增大。当反馈作用力大于调压弹簧 11 的预调力时，导阀膜片 14 和主阀膜片 15 上移，减压阀芯 3 跟随上移，使减压阀口相应减小，直至出口压力 p_2 稳定在调定值上。当需要增大压力 p_2 时，调节手轮 13 压缩调压弹簧 11，使喷嘴 9 的出口阻力加大，中气室 7 的气压增大，主阀膜片 15 推动阀杆 4 下移，使减压阀口增大，从而使输出气压 p_2 增大。反向调整手轮即可减小压力 p_2。调压手轮位置一旦确定，减压阀工作压力即确定。

与直动式减压阀相比，先导式减压阀增设了喷嘴 9、挡板 10、固定阻尼孔 5 和中气室 7 所组成的喷嘴放大环节，故阀芯控制灵敏度即稳压精度较高。先导式减压阀适用于通径在 $\phi20mm$ 以上、远距离（30m 以内）、位置高、有危险、调压困难的气动系统。

③ 定值器。图 17-62 所示为定值器结构原理。由于其内部附加了特殊的稳压装置（保持固定节流口 14 两端的压力降恒定的装置），从而可保持输出压力基本稳定，即定值稳压精度较高。定值器适用于供给精确气源压力和信号压力的场合，如射流控制系统、气动试验设备与气动自动装置等。定值器有两种压力规格，其气源压力分别为 0.14MPa 和 0.35MPa，输出压力范围分别为 0～0.1MPa 和 0～0.25MPa。输出压力的波动不大于最大输出压力的 ±1%。

④ 气动三联件。减压阀与分水过滤器、油雾器组合在一起的气动三联件 [图 17-63 (a)]，通常安装在气源出口，在气动系统中起过滤、调压及润滑油雾化作用。目前新结构的三联件插装在同一支架上，形成无管化连接，其结构紧凑、装拆及更换元件方便，应用普遍。此外，减压阀还可与过滤器（或油雾分离器）组合构成气动二联件，称为过滤减压阀或油雾减压阀。相关图形符号如图 17-63 (b)、(c) 所示。

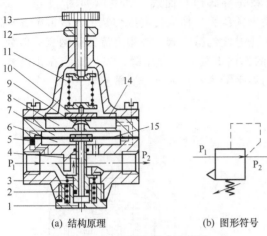

(a) 结构原理　　　　　(b) 图形符号

图 17-61　内部先导式减压阀

1—排气口；2—复位弹簧；3—减压阀芯；
4—阀杆；5—固定阻尼孔；6—下气室；7—中气室；
8—上气室；9—喷嘴；10—挡板；11—调压弹簧；
12—锁紧螺母；13—调节手轮；
14—导阀膜片；15—主阀膜片

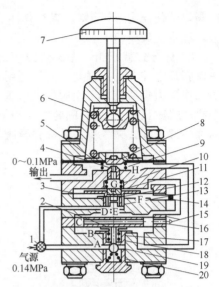

图 17-62　定值器结构原理

1—过滤网；2—溢流阀座；3，5—膜片；
4—喷嘴；6—调压弹簧；7—旋钮；8—挡板；
9，10，13，17，20—弹簧；11—硬芯；
12—活门；14—固定节流孔；15—膜片；
16—排气孔；18—主阀芯阀杆；19—进气阀

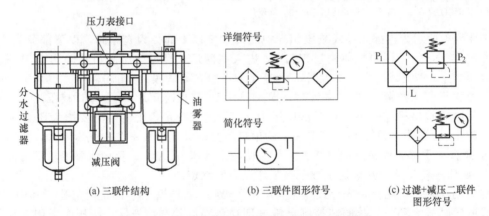

(a) 三联件结构　　　　(b) 三联件图形符号　　　　(c) 过滤+减压二联件
图形符号

图 17-63　气动三联件及二联件的结构及图形符号

　　减压阀实物外形与图形符号如图 17-64 所示；气动过滤减压阀（二联件）及三联件实物外形如图 17-65 所示。

　　在传统三联件基础上，有的企业还推出了多种元件组合为一体的气源处理装置，例如费斯托（中国）有限公司的 MSB 系列产品，如图 17-66 所示，它由手控开关阀、带压力表的过滤减压阀、带压力开关分支模块、油雾器及安装支架等元件构成，该装置集多种功能于一体：打开和关闭进气压力、过滤和润滑压缩空气、在压力调节范围内无级输出压力、压力切断后装置排气、电控压力监控、调节开关压力、在分支模块接口处取出经过滤和润滑的压缩空气等。其连接气口 G1/8～G1½、空气过滤精度 5～40μm，调压范围 0.1～1.2MPa，流量 550～14000L/min，因而大大方便了用户的选配和使用维护。

　　（3）性能参数　减压阀的主要性能参数有公称通径、调压范围、额定流量、稳压精度和灵敏度及重复精度等。

(a) QAR系列大口径减压阀
（济南杰菲特气动
元件有限公司产品）

(b) AR1000~AR5000
系列减压阀(无锡市华通气动
制造有限公司产品)

(c) QPJM2000系列
精密减压阀(上海新
益气动元件有限公司产品)

(d) PJX系列减压阀
（威海博胜气动液压
有限公司产品）

(e) QTYa系列高压
空气减压阀(广东省肇庆
方大气动有限公司产品)

(f) VCHR系列直动式
减压阀[SMC(中国)
有限公司产品]

(g) AR425~AR935系列
先导式减压阀[SMC(中国)
有限公司产品]

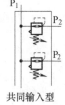

共同输入型

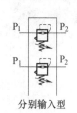

分别输入型

(h) ARM2500 /3000
系列集装式减压阀[SMC
(中国)有限公司产品]

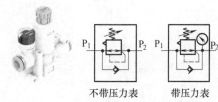

不带压力表　　　带压力表

(i) VRPA系列减压阀
[费斯托(中国)有限公司产品]

图 17-64　减压阀实物外形与图形符号

（4）典型产品　见表 17-14、表 17-15。

（5）应用回路

① 二次压力控制回路（图 17-67）。此回路的作用是输出被控元件所需的稳定压力气体（带润滑油雾）。它是串接在一次压力控制回路（图 17-57）的出口（气罐右侧排气口）上。由带压力表 4 的气动三联件（分水过滤器 2、减压阀 3、油雾器 5）串联而成。使用时可按系统实际要求，在减压阀入口分支出多个相同的二次压力控制回路，以适应不同压力的需要。

② 高低压力控制回路（图 17-68）。该回路的气源供给某一压力，经过两个减压阀分别调至要求的压力，当一个执行元件在工作循环中需要高、低两种不同工作压力时，可通过换向阀进行切换。

③ 差压控制回路（图 17-69）。在此回路中，当二位五通电磁阀 1 通电切换至上位时，一次压力气体经阀 1 进入气缸 4 的左腔，推动活塞杆伸出，气缸的右腔经快速排气阀 3 快速排气，缸 4 实现快速运动。当阀 1 工作在图示下位时，一次压力气体经减压阀 2 减压后，通过快速排气阀进入缸的右腔，推动活塞杆退回，气缸左腔的气体经阀 1 排气。从而气缸在高低压下往复运动，符合实际负载的要求。

（6）选型要点

① 应根据气动系统的调压精度要求，选择不同形式的减压阀。

(a) QE系列过滤减压阀
(济南杰菲特气动元件有限公司产品)

(b) 397系列过滤减压阀
(无锡市华通气动制造有限公司产品)

(c) QAW系列空气过滤减压阀
(上海新益气动元件有限公司产品)

(d) WAC2010系列
气源处理二联件
(威海博胜气动
液压有限公司产品)

(e) QFLJB系列过滤减压阀
(广东肇庆方大气动有限公司产品)

(f) AMR系列带油雾分离器的减压阀
[SMC(中国)有限公司产品]

(g) QE系列过滤减压阀
(济南杰菲特气动元件
有限公司产品)

(h) 498系列气源三联件
(无锡市华通气动
制造有限公司产品)

(i) OPC2000系列三联件
(上海新益气动元件
有限公司产品)

(j) AC系列模块式F.R.L.组合元件
[SMC(中国)有限公司产品]

图 17-65　气动过滤减压阀（二联件）及三联件实物外形

(a) 实物外形　　(b) 图形符号

图 17-66　MSB 系列气源处理装置组合
[费斯托（中国）有限公司产品]

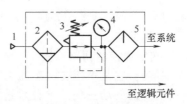

图 17-67　二次压力控制回路
1—气源；2—分水过滤器；3—减压阀；
4—压力表；5—油雾器

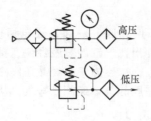

图 17-68　高低压力控制回路

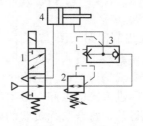

图 17-69　差压控制回路
1—电磁换向阀；2—减压阀；3—快速排气阀；4—气缸

② 稳压精度要求较高时，应选用先导式减压阀；在系统控制有要求或易爆有危险的场合，应选用外部先导式减压阀，遥控距离一般不大于 30m。

③ 确定阀的类型后，由最大输出流量选择阀的通径或连接口径。

④ 阀的气源压力应高出阀最高输出压力 0.1MPa；减压阀一般都使用管式连接，有特殊需要时也可用板式连接。

（7）使用维护

① 减压阀的一般安装顺序是，沿气流流动方向顺序布置分水过滤器、减压阀、油雾器或定值器等；阀体上箭头方向为气流流动方向，安装时不要装反。为了便于操作，最好能垂直安装，手柄向上。

② 安装前，应使用压缩空气将连接管道内铁屑等污物吹净，或用酸洗法将铁锈等清洗干净。洗去阀上的矿物油。

③ 为延长使用寿命，减压阀不用时应把调节手柄放松，以免阀内的膜片长期受压变形。

④ 有些减压阀并不需要润滑，也可用润滑介质工作（但以后必须始终用润滑介质）。

（8）故障诊断　见表 17-16。

17.3.4　增压阀及其应用回路

（1）功用特点　增压阀又称增压器，其功用是提高气动系统的局部气压（增压），气压提高的倍数称增压比。与通过增设空压机获取高压的方法相比，采用增压阀获取高压具有成本低、全气动、不需电源及配线、安全性好、发热少（对气缸和电磁阀没有影响）、配置简单、占用空间小等诸多优点。

（2）原理类型　如图 17-70 所示，增压阀由主体（缸筒）、双驱动活塞及活塞杆、压力调整器、单向阀和切换阀等部分构成。在使用压缩空气增压时，集成的单向阀会自动加快第二侧的压力。两个驱动活塞的气源都由行程控制的切换阀（换向阀）控制，到达行程终端位置后，换向阀会自动反向。

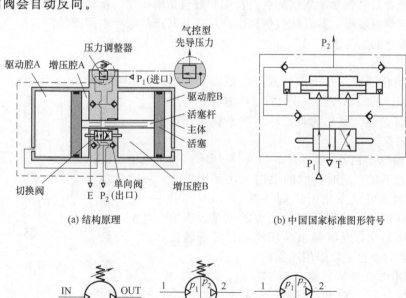

(a) 结构原理　　　　　　　　　(b) 中国国家标准图形符号

(c) SMC公司图形符号　　(d) 费斯托公司图形符号

图 17-70　增压阀的结构原理与图形符号

在图示位置，进口 P_1 的压缩空气通过单向阀通向增压腔 A、B；空气经压力调整器和切换阀到达驱动腔 B 后，驱动腔 B 和增压腔 A 的空气压力推动活塞运动；在活塞运动的行程中，高压空气经过单向阀流向 P_2（出口）。当活塞运动到行程终点的时候，活塞触动切换阀，转换为驱动腔 A 进气，驱动腔 B 排气的状态；这样，增压腔 B 和驱动腔 A 的压力推动活塞反向运动，将增压腔 A 的空气压缩增压，由 P_2 口排出。上述步骤循环往复，就可以在 P_2 口连接提供压力大于 P_1 口压力的高压空气。在通气后，若增压阀未达到所需的输出压力，则增压阀会自动启动。当达到所需输出压力时，增压阀会切换到节能模式，一旦系统运行过程中出现压降，增压阀就会自动重启。

驱动腔面积 A_1 与增压腔面积 A_2 之比 $k(=A_1/A_2=p_2/p_1)$ 即为增压比，它是增压器的主要性能特征参数。在增压比一定的前提下，通过压力调整器调节 p_1，即可设定出口压力 p_2。而压力调整器可通过手柄（直接操作）或出口压力反馈（远程操作）来调节，前者称为手动型，后者称为气控型。若增压阀不带压力调整器，则输出压力即为气源压力的 k 倍。图 17-71 所示为几种增压阀的实物外形。

(a) XQ-VB系列倍压增压阀（上海新益气动元件有限公司产品）　(b) VMA系列气动增压阀[牧气精密工业(深圳)有限公司产品]　(c) MVA系列高倍增压器阀（宁波麦格诺机械制造有限公司产品）　(d) VBA系列增压阀[SMC(中国)有限公司产品]　(e) DPA系列增压器[费斯托(中国)有限公司产品]

图 17-71　增压阀（增压器）实物外形

（3）性能参数　气动增压阀的主要性能参数包括增压比、接管口径、设定压力和供给压力、流量、环境温度等，其具体数值因生产厂商及其产品系列不同而异。

（4）典型产品　见表 17-17。

（5）应用回路

① 局部增压回路。在工厂的部分设备需要高压的场合，在相应的局部气路（图 17-72）中设置增压阀 1～4，尽管整体气路仍为低压，但在系统局部可以使用高压设备。

② 增大输出力回路。如图 17-73（a）所示，当气缸的输出力不足，同时受空间限制无法采用更大口径的气缸时，可以采用增压阀［图 17-73（b）］，在不更换气缸情况下达到增加输出力的效果。当驱动部件需要小型化，气缸要求体积小，预定的输出力却要求较大时，也可以采用增压阀。

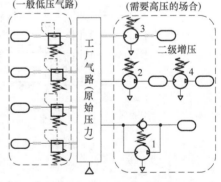

图 17-72　局部增压回路

③ 单作用气缸节能回路（图 17-74）。在气缸 1 单向做功的情况下，在相应的进气回路中安装增压阀 2，可减少压缩空气的消耗量，实现节能。

④ 快速充气回路［图 17-75（a）］。在储气罐 4 充气的过程中，采用增压阀 2 和单向阀 1 并联的回路，当气罐压力低于入口的气源压力时，通过单向阀向储气罐充气，从而缩短充气时间［图 17-75（b）］。

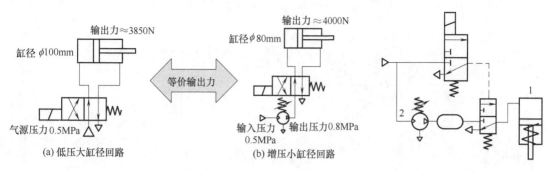

(a) 低压大缸径回路　　　　　　(b) 增压小缸径回路

图 17-73　增大输出力回路　　　　　　图 17-74　单作用气缸节能回路

1—气缸；2—增压阀

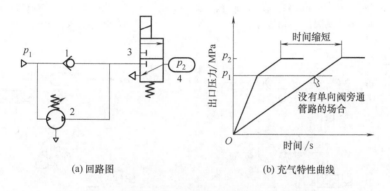

(a) 回路图　　　　　　(b) 充气特性曲线

图 17-75　快速充气回路

1—单向阀；2—增压阀；3—电磁阀；4—储气罐

(6) 选型配置

① 增压阀主要用于气动系统局部增压，只在必要时用于气源调压，并不能替代空压机，因为连续工作会大大增加阀内密封件和驱动活塞等部分的磨损。

② 应根据增压阀出口侧压力、流量、生产节拍时间等条件，结合产品样本选定增压阀的增压比、通径等规格大小。

③ 增压阀进口侧供气量应是出口侧流量和 T 口所排出量（一部分）的总和。

④ 长时间运转时，需明确增压阀的寿命期限。因增压阀的寿命由动作次数决定，故当出口侧的执行元件使用量较多时，寿命会变短。

⑤ 出口压力的设定要比进口压力高 0.1MPa 以上。若压力差在 0.1MPa 以下，会导致动作不良。

⑥ 建议在给增压阀供气的气路上设置一个二位三通开关阀（图 17-76），以保证仅在已建立起气源压力 p_{in} 时，打开二位三通开关阀供气；同样，输出压力侧建议设置一个二位三通开关阀，以用于安全排放输出压力，否则就只能通过彻底释放调压阀（压力调整器）弹簧实现排气。若增压阀不带调压阀（压力调整器），就必须通过二位三通开关阀来确保外部排气。

⑦ 在增压阀 5 的输出压力侧串接一个储气罐 2（图 17-77），可补偿增压阀输出压力的波动（此时储气罐相当于一个气容）。通过连接管路注气是利用气源压力 p_1 给储气罐注气的一种有效方式。增压阀 5 只需补偿气源压力 p_1 和输出压力 p_2 的差值，这样可加快储气罐的注气速度，单向阀 3 则可防止储气罐空气回流。储气罐既可通过调压阀所带的增压阀（压力调整器）5 的手柄排气 [图 17-78 (a)]，也可通过附加的开关阀 13 实现排气 [图 17-78 (b)]。

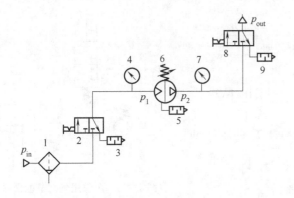

图 17-76　回路中输人输出侧二位三通开关阀的设置
1—过滤器；2，8—二位三通开关阀；3，5，9—消声器；
4，7—压力表；6—增压阀

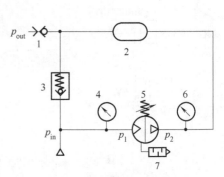

图 17-77　回路中储气罐的设置
1—快换接头；2—储气罐；3—单向阀；
4，6—压力表；5—增压阀；7—消声器

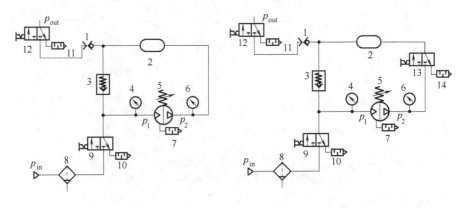

(a) 带两个开关阀回路　　　　　　　　(b) 带三个开关阀回路

图 17-78　储气罐的排气方法
1—快换接头；2—储气罐；3—单向阀；4，6—压力表；5—增压阀；7，10，11，14—消声器；
8—过滤器；9，12，13—开关阀

⑧ 在通气后，通过旋转调压阀手柄来预紧调压弹簧，直到达到所需输出压力，建议选用带锁调压阀以防调压设定在未授权情况下被篡改；推荐使用压力表监控输出压力 p_2。

17.3.5　顺序阀及其应用回路

(1) 功用类型　气动顺序阀又称压力联锁阀，常用于气动系统中执行元件间的动作顺序控制。按调压方式不同，顺序阀有直动式和先导式两种。按控制方式有内控式和外控式两类。顺序阀一般很少单独使用，往往与单向阀配合在一起，构成单向顺序阀。

(2) 结构原理

① 直动式顺序阀。图 17-79 所示为内控直动式顺序阀工作原理及图形符号。当输入压缩空气，作用在阀芯的力小于弹簧的作用力时，阀口关闭 [图 (a)]，P→A 断开；其压力大于弹簧力时，阀口开启 [图 (b)]，P→A 接通。调节弹簧压缩量即可调节进口压力。

② 外控式顺序阀。图 17-80 所示为外控式顺序阀的图形符号，当外控口 K 输入压缩空气时，阀口开启，P→A 接通。

③ 单向顺序阀。图 17-81 (a) 所示为单向顺序阀工作原理及图形符号。当压缩空气由单向顺序阀左端进入阀腔后，作用于活塞上的气压力超过压缩弹簧上的预调力时，将活塞（阀芯）顶起，压缩空气从 P→A 输出，此时单向球阀在压差力及弹簧力的作用下处于关闭

状态 [图 (a)]；反向流动时 [图 (b)]，输入侧变成排气口，输出侧压力顶开单向阀 A→T 排气，顺序阀仍关闭。调节旋钮就可改变单向顺序阀的开启压力，以便在不同的开启压力下，控制执行元件的顺序动作。图 17-82 所示为单向顺序阀的结构。图 17-83 所示为几种顺序阀的实物外形。

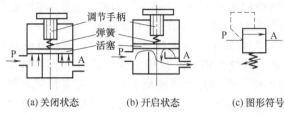

(a) 关闭状态　　(b) 开启状态　　(c) 图形符号

图 17-79　内控直动式顺序阀工作原理及图形符号

图 17-80　外控式顺序阀图形符号

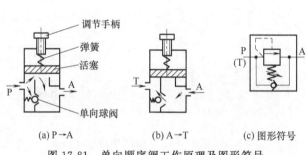

(a) P→A　　(b) A→T　　(c) 图形符号

图 17-81　单向顺序阀工作原理及图形符号

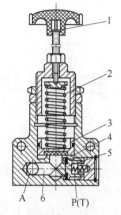

图 17-82　单向顺序阀的结构
1—调节手轮；2—弹簧；3—活塞；
4，6—工作腔；5—单向阀

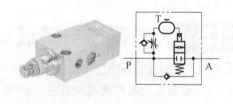

(a) KPSA-8型单向顺序阀　　　　(b) KPSA系列单向压力顺序阀　　　(c) HBWD-B系列气动顺序阀
(济南杰菲特气动液压有限公司产品)　(广东肇庆方大气动有限公司产品)　(东莞市好手机电科技有限公司产品)

图 17-83　顺序阀实物外形

（3）性能参数　顺序阀的性能参数有公称通径、工作压力、开启/闭合压力、有效截面积、泄漏量、响应时间等，其具体参数因生产厂商及其产品系列的不同而异。

（4）典型产品　见表 17-18。

（5）应用回路

① 过载保护回路（图 17-84）。此回路用于防止系统过载而损坏元件。当按下手动换向阀 1 后，压力气体使气控换向阀 4 和 5 切换至左位，气缸 6 的活塞杆伸出。当活塞杆遇到大负载或活塞行程到右端点时，气缸左腔压力急速上升。当气压升高至顺序阀 3 的调压值时，顺序阀开启，高压气体推动换向阀 2 切换至上位，使阀 4 和阀 5 控制腔的气体经阀 2 排空，

阀4和5复位，活塞退回，从而保护了系统。

② 双缸顺序动作回路（图17-85）。该回路用于机械加工设备，气缸1和支撑气缸2的动作顺序为缸1右行①，延迟1～10s，然后缸2左行②，完成工件夹紧；接着机器开始对工件进行加工；加工结束后，双缸几乎同时完成动作③，对工件进行释放。为此，在后动作的气缸2的气路上串接了HBWD-B系列单向顺序阀3［参见图17-83（c）］。在电磁阀4处于图示下位时，从气源8供给的压缩空气经滤气器7、减压阀6和阀4后一分为二：一路进入气缸1的无杆腔（有杆腔经阀4排气）实现动作①（此时气缸2不动作）；另一路经单向节流阀3-3向储气罐3-2充气，当储气罐的空气充满后，其压力操纵内部气控切换阀3-1切换至上位，气缸2实现动作②。完成加工后，电磁阀4切换至上位，缸1有杆腔进气，无杆腔经阀4排气；同时气缸2经阀3中的内部单向阀3-4和阀4排气（同时储气罐通过单向节流阀中的单向阀3-4和阀4排气），双缸几乎同时完成动作③，释放工件。双缸动作顺序间的延迟时间可通过调节内部单向节流阀的开度来实现。

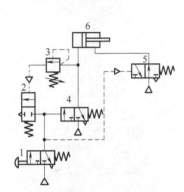

图17-84　过载保护回路

1—手动换向阀；2，4，5—气控换向阀；
3—顺序阀；6—气缸

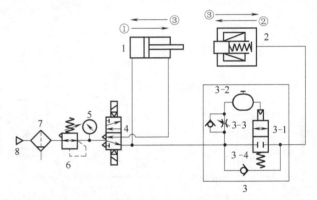

图17-85　双缸顺序动作回路

1—气缸；2—支撑气缸；3—单向顺序阀；4—二位五通电磁阀；
5—压力表；6—减压阀；7—分水滤气器；8—气源

（6）选型配置、使用维护及故障诊断　顺序阀选型配置、使用维护及故障诊断可参照溢流阀的相关内容来进行。

17.4　流量控制阀及其应用回路

17.4.1　功用类型

流量控制阀简称流量阀，主要功用是通过控制气体流量来控制执行元件的运动速度，故又称为速度控制阀，而气体流量的控制又是通过改变阀中节流口的通流面积即气阻实现的。节流口有细长孔、短孔、轴向三角沟槽等多种形式。常用的流量阀有节流阀、单向节流阀、排气节流阀以及特殊功能和特殊环境用流量阀等；按照调节方式不同，普通流量阀有人工手动调节和机械行程调节两种方式。

17.4.2　结构原理

（1）节流阀　节流阀是安装在气动回路中，通过调节阀的开度来调节流量的控制阀。对节流阀的要求是：流量调节范围较宽；能进行微小流量调节；调节精确、性能稳定；阀芯开度与通过的流量成正比。按阀芯结构不同，节流阀有针阀型、三角沟槽型和圆柱斜切型等类型。

图17-86所示为圆柱斜切型针阀式节流阀。通过调节杆改变针阀芯相对于阀体的位移量来改变阀的通流面积，即可达到改变阀的通流流量大小的目的。此种节流阀流通面积与阀芯位移

量成指数关系，能实现小流量的精密调节。而三角沟槽型的节流阀流通面积与阀芯的位移成线性关系。

（2）单向节流阀　图 17-87 所示为单向阀与节流阀并联而成的组合单向节流阀。当气流由 P 口向 A 口流动时，经过节流阀（三角沟槽型节流口）节流；反方向流动，即由 A 向 P 流动时，单向阀打开，不节流。它常用于气缸调速和延时回路中。

此单向节流阀的单向阀开度不可调节。一般单向节流阀的流量调节范围为管道流量的 20%～30%，对于要求在较宽范围内进行速度控制的场合，可采用单向阀开度可调节的单向节流阀。

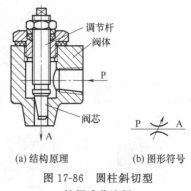

图 17-86　圆柱斜切型针阀式节流阀

（3）排气节流阀　与节流阀所不同的是，排气节流阀安装在系统的排气口处，不仅能够靠调节流通面积来调节气体流量从而控制执行元件的运动速度，而且因其常带消声器件，具有减少排气噪声的作用，故又称其为排气消声节流阀。

图 17-88（a）所示为带消声套的排气节流阀结构原理，通过调节手柄（上图）或一字螺丝刀调节螺钉（下图），可改变阀芯左端节流口（三角沟槽型或针阀）的开度，即改变由 A 口来的排气量大小。图形符号见图 17-88（b）。图 17-89 给出了一些气动流量阀的实物外形。

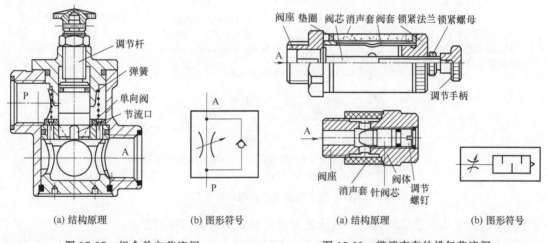

图 17-87　组合单向节流阀　　　　　图 17-88　带消声套的排气节流阀

17.4.3　性能参数

流量阀的性能参数有公称通径、工作压力、有效截面积、泄漏量、环境温度等，其具体数值因生产厂及其系列类型不同而异。

17.4.4　典型产品

相关内容见表 17-19。

17.4.5　应用回路

流量阀主要用于气动执行元件的速度控制，由其构成的主要气动回路如下。

调速回路和速度换接（从一种速度变换为另一种速度）回路。气缸等执行元件运动速度的调节和控制大多采用节流调速原理。

调速回路有节流调速回路、慢进快退调速回路、快慢速进给回路及气液复合调速回路等。对于节流调速回路可采用进气节流、排气节流、双向节流调速等，进气和排气节流调速

(a) KLJ系列节流阀
(济南杰菲特气动液压
有限公司产品)

(b) XQ150000系列节流阀
(上海新益气动元件有限公司产品)

(c) KL系列节流阀
(威海博胜气动液压
有限公司产品)

(d) ASD系列双向速度控制阀
[SMC (中国)有限公司产品]

(e) GRPO系列精密节流阀
[费斯托 (中国)
有限公司产品]

(f) KLA系列单向节流阀
(济南杰菲特气动
液压有限公司产品)

(g) ASD系列双向速度控制阀
[SMC (中国)有限公司产品]

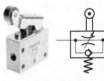
(h) GRR系列单向节流阀
[费斯托 (中国)有限公司产品]

(i) QLA系列单向节流阀
[广东肇庆方大气动
有限公司产品]

(j) KLPx、KLPXa
系列排气消声节流阀
(威海博胜气动液压
有限公司产品)

(k) ASN2 系列带
消声器的排气节流阀
[SMC (中国)有限公司产品]

(l) GRE 系列排气节流阀
[费斯托 (中国)
有限公司产品]

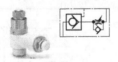
(m) ASP系列排气节流阀
[SMC (中国)有限公司产品]

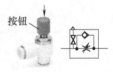
(n) ASFE系列排气节流阀
[SMC (中国)有限公司产品]

图 17-89　气动流量阀的实物外形

回路的组成及工作原理较为简单，故此处着重介绍双向节流调速回路。

① 单作用缸双向节流调速回路。如图 17-90 所示，两个单向节流阀 1 和 2 反向串联在单作用气缸 4 的进气路上，由二位三通电磁阀 3 控制气缸换向。图示状态下，压力气体经过电磁阀 3 的左位、阀 1 的节流阀、阀 2 的单向阀进入气缸，缸的活塞杆克服背面的弹簧力伸出，伸出速度由阀 1 开度调节。当阀 3 切换至右位时，气缸由阀 2 的节流阀、阀 1 的单向阀、换向阀的右位排气而退回，退回速度由阀 2 的节流阀开度调节。

② 双向调速回路。图 17-91 所示为两种形式的双向调速回路，二者均采用二位五通气控换向阀 3 对气缸 4 换向。图 17-91 (a) 采用单向节流阀 1、2 进行双向调速，图 17-91 (b) 采用阀 3 排气口的排气节流阀 5、6 双向调速。两种调速效果相同，均为出口节流调速特性。

③ 慢进快退调速回路。机器设备的大多数工况为慢进快退，图 17-92 所示慢进快退调速回路为此类回路中常见的一种。当二位五通换向阀 1 切换至左位时，气源通过阀 1、快速排气阀 2 进入气缸 4 左腔，右腔经单向节流阀 3、阀 1 排气。此时，气缸活塞慢速进给 (右行)，进给速度由阀 3 开度调节。当换向阀 1 处于图示右位时，压缩空气经阀 1 和阀 3 的单向阀进入气缸 4 的右腔，推动活塞退回。当气缸左腔气压增高并开启阀 2 时，气缸左腔的气体通过阀 2 直接排向大气，活塞快速退回，实现了慢进快退的换接控制。

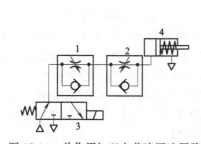

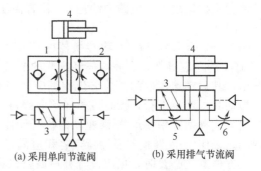

(a) 采用单向节流阀　　　　(b) 采用排气节流阀

图 17-90　单作用缸双向节流调速回路
1，2—单向节流阀；
3—二位三通电磁阀；4—气缸

图 17-91　双向调速回路
1，2—单向节流阀；3—二位五通气控换向阀；
4—气缸；5，6—排气节流阀

④ 用行程阀的快速转慢速回路（减速回路）。如图 17-93 所示，此回路可使气缸空程快进、接近负载时转慢速进给。当二位五通气控换向阀 1 切换至左位时，气缸 5 的左腔进气，右腔经行程阀 4 下位、阀 1 左位排气实现快速进给。当活塞杆或驱动的运动部件附带的活动挡块 6 压下行程阀时，气缸右腔经节流阀 2、阀 1 排气，气缸转为慢速运动，实现了快转慢速的换接控制。

⑤ 用二位二通电磁阀的快速转慢速回路。如图 17-94 所示，当二位五通气控换向阀 1 工作在左位时，气体经阀 1 的左位、二位二通电磁阀 2 的右位进入气缸 4 左腔，右腔经阀 1 排气使活塞快速右行。当活动挡块 5 压下电气行程开关（图中未画出）使阀 2 通电切换至左位时，气体经节流阀 3 进入气缸的左腔，右腔经阀 1 排气，气缸活塞转为慢速进给，慢进速度由阀 3 的开度调定。

⑥ 气-液复合调速回路。为了改善气缸运动的平稳性，工程上有时采用气-液复合调速回路，常见的回路有气-液阻尼缸和气-液转换器的两种调速回路。

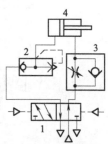

图 17-92　慢进快退调速回路
1—二位五通气控换向阀；
2—快速排气阀；
3—单向节流阀；
4—气缸

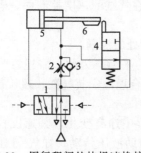

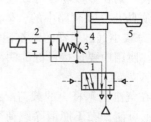

图 17-93　用行程阀的快慢速换接回路
1—二位五通气控换向阀；2—节流阀；
3—单向阀；4—行程阀；5—气缸；6—活动挡块

图 17-94　用电磁换向阀的快慢速换接回路
1—二位五通气控换向阀；2—二位二通电磁阀；
3—节流阀；4—气缸；5—活动挡块

图 17-95 所示为一种气-液阻尼缸调速回路，其中气缸 1 作负载缸，液压缸 2 作阻尼缸。当二位五通气控换向阀 3 切换至左位时，气缸的左腔进气、右腔排气，活塞杆向右伸出。液压缸右腔容积减小，排出的液体经节流阀 4 返回容积增大的左腔。调节节流阀即可调节气-液阻尼缸活塞的运动速度。当阀 3 切换至图示右位时，气缸右腔进气、左腔排气，活塞退回。而液压缸左腔排出液体经单向阀 5 返回右腔。由于此时液阻极小，故活塞退回较快。在这种回路中，利用调节液压缸的速度间接调节气缸速度，克服了直接调节气缸因气体压缩性

而使流量不稳定现象。回路中油杯 6（位置高于气-液阻尼缸），可通过单向阀 7 补偿阻尼缸油液的泄漏。

图 17-96 所示为一种气-液转换器的调速回路。当二位五通气控换向阀 1 左位工作时，气-液缸 4 的左腔进气，右腔液体经阀 3 的节流阀排入气-液转换器 2 的下腔。缸的活塞杆向右伸出，其运动速度由阀 3 的节流阀调节。当阀 1 工作在图示右位时，气-液转换器上腔进气，推动其中活塞下行，下腔液体经单向阀进入气-液缸右腔，而气-液缸左腔排气使活塞快速退回。这种回路中使用气-液驱动的执行元件，而速度控制是通过控制气-液缸的回油流量实现的。采用气-液转换器要注意其容积应满足气-液缸的要求。同时，气-液转换器应该是气腔在上方位置。必要时，也应设置补油回路以补偿油液泄漏。

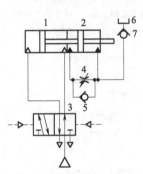

图 17-95　气-液阻尼缸调速回路

1—气缸；2—液压缸；3—气控换向阀；
4—节流阀；5，7—单向阀；6—油杯

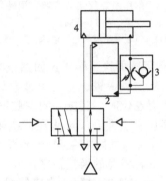

图 17-96　气-液转换器调速回路

1—气控换向阀；2—气-液转换器；
3—单向节流阀；4—气-液缸

17.4.6　选型配置

① 流量阀是以调节控制执行元件的速度为主要目的的气动元件，若用于吹气目的等场合的流量调整时，请使用不带单向阀功能的节流阀。

② 采用流量阀调节控制气缸的速度比较平稳，但由于空气显著的可压缩性，故气动控制比液压困难，一般气缸的运动速度不得低于 30mm/s。在气缸的速度控制中，若能充分注意以下各点，则在多数场合可以取得比较满意的效果。

a. 彻底防止气动管路中的气体泄漏，包括各元件接管处的泄漏。

b. 尽力减小气缸运动的摩擦阻力，以保持气缸运动的平衡。为此，需注意气缸缸筒的加工质量，使用中要保持良好的润滑状态。要注意正确、合理地安装气缸，超长行程的气缸应安装导向支架。

c. 加在气缸活塞杆上的载荷必须稳定。若载荷在行程中途有变化，其速度控制相当困难，甚至不可能。在不能消除载荷变化的情况下，必须借助液压传动，如气-液阻尼缸，有时使用平衡锤或其他方法，以达到某种程度上的补偿。

d. 流量阀应尽量靠近气缸设置。

③ 采用流量阀对执行元件进行速度控制，有进气节流和排气节流两种方式，排气节流由于背压作用，故比进气节流速度稳定、动作可靠。只有在极少数的场合才采用进气节流来控制气动执行元件的速度，如气缸推举重物等。

④ 应按气动系统的工作介质、工作压力、流量和环境条件并参照产品使用说明书对流量阀进行选型，其使用压力、温度等不应超出产品规格范围，以免造成损坏或动作不良甚至人身伤害。

⑤ 在具有振动或冲击的场合使用一字螺丝刀调整流量阀的场合，有针阀会松动，故应

选用锁紧螺母六角形的流量阀。

⑥ 不得对选定的流量阀进行拆解改造（追加工），以免造成人体受伤或事故。

⑦ 流量阀产品不能作为零泄漏停止阀使用。由于产品规格上允许有一定泄漏，若为了使泄漏为零而强行紧固针阀，会造成阀的破损。

17.4.7　安装配管

① 安装配管作业应由具有足够气动技术知识和经验的人员在仔细阅读及理解说明书内容后，再安装流量阀。应妥善保管说明书以便能随时使用。

② 确保维护检查所需的必要空间。

③ 正确配置螺纹，要将 R 螺纹与 Rc 螺纹配、NPT 螺纹与 NPT 螺纹相配拧入使用；按照说明书推荐力矩拧紧螺纹阀的螺纹。

④ 确认锁紧螺母没有松动；若锁紧螺母松动，可能造成执行元件速度发生变化，产生危险。

⑤ 避免过度回转调节针阀，否则会造成破损，应确认使用产品的回转数。

⑥ 不要使用规定外的工具（如钳子）调节紧固手柄。手柄空转会导致破损。也不要对本体及接头部造成冲击，工具撬、挖、击、打，以免造成破损及空气泄漏。

⑦ 应在确认流动方向后再进行安装，若逆向安装，速度调整用阀可能无法发挥作用，执行元件可能会急速飞出，引起危险。

⑧ 对于针阀式流量阀，应按指定方向从针阀全闭状态慢慢打开，进行速度调整。若针阀处于打开状态，执行元件可能会急速伸出，非常危险。

⑨ 对于带密封的配管，其使用安装注意事项如下。

a. 在安装时，用手拧紧后，一般要通过主体六角面使用合适的扳手增拧 2～3 圈。如果螺纹拧入过度，会使大量密封剂外溢。应除去溢出的密封剂。如果螺纹拧入不足，会造成密封不良及螺纹松动。

b. 配管通常可以重复使用 2～3 次；从取下来的接头剥离掉密封剂，用气枪等清除接头上附着的密封剂后再使用，以免剥离下的密封剂进入周边设备，造成空气泄漏及动作不良。密封效果消失时，应在密封剂外面缠绕密封带后再使用。

⑩ 配管注意事项可参考 17.2.6 节（1）之⑧，此处不再赘述。

17.4.8　使用维护

① 空气源与使用环境。请参见 17.2.6 节（1）之⑪及⑫。

② 应按照使用说明书的步骤进行维护检查，以免操作不当造成元件和装置损坏或动作不良。

③ 错误操作压缩空气会很危险，故在遵守产品规格的同时，应由对气动元件有足够知识和经验的人进行维护保养工作等。

④ 应按说明书规定定期排放空气过滤器等的冷凝水。

⑤ 拆除更换元件时，应首先确认是否对被驱动物体采取了防止落下与失控等措施，然后切断气源和设备的电源，并将系统内部的压缩空气排掉后再拆卸设备。重新启动时，应在确认已采取了防止飞出的措施后再进行，以免造成危险。

17.5　普通气动阀的其他应用回路

利用上述普通气动阀（方向、压力和流量阀）还可以组成差动快速、多缸动作控制（同步和顺序动作）、安全保护与操作以及计数等诸多应用回路，限于篇幅，此处不再赘述，需要了解的读者可从液压气动手册查阅。

17.6 真空控制阀及其应用回路

17.6.1 真空调压阀及其应用回路

（1）功用原理 真空调压阀（真空调压器）的功用是设定真空系统的真空压力并保持恒定，例如真空吸附及泄漏检测等。图17-97所示为调压用真空减压阀，它由阀体阀盖组件8、主阀芯1、阀杆2、膜片3、大气吸入阀芯4、手轮5及调压弹簧6等构成。阀两侧开有 V 和 S 两个通口，V 口接真空泵，S 口接负载（真空吸盘）。其动作原理为：一旦手轮5顺时针旋转，调压弹簧力使膜片3及主阀芯1推下，V 口和 S 口接通，S 口的真空度增加（绝对压力降低）。然后，S 口的真空压力通过气路进入真空室7，作用在膜片3上方，与设定弹簧的压缩力相平衡，则 S 口的压力便被设定。

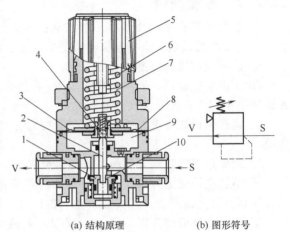

(a) 结构原理　　(b) 图形符号

图 17-97　调压用真空减压阀

1—主阀芯；2—阀杆；3—膜片；4—大气吸入阀芯；
5—手轮；6—调压弹簧；7—真空室；8—阀体阀盖；
9—大气室；10—阀芯组件

若 S 口的真空度高于设定值，设定弹簧力和真空室的 S 口压力便失去平衡，膜片被上拉，则主阀芯关闭，大气吸入阀芯4开启，大气流入 S 口，当设定弹簧的压缩力与 S 口压力达到平衡时，S 口真空压力便被设定。若 S 口的真空度低于设定值（绝对压力增大），设定弹簧力和真空室 S 口压力便失去平衡，膜片被推下，则大气吸入阀芯关闭，主阀芯开启，V 口和 S 口接通，S 口的真空度增加，当设定弹簧的压缩力与 S 口压力达到平衡时，S 口的真空压力便被设定。

SMC（中国）有限公司的 IRV10.20系列真空调压阀及中国台湾气立可股份有限公司的 ERV 系列真空调压阀产品即为此类结构，其实物外形如图17-98所示。

（2）参数及产品 真空压力阀的性能参数有公称通径、使用压力、流量、适用环境温度等，其具体数值因生产厂及其系列型号不同而异。真空压力阀的典型产品见表17-20。

直通型　　弯管型

(a) IRV10.20系列真空调压阀　　(b) ERV系列真空调压阀
[SMC(中国)有限公司产品]　　（中国台湾气立可股份有限公司产品)

图 17-98　真空调压阀实物外形

（3）应用回路

① 真空吸附回路（图17-99）。该回路的真空由电动机10驱动的真空泵9产生，通过真空调压阀5即可设定真空吸盘1对工件的吸附压力。真空的供给和破坏则由二位三通切换阀3实现。

图17-100所示系统的三个吸盘

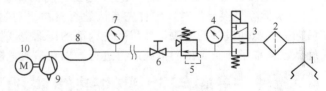

图 17-99　真空吸附回路

1—真空吸盘；2—真空过滤器；3—真空切换阀；4，7—真空压力表；
5—真空调压阀；6—截止阀；8—真空罐；9—真空泵；10—电动机

A、B、C 共用一个真空泵，可分别通过三个真空调压阀 10～12 设定不同的真空压力，互不干扰；真空压力分别由压力表 7～9 显示和监控，各吸盘真空的供给和破坏则分别由二位三通切换阀 4～6 实现。

② 工件泄漏检测回路（图 17-101）。系统的真空由电动机 12 驱动的真空泵 11 产生，通过真空调压阀 8 即可设定真空吸盘对被检工件 1 的真空压力，从而实现其泄漏的检测。真空的供给和破坏则由二位三通切换阀 5、6 配合实现；真空压力可通过传感器 3 精确检测。

（4）选型、安装及使用维护

① 选型。调压阀不能用于可能受撞击及剧烈振动的场合；应避免置于室外

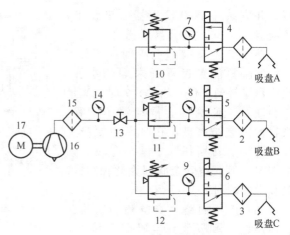

图 17-100　多吸盘并联回路

1～3，15—真空过滤器；4～6—真空切换阀；7～9，14—真空压力表；10～12—真空调压阀；13—截止阀；16—真空泵；17—电动机

与有化学品及易腐蚀环境中；压力表的面板为塑料面板，不得用于喷漆、有机溶剂场合，以免表面损坏；真空泵后端需加装真空过滤器以确保管线内部洁净，以免杂质过多导致流量不足。

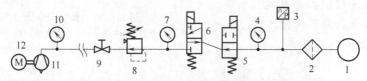

图 17-101　泄漏检测回路

1—被检工件；2—真空过滤器；3—真空传感器；4,7,10—真空压力表；5,6—真空切换阀；8—真空调压阀；9—截止阀；11—真空泵；12—电动机

② 安装。阀上标记有"VAC"的通口接真空泵；安装时，应注意真空源方向，不得装反；安装压力表时，需使用扳手锁紧，而不能手把持压力表头锁紧，以免损坏；配管前应防止杂物及密封带涂料等进入管内，应防止密封胶流入阀内导致动作不良。

③ 使用维护。应注意调压阀手轮旋转方向和真空压增减的关系，不要搞错。压力调整时，手不要碰及阀体的侧孔（大气入孔）。当旋转（正反转）至最大值（压力不再变化时），不可再强力扭转或用工具旋转手轮，以免阀被损坏；真空压力表原点位置与正压压力表原点位置相反，读数时应予以注意。

17.6.2　真空辅助阀（逻辑阀、高效阀或安全阀）及其应用回路

（1）功用特点　真空辅助阀的主要功用是保持真空，因此有时又称安全阀。它具有节省压缩空气和能源、可以满足不同形状工件吸附需要并简化回路结构、变更工件不需进行切换操作等优点。按阀芯结构不同，此类阀有锥阀式和浮子式两类。

（2）结构原理　图 17-102 所示为锥阀式真空逻辑阀，它主要由阀体 1、7，阀芯 5（开有直径不超过 1mm 的固定节流孔）、过滤器（滤芯）6 和弹簧 4 等构成，阀安装于真空发生器和吸盘之间。阀工作原理见表 17-21 所述。SMC（中国）有限公司的 ZP2V 系列真空逻辑阀即为此种结构，其技术参数列于表 17-20 中。

图 17-103 所示为浮子式真空安全阀，它主要由阀体 5、弹簧 1、浮子 2 和过滤器 3 等构

成，并安装于真空发生器（未画出）和吸盘 6 之间。当吸盘暴露在大气下时，浮子 2 就会被向上吸附在阀体 5 上，气流只能穿过浮子末端的小孔。当吸盘接触到工件（物体）7 时，流量就会减少，弹簧就会推动浮子下移，气密性随之被打破，在吸盘中便产生完全真空。费斯托（中国）有限公司的 ISV 系列真空安全阀即为此种结构，其技术参数列于表 17-20 中。

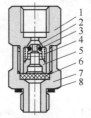

真空发生器侧
1
2
3
4
5
6
7
8
真空吸盘侧
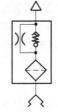

(a) 结构原理　　(b) 图形符号　　(c) SMC (中国)有限公司 ZP2V系列实物外形

图 17-102　真空安全阀（一）

1,7—阀体；2—气阻（固定节流孔）；3—密封圈；4—弹簧；5—锥阀芯；6—过滤器（滤芯）；8—垫圈

（3）应用回路　真空辅助阀的典型应用是在多吸盘真空吸附系统中，当一个吸盘接触失效的情况下维持真空；在搬运袋装粉末状产品场合，可防止产品意外散落在真空产品周围；可抓取随机放置的产品等。图 17-104（a）所示为一个真空发生器 2 使用多个真空吸盘 4 及锥阀式真空逻辑阀 3 的吸附系统，在工作中，即使有未吸附工件的吸盘，通过逻辑阀 3 也能抑制其他有工件吸盘真空度的降低，照常保持工件。实物外形如图 17-104（b）所示。

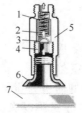
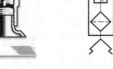
1
2
3
4
5
6
7

(a) 结构原理　　(b) 图形符号　　(c) 费斯托(中国)有限公司的ISV系列实物外形

图 17-103　真空安全阀（二）

1—弹簧；2—浮子；3—过滤器；4—固定螺钉；5—阀体；6—吸盘；7—工件（物体）

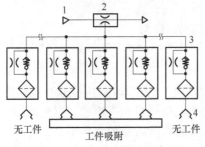
1　2　3　4
无工件　　工件吸附　　无工件

(a) 工作原理

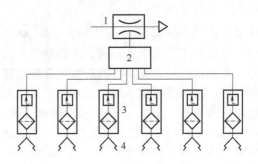
分配器　真空逻辑阀
真空吸盘
工件

(b) 实物外形

图 17-104　采用锥阀式真空逻辑阀的多吸盘真空吸附系统

1—气源；2—真空发生器；3—真空逻辑阀；4—真空吸盘

图 17-105 所示为一个真空发生器 1 使用多个真空吸盘及浮子式真空高效阀的系统，在真空发生过程中，若一个吸盘没有吸附或仅是部分吸附，则该支路真空高效阀 3 便会自动停止进气。当吸盘 4 紧紧吸附住表面时，就会重新发生真空。当吸盘将物体放下后，阀会立即关闭。

（4）选型、安装及使用维护

① 选型。真空逻辑阀或高效阀没有

1
2
3
4

图 17-105　采用浮子式真空高效阀的多吸盘真空吸附系统

1—真空发生器；2—真空分配器；3—真空高效阀；4—真空吸盘

真空保持功能，故不可用于真空保持。

　　一个真空发生器上可以使用的真空逻辑阀的数量 N，按如下一般步骤确定：根据拟选用的真空逻辑阀的型号规格及一个吸盘要求的真空压力→查图表确定真空发生器的吸入流量→真空发生器的吸入流量/最低动作流量＝N。

　　在多个被吸附工件中，若存在透气工件或工件与吸盘间存在缝隙泄漏，在一个真空发生器上能使用逻辑阀的数量会减少。对于产品说明书规定不可拆解的逻辑阀，若拆解再组装，则可能会失去最初性能。

　　② 安装。阀的真空发生器侧与吸盘侧的配管不要搞错；真空配管应确保元件对最低动作流量的要求；配管中请勿拧绞，以免引起泄漏；配管螺纹要正确。阀的安装/卸除，应使用规定的工具；安装时，应根据产品说明书给出的紧固力矩进行紧固，以免导致元件损坏以及性能降低。应按规定的安装方向进行安装。

　　③ 使用维护。工件吸附时和工件未吸附时的真空压力的降低会因真空发生器的流量特征不同而异，应先确认真空发生器的流量特征后再在实机上操作确认；若使用压力传感器等进行吸附确认，应在实机上确认后再使用；请检查吸盘与工件之间的泄漏量，并于确认后再使用。真空逻辑阀内置的滤芯如发生孔阻塞，应及时进行更换。

17.6.3　真空切换阀（真空供给破坏阀）及其应用回路

　　(1) 功用类型　真空切换阀的功用是真空供给或破坏的控制，故又称真空供给破坏阀。按用途结构不同，真空切换阀可分为通用型和专用型两类：前者除了可以用于一般环境的正压控制，也可直接用于真空环境的负压控制（作真空切换阀）；后者则主要用于负压控制，故这里仅对此阀进行如下介绍。

　　(2) 专用型真空切换阀（真空破坏单元）的结构原理　真空破坏单元由图 17-106 (a) 所示的若干外部先导式三通电磁阀（真空破坏阀）盒式集装［各阀一并安装于图 17-106 (c) 所示的 DIN 导轨之上的 D、U 两侧端块组件之间，位数可增减］而成。各电磁阀内置两个滑阀阀芯 5 和 8。阀体 7 上具有真空压通口 E、破坏压通口 P 和真空吸盘通口 B 三个主通口，以及先导压通口 X 和压力检测通口 PS。阀内带有节流阀 6，用以调节破坏空气流量并可防止吹飞工件，节流阀可用手动操作或螺丝刀操作。真空压侧、破坏压侧内置可更换的过滤器 13 和 15，用于除去各侧的异物。真空破坏单元的电磁铁配线有插入式连接［图 17-106 (c)］和非插入式（各自配线）连接［图 17-106 (d)］两种。此类阀最显著的特点是使用一个阀即可实现真空吸附和破坏的控制。SMC（中国）有限公司 SJ3A6 系列产品即为这种结构，其技术参数列于表 17-20 中。其图形符号如图 17-106 (b) 所示。

　　(3) 应用回路

　　① 用通用型切换阀及真空发生器的真空吸附回路（图 17-107）。该回路由真空发生器 1、二位二通电磁阀 2（真空供给阀）和 3（真空破坏阀）、节流阀 4、真空开关 5、真空过滤器 6、真空吸盘 7 等组成。当需要产生真空时，阀 2 通电；当需要破坏真空快速释放工件时，阀 2 断电、阀 3 通电；其典型应用是图 17-48 所示的跌落试验机。上述真空控制元件可组成为一体，形成一个真空发生器组件。

　　② 用专用型切换阀的真空吸附回路（图 17-108）。回路由真空破坏阀（盒式集装式四通电磁阀）1、分水滤气器 2、压缩空气减压阀 3、真空调压阀 4、真空开关 5 和真空吸盘 6 组成。当需要真空吸附工件时，真空压切换阀 1.1 通电；当需要破坏真空释放工件时，真空压切换阀 1.1 断电、阀 1.2 通电；真空开关可实现吸盘真空压力检测及发信。

　　(4) 使用维护

　　① 真空电磁阀应尽量避免连续通电，否则会导致线圈发热及温度上升、性能降低、寿命下降，并对附近的其他元件产生恶劣影响。必须连续通电的场合（特别是相邻三位以上长期连续通

电的场合以及左右两侧同时长期连续通电的场合），应使用带节电回路（长期通电型）的阀。

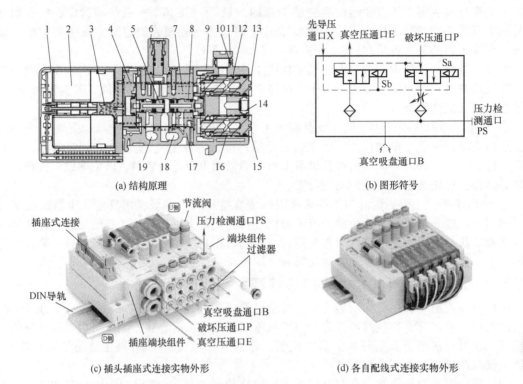

(a) 结构原理

(b) 图形符号

(c) 插头插座式连接实物外形

(d) 各自配线式连接实物外形

图 17-106　真空破坏阀（盒式集装式四通电磁阀）［SMC（中国）有限公司 SJ3A6 系列产品］
1—灯罩；2—先导阀组件；3—先导连接件；4—连接板；5，8—阀芯组件；6—节流阀组件；7—阀体；
9—端盖；10—压力检测通口 PS；11—插头；12，16—过滤件；13，15—过滤器组件；
14—真空吸盘通口 B；17—底盖；18—破坏压通口 P；19—真空压通口 E

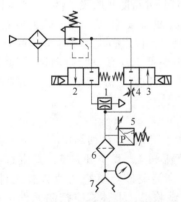

图 17-107　用通用型切换阀和真空发生器组件
组成的工件吸附与快速释放回路
1—真空发生器；2，3—二位二通电磁阀
（真空供给阀、真空破坏阀）；4—节流阀；
5—真空开关；6—真空过滤器；7—真空吸盘

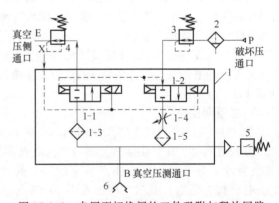

图 17-108　专用型切换阀的工件吸附与释放回路
1—真空破坏阀（盒式集装式四通电磁阀）
（1-1—真空压切换阀；1-2—破坏压切换阀；1-3—真空压过滤器；
1-4—真空节流阀；1-5—真空过滤器）；
2—压缩空气分水滤气器；3—正压减压阀；4—真空调压阀；
5—真空开关；6—真空吸盘

②　紧急切断回路等切断电磁阀的 DC 电源时，从其他电气元件产生的过电压有可能引起阀误动作，此时需采取防止过电压回流对策（过电压保护用二极管）或使用带逆接防止二

极管的阀。

③ 带指示灯（LED）的电磁阀，其电磁线圈 Sa 通电时，橘黄色灯亮；电磁线圈 Sb 通电时，绿色灯亮。

④ 水平安装整个集装式单元时，若 DIN 导轨的底面全与设置面接触，用螺钉仅固定导轨两端即可使用。其他方向的安装，应按说明书指定的间隙用螺钉固定于 DIN 导轨上。若固定处比指定的固定处少，则 DIN 导轨和集装阀会因振动等产生翘度和弯曲，引起漏气。

⑤ 在拆装插座式插头时，应在切断电源和气源后进行作业。

17.6.4　其他真空吸附回路

按真空源的不同，真空吸附回路有真空泵组成的回路和真空发生器组成的吸附回路两大类。除了 17.6.1～17.6.3 节所述的几种真空控制阀组成一些回路外，尚有一些常用的真空吸附回路，有需要的读者可以查阅相关手册。

17.7　气动逻辑控制阀

17.7.1　功用类型

气动逻辑控制阀是用 0 或 1 来表示其输入信号（压力气体）或输出信号（压力气体）的存在或不存在（有或无），并且可用逻辑运算法求出输出结果的一类气动元件，它可以组成更加复杂而自动化的气动系统。

气动逻辑控制阀种类较多，按工作压力分为高压元件（压力为 0.2～0.8MPa）、低压元件（压力为 0.02～0.2MPa）和微压元件（压力 0.02MPa 以下）三类。按逻辑功能分为是门、或门、与门、非门、禁门、双稳态等元件。按结构形式，分为截止阀式、滑阀式和膜片式等。

17.7.2　组成表示

气动逻辑控制阀一般由控制部分和开关部分组成，前者接收输入信号并转换为机械动作；后者是执行部分，控制阀口启、闭。气动逻辑控制阀的外形尺寸比滑阀小得多，而且无相对滑动的零部件，故工作时不会产生摩擦，也不必加油雾润滑，因而在全气动控制中得到了较为广泛的应用。

气动逻辑控制阀的图形符号借用电子逻辑元件图形符号绘制，其输入输出状态用逻辑表达式和真值表表示。

17.7.3　基本回路

除了用逻辑控制元件外，用普通气动阀（如滑阀式换向阀）进行适当组合也能组成和实现逻辑控制的回路，读者可参阅相关资料。

17.8　气动比例阀与气动伺服阀

气动比例阀与气动伺服阀是为适应现代工业自动化的发展，满足气动系统的较高的响应速度、调节性能和控制精度的要求发展起来的控制元件，主要用于气动系统的连续控制。

17.8.1　气动比例阀

（1）功用类型　气动比例阀是一种输出信号与输入信号成比例的气动控制阀，它可以按给定的输入信号连续成比例地控制气流的压力、流量和方向等。由于比例阀具有压力补偿的性能，故其输出压力和流量等可不受负载变化的影响。

按输入信号不同，气动比例阀有气控式、机控式和电控式等类型，但在大多数实际应用中，输入信号为电控信号，故这里主要介绍电-气比例控制阀（简称电-气比例阀）。电-气比例阀的输出压力、流量与输入的电压、电流信号成正比。在结构上，电-气比例阀通常由电气-机械转换器与气动放大器（阀的主体部分）组成。按电气-机械转换器不同，有电磁铁驱动式、压电式、力马达式和力矩马达式等。按气动放大器不同可分为滑阀式、膜片式和喷嘴挡板式等。

（2）结构原理

① 电磁铁驱动的电-气比例阀。如图17-109所示，用于实现电磁比例的电气-力转换部分的结构，与直动式电磁阀用的金属间隙密封的滑块式或滑阀式结构相同。其动作原理是，在直动式电磁阀的电磁线圈中通入与阀芯机械行程大小相应的电流信号，产生与电流大小成比例的吸力，该吸力与阀的输出压力及弹簧力相平衡，达到调节阀的输出压力、阀口开度（流量）和方向的目的。此类阀结构简单、灵敏度高（0.5%）、动作相应快（0.1~0.2s），线性度为3%，但线圈电流较大（0.8~1A），为了提高控制精度，需用专门的驱动器使滑阀做微小的低速振动，以消除卡死现象。

用电磁铁驱动的比例阀有比例压力阀、比例流量阀和比例方向阀三种。图17-110所示为一种电磁铁驱动的电-气比例压力阀，它由两个二位二通电磁开关阀（给气和排气用）、先导式调压阀（膜片式先导阀和给气阀、排气阀）、过滤器、压力传感器、控制电路（控制放大器）（控制电路包括压力信号的放大、开关阀电磁铁的驱动电路及压力显示等），通过压力传感器构成输出压力的闭环控制。阀的工作原理可借助图17-111来说明。

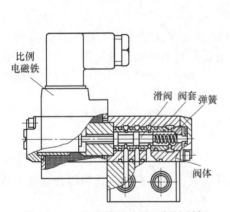

图 17-109　电磁铁驱动的比例控制阀

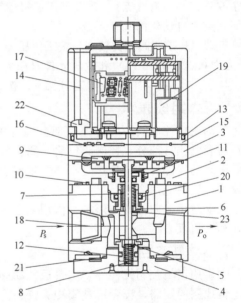

图 17-110　电-气比例压力阀

1—阀体；2—中间阀体；3—盖；4—阀芯导套；
5—给气阀；6—排气阀；7, 8—阀弹簧；
9—膜片组件；10, 13, 16—密封圈；11—偏置弹簧；
12, 20, 21—O形圈；14—壳组件；15—底板；
17—控制回路组件；18—过滤器；19—电磁阀；
22—十字槽小螺钉；23—弹簧

当输入电信号增大时，则给气用电磁阀1变为ON状态，排气用电磁阀2变为OFF状态。由此，供给压力通过阀1作用在先导阀3室内，使先导室的压力上升，作用在膜片4上面。因此，与膜片连动的调压阀中的给气阀5打开，一部分供气压力 p_s 成为输出压力 p_o，另一部分经排气阀的 T 口溢流至大气；同时，输出压力通过压力传感器7反馈至控制回路8输入端，与输入信号进行比较并用得出的偏差修正动作，直到输出压力与输入信号成比例，

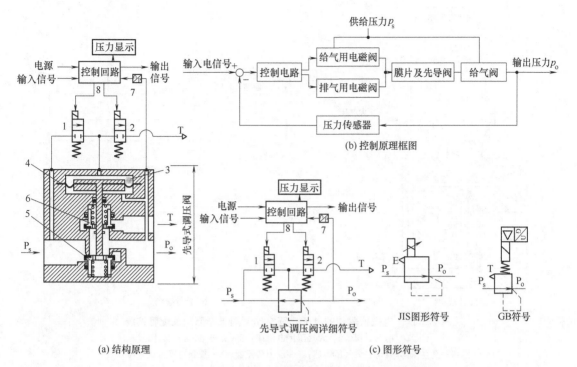

(a) 结构原理

(c) 图形符号

图 17-111　电磁铁驱动的电-气比例压力阀工作原理及图形符号

1—给气用电磁阀；2—排气用电磁阀；3—先导阀；4—膜片；
5—给气阀；6—排气阀；7—压力传感器；8—控制电路（放大器）

因此会得到与输入信号成比例的输出压力（图 17-112）。图 17-111（b）所示的原理框图反映和表达了压力的上述自动控制过程。SMC（中国）有限公司的 ITV 系列产品即为此种结构，其技术参数列于表 17-22 中。电-气比例压力阀实物外形如图 17-113 所示。

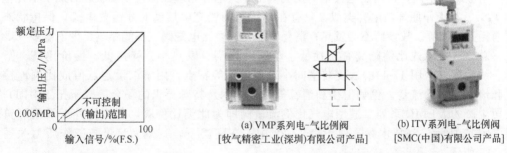

(a) VMP系列电-气比例阀
[牧气精密工业(深圳)有限公司产品]

(b) ITV系列电-气比例阀
[SMC(中国)有限公司产品]

图 17-112　电气比例阀输入输出特性曲线　　　　图 17-113　电-气比例压力阀实物外形

由图 17-111 所示比例压力阀派生出的电子式真空比例阀的工作原理可借助图 17-114 来说明，它由真空用和大气压用电磁阀、膜片式先导阀、真空压阀、大气压阀、压力传感器、控制电路（放大器）及压力显示等部分复合而成，通过压力传感器构成输出真空压力的闭环控制。阀的工作原理说明如下。

当输入电信号增大时，则真空用电磁阀 1 变为 ON 状态，大气压用电磁阀 2 变为 OFF 状态。由此，通过 V 口和先导室 3，使先导室的压力变为负压，作用在膜片 4 上面。因此，与膜片 4 连动的真空压阀芯 5 打开，V 口与 O 口接通，设定压力变为负压。此负压通过压力传感器 7 反馈至控制回路 8，与输入信号进行比较并用得出的偏差修正动作，直到真空压

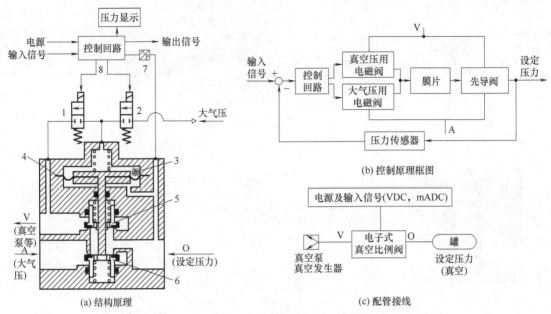

(a) 结构原理   (b) 控制原理框图   (c) 配管接线

图 17-114   电磁铁驱动的电子式真空比例阀工作原理及配管接线

1—真空用电磁阀；2—大气压用电磁阀；3—先导室；4—膜片；

5—真空压阀芯；6—大气压阀芯；7—压力传感器；8—控制电路（放大器）

力与输入信号成比例，因此会得到与输入信号成比例的真空压力。图 17-114（b）所示的原理框图反映和表达了真空压力的上述自动控制过程。SMC（中国）有限公司的 ITV209 系列产品即为此种结构，其实物外形与图 17-113（b）所示类似，其技术参数列于表 17-22 中。

② 压电式电-气比例流量阀。压电式电-气比例阀为集成了压电驱动器的质量流量控制器。它通过带集成温度传感器的闭环控制回路来控制流量，流量的设定值和实际值可用模拟量接口进行设置和反馈。

与电磁阀不同，采用压电技术的比例阀由于其电容原理在保持主动状态时几乎不耗电（图 17-115）。其工作原理与电容类似，只有在给压电陶瓷充电启动时才需要电流，保持状态不需要消耗更多能源。故该阀不会发热；消耗的能源也要比电磁阀（不能断电）少了至多 95%。

总之，压电式比例阀具有功耗低、动态响应高、发热小、噪声低、性价比高、坚固耐用、线性度好（图 17-116）、安装空间小、重量轻等特点，用于以设定点值成比例地控制空气和惰性气体的流量。例如卫生和消毒等医疗技术及特殊要求的场合。费斯托（中国）有限公司生产的 VEMD 系列二通型电气比例流量阀即为此类比例阀，其实物外形及图形符号如图 17-117 所示，其技术参数列于表 17-22 中；在室温下，其最大流量与工作压力关系如图 17-118 所示。

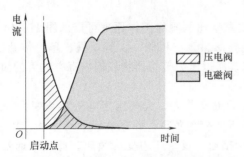

图 17-115   压电式电-气比例流量阀电流特性

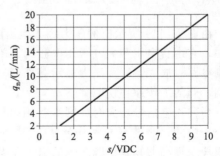

图 17-116   流量（q_n）-设定电压（s）关系曲线

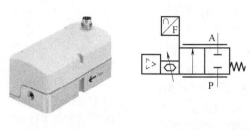

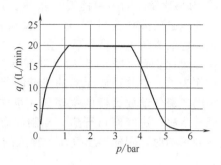

(a) 实物外形　　　　(b) 图形符号

图 17-117　VEMD 系列二通型电气比例
流量阀实物外形及图形符号
［费斯托（中国）有限公司产品］

图 17-118　最大流量 q 与工作压力 p 的关系

③ 电-气比例方向控制阀。图 17-119 所示为一种三位五通常闭型比例方向控制阀，其主体结构由活塞式位置控制阀芯及阀体组成，采用电气驱动，机械弹簧复位。在改变气缸等执行元件运动方向的同时，控制排气流量调节速度；还可将电子元件的模拟输入信号转换成阀输出口相应的开口大小，并可与外部位置控制器和位移传感器相组合，形成一个精确的气动定位系统。

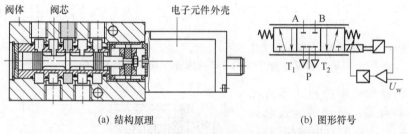

(a) 结构原理　　　　　　　　　　(b) 图形符号

图 17-119　三位五通常闭型电气比例方向控制阀

此类比例方向阀具有以下特性（图 17-120）：可快速切换设定流量，通过提高气缸的速度来缩短设备（装配、抓取和家具作业等）的循环时间；可根据工作过程的需要灵活调节气缸的速度，具有各种独立的加速梯度（对于汽车、传送、测试工程等精密工件及物品，可缓慢地接近终端位置）；动态性强且可快速改变流量，可实现气动定位及软停止。

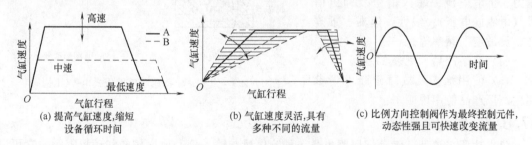

(a) 提高气缸速度,缩短　　　　(b) 气缸速度灵活,具有　　　　(c) 比例方向控制阀作为最终控制元件,
设备循环时间　　　　　　　　多种不同的流量　　　　　　　动态性强且可快速改变流量

图 17-120　电-气比例方向阀特性
A—比例阀设定不同的速度级和速度梯变；B—通过控制排气流量调节速度

费斯托（中国）有限公司生产的 MPYE 系列电气比例方向控制阀即为此种结构，其实物外形如图 17-121 所示，其技术参数列于表 17-22，其流量与设定值的关系曲线如图 17-122 所示。

④ 力马达驱动的喷嘴挡板式电-气比例阀。如图 17-123 所示，可动电磁线圈作为电气-力的转换机构，当可动电磁线圈中输入一定的直流电流信号后，在力马达中就产生了一个与输入电信号成比例的力，可带动可动线圈和挡板产生相应的位移，使作为第一级气动放大器的喷嘴的背压 p_0 增高，即作用在作为第二级气动放大器的主阀膜片组件上的控制气压增加，推动阀杆下移，进气阀口开启，控制阀有气压 p_2 输出。当控制阀达到平衡时，阀的输出气压与输入的直流电流成线性比例关系。

图 17-121　MPYE 系列电气比例方向阀实物外形

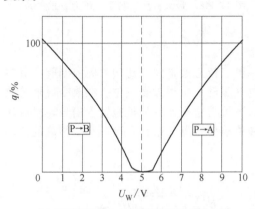

(a) 电压型阀6→5bar时流量与设定电压的关系

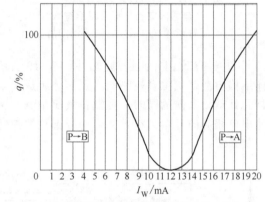

(b) 电流型阀6→5bar时流量与设定电流的关系

图 17-122　电-气比例方向阀流量与设定值的关系曲线

力马达驱动的喷嘴挡板式压力比例控制阀的特点是，驱动的输入电流较小（20mA），不需要专用的控制器，阀的控制精度为 1.5%（满量程），响应时间为 0.6s，适用于中等控制精度和一般动态响应的场合。

（3）性能参数　电-气比例阀的性能参数有配管通径、供给压力及设定压力、供电电源、输入信号及输出信号（电流或电压）、线性、迟滞、重复性、灵敏度、频率等。

（4）典型产品　见表 17-22。

（5）使用维护及故障诊断　请参照生产厂产品使用说明书。

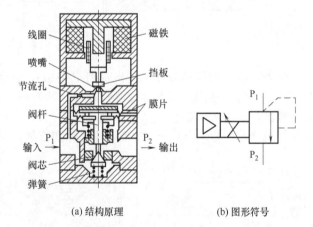

(a) 结构原理　　　　(b) 图形符号

图 17-123　力马达驱动的喷嘴挡板式电-气比例阀

17.8.2　气动伺服阀

（1）功用与类型　气动伺服阀也是一种输出量与输入信号成比例的气动控制阀，它可以按给定的输入信号连续成比例地控制气流的压力、流量和方向等。它与气动比例阀相比，除了在结构上有差异外，主要区别在于伺服阀具有很高的动态响应和静态性能，但其价格及使用维护要求也较高。

在大多数实际应用中，气动伺服阀的输入信号为电气信号，即电-气伺服控制阀（简称电-气伺服阀），这种阀的输出压力、流量与输入的电压、电流信号成正比。在结构上，电-

气伺服阀通常也由电气-机械转换器与气动放大器（阀的主体部分）组成。按电气-机械转换器不同，电-气伺服阀有力马达式、力矩马达式等；按气动放大器（阀的主体部分）不同，可分为滑阀式、喷嘴挡板式和射流管式等。

（2）典型结构原理　如图17-124所示，力矩马达驱动的力反馈电-气伺服阀中第一级气动放大器为喷嘴挡板阀，由力矩马达驱动，第二级气动放大器为滑阀，阀芯位移通过反馈杆7转换成机械力矩反馈到力矩马达上。

当电流输入力矩马达控制线圈4时，力矩马达产生电磁力矩，使挡板5偏离中位（假设其向左偏转），反馈杆变形。这时两个喷嘴挡板阀的喷嘴6前腔产生压力差（左腔高于右腔），在此压力差的作用下，滑阀向右移动，反馈杆端点随之一起移动，反馈杆进一步变形，反馈杆变形产生的力矩与力矩马达的电磁力矩相平衡，使挡板

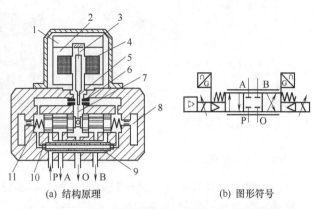

(a) 结构原理　　　　(b) 图形符号

图 17-124　力矩马达驱动的喷嘴挡板式电-气伺服阀
1—永久磁铁；2—导磁体；3—支撑弹簧；4—线圈；
5—挡板；6—喷嘴；7—反馈杆；8—阻尼气室；9—滤气器；
10—固定节流孔；11—补偿弹簧

停留在某个与控制电流相对应的偏转角上。反馈杆的进一步变形使挡板被部分拉回中位，反馈杆端点对阀芯的反作用力与阀芯两端的气动力相平衡，使阀芯停留在与控制电流相对应的位移上。这样，伺服阀就输出一个对应的流量。改变电流大小和方向，也就改变了气流的流量与方向。

（3）性能参数　电-气伺服阀的性能参数及指标较多，如规格参数通径、压力、流量以及静态和动态指标等。其应用请见产品样本。

（4）典型产品　图17-125所示为一种气动纠偏阀的实物外形、图形符号及应用（无锡气动技术研究所 JPV-02 系列产品），其接口螺纹为 RC1/4，设定压力 0～0.97MPa，耐压能力 1.5MPa，该阀可与气缸配套成对使用，纠正传输带或带材偏离轨道的位置，实现纠偏自动化，反应敏捷。

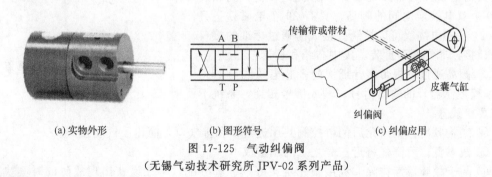

(a) 实物外形　　　　(b) 图形符号　　　　(c) 纠偏应用

图 17-125　气动纠偏阀
（无锡气动技术研究所 JPV-02 系列产品）

17.9　气动阀岛

17.9.1　阀岛的由来

传统独立接线控制方式的气动系统（图17-126）的执行元件（如气缸）的动作由分立的电磁阀来控制，要对每一个电磁阀进行电气连接（每一个线圈都要逐个连接到控制系统）；还要

安装消声器，压缩气源以及连接到气缸的管道及管接头等。气缸和电磁阀等元件的数量会随着自动化程度、机器设备及其使用的电气、气动系统的复杂程度的提高而增多（图 17-127）。

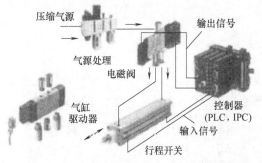

图 17-126　独立接线控制方式的气动系统　　　图 17-127　复杂气动系统

由上可看出传统的独立接线控制方式的气动系统明显存在诸多缺陷：需要几十根甚至上百根的控制接线；气管连接、布线安装困难，存在很多故障隐患；众多的管线为设备的维护和管理带来不便；制造时间长，耗费人力多，使整个设备的开发、制造周期延长；常因人为因素出现设计和制作上的错误。

阀岛技术正是为了解决上述问题，简化气动系统的安装和管线配置而出现的。

"阀岛"一词源于德文，英文名为"valve terminal"，它是全新的气电一体化控制单元，由多个电磁阀组成，集成了信号输入/输出以及信号的控制与通信。德国费斯托（Festo）公司于 20 世纪 80 年代开始致力于研究气电一体化控制单元，最先推出了阀岛技术并于 1989 年研发出世界上第一款阀岛。

17.9.2　特点意义

① 配置灵活。在一个阀岛上可集成安装多个小型电控换向阀（图 17-128），有 2 阀、4 阀、6 阀、8 阀、10 阀、16 阀、24 阀、128 阀等类别，分别有单电和双电两种控制形式。

② 接线简单。阀岛上电控换向阀电磁铁的控制线通过内部连线集成到多芯插座上，形成标准的接口，并且共用地线，从而大大减少了配线的数量。例如装有 10 个双电控换向阀的阀岛，具有 20 个电磁铁，只需要 21 芯的电缆就可以控制。接线时通过标准的接口插头插接，非常便于拆装、集中布线和检修。

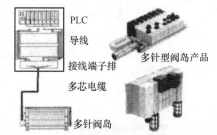

图 17-128　多针阀岛接线及通信控制和产品示例

③ 阀岛通过一根带多针插头的多芯电缆线与 PLC（可编程控制器）的输出信号、输入信号相连，系统不再需要接线盒。

④ 结构紧凑。集成化后的电控阀共用进气口和排气口，简化了气动接口。

⑤ 成本低。可降低将近三分之二的制造成本。

⑥ 易于故障诊断排除。利用预先定义好的针脚分配，可在设备出现故障的时候快速地查找出相对应的电控阀，及时排除故障，提高了设备的使用效率。

阀岛的出现和发展具有十分重要的意义，它跨越了过去气动厂商仅生产气动控制阀这一界限，而把过去一直由电气自控行业厂商生产的电输入输出模块、电缆、电缆接口、PLC程序控制器、现场总线、以太网接口和电缆一并归纳于气动元件公司产品范畴并列入其产品型录或样本，同时投入力量予以重点开发创新，从而确保了气动技术在今后自动化的发展道路上的地位，并使气动行业在应用 PLC 程序控制技术、现场总线、以太网技术上能与自控领域同步发展。

17.9.3 类型特点

（1）第一代阀岛——多针接口阀岛　在多针接口阀岛（图 17-128）中，PLC 的输入输出信号均通过一根带多针插头的多芯电缆与阀岛相连，而由传感器输出的信号则通过电缆连接到阀岛的电信号输入口上。故 PLC 与电磁阀、传感器输入信号之间的接口简化为只需一个多针插头和一根多芯电缆。

与传统的集装气路板或者单个电磁阀安装方式实现的控制系统相比，电磁阀部分不再需要接线端子排，所有电信号的处理、保护功能，如极性保护、光电隔离、防尘防水等都在阀岛上实现。其缺点是用户尚需根据设计要求自行将 PLC 的输入/输出口与阀岛电气接口的多芯电缆进行连接。

（2）第二代阀岛——现场总线阀岛　现场总线阀岛的实质是通过电信号传输方式，以一定的数据格式实现控制系统中信号的双向传输。两个采用现场总线进行信息交换的对象之间只需一根两芯或四芯的总线电缆连接。这可大大减少接线时间，有效降低设备安装空间，使设备的安装、调试和维护更加简便。

在现场总线阀岛（图 17-129）系统中，每个阀岛都带有一个总线输入口和总线输出口。当系统中有多个总线阀岛或其他现场总线设备时，可按照需要进行多种拓扑连接（图 17-130），其前置处理器是一个单片机或 PLC 系统，具有标准的输出插头并直接与阀岛插接，用于对阀岛的直接控制，标准的串口输入与控制主机连接，用于与控制主机通信。现场总线型阀岛的出现标志着气-电一体化技术的发展进入一个新阶段，气动自动化系统的网络化、模块化提供了有效的技术手段。

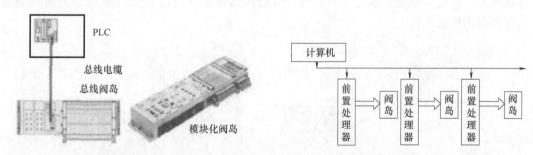

图 17-129　总线阀岛接线及通信控制和产品示例　　图 17-130　多个总线阀岛的拓扑连接及控制原理

气动阀岛几乎可应用于汽车、重工业、常规工程、食品饮料、包装、电子、轻型装配、过程自动化、印刷及加工机床等各相关行业中（图 17-131）。

17.9.4 参数产品

气动阀岛的性能参数有压力、流量，可带的流量、阀位数和线圈数以及电接口和总线形式等。按标准化及阀岛模块化结构不同，目前，气动阀岛产品有通用型［紧凑型（各厂商开发的批量产品），紧固的模块结构，常规气动阀门结构］、标准型（ISO 15407 阀和 ISO 5599-2 阀）、专用型（行业，易清洗及防爆）三大类型。

目前，阀岛的生产商有费斯托（Festo）（中国）有限公司、SMC（中国）有限公司、意大利麦特沃克（Metal Work）公司和英国诺冠（Norgren）公司等。其中费斯托公司的阀岛主要产品有通用型（具有坚固的模块化阀模块，作为紧凑的或模块化的底座，用于各种标准任务。有 CPV、MPA、MPAL、VTSA、VTUB、VTUG、VTUS 型等）、标准型（阀模块符合 ISO 15407-1、15407-2 和 ISO 5599-2 标准，用于基于标准的阀，可具有各种阀功能，可作为插件，

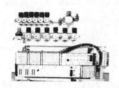
(a) 烟草行业：香烟卷接设备应用阀

(b) 食品与包装行业：片剂进料和高性能装盒机应用阀岛

(c) 装配行业：装配流水线上汽车灯座的装配应用阀岛

(d) 汽车行业：白车身抓取和焊接机器人上应用阀岛

图 17-131　气动阀岛的典型应用

也可单独连接。有 VTIA、VTSA 等）和应用特定型（专用型）（节省空间的紧凑型阀模块用于特殊要求。MH1、MPAC、VTOC、VTOE 型）三大类，其流量、阀位等因阀岛形式不同而异，流量从 10～3200L/min，阀位从 10～32 不等。典型产品见表 17-23，产品特性见表 17-24。

17.9.5　选用安装

选用气动阀岛应考虑的因素有：应用的工业领域、设备的管理状况、分散的程度、电接口连接技术、总线控制安装系统及网络等。气动阀岛通常可通过图 17-132 所示的两种安装方式安装到主机或系统上。

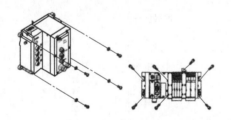
(a) 墙面/平面安装

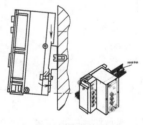
(b) 导轨安装

图 17-132　气动阀岛的安装方式

① 墙面/平面安装。阀岛安装在坚固、平坦的墙面/平面上，为此需要在安装面上开螺纹孔，使用垫片和安装螺钉进行固定。

② 导轨安装。使用标准的导轨，导轨固定安装在控制柜、墙面或者机架上，选用合适的安装支架附件就可以把阀岛牢固地卡在生产厂商提供的导轨槽架上。

17.10　智能气动控制元件

17.10.1　智能气动控制元件与系统的特征

气动技术与现代微电子技术有机交叉融合，将微处理器（或芯片）及各种检测反馈功能的传感器集成为一体，具有指令和程序处理功能的一类元件与系统即所谓智能气动元件与系统，其主要特征可概括为气驱电控。然而，考虑到与制造过程智能化关键智能基础共性技术

（新型传感技术；模块化、嵌入式控制系统设计技术；先进控制与优化技术；系统协同技术；故障诊断与健康维护技术；高可靠实时通信网络技术；功能安全技术；特种工艺与精密制造技术；识别技术）及八项智能测控装置与部件，就涵盖有液气密元件及系统在内（其余七项为新型传感器及其系统；智能控制系统；智能仪表；精密仪器；工业机器人与专用机器人；精密传动装置；伺服控制机构），所以从广义层面而言，凡是与上述智能基础共性技术、智能测控装置与部件相关的气动元件与系统均可视为智能化的。因此，除了可通过计算机和总线控制实现智能化的传统电气比例阀与伺服阀以外，气动微流控芯片及微阀、气动数字阀、智能阀岛等都是典型的智能化气动控制元件，而智能化的气动设备及系统则比比皆是。采用智能化气动控制元件与系统驱动和控制的主机设备，其智能化水平将大大提高。

17.10.2　气动微流控芯片及气动微阀

（1）基本概念　微流控是在微米尺度空间下对流体进行操控和应用的新技术。它以微尺度下流体输运为平台，以低雷诺数层流、非牛顿流体、界面效应和多物理场耦合效应理论为基础。

微流控芯片又称芯片实验室，是一种通过 MEMS（Micro-Electro-Mechanical-System，微机电系统）在数平方厘米的芯片上集成成百上千的微功能单元（含微泵、微阀、微混合器等功能部件）和微流道网络的一种芯片，通过流体在芯片通道网络中的流动，实现化学生物、医药检测、材料分析检测和微机电系统控制，其实物外形如图 17-133 所示。

图 17-133　微流控芯片实物外形

加工制造微流控芯片的常用材料有石英、硅片、玻璃，以及高分子聚合物材料（环烯烃共聚物、聚碳酸酯、聚甲基丙烯酸甲酯和聚二甲基硅氧烷 PDMS）等。其中 PDMS 热稳定性较高、绝缘性良好，可以承受高电压，透光性良好，可透过波长 250nm 以上的可见光和紫外光对微流控芯片进行观测，加工工艺简单，故成为微流控芯片的常用制造材料之一。微流控芯片的尺寸一般为长 50～100mm，宽 20～50mm，厚度 2mm。但是微芯片中的流体通道的高度通常在 50～250μm 范围内，宽度大致在 200～800μm 范围内。

以 PDMS（聚二甲基硅氧烷）微流控芯片为例，微流控芯片的工作原理为：此芯片将 PDMS 和有机玻璃等材料通过软刻蚀方式进行封装，通过气动微流道中气体压力变化来驱动气动微流道与液体微流道之间 PDMS 薄膜产生形变，从而控制液体微流道的通断和样品输送。

微流控芯片具有工作效率极高、能够对样品进行在线预处理和分析、污染少、干扰和人为误差低，以及反应快、大量平行处理和即用即弃的特点，近年来已经逐渐发展为一个流体、化学、医学、生物、材料、电子、机械等学科交叉结合的重要研究领域。微流控芯片的加工精度及封装强度要求很高。微流控芯片的加工处理（微通道的加工及微泵微阀的连接等）有注射成型、模塑法、软刻蚀、微接触印刷法、热压法、激光切割法等多种方法，各法采用的工艺设备及特点不尽相同。

在微流控芯片中，各个微单元之间的样品运输主要依赖于流体的流动。微流体的操控技术主要有电渗操控和微泵微阀操控两类，芯片上的集成化微阀有静电微阀、压电微阀、被动阀、气动微阀、电磁微阀和数字微阀等，其中以弹性膜为致动部件、压缩气体为致动力的气动微阀是微流控芯片上应用较为广泛的一类微阀。

（2）气动硅流体芯片与双芯片气动比例压力阀　硅流体芯片又称硅阀（silicon valve），是一种基于 MEMS 技术的热致动微型阀。它具有尺寸小（10.8mm×4.8mm×2.2mm）、易于集成、耐压能力强（1999年所设计的最初版本的硅流体芯片的最高控制压力就已达1.4MPa）、控制精度高等特点，是工业供热通风与空气调节领域及医学领域的研究热点，但在气动控制领域的应用还相对较少。

片式结构的气动硅流体芯片的原理如图17-134所示，其中间层带有V形电热微致动器和杠杆机构。当芯片通入控制电压时，由于欧姆热效应，电流经过V形电热微致动器会使筋的温度升高，导致热膨胀，产生沿A方向的位移，B点则作为杠杆机构的支点将位移放大，以改变A点的p_s、p_o口的过流面积大小，达到比例调节输出压力或流量的目的。芯片的等效工作原理可视为一个具有可调孔的气动半桥。

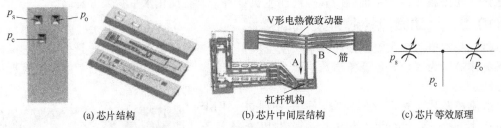

(a) 芯片结构   (b) 芯片中间层结构   (c) 芯片等效原理

图17-134　气动微流控芯片结构原理

基于硅流体芯片的双芯片气动比例压力阀实物外形及结构原理如图17-135所示，其两个芯片并联组合封装在带有控制腔的模块中，整体可视为一个二位三通阀。试验和计算机仿真表明，采用硅流体芯片的闭环气动控制系统（图17-136）有着较好的动态和静态特性。

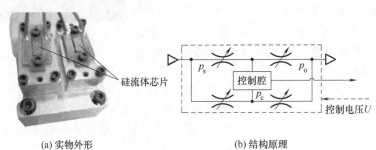

(a) 实物外形   (b) 结构原理

图17-135　双芯片气动比例压力阀实物外形及结构原理

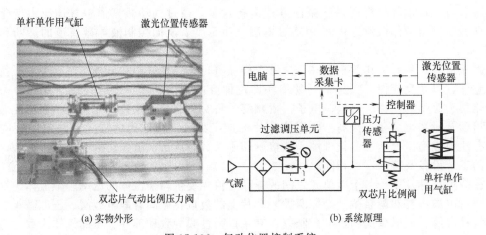

(a) 实物外形   (b) 系统原理

图17-136　气动位置控制系统

（3）PDMS微流控芯片与PDMS微阀　PDMS微流控芯片的工作原理如前文所述，由于其具有制备容易、控制方式简单以及易于实现大规模集成的特点，故已实现了上千个微阀和几百个反应器在微流控芯片上的大规模集成。

① PDMS 微阀。集成在微流控芯片的薄膜式气动微阀的基本工作原理如图 17-137 所示，它以压缩气体作为动力源。当气体通道内气体压力/流量增加时，弹性阀膜（PDMS 膜片）在气体压力作用下产生形变弯向流体通道一侧，被控流体的通流截面减小，抑制流体通道内的通流效果（流量）；当控制气体压力进一步增大，将阀膜片顶起至完全贴附在流体通道弧形顶面时，液体通道完全被关闭，此时微阀关闭。通过改变芯片中气体通道的控制压力，能够实现微阀开闭控制。当向控制通道提供气压时，在气压的驱动下 PDMS 膜片向液体通道方向产生形变，直到微阀将液体通道截止；减小控制通道的气体压力时，PDMS 膜片恢复到原来的形状，微阀重新打开，从而起到开关或者换向作用。气动微阀因具有动态响应快、结构简单、易于集成等优点而得到了较广泛的应用。

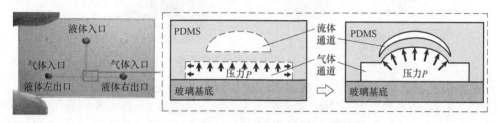

图 17-137　气动微阀的基本工作原理

图 17-138 所示为一种可拆卸式封装的气动三层式微流控芯片，它运用了增材（3D 打印）技术，以 UV 树脂为材料进行了光固化加工，加工的微通道宽度为 $400\mu m$，高度为 $200\mu m$。带有气阀结构的微流控芯片装夹方便，并可重复利用。利用这种可逆封三层式芯片加工出的微阀的优点是封装方式简单可靠，加工成本低，能够多次拆卸重复使用，且开关响应特性良好，耐腐蚀能力较强。

② PDMS 气动电磁微阀。

a. 结构原理。如图 17-139 所示，气动电磁微阀（下简称电磁微阀）由作为操纵机构的电磁驱动器 2 及弹簧 1 和阀主体 [阀芯 3、PDSM 阀膜 4、带微流道的 PDSM 基片 5；微流道（阀口）6] 等组成。当电磁驱动器未通电时，由于弹簧的预紧力推动阀芯，阀芯下压上层 PDMS 阀膜，阀膜向下弯曲变形，堵塞阀口，阀口关闭 [图 17-139（a）]；当电磁驱动器通电时，产生的电磁吸力克服弹簧弹力，阀芯上移，上层阀膜形变恢复，阀口打开 [图 17-139（b）]，微流道导通；当电磁驱动器断电时，阀芯被弹簧的回复力推向上层 PDMS 阀膜，阀膜向下变形，电磁微阀关闭，使微流道切断。电磁微阀属于开关式常闭阀，气动微流控芯片系统紧急断电时，常闭阀可以迅速切断气路，防止因气路系统压力过高而损坏气动微流控芯片系统。

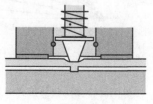

(a) 关闭状态

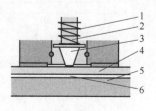

(b) 开启状态

图 17-138　微流控芯片实物外形

图 17-139　电磁微阀结构原理
1—弹簧；2—电磁驱动器；3—阀芯；4—PDSM 阀膜；
5—带微流道的 PDSM 基片；6—微流道（阀口）

电磁微阀封装实物外形如图 17-140 所示，电磁驱动器用磁铁作基材，具有塑料外壳，阀芯为塑料材质，通过超精密加工制作而成。阀的主体包括上层 PDMS 平膜、具有微流道的下层 PDMS 厚膜 [图 17-140 (b)]。平膜薄而柔软，用作阀膜，而且能够起弹垫的作用，电磁微阀关闭时防止漏气。阀体采用制造气动微流控芯片系统常用的高弹性材料 PDMS，其优点是高弹 PDMS 材料透明，便于肉眼对齐封装；封装的多个电磁微阀组成阀组能够作为一个模块，便于与气动微流控芯片系统进行整体集成。

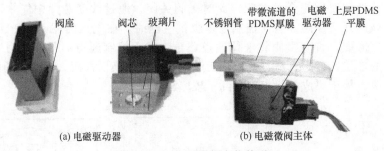

(a) 电磁驱动器　　　　　　　　(b) 电磁微阀主体

图 17-140　电磁微阀实物外形

电磁微阀试验元件封装尺寸参数如下：驱动器为长 20.5mm×宽 9.8mm×高 12mm；阀芯直径 1mm，阀芯传递力 0.5N；微流道为长 30mm×宽 0.5mm×高 0.1mm；PDMS 平膜厚度 0.5mm，PDMS 平膜基质：固化剂＝15：1；PDMS 厚膜厚度 5mm，PDMS 厚膜基质：固化剂＝8：1。电磁微阀的封装尺寸仅为 30mm×17.5mm ×9.8mm。

b. 流量特性。对电磁微阀在开关和脉冲宽度调制（PWM）两种模式下的流量特性进行试验（图 17-141）并对典型驱动压力下不同阀口开度电磁微阀的静、动态流量特性进行数值仿真的结果表明：在驱动频率相等的情况下，电磁微阀流量与压差呈正比 [图 17-142 (a)]；当压差一定时，电磁微阀流量与驱动频率呈反比，电磁微阀平均流量与占空比呈正比 [图 17-142 (b)]；电磁微阀出口流量与阀口开度呈正比 [图 17-142 (c)]。

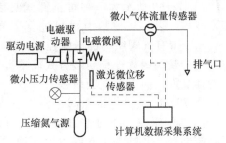

图 17-141　电磁微阀特性测试系统原理

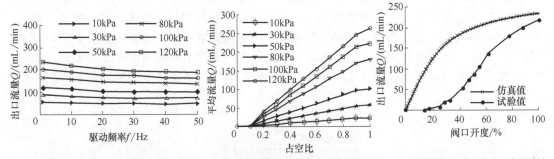

(a) 电磁微阀流量-压差-驱动频率试验结果　　(b) 电磁微阀流量-压差-占空比试验结果　　(c) 不同阀口开度下的出口流量特性
（阀口压差为100kPa）

图 17-142　电磁微阀特性试验及仿真结果（部分）

c. 性能特点。电磁微阀流量控制精度高、封装成本低，能够提高微流控芯片的集成化程度和控制性能。电磁微阀可以完全取代气动微流控芯片外部气路控制系统中结构复杂、尺寸巨大、难与微流控芯片进行集成、不便于微型化和携带的常规电磁阀和阀组，提高气动微流控芯片系统的整体集成度，实现真正意义上的便携功能。

d. 典型应用。PDMS 电磁微阀的典型应用之一是实现科学节水灌溉的新型智能痕量灌溉系统，其结构框图如图 17-143（a）所示。单片机控制模块可以实时通过无线通信模块把数据传递给手机等移动设备，可人为控制浇水情况。智能痕量灌溉系统中微小流量控制框图如图 17-143（b）所示。

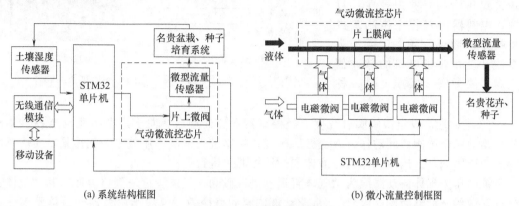

(a) 系统结构框图　　　　　　　　　　(b) 微小流量控制框图

图 17-143　智能痕量灌溉系统

③ 步进电机 PDMS 微流控芯片气压驱动系统。

a. 系统组成及元件作用。采用步进电机的微流控芯片气压驱动系统（图 17-144）由供气源 1、微阀 2、气体管道 3 和液体管道 6、气液作用装置 4、传感器 7、驱动控制电路 10 等组成，控制对象为微流控芯片 8。其中气压源 1 可以是空压机、罐装氮气，甚至是小型气泵。微阀 2 由步进电机驱动操纵（图 17-145），步进电机输出轴为螺杆，滑块阀芯上配有螺母与之啮合，挡板阻止螺杆螺母相对转动，实现滑块阀芯的沿电机主轴方向上、下运动，从而挤压 PDMS 阀膜运动。当滑块向下运动时，上层阀膜在电机驱动力下克服自身弹性力向下运动，减小阀口开度；当滑块阀芯向上运动时，由于 PDMS 具有良好的弹性，可实现阀膜位置跟随滑块阀芯位置。因此，通过精确控制步进电机的转动，即可实现微阀开度的精确控制，实现进气节流或排气节流。串接于进气前向通道中的进气微阀 2-1 用于进气节流；旁接于前向通道的泄气微阀 2-2 用于泄压。气体管道 3 连接气压源、微阀、气液作用装置和大气。待驱动液体预先被装进气液作用装置。从气液作用装置流出的液体经流量传感器后对微

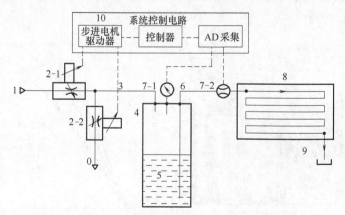

图 17-144　PDMS 步进电机微流控芯片气压驱动系统原理

1—供气源；2-1—进气微阀；2-2—泄气微阀；3—气体管道；4—气液作用装置；5—待驱动液体；
6—液体管道；7-1—气体压力传感器；7-2—液体流量传感器；8—微流控芯片；9—废液池；10—驱动控制电路

流控芯片进行充液，充液过程完成后液体向外排至废液池。系统控制电路包括控制器、步进电机驱动器及 AD 模块。步进电机驱动器驱动微阀阀芯产生位移，AD 模块采集压力信号并记录在计算机内，控制器内置程序控制步进电机的脉冲数量及频率，由于微阀 2 的开度由步进电机的脉冲信号决定，故微阀 2 实质上是一种数字阀。

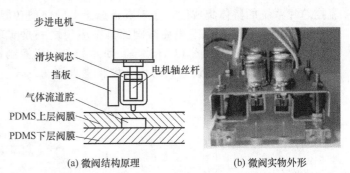

(a) 微阀结构原理   (b) 微阀实物外形

图 17-145　步进电机 PDMS 微阀结构原理及实物外形

b. 系统原理。设定微阀阀口开度，经控制器算法处理后，向步进电机驱动器提供驱动信号，驱动两个微阀协同动作，改变微阀开度，控制进入气液作用装置中气体量，实现对气体容腔的压力调节。压力气体挤压液体向微流控芯片进行充注。

系统中压力气体流动路线为"气体管道→进气微阀→气体管道→气体容腔"和"气体管道→进气微阀→泄气微阀→大气"；待驱动液体流动路径为"气液作用容器→液体管道→微流控芯片→废液池"。在气体流动过程中，气体流经的管道长度不变，且气体的黏度系数小，故在流动过程中造成的压力损失忽略不计。

c. 特性试验及仿真结果。对微流控芯片气压驱动系统气体容腔压力特性进行试验［图 17-146（a）、（b）］及仿真，结果［图 17-146（c）］表明，系统在不同的阀口阶跃响应下，试验与仿真的气体容腔的压力特性变化趋势基本相同，该系统能够较快地响应于气压容器，阀口开度越大，气体容器的压力上升越快，稳定压力越高。

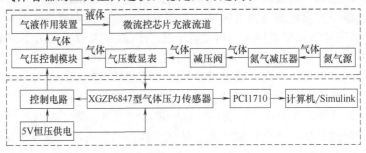

(a) 系统原理

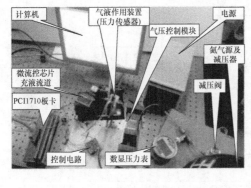

(b) 系统试验平台

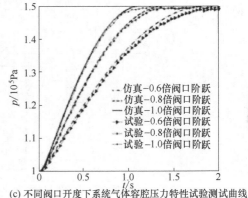

(c) 不同阀口开度下系统气体容腔压力特性试验测试曲线

图 17-146　气体容腔压力动态响应特性试验

d. 典型应用。由步进电机驱动操纵的微阀的典型应用是液滴微流控系统（图 17-147），通过控制压力容腔内的气体压力大小，调节两相液体的流量大小，实现改变液滴尺寸与生成频率的目的。其中，气源 1 采用瓶装高精度氮气，为整个系统提供高压力气体；进气微阀 2 和排气微阀 3 的作用同前。为改善系统的压力响应，还可以将微阀的排气口处接入负压源，有利于系统压力的下降并实现液滴的前后运动控制。T 型微流道芯片 8 用于液滴的生成，显微镜 9 和摄像机 10 用于拍摄液滴的动态形成过程，计算机 11 用于显示液滴的图像并通过图像处理获得液滴的尺寸。

液滴微流控系统的工作流程为：在单片机控制器 5 设定压力，控制器发送指令给步进电机驱动器并控制步进电机旋转，利用固定的丝杆螺母结构实现旋转运动转换成阀芯的直线运动，从而改变微阀 2 和 3 的阀口开度，进而调节压力容腔 7 的气体流量。气体压力传感器 6 通过 A/D 模块将容腔内的实时压力值反馈给单片机控制器 5，控制器控制两个微阀的阀芯运动，可实现压力的精确闭环控制。在恒定的压力驱动下，两相液体通过 T 型微流道，产生液滴。同时，置于微流控芯片上方的摄像机 10 对生成的液滴进行拍摄，通过图像处理得到液滴的尺寸。图 17-148 所示为液滴微流控系统试验台。

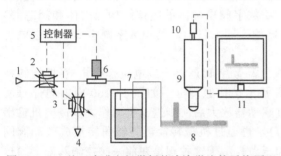

图 17-147　基于步进电机微阀的液滴微流控系统原理
1—氮气瓶；2—进气步进电机微阀；3—排气步进电机微阀；
4—大气或负压源；5—控制器；6—气压传感器；
7—压力容腔；8—T 型微流道芯片；
9—显微镜；10—摄像机；11—个人计算机

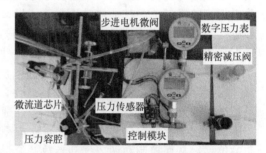

图 17-148　液滴微流控系统试验台

基于步进电机微阀的液滴微流控系统采用软刻蚀封装，代替常规阀组，通过配合压力传感器闭环控制液体的驱动压力，实现系统流量与液滴尺寸的调节功能。它易于生成稳定大小（尺寸均一）的液滴，具有微型化、易于与微流控其他元件集成、响应快速、液滴生成尺寸精度高、操作简单、便携性强、价格低廉的特点。

④ 聚甲基丙烯酸甲酯（PMMA）/聚二甲基硅氧烷（PDMS）复合芯片及气动微阀。复合芯片为 PMMA-PDMS⋯PDMS-PMMA 的四层构型，带有双层 PDMS 弹性膜气动微阀的 PMMA 微流控芯片。双层 PMMA 材料作为上、下基片，可以提高芯片的刚性与芯片运行时的稳定性，并减少全 PDMS 芯片的通道对试剂和试样的吸附。具有液路和控制通道网路的 PMMA 基片与 PDMS 弹性膜间采用不可逆封接，分别形成液路半芯片和控制半芯片，而两个半芯片则依靠 PDMS 膜间的黏性实现可逆封接，组成带有微阀的全芯片，封接过程简单可靠。其控制部分和液路部分可以单独更换，可进一步降低使用成本，尤其适合一次性应用场合。

如图 17-149（a）所示，微阀控制系统由计算机、二位三通电磁阀和高压气源等组成，采用 Visual Basic 程序控制计算机并口的信号输出，控制电磁阀，使芯片的控制通道分别与大气或者高压气源相通，从而实现对芯片上微阀的开闭控制。计算机并口具有 8 个数据位，故理论上可同时控制 8 个电磁阀。由于并口的输出信号功率很小，试验采用 ULN2803 芯片对信号进行放大。芯片实物如图 17-149（b）所示。试验表明：该微阀具有良好的开关性能和耐用性。

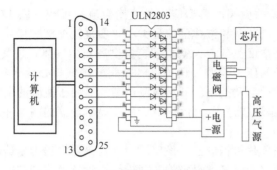

(a) 微阀控制系统示意图　　　　　　　　　(b) 芯片实物

图 17-149　微阀控制系统示意图与芯片实物

17.10.3　气动数字控制阀

　　与液压数字阀类似，气动数字阀也是利用数字信息直接控制的一类气动控制元件，由于它可以直接与计算机接口，不需要 D/A 转换器，具有结构简单、成本低及可靠性高等优点，故应用日趋广泛。与其他气动控制阀一样，气动数字阀也由阀的主体结构（阀体和阀芯等）和电气-机械转换器构成。根据电气-机械转换器的不同，目前，气动数字阀主要有步进电机式、高速开关电磁式和压电驱动器式等几种。

　　(1) 步进电机式气动数字阀　步进电机式气动数字阀是以步进电机作为电气-机械转换器并用数字信息直接控制的气动控制元件，其基本结构原理框图如图 17-150 中前向部分所示。微型计算机发出脉冲序列控制信号，通过驱动器放大后使步进电机动作，步进电机输出与脉冲数成正比的位移步距角（简称步距角），再通过机械转换器将转角转换成气动阀阀芯的位移，从而控制和调节气动参数：流量和压力。由于这种阀是在前一次控制基础上通过增加或减少（反向控制）一些脉冲数达到控制目的，因此常称为增量式气动数字阀。此类阀增加反馈检测传感器即构成电-气数字控制系统。

图 17-150　步进电机式气动数字阀及其构成的电气数字控制系统原理框图

　　① 转板式气动数字流量阀。这是一种新型气动数字阀，它主要由步进电机 1、气缸 3 和转板 5 等组成（图17-151）。其控制调节原理如下：步进电机 1 在控制信号的作用下直接作用于转板 5，通过电机传动轴带动转板转动。转板与气缸的环槽相配合，起到导向和定位作用。转板外轮廓的一半呈半圆形，另一半为阿基米德螺线。阿基米德螺线的一端与半圆形的一端连接，另一端通过辅助半圆形与半圆形的另一端连接。当步进电机驱动转板时，转板和衬板的开口面积与转角大小成线性关系。气源经输入孔进入到气室，并在气室内得到缓冲，通过

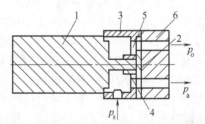

图 17-151　转板式气动数字流量阀结构
1—步进电机；2—衬板；3—气缸；
4—套筒；5—转板；6—端盖

转板和衬板的开口作用于负载，另一端的出气口处于近似的封闭状态。因此通过控制开口面积的大小，即可实现控制气体流量和压力的目的。转板在步进电机的控制下的工作过程如图

17-152 所示，其中 1 和 2 的阴影面分别为转板转动不同时刻小孔的开口大小。从 1 位到 2 位，随着转板转过不同的角度，小孔的开口大小随之变化。进出气小孔的开口面积与角位移的关系如图 17-153 所示（图中 r 为小孔半径）。

转板式气动数字流量阀具有造价低廉、要求的工况条件低、无需 D/A 接口即可实现数字控制、流量的线性度好等特点。但泄漏量对阀的性能有较大影响，数字仿真表明，泄漏量对转板的厚度和小孔的尺寸变化较敏感，减小小孔尺寸可以减少泄漏量，但是影响到输出的效率，动态响应时间会增加；减小间隙的尺寸，可以降低泄漏量，但会带来转板卡死的风险。

② 步进电机式 PDMS 微阀。步进电机驱动操纵的 PDMS 微阀，可实现对气体容腔的压力调节。通过配合压力传感器闭环控制液体的驱动压力，可实现液滴微流控系统流量与液滴尺寸的调节功能。其结构组成及特点等详见 17.2.2 节 (3)。

（2）高速开关式气动数字阀　高速电磁开关阀是借助于控制电磁铁的吸力，使阀芯高速正反向切换运动，从而实现阀口的交替通断及气流控制的气动控制元件。显然，快速响应是高速开关阀最重要的性能特征。为了实现气动系统的开关数字控制，常采用脉宽调制 (PWM) 技术。即计算机根据控制要求发出脉宽控制信号，控制作为电气-机械转换器的电磁铁动作，从而操纵高速开关阀启闭，以实现对气动比例或伺服系统气动执行元件方向和流量的控制。

① 给排气电磁阀驱动操纵的电-气比例阀。事实上，17.8.1 节（2）所介绍的电磁铁驱动的电-气比例压力阀、气动比例阀和真空比例阀即为此类阀，故此处不再赘述。

② 集成式数字流量阀。此类阀是采用多个不同阀芯面积的单阀，构成的可以组合控制输出流量的数字阀。

a. 基本原理。如图 17-154 所示，集成式数字阀的基本单元由一个节流阀和一个开关阀串联组成，各基本单元采用并联方式连接，各节流阀的阀芯截面积设置成特定的比例关系，一般是二进制比例关系，即

$$S_0 : S_1 : S_2 : \cdots : S_{n-1} = 2^0 : 2^1 : 2^2 : \cdots : 2^{n-1}$$

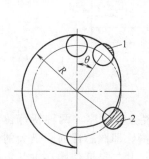

图 17-152　转板工作过程

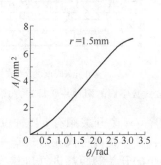

图 17-153　开口面积 A 与角位移 θ 的关系

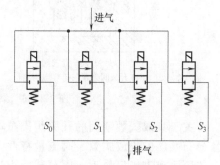

图 17-154　集成式数字阀基本原理

各基本单元的输出流量相应地成二进制比例关系：

$$q_0 : q_1 : q_2 : \cdots : q_{n-1} = 2^0 : 2^1 : 2^2 : \cdots : 2^{n-1}$$

假设最小基本单元的输出流量为 q_0，则 n 个基本单元组成的数字阀的输出流量有

$$0、q_0、2q_0、3q_0、\cdots、(2^n - 1) q_0$$

共 2^n 种不同的输出流量。

在集成式数字阀中，各基本单元的输出流量比例关系称为数字阀的编码方式，研究表明，采用广义二进制编码方式，即前 $n-1$ 个基本单元按最常见的二进制编码方式（即输出

流量成二进制比例关系）；最高位的基本单元成四进制比例关系，即 $q_0 : q_1 : \cdots : q_{n-2} : q_n = 2^0 : 2^1 : \cdots : 2^{n-2} : 2^n$，最大输出流量为 $(3 \times 2^{n-1} - 1) q_0$，这样可在不增加基本单元个数 n 的条件下（有利于减小阀的体积和成本），增大整个阀的最大输出流量［二进制比例关系的最大输出流量为 $(2^n - 1) q_0$］。

b. 结构组成。集成式数字阀的单个开关阀为直动式开关阀，其结构原理如图 17-155 所示，其座阀式阀芯 3 直接由电磁铁 1 驱动操纵决定进排气口的通、断；阀口由弹簧 2 作用关闭时，靠阀芯下端面与阀座 7 的上端面接触实现密封。与先导式开关阀相比，直动式阀具有结构简单、响应快、对工作介质清洁度要求不高的特点。

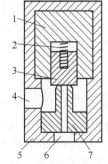

图 17-155 集成式数字阀单阀结构原理
1—电磁铁；2—弹簧；3—阀芯；4—进气口；5—阀体；6—排气口；7—阀座

从减小集成式数字阀的体积和实际加工难度的角度看，开关阀有两种并联排布方式：第一种为开关阀对称分布在排气流道的两侧［图 17-156 (a)］；第二种为开关阀依次分布在排气流道的一侧［图 17-156 (b)］。这两种分布方式开关阀中心线相互平行且位于同一个平面内，且集成式数字阀的体积基本相同，但第一种开关阀排布方式进气流道方向改变了次序，进气压力损失较大，阀的流通性较差，而且内流道复杂，加工难度较大；第二种开关阀排布方式流道简单，易于加工，进气流道方向没有改变，阀的流通性较好，故采用第二种开关阀排布方式。

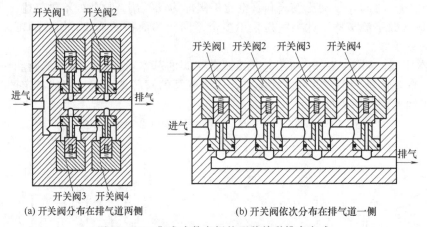

(a) 开关阀分布在排气道两侧　　　　　(b) 开关阀依次分布在排气道一侧

图 17-156　集成式数字阀的两种并联排布方式

关于集成式数字阀的开关阀排布顺序，n 个开关阀有 $n!$ 种位置分布顺序，两种特殊位置分布顺序的集成式数字阀流量特性为：其一是高位阀在进气口一侧，即阀芯截面积最大的开关阀距离进气口最近，阀芯截面积越小的开关阀距离进气口越远；其二是低位阀在进气口一侧，即阀芯截面积最小的开关阀距离进气口最近，阀芯截面积越大的开关阀距离进气口越远。仿真结果表明：开关阀两种位置顺序下集成式数字阀内部流场压力分布规律相似，距离进气口最近处的开关阀压力最大，距离进气口越远的开关阀压力越小，主要原因是气流经过的流道越长，压力损失越大；在两种开关阀位置分布情况下，与低位阀在进气口侧相比，高位阀在进气口侧时，数字流量阀的总流量较大、最小流量较小，输出流量范围较大，因而采用高位阀在进气口侧的分布方式合理。

基于上述分析结论的集成式数字阀结构如图 17-157 (a) 所示，静衔铁 2 和阀座 13 处采用 O 形圈密封，线圈骨架 3 和套筒 9 处采用橡胶平垫，止泄垫 11 防止阀关闭时有气体泄漏。图 17-157 (b) 所示为集成式数字阀实物外形。

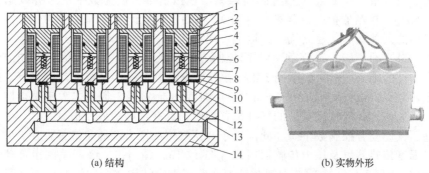

(a) 结构   (b) 实物外形

图 17-157　集成式数字阀的结构及实物外形

1—堵盖；2—静衔铁；3—线圈骨架；4，12—O 形圈；5—线圈；6—弹簧；7—阀芯；
8，10—橡胶平垫；9—套筒；11—止泄垫；13—阀座；14—阀体

c. 主要特点。综上所述可知，集成式数字阀以普通开关阀作为基本单元，将四个阀芯截面积成广义二进制比例的开关阀集成在一个阀体内，各开关阀采用平行分布方式，共用进气流道和排气流道，结构简单、加工容易、成本低。采用广义二进制编码方式，集成式数字阀可以高效地控制输出流量，进而在高速大流量和低速小流量的控制需求上切换。

③ 系统应用。该集成式数字阀用于气缸位置控制，其试验系统原理如图 17-158（a）所示，气缸水平放置，开关阀 1、3 控制气缸进气，开关阀 2、4 控制气缸排气，集成式数字阀

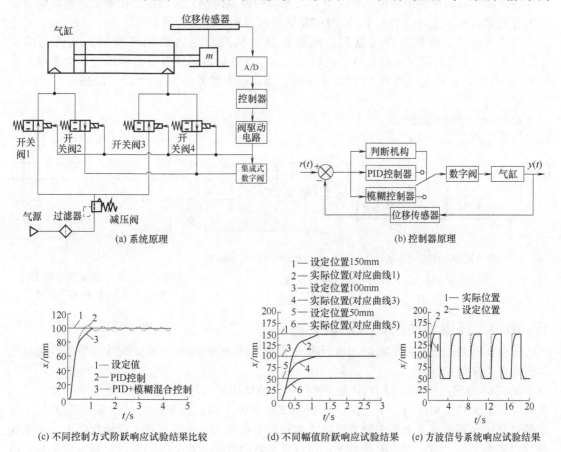

(a) 系统原理　　　　　　　　　　　　　　(b) 控制器原理

(c) 不同控制方式阶跃响应试验结果比较　(d) 不同幅值阶跃响应试验结果　(e) 方波信号系统响应试验结果

图 17-158　集成式数字阀控气缸位置伺服控制系统

控制气缸排气腔流量。A/D 将位移传感器采集的模拟信号转换为数字信号并发送到控制器 [图 17-158（b）]，控制器根据控制策略（PID＋模糊控制）计算各阀的控制信号，经阀驱动电路控制各阀的开关状态，控制气缸的运动方向和速度。

由图 17-158（c）、（d）、（e）所示不同控制方式阶跃响应、不同幅值阶跃响应和方波信号系统响应的试验结果可看出，采用 PID＋模糊混合控制策略，系统在达到目标点附近后能够保持稳定，重复定位精度可达 0.3mm，响应时间小于 1.2s。集成式数字阀能够在低成本的前提下，高速率地实现较高精度的气缸位置控制，具有良好的应用前景。

（3）高压气动复合控制数字阀　此阀用于高压气体的压力和质量流量控制，它由八个二级开关阀、温度传感器以及压力传感器组成 [图 17-159（a）]；二级开关阀由高速电磁开关阀和主阀组成 [图 17-159（b）]。主阀阀口为临界流喷嘴结构，主阀按照压力区可划分为控制腔 r 和主阀腔 p。当用复合阀来控制高压气体的压力时，控制器就会依据输出压力和目标压力来调节二级阀的启闭；用复合阀控制气体的流量时，控制器则依据上游的压力、温度以及下游的输出压力来调节二级阀的启闭。

复合阀的进气阀阀口面积方案编码方式采用二进制和四进制结合的方法，即前六个进气阀按照二进制编码，最后一个进气阀按照四进制标定，各进气阀的有效开口面积比为：

$$S_1 : S_2 : S_3 : \cdots : S_6 : S_7 = 2^1 : 2^2 : 2^3 : \cdots : 2^6 : 2^8$$

这样编码的复合阀最大有效截面积：

$$S_{\max} = 191 S_1$$

这样即可在保证控制精度的情况下，使系统的控制范围大大增加（按照二进制编码时的最大有效截面积 $S_{\max} = 127 S_1$），同时满足调节范围和控制精度的要求。

高压气动压力流量复合控制阀，能够很好地实现对压力的闭环控制。其仿真结果（图 17-160）表明：该复合控制数字阀可以快速、准确且稳定地输出目标压力，稳态偏差在 ±0.1MPa 以内；在气源压力 p_t＝20MPa 时，输出压力的范围为 p_o＝1～19MPa。

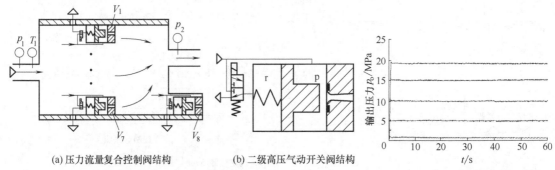

(a) 压力流量复合控制阀结构　　(b) 二级高压气动开关阀结构

图 17-159　复合控制数字阀结构原理

图 17-160　复合控制数字阀不同气源压力 p_t 阶跃响应曲线

17.10.4　压电驱动器式气动数字阀

压电驱动器式气动数字阀以压电开关作为电气-机械转换器，驱动操纵气动阀实现对气体压力或流量的控制。

① 基本原理。图 17-161 所示为一种压电开关调压型气动数字阀，其先导部分是由压电驱动器和放大机构构成的一个二位三通摆动式高速开关阀，数字阀的工作原理通过压力-电反馈控制先导阀的高速通断来调节膜片式主阀的上腔压力，从而控制主阀输出压力。由于先导阀在不断"开"与"关"的状态下工作以及负载的变化，均会引起阀输出压力的变化，故为了提高数字阀输出压力的控制精度，将输出压力实际值由压力传感器反馈到控制器中，并

与设定值进行快速比较，并根据实际值与设定值的差值控制脉冲输出信号的高低电平：当实际值大于设定值时，数字控制器发出低电平信号，输出压力下降；当实际值小于设定值时，数字控制器发出高电平信号，输出压力上升。通过阀输出压力的反馈，数字控制器相应地改变脉冲宽度，最终使输出压力稳定在期望值附近，以提高阀的控制精度。

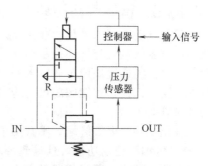

图 17-161　压电开关调压型气动
数字阀的工作原理

② 结构工作过程。基于上述数字阀工作原理的压电开关调压型气动数字阀的总体结构如图 17-162 所示，其关键部分之一为压电叠堆 11。数字控制器实时根据出口压力反馈值与设定压力之间的差值，调整其脉冲

输出，使输出压力稳定在设定值附近，从而实现精密调压。阀的工作过程为：若出口压力低于设定值，则数字控制器输出高电平，压电叠堆 11 通电，向右伸长，通过弹性铰链放大机构推动先导开关挡板 7 右摆，堵住 R 口，P 口→A 口连通，输入气体通过先导阀口向先导腔充气，先导腔压力增大，并作用在主阀膜片上侧，推动主阀膜片下移，主阀芯开启，实现压力输出。输出压力一方面通过小孔进到反馈腔，作用在主阀膜片下侧，与主阀膜片上侧先导腔的压力相平衡；另一方面，经过压力传感器，转换为相对应的电信号，反馈到数字控制器。若阀出口压力高于设定值，则数字控制器输出低电平，压电叠堆 11 断电，向左缩回，先导开关挡板左摆，堵住 P 口，R 口→A 口连通，先导腔气体通过 R 口排向大气，先导腔压力降低，主阀膜片上移，主阀芯关闭。此时溢流机构 3 开启，出口腔气体经溢流机构向外瞬时溢流，出口压力下降，直至达到新的平衡为止，此时出口压力又基本回复到设定值。

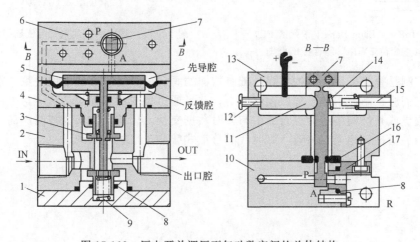

图 17-162　压电开关调压型气动数字阀的总体结构

1—主阀下阀盖；2—主阀下阀体；3—溢流机构；4—主阀中阀体；5—主阀芯膜片组件；6—主阀上阀体；
7—先导开关挡板放大机构；8—O 形密封圈；9—复位弹簧；10—先导左阀体；11—压电叠堆；12—定位螺钉；
13—先导上阀体；14—预紧弹簧；15—预紧螺钉；16—波形密封圈；17—先导右阀体

对于先导部分为二位三通压电型高速开关阀的数字阀，应选用数字控制方式。为了提高压电开关调压型气动数字阀的动态性能和稳态精度，减小其压力波动，采用了"Bang-Bang＋带死区 PID＋调整变位 PWM"复合控制算法对数字阀进行控制（图 17-163），即在压电开关调压型气动数字比例压力阀响应过程采用 Bang-Bang 控制，使其快速达到稳态区域；当进入稳态区域后，采用"带死区 PID＋调整变位 PWM"复合控制算法，可提高其稳态精度，减小压力波动（试验结果略）。

17.10.5　智能气动阀岛

智能气动阀岛（简称智能阀岛）是一种分散式智能机电一体化控制系统。它能灵活地集成用户所需的电气与气动控制功能；能通过集成嵌入式软 PLC 与运动控制器，实现本地决策与控制；能通过集成工业以太网通信模块，建立与上位控制系统以及其他组件的联网实时数据交换。因此，智能阀岛可为构建面向工业 4.0 时代的分散式智能工厂控制系统提供灵活的解决方案。

智能化阀岛电气终端，不只用于连接现场和主站控制层。它已具备 IEC 61131-3 嵌入式软 PLC 可编程控制功能，且具备 SoftMotion 运动控制功能，并配备诊断工具，能为用户提供状态监控功能。通过集成智能化的电气终端，阀岛能够将气缸控制与电缸控制整合在一起：通过模块化阀岛电磁阀控制气缸动作，通过运动控制器控制电伺服与气伺服，并能集成更多功能，如图 17-164 所示。

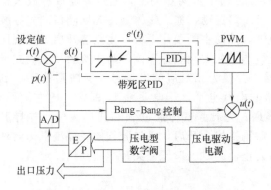

图 17-163　"Bang-Bang＋带死区 PID＋
调整变位 PWM"复合控制框图

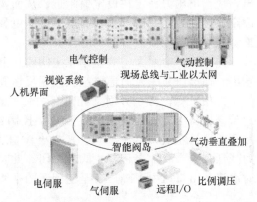

图 17-164　智能阀岛的电气与气动控制功能

运动控制是智能机械控制的重要基础。这样的阀岛，具备独立的本地决策、本地逻辑控制、本地电伺服控制、本地气伺服控制能力，并且通过集成通信模块灵活地与采用不同通信协议的上位机或其他网络组件进行通信与实时数据交换。因此，称其为智能阀岛。智能阀岛能帮助我们灵活地构建面向工业 4.0 时代的分散式智能工厂控制系统。

第18章 典型气动系统分析

18.1 典型气动系统分析要点

第 18 章表格

气动技术的应用已遍及国民经济各个部门。气动系统名目繁多、种类纷纭，系统的构成及原理也因应用领域及主机不同而异。本章拟通过不同领域十余例典型气动系统的分析介绍，加深读者对不同气动执行和控制元件及其组成的气动回路的综合应用认识，掌握气动系统的一般分析方法，为自行进行气动系统的分析与设计提供典型实例，并可举一反三，以便了解和掌握更多的气动系统。

气压传动与控制系统的原理图都用国家标准 GB/T 786.1—2021 规定的图形符号绘制，其分析内容与方法要点与液压系统类似：概要了解主机的功能结构、工作循环及对气动系统的主要要求等；对气动系统的组成及元件功用、工作原理（各工况下系统的气体流动路线）等逐一进行分析；归纳出系统的特点。

18.2 气动胀管机系统

18.2.1 主机功能结构

气动胀管机是对铜管管端进行成形加工（将直径 $\phi 6\sim 12mm$、壁厚 $t=0.5\sim 1.0mm$ 的直铜管的端部加工成杯状、喇叭状等形状）的一种专用设备。加工而成的异形端管主要用于空调器、电冰箱等制冷器具的热交换器（冷凝器和蒸发器），其加工质量直接制约着热交换器乃至整个制冷器具的质量和性能。

该机采用挤压胀形工艺技术，即将空心管坯放入动、定模板组成的模具腔中并夹紧；靠机器的压力将胀头挤入空心铜管内，从而使管坯胀出所需的各种管端形状。胀管机主机（平面布局见图 18-1）由机身（薄钢板与角钢焊接而成）、模具（含定模板 10、动模板 12 及锁紧机构）和挤压胀形机构（胀杆 6、胀头 8）三部分组成，模具和挤压胀形机构呈垂直关系并均置于机身顶面。为保证胀杆、胀头和模具腔中心部件的同轴度，胀杆与气缸的活塞杆采用销轴浮动连接，并由导向架 7 导向。动模板及挤压胀形机构的动作由气压传动完成。动模板与定模板合模后，由机械机构锁紧。机器的电控部分安装在空心机身腔内。机器的工作循环顺序为：手动上料→动模板前进（合模）→挑杆挑起限位挡板挤压胀形→挤压复位，落下限位挡板→动模复位→手工下料。

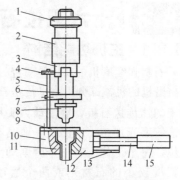

图 18-1 气动胀管机主机
平面布置示意图

1—调整螺母；2—挤压胀形气缸；3—活塞杆；
4—销轴；5—挑杆；6—胀杆；7—导向架；
8—胀头；9—限位挡板；10—定模板；
11—工件；12—动模板；13—导轨；
14—活塞杆；15—动模气缸

18.2.2 气动系统原理

胀管机的气动系统如图 18-2 所示，为了满足成形工艺要求及调试、使用、维修方便，该系统在设计上有如下考虑。

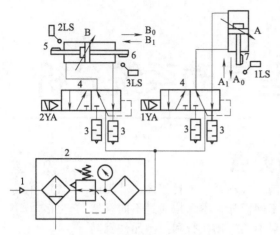

图 18-2 气动胀管机系统原理图
1—气源；2—气动三联件；3—消声器；4—二位五通电磁阀；
5~7—活动撞块；A—动模气缸；B—挤压胀形气缸；
1LS，2LS，3LS—行程开关

① 因胀管机属专用机械设备，故无需经常调速。所以，系统没有设置专门的流量控制元件，而是通过气缸及气源供气量的合理匹配设计来满足工艺要求的气缸速度。

② 动模缸 A 和挤压胀形缸 B 均为两端带可调缓冲的气缸，以保证工作平稳无冲击。缸 A 为单活塞杆气缸，缸 B 为双活塞杆气缸，采用双杆缸的原因：一是要求该缸具有相同的正反向速度，二是可借助该缸上、下端活塞杆上的调整螺母作为电气行程开关的撞块并实现挤压行程的调整。

③ 两个气缸均采用先导式单电控二位五通换向阀 4，此种阀的切换时间小于 15ms。为了减小排气噪声污染，两个换向阀的排气口均安装了烧结型消声器 3。

④ 采用结构紧凑的气动三联件（FRL）2，对气源排出的压缩空气进行过滤，并实现润滑油雾化和系统压力调整，系统各元件通过半硬尼龙管和快插式接头连接。系统动作状态见表 18-1。

18.2.3　系统技术特点

① 该气动胀管机结构简单紧凑，整机总体尺寸为：$980mm \times 620mm \times 800mm$。

② 机器动作迅速，运行可靠、生产效率高（生产率 $\geqslant 1000$ 件/h），且产品质量稳定。通过更换模具和胀头可实现多种规格的铜管管端的成形加工。

③ 该机既可以单台空气压缩机为动力源，也可在具有集中空压站及铺设有供气管路的车间使用，系统工作压力为 $0.5 \sim 0.7MPa$，流量为 $0.1m^3/s$。

18.3　十六工位石材连续磨机气动进给系统

18.3.1　主机功能结构

石材连续磨机的功用是对经过切割后的板料石材进行连续磨削，以提高其表面的光亮度。石材磨机的机械部分由水平传送石板的带式输送机和立式布置的磨削动力头组成，带式输送机用于匀速传送石板，磨削动力头用于石板的连续磨光加工。本磨机一般具有十六个工位，每个工位配有一个磨削动力头（加工宽度较小的石材）或两个磨削动力头（加工宽度较大的石材）。在连续磨削中，根据板料的表面粗糙程度，对磨削动力头施加不同的压紧力，逐级提高光亮度（随着光亮度的提高，压紧力逐级减小），经过最后一个工位，石材磨削为成品。磨削动力头是执行磨削运动和进给运动的部件（参见图 18-3），其电机经机械减速器将动力传给驱动轴，实现磨刀的磨削运动。同

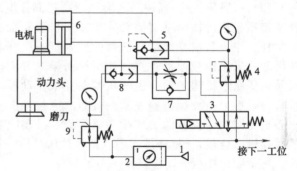

图 18-3　石材连续磨机磨削动力头气动进给系统原理图
1—气源；2—气动三联件；3—二位五通先导式电磁阀；
4，9—减压阀；5—快速排气阀；6—气缸；
7—单向节流阀；8—梭阀

时，气缸驱动减速器上下移动，实现磨刀的进给运动。

18.3.2 气动系统原理

图18-3所示为磨机的磨削动力头气动进给系统原理图。磨机工作时，气源1的供气压力由气动三联件2中的减压阀调定（约0.6MPa）。当二位五通先导式电磁换向阀3通电切换至左位时，压缩空气的进气路线为：气源1→换向阀3左位→减压阀4→快速排气阀5→气缸6的无杆腔。排气路线为：气缸6的有杆腔→梭阀8→单向节流阀7→换向阀3左位的排气口。此时，气缸带动磨削动力头以较慢速度下降接近待磨石板，下降速度由节流阀开度决定。动力头接触石板后，在一定压紧力（由减压阀4和9压差值决定，大致在$0.05 \sim 0.1$MPa范围内）作用下进行磨削加工。当经所有十六工位磨削完毕后，电磁阀3断电切换至图示右位，经此阀输出的压缩空气经阀7中的单向阀、梭阀8进入气缸的有杆腔，活塞杆带动动力头快速回程（升起），气缸无杆腔的余气经快速排气阀5排空。

18.3.3 系统技术特点

① 采用气动进给系统的磨机，绿色环保，不会污染产品，介质成本低。

② 系统的慢速下行速度采用出口节流调速方式，有利于流体介质消散通过节流阀产生的热量，从而改善工作性能。

③ 通过高压回路设置减压阀和低压回路设置背压阀，并通过此两阀的压力差来调节和满足各工位的动力头对压紧力的不同需求。此种回路，结构简单，价格低廉，调整方便。

④ 系统中每一个动力头的进给回路，都采用一个电磁阀控制执行元件的运动方向（电磁阀与动力头的数量相同）。这些换向阀既可同时通断电，又可分别通断电，从而可以满足动力头同时升降或分别升降的需要。由于这些电磁阀都属开关式控制阀，便于采用可编程控制器（PLC）对系统进行数字控制和整个石材磨机的机电气一体化。

18.4 VMC1000加工中心气动系统

18.4.1 主机功能结构

VMC1000加工中心自动换刀装置工作过程中的主轴定位、主轴松刀、拔刀插刀、主轴锥孔吹气等小负载辅助执行机构都采用了气压传动。

18.4.2 气动系统原理

该加工中心气动系统如图18-4所示。系统的气源1经用于过滤、减压和油雾的气动三联件给系统提供工作介质。系统有主轴吹气锥孔、单作用主轴定位气缸、气-液增压器驱动的夹紧缸B和刀具插拔气缸C四个执行机构，其通断或运动方向分别由二位二通电磁阀2、二位三通电磁阀4、二位五通电磁阀6和三位五通电磁阀9控制，吹气孔的气流量由单向节流阀3调控，缸A定位伸出的速度由单向节流阀5调控，缸B的快速进退速度分别由气-液增压器气口上的快速排气阀（梭阀）决定，缸C的进退速度分别由单向节流阀10和11调控。

结合系统的动作状态表（表18-2），对换刀过程各工况下的气体流动路线说明如下。

① 主轴定位。当数控系统发出换刀指令时，主轴停止旋转，同时电磁铁4YA通电使换向阀切换至右位，气源1的压缩空气经气动三联件、阀4、阀5中的节流阀进入定位缸A的无杆腔，活塞杆克服弹簧力左行（速度由阀5的开度决定），主轴自动定位。

② 主轴松刀。主轴定位后压下无触点开关（图中未画出），使电磁铁6YA通电，换向阀6切换至右位，压缩空气经阀6、快速排气阀8进入气-液增压器的无杆腔（气体有杆腔经快速排气阀7排气），增压器油液下腔（即缸B的无杆腔）中的高压油使其夹紧缸B的活塞

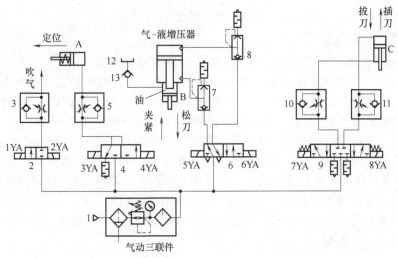

图 18-4　VMC1000 加工中心气动系统原理图

1—气源；2—二位二通电磁阀；3，5，10，11—单向节流阀；4—二位三通电磁阀；
6—二位五通电磁阀；9—三位五通电磁阀；7，8—快速排气阀；12—油杯；13—单向阀

杆伸出，实现主轴松刀。缸 B 可通过油杯（高位油箱）12 充液补油。

③ 拔刀。在主轴松刀的同时，电磁铁 8YA 通电使换向阀 9 切换至右位，压缩空气经阀9、阀 11 中的单向阀进入缸 C 的无杆腔（有杆腔经阀 10 中的节流阀和阀 9 及消声器排气），其活塞杆向下移动（下移速度由阀 10 的开度决定），实现拔刀动作。

④ 向主轴锥孔吹气。为了保证换刀的精度，在插刀前要吹干净主轴锥孔的铁屑杂质，电磁铁 1YA 通电使换向阀 2 切换至左位，压缩空气经阀 2 和阀 3 中的节流阀向主轴锥孔吹气（吹气量由阀 3 的开度决定）。

⑤ 插刀。吹气片刻电磁铁 2YA 通电使换向阀切换至图示右位，停止吹气。电磁铁 7YA 通电使换向阀 9 切换至左位，压缩空气经阀 9、阀 10 中的单向阀进入缸 C 的有杆腔（无杆腔经阀 11 中的节流阀和阀 9 及其消声器排气），其活塞杆上行（上行速度由阀 11 的开度决定），实现插刀动作。

⑥ 刀具夹紧。稍后，电磁铁 6YA 断电、5YA 通电使换向阀 6 切换至图示左位，压缩空气经阀 6 和阀 7 进入气-液增压器气体有杆腔（气体无杆腔经快速排气阀 8 及其消声器排气），其活塞退回，主轴的机械机构使刀具夹紧。

⑦ 复位。电磁铁 3YA 通电使换向阀 4 切换至左位，缸 A 在有杆腔弹簧力的作用下复位（无杆腔经阀 5 中的单向阀和阀 4 及消声器排气），回复到初始状态，至此换刀过程结束。

18.4.3　系统技术特点

① VMC1000 加工中心气动系统换刀装置因负载较小，故采用了工作压力较低的气压传动；对于需要操作力较大的夹紧气缸采用了气-液增压器增压提供动力，油液的阻尼作用有利于提高刀具夹紧松开的平稳性。

② 系统采用电磁换向阀对各执行机构换向，夹紧缸之外的执行机构采用单向节流阀排气节流调速，有利于提高工作的平稳性。气-液增压器及夹紧缸利用快速排气阀提高其动作速度。

18.5　膏体产品连续灌装机气动系统

18.5.1　主机功能结构

膏体灌装机是一种用于化工、食品、医药、润滑油及特殊行业的膏体灌装设备，该机采

用了气动技术。机器的计量与连续充填装置结构如图
18-5 所示。料仓 2 中的物料需由搅拌推进桨 3 施加推
进力，由摆动气马达（图中未画出）驱动的配流阀 4
进行强制配流。当配流阀处于图示状态时，计量缸 5
与料仓 2 连通，计量驱动气缸 7 带动计量缸右行抽
吸，将膏体物料吸入计量缸内；当摆动气马达驱动配
流阀 4 逆时针转 90°时，计量缸与排料充装口 8 连通，
计量驱动气缸带动计量缸左行排料（充装）。针对不
同的包装容量要求，可设置不同容积的计量缸，或者
调节计量驱动气缸的行程，以满足不同容量的要求。
对要求特别纯净的产品，计量缸可采用不锈钢件。如
果产品具有一定的腐蚀性，就灌装机自身来讲，可考

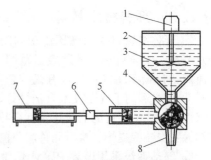

图 18-5　计量与连续充填装置结构
1—搅拌推进电机；2—料仓；3—搅拌推进桨；
4—配流阀；5—计量缸；6—活络接头；
7—计量驱动气缸；8—充装口

虑将缸体、调节杆、滑动活塞、上下端盖等采用聚四氟塑料或其他耐特定产品腐蚀的材料
制作。

18.5.2　气动系统原理

图 18-6 所示为膏体灌装机气动系统原理图。系统的执行元件为计量驱动气缸 11 和配流
阀驱动摆动气缸 8，它们分别用二位四通电
磁阀 5 和 4 操控其运动方向，分别采用单向
节流阀 9、10 和 6、7 对其进行排气节流调
速。三联件 3 用于气源 1 供给压缩空气的过
滤、减压定压和油雾化；二位三通手动换向
阀 2 作开关阀用，打开和切断气源供气。

　　该气动系统采用图 18-7 所示的闭环
PWM 伺服控制。气动系统执行元件必须相
互协调一致，系统工作状态如表 18-3 所示。
结合图 18-7，在系统工作时，换向阀 2 切换
至上位，气源 1 的压缩空气经阀 2 和三联件
进入系统。实现连续充装的循环工序为：电
磁铁 1YA 通电使阀 4 切换至左位，压缩空气
经电磁阀 4 和阀 7 中的单向阀进入摆动气缸 8
（经阀 6 中的节流阀和阀 4 排气），缸 8 驱动
配流阀动作使图 18-5 中的计量缸与料仓连

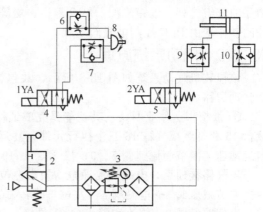

图 18-6　膏体灌装机气动系统原理图
1—气源；2—二位三通手动换向阀；
3—气动三联件（分水滤气器、减压阀、油雾器）；
4、5—二位四通电磁阀；6、7、9、10—单向节流阀；
8—配流阀摆动气缸；11—计量驱动气缸

通→电磁铁 2YA 断电使阀 5 处于图示右位，计量缸驱动气缸 11 有杆腔进气，无杆腔排气，
计量缸从料仓抽取设定容量的物料→电磁铁 1YA 断电使阀 4 复至图示右位，摆动气缸换向，
驱动配流阀转动，使计量缸与包装袋（筒）相连→电磁铁 2YA 通电使换向阀 5 切换至左位，
则计量驱动气缸 11 无杆腔和有杆腔分别进气和排气，计量缸向包装袋（筒）充填产品。结
合电磁限位开关、压力传感器等检测反馈元件实现每步工序之间协调一致，实现对膏状产品
的连续分装。

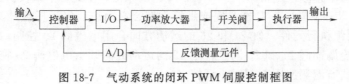

图 18-7　气动系统的闭环 PWM 伺服控制框图

18.5.3 系统技术特点

① 膏体灌装机采用气压传动和闭环 PWM 伺服控制，制造加工较容易、操作方便、生产效率高、安全可靠，灌装容量范围可调，可适用于不同性质的膏状产品灌装。计量气缸、配流阀、计量驱动气缸三者有机结合在一起，如同一台泵一样工作。

② 该机利用了气动技术自洁性好、对环境要求不高、操作使用方便等优点，对于气体可压缩性大、气动系统的低阻尼特性会导致气动系统刚度低、定位精度差的问题，则通过在连杆末端触头安装橡皮垫、执行元件本身的缓冲功能和排气节流调速等措施来实现减振和缓冲。

③ 气动系统采用闭环 PWM 伺服控制，结构简单，成本低，可靠性高；对工作介质的污染不敏感，对环境要求不高；抗干扰能力强，故障少，维护方便；易于实现计算机数字控制；阀的驱动电路简单等。

18.6 纸箱包装机气动系统

18.6.1 主机功能结构

纸箱包装机是一种采用气动技术、交流伺服驱动和 PLC 控制技术的新型包装机械，整机由纸板储存区、进瓶输送带、分瓶机构、降落式纸箱成型区、整型喷胶封箱区、热溶胶系统、机架、气动系统、电气及 PLC 控制板等部分组成。该纸箱包装机纸板的供送、被包装物品的分组排列、纸箱成型、粘合整型、均等包装动作均由气动执行元件完成，各个执行元件的动作均由 PLC 控制电磁阀实现。

18.6.2 气动系统原理

该包装机气动系统如图 18-8 所示，共包括纸板供送、纸箱成型装箱和喷胶封箱整型三个气动回路。

① 纸板供送作业回路。其功能是完成纸板供送动作，包括吸纸板装置升降气缸 8、真空吸盘 15 和打纸板气缸 16 三个执行元件，其运动方向分别由电磁阀 4、10 和 18 控制，其双向运动速度由节流调速阀 5、9，11 和 17、19 调控。

当气路接通后，电磁阀 4 通电切换至左位，压缩空气由进气总阀 1→空气过滤器 2→主压力调节减压阀 3→电磁阀 4（左位）→插入式节流调速阀 5→吸纸板装置升降气缸 8 的无杆腔（有杆腔经阀 9、阀 4 和消声器 61 排气），使缸 8 伸出，气缸 8 磁性活塞环到达磁性开关 7，磁性开关 7 发生感应，PLC 检测到该信号，使电磁阀 10 通电切换至左位，真空发生器 12 动作，其气体流动路线为压缩空气由进气总阀门 1→空气过滤器 2→主压力调节减压阀 3→电磁阀 10→插入式节流调速阀 11→真空发生器 2（产生负压）→真空过滤器 14→真空吸盘 15（负压），正压气体在真空发生器中经消声器 13→大气中；当电磁阀 4 断电复至图示右位时，气体流动路线为压缩空气由进气总阀门 1→空气过滤器 2→主压力调节减压阀 3→电磁阀 4（右位）→插入式节流调速阀 9→吸纸板装置升降气缸 8 的有杆腔（无杆腔经阀 5、阀 4 和消声器 61 排气），使气缸 8 缩回，气缸 8 磁性活塞环到达磁性开关 6，磁性开关 6 发生感应，PLC 检测到该信号，电磁阀 18 通电切换至左位，打纸板气缸 16 动作，其气体流动路线为气流由进气总阀门 1→空气过滤器 2→主压力调节减压阀 3→电磁阀 18（左位）→插入式节流调速阀 17→气缸 16 的无杆腔（有杆腔经阀 19、阀 18 和消声器 61 排气），纸板在过桥滚轮配合作用下被送往分瓶（罐）器；电磁阀 18 断电复至图示右位，气缸 16 返回原位。至此整个纸板供送循环完成。

② 纸箱成型装箱回路。其功能是完成纸箱成型装箱动作，包括托盘升降气缸 24、26 和分瓶气缸 32 等两组执行元件。缸 24 和 26 的运动方向合用电磁阀 20 控制，其双向运动速度分别由插入式节流调速阀 21 和 25 调控；缸 32 的运动方向则由电磁阀 29 控制，其双向运动速度分别由插入式节流调速阀 30 和 31 调控。

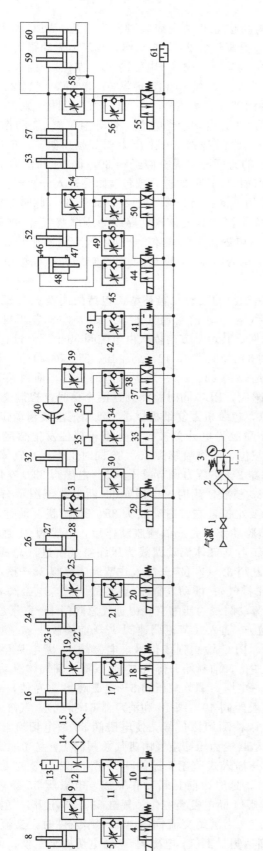

图 18-8 纸箱包装机气动系统原理图

1—进气总阀门；2—空气过滤器；3—主压力调节减压阀（带压力表）；4、18、20、29、37、44、50、55—二位四电磁阀；

5、9、11、17、19、21、25、30、31、34、38、39、42、45、49、51、54、56、58—插入式节流调速阀；

6—吸纸板装置升降气缸升降开关 1；7—吸纸板装置升降气缸磁性开关；10、33、41—二位三通电磁阀；12—真空发生器；

13、61—吸纸板装置升降气缸升降开关 2；8—吸纸板装置升降气缸；16—打纸板气盘；22、28—托盘升降气缸磁性开关 1；23、27—托盘升降气缸磁性开关 2；

24—前封箱升降气缸磁性开关 1；15—真空过滤器；32—分瓶气盘；35、36—左、右喷胶头；40—摆动气缸；43—前喷胶头；

46—前封箱升降气缸磁性开关 1；47—前封箱升降气缸磁性开关 2；48—前封箱升降气缸；52、53—前封箱升降气缸；57、59、60—左、右侧封箱气缸和整型气缸

14—消声器；26—托盘升降气缸（右）；

分瓶机构处检测纸板、被包装物品接近开关光线同时发生感应，PLC 检测到该信号，电磁阀 20 通电切换至左位，控制托盘升降气缸 24、26 动作，其气体流动路线为压缩空气由进气总阀门 1→空气过滤器 2→主压力调节减压阀 3→电磁阀 20（左位）→插入式节流调速阀 21→气缸 24、26 的无杆腔（有杆腔经阀 25、阀 20 和消声器 61 排气），气缸 24、26 上升到位处于伸出状态；托盘升降气缸磁性活塞环到达磁性开关 23、27，磁性开关 23、27 发生感应，PLC 检测到该信号，控制电磁阀 29 通电切换至左位，使分瓶气缸 32 动作，其气体流动路线为压缩空气由进气总阀门 1→空气过滤器 2→主压力调节减压阀 3→电磁阀 29（左位）→插入式节流调速阀 31→气缸 32 的有杆腔（无杆腔经阀 30、阀 29 和消声器 61 排气），延时后，电磁阀 29 断电复至右位，气缸 32 返回原位，被包装物品进入分瓶器，等待下一包装循环；被包装物品与纸板在重力作用下随托盘升降气缸 24、26 下降，此时电磁阀 20 断电复至右位，控制托盘升降气缸 24、26 下降，其气体流动路线为压缩空气经进气总阀门 1→空气过滤器 2→主压力调节减压阀 3→电磁阀 20（右位）→插入式节流调速阀 25→气缸 24、26 的有杆腔（无杆腔经阀 21、阀 20 和消声器 61 排气），使气缸缩回；纸箱成型装箱工序完成。

③ 喷胶封箱整型回路。其功能是纸箱的喷胶封箱整型，包括两侧喷胶头 35、36，摆动气缸 40、前喷胶头 43、前封箱升降气缸 48、前封箱气缸 52、53，左、右侧封及整型气缸 57、59、60 共 6 组 10 个气动执行元件。其运动方向依次由电磁阀 33、37、41、44、50、55 控制；运动速度由插入式节流调速阀 34、38、39、42、45、49、51、54 和 56、58 调控。

在托盘升降气缸 24、26 到达磁性开关 22、28 并产生感应的同时，前封箱升降气缸 48 磁性活塞环到达磁性开关 46 并发生感应，PLC 同时检测到这两个信号，控制交流伺服电机动作，被包装物品向前移动一个工位，包装机重复纸板供送、纸箱成型装箱动作。当完成三个纸板供送、纸板成型装箱动作后，喷胶光电开关被已成型纸箱挡住发生感应，PLC 检测到该信号，使电磁阀 33 通电切换至左位，两侧喷胶头 35、36 同时工作，其气体流动路线为压缩空气由进气总阀门 1→空气过滤器 2→主压力调节减压阀 3→电磁阀 33（左位）→插入式节流调速阀 34→左、右喷胶头 35、36 喷胶，延时，电磁阀 33 断电复至图示右位，喷胶停止，延时，电磁阀 33 再次通电切换至左位，左、右喷胶头 35、36 喷胶，延时，电磁阀 33 断电复至右位，喷胶停止，完成侧喷胶动作；完成侧喷胶动作后，电磁阀 37 通电切换至右位，前喷胶头由摆动气缸 40 带动旋转，其气体流动路线为压缩空气由进气总阀门 1→空气过滤器 2→主压力调节减压阀 3→电磁阀 37（左位）→插入式节流调速阀 38→摆动气缸 40 下腔（上腔经阀 39、阀 37 和消声器 61 排气）；摆动气缸 40 旋转的同时，电磁阀 41 通电切换至左位，前喷胶头 43 喷胶，其气体流动路线为压缩空气由进气总阀门 1→空气过滤器 2→主压力调节减压阀 3→电磁阀 41（左位）→插入式节流调速阀 42→前喷胶头 43 喷胶，当摆动气缸 40 摆动到磁性开关发生感应时，PLC 检测到该信号，电磁阀 41 断电复至右位，前喷胶停止；同时电磁阀 44 通电切换至左位，前封箱升降气缸 48 下降，其气体流动路线为压缩空气由进气总阀门 1→空气过滤器 2→主压力调节减压阀 3→电磁阀 44（左位）→插入式节流调速阀 45→气缸 48 的无杆腔（有杆腔经阀 49、阀 44 和消声器 61 排气），气缸 48 磁性活塞环到达磁性开关 47 发生感应时，PLC 检测到该信号，使电磁阀 50 通电切换至左位，控制前封箱气缸 52、53 动作，其气体流动路线为压缩空气由进气总阀门 1→空气过滤器 2→主压力调节减压阀 3→电磁阀 50（左位）→插入式节流调速阀 51→气缸 52、53 的无杆腔（有杆腔经阀 54、阀 50 和消声器 61 排气），延时，前封箱动作完成，电磁阀 50 断电复至右位，前封箱气缸 52、53 返回原位；电磁阀 44 断电复至右位，气缸 52、53 上升，气缸 52、53 磁性活塞环到达磁性开关 46 并发生感应，当满足交流伺服电机工作条件时，交流伺服电机动作，被包装物向前移动一个工位，到达侧封工位，电磁阀 55 通电切换至左位，同时控制左、右侧封及整型气缸 57、59、60 动作，其气体流动路线为压缩空气由进气总阀门 1→空气过滤器 2→主压力调节减压阀 3→电磁阀 55（左位）→插入式节流调速阀 56→左、右侧封气缸和整型气缸 57、59、60 的无杆腔（有杆腔经阀 58、阀 55 和消声器 61 排气），延时，电磁阀 55 断电复至图示右位，气缸 57、59、60 回位，整个封箱过程完成，被包装物移出。

18.6.3 系统技术特点

① 纸箱包装机采用气动技术及 PLC 控制，能够可靠快速地实现自动化装箱包装过程，纸板供送机构位置精确，性能可靠；可避免产生双纸板。通过改变分瓶器装置，调整喷胶、封箱、整型气缸位置及 PLC 软件程序，可以改变包装规格，拓展性好。

② 采用气动系统实现纸箱包装机的纸板供送、纸箱成型、喷胶、封箱整型过程，结构紧凑简捷、反应迅速、自动化程度高、绿色环保，对生产环境和产品无污染。

③ 气动系统的执行元件包括直线气缸、摆动气缸、真空吸盘、喷胶头四类并用电磁换向阀控制运动方向，用插入式节流调速阀进行调速。多数气缸带有磁性开关，以作为系统多数电磁阀通断电切换及交流伺服电机动作的信号源。

④ 系统共用正压气源，真空吸盘所需负压通过真空发生器提供，较之采用真空泵，成本低、使用维护简便。

18.7 超大超薄柔性液晶玻璃面板测量机气动系统

18.7.1 主机功能结构

随着电子产品的不断更新换代，对液晶面板尺寸（目前可达 1800mm×1500mm，但单片玻璃厚度逐步薄化为 0.5mm、0.4mm 甚至 0.3mm 以下）与数量的需求持续增长。面板测量机是一种用于大尺寸、高柔度、易碎的液晶面板生产线的视觉检测设备，工件的取放和移运过程采用了气动技术。

面板测量机由机架、大理石平台和机械臂等组成，如图 18-9 所示，其测量工艺需求：机械臂移动定位到面板上方，定位面板中心并抓取面板移动到大理石平台上，使面板各边分别校正到相邻刀口标尺，多路检测相机模组同时移动，利用机器视觉多工位精确测量面板尺寸和角度，获得面板各边直线度和缺陷的质检数据信息，工序完成后机械臂移动面板至下道工序。大理石平台和面板取放动作由气动系统负压回路及负压破坏回路来完成，机械臂的提升采用垂直安装的正压气缸动作实现。图 18-10 所示为实物照片。

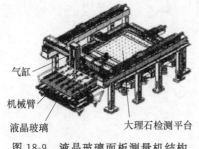

气缸
机械臂
液晶玻璃
大理石检测平台
图 18-9 液晶玻璃面板测量机结构

图 18-10 液晶玻璃面板测量机实物照片

18.7.2 气动系统原理

测量机气动系统如图 18-11 所示。整个气动系统分为机械臂、大理石腔和气缸三条支路，在机械臂支路和大理石支路都需正负气压交替实现面板取放。大理石腔体共分为中间大腔体和两边各一个小腔体，以适应大小面板吸附的通用性要求。

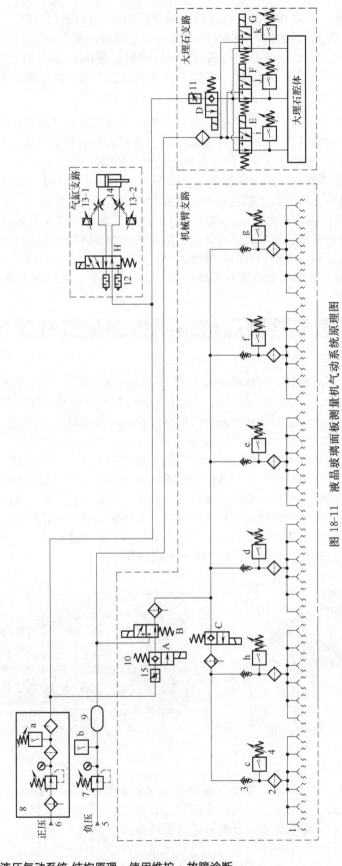

图 18-11　液晶玻璃面板测量机气动系统原理图

1—真空吸盘；2—真空过滤器；3—真空辅助阀；4—压力开关；5—负压气源；6—正压气源；7—真空减压阀；
8—气动三联件；9—真空罐；10—电磁阀；11、15—调速节流阀；12—排气消声器；
13(13-1、13-2)—电气比例调速阀；14—气缸；a～k—压力开关（压力继电器）

大理石平台负压回路通过负压传感器（图中未画出）对气源和大理石腔体内压力数据进行采集，完成对大理石平台吸附工作状况的实时监控；负压破坏回路通过正压的引入完成平台对玻璃面板的释放动作。负压回路和负压破坏回路通过二位三通电磁阀 E、F、G 实现大理石腔体的状态切换，来实现大理石平台对面板的吸附与释放动作。

面板取放负压回路也采用负压传感器（图中未画出）来实时采集吸盘支路负压压力数据，然后通过调节电-气比例阀（图中未画出）来实现负压压力的实时调节，实现机械臂吸盘 1 对不同面板吸附压力及其稳定性的要求。通过电磁阀控制负压支路的通断来实现面板取放功能。负压破坏回路中正压气体经过调速节流阀 15 控制流量大小，调节面板释放动作的快慢节拍。气缸 14 驱动机械臂升降移动的速度通过电-气比例阀 13 进行调控。系统的真空吸盘分为 6 组，每组 6 个吸嘴，中间 4 组为吸取小面板区域，增加两条支路共 6 路则为大面板区域，吸嘴在距离面板边缘 50mm 的区域内均匀布点（图 18-12），并对 1、6 组和 2～5 组吸嘴分别用不同电磁阀控制，每组加装负压逻辑阀使其在吸附时相对独立。

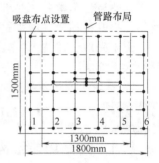

图 18-12 面板测量机气动系统真空吸盘分组布点图

气动系统的主要工作过程如下。

① 吸盘吸附：负压气源 5（真空泵）打开，二位二通电磁阀 C 通电切换至下位（吸取小玻璃面板时阀 C 无动作），真空经真空辅助阀 3 通入机械臂 6 组真空吸盘而吸附大玻璃面板，二位五通电磁换向阀 H 通电切换至上位，正压气体经阀 H 和比例调速阀 13.2 进入气缸 14 上腔，机械臂上升，横梁移动到位，电磁阀 H 断电复位，机械臂下移到位。

② 吸盘释放与大理石平台吸附：二位二通电磁阀 A、B 通电切换至下位，吸盘 1 通入正压释放玻璃面板；二位三通电磁阀 E、F、G 通电切换至右位，大理石腔体负压吸附（吸取小玻璃面板时电磁阀 E、G 断电，只需大理石中间腔体吸附），二位五通电磁阀 H 通电，气缸 14 带动机械臂上升，设备视觉检测开始。

③ 大理石平台释放与吸盘移送：检测结束后，二位五通电磁阀 H 断电复至图示上位，气缸 14 上腔通入正压带动机械臂下移，二位二通电磁阀 D 通电切换至左位，二位三通电磁阀 E、F、G 断电复至图示左位，正压通入大理石腔体，释放玻璃面板；二位三通电磁阀 B 断电复至图示下位，机械臂吸盘吸取玻璃面板，电磁阀 H 通电，机械臂上移，横梁移动运走玻璃到小车上方，电磁阀 H 断电复位，气缸带动机械臂下移到位，电磁阀 A、B 通电切换，机械臂放下玻璃面板，电磁阀 A 断电复至图示上位而关闭，检测动作完成。

18.7.3 系统技术特点

① 基于机械臂协同操控的液晶玻璃面板测量机气动系统，可满足大尺寸液晶面板取放和移运过程自动控制。

② 采用负压吸盘进行吸附作业，采用正压气缸驱动机械臂的升降。

③ 为了保证气动系统安全，采取了如下多种措施。

a. 在负压回路中采用了电-气比例阀，实现不同厚度规格面板吸附负压的自动调节，以适应不同厚度规格面板的混流生产对吸附负压的要求，并避免吸盘处负压与大气压力差损坏玻璃面板。

b. 采用丁腈橡胶的风琴形吸盘和带缓冲的吸盘接管，以免机械臂运动速度突变等原因，使接触面出现一定的倾斜和弧度摆动的工况时，提升玻璃面板吸附抵抗变形和振动能力，保证工件吸附的安全稳定性。

c. 在吸盘分组基础上，系统采用负压逻辑阀控制，使各组吸盘间相互独立，单个吸盘失效即可自动对同组吸盘进行关闭隔离，避免失效扩散，从而影响到测量机的吸附安全。当一个吸盘出现失效导致同组六个吸盘关闭时，压力开关 c~g 至少有一个达不到设定压力值，系统即自动停止面板的取放和移运，并报警提示对相应组吸盘进行检测与更换。

d. 当供气系统故障时，提升气缸如不能有效防止机械臂急坠，就可能导致面板与设备的损坏。将正压气源处压力开关 a 与控制提升气缸关联互锁，当压力开关报警时，电磁阀则切断提升气缸与气源的联系，使气缸形成密闭腔体，防止机械臂急坠；同时机械臂气动系统负压支路设计为常通，并增设真空罐，延迟其取放动作失效的影响，以融入人工干预的反应时间，提升机械臂气动取放动作的安全可靠性。

由于采取上述技术措施，气动系统运行安全可靠，在断电情况下，吸盘可安全吸附面板延时大于 60s。

④ 系统主要技术参数如表 18-4 所示。

18.8 ZJ70/4500DB 钻机阀岛集成气控系统

18.8.1 阀岛功能结构

ZJ70/4500DB 石油钻机采用了气动阀岛控制系统（图 18-13），以便提高钻机自动化程度，并节省因采用传统气动阀而需大量的气路控制软管的连接时间。如图 18-13 中右上角部分所示，该阀岛为 10P-18-6A-MP-R-V-CHCH10 型（Festo 产品），阀岛由四组功能阀片、气路板、多针插头和安装附件等组成，并安装在绞车底座的控制箱内。四组功能阀片的每一片代表两个二位三通电控气阀，故该阀岛共有八个二位三通电控气阀。阀岛顶盖上的多针插头为 27 芯 EXA11T4，其作用是将控制信号通过多芯电缆传输到阀岛，控制阀岛完成各项设定的功能。

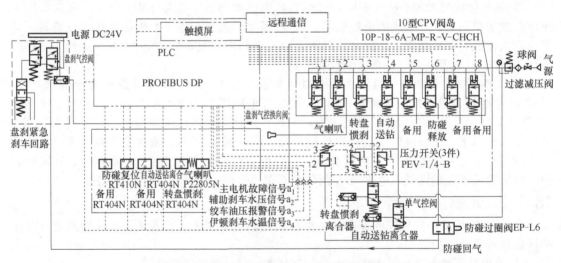

图 18-13　钻机阀岛集成气控系统原理图

① 液压盘刹紧急刹车。该钻机配备液压盘式刹车，当系统处于正常工作状态，即无信号输入时，换向阀 1 无电控制信号，处于关闭状态，司钻通过操纵刹车手柄可完成盘刹刹车和释放。当系统出现下列状况，即绞车油压过高或过低、伊顿刹车水压过高或过低、伊顿刹车水温过高、系统采集到主电机故障时，电控系统分别发出电信号 a_1（主电机故障，电控系统输入给 PLC）、a_2、a_3、a_4 给 PLC，PLC 则输出电信号到阀 1，阀 1 打开，主气通过梭阀到盘刹气控换向阀，实现紧急刹车。同时 PLC 把电信号传输给换向阀 4 或电控系统，实现自动送钻离合器的摘离或主电机停机。另外，若游车上升到限定高度（距天车 6~7m），防碰过圈阀 FP-L6 的肘杆因受到钢丝绳的碰撞而打开，气压信号经过梭阀作用于盘刹气控

换向阀，盘刹也可实现紧急刹车功能。待以上故障排除，故障信号消失后再重新启动主电机。

② 气喇叭开关。当司钻提醒井队工作人员注意时，按下面板上的气喇叭开关（P22805N），开关输入电信号到 PLC，PLC 则给换向阀 2 电信号，阀 2 打开，供气给气喇叭，使其鸣叫，松开气喇叭开关后，电信号消失，气喇叭停止鸣叫。

③ 转盘惯性刹车。当转盘惯刹开关（RT404N）处于刹车位置时，PLC 发出电信号给换向阀 3，阀 3 打开，输入气信号到转盘惯刹离合器，同时输入信号给转盘电机，使电机停转，实现转盘惯性刹车。只有当开关复位后，电机才可以再次启动。

④ 自动送钻。当面板上自动送钻开关（RT404N）处于离合位置时，输出电信号到 PLC，PLC 把电信号传给电控系统，使主电机停止运转，启动自动送钻电机，同时，换向阀 4 受到电信号控制而打开，把气控制信号输入到单气控阀，主压缩空气便通过气控阀到自动送钻离合器，实现自动送钻功能。自动送钻离合器与主电机互锁，可有效避免误操作。

⑤ 防碰释放。当游车上升到限定位置时，因过圈阀打开而使盘刹紧急刹车，这时，如果要下放游车，先拉盘刹刹把至"刹"位，再操纵驻车制动阀，然后按下面板上防碰复位开关（RT410N），输出电信号给 PLC，PLC 把电信号传到换向阀 6，阀 6 打开放气，安全钳的紧急制动解除，此时司钻操作刹把，方可缓慢下放游车。待游车下放到安全高度时，将防碰过圈阀（FP-L6）和防碰释放开关（RT410N）复位，钻机回到正常工作状态。

18.8.2 系统技术特点

采用阀岛控制的钻机气控系统，其电控信号更易于实现钻机的数字化控制，控制精准；同时连接时只需一根多芯电缆，不用一一核查铭牌对接，连接简便，进一步提高了钻机的自动化程度和工作效率。

因阀岛应用于石油钻机的控制系统，故在阀岛设计中，必须考虑阀岛箱的正压防爆，以防可燃性气体的侵入。同时预留备用开关（RT404N），当需要实现其他功能或某些阀出现故障时，打开备用开关输出电信号给 PLC，PLC 则打开换向阀 5、换向阀 7 和换向阀 8，这些备用阀可以完成其他功能或替换故障阀。

18.9 机车整体卫生间气动冲洗系统

18.9.1 气动系统原理

气动冲洗系统采用 PLC 控制，用于机车整体卫生间的便盆冲洗和水系统排空。

气动冲洗系统如图 18-14 所示，系统有压力冲洗水产生、排污阀驱动和排空阀控制三路工作执行部分。压力冲洗水部分通过二位三通电磁阀控制气-水增压器 8 的动作，经单向阀 9 从水箱吸水，经单向阀 10 排出压力水；排污阀（图中未画出）由气缸 14 在二位五通电磁阀 11 控制下进行驱动，气缸驱动排污阀启闭的速度由排气节流阀 12 和 13 调控；气缸操纵的截止阀 16 的动作由二位五通电磁阀 15 控制，用于水系统的排空，以防长时间停用存放，特别是冬季低温结冰对系统的破坏。气源 17 的压缩空气经分水滤气器 1、减压阀 2、油雾器 4 和单向阀 5 后分三路进入各工作执行部分；储气罐 6 作为应急动力源，在外来气源不足的情况下，维持一定的冲洗压力，保证各执行部分几次有限的工作循环。上述三路工作执行部分在 PLC 控制下协调工作，即可完成便盆冲洗和水系统排空。各功能动作原理如表 18-5 所示。

18.9.2 PLC 电控系统

该气动冲洗系统采用宽温型 S7-200 型 PLC 进行控制，PLC 电控系统主要的控制过程分为冲洗操作和水系统排空操作两部分，且这两种功能操作通过软件程序实现互锁。冲洗操作为该控制系统的主操作部分，它主要指大小便识别与冲洗控制过程（如表 18-5 之①所述），以及整个卫生间内部的污物箱和水箱水位监测、报警、系统保护和工作状态显示等。如污物箱液位达 90％时，系统设置允许再进行 3 次冲洗操作，并进行相应的报警显示与操作提示等。其冲洗主程序流程如图 18-15 所示。

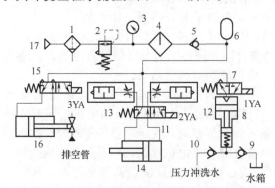

图 18-14　机车整体卫生间气动冲洗系统原理图
1—分水滤气器；2—减压阀；3—压力表；4—油雾器；
5—单向阀；6—储气罐；7—二位三通电磁阀；8—气-水增压器；
9，10—水单向阀；11，15—二位五通电磁阀；12，13—排气节流阀；
14—气缸；16—气缸操纵的截止阀；17—气源

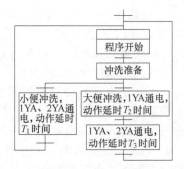

图 18-15　机车整体卫生间 PLC 电控系统冲洗主程序流程框图

18.9.3　系统技术特点

① 整体卫生间采用气动冲洗系统和 PLC 控制，采用预湿盆环节和气动压力水，利用红外感测和冲洗启动信号区分大小便冲洗方式，价廉、环保、节水、低噪、防冻、操作维护方便。

② 气动系统采用弹簧复位单作用气-水增压器产生冲洗压力水；通过气缸驱动排污阀和排空阀的开关，简便可靠。

18.10　气控式水下滑翔机气动系统

18.10.1　主机功能结构

气控式水下滑翔机是一种水下智能作业装备，主要作为民用浅海探测和海洋生物识别之用。该机以压缩空气作为动力源，通过 PLC 控制高压气体排挤设备自带液体，改变滑翔机在水下重力与浮力的占比以及质心和浮心的占比，来实现上浮、下潜、定位和姿态调整等水下滑翔动作功能。

为了减小水下作业的黏性压差和摩擦阻力，气控式水下滑翔机采用仿生学原理，外形为仿鱼类梭形鱼体的旋转体结构（图 18-16），主要包括前、后姿态舱 1、8，高、低压舱 2、5，浮力舱 3，机电舱 4，螺旋桨 10，尾鳍 7 和侧翼 9 等部件。工作时各舱室外部整体套一层流线形蒙皮。其中前、后姿态舱和浮力舱内配备有弹性皮囊，皮囊外部充入环境液体，通过改变皮囊内的充气量排挤皮囊外部的环境液体实现滑翔机重力和浮力的占比以及重心前后位置的改变，从而实现上、下潜及姿态翻转等动作。另外，机电舱内配备有 PLC、各种电磁阀和传感器等。各舱室之间通过螺栓连接，

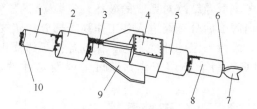

图 18-16　气控式水下滑翔机外形结构示意图
1—前姿态舱；2—高压舱；3—浮力舱；4—机电舱；5—低压舱；
6—摆动缸；7—尾鳍；8—后姿态舱；9—侧翼；10—螺旋桨

增减和拆装各个部件都比较方便。滑翔机艏部装有水下摄像头和水下照明灯，以对水下环境进行监测。

18.10.2　气动系统原理

气控式水下滑翔机的气动系统如图 18-17 所示，它包括下潜、定位、巡游、姿态调整和上浮等控制回路。系统的执行器有带动尾鳍摆动实现滑翔机巡游动作功能的齿轮齿条式摆动气缸 21，以及通过高压气体排挤液体改变滑翔机在水下重力与浮力的占比以及质心和浮心的占比，实现下潜、上浮、定位、姿态调整等水下滑翔动作功能的前浮力舱 18、前姿态舱 19 和后姿态舱 20。缸 21 的主控阀为三位四通电-气比例方向阀 12；浮力舱 18 的主控阀为三位三通电-气比例方向阀 16 和三位三通电磁充排液阀 15，前姿态舱 19 和后姿态舱 20 的主控阀为三位四通电-气比例方向阀 14、二位二通排气开关阀 9 及 13 和二位二通电控充排液开关阀 22～25。系统的高压气体由空压机 2 充气的高压舱 3 分别向浮力舱 18、前后姿态舱 19 及 20 和摆动气缸 21 提供，低压气体由低压舱 1 回收和排放，各支路工作气压由减压阀 5、6、7 设定，溢流阀 8、10 和 11 分别用于各气路的溢流定压和安全保护。系统的工作过程如下。

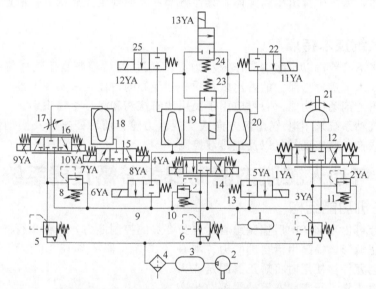

图 18-17　气控式水下滑翔机气动系统原理图

1—低压舱；2—空压机；3—高压舱；4—过滤器；5～7—减压阀；8，10，11—溢流阀；9，13—二位二通电磁排气开关阀；12，14—三位四通电-气比例方向阀；15—三位三通充排液换向阀；16—三位三通电-气比例方向阀；17—节流阀；18—浮力舱；19—前姿态舱；20—后姿态舱；21—摆动气缸；22～25—二位二通电控充排液开关阀

① 高压舱充气。在下潜前，首先使空压机 2 向高压舱 3 内充入规定压力的压缩空气。

② 浮力舱充液。通过 PLC 控制注水泵和电磁铁 7YA 和 10YA 通电，使换向阀 15 和阀 16 分别切换至左位和右位，通过换向阀 15 向浮力舱 18 内注入规定量的环境液体，充液完成后滑翔机整体重力大于浮力。

③ 滑翔机下潜。释放滑翔机，使其在总重力大于总浮力的状况下滑翔式下潜。

在下潜阶段，压力传感器（图中未画出）将压力信号反馈到 PLC，当滑翔机下潜到预定的深度时，通过 PLC 控制电磁铁 9YA 和 8YA 通电使方向阀 16 和阀 15 分别切换至左位和右位，储存在高压舱 3 内的压缩空气经减压阀 5、方向阀 16 和节流阀 17 被充入到浮力舱 18 内的弹性皮囊中，通过皮囊膨胀排出浮力舱内的部分液体；当滑翔机整体重力等于浮力时，滑翔机悬浮于水下，此时通过 PLC 控制阀 15、16 所有电磁铁断电而关闭，同时控制电机驱动螺旋桨旋转，带动整个滑翔机前进，并通过 PLC 控制电磁铁 1YA 和 2YA 不同的通电状态，使阀 12 进行切换，高压舱 3 内的压缩空气经减压阀 7 和阀 12 进入摆动气缸 21，从而带动尾鳍摆动起来，滑翔机进入巡游状态。

巡游过程结束后，通过 PLC 控制使电磁铁 13YA 和 4YA 通电，换向阀 24 和 14 分别切换至上位和左位，高压舱 3 内的压缩空气经减压阀 6、阀 14 被充入前姿态舱 19 内的弹性皮囊中，把前姿态舱 19 内的部分液体经阀 24 排入后姿态舱 20 中，使滑翔机重心逐渐向后偏移，滑翔机开始逐渐翻转，实现姿态的调整功能。姿态调整结束后，通过 PLC 控制使电磁铁 6YA 通电，阀 9 切换至左位，前姿态舱弹性皮囊内的气体经阀 9 排出，进入低压舱 1，实现泄压。

④ 滑翔机上浮。姿态调整结束后，通过 PLC 控制电磁铁 9YA 和 8YA 通电，使方向阀 16 和阀 15 分别切换至左位和右位，再次把高压舱 3 内的压缩空气充入浮力舱 18 内的弹性皮囊中，排挤出浮力舱 18 内的部分液体，使滑翔机整体重力小于浮力，开始滑翔式上浮，直至浮出水面，实现滑翔机的上浮功能。

⑤ 重复循环。返回水面后的滑翔机，可通过各阀和空压机的操作，重新完成高压舱的补气到规定压力，低压舱排出舱内气体。其他各部件完成规定充液量后，滑翔机再一次循环上述过程。

18.10.3 系统技术特点

①气控式水下滑翔机以压缩空气作为动力源，通过 PLC 控制高压气体排挤设备自带液体改变滑翔机在水下重力与浮力的占比以及质心和浮心的占比，来实现上浮、下潜、定位和姿态调整等水下滑翔动作功能。它可应用于民用浅海探测和海洋生物识别。

②滑翔机气动系统采用电-气比例方向阀实现浮力舱、前后姿态舱及摆动气缸的充气控制，采用开关式换向阀实现排气以及进排液控制。

18.11 气动人工肌肉驱动踝关节矫正器系统

18.11.1 主机功能结构

矫形器治疗可提高脑卒中后偏瘫患者对自身姿势的控制能力，改善步行能力，控制轻度痉挛，预防矫正畸形，提高生活自理能力。本踝关节矫正器 [图 18-18 (a)] 以一对对抗的人工肌肉为驱动元件，使用时将矫正器固定在人的踝足位置，对正常人行走状态下的踝关节步态曲线进行跟踪运动，从而达到运动康复的目的，并且可以在下肢康复医疗机器人的辅助下，摆脱理疗师或医护人员，实现自主康复。

该矫正器由机械、气动及控制三部分组成。机械部分主要由一对对抗的人工肌肉 4、关节转轴、支撑杆 11、横架 7 和脚部等组成 [图 18-18 (b)]。矫正器工作时所转动的角度 θ、气动人工肌肉的收缩量 x 和人工肌肉距离旋转中心的长度 y 之间的关系由式（18-1）决定：

$$\theta = \arctan(x/2y) \qquad (18-1)$$

18.11.2 气动系统原理

踝关节矫正器气动系统如图 18-19 所示，主要由气源 1、减压阀 2、比例流量阀 3 和人工肌肉组成。电控系统由 PLC 以及用来反馈角度信

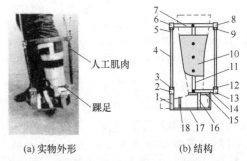

(a) 实物外形　　　　　　(b) 结构

图 18-18　气动人工肌肉驱动踝关节矫正器样机实物外形及结构

1—前脚掌牵引带；2，6，8，13—连接块；
3，5，9，12—人工肌肉固定螺母；4—人工肌肉；
7—弧形横架；10—聚乙烯外壳；11—支撑杆；
14—踝围；15，18—固定带；
16—刚性脚部支撑；17—布带型脚掌

号的传感器（电位器）组成。

系统的控制策略是以矫正器转动的实际角度和设定角度之间的误差为过程变量的 PID 控制，其控制过程为：矫正器启动后，PLC 的 AI 模块采集角度传感器检测的矫正器实际角度 θ，并将其转换为数字量信号，规范化后以输入到 PID 控制程序作为过程变量输入，而设定的目标角度值 θ_1 则是通过编程输入到 PID 作为设定值，经过 PID 调节后，通过 PLC 的 AO 模块输出调整指令到流量比例阀，流量比例阀根据调整指令通过调整两根人工肌肉气口的开口大小来调整人工肌肉的进气量，改变内部的压力，实现人工肌肉有规律的收缩和伸

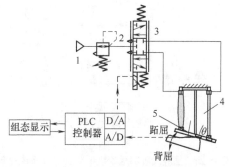

图 18-19　踝关节矫正器气动控制系统原理图
1—气源；2—减压阀；3—比例流量阀；
4—踝关节矫正器；5—角度传感器

长，带动踝关节矫正器围绕关节转轴进行转动，使实际角度 θ 与设定角度值 θ_1 之间的误差减小至最小，从而实现对正常人行走步态曲线的跟踪，达到运动康复的目的。PLC 通过 MPI 电缆和 CP5611 通信卡连接到电脑，通过组态来调整曲线的频率，从而调整踝关节矫正器的频率大小，改变患者在训练过程中的步幅和步频。

为了能够最大程度地满足患者康复训练的要求，该矫正器设有：拉伸、反拉伸和行走三种训练模式。拉伸模式的目的主要是针对跖背屈痉挛、关节活动范围减小、肌肉萎缩等问题而设，是以角度幅值为 ±21.8° 的余弦曲线作为设定曲线，使矫正器对其进行跟踪，依靠人工肌肉产生的拉力使踝关节在较大角度范围进行拉伸训练，恢复已经僵化挛缩变形的肌肉，提高肌肉活性，为按正常步态训练打下基础。反拉伸模式的目的主要是针对肌无力、肌肉萎缩、跖背屈痉挛等问题而设，是使人工肌肉同时充气，让矫正器处在中位位置，用力蹬使踝关节克服人工肌肉产生的拉力而产生训练效果。行走模式则是以正常人行走步态为设定曲线，患者仿照正常人的步态行走，逐步克服足下垂、步幅减小、步行不对称等异常步行模式。

18.11.3　系统技术特点

① 踝关节矫正器采用气动人工肌肉驱动、电气比例和 PLC 控制，柔顺性好、安全、节能、价廉，能够使患者踝关节对正常的行走步态进行跟踪，达到康复训练的目的，并可在训练过程中根据患者的康复情况，任意调节其动作的周期和强度，为下一步深入研究如何进行人机协调控制，提高康复训练效果打下基础。

② 气动人工肌肉及其驱动的踝关节矫正器运动性能和控制元件主要参数见表 18-6。

18.12　反应式腹部触诊模拟装置气动系统

18.12.1　主机功能结构

反应式腹部触诊模拟装置用于模拟受训练者（医科学生）在触诊过程中对患者腹壁紧张度、压痛和反跳痛的感觉，使受训者真实体验腹部触诊中的触觉和力觉感受。

18.12.2　气动系统原理

反应式腹部触诊模拟装置气动系统如图 18-20 所示，系统的唯一执行元件是气动驱动器 2，它是腹部触诊模拟装置气动系统的核心部件，它用弹性硅橡胶和帘线通过黏结制成多层网状结构的囊体（图 18-21），通过控制其内部气体压力改变其软硬，从而模拟病人腹肌收缩的疼痛体征。数个触觉传感器 1 分布在气动驱动器上表面，用来检测手指按压位置及作用力大小。外腹壁模拟人体外腹部组织形态及弹性，覆盖在气动驱动器及其上的传感器上。

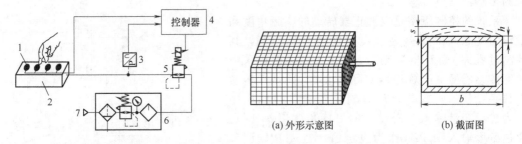

图 18-20　反应式腹部触诊模拟装置气动系统原理图
1—触觉传感器；2—气动驱动器；
3—压力传感器；4—控制器；5—比例减压阀；
6—气动三联件（FRL）；7—气源

图 18-21　反应式腹部触诊模拟装置气动驱动器

(a) 外形示意图　　　　(b) 截面图

　　气源 7 经三联件向系统提供恒压气体；比例减压阀 5 出口接至气动驱动器，并按控制器 4 发出的控制信号来调控进入气动驱动器内的气体压力大小。控制器 4 用于采集、处理和显示测量信号，分析、计算及向减压阀 5 输出控制信号。压力传感器 3 用于检测气动驱动器内部气体压力并反馈至控制器。

　　当手指按压外腹壁时，触觉传感器和压力传感器分别将手指按压位置、作用力及气体压力信号反馈给控制器，控制器经过控制运算后（控制原理见下一段），输出控制信号给比例减压阀，比例减压阀调节其出口压力，使气动驱动器变硬，模拟病人腹肌收缩的疼痛体征，提供受训者对腹部触诊的感觉。

　　反应式腹部触诊模拟装置的控制系统采用前馈-PID 反馈复合闭环控制（图 18-22）。触觉传感器将检测到的手指压力 p 转换为电压信号 u_i，经过医学经验算法的运算得到气动驱动器的给定压力 $r(t)$，作为前馈-PID 反馈控制器的输入值。$g(t)$ 为压力传感器对气动驱动器内气体压力的测量值。前馈控制器的输出量为 $u_1(t)$，PID 反馈控制器的输出量为 $u_2(t)$，则前馈-PID 反馈控制器输出的控制量为 $u(t)=u_1(t)+u_2(t)$，比例减压阀根据控制量 $u(t)$ 调节其出口压力，并改变气动驱动器的硬度，从而模拟病人腹肌收缩的疼痛体征。

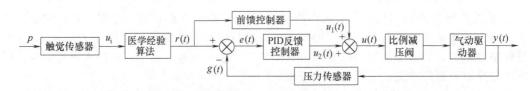

图 18-22　反应式腹部触诊模拟装置控制原理框图

18.12.3　系统技术特点

　　① 反应式腹部触诊模拟装置集气动、传感器和智能控制等技术于一体，使受训者（学生）能够真实体验腹部触诊中的触觉和力觉感受。

　　② 气动系统以非金属囊体为执行元件，并采用了电气比例减压阀对其工作压力进行连续调节控制。

　　③ 控制系统采用前馈-PID 反馈复合控制，前馈控制使系统响应迅速，PID 控制能对被控量进行反馈调节。

第19章 气压传动系统及真空吸附系统设计要点

19.1 气压传动系统设计流程

气压传动系统（下简称气动系统）设计是指组成一个新的能量传递系统，以完成一项专门的任务。气动系统的设计是与主机的设计密切相关的。当从必要性、可行性和经济性诸方面对机械、电气、气动和液压等传动形式进行全面比较和论证，决定采用气动技术之后，二者（气动系统设计、主机设计）往往同时进行。所设计的气动系统首先应满足主机的拖动、循环要求，其次还应符合结构组成简单、体积小、重量轻、工作安全可靠、使用维护方便、经济性好等公认的设计原则。

第 19 章表格

气动系统的一般设计流程如图 19-1 所示（虚线表示相关的项目），可大致概括为：根据技术要求→选定执行元件的类型和数量→进行动力分析和运动分析→选择工作压力并确定执行元件几何参数及压力和流量→回路设计，拟定气动系统原理图→选择和设计气动元件→性能验算→施工设计。由于设计的初始条件不尽相同及设计者经验的多寡，其中有些内容与步骤可以省略和从简，或将其中某些内容与步骤合并交叉进行，有时需要前后调换顺序，反复讨论和修改，才能确定设计方案。

整个气动系统设计中一个非常重要的内容是回路设计。回路的设计方法有卡诺图法和信号-动作（X-D）线图法等，而后者较为常用，其设计内容与步骤如图 19-2 所示。

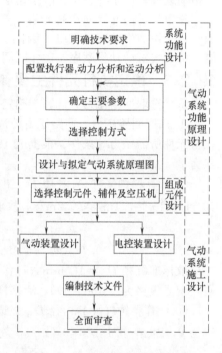

图 19-1 气动系统的一般设计流程

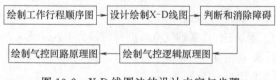

图 19-2 X-D 线图法的设计内容与步骤

19.2 设计计算实例——鼓风炉钟罩式加料装置气动系统设计

19.2.1 技术要求

某厂鼓风炉钟罩式加料装置如图 19-3 所示，其中 Z_A、Z_B 分别为鼓风炉上、下部两个料钟（顶料钟、底料钟），W_A、W_B 分别为顶、底料钟的配重，料钟平时均处于关闭状态。

顶料钟和底料钟分别由气缸 A 与 B 操纵实现开、闭动作。工作要求及已知条件如表 19-1 所示。试设计其气动系统。

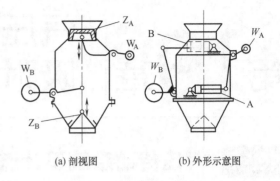

19.2.2 执行元件的选择配置及动力和运动分析

由表 19-1 可知，料钟开、闭（升降）行程较小，因炉体结构限制（料钟中心线上下方不宜安装气缸）及安全性要求（机械动力有故障时，两料钟处于封闭状态），故采用重力封闭方案，如图 19-3 所示。同时，在炉体外部配上使料钟开启（即配重抬起）

(a) 剖视图　(b) 外形示意图

图 19-3　鼓风炉加料装置气动机构

的传动装置，由于行程小，故采用摆块机构，即相应地采用尾部铰接式气缸作执行元件。

考虑料钟的开启动作是开启靠气动，关闭靠配重，故选用单作用气缸。又考虑开闭平稳，可采用两端缓冲的气缸。因此，初步选择执行元件为两个标准缓冲型、尾部铰接式气缸。两个气缸的动作顺序、动作时间、动力参数和运动参数见表 19-1。

19.2.3 确定执行元件主要参数

(1) 选取回路压力并计算与确定气缸内径

① 选取回路压力。回路压力的选定应兼顾管线供气压力、可选的压缩机排气压力范围、执行元件所需压力等条件。根据表 19-2 所列空压机排气压力与回路压力的关系，选取回路压力 $p = 0.4\text{MPa}$。

② 计算料钟气缸 A 内径 D_A 并选择缸的型号。缸的工作推力为 $F_1 = F_{ZA} = 5.10 \times 10^3\text{N}$；因 $v = 0.1\text{m/s} \leqslant 0.2\text{m/s}$，故取负载率 $\beta = 0.8$；回路压力为 $p = 0.4 \times 10^6\text{Pa}$，则

$$D_A = \sqrt{\frac{4F_1}{\pi p \beta}} = \sqrt{\frac{4 \times 5.10 \times 10^3}{3.14 \times 0.4 \times 10^6 \times 0.8}} = 0.142\text{m} = 142\text{mm}$$

取标准缸径 $D_A = 160\text{mm}$，行程 $L = 600\text{mm}$。由表 16-2 所列气缸产品，选取 JB 系列气缸，型号规格为 JB160×600，活塞杆直径 $d = 90\text{mm}$。

③ 计算料钟气缸 B 内径 D_B 并选择缸的型号。工作拉力为 $F_2 = F_{ZB} = 24 \times 10^3\text{N}$；负载率为 β，因 $v = 0.1\text{m/s} \leqslant 0.2\text{m/s}$，故取 $\beta = 0.8$；回路压力为 $p = 0.4 \times 10^6\text{Pa}$，则

$$D_B = (1.01 \sim 1.09)\sqrt{\frac{4F_2}{\pi p \beta}} = 1.03\sqrt{\frac{4 \times 24 \times 10^3}{3.14 \times 0.4 \times 10^6 \times 0.8}} = 0.318\text{m} = 318\text{mm}$$

注意：由于缸径较大，故式中前边系数为 1.03。

参考表 16-2 所列气缸产品，选 JB 系列气缸，型号规格为 JB320×600，活塞杆直径 $d = 90\text{mm}$。

(2) 气缸耗气量的计算　按第 16 章式 (16-4)、式 (16-5) 和式 (16-9) 直接计算两个气缸的自由空气耗气量（平均耗气量）如下。

① 顶部料钟气缸 A 的耗气量。缸 A 的内径 $D_A = 160\text{mm} = 160 \times 10^{-3}\text{m}$；行程 $L = 600\text{mm} = 600 \times 10^{-3}\text{m}$；全行程所需时间 $t_1 = 6\text{s}$，则压缩空气消耗量为

$$q_A = \frac{\pi}{4}D^2\frac{L}{t_1} = \frac{3.14}{4} \times (160 \times 10^{-3})^2 \times \frac{600 \times 10^{-3}}{6} = 2.01 \times 10^{-3}\text{m}^3/\text{s}$$

自由空气消耗量为

$$q_{Az} = q_A \times \frac{p + 0.1013}{0.1013} = 2.01 \times 10^{-3} \times \frac{0.4 + 0.1013}{0.1013} = 9.95 \times 10^{-3}\text{m}^3/\text{s}(标准状态)$$

② 底部料钟气缸 B 的耗气量。缸 B 的内径 $D_B=320\text{mm}=320\times10^{-3}\text{m}$；活塞杆直径 $d=90\text{mm}=90\times10^{-3}\text{m}$；行程 $L=600\text{mm}=600\times10^{-3}\text{m}$；全行程所需时间 $t_2=6\text{s}$，则压缩空气消耗量为

$$q_B=\frac{\pi}{4}(D^2-d^2)\frac{L}{t_2}=\frac{3.14}{4}\times[(320\times10^{-3})^2-(90\times10^{-3})^2]\times\frac{600\times10^{-3}}{6}=7.401\times10^{-3}\text{m}^3/\text{s}$$

自由空气消耗量为

$$q_{Bz}=q_B\times\frac{p+0.1013}{0.1013}=7.401\times10^{-3}\times\frac{0.4+0.1013}{0.1013}=36.6\times10^{-3}\text{m}^3/\text{s}(\text{标准状态})$$

19.2.4 选择控制方式

由于设备的工作环境比较恶劣，选取全气动控制方式。

19.2.5 设计与拟定气动系统原理图

(1) 绘制气动执行元件的工作行程程序图　工作行程程序图用来表示气动系统在完成一个工作循环中，各执行元件的动作顺序，如图 19-4 所示。

加料吊车
放罐压 x_0
x_0
延时
延时
顶钟开
顶钟闭
底钟开
底钟闭
x_0　a_1　a_0　b_0
A_1　A_0　B_0　B_1
延时
延时

图 19-4　气动执行元件的工作行程程序图

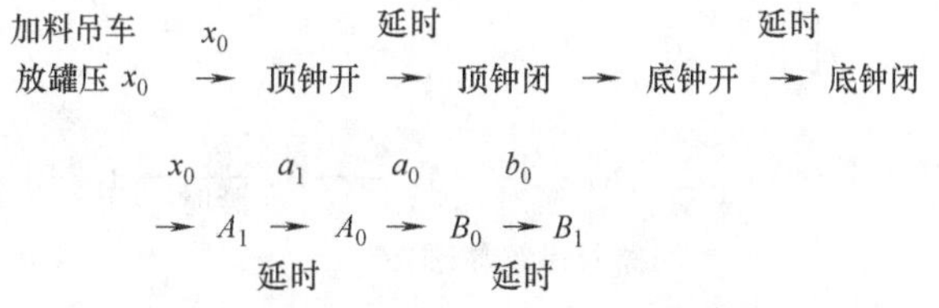

(2) 绘制信号动作状态线图（X-D 线图）　X-D 线图可以将各个控制信号的存在状态和气动执行元件的工作状态清楚地用图线表示出来，从图中还能分析出系统是否存在障碍（干扰）信号及其状态，以及消除信号障碍的各种可能性。本例的 X-D 线图见图 19-5。

(3) 绘制气控逻辑原理图　气控逻辑原理图是用气动逻辑符号来表示的控制原理图。它是根据 X-D 线图的执行信号表达式并考虑必要的其他回路要求（如手动、启动、复位等）所画出的控制原理图。由逻辑原理图可以方便快速地画出用阀类元件或逻辑元件组成的气控回路原理图，故逻辑原理图是由 X-D 线图绘制出气控回路原理图之桥梁。本例的气控逻辑原理图见图 19-6。

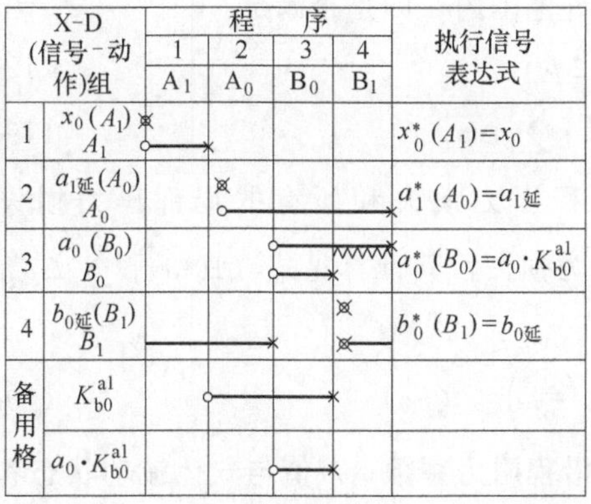

X-D (信号-动作)组
程　序
1 A_1
2 A_0
3 B_0
4 B_1
执行信号表达式
1　$x_0(A_1)$　A_1　$x_0^*(A_1)=x_0$
2　$a_{1延}(A_0)$　A_0　$a_1^*(A_0)=a_{1延}$
3　$a_0(B_0)$　B_0　$a_0^*(B_0)=a_0\cdot K_{b0}^{a1}$
4　$b_{0延}(B_1)$　B_1　$b_0^*(B_1)=b_{0延}$
备用格　K_{b0}^{a1}
$a_0\cdot K_{b0}^{a1}$

图 19-5　信号动作状态线图（X-D 线图）

q
x_0
$q\cdot x_0$
s
$x_0^*(A_1)$
1
0
A_1
A_0
a_1
$a_{1延}$
b_0
b_0
K_{b0}^{a1}
1
0
B_1
B_0
a_0
a_0^* (B_0)
$=a_0\cdot K_{b0}^{a1}$

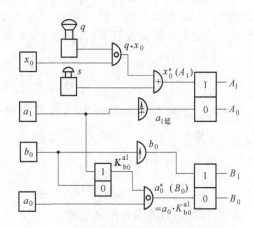

图 19-6　气控逻辑原理图

(4) 绘制回路原理图　气控回路原理图是用气动元件图形符号对逻辑控制原理图进行等效置换所表示的原理图。本例的回路原理图如图 19-7 的左半部分所示。回路图中 YA_1 和 YA_2 为延时换向阀（常断延时通型），由该阀延时经主控阀 QF_A、QF_B 放大去控制缸 A_1 和

缸 B_0 状态。料钟的关闭靠自重。

在图 19-7 左半部分所示回路原理图基础上，增设气源处理装置（图 19-7 右半部分）即构成整个气动系统。

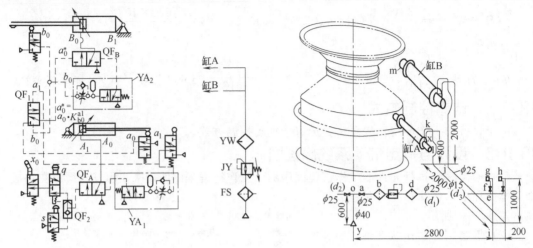

图 19-7　程序 $\dfrac{x_0}{手动} \to A_1 \dfrac{a_0}{延时} \to A_0 \xrightarrow{a_0} B_0 \dfrac{b_0}{延时} \to B_1$　图 19-8　鼓风炉加料装置气动系统管道布置示意图　回路及系统原理图

19.2.6　选择气动元件

气动元件选择见表 19-3、表 19-4。

（1）选择控制元件　根据系统对控制元件工作压力及流量的要求，按照气动系统原理图（图 19-7）所选择的各控制阀如表 19-3 所示。

（2）选择气动辅件及空压机

① 辅件的选择要与减压阀相适应（表 19-3）。

② 确定管道直径（表 19-3），验算压力损失。压力损失应按管道布置图（图 19-8）逐段进行计算，但考虑到本例中供气管 y 处到 A 缸进气口 x 处之间的管路较细，损失要比 B 缸管路的大，故只计算此段管道的压力损失是否在允许范围内，即是否满足

$$\sum \Delta p \leqslant \left[\sum \Delta p \right] \tag{19-1}$$

或
$$\sum \Delta p_l + \sum \Delta p_\xi \leqslant \left[\sum \Delta p \right] \tag{19-2}$$

式中，$\sum \Delta p$ 为总压力损失（包括所有的沿程压力损失和所有的局部压力损失）；$\left[\sum \Delta p \right]$ 为允许的总压力损失；$\sum \Delta p_l$ 为沿程压力损失，其计算见式（19-3）；$\sum \Delta p_\xi$ 为局部压力损失，其计算见式（19-4）。

$$\sum \Delta p_l = \sum \left(\lambda \times \dfrac{l}{d} \times \dfrac{\rho v^2}{2} \right) \quad (\text{Pa}) \tag{19-3}$$

式中，l、d 为管道长度和管径，m；λ 为管道沿程阻力系数，λ 值与气体流动状态和管道内壁的相对粗糙度 ε/d 有关 [对于层流流动状态的空气，其计算见式（19-5）；对于紊流流动状态的空气，$\lambda = f(Re, \varepsilon/d)$，$\lambda$ 值可根据 Re 和 ε/d 的值从第 2 章有关沿程阻力系数的图线中查得]；ρ 为气体的密度，kg/m^3；v 为气体的运动速度，m/s。

$$\sum \Delta p_\xi = \sum \xi \dfrac{\rho v^2}{2} \quad (\text{Pa}) \tag{19-4}$$

式中，ξ 为局部阻力系数，其值可从第 2 章有关局部阻力系数表中查得。

$$\lambda = 64/Re \tag{19-5}$$

式中，Re 为雷诺数，$Re = vd/\nu$。

按上述公式进行计算（详细过程略）并考虑阀产生的压力损失得出的总压力损失为

$$\sum \Delta p = 0.068\text{MPa} < [\sum \Delta p] = 0.1\text{MPa}$$

执行元件需要的工作压力 $p = 0.4\text{MPa}$，压力损失为 $\sum \Delta p = 0.068\text{MPa}$。供气压力为 $0.5\text{MPa} > p + \sum \Delta p = 0.469\text{MPa}$，说明供气压力满足了执行元件所需的工作压力，故所选择的元件通径和管径（表 19-3）可行。

（3）选择空压机　空压机的输出流量 q_s 与设备的理论用气量 $\sum\limits_{i=1}^{n} q_z$ 有关，其计算公式为 $q_s = k_1 k_2 k_3 \sum\limits_{i=1}^{n} q_z$，设备的理论用气量 $\sum\limits_{i=1}^{n} q_z$ 由下式计算，即

$$\begin{aligned}
\sum_{i=1}^{n} q_z &= \sum_{i=1}^{n} \{ [\sum_{j=1}^{m} (\alpha q_z t)_j] / T \} \\
&= 2[(1 \times q_{Az} t_A + 1 \times q_{Bz} t_B)/24] \\
&= 2[(1 \times 9.95 \times 10^{-3} \times 6 + 1 \times 36.6 \times 10^{-3} \times 6)/24] = 23.3 \times 10^{-3}\ \text{m}^3/\text{s}
\end{aligned}$$

式中，n 为用气设备台数，在本例中考虑左右两台炉子有两组同样的气缸，故 $n = 2$；m 为一台设备上的启动执行元件数目，本例中一台炉子上有 A 和 B 两个缸用气，故 $m = 2$；α 为执行元件在一个周期内的单程作用次数，本例中每个气缸一个周期内单行程动作一次，$\alpha = 1$；q_z 为一台设备某一执行元件在一个周期内的平均耗气量，本例中 $q_{Az} = 9.95 \times 10^{-3}\ \text{m}^3/\text{s}$，$q_{Bz} = 36.6 \times 10^{-3}\ \text{m}^3/\text{s}$ [已在 19.2.3 节（2）中算出]；t 为某个执行元件一个单行程的时间，本例中 $t_A = t_B = 6\text{s}$；T 为某设备的一次工作循环时间，本例中 $T = 2t_A + 2t_B = 24\text{s}$。

取泄漏系数 $k_1 = 1.2$，备用系数 $k_2 = 1.4$，利用系数 $k_3 = 0.95$，则两台炉子需求的空压机的输出流量为

$$q_s = k_1 k_2 k_3 \sum_{i=1}^{n} q_z = 1.2 \times 1.4 \times 0.95 \times 23.3 \times 10^{-3} = 37.2 \times 10^{-3}\ \text{m}^3/\text{s} = 2.23\text{m}^3/\text{min}$$

按供气压力 $p_s \geqslant 0.5\text{MPa}$，流量 $q_s = 2.23\text{m}^3/\text{s}$，查产品样本选用 2Z-3/8-1 型空压机，其额定排气压力为 0.8MPa，额定排气量（自由空气流量）为 $3\text{m}^3/\text{min}$。一并列入表 19-3。

19.2.7　气动系统施工设计

在前述气动系统的功能原理设计结果可以接受的前提下，则可根据所选择或设计的气动元、辅件等，进行气动系统的施工设计（结构设计）。其内容包括气动装置 [气动集成阀块（板）、管系装置等] 的结构设计及电气控制装置的设计并编制技术文件等，目的在于选择确定元、辅件的连接装配方案、具体结构，设计和绘制气动系统产品工作图样，并编制技术文件，为制造、组装和调试气动系统提供依据。电气控制装置是实现气动装置工作控制的重要部分，是气动系统设计中不可缺少的重要环节。电气控制装置设计在于根据气动系统的工作节拍或电磁铁动作顺序表，选择确定控制硬件并编制相应的软件。

因篇幅所限，气动系统施工设计详细介绍此处从略，请参阅相关文献资料。

第20章 气动系统的安装调试与运转维护

20.1 概述

第20章表格

作为现代动力传动与控制的重要手段,气动技术的应用已几乎无处不在。然而,设计制造、安装调试和使用维护过程中存在的不足与缺陷却制约着系统乃至主机的正常运行,影响到设备的使用寿命、工作性能和产品质量,也影响了气动技术优势的发挥。所以,气动系统的安装调试和使用维护在气动技术中占有重要地位。

气动技术使用维护人员正确合理设计、安装调试及规范化使用维护气动系统,是保证系统长期发挥和保持良好工作性能的重要条件之一。在气动系统的安装调试和运转维护中,必须熟悉主机的工艺目的、工况特点及其气动系统的工作原理与各组成部分的结构、功能和作用,并严格按照设计要求来进行;在系统使用中应对其加强日常维护和管理,并遵循相关的使用维护要求。

20.2 气动系统的安装

20.2.1 安装内容

气动系统的安装包括气源装置、气动控制装置[阀及其辅助连接件(公共底板等)]、气动管件(管道和管接头)、气动执行元件(气缸、气马达、气爪及吸盘等)等部分的安装。良好的安装质量,是保证系统可靠工作的关键,故必须合理完成安装过程中的每一个细节。

20.2.2 安装的准备

在安装气动系统之前,安装人员首先要了解主机的功能结构、气动系统各组成部分的安装要求,明确安装现场的施工程序和施工方案。其次要熟悉有关技术文件和资料(如机器的使用说明书、气动系统原理图、管道布置图、气动元件和辅件清单和有关产品样本等),落实安装所需人员并按气动元、辅件清单,准备好有关物料(包括元、辅件,机械及工具),对气动元、辅件的规格、质量等按有关规定进行认真细致检查,检查发现不合格的元件,不得装入系统。

20.2.3 气动元件和管道安装总则

相关内容见表 20-1～表 20-3。

20.3 气动系统的调试

气动系统调试的主要内容包括气密性试验及总体调试(空载试验和负载试验)等。

20.3.1 调试准备

气动系统调试前的准备工作如下。

① 熟悉气动系统原理图、安装图样及使用说明书等有关技术文件资料,力求全面了解系统的原理、结构、性能及操纵方法。

② 落实安装人员并按说明书的要求准备好调试工具、仪表、补接测试管路等物料。

③ 了解需要调整的元件在设备上的实际安装位置、操纵方法及调节旋钮的旋向等。

20.3.2　气密性试验

气密性试验的目的在于检查管路系统全部连接点的外部密封性。气密性试验通常在管路系统安装清洗完毕后进行。试验前要熟悉管路系统的功用及工作性能指标和调试方法。

试验用压力源可采用高压气瓶，压力由系统的安全阀调节。气瓶的输出气体压力应不低于试验压力，用皂液涂敷法或压降法检查气密性。试验中如发现有外部泄漏，必须将压力降到零，方可拧动外套螺母或做其他的拆卸及调整工作。系统应保压 2h。

20.3.3　总体调试

气密性试验合格后，即可进行系统总体调试。这时被试系统应具有明确的被试对象或传动控制对象，调试中重点检查被试对象或传动控制对象的输出工作参数。

首先进行空载试验。空载试验运转不得少于 2h，观察压力、流量、温度的变化，发现异常现象立即停车检查，排除故障后才能恢复试运转。然后，带负载试运转。此时，应分段加载，运转不得少于 4h，要注意油雾器内的油位变化和摩擦部位的温升等，分别测出有关数据并记入调试记录。

20.4　气动系统的运转维护及管理

20.4.1　气动系统运转维护的一般注意事项

相关内容参见 12.5 节。

20.4.2　运转要点

在气动系统使用运转中，要按需求向气动系统提供清洁干燥的压缩空气；保证油雾润滑元件得到必要的润滑；保证气动元件和系统在规定的工作条件（如压力、流量、电压等）下运行，保证气动系统的密封性；保证执行元件按预定的要求工作，等等。

20.4.3　维护保养及检修

（1）维护保养分类及原则　气动系统的维护保养可以分为日常性维护与定期性维护。前者是每天必须进行的维护工作，后者是每周、每月或每季度、每年进行的维护工作。维护工作应该有记录，以利于今后的故障分析诊断与维修处理。

维护管理者或点检工作人员应能充分了解元件的功能、构造及性能等。在购入元件及设备时，应根据生产厂家的产品样本及使用说明书等技术资料对元件的功能、性能进行调查。因生产厂家的试验条件与用户的实际使用条件有所不同，故有时进行必要的实际测试，根据实测的数据进一步掌握元件的性能。

维护保养工作的原则是：了解气动元件的结构、原理、性能、特征及使用方法和注意事项；检查气动元件的使用条件是否恰当；掌握元件的寿命及其使用条件；事先了解故障易发生的场所及预防措施；准备好管理手册，定期进行检修，预防故障发生；保证备有迅速修理所需质量、价廉的备件等。

（2）日常维护　日常维护工作的主要任务是排放冷凝水、检查润滑油和空压机系统的管理。

冷凝水排放涉及整个气动系统，包括空压机、后冷却器、气罐、管道系统及空气过滤器、干燥机和自动排水器等。在作业结束时，应将各处冷凝水排放掉，以防夜间温度低于0℃，导致冷凝水结冰。由于夜间管道内温度下降，会进一步析出冷凝水，故气动装置在每天运转前，也应将冷凝水排出，注意查看自动排水器是否工作正常，水杯内不应过量存水。

在气动装置运转时，系统中的执行元件和控制元件凡有相对运动的表面都需要润滑。若润滑不当，会增大摩擦阻力，导致元件动作不良，或因密封面磨损引起系统泄漏等。润滑油的性质直接影响着润滑效果。通常，高温环境下用高黏度润滑油，低温环境下用低黏度润滑油。如果温度特别低，为克服起雾困难，可在油杯内装加热器。供油量是随润滑部位的形状、运动状态及负载大小而变化的。供油量总是大于实际需要量。要注意油雾器的工作是否正常，应检查油雾器的滴油量是否符合要求，油色是否正常，即油中不应混入灰尘和水分等。若发现油雾器内油量没有减少，需要及时调整滴油量，经调无效需检修或更换油雾器。

空压机系统的日常管理工作是：检查是否向后冷却器供给了冷却水（指水冷式）；检查空压机有否异常声音和异常发热。

（3）定期性维护检修工作

① 每周的维护检修工作。主要内容是检查漏气和油雾器管理。漏气检查应在白天车间休息的空闲时间或下班后进行。此时气动装置已停止工作。车间内噪声小，但管道内还有一定的空气压力，根据漏气的声音便可知漏气部位，泄漏原因见表 20-4。严重泄漏处，如软管破裂、连接处严重松动等需立即处理。其他泄漏应做好记录。

油雾器最好选用一周补油一次的规格。补油时要注意油量减少情况。若耗油量太少，应重新调整滴油量，若调整后的油量仍少或不滴油，应检查油雾器进出口是否装反、油道是否堵塞、所选用油雾器规格是否有误。

② 每月或每季度的维护检修工作。每月或每季度的维护工作比每日、每周的工作更仔细，但仍只限于外部能检查的范围。其主要内容是仔细检查各处泄漏情况，紧固松动的螺钉和管接头，检查换向阀排出空气的质量，检查各调节部分的灵活性，检查各指示仪表的正确性，检查电磁阀切换的可靠性，检查气缸活塞杆的质量及一切外部能够检查的内容等，如表 20-5 所示。

③ 大修。气动系统的大修间隔期因主机类型及工作条件不同而异，一般为一年或几年，其主要内容是检查系统各元件和部件，判定其性能和寿命，对平时产生故障的部位进行检修或更换元件，排除修理间隔期内一切可能产生故障的因素。

第21章 气动系统故障诊断排除典型案例

本书第12章已对气动系统的故障定义及其类型、故障诊断的策略及一般步骤和常用方法进行了介绍。本章首先对气动系统共性故障诊断排除方法做一简介，然后介绍气动系统几个典型故障诊断排除案例，以便为读者进行相关工作提供参考。

第21章表格

21.1 气动系统共性故障诊断排除方法

气动执行元件在带动其工作机构工作中动作失常是气动系统最常见且最容易直接观察到的共性故障，例如以气缸、气爪和气马达为执行元件的气动系统在正常工作中，突然不能动作、动作变慢（快）、冲击振动过大、爬行或不动作等，其诊断排除方法可参见第16章相关内容。表21-1给出了真空吸附系统共性故障及其诊断排除方法。

21.2 气动系统故障诊断排除典型案例

21.2.1 HT6350卧式加工中心主轴换刀慢及空气污染故障诊断排除

（1）功能原理　气动系统在数控机床上通常用来完成频繁启动的辅助工作，如机床防护门的自动开关、主轴锥孔的吹气、自动吹屑清理定位基准面等，部分小型加工中心依靠气液转换系统实现机械手的动作和主轴松刀。

图21-1所示为HT6350卧式加工中心的气动系统原理图，该系统主要用于刀具或工件的夹紧、安全防护门的开关以及主轴锥孔的吹屑。

（2）故障现象　上述系统在运转中出现了两个故障：一是换刀时，主轴松刀动作缓慢；二是换刀时，主轴锥孔吹气，把含有铁锈的水分吹出，并附着在主轴锥孔和刀柄上，刀柄和主轴接触不良。

（3）诊断排除　根据图21-1进行分析，主轴松刀动作缓慢的可能原因有：气动系统流量不足或压力太低；机床主轴拉刀系统有故障，如碟形弹簧破损等；主轴松刀气缸有故障。

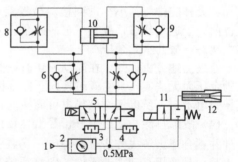

图21-1　HT6350卧式加工中心气动系统原理图
1—气源；2—气动三联件；3，4—消声器；
5—二位五通电磁阀；6～9—单向节流阀；
10—气缸；11—二位二通电磁阀；12—主轴气缸

对于第一个故障，首先检查气动系统的压力，压力表显示气压为0.5MPa，属正常压力。接下来，将机床操作转为手动，手动控制主轴松刀，发现系统压力明显下降，气缸活塞杆缓慢伸出，故判定气缸内部漏气。拆下气缸，打开端盖，压出活塞和密封环，发现密封环破损，气缸内壁拉毛。为此，更换了新气缸，故障得到排除。

对于第二个故障，检查发现压缩空气中含有水分。通过空气干燥机，使用干燥后的压缩空气，问题得到解决。若受条件限制，无空气干燥机，也可在主轴锥孔吹气的管路上进行两次分水过滤，设置自动放水装置，并对气路中相关零件进行防锈处理，故障即可排除。

21.2.2 挤压机接料小车气动系统换向故障诊断排除

（1）气动系统原理 接料小车为某公司大型关键设备 35MN 挤压机的辅助装置，用于机器挤出物料的接送。图 21-2 所示为接料小车气动系统原理图，其动作状态见表 21-2。当电磁铁 1YA 通电，小车进至接料位置后，1YA 断电，小车停下等待接挤出的物料，物料到定尺后，小车上的液压剪刀开始剪料。此时设计者的原意是让电磁铁 3YA 和 4YA 均通电，使阀2、阀3 换向后处于自由进排气状态，这样可使小车在剪切物料的同时，挤压物料的程序不停，对提高该挤压工序产品成品率以及最终成品率均有积极的作用，这是该挤压机接料小车气动系统设计的一大特点："随动"剪切。

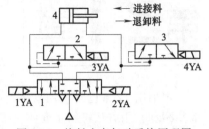

图 21-2 接料小车气动系统原理图
1—三位五通电磁阀；
2，3—二位三通电磁阀；4—气缸

（2）故障现象 在调试中发现，小车在"随动"剪切过程中未按预计的程序运行。故障现象之一为阀2在随动剪切时通电后不换向；故障现象之二是阀3在随动剪切时通电虽换向，但动作不可靠。

（3）故障分析 由于该系统看起来很简单，故在一开始的调试中并未重视，只是按常规去处理，认为是新系统元件不洁所致。虽拆下多次检查清理，但问题如故。后来对阀2、阀3 进行了简单的试验，结果发现阀2、阀3 本身无问题，重新安装后故障依旧。针对小车动作程序各过程以及阀2、阀3 的工作原理进行了深入的分析，认为这是一个由系统设计中元件选型不合理引起的故障。

① 阀2、阀3 的工作原理分析。该系统所用的阀2和阀3为80200系列二位三通电磁阀（德国海隆公司基型），它是一个两级阀，即一个微型二位三通直动电磁阀和气控式的主阀，该阀对工作压力的要求为 0.2～1.0MPa，若工作中低于该阀的最低工作压力 0.2MPa，其主阀芯就无法保证可靠的换向及复位。

② 小车气缸两腔中的压力分析。当电磁铁 1YA 通电时，阀1切换至左位，气缸有杆腔进气，无杆腔排气，小车进到接料位置后，1YA 断电，阀1复位。这时，有杆腔中因阀1复位前处于进气状态，故有一定的残余压力（压力大小不定），无杆腔中因阀1复位前处于排气状态，故几乎无余压。

通过上述分析可知，在随动剪切时，阀2虽通电，却因所在的无杆腔中无足以使阀2换向的余压而无法实现其主阀芯换向，阀3因有杆腔中有一定的余压而可能实现换向，但由于其压力值不定，所以阀3虽得电可能换向，但却不可靠。

（4）故障排除 从以上分析看出，在该小车气动系统中选用这种主阀为气控的两级式的元件并不合适。解决方法有两种：

其一是换用直动式的元件，即将系统中的阀2和阀3改换为 23ZVD-L15（常闭型）即可。但因原阀2、阀3的工作电压为直流 24V，该阀的工作电压为交流 220V，故需增加中间继电器来解决。

其二是改进小车气动系统。由改进后的原理图（图21-3）可看出，选用一个 K35K$_2$-15 型三位五通气控滑阀3代替了原系统中的阀2或阀3（例如阀2），利用阀2作为其先导控制阀（需把原来的常闭型改装成常通型），具体工作原理见 17.2.3 节，虽然此法管路更改稍繁琐，但从"随动剪切"的效果及可靠性方面来分析优于方法一，另增加两个单向节流阀5和6来调整小车速度。

（5）启示 目前国内外气动元件生产商提供的电磁换

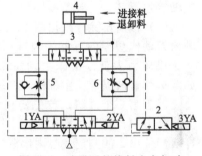

图 21-3 改进后的接料小车气动
系统原理图
1—三位五通电磁阀；2—二位三通电磁阀；
3—三位五通的气控滑阀；
4—气缸；5，6—单向节流阀

向阀多数为先导级加主级两级式的控制元件，为保证其正常工作，一般都有一个工作压力范围，设计选用或现场处理问题时，应结合生产工艺特点，结合元件性能进行综合分析。

21.2.3 膨化硝铵炸药膨化过程气动系统气源故障诊断排除

（1）故障现象　膨化硝铵炸药是一种环保新型炸药，近年来在硝酸铵膨化过程中通过采用气动技术，改善了作业环境，减轻了劳动强度，保证了作业安全。但在实际生产过程中，有时产品质量不稳定。究其原因，除了气动元件本身外，主要是气源不够纯净和不够干燥，引起一些气动元件失灵而影响膨化效果。

（2）原因分析

① 空压机进气不合标准。膨化工序使用两台 Z0.8/9 型空压机，基本能满足气动装置工作时对压力和流量的要求。机房内还安放了 4 台 W5-1 型真空泵，由于真空泵排出的气体中含有悬浮物，其排气管就在机房内，故真空泵排出的空气很容易被空压机吸入。

② 空压机吸入硝铵微粒。空压机房与出料系统仅一墙之隔，膨化后的硝铵极易随风飘落到机房内，当硝铵微粒被空压机吸入后，易与空压机内空气中的油、水混在一起，形成腐蚀性很强的有机酸，对气动系统管道、气缸、控制阀产生腐蚀，使气缸橡胶密封件失去弹性，影响气动装置正常使用。

③ 气动系统管路析出大量的冷凝水。由于膨化硝铵采用立式干燥罐生产，故气控阀要装在高层楼，而空压机放于底楼，输送管短的约 30m，长的约 80m。在输送过程中由于温度、压力的下降，析出大量的冷凝水，这些冷凝水进入阀芯、气缸，容易造成气动元件误动作而带来安全和质量问题。

（3）解决方案及效果

① 将所有气缸的活塞杆改用不锈钢材料；密封件材料由普通橡胶改用硅橡胶；一些靠近热源的气缸密封件采用聚四氟乙烯材料替代。

② 对气动元件定期进行清洗、检查，及时更换失去弹性和磨损的密封件；每日班前，坚持将储气罐、过滤器内冷凝水放掉再送气。

③ 自制简易过滤器，将空压机与真空泵分开，移入一通风较好的小房间内，保证空压机进气和输出压缩气的质量。

采取上述措施后，膨化工序气动元件获得了干燥纯净的压缩空气，基本消除了气源质量问题引起的气动元件故障。

21.2.4 烟草样品制作机气动系统压力故障诊断排除

（1）功能原理　制作机用来制作烟草样品［即将松散烟丝压制为烟饼（100mm×30mm×70mm）］。机器有三个动作：压饼箱上盖启闭、压饼及推饼。

制作机气动系统（图 21-4）主要由气源 1、三联件 2、气缸 6 和气缸 7、电磁阀 3、4 和 5 等组成。系统的动作循环为：人工上料→缸 7 活塞杆伸出合盖→缸 6 一级行程压饼→缸 7 退回，开盖→缸 6 二级行程推饼→人工取饼→缸 6 退回。

工作过程为：人工上料（松散的烟丝），使二位五通电磁阀 5 通电切换至右位，气缸 7 伸出关闭上部盖板；二位五通电磁阀 3 通电切换至右位，双行程气缸 6 进行第一

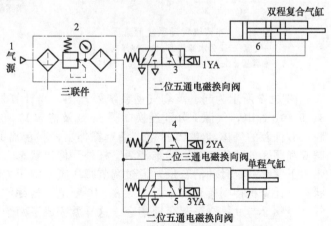

图 21-4　烟草样品制作机气动系统原理图
1—气源；2—气动三联件；3～5—电磁阀；6，7—气缸

行程动作，压饼；使二位五通电磁阀 5 断电复至左位，气缸 7 退回打开上部盖板；二位三通电磁阀 4 通电切换至右位，缸 6 进行第二行程动作，把烟饼完全推出压饼箱；人工取走烟饼。

（2）故障现象　电磁阀 5 通电后，气缸 7 不能合盖。

（3）原因分析与排除　检查电路，电磁阀 5 已通电换向；检查气动介质污染情况，发现阀 5 气口排气洁净。检查三联件 2 中的减压阀压力，发现仅有 0.3MPa，不足以推动气缸实现合盖动作。故重新调整减压阀，将压力调至 0.6MPa，故障消失，合盖正常。

21.2.5　连铸连轧设备气动系统故障排除

（1）连铸机气动系统

① 气动系统原理。某钢铁企业的转炉厂连铸机的气动系统用于大包转台定位销、拉矫机引定杆安全插销、火焰切割机夹臂、冷床翻钢机、移钢机拨爪提升、连铸坯挡头等机构的传动及控制。图 21-5 所示为典型气动系统原理图，它由气源、分水滤气器、减压阀、油雾器、二位五通电磁阀和气缸组成。

② 气动辅件与控制元件故障及其排除方法见表 21-3。

③ 气缸故障及其排除方法见表 21-4。

（2）连轧机组活套气动系统

① 活套功用及其气动系统原理。在小型连轧生产中，通常在精轧机组中设置若干个活套，使相邻机架间的轧件在无张力状态下储存一定的活套量，作为机架间速度不协调时的缓冲环节，以消除轧制过程中轧机速度动态变化引起的轧件尺寸精度的波动。活套工作状况的好坏，直接影响生产线的产量和产品质量。某小型连轧线采用了由意大利 POMINI 公司设计的立式活套，因投产以来故障频发，严重制约了产品的产量和质量。

活套系统主要由起套辊、气动系统、活套扫描器和活套调节系统等组成（图 21-6）。活套的起套辊由气缸驱动，当轧件被轧机 2 咬入后，起套辊起套；当轧件尾部从轧机 1 即将轧出时，起套辊下落。起套辊的起、落过程由气缸来执行，而这个执行过程由计算机自动控制。

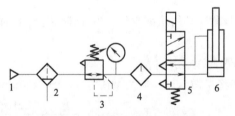

图 21-5　连铸机气动系统原理图
1—气源；2—分水滤气器；3—减压阀；
4—油雾器；5—二位五通电磁阀；6—气缸

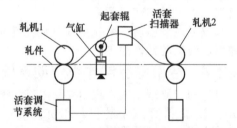

图 21-6　活套系统组成示意图

图 21-7 所示为起、落套气动系统原理图，当计算机接到起套指令后，二位三通电磁阀 8、9、10 通电，气源 1 分别经换向阀 8、9 及梭阀 11 和阀 12 中的节流阀进入气缸 13 的无杆腔，有杆腔的气体经阀 10 排空，活塞杆伸出，起套辊 14 起套。随后，阀 9 断电，通过减压阀 6 和阀 8 的减压气体继续维持活塞杆处于伸出状态，此时的压力较低，仅需维持轧件在无张力下储存一定量的活套量，通过调节减压阀 6 的压力，可使不同规格下的轧件保持无张力状态。计算机接到落套信号后，阀 8、10 断电，压缩空气经阀 10 进入气缸有杆腔，无杆腔气体经阀 8 与 9 排空，起套辊落套。这样就完成了两个起、落套过程。

② 活套主要故障及其原因。

a. 起套辊不动作。故障的直接原因是气缸无动作，有两种可能：一是电气控制系统故障，起、落套指令没有发出或没有发送到相应换向阀的电磁铁上；二是气动元件故障，气动回路中某一气动阀不动作或气缸失效。为了确诊是电气原因还是气动原因，有时只得逐一检查电气元件和气动元件，这将花费大量的时间和精力。

b. 电磁换向阀卡阻。原设计中选用的是国产 K23JD 型二位三通电磁阀，其主阀为活塞式结构，有锥形端面截止式软密封，活塞上带 O 形圈。阀芯移动需较大推力，有时会产生卡阻现象。阀卡阻时，曾多次拆检阀体，未发现脏物和异物，认为该阀自身缺陷导致工作稳定性不高，不适用于响应快、频率高的活套气动系统。

c. 气缸失效。气缸原端盖结构见图 21-8，气缸端盖上未设置导向套，造成气缸端盖内孔易磨损变大。因气缸长期处于冷却水冲刷的工作环境之中，水极易从磨大了的端盖内孔和活塞杆的间隙进入气缸内，不仅导致气阀工作极不稳定，而且加剧了气缸密封圈老化（密封圈材料为聚氨酯橡胶，在水中很容易脆化），使气缸频繁失效，气缸密封圈基本上是两三天更换一次，有时甚至天天更换。

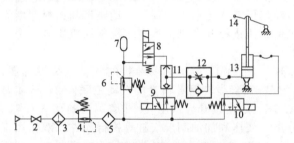

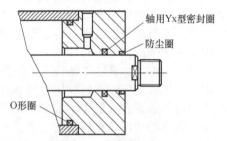

图 21-7 起、落套气动系统原理图
1—气源；2—截止阀；3—分水滤气器；4，6—减压阀；
5—油雾器；7—蓄能器；8～10—二位三通电磁阀；
11—梭阀；12—单向节流阀；13—气缸；14—起套辊

图 21-8 原气缸端盖结构

③ 解决方案。

a. 增设换向阀信号指示屏。为便于故障判别，换向阀选用带指示灯的电磁铁接头，并在阀板上方专门设计了电控信号指示屏。发生故障时，如各换向阀的指示灯都亮，表明计算机已发出指令，电控元件故障的可能性较小，气动元件故障可能性较大；如果某一指示灯不亮，则表明相应回路的电控元件存在故障。

b. 电磁阀改型。改用美国 MAC 公司生产的 56 系列的二位三通电磁阀。该阀为滑阀式结构（图 21-9），与常规阀不同之处是采用了独有的蓄压腔结构，腔内贮存了可使阀动作多次的压缩空气，即使气阀突然失压或减压，也能保证阀芯动作到位。作用于阀芯一端的弹簧力和蓄压腔压力之合力与另一端先导压力平衡，使阀芯的动作不受气压变化的影响。该阀的电磁线圈产生的电磁力大，获多项专利。阀芯表面喷涂特殊材料，不需要其他密封件，摩擦力小无需润滑。该阀使用近 2 年来，基本上没出现阀芯卡阻等故障，可靠性和灵敏度均满足要求。

c. 改进气缸结构。改进后的气缸端盖分成三体（图 21-10），便于密封件的安装和维修；

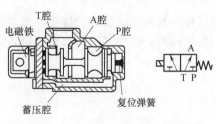

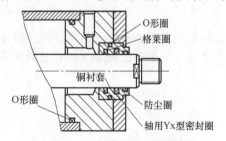

图 21-9 MAC56 系列二位三通换向阀

图 21-10 改进后的气缸端盖结构

端盖中间增设铸锡青铜衬套，以提高耐磨性，且即便磨损了，仅更换衬套即可修复，不至于整个气缸报废。将防尘圈和 Yx 形密封圈改用橡塑复合材料，以提高耐水性能。为进一步提高密封性能，在气缸端盖上增加一道密封，选用密封性和耐磨性都较好的格莱组合圈（同轴密封），耐磨环材料为聚四氟乙烯，O 形圈用丁腈橡胶。

通过对活套气动元件的上述改进，活套的故障大幅度减少（因气动元件故障而引起的故障比改进前减少 36%，而且即使发生了故障，也能比较方便地找到原因）。同时，活套工作稳定可靠，保证了棒材的尺寸公差和表面质量。

④ 启示。为了使气动系统能够正常工作，首先应在系统设计之初，合理进行控制阀等元件选型和气缸的结构设计，其次应注意正确使用、维护。

21.2.6　通过式磨革机气动系统漏气故障诊断排除

（1）主机功能结构　20 世纪 90 年代中、后期以来，部分国产皮革机械产品采用了先进的流体传控技术，使操作更方便省力，运行更可靠，效率更高。例如国产 GMGT1 通过式磨革机的磨革辊轴向摆动和供料辊的送料转动采用液压传动，实现了摆动频率和送料速度无级可调；该机的料辊进退机构、罩盖开合机构、压皮板开合机构和磨革辊制动机构等 4 个机构则采用了气压传动。

（2）GMGT1 通过式磨革机气动系统原理　图 21-11 所示为磨革机的气动系统原理图。工作时，气源的压缩空气（压力为 0.6~0.7MPa）经设在磨革机上的气动三联件 2，分 4 路独立控制罩盖开合气缸 12、供料辊进退气缸 13、压皮板开合气缸 14 和磨革辊制动气缸 15。气动三联件的作用是将压缩空气进行水气分离、调压和加油润滑气缸等执行元件。双作用气缸 12、13、14 的换向分别由二位五通电磁阀 6、7、8 控制，单作用气缸 15 的换向由二位三通电磁阀 9 控制，控制罩盖开合的气缸 12 的动作需平稳无冲击，故其出气口处设有调节平缓程度的节流阀 4 和 5；供料辊进退气缸 13 要求皮革送进时动作较慢，退出时动作较快，故设两个单向节流调速阀 10 和 11 分别控制供料辊进、退速度。

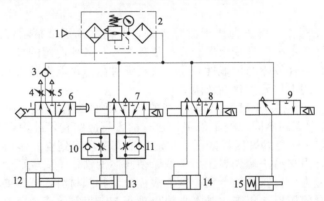

图 21-11　磨革机气动系统原理图

1—气源；2—气动三联件；3—单向阀；4，5—节流阀；6—二位五通推拉换向阀；7，8—二位五通电磁阀；
9—二位三通电磁阀；10，11—单向节流阀；12—罩盖开合气缸；13—供料辊进退气缸；
14—压皮板气缸；15—制动气缸

（3）常见故障及排除　该气动系统采用优质耐压塑料管和优质插入式接头，拆装快速可靠，不易漏气，主要故障是气缸在长期使用后出现漏气现象，更换气缸密封圈即可。

参 考 文 献

[1] 张利平. 气动元件与系统从入门到提高. 北京：化学工业出版社，2021.

[2] 张利平. 气动阀原理使用与维护. 北京：化学工业出版社，2022.

[3] 张利平. 液压阀原理、使用与维护. 4版. 北京：化学工业出版社，2022.

[4] 张利平. 液压气动元件与系统使用及故障维修. 北京：机械工业出版社，2013.

[5] H. Exnei，等. 液压培训教材 液压传动与液压元件（第三版，RE00 290/2003）. 博世力士乐教学培训中心，2003.

[6] R. Ewald 等. 液压传动教程第二册 比例阀与伺服阀技术. 2版. 博世集团力士乐液压及自动化有限公司教学部（RE00 291），2003.

[7] 张利平. 气动系统典型应用120例. 北京：化学工业出版社，2019.

[8] 张利平. 现代液压技术应用220例. 3版. 北京：化学工业出版社，2015.

[9] 成大先. 机械设计手册：第5卷. 6版. 北京：化学工业出版社，2004.

[10] 张利平. 电液控制阀及系统使用维护. 北京：化学工业出版社，2020.

[11] GB/T 786. 1—2021. 流体传动系统及元件 图形符号和回路图 第1部分：图形符号.

[12] 王海涛. 飞机液压元件与系统. 北京：国防工业出版社，2012.

[13] 雷天觉. 新编液压工程手册. 北京：北京理工大学出版社，1998.

[14] 路甬祥. 液压气动技术手册. 北京：机械工业出版社，2002.

[15] 王春行. 液压控制系统. 北京：机械工业出版社，2004.

[16] 陈启松. 液压传动与控制手册. 上海：上海科学技术出版社，2006.

[17] 高佑芳. 高低温环境对液压油的影响. 润滑与密封，2003（4）：111-112.

[18] Bard Anders Harang. Cylinderical reservoirs promote cleanliness. Hydraulics & Pneumatics，Feb. 2011.

[19] 杨华勇，等. 纯水液压控制阀研究进展. 中国机械工程，2004（8）上半月：1400.

[20] 李松晶. 新型磁流变流体溢流阀的研究. 功能材料，2001（3）：260-261.

[21] 曹锋. 压电型电液伺服阀智能控制方法研究. 液压与气动，2008（2）：4-8.

[22] 陈钢. 磁流变液减压阀的设计与分析. 液压与气动，2003（11）：35-37.

[23] 满军. 永磁屏蔽式耐高压高速开关电磁铁. 浙江大学学报（工学版），2012（2）：309-313.

[24] 李威. 磁回复高速开关电磁铁仿真分析. 机电工程，2013（4）：444-446.

[25] Peter Nachtwey. Choosing the right Valve. Hydraulics & Pneumatics，2006（3）：30.

[26] 魏列江. 线圈匝数对高速开关电磁铁响应时间影响研究. 液压气动与密封，2018（2）：79-82.

[27] 宋军. 高速电磁阀驱动电路设计及试验分析. 汽车工程，2005（5）：546-549.

[28] 唐兵. 先导式大流量高速开关阀的关键技术研究. 液压与气动，2018（6）：76-83.

[29] 宋敏. 弛豫型铁电（PMNT）大流量高速开关阀设计与仿真. 西南科技大学学报，2017（2）：96-102.

[30] 罗樟. GMM 高速开关阀用液压放大器建模与实验. 压电与声光，2019（2）：265-274.

[31] 施虎. 磁控形状记忆合金驱动特性及其在液压阀驱动器中的应用分析. 机械工程学报，2018（20）：235-244.

[32] 阮晓芳. 高速开关阀驱动电路的仿真与试验研究. 机电工程，2011（2）：209-211.

[33] 黄卫春. PWM 高速开关阀驱动电路仿真设计. 制造业自动化，2010（6）：168-171.

[34] 卢延辉. 金属带式无级变速器数字调压阀的设计与试验研究. 汽车技术，2006（3）：34-36.

[35] 卜凡强. 水液压数字节流阀的研制与分析. 液压气动与密封，2009（2）：59-63.

[36] 徐文山. 增量式数字阀在 DCT 主调压控制系统中的应用. 中国工程机械学报，2014（3）：238-242.

[37] 刘长青. 新型二级电液数字伺服阀. 水力发电，2003（2）：49-51.

[38] 朱发明. 电液数字伺服双缸同步控制系统. 机床与液压，2008（10）：49-51.

[39] 胡美君. 电液微小数字阀. 液压与气动，2006（1）：65-67.

[40] 郝云晓. 新型高速开关转阀性能分析. 液压与气动，2014（12）：14-17.

[41] 林昌杰. 电液数字阀在水轮机调速系统中的应用. 机械与电子，2005（2）：28-30.

[42] 高晓艳. 水基高速开关阀芯的设计及密封性能分析. 润滑与密封，2013（9）：50-53.

[43] 肖俊东. 新型超磁致伸缩电液高速开关阀及其驱动控制技术研究. 机床与液压，2006（1）：80-83.

[44] 赵伟. 一种大流量高速开关阀的设计与实验研究. 液压与气动，2013（9）：38-40.

[45] 潘易龙. 闭环控制数字液压缸及其控制系统. 液压气动与密封，1991（6）：34-36.

[46] 刘有力. 数字液压缸非线性建模仿真与试验研究. 液压与气动，2018（10）：118-124.

[47] 莫崇君. 数字液压作动器在舰艇舵机中的应用. 科技广场，2015（5）：92-95.

[48] 何谦. 单阀直控式高速开关阀液压同步系统数学模型的建立. 机械与电子，2011（1）：68-70.

[49] 高钦和. 高速开关阀控液压缸的位置控制. 中国机械工程，2014（20）：2775-2781.

[50] 高强. 高速开关阀控电液位置伺服系统自适应鲁棒控制. 航空动力学报，2019（2）：503-511.

[51] 刘奔奔. 高速开关阀用于滚珠旋压速度控制系统的研究. 太原科技大学学报，2018（5）：383-388.

[52] 邱涛. 基于高速开关阀的液压马达调速系统研究. 机床与液压，2018（1）：80-86.

[53] 吴万荣. 基于高速开关阀的液压钻机推进系统研究. 计算机仿真，2014（12）：201-205.

[54] 韩以伦. 液压张紧装置伺服控制系统设计. 仪表技术与传感器，2016（8）：67-70.

[55] 孙如军. 数控液压伺服系统组成及工作原理. 机床与液压，2007（8）：125-128.

[56] 陈洁. 电液伺服阀的 PLC 控制. 机床电器，2007（3）：49-50.

[57] 康晶. PLC 直接控制的电液步进液压缸. 机床与液压，2004（4）：124-125.

[58] 石彦韬. 专用 25t 压力机的控制系统设计. 应用科技，2017（2）：40-43.

[59] 李元贵. 新型船用液压锚机控制系统设计. 电工技术，2014（3）：44-45.

[60] 王晓瑜. 基于 PLC 和 HMI 的液压锚杆钻机变频调速控制系统改造. 机床与液压，2015（10）：172-174.

[61] 李明亮. 液压成形装备的改造设计. 锻压设备与制造技术，2005（1）：41-42.

[62] 毛林猛. 电液伺服系统的 PLC 位置闭环控制系统设计. 装备制造技术，2014（10）：92-97.

[63] 朱仁学. 基于 PLC 的大型构件压力试验机电液伺服力控制系统设计. 煤矿机械，2008（5）：136-138.

[64] 焦建平. 500KN 恒力压力机电液伺服控制系统设计. 液压与气动，2010（7）：38-39.

[65] 许仰曾. "工业 4.0"下的"液压 4.0"与智能液压元件技术. 流体传动与控制，2016（1）：1-10.

[66] 杨华勇. 数字液压阀及其阀控系统发展和展望. 吉林大学学报（工学版），2016（5）：1494-1505.

[67] 郑昆山. 液压多路换向阀双阀芯控制技术的应用. 工程机械，2005（2）：54-56.

[68] 郑昆山. 双阀芯控制技术在军用工程机械上的应用前景浅析. 液压与气动，2012（5）：79-82.

[69] 赵洪亮. DSV 数字智能阀. MC 现代零部件，2004（1-2）：128.

[70] 彭京启. 分布智能的数字电子液压. 液压气动与密封，2006（5）：52-53.

[71] 黄建中. 现场总线型液压阀岛的开发与应用. 液压气动与密封，2012（9）：1-3.

[72] 北京航空航天大学. 一种新型智能压电型电液伺服阀. 发明专利申请公布号：CN101319688A. 2008-12-10.

[73] 王庆辉. 磁流变数字阀研究. 机床与液压，2013（9）：62-64.

[74] 陈钢. 磁流变液控制阀在电控系统中应用的研究. 液压与气动，2006（4）：44-46.

[75] 陈钢. 磁流变液减压阀的设计与分析. 液压与气动，2003（11）：35-37.

[76] 沙宝森. 用创新设计推动产业转型发展——写在"十三五"开启之时. 液压气动与密封，2016（2）：1-2.

[77] 路甬祥. 在中国液压行业实施强基战略工程推进会上的讲话. 液压气动与密封，2015（1）：1-4.

[78] 沙宝森. 中国流体动力市场展望. 液压气动与密封，2016（1）：96-99.

[79] 贾光政. 先导式高压气动开关阀的研制. 机床与液压，2003（2）：12-14.

[80] 刘敬文. 一种新型气动控制阀安全保护的研究. 石油化工自动化，2006（6）：66-68.

[81] 宗升发. 新型颈椎治疗仪气动控制系统设计. 液压与气动，2002（4）：10.

[82] 张绍裘. 高速芯片焊接机的气动及真空系统设计. 液压与气动，2002（9）：11.

[83] 潘瑞芳. 水液压与气动联动元件在气液纠偏器中的应用. 液压与气动，2003（2）：26.

[84] 张利平. 石材连续磨机的流体传动进给系统. 工程机械，2003（9）：37.

[85] 拉塞尔·W·亨克. 流体动力回路及系统导论. 河北机电学院流体传动与控制教研室，译. 北京：机械工业出版社，1985.

[86] 张利平. 美国推出新型摆动液压、气动马达. 机床与液压，2002（6）：109.

[87] 张利平. 关于设计和使用电液比例控制阀的几个问题. 液压气动与密封，1996（2）：48-49.

[88] 徐申林. 阀岛在钻机气控系统中的应用. 液压与气动，2011（7）：88-89.

[89] 范芳洪. VMC1000 加工中心气动系统应用及故障排除. 液压气动与密封，2014（6）：71-73.

[90] 陈凡. 数控车床用真空夹具系统设计. 液压与气动，2010（7）：40-41.

[91] 赵汉雨. 纸箱包装机气动系统的设计. 液压与气动，2006（10）：12-14.

[92] 徐晓峰. 基于气动技术的光纤插芯压接机的研制. 机械工程自动化，2016（5）：123-124.

[93] 许宝文. 超大超薄柔性面板测量机气动系统设计. 液压气动与密封，2015（1）：31-33.

[94] 齐继阳. 基于 PLC 和触摸屏的气动机械手控制系统的设计. 液压与气动，2013（4）：19-22.

[95] 孙旭光. 气控式水下滑翔机及其气动系统的仿真研究. 机床与液压，2018（14）：76-79.

[96] 肖杰. 新型垂直起降运载器着陆支架收放系统设计与分析. 机械设计与制造工程，2017（3）：30-35.

[97] 韩建海. 新型气动人工肌肉驱动踝关节矫正器设计. 液压与气动，2013（5）：111-114.

[98] 杨涛. 反应式腹部触诊模拟装置气动系统的研究. 机床与液压，2014（10）：95-97.

[99] 王雄耀. 从"微气动技术"到"微系统技术". 液压气动与密封，2011（2）：34-37.

[100] 吴央芳，等. 采用硅流体芯片的气动位置控制系统特性研究. 液压与气动，2020（6）：152-159.

[101] 杨韶华. 微流控中气动微阀的工作机理研究及设计制造. 昆明理工大学，2018：1-83.

[102] 刘旭玲. 气动微流控芯片 PDMS 电磁微阀设计与性能研究. 轻工学报，2018，4：57-65.

[103] 刘洁，等. 基于气动微流控芯片的新型智能痕量灌溉系统动态流量特性研究. 液压与气动，2019（9）：8-15.

[104] 朱鋆峰. 采用步进电机的微流控芯片气压驱动系统压力特性研究. 机电工程，2017（2）：110-114.

[105] 吴海成. 基于步进电机微阀的液滴微流控系统研究. 哈尔滨工业大学，2018：1-77.

[106] 黄山石. 高聚物微流控芯片上集成化气动微阀的研制. 传感器与微系统，2012（8）：137-140.

[107] 唐翠. 转板式气动数字流量阀间隙泄漏研究. 浙江工业大学学报，2011（6）：648-652.

[108] 王雄耀. 对我国气动行业发展的思考. 流体传动与控制，2012（4）：1-10.

[109] 章文俊. 智能阀岛在 PROFINET 分散式控制系统中的应用. 中国仪器仪表，2013 年增刊：97-101.

[110] 张利平. 增量式电液数字控制阀开发中的若干问题. 工程机械，2003（5）：36-39.

[111] 许有熊. 压电开关调压型气动数字阀控制方法的研究. 中国机械工程，2013（11）：1436-1441.

[112] 郭祥. 集成式数字阀控气缸位置伺服控制研究. 机床与液压，2020（2）：1-6.

[113] 韩向可. 一种气动比例调压阀的设计与性能分析. 液压与气动，2010（10）：81-82.

[114] 程雅楠. 高压气动压力流量复合控制数字阀压力特性研究. 液压与气动，2016（1）：51-54.

[115] 贾光政. 超高压大流量气动开关阀的原理和动态特性研究. 机械工程学报，2004，40（5）：77-81.

[116] 朱清山. 高压气动技术的研究发展概况. 机床与液压，2010（12）：51-54.

[117] 王雄耀. 探索我国气动产业"十四五"发展的路径. 液压气动与密封，2021（1）：4-9.

[118] 张利平. 新型电液数字溢流阀的开发研究. 制造技术与机床，2003（8）：33-35.

[119] 张利平. 全液压淬火机液压系统. 液压与气动，2002（1）：24-25.

[120] 张利平. 金刚石工具热压烧结机及其电液比例加载系统. 制造技术与机床，2006（1）：50-52.

[121] 张利平. 一种电液数字流量阀的开发研制. 制造技术与机床，2006（1）：20-21.

[122] 中国液压气动密封件工业网. http：//www.chpsa.org.cn/.

[123] 液压气动网. http：//www.yeyanet.com/.